자신의 병증을
정확하게
파악해야
건강한 삶을
누릴 수 있다

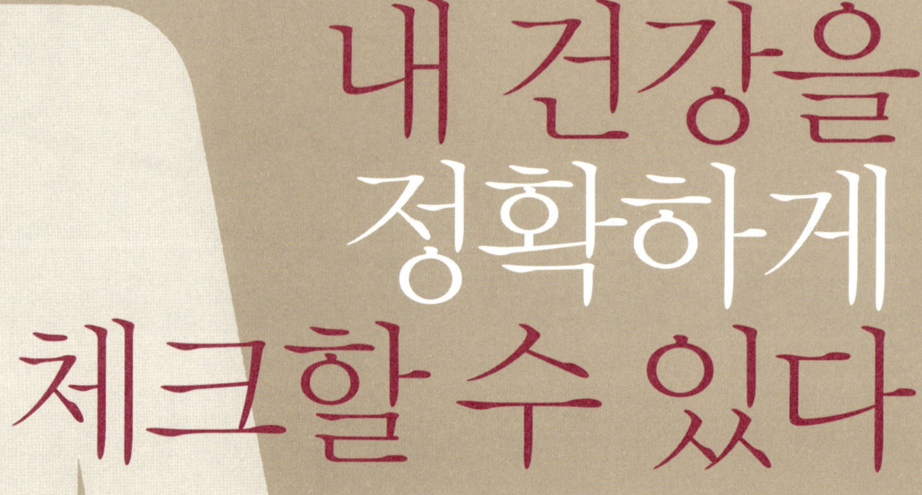

내 건강을
정확하게
체크할 수 있다

어디가 뚜렷하게 아픈 것은 아닌데 어쩐지 컨디션이 좋지 않다고 호소하는 이들이 많다. 그렇다고 심각한 증세도 아니면서 무작정 병원으로 달려가 종합검진을 받을 수는 없는 일. 의료보험이 활성화되고, 첨단기술을 갖춘 병원 또한 그 숫자가 늘어나고 있지만 여전히 병원 문턱은 높고 병원을 간다 해도 예약을 하지 않으면 몇 시간씩 기다리는 일이 허다하다. 또한 병원의 진료과목도 세분화되다 보니 어느 과를 찾아가야 할지 당혹스럽기만 하다. 그러다 보니 걱정을 하면서도 차일피일 미루다 보면 호미로 막을 병을 가래로 막아야 하는 경우가 흔하다. 이럴 때 평소 자기 건강에 관심을 가지고 자신의 병증을 정확하게 파악하고 있으면 걱정에서 벗어날 수 있을 뿐 아니라 병원에 가게 될 때 당황하지 않고 해당 진료과를 쉽게 찾을 수 있다.

모든 질병은 가벼운 증세에서부터 시작한다. 〈피곤하다〉, 〈열이 난다〉, 〈머리가 아프다〉, 〈배가 아프다〉, 〈숨이 차다〉 등 누구나 경험하고 느끼는 이런 증세에서 찾아내는 질환들은 수없이 많다. 차트에 있는 질문을 따라 Yes, No로 대답하면서 번호를 찾아가다 보면 숨어 있는 질환들을 찾아낼 수 있고 자신의 건강 상태와 치료의 방향도 알게 된다. 아울러 가벼운 증세에도 대처하는 습관이 길러진다. 평소에 이러한 습관을 갖고 있는 것이 건강을 지킬 수 있는 길이다.

이 책은 진료 과목별로 구분했기 때문에 질환의 내용을 찾기가 매우 쉽다. 또 병원의 진료과목 중 어느 진료과를 찾아야 할지 확실하게 알려 준다. 예를 들어 외과병원이라 해도 일반외과를 찾아야 하는지, 정형외과를 찾아야 하는지, 아니면 신경외과로 가야 하는지, 항문외과로 가야 하는지 등 구체적인 제시를 해 주어 전문의를 직접 만날 수 있게 해준다. 또한 안심해도 되는 병인지, 위급한 병인지도 판가름해 준다. 어디가 아픈 것 같은데 무슨 병인지 알 수 없을 때, 증세는 아는데 어느 진료과를 찾아야 하는지 막연할 때, 내 건강이 어느 정도인지 체크하고 싶을 때, 아이가 아픈데 병원에 데려가야 할지 말아야 할지 망설여질 때, 심각한 증세인지, 가벼운 증세인지 판단하기가 어려울 때 확실하게 궁금증을 풀어주는 책이다. 특히 이 책에서 다룬 〈집에서는 이렇게〉라는 항목과 〈알아두자〉편은 집에서 스스로 할 수 있는 자가 치료법으로 한방적, 민간적 요법을 구체적으로 제시했다. 병원에 가기 전이나 병원 치료 후에도 꼭 필요한 내용을 담고 있어 건강 지키기에 크게 도움이 될 것이다.

집에서 자가검진 을 할 수 있다

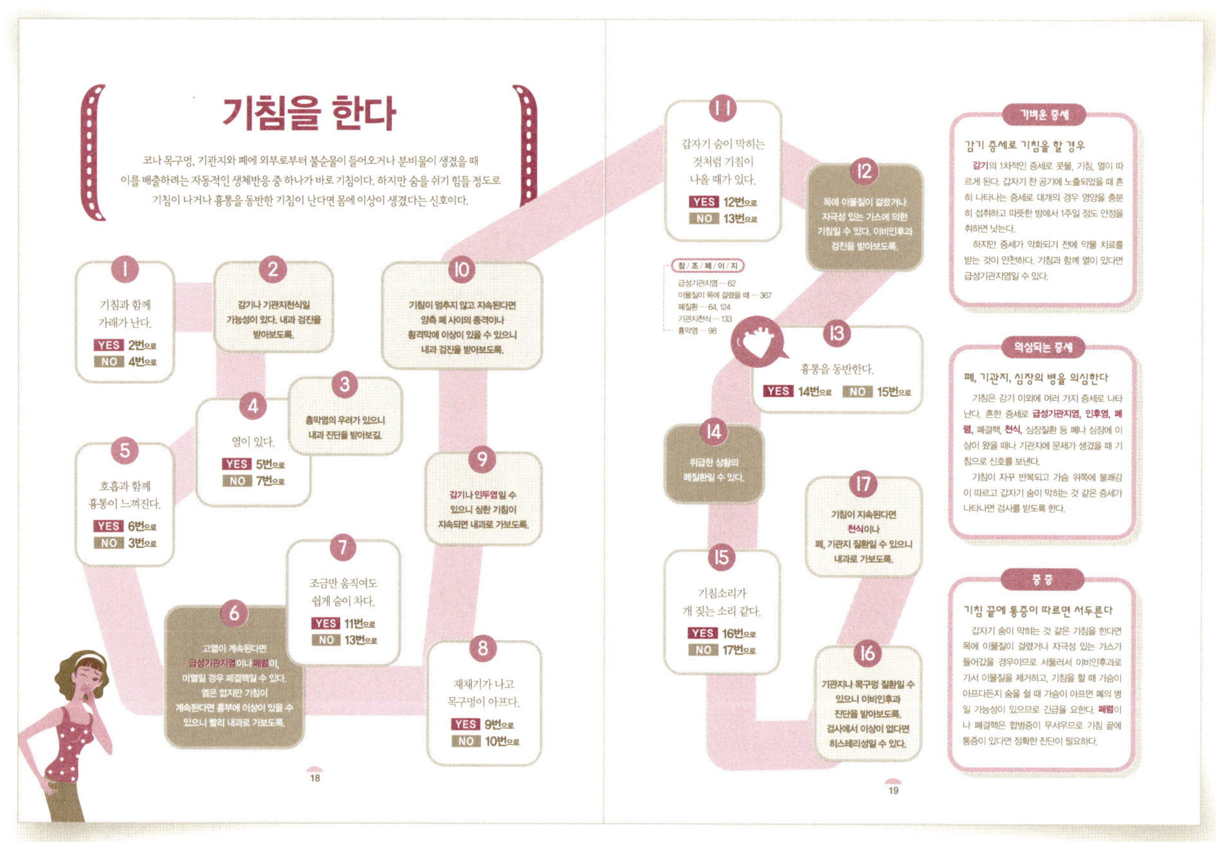

1
큰 항목에서 자신의 1차 증세를 찾는다

〈피곤하다〉, 〈기침이 난다〉, 〈열이 난다〉, 〈배가 아프다〉 등 평소에 누구나 느끼는 쉬운 증세들이지만 모든 병이 이 증세에서부터 시작된다는 것을 알 수 있다. 따라서 자신의 건강 상태를 체크하다 보면 병의 진단과 진료의 방향을 알게 된다.

2
Yes , No 번호를 따라 구체적인 질환을 차트 안에서 찾는다

1번에서부터 시작하여 번호로 찾아가는 이 차트는 Yes, No 대답에 따라 구체적인 증세가 명시되고 그 증세에 따라 짐작되는 병이 밝혀진다. 밝혀진 병은 어느 진료과목인지 알려주고, 위험한 병인지, 안심해도 되는지, 아니면 서둘러 수술을 받아야 하는지 판단을 내려 준다.

3 증상을 정확하고 빨리 파악할 수 있다

차트 구성이 단순하여 누구나 증상이 쉽게 파악이 되고 해당질환을 찾아 낼 수 있다. 찾아 낸 병의 구체적인 설명을 다룬 항목은 색자로 눈에 띄게 편집했다. 그 항목에 직접적인 해설이 없는 경우에는 참조페이지로 확인하도록 했다.

4 각 질환의 원인, 증세, 치료법을 알려 준다

해당 질환의 원인, 증세, 치료를 항목마다 상세하게 알려주어 병에 대한 기본 상식은 물론 위급한 상황에서 침착하게 대처할 수 있는 마음의 여유를 갖게 한다.
단 어떤 질환이 한 가지 증세로만 나타나는 것이 아니어서 자신이 알고 싶은 병을 찾고 싶을 때는 '찾아보기' 를 참조하면 쉽게 찾을 수 있다.

5 〈집에서는 이렇게〉라는 항목에서 가정요법을 알려 준다

각 질환마다 집에서 할 수 있는 식습관, 생활습관의 방법을 알려준다. 우리가 무심히 먹는 음식이나 식품들이 해당질환에 어떤 도움을 주고 어떤 방법으로 먹으면 효과가 있는지 포인트를 짚어 알려주고 생활습관에서 고쳐야 할 사항들을 구체적으로 알려 준다.

6 〈알아두자〉 항목에서는 구체적인 건강 상식을 알려 준다

본문에서 다루지 못한 건강상식은 물론 한방적, 민간적 측면에서 질환을 다스릴 수 있는 방법들을 구체적이고 상세하게 알려 준다. 평상시에 가정에서 건강 관리를 할 수 있도록 도와주는 이 항목은 '동의보감' 의 치료법을 근거로 정리했다.

로 했으나 요즘은 심한 합병증이 있는 경우가 아니라면 집에서 치료한다. 대개 항결핵약제를 투여한 후 2주 정도 지나면 전염균은 배출되지 않으므로 염려하지 않아도 된다. 결핵균은 내성이 잘 생기는 균이므로 반드시 2가지 이상의 약을 투여해야 하며, 1년 이상 복용해야 한다. 증상이 좀 좋아졌다고 임의로 약 복용을 중단하면 더 치료가 힘들어지고 재발하므로 주의한다.

[집에서는 이 렇 게] 나리뿌리를 즙을 내어 뜨거운 물을 섞어 먹으면 기침을 멎게 하며 폐결핵에 효과가 있다. 매실이나 마늘 등은 살균 작용이 있어 폐결핵을 다스리기에 좋은 식품이다. 하지만 이런 것들은 모두 치료약은 아니므로 약물 복용에 신경을 쓴다.

심장판막증

원인 심근염이나 심내막염이 원인이다

심장을 이루고 있는 네 개의 판막이 굳거나 협착되어 혈액공급과 순환에 장애를 일으키는 경우다. 선천성일 경우 폐동맥협착이 많고 후천적인 경우는 심근이나 심내막에 염증이 생긴 데서 비롯되는 경우가 많다. 따라서 류머티스열, 편도염, 다발성관절염 같은 감염증이 원인이 된다. 또 매독이나 동맥경화증은 대동맥판을 침해하는 경우가 많다.

증상 숨이 가쁘고 가래가 끓는다

초기에는 판막에 생긴 이상을 심장 자체가 적당히 처리하여 해결하는 경향을 보이므로 증세가 두드러지지 않는

생기고 기침이 발작적으로 나며 가래가 끓고 가래에 피가 섞여 나오기도 한다. 특히 밤에 증세가 더 심한 편이다.

치료 만성적으로 진행되므로 주의한다

전문의의 치료를 받아야 한다. 경험이 많은 의사의 경우 심음을 청취하고 가슴 부위를 만져보는 것으로 이상 유무를 파악할 수 있다.

이 외에 흉부 X선 촬영이나 심음청취로 판막증의 종류와 정도를 파악한다. 심전도 검사 등을 통해 여러 합병증을 진단할 수 있다. 당장 특별한 치료가 필요하지 않은 경우도 있으나 만성적으로 진행되므로 주의를 기울여야 한다. 외과적 수술이 필요한 경우도 있다.

알•아•두•자

가래의 색깔에 따라 알아차리는 호흡기 질환

- **무색투명하거나 반투명한 것** _ 보통 감기나 급성기관지염, 만성기관지염 중에서 세균감염이 없는 것, 그리고 천식에서 볼 수 있다.
- **누런색일 때** _ 세균 감염이 있어서 세균과 싸우기 위해 집결한 백혈구와 조직의 세포 같은 것이 많이 들어 있기 때문에 누렇게 보인다. 만성기관지염, 기관지확장증, 세기관지염, 폐렴 등의 질병에서 보인다.
- **녹색일 때** _ 인플루엔자 간균과 녹농균 감염 때 보인다. 인플루엔자 간균은 만성기관지에 감염되기 쉬운 균으로 대표적인 세균이다.
- **붉은색일 때** _ 기관지확장증과 폐렴 때 보이는 혈담이다.
- **쇠의 녹빛깔이나 벽돌색일 때** _ 기관지확장증이나 폐렴 때 보이지만 특히 폐렴 때 이런 색깔이 나오곤 한다. 차트의 증상으로서 이런 혈담이 나오면 폐렴 확률이 높다.

Contents

4

이비인후과 치과로 가야 할 증세

알아 두자

5 피부과로 가야 할 증세

6 산부인과로 가야 할 증세

알아두자

자가진료 요령 10가지…

의사가 병을 고쳐주는 것도 중요하지만 자신이 언제, 어느 진료 과목 담당의사를 만나 어떻게 자신의 증세를 표현하느냐에 따라서 진단과 치료 속도가 달라진다. 평소 자신의 몸 상태를 체크하는 습관을 갖도록 하자. 집에서 쉽게 체크하는 자가진료 요령 10가지를 알아본다.

체중 체크를 한다

비만은 단순히 표준체중보다 몸무게가 많이 나가는 것을 뜻하는 것이 아니고 체지방이 과잉축적된 상태를 말하는 것으로 체지방이 신체 어느 부위에 축적되어 있는지를 체크한다.

손톱의 변화를 체크한다

손톱이 약해져서 잘 부러지거나 휘어지면서 가운데가 패인다든지, 손톱 색깔이 검어지거나 하얗게 변하면 건강의 적신호이다. 이와같이 손톱, 발톱의 변화는 전신질환을 동반할 가능성이 있다는 것을 잊지 말자.

얼굴색을 체크한다

얼굴에 나타나는 변화는 자기 자신보다 남들이 먼저 알아차리고 체크해 주는 경우가 많다. 눈에 두드러지는 변화로는 빈혈일 때는 핏기가 없고, 간이 나쁠 때는 까맣게 변한다. 또한 황달일 때는 노랗게 변하며 신장이 나쁘면 부석부석하다. 이러한 변화를 놓치지 말고 체크하는 습관을 갖도록 한다.

입과 혀의 상태를 체크한다

갑자기 입맛이 변해 어떤 음식도 맛이 없다든지, 입술과 혀 둘레에 하얀 반점이 생겼다든지 입술색이 파랗게 변했다면 인체에 문제가 생긴 것이다. 또한 심한 갈증, 입몸 출혈, 입안의 냄새, 입술이 트는 것도 여러 가지 질환을 의심할 수 있는 신호임을 알아두자.

대변 상태를 체크한다

건강검진을 할 때 대변 검사, 소변검사는 기본이다. 그만큼 건강 상태를 정확하게 파악할 수 있는 것이 변의 횟수와 변의 내용이다. 때문에 변을 잘 보고 이상이 없다면 건강에 대해 크게 염려하지 않아도 된다.

눈동자의 변화를 체크한다

눈동자의 색깔 변화도 건강 상태와 직결된다. 노란 색을 띠고 있으면 황달, 하얀 색을 띠고 있으면 빈혈, 눈꺼풀 일부가 노랗게 되었다면 콜레스테롤이 높아지지 않았는지 체크해 본다. 충혈이 되었다면 눈병이 났음을 알리는 신호다.

피부의 상태를 체크한다

피부 트러블은 갑자기 생기는 경우가 흔한데 음식을 잘못 먹었을 때 두드러기 같은 것이 생길 수도 있지만 몸 안에 심각한 병이 생겼을 때도 가려움증, 발진이 생기고 점 같은 것이 커지거나 색깔이 진해질 수 있다.

피로도를 체크한다

휴식을 취해도 피로감에 시달린다든지, 늘 나른하고 지쳐 의욕이 없다든지 하면 건강상태의 적신호이기도 하지만 스트레스에 시달리고 있음을 알리는 신호이기 쉽다. 잘못하면 성인병으로 이어질 수도 있으므로 자신의 스트레스 축척 정도를 진단해 본다.

소변 상태를 체크한다

소변은 우리 몸의 여러 가지 사항을 그대로 전달해 준다. 소변의 양이 너무 적어도, 또 너무 많아도 문제가 되지만 소변의 냄새, 소변에 섞여 나오는 피, 고름, 소변볼 때의 통증 등 평소와 다른 소변 상태를 보일 때 전문의의 진단을 받는다.

머리카락의 상태를 체크한다

영양상태가 나쁘다든지 스트레스가 쌓이면 머리카락에도 영향을 준다. 머리카락이 갈라지고 거칠어진다든지, 갑자기 새치가 쏟아져 나온다든지, 머리카락이 술술 빠진다면 문제가 있다는 신호다. 물론 노화현상에 의한 변화라면 걱정하지 않아도 되지만 그렇지 않다면 몸에 다른 이상이 없는지 체크해 본다.

체중 체크를 한다

- 마른편 **20**미만
- 정상 **20~24**
- 비만 **26.4**

＊ 체격지수 (BMI)의 계산법

$$체중(kg) \div 신장^2(m)$$

안색 체크를 한다

입술 색이 보랏빛이 되었다
심장병, 폐질환이 있으면 혈액 속의 산소가 줄어들어 입술 색이 보랏빛이 된다. 또 빈혈이 있어도 혈액 속에 헤모글로빈이 줄어들어 입술 색이 청보라색으로 변할 수가 있다.

얼굴 한 부분이 빨갛게 되었다
감염에 의해 얼굴 일부가 빨갛게 되는 수가 있다. 코에서부터 양뺨에 붉은 형태가 나타날 때는 교원병일 가능성이 있다.

얼굴 전체가 붉어졌다
혈압이 높아져서 고혈압이 되었거나 심장에 이상이 생기면 얼굴 색이 붉어질 수 있다.

얼굴 색이 노랗다
황달일 가능성이 있다. 눈의 흰자까지 노랗게 되었다면 황달일 가능성이 높다.

핏기가 없어졌다
핏기없이 얼굴 색이 창백하다면 중증의 빈혈일 가능성이 있다.

손톱 체크를 한다

길이로 갈라지거나 벗겨진다
매니큐어를 오래 했다든지, 세제 등의 이유로 손톱이 갈라질 수가 있다. 또는 칼슘 부족도 원인이 될 수 있다.

굴곡이 생겼다
손톱 주변에 염증이 생겼을 가능성이 있다.

손톱이 부풀어 올랐다
손톱이 시계의 방풍 유리처럼 부풀어오르고 커졌을 때는 만성 폐질환이나 심장병일 가능성이 있다.

두꺼워지면서 탁해졌다
대개 진균증일 가능성이 있다. 발톱이 살 속으로 파고 든다면 발에 꼭 끼는 신발이나 흙이 들어간 신발을 신었을 경우 이런 현상이 나타난다.

입과 혀 체크를 한다

갈증을 느낀다
특별한 원인이 없는데도 목이 마르면서 소변 량이 갑자기 늘었을 때는 당뇨병이 아닌지 의심해 본다.

맛을 알 수 없다
미각장애일 가능성이 있다.

입술색이 파랗다
심장병이나 폐질환일 수 있다.

잇몸에 출혈이 있고 입에서 냄새가 난다
치주병, 충치, 치조농루일 가능성이 있다.

혀 둘레에 하얀 반점이 있다
통증은 없는데 혀 둘레에 하얀 반점이 생겼다면 아프타성 구내염, 교원병일 가능성이 있다.

입술이 트고 입안이 헐었다
비타민 부족이나 위장 장애와 구내염일 가능성이 있다.

소변 체크를 한다

배뇨통이 있다
요도염일 가능성이 있다.

혈뇨가 나온다
요로결석, 전립선비대, 신장염 등의 위험성이 있다.

소변이 탁하고 시큼한 냄새가 난다
요도염, 방광염, 당뇨병일 가능성이 있다.

소변 양이 많다
당뇨병, 만성신염일 가능성이 있다.

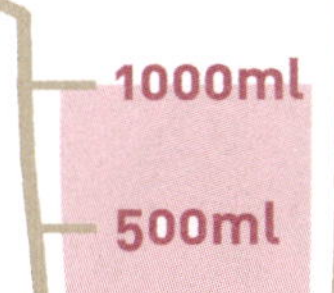

소변 양이 적다
신장염, 심부전, 간장병 등일 가능성이 있다.

소변을 자주 본다
방광염, 요로결석일 가능성이 있다.

소변이 잘 안 나온다
배뇨장애일 가능성이 있다.

눈동자 체크를 한다

눈꺼풀에 노란색 기미가 있다
눈꺼풀의 일부가 노란색 기미처럼 되어 있다면 혈청 콜레스테롤이 높을 가능성이 있다.

각막에 흰줄이 생겼다
나이가 많지도 않은데 각막에 흰줄이 생겼다면 동맥경화일 가능성이 있다.

눈동자가 노랗다
노란색을 띠고 있다면 황달일 가능성이 있다.

결막이 하얗게 변했다
하얀 색을 띠고 있다면 빈혈일 가능성이 있다.

충혈이 되었다
충혈이 되거나 결막이 붉다면 결막염일 가능성이 있다.

피부 체크를 한다

발진이 생겼다
발진이 생기는 원인은 여러 가지이므로 연고를 바르는 정도로 가볍게 생각하지 말고 전문의의 진찰을 받는다.

발가락이 가렵다
가장 흔한 증세로 무좀 곰팡이가 침투했을 가능성이 있다.

점 색깔이 진해졌다
자외선에 오래 노출되면 점의 색깔이 진해질 수 있다.

가려움증이 심하다
부분적으로 가려울 때는 접촉성 피부염을 생각할 수 있지만 온몸이 가려울 때는 당뇨병이나 간장병 같은 것을 의심해 본다.

점이 커졌다
평상시에 작았던 점이 갑자기 커졌다거나 그 주변이 붉게 변했다면 피부암 같이 심각한 병이 숨어 있을 수도 있으므로 가볍게 생각하지 말자.

온몸에 땀이 난다
아무 이유도 없이 갑자기 온몸에 땀이 많이 나고 얼굴이 화끈 달아 오르면 우선 갱년기장애를 의심하고, 심장병, 갑상선 이상을 생각할 수 있다.

대변 체크를 한다

변에 피가 섞여 나온다
변에 피가 묻어 있거나 배변 시에 출혈이 있다면 치핵을, 변 전체에 피가 섞여 있다면 궤양성 대장염, 대장게실증 등을 의심할 수 있다.

배변시 항문이 아프다
치핵일 가능성이 있다.

변비가 심하다
변의를 느끼면서도 배변시에는 시원하게 변이 나오지 않고 배변 후에도 남아 있는 느낌이 들고 변의 굵기가 가늘어졌다면 대장암이나 직장암일 가능성이 있다.

변 색깔이 검다
위장이나 십이지장에 이상이 생겨 출혈이 있을 가능성이 있다.

설사가 계속된다
급성일 경우에는 소화기 계통이 감염되었거나 과식에서 오는 경우일 수 있지만 오래 계속될 경우에는 위장에 병이 왔음을 알리는 신호일 수 있다.

방귀가 나오지 않는다
변이 나오지 않는 것은 물론 방귀도 나오지 않는다면 장에 이상이 온 것이다. 배가 당기면서 이러한 현상이 있다면 장폐색일 가능성이 있다.

머리카락 체크를 한다

머리카락 숱이 줄어든다
젊은 나이인데도 머리카락 숱이 전체적으로 줄어든다면 뇌하수체나 갑상선 질환, 영양 장애, 철 결핍성 빈혈 등의 우려가 있다.

원형 탈모
머리 윗부분이나 뒷부분의 머리카락이 원형으로 벗겨지는 경우를 말한다. 원인으로는 정신적인 스트레스 때문에 오는 경우가 많다.

대머리
여성보다는 남성에게 많고 특히 10대 후반부터 탈모가 시작된다면 대머리가 될 우려가 있다. 유전적인 요인일 경우가 많다.

갈라지는 머리카락, 거친 머릿결
머리카락 손질을 잘 하지 못해서이기도 하지만 신체적인 컨디션에 문제가 있어서일 수도 있다.

새치
악성 빈혈이나 갑상선 질환일 염려도 있다. 지나친 스트레스 때문에 머리카락의 새치가 생기기도 한다.

피로도 체크를 한다

자신의 피로도를 체크한다
요즘 현대인들은 피로감을 호소하는 경우가 많다. 휴식을 취해도 피로가 풀리지 않고 의욕이 떨어지며 식욕마저 생기지 않는다면 건강의 적신호가 아닐 수 없다. 자신의 일상을 체크해 보고 영양의 밸런스는 잘 지키고 있는지, 운동은 하고 있는지, 휴식을 잘 취하고 있는지 하나하나 체크해서 점수를 알아본다.

1 아침에 눈을 뜨기 어렵다.

2 아침 식사를 거를 때가 많다.

3 출퇴근 전철 안에서 졸음이 쏟아진다.

4 점심식사 시간을 기다리기가 어렵다.

5 횡단보도를 뛰어서 건널 때 숨이 차다.

6 전철을 기다릴 때 의자에 앉아서 기다린다.

7 금요일 출근이 지겨워진다.

8 식사량이나 활동량은 그대로인데 살이 빠진다.

9 휴일이면 하루종일 집에서 누워 뒹군다.

10 성욕감퇴가 신경 쓰인다.

✱ ○ ~ 2점
아직은 체력이 충분하다. 그러나 방심은 하지 말자. 너무 여러 가지를 하려고 애쓰지 말고 자기 절제가 필요하다.

✱ 3 ~ 6점
체력감퇴를 자각하고 있을 것이다. 휴식을 충분히 취하고 자신의 식사 패턴을 재검토하자.

✱ 7 ~ 10점
체력이 완전히 제로 상태다. 재충전이 필요하고 휴식을 충분히 취하도록 한다. 전문의의 진단을 받아 보는 것도 좋겠다.

내과로 가야 할 증세

기침을 한다

코나 목구멍, 기관지와 폐에 외부로부터 불순물이 들어오거나 분비물이 생겼을 때
이를 배출하려는 자동적인 생체반응 중 하나가 바로 기침이다. 하지만 숨을 쉬기 힘들 정도로
기침이 나거나 흉통을 동반한 기침이 난다면 몸에 이상이 생겼다는 신호이다.

1

기침과 함께
가래가 난다.

YES 2번으로
NO 4번으로

2

감기나 기관지천식일
가능성이 있다. 내과 검진을
받아보도록.

10

기침이 멈추지 않고 지속된다면
양측 폐 사이의 종격이나
횡격막에 이상이 있을 수 있으니
내과 검진을 받아보도록.

4

열이 있다.

YES 5번으로
NO 7번으로

3

흉막염의 우려가 있으니
내과 진단을 받아보길.

5

호흡과 함께
흉통이 느껴진다.

YES 6번으로
NO 3번으로

9

감기나 인두염일 수
있으니 심한 기침이
지속되면 내과로 가보도록.

7

조금만 움직여도
쉽게 숨이 차다.

YES 11번으로
NO 13번으로

6

고열이 계속된다면
급성기관지염이나 폐렴이,
미열일 경우 폐결핵일 수 있다.
열은 없지만 기침이
계속된다면 흉부에 이상이 있을 수
있으니 빨리 내과로 가보도록.

8

재채기가 나고
목구멍이 아프다.

YES 9번으로
NO 10번으로

11

갑자기 숨이 막히는
것처럼 기침이
나올 때가 있다.

YES **12번**으로
NO **13번**으로

12

목에 이물질이 걸렸거나
자극성 있는 가스에 의한
기침일 수 있다. 이비인후과
검진을 받아보도록.

13

흉통을 동반한다.

YES **14번**으로 **NO** **15번**으로

14

위급한 상황의
폐질환일 수 있다.

17

기침이 지속된다면
천식이나
폐, 기관지 질환일 수 있으니
내과로 가보도록.

15

기침소리가
개 짖는 소리 같다.

YES **16번**으로
NO **17번**으로

16

기관지나 목구멍 질환일 수
있으니 이비인후과
진단을 받아보도록.
검사에서 이상이 없다면
히스테리성일 수 있다.

가벼운 증세

감기 증세로 기침을 할 경우

감기의 1차적인 증세로 콧물, 기침, 열이 따르게 된다. 갑자기 찬 공기에 노출되었을 때 흔히 나타나는 증세로 대개의 경우 영양을 충분히 섭취하고 따뜻한 방에서 1주일 정도 안정을 취하면 낫는다.

하지만 증세가 악화되기 전에 약물 치료를 받는 것이 안전하다. 기침과 함께 열이 있다면 급성기관지염일 수 있다.

의심되는 증세

폐, 기관지, 심장의 병을 의심한다

기침은 감기 이외에 여러 가지 증세로 나타난다. 흔한 증세로 급성기관지염, 인후염, 폐렴, 폐결핵, 천식, 심장질환 등 폐나 심장에 이상이 왔을 때나 기관지에 문제가 생겼을 때 기침으로 신호를 보낸다.

기침이 자꾸 반복되고 가슴 위쪽에 불쾌감이 따르고 갑자기 숨이 막히는 것 같은 증세가 나타나면 검사를 받도록 한다.

중 증

기침 끝에 통증이 따르면 서두른다

갑자기 숨이 막히는 것 같은 기침을 한다면 목에 이물질이 걸렸거나 자극성 있는 가스가 들어갔을 경우이므로 서둘러서 이비인후과로 가서 이물질을 제거하고, 기침을 할 때 가슴이 아프다든지 숨을 쉴 때 가슴이 아프면 폐의 병일 가능성이 있으므로 긴급을 요한다. 폐렴이나 폐결핵은 합병증이 무서우므로 기침 끝에 통증이 있다면 정확한 진단이 필요하다.

인두염

원인 세균·바이러스성이거나 알레르기가 원인

목구멍은 크게 비강에서 식도로 이어진 인두와 인두에서 폐로 이어지는 후두로 나뉜다. 일반적으로 목구멍이 아파 음식물을 삼키기 힘들다거나 편도선이 부었다고 하는 것들이 인두의 병으로 대개 바이러스나 세균에 감염되거나 알레르기성일 경우가 많다.

상기도의 감염이 편도선에 번져 염증을 일으키며, 인두 편도의 비대를 초래하기도 한다.

증세 기침, 두통 목 앞쪽이 아프다

기침이 심하며 두통, 피로감, 권태감이 동반되고 인두가 창백하거나 부었을 때는 바이러스성 인두염을 의심한다. 고열과 함께 목 앞쪽 임파선이 아프다면 세균성 인두염이다. 급성 염증일 경우, 혈관이나 임파관 등의 내용물이 밖으로 스며나오는 삼출 현상을 보이기도 한다.

열도 안 나고 인두에 염증도 없는데도 자주 아프면 알레르기성인 경우가 많다.

치료 실내 습도, 온도, 청결에 신경을 쓴다

실내는 적당한 온도와 습도를 유지하며 과로를 피하고 충분한 안정과 휴식을 취해야 한다. 또 외출 후 반드시 양치질을 하거나 소금물로 자주 입안을 헹궈주는 등 구강 청결에도 신경을 쓴다.

각종 세균 및 바이러스에 의한 인두의 염증성 질환은 항생제로 잘 치유되지만 자주 반복하거나 불완전하게 치료하면 내성이 생겨 치료가 어려워지는 한편, 방치해 둘 경우, 류머티즘이나 부비동염, 중이염 등 합병증을 일으킬 수도 있으므로 초기에 완전히 치료하는 것이 중요하다. 만약 인두편도가 염증으로 인해 부어 비대해져 호흡이 곤란할 정도라면 난청을 일으킬 수도 있으므로 부어 있는 편도선을 수술로 절제하기도 한다.

말린 치자에 뜨거운 물을 부어 차처럼 우려내어 마시면 목의 통증이 덜하다. 새우젓 한줌을 프라이팬에서 태워 곱게 간 후 스트로우에 이 가루를 찍어 환부에 대고 불어주면 편도선이 붓고 아프며 열나고 물조차 마실 수 없는 증상들이 가신다.

감기·기관지염

원인 바이러스의 감염으로 일어난다

감기의 주 원인은 바이러스로 아직 그 종류가 다 확인되지 않았을 만큼 많다. 기온차가 심하거나 심신이 피로한 경우 특히 감기에 잘 걸리는 것은 몸의 면역력이 약화됐기 때문. 재채기, 기침, 감염된 물질과의 접촉 등에 의해 바이러스에 감염되므로 사람이 많이 모이는 곳에 가면 그만큼 전염 확률이 높아진다.

증세 방치하면 합병증 유발한다

대체로 처음에는 목이 아프며 콧물이 나오고 재채기가 나는 등의 증상을 보이다가 더 진행되면 두통, 불쾌감, 한기 등이 오며 열이 난다. 코와 점막이 붓고 콧구멍은 짙은 분비물 때문에 막히며 때로는 콧속이 헐고 입술에 물집이 생기기도 한다. 오래 가면 기관지염, 중이염, 뇌막염, 폐렴을 유발하기도 하며 관절염, 신장염, 심장병 등을 악화시키기도 한다.

치료 안정과 휴식이 필요하다

감기의 특효약은 아직 없다. 특별히 허약한 경우가 아니라면 치료를 하든 하지 않든 1주일이나 열흘이면 낫는다.

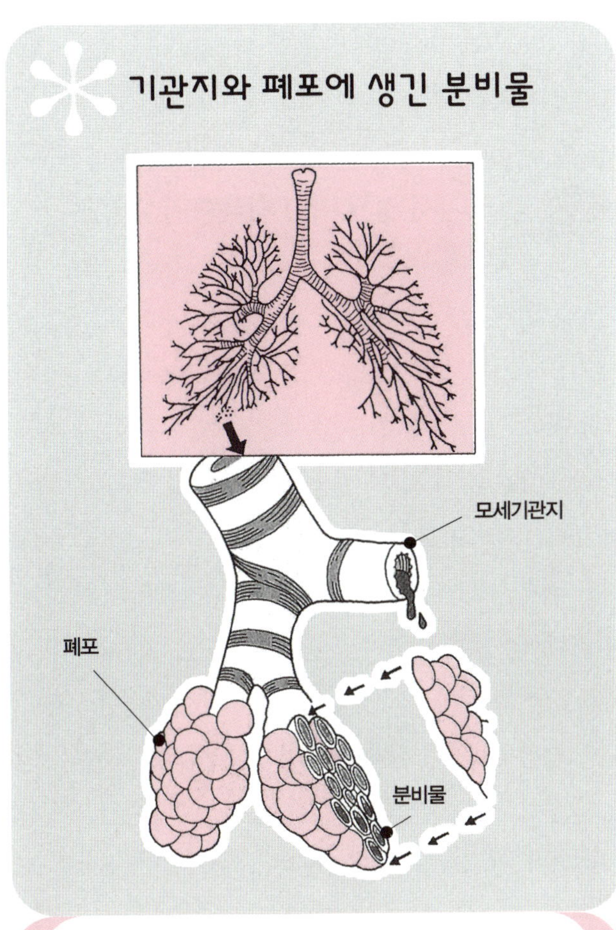

감기가 오래 지속되면 기관지염으로 발전하기 쉽다.
기관지염의 특징은 기침과 가래이다.
위 그림은 기관지계와 모세기관지의 단면이고,
아래 그림은 폐포의 단면이다. 폐포 안에 분비물이
보이는데, 정상 폐포에는 공기가 있을 뿐이다.

그러므로 감기 증상이 보일 때는 안정과 휴식을 취하는 것이 최우선이다. 감기로 인한 기침으로 고생하는 경우도 많은데, 시판되는 기침약의 주요 성분은 설탕과 알코올이다. 설탕은 자극된 점막을 진정시키며 알코올은 기분을 좋게 하는 효과가 있다. 따라서 간단한 기침의 경우, 알사탕을 먹거나 뜨거운 물을 마시거나 수증기를 들이마시는 것으로도 충분하다. 하지만 3~4일이 지나도 기침이 멈추지 않을 경우 의사의 진찰을 받는다.

집에서는 이 렇 게   초기 감기에는 굴껍질을 우려내어 마시거나 파나 생강, 마늘을 다져서 끓여 먹어

도 좋다. 기침이 심한 감기에는 호두죽이 좋다. 가래가 많을 경우에는 석류차나 생강차가 효과가 있다. 무즙이나 배즙은 열을 내리는 데 효과가 있으며 목이 아프고 따끔거릴 때는 도라지와 귤껍질을 같이 달여 먹으면 되는데 이때 감초를 넣으면 보다 효과적이다.

천식

원인 알레르기와 비알레르기로 나눈다

기관지가 여러 가지 자극에 과민하게 반응해 좁아진 상태다. 알레르기성과 비알레르기성으로 나눈다. 알레르기성은 집먼지, 진드기, 곰팡이, 꽃가루, 개털 등 특정 물질에 대해 기관지가 과민한 반응을 일으키는 것. 비알레르기성은 만성 호흡기 감염이나 향수나 강한 냄새, 찬 공기나 아스피린이 포함된 약물 같은 비 특징적인 자극물과 관계가 많다.

증세 기침, 천명, 숨가쁨이 따른다

숨쉴 때 쌕쌕거리는 소리, 즉 천명이 특징이며 발작적인 기침이나 헐떡이듯 숨을 쉬는 증세 등을 꼽을 수 있다. 이 같은 증세는 특정한 자극물질과 면역 글로불린 E의 결합에 의한 것이다. 이 결합물질이 기관지 평활근에 수축을 일으키면 기도가 협착되어 숨쉬기가 곤란해 진다. 또, 과다 분비된 점액이 통로를 막아 쌕쌕거리고 이를 이기기 위해 기침이 나온다.

치료 자극물질과의 접촉을 피한다

천식은 초기에 잡는 것이 좋으며 무엇보다 예방이 중요하다. 적당한 운동과 충분한 영양섭취 및 휴식 등 규칙적인 생활로 몸의 면역력을 높인다. 천식의 원인이 되는 알레르기 물질이나 각종 자극성 물질과의 접촉을 피함으로

써 면역 글로불린 E와의 결합 반응을 예방한다. 피부반응 검사를 통해 가능성 있는 알레르기 항원을 미리 알아두는 것도 좋다. 병원에서는 기관지 확장제나 진해거담제 등의 약물을 투여하거나 합병증이 있으면 치료한다.

심리적인 불안감이나 가족간의 불화 등도 천식발작에 영향을 주므로 주의한다. 술과 담배는 금물. 음식도 달걀, 초콜릿, 조미료, 메밀, 토란, 버섯, 우유, 치즈, 새우 등은 가급적 피한다. 이들 식품은 천식을 악화하거나 알레르기의 원인이 되기 때문이다. 대신 비타민 A, C가 풍부한 식품을 특히 많이 섭취하도록 한다. 당근, 호박, 토마토 등은 피부와 점막의 저항력을 강하게 하고 신진대사를 활발하게 해준다.

폐렴

원인 ## 세균이나 바이러스 감염으로 일어난다

폐렴이란 폐포를 포함한 기관지 말초 부분인 폐실질에 염증이 일어난 상태로 대부분 세균이나 바이러스의 감염으로 일어난다.

세균성 폐렴의 50~80%는 폐렴구균에 감염된 경우이며 약 5%는 포도상구균에 의한 것으로 인플루엔자나 홍역 등의 합병증으로 일어난다. 바이러스에 의한 폐렴도 있는데 인플루엔자, 아데노 바이러스 등이 원인균이다.

증세 ## 한기, 발작적인 기침, 가래 등이 따른다

원인균에 따라 경과와 치료법, 예후가 다르다. 일반적인 증상은 별안간 한기가 돌고 고열이 나며 기침이 발작적으로 일어난다. 처음에 끈적끈적하던 가래가 차차 녹물 같은 가래로 변한다. 흉통이 심하며 호흡곤란이 온다. 심하면 산소결핍으로 얼굴과 손톱이 자색으로 변하는 자색증이 나타난다. 복통이나 단순 호흡기 병으로 오인, 병을 키울 수 있으니 주의한다.

치료 ## 건조하지 않게 하고 자색증이 생기면 즉시 입원한다

만일 자색증이 생기면 산소호흡이 필요하며 또는 그 이상의 전문적인 처치를 요할 수도 있으므로 이때는 즉시 입원시켜야 한다. 환자 상태가 매우 심하여 경구 수분 섭취가 어려울 때는 정맥으로 수분공급을 한다. 강력한 항생제가 개발되고 폐렴에 대한 보조치료 방법이 거의 완벽한 현대에도 폐렴은 높은 사망률을 보이는 무서운 병이다. 특히 노인의 폐렴은 위험하다.

또한 병의 경과가 급성이므로 신속하고 확실한 진단을 받아 빨리 치료를 시작해야 한다. 항생제를 사용할 때는 원인균에 따라 달리 선택해야 한다. 함부로 사용하면 내성을 초래하기 쉬우므로 특히 주의한다.

환자의 안정이 급선무다. 방은 따뜻하게 하고 건조하지 않게 한다. 탈수증을 막기 위해 물이나 주스 등을 많이 섭취하도록 한다. 고열이나 통증이 있을 때는 아스피린이나 기타 해열 진통제를 준다. 환자가 가래를 잘 뱉어내도록 도와준다.

폐렴증세로 열이 올라 좀처럼 열이 내리지 않을 때는 잉어 살을 곱게 다져 거즈에 펴 바른 다음 이것을 가슴과 등, 머리와 이마에 찜질한다. 잉어찜질은 강한 해열 작용이 있어 열을 내리게 하는데 도움이 된다. 수시로 체온을 재보아 정상체온으로 돌아오면 바로 떼어 낸다. 대나무 기름에 생강즙을 넣어 소주잔으로 1잔 정도 마셔도 기침이 멎고 열이 내린다. 뱀장어도 잘 듣는다. 살아 있는 뱀장어를 구워 뜨거운 물에 1시간 정도 담가 두었다가 그 물에 우러난 기름을 마셔도 효과가 있다.

급성기관지염일 때 일상생활에서 주의할 점들

■ 소화흡수가 잘 되는 음식으로 식단을 짠다

알코올이나 자극이 강한 향신료도 삼가도록 하고 소화흡수가 잘 되는 음식으로 식단을 만들어 하루 3끼를 규칙적으로 먹도록 한다.

또한 수분을 충분히 공급하여 기침과 가래가 생기는 것을 막도록 하고 갑작스런 온도 변화에도 신경을 쓴다. 가급적이면 몸을 따뜻하게 해주고 충분한 휴식을 취하도록 한다.

감기나 기관지염일 때는 소화흡수가 잘되는 음식으로 식단을 짜서 하루 3끼를 규칙적으로 먹는 것이 중요하다. 영양이 흐트러졌을 때 증세가 심해진다는 것을 기억하자.

■ 집안의 알레르기 요인을 없앤다

알레르기성 기관지염일 때는 그 요인을 없앤다. 즉 식품 알레르기일 때는 식사에 주의하고, 먼지나 벼룩 · 꽃가루 등이 원인일 경우에는 주위를 깨끗이 청소하고 마스크를 한다.

■ 담배를 피우지 말자

기관지염은 기침과 가래가 주된 증상인데 가벼운 경우에는 1~2일 사이에 좋아지지만 치료를 소홀히 하면 상당 기간 괴로움을 겪게 된다. 평소에 제일 주의해야 할 일은 담배를 피우지 않는 것이다. 흡연은 본인은 물론 주위 사람들에게도 나쁜 영향을 미치므로 끊는 것이 좋다.

기침·가래를 다스리는 민간 치료법

■ 기침이 심하고 가래가 끓는 증세일 때

진피나 유자가 좋다. 누런색의 가래가 끼고 열이 있을 때는 몸을 차게 하는 성질이 있는 무 또는 동아, 배, 해조류, 감 등을 먹는다. 무는 삶거나 달여서 먹는 것보다 생즙을 마시는 것이 더욱 효과적이다.

■ 마른기침이 나오고 끈끈한 가래가 있을 때

배, 무, 꿀, 백합뿌리, 비파 잎 등이 잘 듣는다. 비파 잎은 뒷면의 잔털을 칫솔로 깨끗이 닦아내고 흐르는 물에 씻은 다음 서늘한 곳에서 말린 후 부수어 약으로 쓴다. 이 가루에 뜨거운 물을 붓고 진하게 우려낸 다음, 차 대용으로 꾸준히 마시면 마른기침은 가라앉는다.

기침을 다스리는 식품으로 꿀, 무, 배, 마늘, 파 등이 있다. 생으로 먹을 수 있는 무나 배는 즙을 내어 먹고 비파잎은 말렸다가 가루를 내어 차대신 마신다.

■ 한기가 들거나 묽은 색의 가래가 나올 때

마늘, 생강, 파, 진피, 호도 등을 자주 먹으면 좋다. 은행은 기침과 가래를 가라앉히지만, 날 것은 중독성이 있으므로 반드시 삶거나 구워서 먹어야 한다. 삶은 은행이라도 15세 이상일 경우에는 하루 8~10알, 15세 이하일 경우에는 하루 5알 미만이 적당하다.

두통이 있다

감기, 스트레스, 피로, 영양부족 등 일상생활에서 두통은 매우 흔한 증세이다.
하지만 두통이 장기간 계속되거나 발열, 현기증, 구토나 시력 감퇴 등을 동반하면
매우 위험할 수 있으니 정확한 진단이 필요하다.

1

열이 난다.

YES 2번으로
NO 4번으로

2

재채기, 콧물이 나면서
코가 막힌다.

YES 3번으로
NO 8번으로

8

고열과 극심한 통증을
동반한다.

YES 13번으로
NO 7번으로

3

감기나 인플루엔자일 수
있으니 고열이 동반된다면
내과로 가보도록.

4

불에 덴듯한 안면통증이
있다. 30초에서
1분정도 발작적으로
일어난다.

YES 5번으로
NO 10번으로

7

감염성 질환일 가능성이 높다.

5

삼차신경통일 수 있고,
통증이 있던 곳에 작은
물집이 생긴다면
대상포진일 수도 있다.

6

녹내장일 수 있다. 시력장애가
동반된다면 악성
심경화증일 수도 있으니 내과
검진을 요한다.

9

과로, 영양실조, 약물 부작용으로
인한 두통일 수 있으니
멈추지 않는다면 내과 검진을
요한다.

11

눈앞이 흐려지면서 눈이
피로하고 머리가 무겁다.

YES **6번**으로
NO **12번**으로

10

현기증, 구토나
메스꺼운 증상이
동반된다.

YES **11번**으로
NO **14번**으로

13

귀나 코의 만성질환이
있다.

YES **16번**으로
NO **17번**으로

12

뇌졸중일 수 있으니
빨리 내과로 가보도록.

17

뒷목이 굳어있으면
뇌막염이 의심되니
내과 검진을 받아보도록.

14

머리 앞쪽에 통증이 있고,
눈이나 코에 이상이 느껴진다.

YES **15번**으로
NO **20번**으로

참 / 조 / 페 / 이 / 지

감기 … 354
인플루엔자 … 124
갱년기장애 … 109, 160
급성중이염 … 219
뇌졸중 … 50
동맥경화증 … 110, 186
외이도염 … 218
근시 … 211
난시 … 212
노안 … 213

15

근시, 난시, 노안,
녹내장 등 안과질환이거나 비염,
축농증일 수 있다.

16

뇌종양일 가능성도 있으니
빨리 내과로 가보도록.

다음 페이지에서 계속 ▶ ▶ ▶

▶ ▶ ▶ 이전 페이지에서 계속

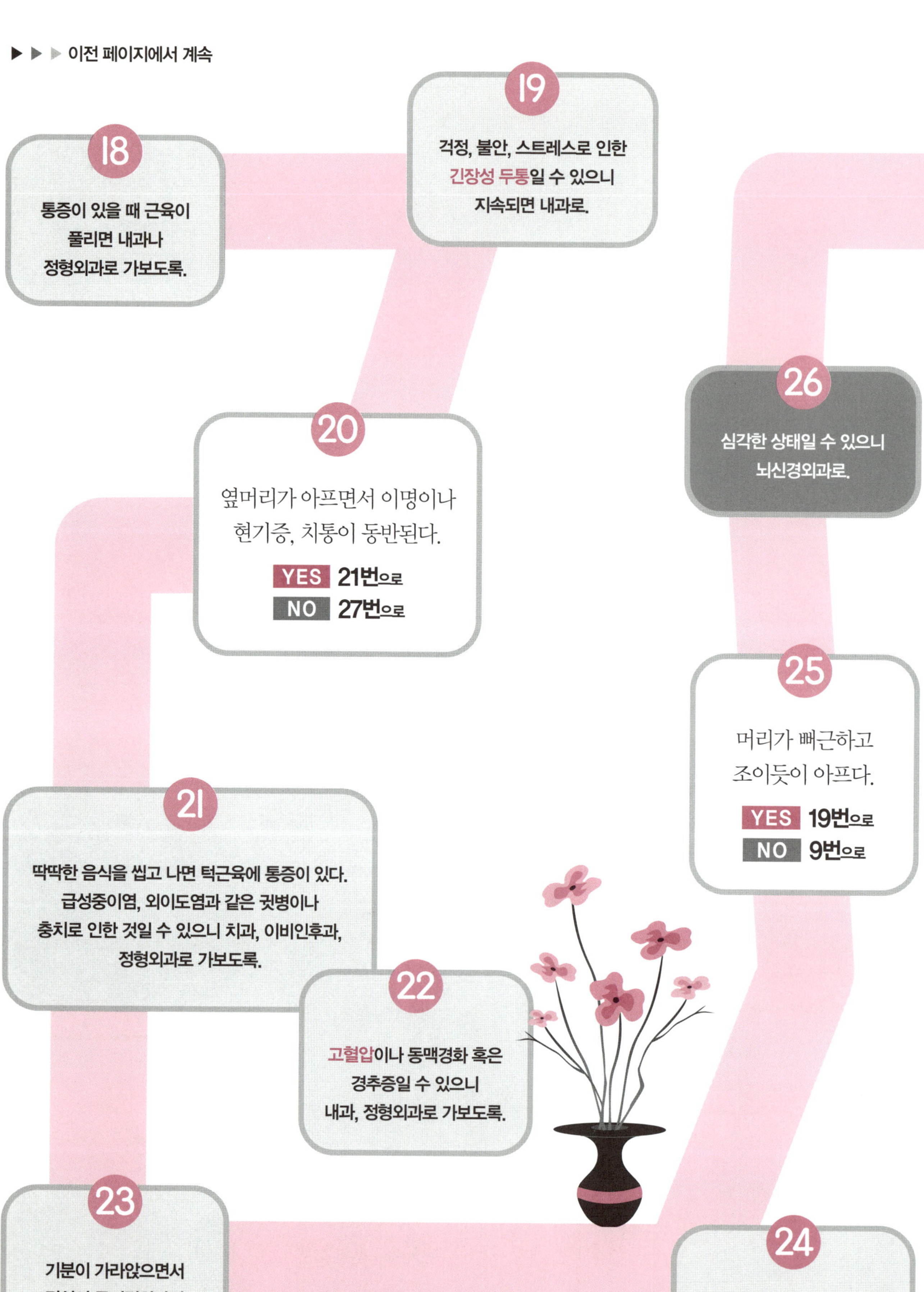
18
통증이 있을 때 근육이
풀리면 내과나
정형외과로 가보도록.

19
걱정, 불안, 스트레스로 인한
긴장성 두통일 수 있으니
지속되면 내과로.

26
심각한 상태일 수 있으니
뇌신경외과로.

20
옆머리가 아프면서 이명이나
현기증, 치통이 동반된다.
YES 21번으로
NO 27번으로

25
머리가 뻐근하고
조이듯이 아프다.
YES 19번으로
NO 9번으로

21
딱딱한 음식을 씹고 나면 턱근육에 통증이 있다.
급성중이염, 외이도염과 같은 귓병이나
충치로 인한 것일 수 있으니 치과, 이비인후과,
정형외과로 가보도록.

22
고혈압이나 동맥경화 혹은
경추증일 수 있으니
내과, 정형외과로 가보도록.

23
기분이 가라앉으면서
전신이 무기력하다면
우울증일 수 있다.

24
갱년기 장애일 수 있으니 내과,
산부인과로 가보도록.

27

머릿속에 점점 심해지는
둔한 통증이 느껴진다.

YES 26번으로
NO 28번으로

28

뒷머리에 통증이 있고
현기증이나
이명, 두근거림이
느껴지면서 숨이 차진다.

YES 22번으로
NO 29번으로

29

최근 아침에 머리가
무거워서 쉽게 일어날 수
없는 일이 잦다.

YES 23번으로
NO 30번으로

31

목, 어깨 근육이
단단하게 뭉쳐있다.

YES 18번으로
NO 25번으로

30

평소 어깨 통증이나
현기증이
잦은 중년여성이다.

YES 24번으로
NO 31번으로

가벼운 증세

감기나 과로 등으로 흔히 올 수 있다

두통은 매우 흔한 증상이다. 감기나 과로, 스트레스, 불안이나 걱정 등 심리적인 원인으로 인한 일시적인 두통이 빈번한데 휴식과 안정을 취하면 증세가 호전될 수 있다. 흔하기 때문에 방치하기 쉬운데 아침에 머리가 무거워 일어나기 힘든 일이 계속되거나 현기증이나 귀울림, 발열 등 다른 이상 증세들이 동반되는 경우 진료를 받는 것이 좋다.

의심되는 증세

감염성 · 심인성 질환을 의심한다

인플루엔자 등 감염성 질환일 경우 방치하지 말고 치료를 받는다. 앞머리 쪽이 아프고 눈이나 코의 이상이 있다면 근시, 난시, 노안, 부비강염 등 눈병이나 콧병 때문이며 옆머리가 아프고 현기증, 치통이 있을 때는 급성중이염, 외이도염, 충치 등이 원인이다. 이 밖에 **고혈압**이나 **동맥경화, 편두통, 긴장성 두통**, 갱년기장애, 우울증, 영양실조, 삼차신경통 등도 의심해 본다.

중 증

극심한 통증이 지속되면 중증이다

두통과 함께 고열, 구토, 현기증, 경련 등의 증세를 동반하거나 통증이 머리 속에서 느껴지고 점차 더 심해진다면 중병이 의심되므로 곧바로 병원으로 가야 한다.

녹내장으로 인해 시력장애를 수반할 수도 있고 **뇌졸중, 뇌종양** 등일 가능성도 있다. 극심한 두통과 함께 목 근육이 굳을 경우 **뇌막염**일 수도 있으므로 서두른다.

뇌막염

원인 세균, 바이러스 침입 등이 원인이다

뇌를 싸고 있는 세 개의 막인 뇌수막에 염증이 생긴 상태다. 세균이나 바이러스가 혈액이나 골절된 두개골을 통해 직접 뇌막으로 침범하기도 하고 상기도 염증이나 중이염을 앓다가 뇌막염에 걸리기도 한다. 이 외에도 폐결핵 환자들이 결핵성 뇌막염에 걸리는 예도 많다.

증세 폭발적인 두통과 경련발작이 일어난다

매우 심한 두통이 폭발적으로 일어나는데 시간이 지날수록 더 심해지는 것이 특징이다. 구토나 발열이 동반되기도 하고 심한 경우 뇌부종과 뇌압 상승으로 혼수상태, 경련발작을 일으키기도 한다. 청력장애 등의 후유증이 남을 수도 있고 심하면 사망에 이를 수도 있다.

치료 서둘러 병원으로 간다

빠른 진단과 처치가 필요한 질환이므로 갑작스런 두통이나 고열 등의 증상이 보인다면 서둘러 전문의의 진찰을 받아야 한다. 특히 아이들의 경우 감기와 함께 오거나 증상이 비슷해 방치하기 쉬우므로 주의한다. 특별한 예방법은 없으나 저항력이 약한 경우 발병하기 쉬우므로 평소 충분한 휴식과 영양섭취, 규칙적인 운동 등으로 면역력을 강화하는 것이 중요하다. 또 외출 후 손 씻고 양치질하는 등 개인 위생에도 신경을 써 감염 위험을 낮추도록 한다.

긴장성두통

원인 피로와 스트레스가 주 원인이다

두개골의 외부를 덮고 있거나 머리 부근에 연결된 근육의 지나친 수축에 의한다. 오랫동안 피로가 겹칠 때, 신경이 예민해지고 매우 초조하거나 불안감을 가질 때, 감당하기 힘든 스트레스나 수면부족 등 여러 가지 요인에 의하며 개인의 성격과도 매우 밀접한 관계가 있다.

증세 띠로 머리를 조이는 것 같다

뻐근하고 조이는 것 같은 통증이 지속적으로 일어나는데 이는 근육수축성 두통이다. 불안, 초조와 같은 긴장으로 어깨와 목의 근육이 뻣뻣해지면서 띠로 머리를 조이는 것 같은 두통이 생긴다. 이 두통은 아침에 일어나서 밤에 잠들 때까지 통증이 지속되는 특징이 있다.

치료 어깨나 목을 따뜻하게 해준다

심신의 긴장을 없애는 것이 근본적인 치료법이나 진통소염제로 조절하는 것이 일반적이다. 신경안정제나 긴장된 목덜미의 근육을 풀기 위한 근육 이완제 또는 어깨나 목을 주무르거나 따뜻하게 하는 것도 도움이 된다.

집에서는 이 렇 게 머리를 많이 써서 온 두통, 목이나 어깨가 아픈 데서 오는 두통의 경우, 커피 한 잔의 효과가 크다. 혈액순환이 잘 되지 않아서 오는 두통에는 생강을 잘라 귤껍질과 쑥잎을 합쳐 적당히 배합, 주머니에 채운 후 대야에 넣고 뜨거운 물을 부은 다음 발을 담근다. 생강탕의 온도는 43~44℃가 적당하다.

뇌종양

원인 뇌 속 종양이 혈관에 압박을 가한다

뇌 속에 종양이 생기면 그 근처에 있는 뇌의 큰 혈관이 당겨지든지 밀리든지 하여 두통이 생긴다. 커다란 종기가 뇌 속에 생기는 것이므로 혈관뿐만 아니라 여러 가지 신경도 압박하여 두통 외에도 여러 가지 증상이 나타날 수 있다.

머리가 빠개지는 듯한 격통을 호소한다

특히 아침에 통증이 심한데 머리가 빠개지는 듯한 격통 때문에 잠을 깨는 수가 많다. 눈이 침침해지고 구토를 하기도 한다. 맛이나 냄새에 무감각해지거나 몸의 중심을 잡기가 힘들어질 수도 있다. 이런 증세가 40대 전후에 처음 나타났다면 뇌종양을 의심해 봐야 한다.

수술과 방사선 치료를 병행한다

서둘러 신경외과 전문의에게 가서 전문적인 진단을 받는 것이 좋다. 악성 종양으로 판명이 날 경우, 수술로 암조직을 제거하고 그 부위를 포함시켜 방사선 치료를 하는 것이 보통이다.

다른 부위에서 전이된 뇌암은 치료가 그만큼 어려운데 전 뇌를 동시에 방사선으로 치료하며 나타나지 않을 정도로 작은 병소까지 함께 제거한다. 다른 부위의 종양과 달리 어린이나 청년기에도 많이 발생한다. 종양의 최선의 치료는 예방일 수밖에 없다.

평소 잇꽃이나 두류, 통밀류, 동물의 간 등 셀레늄이 많은 음식들을 섭취하면 뇌의 건강을 강화할 수 있다.

스트레스, 과도한 염분 섭취, 운동부족, 피임약 사용, 스트레스 등이 주요 원인으로 꼽힌다.

두통, 피로감, 팔다리가 저린다

특히 아침에 두통이 심하고 뒷목이 당기며 무겁다. 전신이 나른하며, 피로감, 코피, 시력감퇴를 경험하기도 한다. 이명이나 팔다리가 저린 증상도 경험한다. 뚜렷한 증상이 없어 방치하면 심근경색, 심부전증, 뇌출혈 등 합병증을 초래할 수도 있으므로 늘 주의한다.

꾸준한 약 복용과 염분 제한이 필요하다

혈압이 높다는 것을 알았다면 반드시 전문의의 진찰을 받도록 한다. 필요에 따라 약물 치료가 이루어지는데 상태가 나아졌다고 해서 약 복용을 중단해서는 안 된다. 혈압 약은 일정량을 꾸준히 복용해야 한다. 새벽 운동, 과격한 운동 등은 혈압을 상승시키므로 피하며 흡연, 스트레스도 금물이다. 식사조절로 표준체중을 유지하도록 하며 특히 염분을 제한한다.

칼륨은 혈압을 낮추는 작용을 하므로 칼륨이 많이 든 음식을 먹도록 한다. 근대, 쑥갓, 표고버섯, 팥, 녹두, 곶감 등이 좋다. 국화는 고혈압으로 인한 두통 완화에 좋다.

고혈압

비만, 스트레스 등 복합 요인이 원인이다

혈관 내 압력이 최고혈압 140mmHg 이상, 최저혈압 90mmHg 이상 일 때를 고혈압이라 한다. 원인이 명확하지 않은 일차성(본태성)과 특정 원인에 의한 이차성(속발성)으로 나뉜다. 대부분 일차성 고혈압으로, 유전, 비만,

삼차신경통

중년기 이후에 잘 일어난다

삼차신경 부근에 세균이 침입하여 피가 엉기거나 신경이 눌려 발병할 수 있다. 또 매독 등의 감염증, 안과 질환, 축농증, 변비, 당뇨병, 비만증 등에 의해 올 수 있으며 특히 중년기 이후의 동맥경화가 있을 때도 잘 발생한다.

 칼로 베는 듯한 안면 통증이 온다

얼굴에 심한 통증이 갑자기 느껴진다. 통증의 상태는 불에 데인 듯, 오려내는 듯, 찌르고 찢는 듯하며 때로는 칼로 베는 듯한 아픔이 온다. 30초에서 1분 정도 발작적으로 일어나고 차차 조금씩 나아진다. 주로 50~60대의 여성에게 잘 일어나며 오른쪽에 자주 나타난다.

 전문의의 지시에 따라 약물을 복용한다

치통으로 오인하기 쉬우므로 주의를 기울인다. 통증 이외는 감각 이상이 없으므로 만약 감각에 이상이 있다면 다른 병에 의한 이차적인 증상이므로 철저한 검사를 해야 한다. 치료는 기본적으로 약물요법에 의한다. 하지만 부작용이 있을 수 있으므로 반드시 전문의의 지시에 따라야 한다. 약물 치료로 효과가 없을 때는 수술요법을 사용한다.

집에서는
이 렇 게

피를 탁하게 하는 어패류와 떫은 맛이 나는 나물류는 피한다. 몸을 차게 하는 과일, 샐러드도 많이 먹지 않는다. 수세미액을 달인 수세미 탕이나 율무술 등이 통증을 완화해 준다.

녹내장

 높은 안압이 원인, 유전 영향도 있다

눈에서 생성되는 방수라는 액체가 과다 생성되거나 흐름에 이상이 생기면 안압이 높아진다. 높아진 안압 때문에 시신경이 손상돼 시력을 잃게 될 수도 있는 병이다. 유전적 요인도 있으며 선천적인 경우도 있다. 이 밖에 외상이나, 감염, 눈의 염증 등도 원인이 된다.

 눈에 안개가 낀 듯하고 머리가 무겁다

눈이 무겁고 피로하며 안개가 낀 듯하다. 머리가 무겁고 아프며 갑자기 시력이 떨어진 것을 느낀다. 전등불 주위에 무지개가 보이는 경우도 있다. 한편, 아이가 광선을 보면 눈이 부시다고 눈을 찌푸리고 눈물을 흘린다면 선천성 녹내장을 의심해 봐야 한다.

 안압 낮추는 게 급선무, 조기 진단 치료 필요하다

방치하면 시력을 잃을 수 있으므로 초기 진단과 치료를 서둘러야 한다. 자각증상이 뚜렷하지 않으므로 40대 이후에는 정기검진을 받는 것이 필요하다. 특히 가족 중에 녹내장 환자가 있거나 당뇨, 고혈압 등의 지병이 있는 경우에는 더 주의를 기울여야 한다. 병원 치료는 안압을 낮추는 약물요법 외에 레이저 치료, 수술 등이 있다. 평소 눈의 피로를 줄이고 안정을 취해 안압이 높아지지 않도록 한다.

집에서는
이 렇 게

결명자 차를 수시로 마신다. 시금치, 토마토, 당근 등 비타민 A가 많이 함유된 음식이나 구기자 차, 국화 차, 감자, 장어 전복 등으로 만든 음식이나 차도 눈 건강에 도움이 된다.

그 중에서도 결명자는 오랜 눈병을 낫게 하고 눈이 침침할 때 꾸준히 먹으면 좋은 효과를 볼 수 있다. 또 간장과 신장을 튼튼하게 하는 작용을 하기 때문에 간의 이상으로 눈이 나빠지는 경우에도 좋다. 차로 끓여 마시는 것이 가장 쉬운 방법이지만 결명자로 죽을 끓여 먹는 것도 방법이다.

결명자 1컵을 물에 씻어 건진 뒤 분마기에 넣고 거칠게 찧어 가루를 낸다. 불린 쌀 1컵은 물 10컵 정도를 붓고 쌀알이 잘 퍼지도록 죽을 끓인다. 이 흰죽에 결명자 가루를 적당히 섞어 먹으면 된다.

스트레스는 그때그때 풀어준다

■ 운동법

운동은 신진대사를 활발하게 해서 체내의 노폐물을 말끔히 씻어낸다. 근육을 긴장시키고 이완시키는 동작을 반복하는 동안 피로와 긴장이 풀어져 스트레스가 해소되는 것이다. 적어도 1주일에 두 번 정도 좋아하는 운동을 지속적으로 한다.

스트레스는 제때에 풀어주어야 한다.
그렇지 않으면 다른 질병을
초래할 수도 있다. 운동, 목욕, 음악감상,
식이요법 등 여러가지 방법이
있으므로 선택해서 시행하도록.

■ 수면법

매일 7~9시간 가량의 수면을 취하는 것이 좋다. 스트레스는 불면증을 불러올 수도 있으므로 낮잠은 될 수 있는 대로 피하고 취침 시간에 카페인이 든 음료는 먹지 않는 것이 좋다. 밤에 운동하는 것도 순환기나 신경계를 자극하는 일이므로 하지 않는 것이 좋다. 양치질, 세안, 자명종 시계 맞추기 등 정해진 취침 의식을 확립시키는 것도 도움이 된다.

■ 음악요법

자기가 선호하는 음악을 듣는 것이 좋으나 클래식이 마음을 안정시키는데 좋다. 상황에 따라 다음과 같은 음악을 들어본다.

평온한 아침을 맞는다	바흐의 '브란덴 부르크 협주곡', 헨델의 '수상의 음악', 베토벤의 '전원'
복잡한 전철에서 듣는다	쇼스타코비치의 '교향곡 제5번, 제9번, 그로훼의 '그랜드 캐니언', 바그너의 '니벨룽겐의 반지'
기분전환을 위해	모차르트의 '피가로의 결혼' · 바그너의 '탄호이저' · 홀스트의 '혹성'
스트레스 해소를 위해	라벨의 '볼레로' · 헨델의 '메시아'
피곤할 때	바흐의 '마태 수난곡' · 드뷔시의 '목신의 오후에의 전주곡' · 기타곡 '금지된 장난'
불면일 때	마리의 '대지의 노래' · 로드리고의 '아랑훼스의 협주곡'

■ 식이요법

저혈당 상태는 사람을 초조하게 만들고 작업능력을 저하시킨다. 그러나 혈당량을 높이기 위해 일시적으로 청량음료를 마시는 것은 좋지 않다. 금방 원상태로 환원될 뿐 아니라 혈당량의 급변을 일으켜 정서불안의 요소가 되기 때문이다.

● 충분한 수분 섭취는 정신 건강을 위해서도 좋다. 하루 8잔 정도의 물이 필요하다.

● 정신적으로 긴장 상태에 있을 때는 지방이나 소금 성분을 줄이는 것이 좋다.

■ 목욕법

목욕은 손쉽고 빠른 스트레스 해소법이다. 섭씨 40℃ 이하의 미지근한 물에 들어가 있으면 교감 신경의 긴장이 풀어져 짜증나는 기분을 부드럽게 해준다. 샤워만으로 끝내지 말고 꼭 욕조 안에 몸을 담그는 것이 좋다.

스트레스를 풀어주는
방법으로
미지근한 물에 몸을
담가 긴장을 풀어준다.
샤워만 하는 것보다
훨씬 효과가 있다.

■ 근육이완법

스트레스 해소법으로 널리 추천되는 방법으로 온몸의 근육을 잠시 동안 완벽하게 쉬게 해주는 방법이다.

● 작업중이나 취침 전에 매일 2~3회씩 15~20분 정도로 이완시켜 준다.

● 누운 자세에서는 베개를 벤다. 몸 전체를 충분히 펴고 양다리는 20~30㎝ 정도로 가볍게 벌린다. 양팔도 몸에서 10~15㎝쯤 떨어지게 벌리고 손가락 역시 편다.

● 이 자세에서 눈을 감고 생각도 동작도 없는 상태로 빠져든다. 너무 의식적이면 역효과가 나므로 유의한다.

● 초보 단계에서는 '마음이 가라앉고 있다' 는 등의 짧은 말을 되풀이하는 것도 효과적이다.

열이 있다

몸에 이상이 생기면 열이 난다. 보통 열이 나면 감기를 의심하지만 그 외에
우리 몸의 어떤 부위에 세균이 감염되어도 열이 높아지므로 오랫동안 고열이 지속될 경우
전문의의 정확한 진단을 받아보는 것이 좋다.

1
목구멍 통증을 동반한다.
YES 2번으로
NO 5번으로

2
기침을 하고
숨이 차며 끈적끈적한
가래가 잦다.
YES 3번으로
NO 7번으로

8
감기, 인플루엔자,
급성기관지염, 폐결핵일 수
있으니
내과로 가보도록.

3
늑막부위가 아프다.
YES 4번으로
NO 8번으로

7
고열과 함께 목 앞쪽
임파선이 아프면
급성인후염,
침을 삼키기 어렵다면
후두염, 편도염으로 보인다.
이비인후과
검사를 받도록.

4
폐렴, 흉막염일 수 있으니
내과로.

5
두통이 심하며
현기증과 경련이 있다.
YES 6번으로
NO 10번으로

6
수막염, 뇌염, 뇌종양일
가능성이 있으니
빨리 내과검사를.

9

종기가 원인일 수 있으니
피부과로 가보도록.

10

코가 아프면서
콧물과
코막힘 증상이 있다.

YES **11번**으로
NO **15번**으로

11

급성비염이나
급성축농증일
수 있으니 이비인후과로
가보도록.

12

우측 아랫배가 아프다면
급성충수염일 수 있다.
여성이라면
산부인과 질환이 의심된다.

13

감염증에 의해 열이
오르는 경우가
많지만 가끔 내장이나
순환기 계통의
질환일 수도 있다.

14

급성감염이나
급성담낭염일 수도 있으니
빨리
내과로 가보도록.

15

귀가 아프고
이명과 난청을 동반한다.

YES **16번**으로
NO **20번**으로

16

중이염과 같은 귓병이
있을 수 있으니
이비인후과로 가보도록.

17

대장염이나 식중독일
수 있으나
이질일 가능성도 있으니
내과진단을 받는다.

다음 페이지에서 계속 ▶ ▶ ▶

▶ ▶ ▶ 이전 페이지에서 계속

18

종기가 생겨 그 부위가 아프다.

YES 9번으로
NO 13번으로

19

항문주위 농양일 수도 있으니 항문과,
내과로 가보도록.

20

유방이 아프고 부었다.

YES 21번으로
NO 24번으로

26

담석으로 인한
담낭염일 수도 있다.
그대로 두면
복막염이나 간농양으로
확대될 수도 있으니
빨리
내과 검진을.

21

급성유선염일 수 있으며
수유기 여성에게 종종 나타난다.
산부인과, 외과로.

22

설사를 한다.

YES 14번으로
NO 18번으로

25

주로 배의 오른쪽
윗부분에 통증이 있다.

YES 26번으로
NO 22번으로

23

피부나 눈 흰자위가 누렇게 변했다.

YES 24번으로 **NO** 28번으로

24

배가 아프다.

YES 25번으로
NO 28번으로

27

항문 부근에 통증이 있다.

YES 19번으로
NO 23번으로

28

고열과 오한, 빈뇨,
극심한 요통이 있다.

YES 29번으로
NO 30번으로

29

급성신우신염일 수 있으니
비뇨기과나
내과로 가보도록.

31

만성 류마티스관절염일 수
있다. 2차 감염증이나
인플루엔자, 교원병도 의심된다.
내과로 가보도록.

30

피로감을 느끼고
땀을 많이 흘리며
관절이 아프다.

YES 31번으로
NO 27번으로

감염증인 경우 열이 난다

열이 나는 것은 쉽게 말하면 우리 몸에 침입한 병원균과 면역세포간의 전쟁의 흔적이라고 생각하면 된다. 따라서 동반되는 증세가 심하지 않고 극심한 고열이 아닌 경우 해열제 등으로 열을 떨어뜨리기보다는 열을 발산할 수 있도록 돕는 것이 효과적이라고 한다. 감기 같은 감염증인 경우가 많으며 때로는 내장이나 순환기 계통의 질병에서도 열이 날 수 있다.

합병증 주의 정밀검사를 받는다

코의 통증이나 콧물, 코막힘이 동반된다면 급성비염이나 급성부비강염을 의심한다. 이 밖에 고열과 함께 관절통증이 있다면 2차 감염증이 생겼을 가능성이 있으므로 특별히 주의한다. 인플루엔자, 류마티스관절염일 가능성도 있다. 인플루엔자는 감기 증세와 비슷하지만 고열과 요통이나 근육통이 있다. 합병증이 생기면 위험하므로 정밀검사를 받는다.

동반 증세 심하면 중병이다

동반되는 증세에 따라 중병일 가능성이 있으므로 서두른다. 귀가 아플 때는 중이염, 유방이 붓고 아프면 유선염, 배뇨통이 심하면 급성신우신염을 의심한다. 이 밖에 가슴에 통증이 심하면 폐렴, 흉막염의 위험이 있고 기침이나 가래가 심하면 급성인후염이나 후두염, 편도염일 가능성도 있다. 이 밖에도 류마티스관절염이나 폐렴, 폐결핵, 대장염, 식중독, 이질의 위험이 있다.

급성신우신염

 요도협착 등으로 오줌의 흐름이 나빠졌다

신우와 신장에 세균 감염이 일어나 오줌의 흐름이 나빠진 것이다. 요도협착, 방광에 종양이 있는 경우, 요관에 선천적인 협착이 있거나 골반 내 여러 장기의 종양이나 염증 등이 있을 때, 요로결석이 생긴 경우 등도 같은 증세를 보인다.

이 외에도 생활양식의 서구화, 개방적인 성행위, 화학섬유의 착용, 국소의 오염 등과도 무관하지 않다.

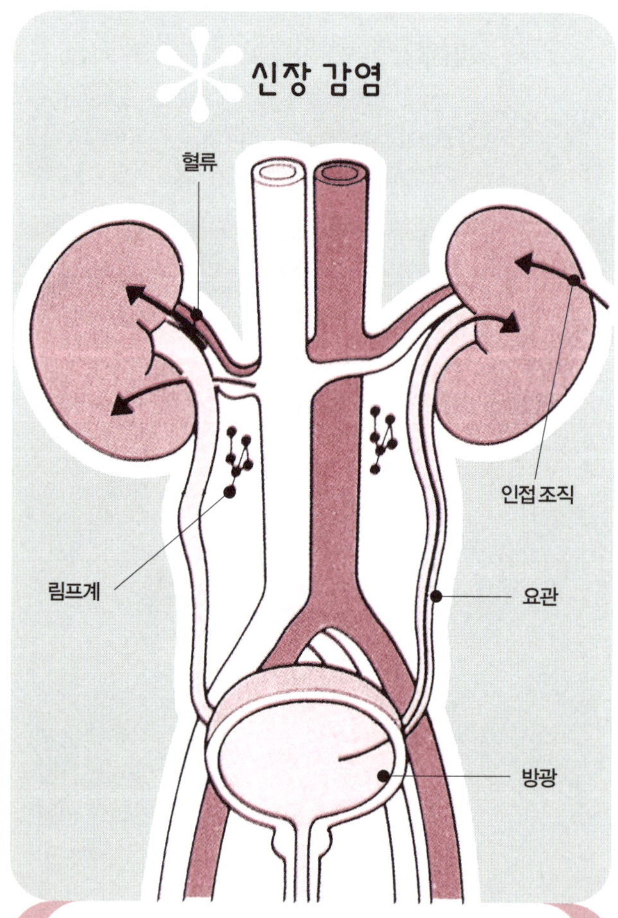

신장에 병원균이 침입하면 급성신우신염을 일으키는데 감염의 경로는 여러 가지가 있다. 방광이나 요관으로부터의 상행 경로, 인접 조직으로부터의 경로, 혈류 또는 림프계를 통한 경로 등이다.

 고열과 오한, 극심한 요통이 따른다

먼저 열이 난다. 대개는 오한까지 겹쳐서 일어나고 몇 시간 안에 열이 40℃까지 오르고 허리 근처가 쑤신다. 일반적으로 열이 높을 때는 전신의 근육이 아프지만 급성신우신염의 경우 특히 허리가 아프며 심할 경우 허리의 피부만 만져도 놀랄 만큼 아프다. 오줌 양은 많지 않으나 오줌 횟수가 늘어나며 때때로 발진이 나타날 때도 있다.

 의사의 처방에 따라 항생제를 사용한다

열, 요통, 빈뇨 등이 있으면 급성신우신염을 의심한다. 진단을 명확하게 하기 위해 오줌검사를 하는데 오줌이 탁하며 현미경으로 보면 많은 백혈구와 세균이 발견된다. 세균은 대장균이 가장 많고 때로는 혈뇨도 있다.

그 밖에 오줌의 흐름을 방해한 원인균을 발견하는 것도 중요한 일이다. 치료로는 항생물질을 사용하는 게 일반적인데 함부로 쓰면 내성만 키우게 되므로 반드시 의사의 처방에 따라 사용해야 한다.

집에서는 이렇게 안정이 제일이다. 열이 높을 때는 통증 때문에 가만히 있지만 열이 내리면 돌아다니는 경우가 많은데 치료가 어렵다. 수분을 많이 섭취하는 것도 세균이 많은 오줌을 밖으로 빨리 내보내므로 좋다. 성교 전후에는 개끗이 씻고 성교 후에는 반드시 배뇨하는 습관을 들인다. 정기적으로 검사를 받으면서 규칙적인 생활을 하는 것이 중요하며 한랭, 과로 등은 재발의 요인이 되므로 주의한다.

급성인후염

 세균·바이러스성, 알레르기가 원인이다

일반적으로 목구멍이 아파 음식물을 삼키기 힘들다거

나 편도선이 부었다고 하는 것들이 인두의 병을 칭한다. 인두에 생기는 병은 대개 바이러스나 세균에 감염되거나 알레르기성일 경우가 많다. 우리 몸의 저항력이 떨어졌을 때 상기도의 감염이 편도선에 번져 염증을 일으키며, 인두 편도의 비대를 초래하기도 한다.

 기침, 두통, 피로감과 목 앞쪽의 통증이 온다

고열과 함께 목 앞쪽 임파선이 아프다면 세균성 인두염이다. 특히 연쇄상구균에 의한 경우 혈관이나 임파관 등의 내용물이 밖으로 스며나오는 삼출 현상을 보이기도 한다. 기침이 심하며 두통, 피로감, 권태감이 동반되고 인두가 창백하거나 부었을 때는 바이러스성 인두염을 의심한다. 열도 안 나고 인두에 염증도 없는데 자주 아프면 알레르기성인 경우가 많다.

알・아・두・자

열이 날 때 주의할 점

- 열이 나면 체력이 떨어지므로 먹는 것에 신경을 써야 한다. 소화흡수가 잘 되는 죽이나 우유 등과 함께 생선, 고기, 과일 등 단백질과 비타민류가 풍부한 식품을 섭취한다.
- 땀을 많이 흘리게 되므로 옷을 자주 갈아입고, 과즙이나 생즙으로 수분을 충분히 보충한다.
- 한기가 느껴지면서 열이 날 경우에는 몸을 따뜻하게 하고 안정을 취해야 한다.
- 열이 심하면 변비가 생기기 쉽다. 따라서 배를 자주 맛사지해 주어 장의 활동을 원활하게 한다.

 방치하면 중이염, 난청 등 합병증 위험

실내는 적당한 온도와 습도를 유지하며 과로를 피하고 충분한 안정과 휴식을 취해야 한다. 또 외출 후 반드시 양치질을 하거나 소금물로 자주 입안을 헹궈주는 등 구강 청결에도 신경을 쓴다.

각종 세균 및 바이러스에 의한 인두의 염증성 질환은 항생제로 잘 치유되지만 자주 반복하거나 불완전하게 치료하면 내성이 생겨 치료가 어려워지는 한편, 방치해 둘 경우 류머티즘이나 부비동염, 중이염 등 합병증을 일으킬 수도 있으므로 초기에 완전히 치료하는 것이 중요하다. 만약 인두편도가 염증으로 인해 부어 비대해져 호흡이 곤란할 정도라면 난청을 일으킬 수도 있으므로 부어 있는 편도선을 수술로 절제하기도 한다.

 말린 치자에 뜨거운 물을 부어 우려내어 마시면 목의 통증이 덜하다. 새우젓 한줌을 프라이팬에서 재처럼 태워 곱게 간 후 스트로우에 이 가루를 찍어 환부에 대고 불어주면 편도선이 붓고 아프며 열나고 물조차 마실 수 없는 증상들을 가라앉힌다.

 # 류마티스관절염

 자가 면역 질환의 일종으로 추측

류마티스관절염의 원인은 아직 불명이다. 일종의 자가 면역질환으로 생각하고 있다 그 밖에 유전설, 또는 바이러스, 마이코플라스마 등에 의한 직접 감염설 등이 원인으로 거론되고 있으며 기후나 정신적 신체적 손상 같은 것도 원인적 요소의 일부로 관련이 있을 것으로 추측된다. 만성질병이나 스트레스가 반복될 때 이 질환이 악화된다는 것도 알려진 사실이다.

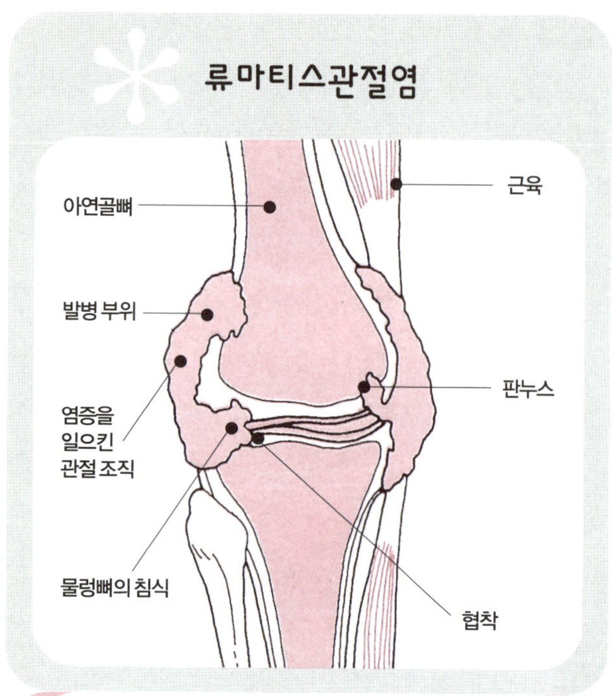

류마티스관절염은 물렁뼈가 침식당하고 관절 사이가 좁아지게 된다. 또 뼈 역시 파괴된다. 관절막과 인대는 굳어져서 쪼그라지거나 늘어나게 된다. 또 새로운 거친 섬유조직(판누스)이 형성된다. 결국 관절은 변형이 생겨 운동이 제한되며 통증과 심한 피로를 느끼게 된다.

증세 · 피로감과 종창이 따른다

극심한 피로감과 함께 땀을 자주 흘리나 열은 나지 않는다. 관절의 동통과 아울러 서양 배 모양으로 붓는 종창이 생기기도 하며 처음에 손가락 관절에서 시작하여 점차 많은 큰 관절을 침습한다. 심해지면 관절에 물이 차는 관절수종이 되기도 하고 강직되어 전혀 못 움직이는 관절이 된다. 치료하지 않고 방치하면 환자는 거동조차 하지 못하게 될 수도 있다.

치료 · 장기간 인내심을 가지고 투병해야 한다

극악의 합병증이 없는 한 치명적인 질병은 아니며 증상이 호전되거나 악화되는 시기가 교대로 나타난다는 것을 이해하고 장기간 인내심을 가지고 투병을 하는 것이 중요하다. 반드시 전문의의 진단과 처방을 받아 약을 써야 하며 약물요법 외에 동통과 종창이 있는 부위에 온습포, 전

신온욕이나 맛사지, 초음파나 온열기 치료, 수중 맛사지, 안마 등 물리요법을 겸하면 통증 완화 효과가 크다. 이 밖에도 류마티스는 차고 습한 기후에서 더 악화되므로 온화한 지방으로 옮겨 가 치료를 하는 것도 한 방법이며 변형된 관절에 대한 수술적 치료도 있다.

> **집에서는 이 렇 게** 생활을 규칙적으로 하고 과로를 피하며 가능하면 점심 식사 후에도 30~1시간 정도 수면을 취하는 것이 좋다. 적당한 운동과 영양분의 섭취에도 신경을 써야 하는데 특히 류마티스관절염은 장기간 괴롭히는 질병이므로 비타민 B군이나 비타민 C가 부족해지지 않도록 한다. 신선한 야채나 과일로 만든 주스나 해바라기씨, 현미 등이 좋다.

후두염

원인 · 오랜 감기, 큰 소리, 기침도 원인이다

성대와 그 주변에 염증이 생긴 것으로 직접적인 원인은 인플루엔자균, 폐렴균, 연쇄상구균, 포도상구균 등 세균 및 바이러스며 이 외에도 뜨거운 증기, 자극성 가스, 먼지 등의 흡입과 술, 담배의 과용, 큰 소리를 지르거나 기침을 오래 한 경우도 인두염을 일으킬 수 있다. 기후나 습도의 급변도 병의 발생을 도우며 급성의 상태가 오래 가면 만성화되는 수가 있다.

증세 · 목소리가 쉬고 침을 삼키기 어렵다

후두의 점막이 붓고 헐게 되면 바이러스나 세균이 성대로 침범하여 목소리가 쉬게 된다. 병이 심하게 진행되면 목소리가 전혀 나오지 않을 수도 있다. 일반적인 증상으로는 후두에 가려움증, 건조감, 이물감, 기침 등이 있고 가벼운 통증과 함께 음식물을 삼키기가 곤란해 진다. 보통 3개

월 이내에 치료가 되는데 그 이상 끌면 만성화된 경우다.

 말을 하지 말고 찬 공기도 피한다

　심하지 않은 경우는 3~4일간 일상업무나 학업을 쉬도록 한다. 차가운 공기는 자극을 주어 증상을 악화시키므로 외출은 삼가고 실온을 22℃ 정도, 습도를 50% 정도로 유지하는 것이 좋다. 특히 담배와 술은 하지 말고 침묵을 지키며 후두의 안정을 취하도록 한다.

 목구멍의 통증을 줄이는 데는 1~3%의 식염수로 목구멍을 씻어내고 가습기를 사용하여 입안으로 증기 흡입을 하는 것이 좋다. 이런 일반요법만으로 치료가 힘들면 항생제를 흡입하는 약물요법을 쓰기도 한다. 치료가 되었어도 다시 반복될 수 있으므로 주의한다. 목구멍의 통증을 가라앉히는 데는 달걀흰자에 연근즙을 섞어 자주 양치를 해주면 효과가 있다. 이 외에 무를 강판에 갈아 따뜻한 물을 부어 마셔도 좋다.

건·강·메·모

열이 날 때 가정에서 다스리는 법

급성편도염일 때

　머위를 생즙내어 먹거나 **감초 달인 물**을 입안에 머금고 있다가 마시면 염증을 가라앉히고 통증을 완화하는 데 도움을 준다. **금귤**을 껍질이 흐물거릴 때까지 달인 다음 얼음설탕을 넣고 끓인 금귤꿀탕이나 금귤잎차 등 금귤을 먹으면 목구멍의 염증을 가라앉힌다.

　석류를 오래 달여 그 물로 양치질을 하면 편도선염 증세를 치료하는 데 효과가 크다.

인플루엔자일 때

　인플루엔자 바이러스에 의한 감염성 질환으로 일반 감기에 비해 증세가 훨씬 심하며 자칫 합병증을 일으키기 쉽다.

　차조기잎을 햇볕에 말린 후 차처럼 달여 마시면 발한작용과 해열작용을 도와 증상을 완화한다.

　비타민 C와 A가 많은 감을 수시로 먹으면 바이러스에 의한 감염증을 막고 저항력을 높여주므로 독감 예방과 증상 완화에 좋다. 파뿌리나 박하 잎을 물에 자주 달여 마시는 것도 열을 내리는 데 좋다.

급성 중이염일 때

　귀가 갑작스럽게 아파 견디기 힘들 때는 **우엉**을 강판에 갈아 그 즙을 통증 부위에 바른다. 이때 우엉씨를 달여 그 물을 함께 마시면 효과가 더 좋다. 소염작용과 해독작용이 있는 **범의귀 잎**을 소금에 재운 다음 즙을 내어 환부에 바른다. **명아주 잎**을 말렸다가 달여 차처럼 마셔도 좋으며 **산수유 달인 물**은 중이염의 만성화를 예방해 준다.

열이 날 때의 생활수칙

● 물, 과즙 등으로 수분을 충분히 섭취하고 소화흡수가 잘되는 죽 등으로 영양을 공급한다.

● 절대적인 안정을 취하고 몸을 청결히 하여 세균 감염을 막는다.

● 해열제 사용은 신중히 하고 옷은 얇게 입어 체열이 잘 발산되도록 한다.

● 고열이 4일 이상 지속되거나 혈뇨, 혈변, 의식 이상 등이 있을 때는 즉시 병원으로 간다.

위가 더부룩하다

더부룩한 증상이 한달 이상 계속되거나 속이 비어 있어도 더부룩한 증상이 나타난다면 우선 소화기관에 이상이 생겼을 수 있다. 이러한 증상은 위에 염증이 생겼거나 잘못된 식습관, 생활습관에서 비롯될 수도 있으므로 무엇보다 먼저 정확한 원인을 찾아본다.

1
속이 비었는데도 트림이 나온다.
YES 2번으로
NO 3번으로

2
트림에서 쓴맛이 올라온온다.
YES 5번으로   NO 6번으로

12
위하수일 수 있으니 빨리 내과로 가보도록.

11
마른 체형으로 식사 후에 종종 위가 더부룩하고 답답한 느낌이 난다.
YES 12번으로
NO 15번으로

3
임신중이거나 임신 가능성이 있는 여성이다.
YES 4번으로
NO 7번으로

4
입덧일 수 있다.

5
오슬오슬 춥고 위에 통증이 있으면서 오른쪽 옆구리와 등쪽으로 아픔이 퍼진다면 담석증이나 담낭염일 수 있다.
통증이 없는데 계속 더부룩하다면 내과로 가보도록.

참 / 조 / 페 / 이 / 지
담낭염 … 97
협심증 … 96, 159
심근경색 … 96
담석증 … 159

8
식도염이나 식도열공탈장일 수 있으니 빨리 내과로 가보도록.

10
트림에서 시큼한 것이 올라온다.
YES 13번으로
NO 9번으로

6
트림에서 역한 냄새가 난다.
YES 14번으로
NO 10번으로

7
식사 후에 특히 속이 답답하고 가슴부터 명치끝까지가 아프다.
YES 8번으로
NO 11번으로

9
대개 배불리 먹고 난 다음에 트림이 나오는데 이 현상은 정상이다. 하지만 속이 비었는데도 헛트림을 한다면 이상이 있을 수 있다.

13

위염, 위산과다로 인한 것일 수 있다. 내과로 가보도록

14

공복시에 속이 쓰리고 구토, 구역질, 가슴앓이가 동반하면 위, 십이지장궤양일 수 있고, 이유 없이 구토를 계속한다면 유문협착일 수 있다. 빨리 내과로 가보도록.

15

식후에 위가 더부룩하고 가슴아랫쪽에서 배윗부분에 통증이 느껴진다.

YES 16번으로
NO 18번으로

16

위염, 역류성 식도염, 기타 위장질환일 수 있으니 빨리 내과로 가보도록.

17

위질환과 생활습관은 밀접한 관계가 있다. 담배를 피우는 사람이라면 바로 담배를 끊도록. 증세가 지속된다면 내과로 가보도록.

21

신경성 위염일 수 있으니 일단 스트레스의 원인을 찾아본다. 그래도 증상이 계속된다면 내과로 가보도록.

18

중장년층으로 가슴이 답답하고 속이 메스꺼운 증세가 오래 지속된다.

YES 19번으로
NO 20번으로

20

스트레스, 과로, 불면증, 심한 근심걱정, 초조와 긴장 속에서 지내고 있다.

YES 21번으로
NO 17번으로

19

협심증, 심근경색일 수 있으니 내과 검사를 요한다.

가벼운 증세

위하수는 식이요법으로 치료한다

임신 가능성이 있는 여성이라면 임신에 의한 입덧을 의심한다. 이 경우 특별히 염려할 것은 없으며 소화가 잘되는 음식을 규칙적으로 먹도록 한다. 마른 사람이 식후 체한 듯하고 트림이 나오는 증세가 있으면 위하수나 위 아토니일 수 있다. 몸이 좀 뚱뚱해지면 위가 자연히 위로 올라가서 낫고, 식사요법을 통해서 치료가 가능하다.

의심되는 증세

신경성 위염, 담낭염이 의심된다

식사 후에 쓴 트림이 자주 나며 명치에서부터 오른쪽 위 복부에 걸쳐서 통증이 있다면 담석증, 담낭염일 가능성이 있다. 또 식후 시큼한 트림이 나면 위염이나 위산과다를 의심할 수 있다. 걱정거리가 있고 스트레스가 많은 사람이라면 신경성 위염을, 흡연자라면 과다한 흡연이 원인일 수 있다. 통증이 심하지 않아도 증세가 오래 지속되면 검사를 받는다.

중증

이유없이 구토 반복되면 서두른다

속이 메슥거리면서 배가 땡땡한 느낌이라면 위염, 역류성식도염 등이 의심된다. 식사 후 속이 답답하고 가슴부터 명치 끝까지 아프면 식도열공탈장일 가능성이 있고, 마른 체형으로 위가 항상 더부룩하면 위하수일 가능성이 있다. 트림에서 냄새가 나며 명치의 통증을 동반한다면 위·십이지장궤양, 특별한 이유 없이 구토를 반복하면 유문협착일 가능성도 있다.

만성위염

원인 급성위염 재발이 거듭되면 만성화된다

상했거나 독성이 있는 음식물, 폭음·과식, 특정 음식에 대한 과민반응 등이 원인이 돼 위장의 점막에 염증이 일어난 상태를 급성위염이라고 한다.

이 급성위염을 방치하거나 치료를 중단해 재발을 거듭하는 경우 만성화된다. 잘못된 식습관과 생활습관 외에도 스트레스나 내분비의 이상, 동맥경화증, 만성신부전 등 다른 질병으로 인해 발병할 수도 있다.

증세 식후 위가 묵직하고 팽창된 느낌이 든다

식후에 위가 묵직하고 팽창된 느낌이 들며 명치 끝의 통증 등이 주된 증상이다. 트림, 구역질, 신물의 역류, 가슴

앓이 같은 증세도 나타난다. 위의 통증은 식후 3~4시간 지난 후 공복 상태에서 심하게 나타난다. 하지만 식욕이 떨어지는 경우는 드물다. 보통 열은 없으며 두통, 현기증과 함께 몸이 나른해지는 증상을 보이기도 한다.

치료 식습관을 변화시켜야 한다

환자의 적극적이고 끈기 있는 치료가 완치의 관건이다. 일반적으로 시판되는 위장약은 위산을 억제하는 약이 주가 되는 경우가 많으므로 위축성 위염의 경우 오히려 역효과를 가져오게 되므로 약 복용 시에는 반드시 전문의의 처방을 받도록 한다.

지방질이 많은 고기, 날채소 등은 피하고 매운 것, 설탕이 많이 든 과자류, 술, 담배, 커피 등 자극성 있는 식품은 피하는 것이 좋다.

대신 소화가 잘 되는 음식을 위주로 먹는 것이 좋으며 과식, 자극성 식품, 찬 음식 등은 피하는 것이 좋다. 점막의 위축으로 위액 분비에 장애가 생긴 경우, 소화효소를 투여해 소화를 도와줘야 하는 경우도 있다.

> **집에서는 이렇게** 쑥으로 조청을 만들어 아침저녁 공복에 먹으면 좋다. 다시마를 구워 가루내어 먹거나 알로에 잎으로 차를 끓여 마시는 것도 통증을 완화하고 증세를 호전시킨다.

역류성식도염

원인 식도 괄약근이 헐거워졌다

위에서 분비되는 위산과 펩신 등 산성 위액이 식도로 역류함으로 인해 식도 안의 세포를 자극해 염증이 생긴 상태. 정상인의 경우에는 식도 하부의 괄약근이 역류를 막아주지만 위산의 양이 너무 많거나 괄약근이 헐거워지면 역류

위의 구조

횡격막　　　　　　식도
복부　　식도 열공　위저부
　　　　분문부
　　　　위체부
유문
유문동

위는 호리병과 비슷한 모양으로 유문부쪽으로 갈수록 좁아지며 위저부는 넓다. 식도에서 내려온 음식물은 위저부와 위체부의 위쪽에서 일단 모여 위체부와 분문부의 강한 근육운동으로 뒤섞이면서 유문을 거쳐 십이지장으로 내려간다. 이때 위에 염증이나 궤양 등이 생기면 위의 운동을 방해하므로 여러가지 합병증이 온다.

가 생긴다. 식도 하부의 괄약근에 이상이 생긴 식도열공탈장이나 위의 분문을 절제한 경우에 잘 나타나는 증상이다.

증세 상복부가 타는 듯이 아프다

가슴의 아래쪽이나 배 윗부분에 통증이 느껴진다. 소화성 궤양과 구별하기가 힘든 경우도 많다.

통증이 목, 어깨, 팔로 퍼지기도 한다. 염증으로 인해 식도가 좁아진 경우 가슴 속에 덩어리가 걸린 것처럼 느껴지고 덩어리가 넘어갈 때 통증을 느끼게 된다.

치료 약물요법으로 안 되면 수술한다

진단을 위해 식도의 X선 사진을 찍거나 식도경으로 식도 안을 들여다보거나 식도 점막의 일부를 떼내어 조직검사를 한다.

식도의 운동상황을 알기 위해 압력을 재거하거나 영화촬영을 해서 관찰하기도 한다. 제산제나 자율신경차단제 등의 약물요법을 쓰는데 그래도 증세가 나아지지 않으면 수술이 필요할 수도 있다.

역류는 선 자세보다 누운 자세에서 그리고 배의 압력이 높아지거나 배를 심하게 압박하는 옷을 입었을 때 더 잘 일어난다.

집에서는 이렇게 역류가 될 수 있는 요인들을 제거해 준다. 즉 위산과다가 되지 않도록 위산을 중화시킬 수 있는 식품을 섭취한다. 율무차 등을 차로 끓여 마시면 제산작용을 하므로 좋다. 체중을 조절하고 술, 담배도 끊는다.

누울 때 증세가 심해지면 머리를 높여준다. 과식하지 말며 특히 잠자리에 들기 2시간 전에는 아무것도 먹지 않는다. 이 밖에도 거들이나 꽉 죄는 팬티 스타킹 등 허리를 강하게 죄는 옷은 입지 않는다.

위하수

원인 마르고 신경질적인 사람에게 많다

위가 배꼽 밑에까지 내려가 있는 상태를 말하며 병은 아니다. 일반적으로 야윈 체질로 가슴이 좁고 얼굴이 창백하며 신경질적인 사람이 위하수인 경우가 많다. 후천적인 경우는 꽉 죄는 옷을 입는 등 상복부를 지나치게 압박한 경우, 폭음, 폭식, 과로, 스트레스가 원인이 되기도 한다. 이 외에도 수술이나 위액의 손상 등으로 복부 근육이 처졌을 때 쉽게 일어난다.

증세 소화가 안 되며 식후 위통이 특징

위벽의 긴장이 풀어져 위가 축 처지고 연동작용이 약해지는 경우가 흔하다. 위액 분비도 저하되는 경우가 많다. 소화가 안 되며 위에서 음식이 내려가지 않는다.

위가 팽창되었다는 등의 자각증상을 호소하게 된다. 식후 위통을 호소하는 경우도 있으나 심하지 않고 잠시 누워 있으면 곧 사라진다. 통증이 심하면 위궤양 등 다른 병으로 생각해야 한다.

치료 과식 피하고 규칙적인 생활을 한다

증상이 오래도록 계속될 경우 검사를 받아보는 것이 좋다. 드물게는 위암으로 발전하는 경우도 있다. 적당한 운동과 규칙적인 생활을 해나가면 증상이 사라진다. 음식은 소화흡수가 잘되는 음식 위주로 규칙적으로 먹는데 위하수인 사람은 특히 영양섭취에 신경을 써 체력의 회복을 꾀하는 것이 중요하다.

하지만 한꺼번에 많이 먹는 것은 금한다. 위가 아래로 처져 있으므로 위장의 활동이 약해져 음식물의 양을 한꺼번에 많이 넣을 수가 없다. 식후의 안정도 중요하다. 식후 20~30분간 옆으로 누워 안정을 취하는 것이 필요하다.

한방에서 '산사자' 라 불리는 산사나무 열매를 달여마시거나 감자 생즙을 공복에 마시면 위장이 튼튼해진다. 알로에 잎을 썰어 차로 끓여 마셔도 좋고 소화가 잘 안 될 때는 무떡이나 무즙이 좋다.

식도열공탈장

원인 척추변형, 변비, 체중증가 등이 원인이다

횡격막을 통해 위의 일부가 끌려 올라간 상태. 식도열공이란 횡격막에 식도가 지나가는 구멍을 말한다. 노화나 각종 질환이나 사고로 인한 척추변형, 변비, 체중증가, 다산 등이 원인이다.

이 외에도 심장병이나 신장병 등으로 복강내에 물이 고이거나 했을 경우에도 복강 내 압력이 상승되어 병이 발생한다.

증세 가슴뼈 아래쪽에 통증이 느껴진다

보통 가슴앓이를 호소한다. 가슴뼈 아래쪽에 통증이 느껴지며 구토, 빈혈, 먹은 것이 잘 내려가지 않고 목에 걸리는 증세 등이 나타난다. 증세가 좋아진 듯했다가 다시 악화되기를 반복하면서 지속된다.

탈장 부분이 작을 경우 자각 증상도 미미해 발견을 못하는 경우도 많지만 식도염이나 위궤양, 출혈성 빈혈, 담석증 등 합병증을 불러온다.

치료 제산제나 위액 역류를 막는 약물을 복용한다

증세가 없으면 약물에 의한 치료는 받지 않아도 된다. 실제로 가슴앓이나 구토, 소화불량, 연하곤란증 등의 증세는 식도열공탈장의 증세라기보다는 이로 인한 역류성식도염이나 위염, 소화성 궤양 등 합병증으로 인한 증세라고

볼 수 있다. 보통 가슴앓이 증세가 있을 때는 위의 내용물이 식도로 역류할 때 위에서 분비되는 산성의 위액이 식도의 점막을 자극해서 생기는 것이므로 제산제나 위액의 역류를 막는 약물을 복용하면 효과를 볼 수 있다.

이런 치료로 증세가 호전되지 않고 장기간의 염증 때문에 식도가 좁아지는 식도협착이나 튀어나왔던 부분이 원상태로 돌아가지 않고 고착된 경우에는 수술로 교정해 주기도 한다.

변비, 비만 등이 원인이 되므로 변비나 비만을 초래할 수 있는 음식을 주의한다. 저녁에는 과식, 간식을 삼간다.

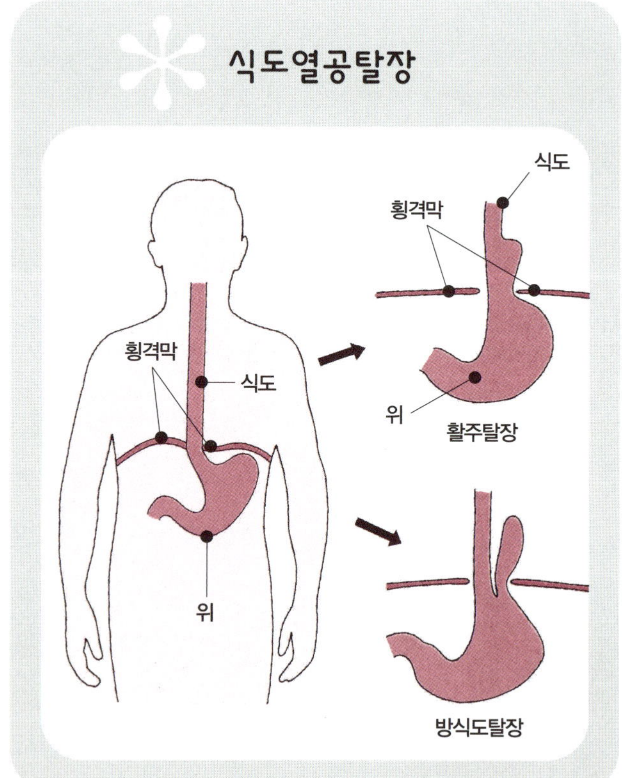

횡격막을 통해 위의 일부가 끌려 올라간 상태를 식도열공탈장이라고 한다. 왼쪽 그림은 정상인의 식도, 횡격막 및 위의 모습이다. 활주탈장은 가장 흔하며 식도 가장 아랫부분이 횡격막 위로 올라가 위의 일부가 흉강 내로 끌려 올라간 경우이다.

위·십이지장궤양

소화성궤양은 위, 십이지장, 식도에서 생긴다.
흔히 위벽이나 십이지아 벽에서 다양한 깊이로
침식되어 있는 것을 볼 수 있다.
천공 때문에 내용물이 복강으로 흘러나오기도 한다.

원인 위산이 위 점막을 자극한다

위산의 자극과 위 점막의 저향력이 약해져 생기는 것으로 그 원인은 복합적이다. 위액 중에 염산과 펩신 등이 많아짐으로써 위산분비를 촉진해 위산과다 상태가 된다. 영양의 불균형, 정신적인 스트레스, 자극적인 기호식품 등도 원인으로 꼽힌다. 이 외에 위염이 궤양으로 발전하는 경우도 많으며 유전이나 자율신경실조 등도 원인이 된다.

증세 공복 시의 속쓰림이 주 증상이다

가장 일반적인 증세는 복통이다. 흔히 속이 쓰리다고 하는데 주로 공복 시에 많이 나타난다. 위궤양보다는 십이지장궤양이 크고 깊을수록, 또는 합병증을 동반할수록 통증이 심하다. 증세로는 오심, 구토, 구역질, 가슴앓이, 변비 등이 동반되는 경우도 있고 돌연 토혈, 하혈하는 경우도 있는데 이때는 위나 장의 천공, 출혈 및 폐색 등 합병증을 의심해야 한다.

치료 출혈이 있으면 입원치료한다

정신적 육체적 안정, 식이요법, 약물요법으로 크게 나눌 수 있다. 궤양 발생에 정신적인 요인이 크게 작용하므로 정신적 안정이 절대적으로 필요하다.

식이요법으로는 적절한 영양식을 하면서 위산분비를 촉진시키는 원인이나 물질은 피하고 가능하면 위산을 중화시킬 수 있는 음식을 섭취하는 것이 바람직하다. 과식은 금물이다. 소량씩 자주 먹는다. 출혈이 있거나 통증이 심할 경우 입원치료를 받는 것이 좋다.

집에서는 이렇게 치료 후 증상이 좋아진다고 해서 금방 치료를 중단해서는 안 되며 최소한 1~2개월은 꾸준히 치료해야 한다. 궤양이 암으로 발전하는 경우도 적지 않으므로 40세 이후라면 정기검진을 받는 것이 좋다.

또 위산분비를 촉진하는 식품은 피한다, 담배, 커피, 콜라, 홍차, 술 등과 궤양을 유발할 수 있는 약품(아스피린, 카페인, 부신피질호르몬제) 등은 피한다.

궤양이 있을 때는 항궤양 작용이 있는 감자 전분을 복용하는 것이 좋다. 껍질을 벗기고 눈을 도려낸 생감자를 강판에 갈아 유리컵에 받아두게 되면 컵 밑에 앙금이 가라앉고 위로 불그스름한 물이 고이게 되는데, 물은 버리고 앙금만 걷어서 한번에 알약 한 알에 해당되는 양의 전분을 복용하면 상당히 도움이 된다.

감자는 궤양을 치료해 줄 뿐만 아니라 위염 증세를 완화시켜 주기도 한다. 이때는 감자를 믹서나 강판에 갈아 즙을 내서 하루에 2회 공복에 마시면 도움이 된다. 감자는 시간이 지나면 갈색으로 변하므로 한꺼번에 많은 분량을 만들기보다는 한 번에 마실 양만 만들어 바로 먹는 게 좋다.

토한다

구토는 잘못된 음식을 흡수하려 하지 않으려는 인체의 방어작용이다. 이 증상은 다양한 증세에 동반되어 나타나기도 하는데 갑작스럽게 구토나 구역질이 심해지면 여러 가지 질환들을 의심해 볼 수 있다. 발열을 동반한 구토나 구역질이 계속 된다면 몸의 이상을 의심해 봐야 한다.

1 배가 아프거나 그 밖의 이상이 있다.
- YES 2번으로
- NO 5번으로

2 과식이나 과음 후 생겼다.
- YES 3번으로
- NO 11번으로

8 임신 초기이거나 임신 후기이다.
- YES 9번으로
- NO 13번으로

3 식중독이나 급성위염으로 보인다. 위 · 십이지장궤양, 담석증, 췌장염일 수도 있으니 빨리 내과로 가보도록.

4 대개 식사 후 증상이 나타난다.
- YES 12번으로
- NO 17번으로

7 빙글빙글 도는 현기증과 동시에 이명과 난청, 구토가 느껴진다.
- YES 15번으로
- NO 10번으로

5 머리가 아프고 귀에서 윙윙 소리가 나고 아프다.
- YES 6번으로
- NO 8번으로

6 어지럽다.
- YES 7번으로
- NO 14번으로

9
임신 초기라면
입덧, 임신 후기라면
임신중독증일 수 있다.
빨리 산부인과로.

10
편두통이나 뇌졸중으로
보인다.
빨리 내과로 가보도록.

11
명치 부근을
중심으로 아프다.
YES   4번으로
NO   16번으로

13
가슴이 눌리는 듯한
느낌이 든다.
YES   19번으로
NO   18번으로

12
위궤양, 십이지장궤양,
유문협착, 췌장염,
담석증의 우려가 있으니
내과로 가보도록.

14
눈알이 아프거나
시야가 뿌옇게 된다.
YES   24번으로
NO   23번으로

17
폐질환, 폐경색,
급성위염, 협심증,
심근경색,
충수염 초기일 수 있으니
빨리 내과로 가보도록.

16
갑자기 심하게 배가
아프면서
구역질이 난다.
YES   21번으로
NO   20번으로

15
돌발성 난청이나 메니에르병일
우려가 있으니
이비인후과나 내과 검진을
받아보도록.

다음 페이지에서 계속 ▶ ▶ ▶

▶ ▶ ▶ 이전 페이지에서 계속

18

구토가 금세 멈추면
괜찮지만 오래도록 지속되면
하루빨리 내과에서
정밀검사를 받아보도록.

19

식도와 관계된
질환일 수 있으니 내과 검진을
받아보도록.

20

가슴에서 메스꺼운
느낌이 들면서
구토를 하게 된다.

YES 26번으로
NO 25번으로

26

간경변, 담석증,
복막염, 장염이
의심되니 빨리
내과 정밀검사를
받아보도록.

21

토사물에서 역한 냄새가 난다면
장폐색일 수 있고,
뇌질환이나 심장질환일 수 있으니
바로 내과 검진을 받아보도록.

22

머리에 외상을
입었을 수 있고
두개내출혈일 수도 있다.
하루 빨리 신경외과의
정밀검사를 받아보길.

25

만성적인 발열과
복통이 있다.

YES 31번으로
NO 30번으로

참 / 조 / 페 / 이 / 지

감기 … 20
충수염 … 174
녹내장 … 206, 30
담석증 … 159
심근경색 … 96
십이지장궤양 … 45, 104
인플루엔자 … 124
급성췌장염 … 176
협심증 … 96, 159
위궤양 … 84
급성장염 … 58

23

최근 머리를
부딪치거나
크게 다친 적이 있다.

YES 22번으로
NO 28번으로

24

녹내장이 의심된다.
증세가 없었어도 갑자기 시력을
상실할 수 있으니
바로 안과 검진을 받아보도록.

27

감기, 인플루엔자로
인한
구토일 수 있다.

28

열이 있고 재채기,
콧물, 기침이 동반된다.

YES **27번**으로
NO **29번**으로

29

약물중독일 수 있으나
두통이 심하면
뇌졸중이나 더 심한 중병을
의심할 수 있다.

31

식도염, 혹은 그 외
식사와
관련된 질환일 수 있으니
빨리 내과
검진을 받아보도록.

30

곧바로 증상이
사라졌다면 괜찮지만 다시
재발한다면
내과 검진을 받아보도록.

잘못된 식습관으로 위장장애일 수 있다

구토는 잘못된 음식을 흡수하지 않으려는 인체의 방어작용이라 할 수 있다. 따라서 과음, 과식이나 자극성 있는 음식 등 식사가 불규칙하거나 식사 내용이 좋지 못할 때 갑작스레 구토증이 일기도 한다. 심하지 않다면 며칠간 식이요법을 잘하면 낫는다. 이 밖에도 감기나 임신으로 인한 일시적인 구토 증상일 수 있다.

지속되면 정밀검사를 받는다

위·십이지장 궤양, 충수염 초기, 담석증, 식중독 등에서도 비슷한 증세가 일어나는 경우가 많다. 이 밖에도 협심증, 심근경색, 폐질환, 폐경색, 급성 위염, 약물 중독 등 여러 원인이 있을 수 있다. 일시적이라면 염려 없으나 증상이 지속될 경우 내과로 가 정밀검사를 받아 정확한 원인을 밝힌 후 치료받도록 한다.

동반되는 증세에 따라 치료한다

먹기만 하면 토한다거나 토해낸 음식에서 심한 냄새가 나는 경우, 복통의 정도가 심하고 그 증상이 만성적인 경우, 시력이 급속히 저하됐거나 난청 등의 증세가 있는 경우 병이 심한 경우이므로 서둘러 병원에 가야 한다. **돌발성 난청, 장폐색, 복막염, 뇌졸중, 편두통** 등을 의심할 수 있다.

뇌졸중

 피가 통하지 않아 일어난다

뇌혈관에 순환장애가 일어나 갑자기 의식장애와 함께 신체 반신에 마비를 일으키는 병이다.

뇌졸중은 크게 두 가지로 구분해 볼 수 있는데 한 가지는 혈관이 터져서 피가 뇌 안으로 모여서 뇌를 압박하는 뇌출혈이고 다른 한 가지는 혈관이 막혀서 피가 통하지 않음으로 해서 그 부분의 뇌기능을 상실하는 뇌혈전 또는 뇌색전이 있다.

 토하고 반신에 마비가 온다

뇌출혈은 대부분 낮동안에 돌연 발병하고 평소 혈압이 높은 사람에게 잘 일어난다. 갑자기 쓰러지면서 어지럼증, 두통 등을 호소하고 잘 토하며 동시에 반신에 마비가 오고 혼수에 빠지게 된다.

반면 아침에 깨었을 때 한쪽 수족이 무겁고 우둔해져 있으면 뇌혈전으로 생각할 수 있다. 마비는 발병 직후보다 더 악화돼 간다

 우선 편안하게 눕히고 숨이 잘 통하게 한다

뇌졸중으로 쓰러진 환자를 발견했을 경우 우선 응급처치를 해야 한다. 첫째, 편안한 곳에 환자를 눕히고 넥타이나 허리띠 등을 풀어 숨을 잘 쉴 수 있게 해야 한다. 머리와 몸을 흔들거나 뺨을 때려서 정신을 차리게 해보겠다는 시도는 절대로 하지 말아야 한다. 뇌출혈을 조장할 수 있기 때문이다. 큰소리를 내거나 흥분하여 환자를 불안하게 하지 않는다.

집에서는 이렇게

기도를 확보하는 것도 중요한 응급처치. 낮은 베개나 방석 등을 어깨 밑에 깊숙이 넣어 기도를 확보하고 아래턱을 올려 호흡하기 쉽도록 해야 한다. 구토하는 경우에는 토물이 기도에 들어가지 않도록 머리를 옆으로 돌려 눕히며, 경련 등의 발작을 일으킬 때는 혀를 물지 않도록 손수건 같은 것을 윗니와 아랫니 사

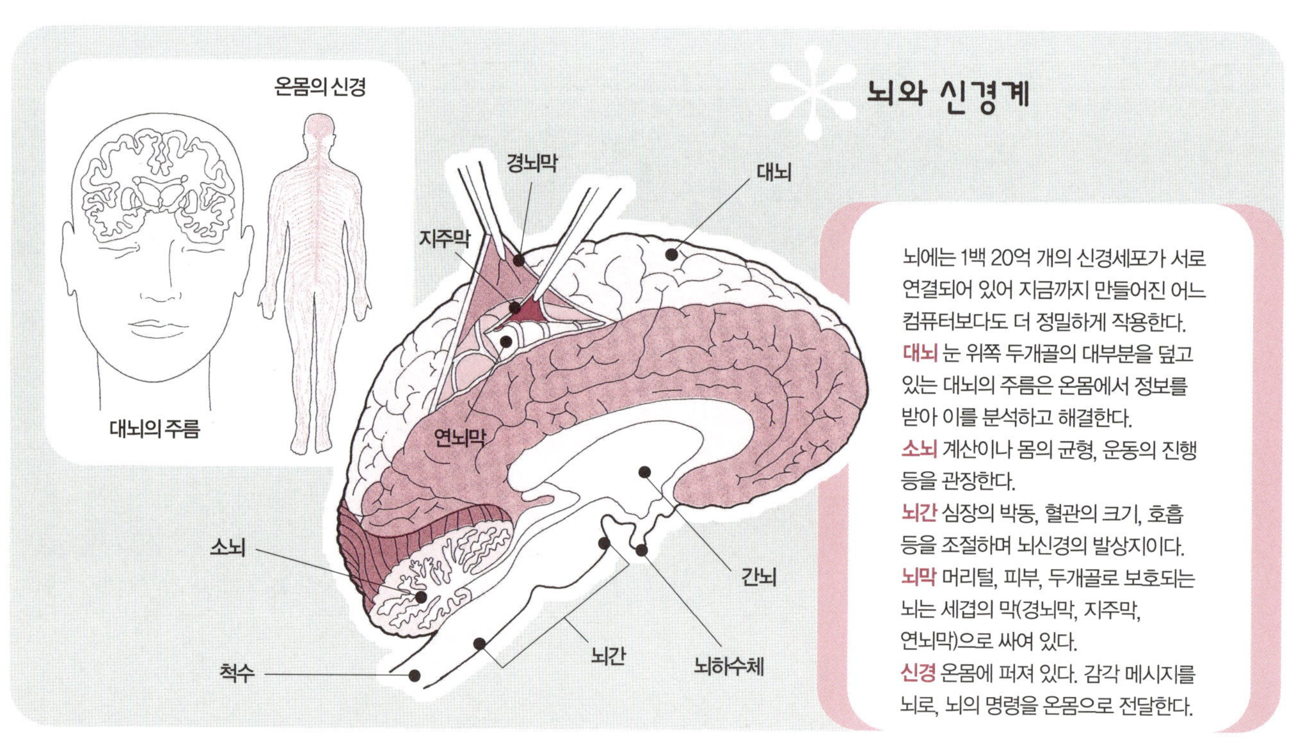

이에 물려두는 것이 좋다. 뇌졸중으로 쓰러졌을 때는 아무 것도 먹이지 않는 것이 좋으며 마비가 오지 않은 쪽이 밑으로 가게 해서 눕힌다. 배변이나 배뇨시는 어린아이에게 하듯 따뜻한 물로 음부를 청결하게 닦아 건조시켜 준다.

 편두통

원인 혈관의 수축과 확장에 따라 발생한다

자세한 원인은 밝혀지지 않았으나 대체로 두개골 안팎에 있는 동맥의 변화와 관계가 있는 것으로 추측된다. 즉 혈관이 수축하거나 확장함에 따라 발생한다. 또 여기에는 많은 신경전달물질이 개입하기도 한다. 두통을 유발하는 음식도 있는데 초콜릿, 지방질 음식, 오렌지, 토마토, 양파 따위에 민감하며 술이 원인이 되기도 한다.

증세 심할 경우 구토 증세를 보인다

한쪽 머리나 양쪽 머리가 욱신욱신거리며 때로는 날카로운 송곳으로 찌르는 듯한 통증을 호소한다. 심하면 구토 증세가 나타나며 눈앞이 번쩍거리고 순간적으로 눈앞이 캄캄해지기도 한다. 감각이상과 언어장애까지 온다. 대개 이른 아침이나 낮에 생겨서 30분 안에 최고도에 달하고 치료하지 않으면 수 시간에서 하루나 이틀 정도 계속된다.

치료 스트레스를 풀고 잠자면 사라진다

대체로 잠을 푹 자고 나면 사라지기도 하므로 잠을 청해 본다. 햇빛이나 강렬한 조명이 두통을 악화시킬 수도 있으므로 어두운 곳에서 긴장을 풀고 휴식을 취한다. 증상이 심할 경우 진통제를 복용할 수 있다. 그러나 진통제는 소화기에 염증이나 궤양성 질환이 있는 경우는 삼간다. 편두통은 원인이 명확하지 않은 것이 특징이지만 일반적으로 지나치게 완벽을 추구하는 성격이거나 억압된 분노나 적

개심 같은 것이 많은 사람에게서 잘 나타나는 경향이 있다. 정서적 긴장상태나 불안감, 흥분 등이 지속돼도 편두통이 나타날 수 있으므로 편두통 치료를 위해서는 정서적인 안정을 취하고 여유를 가지는 태도 등이 중요하다.

집에서는 이렇게 음식이 요인이 돼서 편두통이 발생할 수도 있으므로 편두통을 유발하는 음식이나 커피, 술, 담배 등 자극성 음식은 피하는 것이 좋다. 무즙을 거즈에 적셔 이마에 대주거나 꿀을 섞어 마셔도 좋고 매실 과육을 관자놀이에 붙여도 두통 완화에 효과가 있다.

 돌발성난청

원인 대변을 보다가 올 수도 있다

이렇다 할 원인이 없는데도 갑자기 귀가 안 들리는 경우다. 알레르기의 일종일 수도 있고 대변을 보다가 뇌압이 높아지면서 내이의 림프액의 압력이 증가되어 정원창이 터져서 일어날 수도 있고 바이러스나 각종 혈관 장애가 원인이 되어 올 수도 있다. 이 밖에 청신경의 종양에 의해서도 갑작스런 난청이 일어날 수 있다.

증세 갑자기 들리지 않으며 구토를 동반한다

갑작스럽게 아무 소리도 들을 수 없거나 희미하게 들리는 경우 등 그 정도는 여러 가지지만 대체로 한쪽 귀에만 생기는 경우가 많다. 귀에서 윙윙 울리는 소리가 들리며 머리가 어질어질한 현기증과 구토 등을 동반하는 경우도 있다. 하지만 메니에르증후군처럼 현기증이 지속되며 걷는 것조차 힘들 정도는 아니므로 감별할 수 있다.

치료 전문의의 치료를 서두른다

증상이 나타나는 즉시 전문의의 진단과 치료를 받아야

한다. 원인에 따라 치료법도 달라지지만 중요한 것은 조기에 치료를 받지 않으면 상태가 악화돼 청력을 잃을 수도 있다. 경우에 따라 혈관확장제, 비타민제, 부신피질호르몬제 등을 투약한다. 환자가 극도의 불안감을 가질 수 있으므로 일단 안정을 시키고 현기증이 심할 때는 강한 광선이나 소음 등 불쾌감을 주는 요소는 피한다.

한편, 흔히 사용하는 약제 중에 난청을 일으키기 쉬운 것도 있으므로 주의해야 한다. 스트렙토마이신, 카나마이신, 겐타마이신, 네오마이신 등의 항생제와 아스피린, 키니네 등은 독성이 있어 내이에 작용해 난청을 일으키기도 한다. 따라서 이들 약제를 사용할 때는 반드시 의사의 처방을 따라야 하며 갑자기 소리가 들리지 않거나 귀울림이 있고 어지럼증 등의 증세가 나타나면 서둘러 전문의를 찾아 검사와 치료를 받아야 한다.

복막염

원인 복강 내 감염이 복막으로 퍼진 것이다

복막은 복강내의 여러 장기를 싸서 보호하는 막이다. 복강내의 장기에 세균 감염으로 인한 염증이 심해져서 복막에 염증이 퍼진 질환이 복막염이다. 급성복막염, 결핵성 복막염, 만성복막염 등이 있지만 급성복막염이 가장 흔하다. 충수염, 췌장염, 담낭염이나 여성들에 있어서는 유산 뒤에 올 수도 있다. 원인균으로는 대장균이 가장 많고 포도상구균, 임균 등도 있다.

증세 복통, 구토, 발열이 따른다

복막 전체에 염증이 퍼진 경우 심한 복통, 발열, 구토, 헛배부름 등이 주증상이다. 복막 전체에 염증이 퍼졌으므로 세균에서 나오는 독소로 인한 중독 증상이 나타난다.

복막의 일부만 감염된 경우 통증, 발열, 구토가 있고 아

픈 쪽 배를 움츠리고 새우 모양의 자세를 취한다. 담즙이 복강 내로 스며들어 발생하는 담즙성 복막염은 생명을 위협하는 중한 질환이다.

치료 꾸준히 치료해야 한다

위험할 수 있으므로 서둘러 입원해서 적절한 치료를 받아야 한다. 대체로 수술로 복막의 오염원을 제거하고 복강의 고름을 빼낸다. 수술 후에는 안정을 취하며 영양, 수분을 주사로 공급하고 적절한 항생제를 사용해 치료해야 한다. 급성복막염 외에 결핵이나 성병 등이 원인이 되어 복강내 임파절에 결핵이 퍼져 발생한 복막염의 경우 항결핵제로 장기간 치료하고 복수가 차면 바늘로 복수를 빼내 준다. 복막염이 만성화되면 치료가 힘들고 일시적으로 나은 것 같다가도 다시 재발하면 처음부터 다시 치료를 시작해야 하므로 치료를 꾸준히 하는 것이 중요하다.

집에서는 이 렇 게 복막염 수술 후 헛배가 부르고 무겁고 가스가 차며 변비, 설사를 경험하는 경우도 있는데 이때는 복부를 따뜻하게 해주며 가스 발생이 많은 콩 종류, 기름기가 많은 음식은 피하는 것이 좋다.

장폐색

원인 담석, 기생충 등이 장을 막아 생긴다

변이나 장에 담석이 내려왔을 때, 기생충 같은 것이 장을 가로막을 때, 혹은 장이나 장 근처에 생긴 종양에 의해 장이 막힐 때 일어난다.

이 외에도 대수술 후나 폐렴, 급성복막염 같은 중병을 치른 후 일시적으로 장이 마비되어 일어나는 경우도 있으며 이 밖에도 특히 어린아이들의 경우 장이 겹쳐지거나 꼬여서 장을 막는 경우도 생긴다.

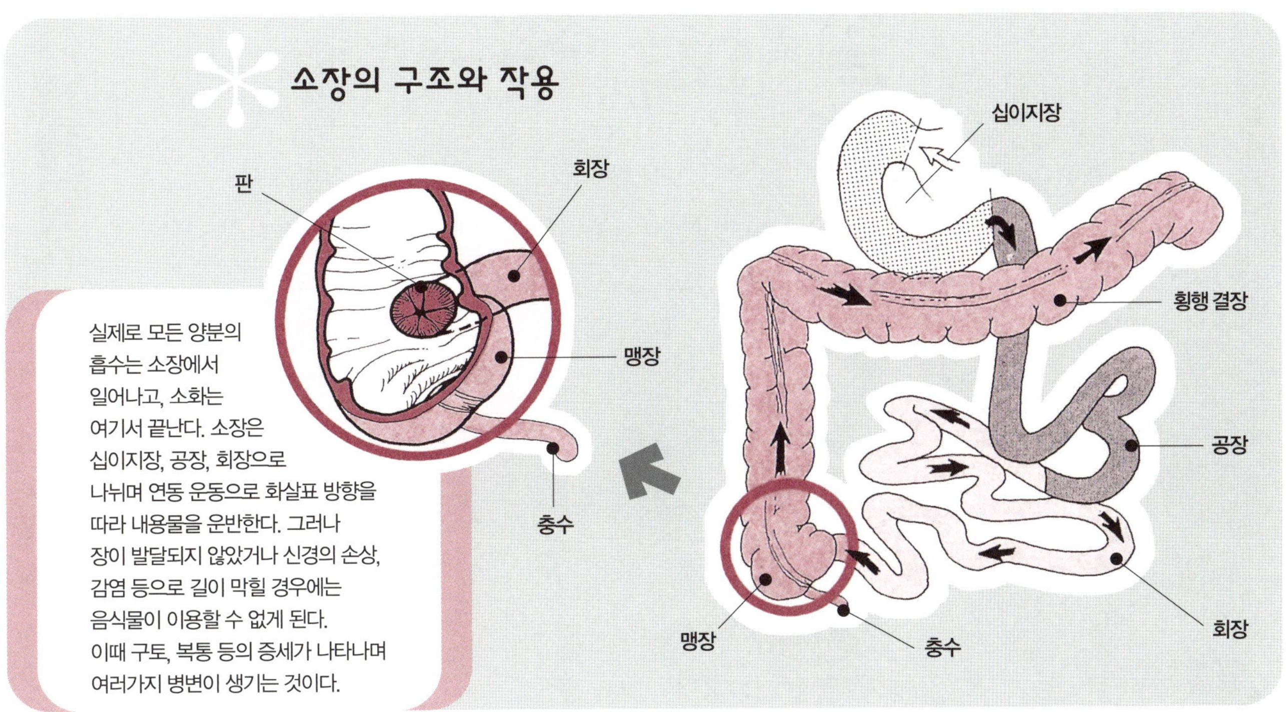

증세 대변 같은 것을 토한다

심한 복통과 배가 팽팽해지고 어디를 눌러도 아프며 계속 구토를 하기도 한다. 그러면서 전신상태가 악화되어 쇼크 상태로 가는 것을 급성장폐색이라고 한다. 구토는 처음에는 위의 내용물을 토하다가 차츰 장의 내용물을 토하게 되므로 폐색된 부위가 아래쪽일수록 대변 같은 것을 토하게 된다. 악화되면 복막염으로 이행될 수 있다.

치료 속히 병원으로 가야 한다

원인을 불문하고 속히 병원에 가서 치료를 받아야 한다. 마비성 장폐색의 경우 심한 통증으로 고생하므로 진통제를 주면서 마비가 풀리기를 기대해 볼 수 있다. 충수염 등의 수술 후 가스가 나오기를 기다리는 이유가 바로 장의 운동상태를 확인하기 위해서다.

이때는 장을 쉬게 해주기 위해 금식하고 튜브를 삽입하여 내용물을 빼낸 뒤 기존 질병을 치료한다. 다른 원인일 경우는 수술로 장을 가로막은 원인물질을 제거해 줘야 한다. 보조치료로 조심스럽게 관장을 하고 배를 따뜻하게 찜질하는 것도 좋다. 어린이에게서 흔히 나타나는 장중첩증 역시 장폐색의 일종. 구토, 혈변이 보이고 얼굴이 창백해지며 몸을 구부리고 우는데 쉽게 울음을 그치지 않으며 열은 없으나 몸이 축 처지는 경우 장중첩증을 의심해 본다. 서둘러 병원으로 가야 하며 늦어질 경우 중첩된 부분의 혈액순환이 나빠져서 터지거나 괴사를 일으켜 복막염으로 진행되기 쉽다.

집에서는 이렇게 칡뿌리를 한방에서는 '길경'이라고 하고 칡뿌리 갈아놓은 것을 '갈분'이라고 하여 중요한 약재로 취급하고 있다. 칡뿌리의 주성분은 전분인데, 이것이 경련을 진정시키고 장을 튼튼하게 하는 작용을 한다.

칡가루 1작은술에 1컵 분량의 뜨거운 물을 붓고 잘 풀어서 마시거나 칡뿌리를 진하게 달여서 마신다. 이때 설탕을 조금 넣으면 복통에도 효과가 있다. 뿌리와 꽃을 함께 달여 마시면 식중독을 해소하는데 효과가 있다.

설사를 한다

수분이 많고 무른 변으로 대부분 스트레스나 폭음, 폭식이 원인일 수 있으나
장염이나 식중독이나 소화기 이상이나 전염병이 원인일 수도 있다. 간혹 심리적인 요인에서
오는 것일 수도 있으니 스트레스를 받지 않도록 하는 것도 좋다.

1

배가 아프면서
설사가 난다.

YES 2번으로
NO 4번으로

2

구토가 나거나 속이 메스껍다.

YES 3번으로
NO 6번으로

3

변을 보고 싶지만 점액만
찔끔찔끔 나오고
혈변을 보인다. 열도 동반한다.

YES 7번으로 NO 11번으로

4

현재 복용하고 있는
약이 있다.

YES 5번으로
NO 8번으로

5

약물 부작용일 수
있으니
담당의사와 상의한다.

6

기침을 하고, 재채기,
콧물 등이 나온다.

YES 10번으로
NO 14번으로

7

감염성 질병일 수 있으며
피가 섞인 변이
나온다면 전염병일 수도 있으니
빨리 내과로 가보도록.

8

정신적으로 심각한
스트레스에 시달린다.

YES 9번으로
NO 12번으로

9

스트레스 해소를 위해 노력한다. 장기간
계속될 때는 내과나 심장 내과로 가보도록.

10

감기로 인한 설사일 수
있으니 일단
안정을 취한다. 장기간
계속될 때는
내과로 가보도록.

11

열이 나면서 아랫배가
아프고 변에서
콧물 같은 진액에 나온다.

YES 15번으로
NO 18번으로

12

자는 동안 배를 차게 했거나 자극적인
음식을 먹었거나, 폭음, 폭식,
찬 음식 섭취로 인한 설사일 수 있다.

참/조/페/이/지
감기 … 20
궤양성대장염 … 82
급성췌장염 … 176
바세도우병 … 124

13

음식물에 의한
알레르기 일 수
있으니
내과로 가보도록.

14

설사와 변비를 번갈아 반복하며
증상이 호전되지 않는다면
과민성 대장증후군일 수 있다.
내과검사를 받아보도록.

16

우유나 달걀과 같은
특정 식품을 섭취한 후
설사를 했다.

YES **13번**으로
NO **19번**으로

15

궤양성 대장염,
급성 장염일 수 있으니
내과로 가보도록.

17

유효기간이
지난 식품을 먹었다.

YES **20번**으로
NO **16번**으로

18

갑자기 등에
따끔한
통증이 느껴진다.

YES **21번**으로
NO **17번**으로

21

급성췌장염일 수
있으니
빨리 내과로 가보도록.

19

장에 염증이 생겼을 수 있다.
바세우도병, 중금속 중독이나
소화기 계통의 이상일 수도 있으니
내과로 가보도록.

20

식중독일 수 있으니
내과로 가보도록.

안정을 취하고 먹는 것을 조심한다

설사는 장내 이상 증상을 해소하기 위한 자가치유의 한 형태로 볼 수 있다. 따라서 심하지 않은 경우라면 안정을 취하고 먹는 것을 조심하면 좋아진다. 특정 음식에 대한 알레르기성 설사나 폭음, 폭식, 찬 음식 등을 섭취한 후의 설사, 감기로 인한 설사, 일시적인 긴장이나 스트레스로 인한 설사 등은 오래 끌지 않는다면 크게 걱정하지 않아도 된다.

설사, 변비 반복하면 과민성대장증후군

상한 음식을 먹은 후 설사를 한다면 식중독일 수 있고 특정음식을 먹고 설사를 했다면 음식물에 의한 알레르기일 수 있다. 특정 약 복용이 원인이라면 담당의사와 상의해 보는 것이 좋다. 항상 아랫배에 불쾌감이 느껴지고 설사와 변비를 번갈아하는 경우라면 과민성대장증후군을 의심해볼 수 있다. 내시경 검사 등 검진과 처방도 필요하지만 스트레스 해소가 가장 중요하다.

설사 잦고 혈변 보이면 급하다

복통과 고열이 동반되며 점액질, 또는 혈변을 보는 경우 세균성이질 등 감염성 질병의 위험이 높으므로 즉시 내과로 간다. 아랫배에 통증이 있으며 콧물 같은 변이 찔끔거리는 경우 급성장염, 궤양성대장염일 가능성이 있으므로 서두른다. 이 밖에 설사와 변비를 반복한다면 과민성대장증후군을, 통증이 급격히 일어나면 급성 췌장염을 의심한다.

과민성대장증후군

원인 정신적 요인이 크다

정확한 원인은 밝혀지지 않았지만 어린시절에 위장이 허약했거나 대장질환에 걸렸던 사람, 불규칙한 식습관과 편식, 심리적인 요소에 의해 영향을 받는 것으로 알려져 있다. 즉 정신적 불안이나 긴장, 흥분 등에 의해 장의 자율신경실조를 가져오고 장 운동이 과다하게 이루어짐으로써 설사를 일으키는 것이다.

증세 식사 후 곧 화장실에 가고 싶다

신경성 설사가 전형적인 증세다. 심하지는 않지만 만성적인 복통과 복부 팽만감, 가스가 차는 증상 등을 경험한다. 식사 후 곧 화장실에 가고 싶을 때가 많으며 변을 본 뒤에도 늘 잔변감이 있다. 진흙탕이나 죽 같은 변을 하루에도 여러 차례 보는데 양이 작고 가늘며 변비와 설사를 교대로 일으키는 등 소화와 배변에 이상 증세를 보인다.

치료 심신의 과로를 피하고 안정한다

병원에서는 정신안정을 기하기 위해서 정신안정제가 쓰이고 진통제를 투여해 복통을 완화하는 정도의 약물치료가 전부이므로 일상생활에서의 주의와 마음가짐, 식습관 등이 증상을 없애거나 예방하는 데 절대적인 영향을 미친다고 할 수 있다. 심리적인 영향이 크므로 정신적으로나 육체적으로나 과로를 피하고 안정을 유지하는 것이 최선이다. 자신에게 맞는 취미나 여가 활동, 적절한 운동 등으로 기분전환을 꾀하고 스트레스를 해소하며 자기가 좋아하는 일에 몰두함으로써 예민한 신경을 안정시키는 것도 좋다.

집에서는 이 렇게 규칙적인 식사는 필수. 섬유질이 많고 기름기가 적은 소화되기 쉬운 것을 주로

먹는 것이 좋으며 칼로리가 높고 자극적인 음식은 피하는 것이 좋다. 커피, 담배 등의 기호품도 증상을 악화시킬 수 있다. 수분 배설량이 많으므로 수분섭취를 충분히 해준다. 식사 직전이나 직후, 식사중에 물을 마시면 소화흡수에 방해가 되므로 식간에 섭취하는 것이 좋다.

식중독

원인 각종 미생물의 증식이 원인

살모넬라. 장염비브리오, 웰치균 식중독과 같이 음식물과 함께 섭취된 미생물이 인체내에서 증식하거나 또는 사람이 섭취하기 전 식품 내에서 증식한 다량의 미생물이 장관 점막에 작용함으로써 위장기능에 장애를 일으킨다. 이외에 보틀리누스균이나 포도상구균에 의한 식중독처럼 식품 중에서 미생물이 증식할 때 생기는 독소에 의해 일어나는 식중독이 있다.

증세 녹색의 물 같은 변을 본다

식중독에 걸리면 우선 전신이 나른해 진다. 식욕도 금방 뚝 떨어진다. 그리고 복통, 구토, 설사가 따르며 열까지 나는 경우도 많다. 우리나라에 가장 빈발하는 살모넬라 식중독의 경우 일반적인 증상 외에도 고열과 오한, 전율 외에 뇌증상도 일어나 불안, 경련, 의식혼탁, 혼수상태에 이르기도 한다. 대변은 물과 같으며 녹색을 띠고 고약한 냄새가 난다.

치료 먹은 것을 토하고 서둘러 병원으로

심하면 사망하는 수도 있으므로 의사의 진찰을 받아야 한다. 특히 같은 음식을 먹은 사람이 다 똑같은 증상을 보였다면 전염병의 위험도 있으므로 반드시 병원에 가야 한다. 먼저 해야 할 일은 소금물을 마시고 손가락을 목에 넣

어 먹은 것을 토해 내도록 하고 이것을 되풀이하여 위를 씻어내도록 해야 한다.

또 설사를 한다고 해서 지사제를 먹으면 장속에 세균이나 독소를 그대로 두는 결과가 돼 치료를 더 어렵게 할 수도 있다. 수분 섭취에 유의해 설탕물과 소금물을 충분히 보충해 주는 일도 잊어서는 안 된다.

집에서는 이렇게 식중독을 예방하려면 불결한 식품, 신선하지 않은 식품의 구입 및 섭취는 금한다. 병원균 전염의 매개체인 바퀴벌레나 쥐 등은 잡는다. 냉장고는 보통 2주에 1회 정도는 모든 식품을 들어내고 닦아주는 것이 좋으며 도마와 행주, 개수대는 꼭 소독한다. 조리한 음식은 가능한 한 빨리 섭취하고 조리하는 사람은 위생에 더욱 철저히 한다.

음식알레르기

원인 **특정 음식물에 대한 과민반응**

특정 음식물을 섭취한 후 정상이 아닌 여러 가지 반응이 일어나는 경우로, 우유나 유제품, 달걀흰자, 토마토나 딸기, 쇠고기, 호도 등의 견과류, 생선 및 새우, 갑각류 등이 대표적인 식품이다.

환경이나 유전적인 요인도 작용하며 위장관에서 알레르기 항원과 결합하여 알레르기 반응을 상쇄해 주는 면역 글로불린 A항체가 부족한 젊은이와 노년층에 많다.

증세 **설사, 구토, 천식, 두드러기가 나타난다**

배가 아프거나 설사, 구토와 같은 위장관 증세부터 호흡 곤란이나 천식과 같은 호흡기 증세, 온몸에 두드러기가 나타나는 등의 피부증세, 심지어 신경증세와 행동의 변화를 일으키는 등 다양한 형태로 나타난다. 음식물을 섭취한 후 곧 증세가 나타나는 수도 있으나 몇 시간이 지난 후 나타나기도 한다.

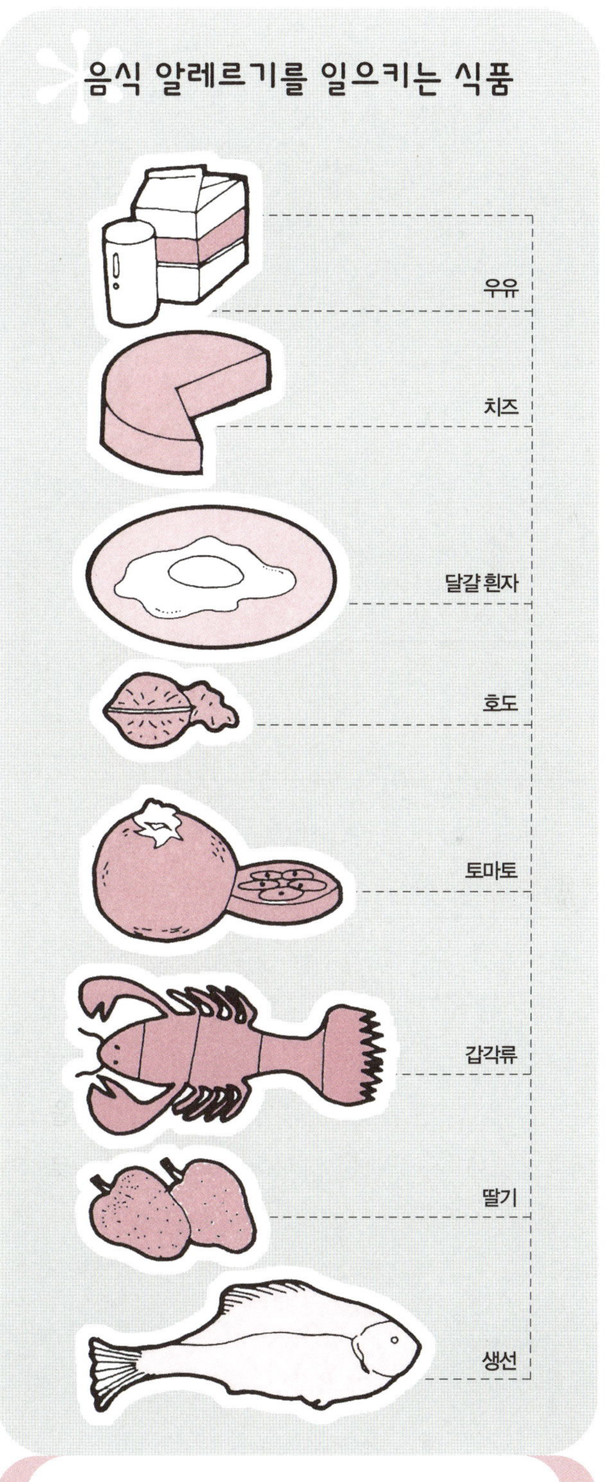

많은 식품이 알레르기를 일으켜서 두드러기와 심한 복통이 따른다. 위의 식품은 특히 알레르기를 잘 일으키는 식품이다.

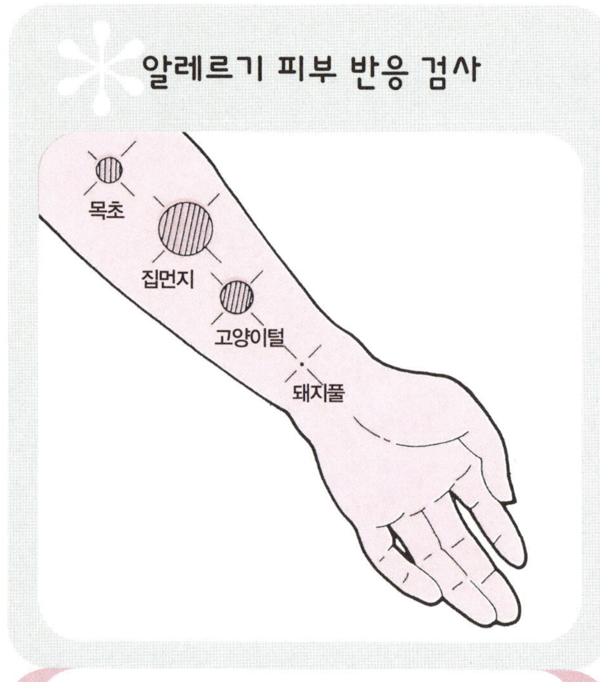

피하에 소량의 항원을 주입하여 반응을 본다.
이 항원에 예민한 경우에는 붉은 색의 돌출된 점이
생겨 가렵다. 이런 반응을 이용하여
알레르기 환자는 처방과 예방 대책을 세울 수 있다.

치료 원인 밝히고 체질 개선한다

가장 먼저 할 일은 원인으로 생각되는 식품을 확인해 보는 일이다. 알레르기 반응은 빠른 시간 내에 일어나므로 가장 최근에 먹은 음식물들을 의심해 보면 된다. 알레르기 항원이 불분명한 경우에는 일정한 기간 동안 섭취하는 모든 음식물을 기록하여 환자 자신이 음식물 일기를 만들어 본다. 알레르기를 유발하는 음식을 확인했다면 그 음식을 먹지 않으면 증세가 급속히 좋아진다. 또 음식을 끓이면 알레르기성이 감소되어 증세가 없어지는 수가 있다.

집에서는 이렇게 식품 알레르기는 특히 어린아이에게서 더 큰 문제를 일으키며 이 시기에 특정 식품에 대한 과민한 반응을 보이기 시작하면 평생 가는 경우가 많다. 따라서 이 시기에 알레르기성 체질을 만들지 않도록 하는 것이 중요하다.

가능하면 아이에게는 모유를 먹인다. 알레르기 유발 가능성이 높은 식품은 소량씩 관찰해 가며 먹이는 것이 좋으며 평소 인스턴트 음식보다는 자연식품을 주로 먹는 등 생활 자체에 주의를 기울여야 한다.

급성장염

원인 배를 차게 해도 온다

소화가 잘 안 되는 음식을 많이 먹었거나 부패된 음식, 혹은 세균에 오염된 음식을 먹었을 경우나, 맵고 짠 음식, 찬 음식 등을 지나치게 많이 먹는 것도 원인이 된다.

또 이불을 잘 덮지 않고 배를 차게 하고 자는 경우도 올 수 있으며 알레르기성 장염이라고 하여 계란, 게, 우유 등의 특정 음식에 장염 증상을 보이는 경우도 있다.

증세 하루 10회 이상 설사를 한다

식욕부진, 구토, 명치 아래의 통증이 처음으로 나타나는 증상이다. 증상이 가벼울 때는 하루 2~3회의 무른 변을 보게 되지만 심하면 하루 10회 이상의 설사를 할 수도 있다. 물 같은 변을 보다가 점차 점액이 섞인 변을, 더 심해지면 피가 섞여 나오는 수도 있다. 고열과 함께 수분 부족으로 경련이나 쇼크 상태에 빠질 수도 있다. 그러나 자연히 낫는 경우도 있다.

치료 하루 정도 금식한다

안정을 취하면서 설사로 인한 수분 부족과 전해질 부족을 보충하는 데 주력한다. 배를 따뜻하게 찜질하는 것도 증상을 가볍게 하는 데 도움이 된다. 지사제나 항생제를 임의로 무분별하게 복용해서는 안 된다. 오히려 내성을 길러 치료를 더 어렵게 하므로 주의한다.

장염 증상이 나타나면 하루쯤 금식하고 다음부터 죽이

나 미음 등 유동식을 들도록 하며 점차 보통식으로 옮겨간다. 급성장염은 치료를 잘하면 뒤탈 없이 잘 낫는다. 하지만 설사가 멎지 않은 상태에서 보통 식사를 하고 무리하면 만성화되어 치료가 힘들어지므로 초기에 주의를 기울여 완전히 치료하는 것이 좋다.

집에서는 이 렇 게 지방섭취를 줄이고 찬 음식과 음료수, 날생선, 섬유질이 많은 음식 등은 삼간다. 배와 등, 발을 따뜻하게 해준다. 찹쌀로 죽이나 미음을 만들어 먹으면 좋고 장기능 강화에 효과적인 마로 죽을 쑤어 먹어도 좋다. 몸을 따뜻하게 해주는 부추죽은 설사 후 체력이 떨어졌을 때 좋고 파뿌리로 차를 끓여 마시는 것도 좋다.

세균성이질

원인 **아베마 원충이 세포층을 파괴한다**

아메바 원충이 원인균으로 대장점막에 붙어 번식하면서 세포층을 파괴하므로 장벽에 궤양이 생기고 혈관이 파열되는 등 병변 때문에 고름이나 피가 섞인 설사를 하는 것이 특징이다. 전염력이 매우 강해 환자나 보균자가 배변 후 손을 깨끗이 씻지 않아 음식을 오염시켜 전파시키거나 신체적 접촉을 통해 직접 전파되기도 하고 음료수, 바퀴벌레, 파리 등에 의해 전파될 수도 있다.

증세 **피 섞인 설사를 한다**

화장실을 들락날락거리며 피가 섞인 설사를 하는 것이 대표적인 증상이다. 고열과 구토, 오한, 복통이 나타나며 이질균의 독성으로 뇌에 영향을 주어 경련이나 혼수상태를 일으킬 수도 있다. 만성화하면 피고름똥은 나오지 않는 대신 아랫배가 늘 불안하며, 변비, 설사 등을 반복하는 등 증세가 되풀이된다.

치료 **환자 격리하고 항균요법을 실시한다**

혈액, 점액, 농이 섞인 설사가 심하고 구토, 복통 등이 뒤따를 경우 지체 말고 병원으로 가야 하며 이질로 판명된 경우 환자를 즉시 격리시켜야 한다. 대변 배양 검사로 이질 균을 발견하거나 종류를 구별할 수 있다. 증상이 가벼울 경우 수분이나 전해질 보충만으로도 나을 수 있고 그렇지 못할 경우 항균요법을 실시한다.

집에서는 이 렇 게 이질 아메바는 수인성 원충이므로 특히 여름철에 주의해야 한다. 물은 반드시 끓여 마셔야 하며 비위생적인 시설에서 만든 아이스크림, 음료수 등은 삼가는 것이 좋다.

파리 등 곤충에 의해 전파되기도 하므로 집안을 청결히 하는 것도 중요하다. 이질균은 배변 후 휴지로 닦을 때 손에 묻은 균만으로도 충분히 전염이 되며 음식이나 물 속에서 수개월 동안 살 수 있을 정도로 생명력도 강하므로 위생에 철저한 것이 최고의 예방법이다.

평소 손 씻기 등 개인 위생뿐만 아니라 물, 하수도, 쓰레기 같은 주변환경관리에도 신경을 써야 한다. 설사를 하게 될 경우에는 매실을 먹는다.

매실은 위장의 기능을 촉진시키고 장 속의 나쁜 균의 번식을 억제한다. 위의 기능이 약해지면 해로운 균을 소장으로 곧비로 통과시키기 때문에 항균 작용에 약한 소장에 번식한 균으로 인해 이질이나 장티푸스 등의 무서운 병에 걸리기 쉽다.

매실의 유기산은 장 내부를 일시적으로 산성화시켜 이질균이나 포도상구균, 장티푸스 균 등의 번식을 막아주는 작용을 한다.

위가 약할 때는 매실차, 술에 담근 매실주, 매실 장아찌 등 매실로 만든 음식을 먹으면 위가 튼튼해진다.

가래가 끓는다

대기오염문제가 심각해지면서 특별한 병세가 없이도 가래를 호소하는 사람들이 늘어나고 있다. 가래는 기도 내에 먼지와 세균, 바이러스 등이 섞인 것으로 기침을 동반한 가래가 계속되면 질환이 있는 것은 아닌지 의심해 봐야 한다.

1

가래가 끼면서 재채기, 콧물이 나온다.

YES 2번으로
NO 4번으로

2

기침이 심하면 감기, 끈적이는 가래가 나오면 급성기관지염일 수 있으니 내과로 가보도록.

3

기침과 가래가 함께 동반하면 기관지 천식일 가능성이 있다. 내과로.

4

숨을 쉴 때마다 목구멍에서 그르렁하는 소리나 쌕쌕거리는 소리가 난다.

YES 5번으로
NO 8번으로

5

현재 심장계통 질환을 앓고 있다.

YES 6번으로
NO 3번으로

6

심부전일 수 있으니 빨리 내과로.

7

거품이 많은 가래가 나올 때는 폐수종일 확률이 높다. 심장 질환이 있는 사람이 폐기능에 이상이 있을 때 나타나는 증상으로 빨리 내과로 가보도록.

8

하루에도 여러 번 많은 양의 가래가 나오는 날이 계속된다.

YES 9번으로
NO 11번으로

9

기관지 확장이나 폐에 화농성 염증이 있을 수 있으니 빨리 내과로 가보도록.

10

침이 섞인 가래가 나오면 괜찮지만 진한 가래가 계속 나온다면 서둘러 내과로 가보도록.

11

가래가 검은색을 띤다.

YES 12번으로
NO 15번으로

12

평소 매연, 먼지 등이
많은 환경에서 일을 하든지
담배를 많이 피운다면
환경을 바꾼다. 원인 제거
후에도 이상이 계속된다면
빨리 내과 검진을.

참 / 조 / 페 / 이 / 지

기관지천식 … 133
기관지확장증 … 130

13

가래가 묽은 거품의
형태를 띤다.

YES 7번으로
NO 10번으로

14

폐렴, 부비강염이나
기관지염일 수 있으니
내과나
이비인후과로 가보도록.

15

가래가 황색이나
녹색, 갈색을 띠고 있다.

YES 16번으로
NO 19번으로

16

폐렴이나 심장판막증일 수
있으니 내과에서
검사를 받아보도록.

17

가래가 고름처럼
진득한 성질을 띤다.

YES 14번으로
NO 13번으로

18

부비강염이나 폐렴, 폐결핵일 수
있다. 가슴에 통증이 있다면
위험한 상태이니
빨리 호흡기 내과나 이비인후과로
가보도록.

19

가래가 붉거나
녹 같은
빛깔이다.

YES 18번으로
NO 17번으로

가벼운 증세

감기 또는 기관지염일 수 있다

감기는 호흡기 계통의 질병 중 가장 일반적
인 병증이다. 감기에 걸렸을 때는 몸의 저항력
이 약해져서 여러 가지 병균의 활동이 활발해
지므로 다른 병이 나타나지 않도록 조심한다.
급성기관지염도 대개 감기 끝에 잘 나타나는
증세이므로 감기는 초기에 잡는 것이 바람직하
다. 감기나 기관지염에 걸리면 자연히 가래가
생기므로 방치하지 말고 바로 치료하도록 한다.

의심되는 증세

전문의의 정확한 진단이 필요하다

기관지 천식, 급성기관지염, 폐의 화농, 폐수
종, 심부전, 부비강염, 폐렴, 심장판막증, 폐결
핵 등 여러 가지 증세를 의심할 수 있다. 가래
가 심하면 서둘러 내과 진단을 받은 후 치료해
야 한다. 가래의 종류도 여러 가지이며 가래 색
깔 또한 여러 형태로 나타나므로 심각한 경우
를 놓치지 말고 전문의의 정확한 진단을 꼭 받
도록 한다.

중 증

피섞인 가래가 나오면 중증이다

기관지 확장증, 폐수종, 폐화농증, 폐렴 등은
가래의 색깔도 녹빛깔이거나 벽돌색이고 피섞
인 가래가 나올 수 있으므로 이쯤되면 중증이
다. 먼저 흉부 X선 촬영을 하여 원인균을 확인
하고 전문의의 지시에 충실히 따라야 한다. 심
한 경우에는 수술을 요할 경우도 있다. 폐수종
같은 경우에는 호흡곤란이 따를 수도 있으므로
피섞인 가래가 나온다면 서둘러야 한다.

급성기관지염

원인 흡연도 주요 원인이다

기관지 점막에 염증이 생긴 상태다. 감기로 인한 경우가 많으며 갑자기 찬바람을 많이 쐬는 것도 원인이 된다. 바이러스나 세균 등에 의한 급성 감염이나 각종 화학적 물질, 유전적 요인 등이 모두 기관지염의 원인이 되는데 그 중에서도 특히 흡연이 가장 중요한 원인으로 꼽힌다. 이 외에도 대기오염이나 화학물질 배출량이 높은 근무환경이 원인이 되기도 한다.

증상 탁하고 끈적이는 가래가 나온다

기침을 동반한 탁하고 끈적이는 가래가 주요 증상으로 특히 아침에 심하다. 방치해 두면 만성화되어 치료가 힘들어진다. 1년에 3개월 이상 증세를 보이고 이것이 2년 이상 이어지는 경우 병증이 깊어진 것으로 서둘러 치료한다. 기관지염이 만성화되면 호흡곤란이 오기도 한다.

치료 기관지 확장 치료로 호흡곤란을 예방한다

급성 기관지염 증상이 보일 때는 초기에 철저히 치료하는 것이 가장 중요하다. 열이 높고 기침을 하지 않아도 활동하기 힘들 만큼 숨이 차거나 가래에 피가 섞여 나온다면 서둘러 병원으로 간다. 기침약을 임의로 먹으면 오히려 기관지염을 악화시킬 수 있으므로 약은 반드시 의사의 진단 후에 복용한다. 병원에서는 객담 배양을 통해 감염 원인균을 밝혀내어 이를 제거하고 기관지확장 치료를 통해 기관지내 분비물 배출을 돕고 호흡곤란을 예방한다.

집에서는 이 렇 게 흡연자라면 금연이 제일의 약이다. 가족들도 실내에서는 담배를 피지 않는다. 집에서는 무엇보다 수분공급과 실내를 건조하지 않게 해주는 것이 중요하다. 가슴을 앞으로 구부리게 해 등을 가볍게 두드려주면 가래 배출이 쉽다. 이 밖에 니코틴 독을 풀어주고 가래를 없애는 효과가 있는 무를 참기름, 꿀과 혼합하여 달여서 먹거나 은행을 참기름에 볶아 한번에 5~10개 정도 먹는 것도 좋다.

폐렴

원인 감기, 기관지염 후에 잘 온다

폐포를 포함한 기관지 말초부분인 폐실질에 염증이 일어난 상태. 대부분 미생물, 즉 세균이나 바이러스의 감염으로 일어난다. 감기나 기관지염, 인플루엔자는 감염에 의해 걸리기 쉬운데 특히 어린이나 노약자는 조심해야 한다. 이 밖에도 담배를 많이 피는 사람이나 알코올 중독자, 심장병, 간경화증 등 다른 질환으로 몸의 저항력이 약화되어 있는 경우 감염이 쉽다.

증상 끈적끈적한 가래에 피가 섞이기도 한다

일반적인 증세로는 한기와 더불어 40℃ 이상의 고열이 나며 기침이 발작적으로 일어난다. 가래는 처음에는 끈적끈적하다가 쇠녹물 같은 혈담으로 변하며 가슴에 통증을 호소하기도 한다. 호흡이 얕고 빨라지며 호흡곤란이 오기도 하고 경우에 따라 심한 복통을 호소하며 얼굴이나 손톱 끝이 보라색으로 변하는 자색증이 나타나기도 한다.

치료 어린이나 노인의 폐렴은 특히 주의한다

폐렴은 높은 사망률을 지닌 무서운 병이며, 어린이나 노인의 폐렴은 특히 병의 경과가 급성이므로 신속하고 확실한 진단을 받아 빨리 치료를 해야 한다. 원인균에 따라 항생제 처방도 달라지므로 반드시 전문의의 진단과 검사, 처방이 중요하다.

환자가 안정을 취하도록 하며 환자의 방은 춥지 않을 정도로 따뜻하게 하고 건조하지 않도록 한다. 가래가 많으므로 환자가 객담을 잘 뱉어내도록 도와주며 고열이나 통증을 호소할 때는 아스피린이나 기타 해열제를 준다. 만일 자색증이 생기면 산소 호흡이 필요하며 다른 전문적인 처치가 필요할 수도 있으므로 즉시 입원시킨다.

생대나무를 구워 거품처럼 나온 기름(죽력)에 생강즙을 넣어 마시면 폐렴으로 가래가 끓고 기침이 심할 때 효과가 있다. 호박 잎이나 꽃을 달여먹어도 가래 해소에 좋다.

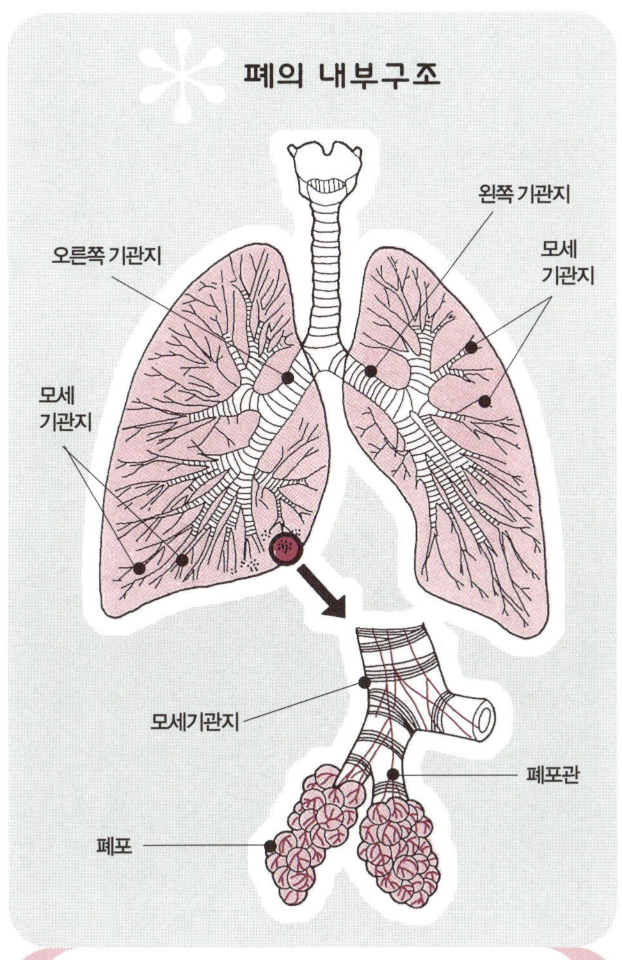

위 기관지계는 나무와 가지의 모양 같다. 좌우 기관지로 갈라져 모세기관지로 되어 폐포까지 이른다.
아래 모세기관지와 폐포관, 폐포를 보여준다. 모세기관지와 폐포관은 평활근을 가지고 있다. 수백만개의 폐포에서 가스가 교환되는데, 얇은 막을 통해 산소를 공급하고 탄산가스를 배출한다.

 폐수종

원인 폐에 혈액이 정체된 경우이다

동맥경화, 고혈압, 판막증 등 여러 가지 심장질환 등으로 심장기능이 약화된 것이 원인이다. 심장 쇠약으로 심장의 펌프 기능이 약화되면 여러 곳에 혈액이 울체되는데 폐순환계에 혈액이 정체된 경우다. 이렇게 되면 급속하게 허파에 부종이 생겨 가스교환을 할 수 없는 상태가 되는 것이다. 독가스를 흡입해 일어나는 경우도 있다.

증상 거품이 많은 가래가 특징이다

발작적인 호흡곤란이 일어나며 전신에서 식은땀이 나고 호흡이 곤란하며 기침이나 가래가 나온다. 처음에는 마른기침을 하지만 점차로 가래가 나오기 시작하는데 처음에는 약간 진득거리는 가래가 나오다가 점차 거품이 많아지고 침이 많은 가래가 나온다. 가래의 양이 많으며 점차 피가 섞여 나오기도 한다.

치료 병원에 옮겨 사혈 등 처치를 받는다

산소 흡입이 가정에서 할 수 있는 유일한 치료법이다. 발작이 일어나면 누워 있는 것보다 앉아 있는 것이 훨씬 편안하며 침대일 경우 다리를 아래로 내리면 폐에 모여 있던 혈액을 훨씬 감소시킬 수 있어 편해진다. 적당한 처치 후 시간이 지나면 발작이 자연히 가라앉기는 하지만 심할 경우 병원으로 옮겨 처치를 받는 것이 안전하다. 경우에 따라 사혈을 하는데 정맥에 주사를 찔러 혈액을 채취함으로써 폐의 울혈을 해소시켜 준다.

굴에 들어 있는 타우린은 심장의 흥분을 가라앉히고 혈액이 엉기는 것을 예방해 준다. 가루내어 먹어도 좋고 깨끗이 씻어 수프처럼 끓여 물을 마셔도 좋다. 혈압을 내리고 흥분을 진정시켜 주는 솔잎, 표고버섯 등도 심장병 예방에 좋은 식품이다.

심부전

원인 심장의 펌프 기능 약화가 원인

여러 가지 심장병 즉, 고혈압성 심장병, 선천성 심장병, 협심증, 심근경색, 류머티스성 심장판막증 등으로 인해 심장이 약해진 경우에 순환하고 있는 혈액의 일부가 몸의 어딘가에 정체되어 심장을 돌아오는 혈액량도 줄고 심박출량도 감소되어 몸이 요구하는 만큼의 혈액량을 내보낼 수 없는 상태를 말한다.

증상 맥박이 빨라지고 부종, 혈담이 나타난다

맥박에 변화가 생기는 것이 가장 첫번째 증상이다. 다음으로 얼굴이나 손, 특히 발 등에 부종이 나타나며 증세가 좀더 진행되면 간장에도 부종이 생겨 밖에서 만질 수 있을 정도가 된다. 더욱 심해지면 복수도 고인다. 이런 부종이 폐로 옮겨가게 되면 기침이 나오거나 숨이 차거나 혈담이 나오는데 특히 운동을 하거나 몸을 움직인 후에 심해진다.

치료 비만, 과식, 자극성 음식 섭취를 자제한다

일반적으로 강심제 등을 투여하고 부종 해소를 위해 이뇨제를 처방하는 경우도 있지만 근본적인 치료제는 아니다. 약물 치료보다는 평소 생활에서 주의해야 할 것이 더 많다. 비만은 심장에 부담을 주기 때문에 항상 표준체중을 유지하는 것이 좋다. 식사량이 많으면 위장이 팽창하여 심장에 압박을 주므로 과식을 삼가고 소량씩 자주 먹는 것이 좋다. 변비 또한 심장을 압박하므로 변비를 예방해야 한다. 자극적인 향신료, 알코올, 담배, 커피 등은 심장에 자극을 주어 흥분성을 강화시키므로 피하고, 경우에 따라 염분과 수분을 제한하기도 한다.

집에서는 이렇게 자칫 식욕부진이 되기 쉬우므로 영양섭취에 신경을 쓰는데 특히 비타민이나 칼륨은 소변으로 배출되기 쉬우므로 충분히 섭취한다. 운동 부족으로 과로와 스트레스가 많고 비만인 사람이 가슴이 두근거리는 증상이 있을 때는 수국 잎을 따서 말린 다음 달여 먹으면 좋다. 검은깨, 치자열매 달인 물 등도 심장병 예방과 치료에 효과가 있다.

폐결핵

원인 결핵균이 폐에 증식하여 생긴다

BCG 예방접종으로 환자 수가 과거에 비해 크게 줄어들었지만 최근 다시 늘고 있는 추세라고 한다. 폐결핵은 결핵균이 폐 속으로 침입하여 폐 속의 어느 부분에 달라붙어서 병이 시작된다. 대부분의 경우 결핵균이 들어와도 면역이 생겨 병에 걸리지 않는데 면역이 잘 되지 않는 경우에는 균이 증식해 폐의 조직을 파괴하게 된다.

증상 가래에 피가 섞여 나온다

만성 소모성 질환이므로 특별한 자각증상은 없다. 그러나 대부분의 환자들이 만성적인 피로감, 의욕상실 등을 겪게 된다. 특히 오후에 미열이 나서 병원을 찾는 경우가 많다. 이 밖에 빈혈, 체중감소, 어깨 부위의 통증, 가래, 기침 등이 일반적인 증상으로 감기몸살로 오인하는 경우도 많다. 가래에 피가 섞여 나오는 경우, 오히려 조기진단에 도움을 주기도 한다.

치료 두 가지 이상의 약물을 꾸준히 복용한다

과거에는 요양소 등에 입원시켜 치료하는 것을 원칙으

로 했으나 요즘은 심한 합병증이 있는 경우가 아니라면 집에서 치료한다. 대개 항결핵약제를 투여한 후 2주 정도 지나면 전염균은 배출되지 않으므로 염려하지 않아도 된다. 결핵균은 내성이 잘 생기는 균이므로 반드시 2가지 이상의 약을 투여해야 하며, 1년 이상 복용해야 한다. 증상이 좀 좋아졌다고 임의로 약 복용을 중단하면 더 치료가 힘들어지고 재발하므로 주의한다.

> **집에서는 이 렇 게** 나리뿌리를 즙을 내어 뜨거운 물을 섞어 먹으면 기침을 멎게 하며 폐결핵에 효과가 있다. 매실이나 마늘 등은 살균 작용이 있어 폐결핵을 다스리기에 좋은 식품이다. 하지만 이런 것들은 모두 치료약은 아니므로 약물 복용에 신경을 쓴다.

심장판막증

원인 **심근염이나 심내막염이 원인이다**

심장을 이루고 있는 네 개의 판막이 굳거나 협착되어 혈액공급과 순환에 장애를 일으키는 경우다. 선천성일 경우 폐동맥협착이 많고 후천적인 경우는 심근이나 심내막에 염증이 생긴 데서 비롯되는 경우가 많다. 따라서 류머티스열, 편도염, 다발성관절염 같은 감염증이 원인이 된다. 또 매독이나 동맥경화증은 대동맥판을 침해하는 경우가 많다.

증상 **숨이 가쁘고 가래가 끓는다**

초기에는 판막에 생긴 이상을 심장 자체가 적당히 처리하여 해결하는 경향을 보이므로 증세가 두드러지지 않는다. 하지만 이를 위해 정상적인 심근이 혹사당함으로써 심장이 지나치게 비대해지는 것이 문제다. 따라서 시간이 지날수록 증세가 심해지는데 조금만 움직여도 숨이 차고 심장이 과도하게 뛴다. 쉽게 지치고 힘들어하며 어지럼증이

생기고 기침이 발작적으로 나며 가래가 끓고 가래에 피가 섞여 나오기도 한다. 특히 밤에 증세가 더 심한 편이다.

치료 **만성적으로 진행되므로 주의한다**

전문의의 치료를 받아야 한다. 경험이 많은 의사의 경우 심음을 청취하고 가슴 부위를 만져보는 것으로 이상 유무를 파악할 수 있다.

이 외에 흉부 X선 촬영이나 심음청취로 판막증의 종류와 정도를 파악한다. 심전도 검사 등을 통해 여러 합병증을 진단할 수 있다. 당장 특별한 치료가 필요하지 않은 경우도 있으나 만성적으로 진행되므로 주의를 기울여야 한다. 외과적 수술이 필요한 경우도 있다.

> ### 알 • 아 • 두 • 자
>
> ## 가래의 색깔에 따라 알아차리는 호흡기 질환
>
> - **무색투명하거나 반투명한 것** _ 보통 감기나 급성기관지염, 만성기관지염 중에서 세균감염이 없는 것, 그리고 천식에서 볼 수 있다.
> - **누런색일 때** _ 세균 감염이 있어서 세균과 싸우기 위해 집결한 백혈구와 조직의 세포 같은 것이 많이 들어 있기 때문에 누렇게 보인다. 만성기관지염, 기관지확장증, 세기관지염, 폐렴 등의 질병에서 보인다.
> - **녹색일 때** _ 인플루엔자 간균과 녹농균 감염 때 보인다. 인플루엔자 간균은 만성기관지에 감염되기 쉬운 균으로 대표적인 세균이다.
> - **붉은색일 때** _ 기관지확장증과 폐렴 때 보이는 혈담이다.
> - **쇠의 녹빛깔이거나 벽돌색일 때** _ 기관지확장증이나 폐렴 때 보이지만, 특히 폐암 때 이런 색깔이 나오곤 한다. 최초의 증상으로서 이런 혈담이 나오면 폐암 확률이 높다.

가래가 생길 때
가정에서 다스리는 법

한의학에서는 가래를 우리 몸에 이상, 즉 병을 초래하는 나쁜 기운이 기도 및 폐의 깊숙이 침범했을 때 일어나는 병리적 현상으로 설명한다. 원인이 되는 주요 증세별로 집에서 할 수 있는 치료법 및 예방법을 알아본다.

감기로 인한 가래

한의학에서는 가래를 통해 감기의 원인을 파악하기도 한다. 가래가 희고 묽으며 뱉기가 쉬우면 추위에 의해 몸이 상한 것이고, 가래가 약간 노랗고 끈적끈적하면서 잘 안 뱉어지면 열에 의해 몸이 상한 것이라는 것. 따라서 가래의 형태에 따라 먹거리도 달리 하는 것이 효과적이다.

■ 추위에 의해 몸이 상해 묽은 가래가 생길 때

몸을 따뜻하게 하는 마늘, 생강, 파, 진피, 은행, 호두 등이 좋다.

방법 1 <u>파는 흰 부분이</u> 특히 효과가 있으므로 파의 흰 부분을 잘게 썰어 된장에 버무린 다음 끓는 물을 부어 죽이나 수프로 끓여 먹으면 된다.

방법 2 겨울에 흔한 **귤껍질**을 진피라고 하는데 진피를 그늘에 말렸다가 물을 붓고 달여 먹으면 가래를 진정시키는 데 효과가 있다.

방법 3 은행을 **볶거나 구워 먹는데** 생것은 중독성이 있으므로 주의하고 한번에 10알 이상 먹지 않도록 주의한다.

■ 노랗고 끈적거리는 가래가 생겼을 때

몸을 차게 하는 성질이 있는 무, 배, 해조류, 감 등이 좋다.

방법 1 무를 강판에 갈아 1/4컵 정도를 담고 끓는 물을 부어 따뜻하게 마시면 되는데 이때 꿀이나 레몬즙을 곁들이면 먹기에 좋다.

방법 2 배즙이나 사과즙을 마셔도 가래를 진정시키는 데 효과가 있으며 해파리는 부작용이 없으므로 수시로 냉채 등의 반찬으로 해 먹으면 좋다.

심장 계통의 병으로 인한 가래

이유 없이 숨이 차서 움직이기가 힘든 증세가 나타나면 심부전, 심근경색 등의 심장 계통의 질환을 의심할 수 있다. 이런 증상들을 예방하고 완화해 줄 수 있는 대표적인 먹거리가 용안육이다. 용안육은 중국 요리에 흔히 쓰이므로 중국요리 재료상에 가면 살 수 있고 한의원에 가면 마른 용안육을 살 수 있다.

방법 1 <u>용안육을 하루 5~10개</u> 날것으로 먹거나 끓여서 마신다. 말린 것이 있다면 꿀에 재웠다가 사용하면 된다.

방법 2 심장에 병이 있어 가래가 생기거나 가슴두근거림증이 있을 때 **치자차**가 좋다. 물 2컵에 치자 열매 5개를 넣고 진하게 달여 하루 두세 번 매일 마시면 신경성으로 나타나는 가슴두근거림 등에 효과가 있다.

방법 3 **참외**도 심혈관 계통의 기능을 강화하고 정상화하는 데 효능이 탁월함이 입증되었다. **포도씨 기름**이나 붉은 **포도주 한 잔**도 심장을 튼튼하게 하는 묘약이다.

귤차를 만들려면

귤껍질 200g,
물 1과 1/2컵, 꿀 1작은술

❶ 껍질이 얇고 싱싱한 감귤을 골라 깨끗이 씻은 뒤 껍질을 벗긴다.

❷ 채반에 귤껍질을 겹치지 않게 널어 바람이 잘 통하고 그늘진 곳에서 잘 말린다.

❸ 잘 마른 귤껍질을 찻주전자에 담고 물 1과 1/2컵을 부어 은근한 불에서 끓인다. 맛이 적당히 우러나면 꿀을 조금 넣는다.

폐 계통의 병으로 생기는 가래

폐 기능이 약해져 잔기침도 자주 나고 가래도 끓으며 괜히 열이 오르고 식은땀도 나는 사람에게는 호박이 좋다.

방법1 호흡기가 약해 만성적인 호흡기질환을 앓고 있는 사람들에게는 **돼지족발과 오리고기**를 함께 삶아 먹으면 좋다. 강장, 강정식품으로 알려진 장어는 담배에 들어 있는 암 촉진 인자를 억제하여 폐암을 예방한다.

방법2 감기나 기관지염이 오래 되면 고열과 기침, 가래를 동반한 폐렴으로 악화되기 십상이다. 이때는 비타민 A와 C를 적극적으로 섭취하는 게 좋은데, 그 대표적인 음식이 **단호박꿀찜**이다. 호박은 비타민 A와 C가 풍부하고 목구멍과 기관지 점막을 강화해 폐렴을 예방한다. 씨를 파낸 **호박에 꿀 1컵**을 넣고 꼭지를 뚜껑 삼아 덮어 푹 찐 다음 그대로 먹거나 즙만 받아서 먹는다. 몸의 면역성이 떨어졌을 때 나타나는 만성질환인 폐결핵에는 오리고기가 좋다. 영양가가 높아 기력을 보해주며 독이 전혀 없어 몸이 허약한 사람들에게는 더없이 좋은 식품이다.

호박 꼭지쪽을 잘라 구멍을 만든 후 씨와 살을 파내고 꿀을 1컵 부어 호박꼭지 뚜껑을 덮은 후 푹 쪄서 그대로 먹거나 즙만 받아서 먹는다.

기관지 계통의 병으로 생기는 가래

방법1 기관지가 약해 걸핏하면 감기에 걸리고 기침, 가래가 끓는 사람이라면 **민들레 뿌리**를 달여 마시면 좋다. 꽃이 피기 전 민들레의 어린 순을 나물로 무쳐 먹거나 국에 넣어 먹기도 한다.

방법2 도라지는 기관지가 약한 사람들이 반찬으로 늘 먹기에 좋다. 또한 **더덕생즙**도 좋다. 마른 더덕을 푹 고아서 그 물을 계속해서 마시면 기관지 강화에 도움이 된다. 이밖에 영지를 상복하는 것도 좋다. 요리를 할 때 소스에 영지 끓인 물을 넣거나 해서 평소에 많이 사용

하고 **영지버섯**을 물에 우려 보리차 대신 수시로 마시는 것도 좋다. 살구씨 기름은 예로부터 '진해거담'에 효과가 있는 것으로 알려져 있다.

부비강염으로 인한 가래

방법1 **질경이 달인 즙**을 꾸준히 마시면 부비강염은 물론 두통과 기침 방지에도 잘 든다. 또한 가래와 담을 제거하는 데는 마늘이 좋다. 마늘을 분마기에 간 다음 즙만 받아서 2배 가량의 꿀을 섞어 콧구멍에 발라주면 막힌 코가 뚫린다.

방법2 **천일염이나 구운 소금으로 코를 씻어주는 것**도 도움이 된다. 백목련을 그늘에 말린 뒤 물에 달여 차처럼 마셔도 된다.

방법3 **삼백초의 어린 싹**을 말렸다가 진하게 달여 식힌 다음 소금을 조금 넣어 세척액을 만들어 코 안을 씻어준다.

가래가 나올 때의 생활수칙

- 담배를 피운다면 반드시 끊는다.
- 사람이 많은 곳, 먼지가 많은 곳에는 가지 않는다.
- 집안 환경을 청결히 하고 환기를 자주 해준다.
- 수분 섭취를 늘리면 가래가 묽어지고 배출하는 데 도움이 된다.
- 온도 변화가 크면 호흡기를 자극하게 되므로 항상 일정한 온도를 유지하도록 한다.
- 스트레스를 줄이려는 생활태도를 갖는다.
- 집안 공기가 건조해지지 않도록 한다. 가습기를 활용하는 것도 한 방법이다.
- 너무 크게 웃거나 울거나 소리지르는 등 목을 상하게 하는 행동을 하지 않는다.
- 복식호흡으로 횡경막의 운동을 증가시키면 폐기능 개선에 많은 도움이 된다.
- 충분한 수면과 운동, 균형잡힌 식사 등 규칙적인 생활을 한다.

어지럽다

갑자기 자리에서 일어설 때 현기증이 난다든가 심하면 정신을 잃고 실신을 하게 되는 수도 있다.
흔히 저혈압이나 급성중이염, 빈혈이 원인이 되어 어지럼증이 나타나지만 머리에 내상을
입었거나 뇌질환일 수 있으니 정확한 검진을 통해 원인을 찾아보는 것이 중요하다.

1

어지럼증이 잦고,
앉았다가 일어서면
어지럽다.

YES 2번으로
NO 3번으로

2

본태성 저혈압일 수 있다.
심각한 증상은 아니지만
어지럼증이
계속되면 내과로 가보도록.

11

머리나 목 부분의 외상이나
뇌, 눈, 내분비, 혈액 등의
질환 때문일 수 있으니
장기간 계속되면 내과로 가보도록.

3

장시간 서있게 되면 불쾌감과
함께 현기증이 난다.

YES 4번으로　**NO** 5번으로

4

기립성 조절장애일 수
있으며 체질적인
이상이 원인이니 내과나
순환기과에서 검사를
받아보도록.

10

자율신경실조증일 수 있으니
내과로 가보도록.

참 / 조 / 페 / 이 / 지

고혈압 … 109
뇌졸중 … 50
동맥경화증 … 110, 186
기립성조절장애 … 358
빈혈 … 102, 103

6

이명이 있다면 고혈압,
뇌졸중의 신호, 알코올,
담배, 일산화탄소 중독,
만성변비에
의한 것일 수 있다.

9

갑작스럽게 흥분을
하거나 안색이
붉어지고 가슴이 뛴다.

YES 10번으로
NO 11번으로

5

머리가 무겁고
불쾌감이 들어
구토를 한 적이 있다.

YES 6번으로
NO 7번으로

7

안색이
창백해지면서 손톱색이
변했다.

YES 8번으로
NO 9번으로

8

빈혈로 보인다.
내과로 가보도록.

12

눈앞이 어질어질하고
어지러운
상태가 계속된다.

YES 13번으로
NO 14번으로

13

동맥경화증일 수 있으니
내과검진을 받아보도록.

14

최근 머리에 충격을
받았거나
머리가 자주 아팠다.

YES 15번으로
NO 16번으로

15

머리의 충격이나 뇌질환으로
오는 증세일 수 있으니
빨리 신경외과로 가보도록.

16

갑자기 불쾌감이 들면서
구토를 하게 되고 식은땀이 난다.

YES 17번으로
NO 18번으로

17

메니에르병일 수 있으니
내과나
이비인후과로 가보도록.

18

최근 들어
귀가 많이 아프다.

YES 19번으로
NO 20번으로

20

어지럼증이 멈추지
않고 지속되면
뇌 질환일 수도 있으니
내과나 이비인후과,
신경외과
검사를 받아보도록.

19

중이염으로 내이까지
염증이 퍼져있을 수 있으니
이비인후과로 가보도록.

가벼운 증세

본태성 저혈압을 의심한다

한참 자리에 앉아 있다가 갑자기 일어섰을 때 머리가 아득하면서 어지러웠던 경험이 있다면 **본태성저혈압**을, 일어나 선 자세에서 갑자기 아찔해지는 경험이 있다면 기립성저혈압을 의심할 수 있다.

둘 모두 증세가 심하지 않다면 안정을 취하면 곧 나아지므로 특별히 걱정할 것은 없으나 심하면 내과로 간다.

의심되는 증세

자율신경실조증일 수 있다

머리나 목 부분의 외상, 뇌나 눈, 내분비, 혈액 등의 병이 원인이 되는 수가 있다. 얼굴이 붉어지며 이상흥분을 일으킨다면 **자율신경실조증**, 안색이 창백하고 손톱 색이 나쁘다면 빈혈을 의심한다. 머리가 묵직하거나 기분이 나쁘고 토한 적이 있으며 귀울림이 있는 경우에는 **메니에르병**을 의심한다. 한편으로는 고혈압, 뇌졸중의 전조로 볼 수도 있다.

중 증

귀 아프다면 급성중이염 위험

갑작스럽게 흥분을 하거나 안색이 붉어지고 가슴이 두근거린다면 **자율신경실조증**을 의심한다. 눈앞이 빙빙 돌며 심한 현기증이 꽤 오래 간다면 동맥경화증일 가능성이 있다. 이 밖에 머리를 다친 적이 있는데 현기증이 심한 경우에도 뇌에 이상이 없는지 검사를 받는다. 현기증과 함께 귀의 통증이 동반된다면 **중이염**일 수 있으니 바로 이비인후과로 간다.

중이염

원인 바이러스와 세균 감염이 원인이다

감기와 후두염, 축농증 등의 합병증으로 잘 생긴다. 바이러스가 가장 중요한 원인이며 드물게는 세균 감염으로도 온다. 특히 아이들은 이관이 짧고 곧고 넓기 때문에 인후두부의 염증이 중이로 전해지는 경우가 많은데, 감기에 걸렸을 때 코를 세게 풀어 균이 중이강으로 들어가는 경우도 있다. 이 외에 알레르기나 급속한 기압의 변화가 원인이 되기도 한다.

증세 감기 증세에 이어 동반한다

일반적인 감기 증세에 동반되는 경우가 많다. 열이 갑자기 오르면서 귀가 아프다. 말을 할 수 없는 아이들은 귀를 잡아당기거나 비비는 증세를 보인다.

방치할 경우 세균성일 경우 중이에 화농성 물질이 축적되고 심하면 고막이 터져서 고름이 흘러나오게 된다. 적절한 치료에도 불구하고 2~3주 이상 고름이 나오면 만성이라고 생각할 수 있다.

치료 방치하면 청력에 심각한 손상이 온다

일단 중이염으로 진단되면 서둘러 전문적인 치료를 받아야 한다. 치료가 늦어지면 중이강 전체가 곪게 되고, 고막도 염증으로 인해 녹게 되어 치료가 어렵게 된다. 무엇보다 청력에 심각한 장애를 준다.

이럴 경우 만성화되어 염증이 반복적으로 발생하고 병이 계속 진행되어 청력에 심각한 손상을 일으킬 수도 있으므로 주의한다. 귀가 몹시 아플 때에는 귀 주위를 따뜻하게 해준다. 급성 중이염을 앓은 후에는 작은 목소리나 시계소리로 청력검사를 해본다. 만일 청력이 떨어진 것으로 의심되면 더욱 정확한 검사를 해보아야 한다.

집에서는 이렇게 중이염을 앓고 있는 동안에는 목욕을 삼가는 것이 좋으며 화농이나 염증을 촉진시키는 음식을 먹지 않도록 한다. 중이염에 좋은 식품으로는 검은콩, 산수유, 밤, 두유 같은 식품이 좋으며 찹쌀, 죽순, 새우, 게, 조개, 생선알, 치즈, 과자, 초콜릿 등 단음식은 피하는 것이 좋다.

메니에르증후군

원인 내이 림프액 생성 및 흡수 장애가 원인

희귀질환으로 아직 확실한 원인은 밝혀지지 않은 상태다. 내이 림프액의 과다생성, 또는 흡수장애에 의한 것이라는 추측이 유력하다. 중이염이 오래되어 내이염으로 발전한 경우가 많고 미로라고 하는 것에 출혈이 생기거나 빈혈증이 생기거나 때로는 혈관 속이 막혀서 이 같은 증상이 오는 경우도 많다.

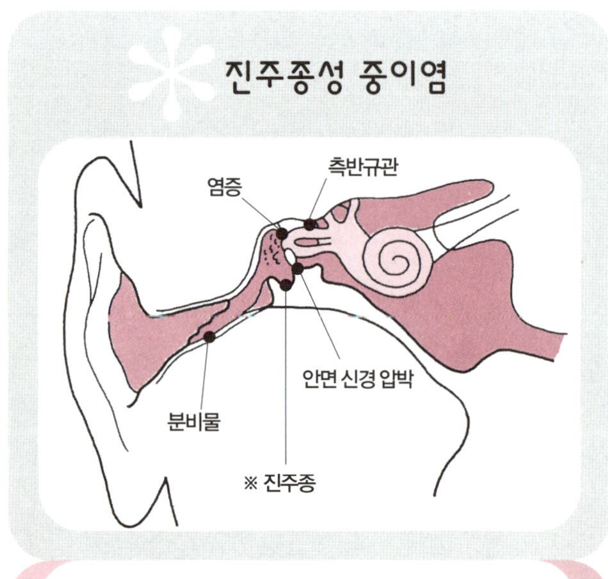

만성 중이염을 치료하지 않고 그대로 두면 진주종을 형성, 고막이 파괴되고 머리 속까지 합병증을 일으켜 심하면 생명까지 위험하다. 그러므로 각별히 주의해서 치료해야 한다. ＊진주종은 진주 모양의 종양이다.

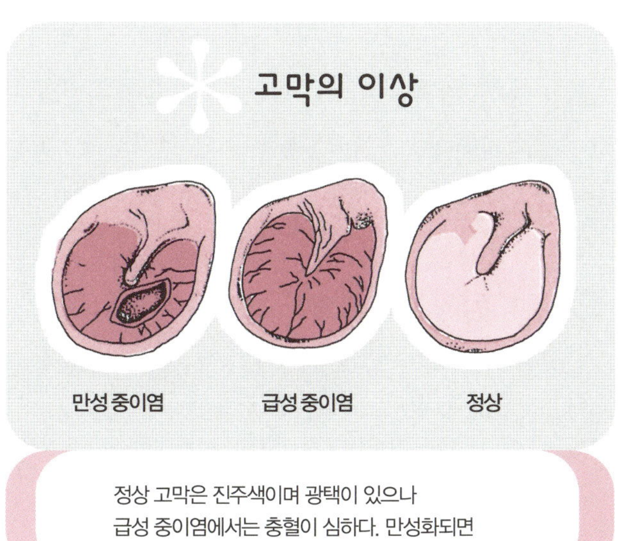

정상 고막은 진주색이며 광택이 있으나
급성 중이염에서는 충혈이 심하다. 만성화되면
충혈은 없어지지만 고막에 구멍이 뚫린다.

증세 난청, 어지럼증, 구토가 동반된다

귀울림과 난청이 가장 주요한 증상이며 이와 함께 어지럼증, 오심, 구토 등의 증세가 동반된다. 이런 증상이 대개 한쪽 귀에만 오는데 주기적으로 나타나는 경우가 많으며 30대 전후에 자주 일어난다. 가만히 서 있거나 걸음을 걸어도 술에 취한 사람 모양 흔들거리면서 똑바로 걷지 못하고 속이 뒤집히고 구토증도 생긴다. 환자가 심리적으로 불안해 하는 경우가 많다.

치료 머리를 낮게 하고 안정시킨다

아직 확실한 원인이 밝혀지지 않은 상태이므로 병을 근본적으로 치료할 수 있는 방법은 없다. 다만 병의 경과를 완화시키거나 환자의 고통을 경감시킬 수 있는 치료가 가능한데 특히 어지럼증에 대해서는 완전한 치료가 없는 형편이다.

돌발적인 발작이 일어나면 우선 환자를 안정시키는 것이 가장 중요하다. 조용한 곳에 환자를 눕히고 안정을 취하게 하면 5~6시간 이내로 증세가 가벼워진다. 이때 햇빛을 가려 실내를 어둡게 하고 베개는 베지 말고 머리를 낮게 하며 몸을 따뜻하게 해주는 것이 좋다. 만약, 걸어가는 도중에 현기증이 일어났을 때는 그 자리에 주저앉거나 어딘가에 기대어 회복되기를 기다린다. 토할 때는 목을 옆으로 향하게 해서 기도로 토물이 흘러가지 않게 한다.

현기증에는 털머위잎즙이 좋다. 털머위잎을 깨끗이 씻어 그 즙을 소주잔으로 한 잔 정도 마신다. 털머위는 한약재 시장에서 구할 수 있다.

자율신경실조증

원인 호르몬 변화나 결핍 등 내분비 이상이 원인

자율신경이란 자신의 의사와는 관계없이 자동적으로 각 기관을 조절하는 편리한 신경이다. 자율신경에는 교감신경과 부교감신경의 두 가지가 있어 우리 몸의 각 기능과 활동을 적절히 조절하는데 여기에 이상이 생겼을 경우 여러 증상들이 나타나게 된다. 호르몬의 변화나 결핍 등 내분비적인 요인도 있지만 욕구불만이나 스트레스 등 심인성인 경우가 더 많다.

증세 현기증, 식은땀, 식욕부진 등 다양하다

개인차가 매우 심하고 증상 또한 다양하다. 현기증이 나고 팔다리가 차며 심장부위에 압통을 호소하는 경우, 입안이 마르고 맛이 이상해지며 식욕이 떨어지는 경우, 어깨나 팔 다리 통증, 호흡곤란, 식은땀이 나고 전신이 가려운 증상, 집중력이 떨어지고 사소한 일에도 마음이 쓸쓸하고 고독해지며 의욕이 떨어지는 정신적인 증상 등 다양하다.

치료 호르몬 요법이나 심리상담이 필요하다

여성의 성 주기에 따라 각기 달리 분비되는 호르몬이 자율신경조절에 영향을 미치므로 여성에게서 흔하다. 특히 폐경 이후 호르몬 변화가 있을 경우에 교감신경과 부교감

신경의 조화가 깨져 증상이 나타나는 경우가 많은데 이럴 경우 일부 호르몬 요법을 쓰기도 한다.

하지만 치료의 핵심은 자율신경에 대하여 과민하지 않은 체질로 만드는 것이다. 심리적인 불안감이나 스트레스를 없애는 것이 첫째. 증상이 심할 경우 정신과 전문의를 찾아 상담하는 것이 바람직하다. 심리검사나 훈련을 통해 치료할 수도 있다. 하지만 무엇보다 환자 자신의 태도나 자세가 중요하므로 운동이나 취미활동, 적극적인 생활태도, 명랑하고 긍정적인 사고방식으로 스트레스에 대한 내성을 키우고 마음의 안정을 찾는 것이 좋다.

집에서는 이렇게 신경을 안정시키는 데는 샤프란 차나 연근즙, 이유 없이 가슴이 뛸 때는 결명자 차가 효과가 있다. 당근즙이나 털머위즙은 현기증을 완화하는 데 효과가 있다.

저혈압

유전, 환경 외에 만성 소모성 질환이 원인

수축기 혈압이 100mmHg이하이고 확장기 혈압이 60mmHg이하인 경우. 유전이나 환경의 영향을 받는 일차성(본태성) 저혈압과 내분비 질환이나 만성 소모성 질환 등 여러 질환으로 인해 이차적으로 발생하는 저혈압인 이차성 저혈압, 내분비질환 등이 있다. 이 외에도 원인불명의 기립성 저혈압과 체위변화에 따른 체위성 저혈압, 기타 쇼크성 저혈압이 있다.

갑자기 일어서면 어지럽다

신체 장기로의 혈액순환이 덜 되어 피로하고 기운이 없으며 나른하고 어지러우며 곧 쓰러질 것 같은 증상이 특징이다. 이런 증상은 서 있을 때나 갑자기 일어서게 되면 더

욱 뚜렷하게 나타나므로 곧 저혈압을 의심해도 된다. 작은 일에도 쉽게 불안하고 가슴이 두근거리며 숨이 차면서 손발이 차고 불면증을 호소하는 경우도 있다. 전체적으로 허약하다.

허약한 경우 체중을 늘려줘야 한다

질병이라기보다는 증상이므로 원인을 밝혀 그에 맞게 치료해야 한다. 원인 질환이 있으면 병을 치료하면 자연히 증상이 호전된다. 저혈압 자체를 해소하는 약물은 없다. 한편, 저혈압 환자는 체질적인 경우가 많은데 비만한 경우보다는 마른 사람에게 흔하다. 따라서 체중을 늘려주도록 노력한다. 규칙적인 식사를 하되 과식을 하기보다는 소량씩 자주 먹는 것이 효과적이다. 저혈압 환자는 적게 먹는 경향이 있으므로 충분한 영양을 섭취하기 위해서는 소화가 잘 되면서 열량이 높은 음식이 좋다.

집에서는 이렇게 마늘을 곱게 갈아 검은깨와 꿀에 버무린 마늘꿀환은 저혈압 환자의 체질개선식으로 좋은 음식이다. 이 외에 우유, 반숙란, 두부, 생선, 치즈, 질 좋은 쇠고기, 배추, 당근, 잣 , 호두, 밤 등의 견과류나 과일 등을 충분히 섭취한다. 고혈압과는 반대로 염분을 충분히 섭취하도록 하며 가벼운 운동과 건포마찰, 냉수마찰 등으로 체력을 단련하는 것이 좋다.

또 오리고기도 좋다. 오리고기는 부족한 혈액을 보충해줄 뿐 아니라 원기를 북돋아 주는 기능이 있어 빈혈이 있을 때 먹으면 도움이 된다. 상태가 안 좋을 때는 오리고기에다 구기자, 산약, 당귀 세 가지 약재를 넣고 끓여서 그 국물을 마신다. 그러면 혈액이 보충되어 어지러움증은 물론 귀울림증, 손발저림증 같은 게 개선된다. 아주 허약한 체질이라면 오리소주를 만들어 마셔도 좋다. 우선 오리를 살짝 삶아서 누린내 나는 첫물은 따라 버리고 혈액을 보충하는 약재를 넣어 중탕해서 즙을 내면 된다.

현기증 예방을 위한 물구나무서기 요령과 생활습관

■ 매일 30초 정도 한다

인간은 직립보행을 하므로 무거운 머리를 목으로 지탱해야 한다. 이로 인해 목 부위에 큰 부담이 생기면서 병적 이상이 일어나게 된다. 이 같은 신경성 변성반사가 뇌에 전해지면 현기증을 일으키게 된다.

이런 종류의 현기증에는 물구나무서기가 큰 효과가 있다. 적어도 20초 이상, 가능하면 30초 정도 매일 물구나무서기를 몇 차례씩 하면 현기증은 크게 개선된다.

■ 균형을 잡은 다음 눈을 감는다

물구나무서기를 할 때는 눈을 감고서 한쪽 발을 올리는 게 아니라, 눈을 뜨고 한쪽 발을 써서 충분히 균형을 잡은 후에 눈을 감아야 한다. 그리고 귀에 장애가 있는 경우에는 장애가 있는 쪽의 발을 세우기가 어렵지만 점차로 수월해진다.

■ 힘이 들면 다른 사람의 도움을 받는다

그러나 중년 이후라면 그다지 쉬운 일이 아니다. 아무리 해도 물구나무서기를 할 수 없는 사람은 다른 사람이 머리와 양손을 방바닥에 대게 하고 다리는 벽에다 대게 한 후 다리를 잡아 물구나무서기를 도와주면 된다.

나이가 좀 더 많은 사람은 누운 채 손발을 높이 올려 흔드는 것도 좋지만 물구나무서기와 같은 효과는 거둘 수 없다. 때문에 어렵더라도 다른 사람의 힘을 빌려 잠깐씩 물구나무서기를 하는 게 좋다.

■ 아침이나 잠자리에 들기 전에 한다

이 방법으로 20초 동안 물구나무를 설 수 있게 되면 그 사람의 균형은 완전히 회복되었다고 할 수 있다. 비록 2~3초밖에 할 수 없던 사람도 느긋하게 목표를 잡고 5초, 10초 늘려 가면 점차 익숙해진다.

이 훈련 요법은 몸의 균형을 회복하고 현기증 증세를 치료하는 데 큰 도움이 된다. 또 자신의 회복 정도를 측정하는 데도 유익한 척도로 활용 할 수 있다. 매일 1회(가능하다면 2~3회가 좋다) 아침에 일어나서나 밤에 잠자리에 들기 전에 습관적으로 하는 것이 좋다.

현기증을 다스리는 방법으로 물구나무서기가 효과가 있다. 하루에 1~2번씩 20~30초 정도 계속하면 크게 개선된다.

■ 평소에 기초체력을 다져 놓는다

가벼운 산책이나 맨손체조 등으로 기초체력을 단련해 주는 것이 중요하다. 적당한 운동은 혈액순환을 촉진하고 생활에 활력을 주므로 무기력해지기 쉬운 어지럼증 환자에게 꼭 필요한 운동이다. 물구나무서기 운동을 시작하기 전에 체력을 다져 놓으면 무리없이 해 낼 수 있다.

공기 좋은 공원이나 집 근처의 가까운 산이 있으면 매일 잠깐씩이라도 시간을 내어 산책하는 기분으로 즐겁게 걷기 운동을 하면 자신도 모르는 사이에 체력이 단련되고 어지럼증에서 벗어나게 될 것이다.

길을 걷는 도중에 현기증이 일어나면 움직이지 말고 기댈 만한 곳을 찾아 기댄다. 현기증이 가라앉을 때까지 안정을 취하는 것이 중요하다.

■ 따뜻한 물로 샤워를 한다

너무 뜨거운 물보다는 따뜻한 물로 샤워를 해 주는 것도 혈액순환을 원활하게 하는데 도움이 많이 된다. 특히 잠자기 전에 하면 피로도 풀리고 잠도 잘 온다.

변비가 있다

배변습관은 사람마다 다르기 때문에 매일 변을 보지 않아도 규칙적이면 별 문제가 없다.
하지만 배변기간이 불규칙하고 변이 대장에서 3~4일 이상 머물러 있다면 다른 이상이 생겼을 수
있다. 심리적인 요인이나 식품섭취의 문제가 아니라면 다른 질환이 있는지 체크해 본다.

1

변을 본지
3~4일이 지났다.

YES **2번으로**
NO **3번으로**

2

배가 심하게 아프다.

YES **12번으로**　NO **5번으로**

12

열이 난다.

YES **13번으로**
NO **17번으로**

3

장시간 변의를 누르고
있거나 하루 종일
앉아있는 일을 하고 있다.

YES **4번으로**
NO **6번으로**

4

장시간 변의를 참게 되면
습관성변비가 생길 수 있다.
규칙적인 운동이나
시간에 맞춰 자리에서 일어나
스트레칭을 하면
금세 변비가 사라진다.

11

갑상선기능저하증에 의한
점액수종일 수 있다.

10

어지럽고 피로하며
배가 단단하게 부으면서
식욕이 떨어진다.

YES **11번으로**
NO **15번으로**

5

사고로 인해 등에 상처를
입게 된 다음부터 변비가 생겼다.

YES **9번으로**　NO **8번으로**

참 / 조 / 페 / 이 / 지

담낭염 … 97
담석증 … 159
위 · 십이지장궤양 … 45, 104
장폐색 … 52
급성췌장염 … 176
갑상선기능저하증 … 118, 274

6

심리적으로 긴장하게
되면 변비가 생긴다.

YES **7번으로**
NO **10번으로**

7

경련성변비일 수 있다.
신경질적이고 예민한
사람이나 스트레스가
심할 때 종종 일어난다.

8

금세 낫지 않고
오랫동안 지속된다면
내과로 가보도록.

9

상처로 인해 뇌척수
신경계기능장애가
일어났을 수 있다.

가벼운 증세

잘못된 식사, 배변 습관이 원인

변비 외에 다른 증세가 없고 변의 모양이나 냄새 등에 이상이 없으며 일시적으로 보이는 **일시성변비**라면 크게 걱정할 필요가 없다. 하지만 그대로 방치하면 치질 등의 원인이 되므로 섬유질을 많이 함유한 식품을 많이 먹거나 일정한 시간에 화장실에 가는 습관을 기르는 것도 변비 해소에 도움이 된다.

의심되는 증세

대장 기능이 약해지면 이완성변비

환경변화나 스트레스, 무리한 다이어트 등의 원인으로 변비가 생기는 **일시성변비가** 만성화 되었다면 내과로 가 처방을 받아야 한다. 또한 내장의 기능이 약해져도 이러한 **이완성변비**가 된다. 이 외에 위·십이지장궤양이나 담석증, 췌장염, 부인과 계통 질병이 있어도 변비가 올 수 있다. 이때는 **경련성변비**가 많이 온다.

중 증

고열, 구토 동반하면 급하다

배가 아프고 열이 나며 갑자기 변비가 되었을 때는 만성 장염이나 간장, 담낭, 췌장의 병을 의심할 수 있다.

특히 고열이 날 때는 감염증일 수 있으므로 즉시 병원에 간다. 만약 격렬한 복통이 있으며 구토증이 있고 토사물에서 변 냄새가 난다면 장폐색일 가능성이 있으므로 급히 내과나 외과로 가 진료를 받는다.

이완성변비

대장기능 감퇴가 원인이다

대장의 운동 기능이 줄어들어 내용물이 대장내에 오래 머물러 있음으로 해서 오는 변비다. 가령, 소화가 잘되는 음식만 계속 먹으면 장 점막에 가해지는 자극이 줄어들어 장의 기능이 자연히 감퇴된다. 그렇게 되면 내용물이 오래 대장에 머물러 변비를 유발하는 식이다.

이처럼 대장의 기능이 감퇴되는 원인은 체질적인 것이 있을 수 있으며 이 외에도 영양부족, 빈혈, 노쇠 등 몸이 쇠약해졌을 때도 올 수 있다. 그리고 칼슘, 또는 칼륨의 결핍이나 정신적, 신경적인 영향도 원인이 된다.

이런 요인 외에도 위하수, 내장하수, 저혈압 등 다른 질환이 원인이 되거나 동반되어 나타나는 경우도 흔히 있다, 왜냐하면 이런 질환 자체가 내장의 기능이 많이 감퇴됐음을 나타내는 것이기 때문이다.

장의 기능을 촉진시켜 준다

대장의 기능이 감퇴된 것이므로 평소보다는 강한 자극으로 장의 운동을 촉진시켜 줄 필요가 있다.

아침에 일어나자마자 소금을 조금 탄 냉수를 마시면 장 점막을 자극하여 배변을 촉진한다. 찬물 외에도 찬 우유나 사이다 등의 탄산음료, 맥주, 과즙도 좋다. 장을 자극함과 동시에 대변의 배출을

알 • 아 • 두 • 자

변비에는 식물성 기름과 섬유질 식품이 효과가 있다

■ 으깬 호도를 꿀에 개어 먹는다

호두를 잘 으깨서 꿀과 함께 섞어 잠자기 전에 한 숟가락씩 복용한다. 3~4일 정도면 호전되기 시작한다.

■ 무청 · 고구마 주스를 마신다

통증이 없는 변비에는 무청과 고구마를 적당히 잘라 주서기에 걸쭉하게 간 후 아이들은 반 컵, 어른은 한컵을 아침 식전과 자기 전에 마시는 것이 좋다. 보통은 일주일 정도면 효과를 보지만 심한 경우는 하루 한 컵 씩 한 달간 복용한다.

■ 땅콩 · 들기름 · 참기름을 먹는다

땅콩이나 들기름, 참기름의 지방은 불포화지방산이므로 많이 섭취해도 뚱뚱해질 염려가 없고 콜레스테롤 수치를 낮추어 줄 뿐 아니라 비타민 E도 함께 작용하여 혈액을 맑게 한다. 그뿐 아니라 변비를 조절하는 기능도 있다. 또한 무기질이 함유되어 있어서 지방분을 잘게 분해시켜 주는 유화제의 역할도 하기 때문에 자방의 소화를 돕고 빨리 흡수시켜 준다.

들기름, 참기름을 1일 2~5회 1숟가락씩 먹는 것도 변비 해소에 좋고 혹은 들깻잎을 삶아서 마셔도 좋다. 땅콩은 산화되기 쉬우므로 껍질을 미리 까지 않는 것이 좋다.

▶ ▶ ▶ 야채·과일 100g에 들어있는 식이 섬유량(g)

야채·과일	식이 섬유량(g)	야채·과일	식이 섬유량(g)
사과	2.0	토란	5.5
살구	3.3	무말랭이	2.2
팥	2.3	미역	1.5
바나나	34.3	말린표고버섯	3.4
키위	3.2	시금치	8.0
딸기	21.0	우엉	2.4
고구마	6.1	파슬리	1.5
양배추	55.0	호박	2.4
가지	3.4	차조기잎	2.1
피망	31.0	감자	1.8
당근	1.3	완두	4.5

촉진하는 것으로 요구르트, 아이스크림, 마요네즈, 말린 과일류, 밀감, 딸기 등도 좋다. 배변을 부드럽게 하는 것으로는 섬유질이 많은 야채, 과일, 현미, 보리밥, 메밀국수, 한천, 오트밀 등이 있다. 이런 식품을 주로 한 식이요법을 적어도 1개월 정도는 계속해야 한다. 배변이 부드럽고 규칙적으로 되면 점차 평상식으로 돌아가도록 한다.

기타 생활에서 지켜야 할 것은 식사와 배변 시간을 규칙적으로 하는 것이다. 그리고 변의가 있으면 참지 말고 바로 화장실에 가는 것도 잊지 말아야 한다.

 경련성변비

원인 대장 점막의 긴장이 지나쳐서 생긴다

S상 결장 부분이 심한 경련성으로 수축하여 대변의 배설을 지연시키기 때문에 오는 변비다. 때문에 수분은 더욱 흡수되고 딱딱해져서 변이 직장 내에 조금밖에 들어가지 않기 때문에 변이 마치 토끼똥처럼 작고 딱딱하다. 이러한 경련성변비는 이완성변비와는 달리 대장 점막의 긴장이 너무 지나치기 때문에 발생한다. 정신적, 신경적 원인에 의한 자율신경계의 지나친 긴장이 원인이 될 수도 있고, 설사약의 남용, 장벽의 염증이나 궤양에 의해 장점막이 과민해지는 것 등도 원인이 된다. 또 십이지장궤양, 충수염, 담낭질환, 급성췌장염 등의 질환 때문에 대장을 지배하는 부교감신경이 이상하게 흥분됨으로써 일어나는 경우도 있다. 가스가 차고 복통, 두통을 호소하기도 한다.

치료 완하제는 변통이 될 때까지만 사용한다

조금이라도 변의를 느끼면 화장실에 가는 습관을 가진다. 아침 식사 후 10분 정도의 운동이나 산책을 하고 변의와 상관없이 화장실에 가도록 한다. 약은 반드시 의사의 처방에 따르며 완하제는 변통이 될 때까지 1일 1회 복용하

며 그 후는 정장 변비약을 복용하면 도움이 된다.

이완성변비와는 반대로 자극적인 식품은 피한다. 야채류는 익혀서 과일류는 즙이나 간 상태로 먹는 것이 좋다. 주식은 부드러운 쌀밥, 우동, 흰 빵으로 한다. 육류로는 닭, 송아지고기, 생선의 흰살, 기타 따뜻한 우유가 좋다.

이처럼 소화가 잘되는 음식만을 주로 섭취하는 식이요법을 적어도 2~3개월은 계속하도록 한다. 만약 복통이 있을 경우에는 한층 더 식사를 제한하지 않으면 안 된다. 주식으로 죽, 야채는 갈아서 먹고 생선은 흰살을 삶아서 먹거나 쪄서 먹도록 하며 이러한 것들만으로 2~3주일을 지내는 것이 회복에도 도움을 준다. 운동은 정신적 긴장을 없애기 위해 산책 정도로 하고 줄넘기나 복근운동은 대장에 자극을 주므로 피한다. 자신이 행하는 복부 맛사지, 지압은 하지 말고 전문가에게 의뢰한다.

일시성변비

원인 환경변화나 근심, 걱정거리가 원인

집을 떠나 다른 곳으로 여행을 하거나 잠시 다른 곳에 머무르게 되면 변을 보지 못하는 경우가 있다. 직장을 옮겼다거나 하여 심리적인 긴장이 있거나 걱정되는 일이 생겨 마음을 많이 쓰면 변을 못 보는 경우도 있다.

이 외에도 수분섭취가 갑자기 격감했다거나 땀을 심하게 많이 흘렸을 때, 유난히 소화가 잘되는 음식만 계속 먹었을 때, 운동이 적을 때에도 배변에 어려움을 느낄 수 있다. 이 모두 환경의 변화나 근심, 걱정이 있을 때, 해소하기 쉬운 특별한 이유가 있을 때 초래되는 변비다.

이런 변비는 일시적인 현상으로 마음의 고통이 없어지거나 평상시의 생활로 돌아가거나 원인을 제거하면 별다

른 치료 없이도 자연히 해소된다. 하지만 반복되면 상습적인 변비가 될 수도 있으므로 안정적인 생활상태를 유지해 변비를 예방하는 것이 좋다.

 ### 가스가 차고 고통스럽다

배설되어야만 될 음식물의 가스나 노폐물이 내장 내에 정체된 상태를 변비라 한다. 변의 양이나 횟수는 사람마다. 또는 먹는 음식물의 내용에 따라 달라지므로 일률적으로 기준을 정하기는 힘들지만 통상 1주일에 두세 번도 변을 못 본다면 변비라고 볼 수 있다. 하지만 단지 배변 횟수만으로 변비를 결정할 수는 없다. 매일 변을 보더라도 배변 시 무리하게 힘을 주어야 하거나 변이 지나치게 딱딱하고 굳어서 배변에 어려움을 느낀다거나 하는 것도 변비의 증세에 포함된다.

이 외에도 변을 볼 때마다 아랫배가 아프다거나 배변 후에도 시원하지 않고 늘 잔변감이 있고 아랫배가 묵직하고 더부룩한 증세 역시 변비로 볼 수 있다. 배설되어야 할 노폐물이나 가스가 정체되어 있으면 기분이 좋지 않을 뿐 아니라 심지어는 고통을 겪기까지 한다. 뿐만 아니라 변비로 인해 견갑골 통증이나 두통을 일으키는 일도 가끔 있다. 특히 젊은 여성에게서는 변비가 원인이 되어 얼굴색이 창백하게 변한다든지, 여드름, 기미 등의 피부질환, 복통, 가슴앓이, 치질 등의 병을 유발하는 경우도 많다.

 ### 규칙적인 식사와 잡곡밥을 먹는다

환경이 원상태로 되거나 긴장이나 불안이 제거되면 자연히 낫는다. 규칙적인 식사와 충분한 수면, 일정한 시간에 배변하는 습관을 가진다.

변의가 있으면 참지 말고 바로 화장실에 가며 변의가 없더라도 화장실에 가는 습관을 들인다. 흰쌀밥보다는 보리나 잡곡을 섞은 밥을 먹는 것이 좋은데 식사는 하루 세끼 규칙적으로 하는 것이 가장 바람직하다.

집에서는 이 렇게 아침저녁으로 야채 된장국을 먹는 것도 도움이 된다. 생야채, 과일 등 섬유질이 많은 음식을 적극 섭취하고 수분도 충분히 섭취한다. 산책, 체조, 복근운동 등 기분전환이 되는 것은 자발적으로 하고 긴장을 이완시킨다. 복부맛사지, 지압 등도 도움이 된다. 같은 일시적 변비라 해도 형태에 따라 처방이 다르므로 약물 복용 시는 반드시 의사나 약사의 처방에 따라야 한다. 여행 때마다 변비를 일으키는 사람이라면 완하제를 휴대하여 복용하는 것도 도움이 된다.

알 • 아 • 두 • 자

만성변비를 다스리는 과일

■ 사과는 심한 변비에 효과적이다

사과에는 식물성 섬유인 펙틴이 풍부해 장을 튼튼하게 하는 효과가 있다. 때문에 사과를 많이 먹으면 변비와 설사에 모두 좋다.

펙틴은 과육보다는 껍질에 더 많이 들어 있으므로 사과를 먹을 때는 깨끗이 씻어 껍질째 먹는 것이 좋다. 또 저녁보다는 대장운동이 활발한 아침에 먹는 것이 더 효과적이다. 즙으로 먹을 때 역시 껍질째 가는 것이 좋은데, 여기에 당근을 함께 넣으면 더욱 좋다.

■ 바나나는 장이 건조해 단단해진 변에 효과적이다

바나나는 과일치고는 수분이 적은 반면 전분질이 많은 것이 특징이다. 한방에서는 열을 식히고 장을 촉촉하게 만들어 주는 작용이 있다고 하여 열 때문에 목이 마르거나 장이 건조해서 변비 증세를 보이는 사람에게 좋다고 한다. 매일 아침 공복에 1~2개씩 먹거나 요구르트를 만들어 먹는다. 바나나 요구르트는 껍질을 벗긴 바나나를 듬성듬성 썰어 체에 담아 곱게 으깬 다음 요구르트와 꿀을 섞어 만든다

복통 증세로 알아볼 수 있는 여러 가지 질병

배가 아픈 증세는 무척 광범위한 증세를 총괄하는 말이다. 위·장·간 등의 여러 기관이 모인 부위이니만큼 어느 부위가 어떻게 아픈지 정확히 진단하지 않으면 안 된다.

아프다는 증세를 크게 두 가지로 구분해 보면 가만히 있어도 통증이 느껴지는 경우와 복부를 손으로 눌렀을 때 통증이 느껴지는 경우가 있다.

■ 복막염일 때

위의 궤양 같은 것이 원인이 되어 만성적인 통증을 보이다가 구멍이 뚫리고 복막으로 위의 내용물이 흘러나오면서 격한 통증으로 진전된다. 이런 경우는 통증이 아니라 쇼크 상태에 빠질 위험도 있다.

■ 대장·소장에 이상이 있을 때

앞서 말한 궤양이나 염증을 제외하면 신경성의 경련이나 과민성 장증후군 등 장의 연동운동이 원활하지 못한 결과로 나타나는 경우가 많다.

이런 경우에는 경련이 일어난 부분을 손으로 누르면 압통이 느껴지며 따뜻하게 해주고 부드럽게 맛사지를 해주면 경직된 부위가 풀어지면서 통증도 완화된다.

■ 간에 이상이 있을 때

간은 신체 장기 중에 자각증세가 없는 편에 속한다. 그 때문에 간의 이상은 증세가 상당히 진전된 후에야 발견되는 경우가 많다.

다시 말해 간의 이상으로 인해 통증을 느끼는 일은 비교적 드문 편이라고 할 수 있다.

■ 자궁외 임신일 때

임신이 진행되면서 난관이 파열되거나 가끔씩 수정란이 복강 내에 착상하는 경우에 복통이 일어난다. 임신중에 복통이 일어나면 반드시 검사해 보아야 한다.

■ 장폐색일 때

복막염과 비슷한 증세를 보이는 것 중에 장폐색이란 게 있다. 장폐색은 장관이 무엇인가에 의해 막힌 상태가 되는 것을 말한다. 파열할 정도로 심각하게 되는 일은 드물지만 장운동이 원활하지 못한 상태에서 통증이 계속된다.

■ 공복시 속이 쓰릴 때

식사 전후 혹은 새벽 공복시에 쓰리고 아픈 통증이 오는 것은 위나 십이지장궤양, 염증에 의한 경우가 많다. 염증의 경우에는 통증보다는 위산과다로 인한 쓰림이다. 궤양의 경우는 쓰라림이 더 심해진다. 소화기에 관련된 통증은 흔히 공복시에 더 심해지는 것이 일반적이다.

■ 담석증일 때

심한 경우에는 찌르는 듯한 격통이 몇 시간씩 계속되며 통증이 가라앉은 후에도 며칠씩 쑤시는 증세가 계속되기도 한다. 반면 증세가 없는 사람은 담석이 있더라도 생활에 지장을 받지 않고 지내기도 한다. 즉, 담낭에서 생긴 담석이 크기가 작고 움직이지도 않을 경우는 별 통증 없이 생활할 수 있는 것이다.

■ 췌장염일 때

이 경우에는 찌르는 듯한 격통이 온다. 급성인 경우에는 구토가 동반되기도 한다.

■ 신장 및 요로에 질병이 있을 때

대개 배뇨시 통증으로 판단할 수 있다. 배뇨시 이외에도 통증이 있는 것은 염증이 심해진 경우이다.

변색이 평소와 다르다

섭취한 식품에 따라 변 색깔이 달라지기도 하지만 소화기 이상을 알리는 전조이기도 하다.
변비, 과음, 궤양이나 전염병을 앓고 있다면 변의 색은 흰색, 검은색을 띠게 된다.
변의 색깔이 평소와 다르다면 병원으로.

1
혈변이 나온다.
YES 2번으로
NO 4번으로

2
갑자기 열이 높아졌다.
YES 3번으로
NO 7번으로

9
피부나 흰눈동자가 황색이다.
YES 10번으로
NO 6번으로

3
이질이나 궤양성 대장염으로 보인다. 내과로 가보도록.

4
변에 피가 섞여 나오고 농과 점액도 나온다.
YES 5번으로
NO 8번으로

8
대변 색이 옅고 흰색물감이나 비지 같은 것이 나온다.
YES 9번으로
NO 12번으로

참 / 조 / 페 / 이 / 지
세균성이질 … 59
위장장애 … 40
급성췌장염 … 176
담낭염 … 97

5
식중독, 전염병, 궤양성대장염일 수 있으니 즉시 내과로 가보도록.

6
소화불량이나 췌장, 담낭 기능에 이상일 가능성이 높다. 내과로.

7
직장이나 결장 기능의 이상일 수 있으니 내과검진을 받아보도록.

10

황달일 수 있으니
내과로 가보도록.

11

변이 장기간 장 안에
머무르면서 수분이 빠져나가
검게 변한 것 일 수 있다.
내과검사를 받아보도록.

12

변의 색깔이 검거나
갈색을 띤다.

YES **13번**으로
NO **15번**으로

13

육식을 즐기며
최근 철분제,
설사약을 먹었다.

YES **11번**으로
NO **14번**으로

15

음식물에 따라,
혹은 약 복용으로 인해
변 색깔이
변했을 수 있다.

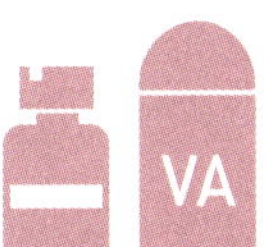

14

위, 십이지장궤양이나 대장의
출혈일 수 있으니 즉시 내과로.

섭취 음식물에 따라 변 색깔 다르다

섭취한 음식물의 종류, 약 복용 등에 따라 변의 색깔이 달라지기도 하므로 설사나 혈변 등 별다른 이상 증세가 없이 변의 색깔만 검거나 갈색인 경우 크게 염려하지 않아도 된다. 가령, 육식 위주의 식사를 했거나 철분제나 설사제를 복용했다면 변의 색깔이 검다.

흰빛을 띠면 담낭의 병을 의심한다

피부나 눈동자의 색깔에는 변화가 없는데 변이 흰색을 띤다면 소화불량인 경우가 많다. 이 경우, 음식물이 제대로 소화 흡수가 되지 않은 상태로 설사나 구토 등을 동반한다. 이 밖에 췌장, 담낭의 병이 있을 경우에도 변의 색깔이 흰빛을 띤다. 한편 변이 장내에 오래 머물러 있으면 검게 된다. 어떤 경우든 전문의와 의논하는 것이 필요하다.

피가 섞이면 대장출혈일 수 있다

적갈색의 설사를 하고 변에 피가 섞여 있으며 복통과 고열이 따르면 이질, 궤양성대장염의 가능성이 있다. 변이 흰빛을 띠며 피부나 흰자위가 누렇게 변했다면 황달이 의심된다. 이 밖에 특별한 이유 없이 변이 검거나 갈색이라면 위·십이지장궤양이 의심된다. X선 촬영이나 내시경 검사 등을 거쳐 원인을 밝히고 그에 따른 치료를 서둘러야 한다.

# 담석증

원인 콜레스테롤, 세균 번식이 원인이다

담석증이란 담낭(쓸개), 담낭관, 총수담관 및 간내담관에 결석이 있는 것을 말하며, 옛날부터 우리 나라에서는 가슴앓이라고 표현되어 왔다.

원인은 정확하지 않지만 첫째 담즙의 체류, 둘째 담즙 내에 콜레스테롤이 많아질 때, 셋째 담즙 내 세균이 번식해서 담결석을 생성하는 경우다. 요즘은 콜레스테롤로 인한 담결석이 증가하고 있는 추세다.

증세 대변 색이 흙벽색 같다

오른쪽 상복부에 아주 심한 통증이 5~10분 또는 몇 시간씩 계속되며, 통증이 없을 때는 언제 아팠던가 하는 식으로 멀쩡하다.

소화가 잘 안되고 춥고, 떨리며 메스껍고 음식냄새가 비위에 거슬리게 되며 황달이 나타나기도 한다. 담석이 있어 담즙의 통로가 막혀 황달이 나타났을 경우에는 대변 색이 옅어지거나 마치 흙벽색과 같아진다.

치료 수술로 담낭을 제거한다

우측 늑골 하부에 격통이 있을 때는 통증이 있는 곳에 얼음주머니를 대고 절대 안정하여 병원으로 옮기는 것이 좋으며 이때 물이나 음식 어떤 것도 먹지 않아야 한다. 담석증은 증세 없이 지나칠 수도 있는가 하면 급성담낭염, 복막염, 급성췌장염 등 합병증이 올 수 있으므로 수술로 담결석 및 염증이 생긴 담낭을 수술로 제거하는 것이 최선의 치료법이다.

담석을 녹일 수 있는 약제도 있으나 제한과 부작용이 많아 주의를 요한다. 그러나 70세 이상이며 수술에 영향을 끼칠 만한 다른 질병이 있을 경우에는 수술할 수 없다.

담석이 있지만 형편상 수술을 미루고 있다면 규칙적인 식사를 한다. 공복 상태가 오래 지속되는 것은 좋지 않다. 몸을 차게 해서도 안 된다. 과격한 운동도 삼가는 것이 좋으며 자극성 많은 음식, 기름진 음식, 날 것은 결석 유발 물질이므로 피한다. 무엇보다도 폭음하거나 폭식하는 것은 가장 나쁜 것이므로 금한다.

궤양성대장염

원인 유전이나 성격, 환경의 영향이 크다

20대, 30대의 젊은층에서 많이 나타나며 일반적인 장염과는 구별되는 원인불명의 만성 염증성 장질환이다. 어떤 이유로 인해 장의 면역기능이 떨어진 상태라고 보면 되는데, 유전이나 성격, 환경적인 요인 등에 영향을 받는 것으로 알려지고 있다. 알레르기성에 의한 것, 부교감신경의 이상, 스트레스도 원인으로 꼽는다.

증세 혈액, 농, 점액이 섞인 변을 본다

보통 장염과는 달리 대장 점막에 궤양이 생긴 것으로 변에 혈액, 농, 점액 등이 섞여 나온다. 갑자기 고열이 나고 심한 설사를 하루에 수회에서 10여 차례 넘게 하는데 이런 증상이 계속 반복되면서 빈혈, 체중감소 등이 뒤따른다. 배변과 함께 하복부통과 잔변감, 대량의 출혈을 일으키는 때도 있는데 심하면 장이 찢어지거나 협착될 위험도 있다.

치료 음식물 섭취에 주의한다

발작적인 설사가 일어나므로 음식에 주의하는 한편, 수분 및 영양 보충에도 유의해야 한다. 평소에도 부드럽고 소화가 잘되는 음식 위주로 소량씩 먹도록 하며 섬유질이 많고 기름진 음식, 날 것, 비위생적인 음식, 자극성 있는 음식 등은 평소에도 피하도록 한다. 궤양성대장염의 원인은 명확하지 않지만 스트레스도 큰 요인으로 알려져 있으므로 평소 생활에서 스트레스를 덜 받고 또 쉽게 해소할 수 있는 것이 바람직하다. 증세가 심할 경우 입원해 치료해야 한다. 출혈이 심하거나 장이 협착을 일으키거나 찢어질 때, 약물복용 등 내과적 치료로 증상이 가라앉지 않을 때는 외과적인 수술을 필요로 한다.

우유나 유제품은 설사를 악화시킬 수 있으므로 피한다. 지사제 사용은 부작용을 초래할 수 있으므로 주의하고 잦은 설사로 항문 주위가 헐 수 있으므로 배변 후 깨끗이 씻고 좌욕을 하는 것도 좋다. 설사 후 체력이 떨어졌을 때는 부추죽이나 파뿌리차 등을 먹어 몸을 따뜻하게 하고 체력 회복에 도움이 되는 음식을 주로 섭취하는 것이 바람직하다.

황달

원인 간 기능 장애가 가장 흔하다

혈액 중의 빌리루빈이 정상치 이상으로 증가해 피부, 눈동자, 점막 등이 황색으로 착색되는 상태다. 간기능 장애가 가장 흔하며 적혈구 파괴, 담관 손상으로 인한 담즙 역류로 인한 황달도 있다. 황달을 초래하는 질병을 보면 바이러스성 간염, 알코올 및 각종 약물의 부작용, 담도염, 간의 혈류장애, 종양 등 다양하므로 충분한 검사를 거쳐 정확한 원인을 찾아야 한다.

증세 대변 색이 옅어진다

소변이 진한 갈색을 띠기 시작한다. 그 후 각막이 먼저 황색으로 변한다. 경우에 따라 가려움증이 동반되며 대변 색이 옅어지기도 하며 대변에 흰색 물감이나 비지 같은 물질이 섞여 있기도 한다. 피로감, 식욕부진, 구역질 등은 급성간염을 , 복통, 발열 등과 함께 황달이 나타나면 담도염, 전신쇠약, 체중감소가 동반되면 종양의 가능성을 의심할 수 있다.

치료 절대 안정하고 전문의의 치료를 받는다

원인에 따라 치료법이 달라지므로 황달 징후가 보일 때는 반드시 병원을 찾아 전문의의 진단과 치료를 받는다. 특히 이런저런 소문만 듣고 임의로 약물을 복용하는 경우 오히려 해를 초래하기도 하므로 특히 주의한다. 간장 자체에 원인이 있는 경우 대개 약물요법으로 치료를 하며 기타 담도에 이상이 있는 경우에는 수술을 하는 경우가 많다.

간은 신진대사 작용에 가장 중요한 역할을 한다. 몸속에 들어온 약물이나 독극물을 분해, 해독하며 담즙을 만들어 배설한다.

황달이 발병하면 안정을 취하는 것이 급선무다. 무리하면 황달이 오래가고 심하면 생명을 잃는 수도 있다. 절대 안정이 필요하다.

음식물은 영양이 풍부한 음식물을 먹는 것이 좋으며 특히 단백질의 충분한 공급이 필요하다.

집에서는 이 렇 게 황달기가 있을 때 사과를 갈아 꿀을 섞어 먹거나 배를 깎아 식초에 며칠 담갔다가 먹어도 효과가 있다. 양질의 단백질과 비타민 B, 칼슘, 철분 등이 풍부한 바지락을 자주 먹거나 진하게 달여 식전에 소주잔으로 한잔씩 마시면 간기능 회복에 도움이 된다.

위궤양

원인 정신적인 긴장과 식습관이 문제다

위장 점막이 헐거나 구멍이 생기는 등 손상을 일으킨 경우다. 불안, 긴장, 피로 등 정신적인 요인이 큰 영향을 끼치는 것으로 알려져 있다.

이 외에도 위액 중의 염산, 펩신, 카랍신 등으로 점막이 손상된 경우, 불규칙하고 자극적인 음식물의 섭취도 한 원인으로 꼽힌다. 위염, 십이지장염에서 궤양으로 발전하는 경우가 많다. 유전도 궤양의 한 원인으로 알려지고 있다.

증세 혈변이 보이면 위험하다

명치나 좌우 늑골궁 아래쪽의 아픔을 호소한다. 식후 두세 시간 후나 공복에 복통이 잘 나타나는데 특히 새벽 한두 시경, 상복부 통증이 궤양성 복통의 특징이다. 이 밖에 오심, 구토, 구역질, 가슴앓이, 변비 등이 동반되기도 한다.

증세가 심해지면 나타나는 혈변과 천공, 협착은 위·십이지장궤양의 3대 합병증으로 위험한 증세이다.

치료 충분한 휴식과 안정이 중요하다

위산의 분비 억제와 점막의 보호를 위한 약물요법이 주된 치료법이다. 과로나 스트레스가 주요한 원인이 되므로 충분한 휴식과 수면, 정신적 안정 등이 중요하다.

만약 출혈이 보이면 하루나 이틀 정도 단식하고 그 후로는 소화가 잘되는 고단백질, 고칼로리 음식을 점점 늘려나간다. 그 이유는 영양이 좋지 않으면 궤양의 치료가 늦어지기 때문이다. 음식은 위를 자극하지 않는 것, 그리고 위산 분비를 자극하지 않는 것을 선택한다. 너무 뜨겁거나 찬 음식은 삼간다. 1회 식사량을 적게 하고 횟수를 늘려 위의 부담을 줄여준다. 규칙적인 식사, 수면, 휴식 등 생활 자체가 안정적이도록 할 것 등이 필요하다.

집에서는 이 렇 게 위·십이지장 궤양 환자에게는 율무차가 좋다. 진통작용과 소염작용도 있고 칼로리도 높기 때문에 영양식으로 그만이다. 생감자를 강판에 갈아 앙금만 걸러서 먹어도 좋다. 계내금(닭모래주머니 말린 것)을 가루내어 하루 3~4회 공복에 복용하면 좋다.

초기 위궤양을 동의보감에서는 '조잡증' 이라 하여 배고픈 듯하거나 아픈 듯하고, 가슴이 답답하여 펴치 않고 트림이 나며, 흉복부가 막히거나 부푼 듯하면서 메스껍고 점차 상복부 통증이 나타날 때 연근이 좋다고 나와 있다.

연근에는 필수아미노산 중에서 피로회복제라 불리는 아스파라긴산이 들어있어 독성물질을 중화하는 작용을 한다. 이 성분이 부족하게 되면 몸이 허해지고 천식이나 두드러기 같은 알레르기성 질환에 걸리게 되며 위궤양을 초래한다. 연근에는 이 성분이 풍부하므로 위궤양에 좋다. 뿐만 아니라 장운동을 촉진시켜 소화불량에 좋은 효과를 발휘한다. 먼저 연근을 잘 씻어 껍질째 갈아놓은 다음 달걀흰자, 조미료 등을 넣고 녹말가루를 섞어 잘 반죽을 해서 경단을 빚어 기름에 튀겨내면 된다. 꼭 경단이 아니더라도 연근 생것을 강판에 갈아 생즙을 내어 마시면 좋다.

변의 색깔이 이상할 때 다스리는 법

특별한 이유 없이 변의 색깔에 이상이 나타나는 경우엔 몸에 이상이 있다고 보면 된다. 가령, 변에 피가 섞여 나올 경우는 궤양성대장염이나 이질의 가능성이 있고, 변이 묽고 적갈색이면 식중독, 전염병 등을 의심할 수 있다. 얼굴과 눈에 황달기가 보이고 변까지 흰색을 띤다면 황달이고, 검거나 갈색일 경우는 위 · 십이지장궤양, 대장출혈을 의심해 보아야 한다. 변의 색깔별로 의심가는 주요 증세와 집에서 할 수 있는 처치법을 소개한다.

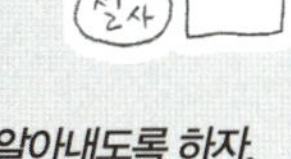

변의 색깔에 이상을 보일 때는 소화기관에 문제가 있음을 알리는 적신호이다. 과식을 피하고 원인을 알아내도록 하자.

변이 흰색을 띤 경우

● **황달일 때** _ 대변에 흰색 물감이나 콩비지 같은 물질이 섞여 있는 것 같다. 이럴 때는 사과를 강판에 갈아 적당량의 꿀을 섞어 먹어도 좋고 배를 갈아 식촛물에 며칠 담가 만드는 배식초절임, 미나리 달인 물이나 미나리 생즙, 인진쑥 등이 좋다.

● **소화불량일 때** _ 생강즙에 꿀을 섞어 마시면 위벽이 허는 것을 막아준다. 위가 냉하여 소화가 잘 안 되면 대파를 삶아서 차 마시듯 하면 좋고 반대로 위에 열이 많아 배가 늘 더 부룩하다면 무즙이 좋다. 체기를 내리는 데는 다래순 즙이 효과가 있다.

변이 검거나 갈색을 띤 경우

● **위 · 십이지장 궤양일 때** _ 양배추를 갈아 그 생즙을 따뜻하게 데워 마시거나 신맛 나는 석류씨를 말려 가루내어 양배추 즙에 타 마셔도 좋다. 연근을 반찬으로 해 자주 먹고 진통, 소염 작용이 있는 율무로 미숫가루를 하거나 죽을 쑤어 먹어도 효과가 있다. 생감자를 갈아 그

앙금만 먹는 것도 궤양 치료에 도움이 된다.

● **변비일 때** _ 바나나는 장이 건조해서 오는 변비에 좋다. 공복에 그냥 먹거나 요구르트를 만들어 먹는다. 복숭아도 레몬즙, 플레인요구르트와 함께 믹서에 갈아 마시면 좋고, 피망과 당근을 섞어 만든 주스도 장의 연동운동을 활발하게 한다. 아욱국, 아욱죽도 효과가 있다.

변에 피가 섞여 나오는 경우

● **궤양성대장염일 때** _ 다시마는 음식이 장에 머무르는 시간을 짧게 하고 유해물질의 빠른 배설을 돕는다. 표고버섯 달인 물도 좋다. 엉겅퀴 생즙, 연근 생즙, 가지 생즙 등이 효과가 있으며 봄에 흔한 돌나물은 지혈작용이 강해 혈변을 막는 데 효과가 있다.

● **이질일 때** _ 매실은 장 속의 나쁜 균의 번식을 억제한다. 매실차, 매실엑기스, 매실장아찌 등을 자주 먹는다. 부추 역시 장내의 독성물질을 제거하고 지사작용을 하므로 좋다. 부추죽이나 부추에 식초를 타서 끓인 물을 마신다.

변 색이 이상할 때의 생활수칙

● 섬유질이 많은 야채와 과일을 섭취해 변비를 예방한다.
● 과식하지 않으며 규칙적으로 식사한다.
● 술, 담배, 커피 등 자극성 있는 음식은 피한다.
● 체하거나 소화불량, 설사 증상이 있을 때는 음식을 먹지 않는다.
● 자가판단으로 약을 복용하는 것은 금물. 정확한 검진과 치료로 병의 악화를 막아야 한다.
● 물을 충분히 마신다.

소변 볼 때 통증이 있다

소변을 볼 때 아랫배에 힘을 주어도 소변이 나오지 않거나 중간에 끊기고,
심한 통증이 느껴질 때가 있다. 가벼운 증세라도 오래 계속된다면 비뇨기계에
이상이 생긴 것일 수 있으니 병원으로 가보는 것이 좋다.

1

소변을 볼 때와 보고
난 후 통증이 있다.

YES 2번으로
NO 4번으로

2

금방 소변을 보고도 곧 다시
소변을 보고 싶다.

YES 3번으로 **NO** 6번으로

3

방광염이나 전립선염일 수 있으니
비뇨기과로 가보도록.

4

최근 머리나 등을
세게 맞은 적이 있으며
그 이후 소변이 방광에
가득 차도 잘 안나온다.

YES 5번으로
NO 8번으로

5

신경성 방광기능 장애일 수 있다.
내과, 신경과로 가보도록.

6

소변을 보는 중에 통증이 있고
고름과 분비물이
나온다. 아랫배도 살살 아프다.

YES 7번으로
NO 11번으로

7

노란색 고름이면 임질,
뿌연 고름이라면
요도염일 수 있으니
비뇨기과로 가보도록.

8

아랫배에 힘을 줘도
소변이 잘 안나오거나
오줌줄기가 약하다.

YES 9번으로
NO 12번으로

9

열이 나고 안면이
창백하며
구토, 빈혈증이 있다.

YES 10번으로
NO 13번으로

10

요도협착, 요로결석일 수
있으니
비뇨기과로 가보도록.

11

요통, 빈뇨, 야뇨증, 성욕감퇴
등이 따른다면
전립선염일 수 있지만
그 외에 다른 이상이 없어도
장기간 통증이 있다면
비뇨기과 검사를 받아보도록.

12

소변을 보는
중간에 끊기는
느낌이 계속 든다.

YES 16번으로
NO 15번으로

13

50세 이상의 남성이다.

YES 14번으로
NO 17번으로

14

전립선비대증,
방광 경부의 질환일 수
있으니
비뇨기과 검사를.

15

중년 남성이라면 전립선
비대증일 수 있으니 비뇨기과
검사를 받아보도록.

17

가벼운 증세라도
장기간 지속된다면
비뇨기과에서
검사를 받아본다.
긴장, 흥분, 스트레스와
같은 심리적인
원인으로도
소변볼 때 불편이
따르기도 한다.

16

전립선염, 요로결석일 수
있으니
비뇨기과 검사를.

가벼운 증세

중년 이후 전립선비대증이 많다

긴장하거나 흥분해 순간적으로 소변이 잘 나오지 않는 느낌이 들기도 하는데 이 경우는 큰 문제가 되지 않는다. 하지만 평소 소변이 잘 나오지 않거나 소변줄기가 약하고 찔끔거리면서 나오는 경우가 있다. 50대 이후의 남성이라면 전립선비대증을 의심할 수 있다. 증세가 가벼워도 오래 계속될 경우 비뇨기과에서 검사를 받는 것이 좋다.

의심되는 증세

방광염, 전립선염일 수 있다

특히 배뇨가 끝날 무렵 아프다면 방광염, 전립선염을 의심할 수 있다. 방광이나 전립선이 세균 감염 등으로 인해 염증을 일으키는 경우로 그대로 방치하면 고름이 고여 농양이 생기므로 빨리 치료한다. 배뇨 통증, 혈뇨 등의 증세가 나타나면 요도협착, 요로결석을 의심할 수 있다. 결석은 다량의 수분을 섭취하거나 레이저 광선, 초음파 및 충격파를 사용해 배출한다.

중증

임균 요도염이면 서두른다

배뇨를 할 때 아프고 고름이 나오며 하복부에 불쾌감을 느끼는 경우, 임질 혹은 요도염일 가능성이 있다. 임균에 의한 요도염은 여성의 경우 자궁내막염이나 골반복막염으로 진행돼 치료가 더 힘들어지므로 서두른다. 뇌나 척수에 상처를 입었거나 뇌출혈, 뇌매독 등에 걸리면 신경성 방광기능장애로 무의식중에 방뇨를 하거나 소변이 나오지 않는 경우도 있다.

방광염

원인 방광에 대장균 감염이 원인이다

방광에 세균감염이 일어난 염증성 질환으로 일명 '오줌소태' 라 한다. 주된 원인균은 장내 세균인 대장균이다. 여성 요도는 짧고 넓으며 인접하고 있는 외성기 항문에 항상 많은 세균이 있어 오염이 쉽다.

이 외에도 저항력이 약화된 경우, 미숙하거나 과격한 성교, 질염이나 자궁경부염 등으로 질분비물이 증가해 외성기 주위가 습한 경우도 균이 쉽게 증식한다.

증세 열이 없는 것이 특징이다

빈뇨, 배뇨통, 혼탁뇨가 대표적인 증상이다. 금방 화장실에 다녀오고서도 곧 다시 오줌이 마려운 증세와 오줌을 누려고 시작할 때나 오줌을 누는 중에 통증을 느낀다. 또한 오줌에 혈액이나 백혈구, 농이 섞여 있어 오줌 색깔이 맑지 않고 탁하다. 열이 없는 것이 특징이다. 만약 방광염 증상이 있고 고열이 있다면 신우에도 세균감염이 있는 것이다. 이 경우 즉시 치료해야 한다.

치료 초기 치료를 충분히 해야 한다

초기 증상이라면 약을 복용하며 집에서 안정하는 정도로도 충분히 호전될 수 있다. 하지만 치료 없이 그대로 방치하면 안 된다. 초기 치료를 충분히 해 완치하지 않으면 만성화를 초래할 수 있다. 방광염 증상이 있으면 되도록 활동을 줄이고 수분을 많이 섭취하며 배뇨를 자주하여 방광 내 세균을 씻어내는 것이 좋다. 따뜻한 물에 목욕하는 등 아랫배를 따뜻하게 하면 증상이 경감된다. 대개 7~10일 정도 치료하면 치료가 가능하지만 결석, 이물, 당뇨병, 요로폐쇄 같은 합병증이 있으면 완치가 어렵다. 합병증 여부를 먼저 조사해 함께 치료한다.

특히 여성들의 경우, 꽉 끼는 옷은 가급적 입지 말고 속옷은 반드시 면제품을 입는다. 다리를 꼬고 앉는 버릇은 피하며 용변 후에는 반드시 앞에서부터 뒤로 닦고 같은 종이로 두 번 닦아서는 안 된다. 오줌은 참지 말고 3시간 간격으로 배뇨하며 수분섭취를 늘린다. 성교 후에는 반드시 배뇨하는 습관을 들인다.

신경성 방광기능장애

원인 등뼈나 신경 계통의 이상이 원인이다

등뼈가 손상된 환자나 신경 계통에 이상이 있을 때는 방광이 정상적으로 배뇨작용을 하지 못할 수가 있다. 방광의 배뇨 작용은 신경의 지배를 받기 때문이다. 이런 경우를 신경성 방광기능 장애라고 한다. 방광이 전혀 수축하지 못하는 경우와 방광이 수시로 아무 때나 수축하여 오줌을 배출하려는 경우로 구별된다.

증세 배뇨 조절 장애 및 배뇨 곤란 증세가 온다

신경이 어떻게 손상됐는가에 따라 증세가 달라진다. 자신의 의지와는 달리 오줌이 나오는가 하면 방광에 오줌이 가득 차도 쉽게 배출이 안 되는 경우도 있다. 이처럼 방광이 정상적으로 배뇨기능을 수행하지 못하면 방광에 오줌이 고여 신장에서 내려오는 오줌이 저항을 받게 되고 결국에는 신장이 압박을 받고 신장손상을 일으켜 사망하게 된다.

치료 완치되기는 어렵다

신장기능 보존을 첫째 목표로 삼아야 한다. 카테터를 유치시켜 놓거나 주기적으로 카테터를 삽입하여 오줌을 배출시켜 준다. 또 방광 경부를 파괴시켜 오줌이 저절로 흐르게 하는 등의 처치로 신장의 압박을 막아야 한다. 하지만 완치되기는 상당히 어렵다.

전립선비대증

원인 노화현상일 경우가 많다

전립선이 커져 배뇨 장애를 가져오는 증상으로 주로 노인에게서 많이 발생한다. 전립선은 45세 이후부터 계속 커지므로 연령의 증가 자체가 원인이 된다. 이 외에 남성 호르몬도 관여하며 내분비 계통의 이상, 체질적 소인, 동맥경화증, 감염 등도 주요 원인이다.

증세 배뇨장애가 주 증상이다

치명적인 질환은 아니지만 상당히 불편하고 심리적으로 위축될 수 있는 질환이다. 핵심적인 증상은 배뇨 장애. 비대해진 전립선이 요로를 압박해 소변이 시원하게 나오지 않아 잔뇨감이 있다. 빈뇨, 야간뇨 등도 나타나고 소변 보는 시간이 길어지는 현상도 동반된다.

치료 레이저, 온열, 고주파 이용한 치료법 개발

방치하면 신장 손상을 가져올 수도 있으므로 치료를 서두른다. 배뇨 장애를 해소하는 것이 치료의 목적이다. 비대해진 전립선을 절제하는 외과적 수술치료 외에 온열요법, 레이저요법, 고주파침술법 등 치료기술이 놀랄 만큼 많이 발전돼 있으므로 전문의 진단 후 치료를 받아 고통을 더는 것이 좋다. 환자의 나이, 병증 정도, 건강상태 등 여러 요소를 고려하여 치료방법을 선택할 수 있다.

전립선염

원인 과음, 과로, 과색일 때 잘 발생한다

전립선은 남성에게만 있는 기관으로 방광 아래쪽 후부 요도를 둘러싸고 있다. 전립선은 근육질과 섬유질로 구성되어 있으며 무게는 20g 정도다. 이 전립선이 세균 또는 바이러스에 감염되어 염증을 일으킨 것이 전립선염으로 원인균을 발견할 수 없는 경우가 대부분이다. 세균 및 바

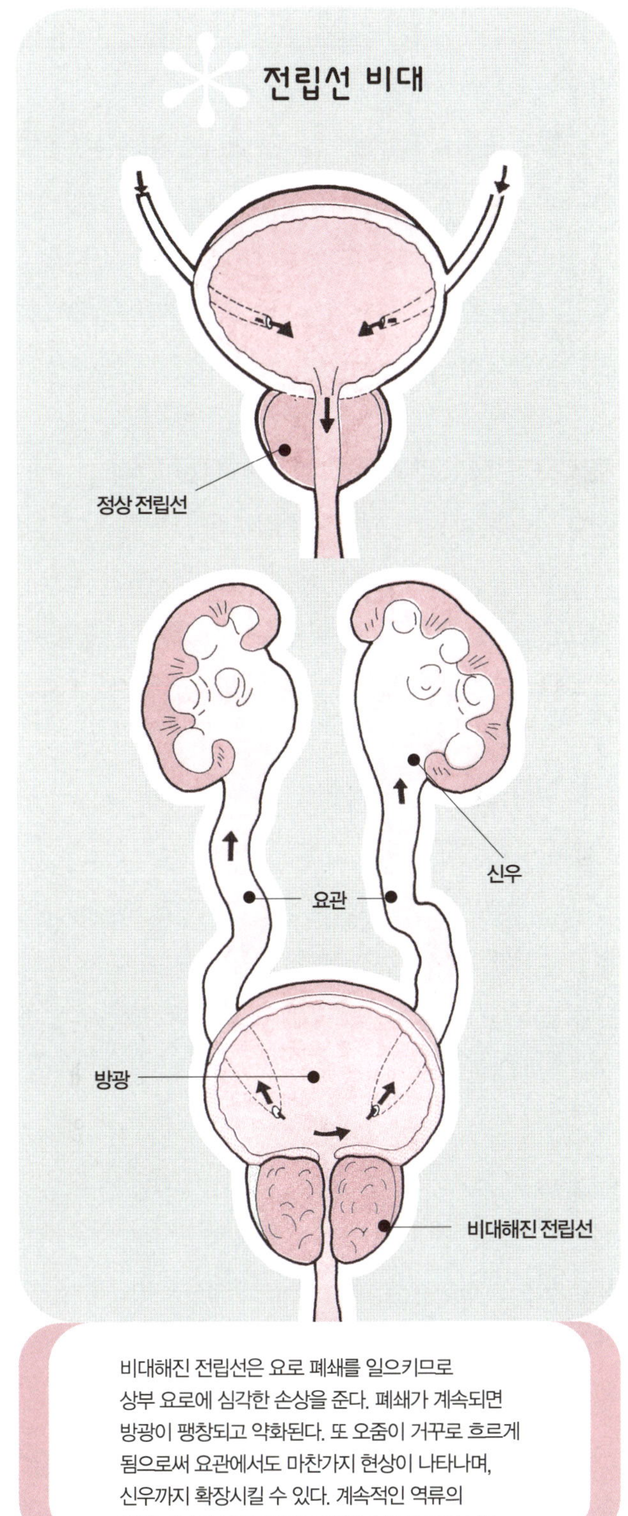

비대해진 전립선은 요로 폐쇄를 일으키므로 상부 요로에 심각한 손상을 준다. 폐쇄가 계속되면 방광이 팽창되고 약화된다. 또 오줌이 거꾸로 흐르게 됨으로써 요관에서도 마찬가지 현상이 나타나며, 신우까지 확장시킬 수 있다. 계속적인 역류의 압력 때문에 신실질까지 심각한 손상을 입게 된다.

이러스 감염 외에도 자극에 의해 발생한다. 과음, 과로, 과색일 때 잘 발생한다.

 요통과 빈뇨, 회음부 통증을 호소한다

요통, 회음부 둔통, 좌골신경통, 빈뇨, 야뇨증, 성욕 감퇴 등이 일반적 증상이다.

급성일 경우 고열과 함께 빈뇨, 배뇨곤란과 회음부 통증을 호소한다. 입원치료를 해야 하며 전립선 촉진에 의해 알 수 있다. 만성화된 경우 특별한 자각증세를 못 느끼는 경우도 많은데 요도염 후에 오거나 급성 전립선염 후에 생기기도 한다.

 약물요법과 전립선 맛사지를 한다

약물요법과 전립선 맛사지가 대표적인 방법이다. 적절한 항생제 투여와 주 2회의 전립선 맛사지를 한다.

만성 전립선염 자체는 방치해 두어도 악화되는 일은 적고 중대한 병은 아니지만 여러 가지 불쾌감이 따르고 사람에 따라 노이로제가 될 수도 있으므로 걱정하기보다는 마음을 편히 갖고 끈기 있게 치료하고 일상생활에서도 주의를 기울여야 한다.

과음, 과색, 과로는 전립선염증 치료의 3대 적이다. 규칙적인 성생활, 절제 있는 생활태도, 금주, 충분한 휴식과 영양이 만성 전립선염의 치료에는 절대적으로 필요하다. 항생제에만 의존하는 치료는 금물이다.

집에서는 이렇게 따뜻한 물에 소금을 적당히 타 좌욕을 자주 해준다. 또 의자에 장시간 앉아 있기보다는 자주 자리에서 일어나 산보를 하는 것도 좋다. 물을 많이 마시고 이뇨 작용이 있는 음식을 많이 먹는 것이 좋다.

검은콩에 현미식초를 부어 만든 검은콩식초는 배뇨곤란 및 배뇨통을 완화하는 데 효과가 있다.

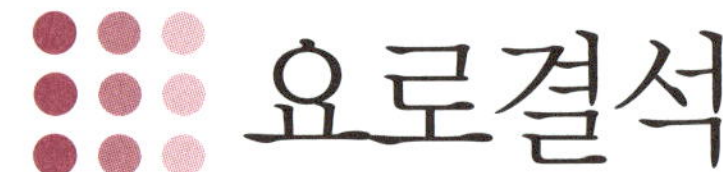

요로결석

 음식물 또는 소변의 정체가 원인이다

오줌 성분 중 물에 녹지 않는 여러 물질이 요로 계통에 돌처럼 단단히 엉기는 것을 말한다. 결석의 성분은 칼슘, 인산, 요산, 수산, 암모늄 등 여러 물질이다.

요로의 폐쇄, 부갑상선기능항진증, 일부 음식물이 결석의 원인이 된다. 이 밖에 땀을 많이 흘리는 더운 지방 사람들이나, 운동량이 적거나 수분섭취가 적은 사람들의 경우 소변의 정체로 결석이 쉽게 생긴다.

 무뇨나 빈뇨, 배뇨통이 있다

아랫배나 허리쪽에 통증이 일어난다. 열이 나고 안면이 창백해지며 식은땀이 나고 오심과 구토증도 온다. 자주 반복하면 빈혈, 체중감소도 뒤따른다. 통증이 심할 때는 오줌이 갑자기 적어지고 무뇨가 되기도 한다. 결석이 내려와서 방광에 오면 배뇨 횟수가 늘어나고 배뇨시에 통증이 오기도 한다. 극히 드물게는 결석이 있어도 아무 증상이 없을 수도 있다.

 자연 배출되거나 수술해야 한다

작은 결석이 한쪽에만 있을 때에는 그대로 내버려두고 있으면 오줌 속에 섞여 나와버릴 때도 있다. 통증이 심할 때는 진통제를 투여하고 감염증이 생겼다면 항생제로 치료한다. 결석을 제거하는데는 내과적 방법과 외과적 방법이 있다. 수분 섭취를 늘려 결석을 아래로 내려가게 해 오줌으로 결석을 배출시키는 방법이다.

그래도 결석이 나오지 않으면 수술해야 한다. 겸자로 결석을 제거하는 겸자제거법과 결석을 레이저로 쪼개어 배출시키는 쇄석술 등이 있다. 결석이 정상적인 배뇨를 방해하면 결석 위에 오줌이 고이게 된다. 따라서 신우내의 압력이 증가하고 신피막이 팽창되어 옆구리에 동통이 온다.

결석을 녹여줄 수 있는 음식과 수분 섭취를 늘려 자연적인 배출을 유도해 본다. 한편, 결석은 정신적 스트레스나 기름진 식생활도 원인이 되므로 안정을 취하며 지방질의 섭취를 줄인다. 결석 배출에 좋은 음식은 물, 조기, 수박, 범위 귀 잎 등이 있다.

요도염

원인 성관계 통해 전염되는 성병의 일종이다

성관계를 통해 전염되는 성병의 일종으로 임균에 의해 감염되는 임균성 요도염과 구분하여 비임균성 요도염이라 부르기도 하고 그냥 요도염이라 부르기도 한다. 원인균을 찾기가 쉽지 않은데 클라미디아, 마이코플라즈마, 트리코모나스 등이 대표적인 원인균이다. 이 외에도 기계적 혹은 화학적 외상, 혹은 요로의 이물, 요도협착 및 전립선염을 앓은 후 온다.

증세 고름 섞인 다량의 분비물이 주요 증상이다

첫 증상은 요도분비물이다. 급성 요도염에서는 요도구가 빨갛게 부어오르며 다량의 고름이 섞인 분비물이 나온다. 소변을 볼 때 통증이 느껴지며 빈뇨, 배뇨곤란 및 혈뇨를 동반하기도 한다. 급성요도염이 잘 치료되지 않으면 만성으로 이행하는데 증세는 급성보다 가벼워 점액성 분비물이 소량 나오며 배뇨통도 드물다.

치료 상대 여성도 함께 치료해야 한다

수치심 때문에 치료를 미뤄 치료가 어려워지는 경우가 많다. 특징적 증세가 보이면 서둘러 병원을 찾는다. 치료가 늦어지면 전립선염, 부고환염, 요도주위 농양을 초래하

집안에서 간단하게 혈뇨를 측정할 수 있는 방법이 있다. 소변의 색깔이 이상해서 걱정이 될 때는 투명한 컵 3개를 준비한다. 그리고 소변을 볼 때 '처음·중간·나중'의 오줌을 각각 다른 컵에 조금씩 받아둔다.

모두가 붉은 색을 띠면 신장 훨씬 위쪽에서 피가 나오고 있다는 증거이고, 처음에는 빨갛고 나중에는 깨끗해진 경우에는 방광의 출구 쪽에, 처음에는 별로 색이 없다가 점점 붉은 색을 띠면 전립선이나 방광의 출구에 이상이 있을 수 있다.

기도 하며 후유증으로는 요도협착을 일으킬 수도 있다.

상대 여성도 함께 치료를 받아야 하며 여성의 경우 병이 진행하면 자궁질부염, 비후성자궁질부미란, 재발성방광요도염을 초래하기도 한다. 항생제 사용이 가장 일반적인 치료법이다. 원인균에 따라 적용되는 항생제가 다를 수 있으므로 반드시 전문의의 처방에 따른다. 경우에 따라 우유나 유제품 섭취가 제한된다.

항균제 복용 기간에는 성교를 금하고 술, 커피 등 자극성 음식도 삼간다. 성병 예방을 위해서는 성교 시 콘돔을 사용하고 성교 직후 소변을 보고 손을 씻는 습관을 들인다. 무분별한 섹스는 삼간다. 연근생즙이나 양상추생즙은 배뇨통을 덜어주는 효과가 있다. 보리 달인 물에 생강즙과 꿀을 섞어 먹는 것도 좋다.

가슴에 통증이 있다

심장에 이상이 생기면 가슴에 통증이 오고 뻐근하며 숨쉬기가 힘들어진다. 이러한 증세가 오래 지속되면 심각한 병일 수 있으므로 서둘러 전문의를 찾는다. 심장이상으로 오는 병은 여러 가지가 있지만 대표적인 병으로는 심근경색, 협심증, 담낭염, 자연기흉, 흉막염 등이 있다.

1
열이 난다.
YES 2번으로
NO 5번으로

2
통증이 늑골을 따라 느껴지면서 발진이 생겼다.
YES 3번으로
NO 7번으로

8
숨을 쉴 때 고통스럽다.
YES 4번으로
NO 13번으로

4
참을 수 없을만큼 기침을 하고 녹 같은 가래가 나온다.
YES 14번으로
NO 9번으로

3
대상포진일 수 있으니 빨리 내과나 피부과로 가보도록.

7
담낭염이나 급성췌장염이 의심된다. 빨리 내과로 가보도록.

5
음식을 삼킬 때 특히 통증이 심해진다.
YES 6번으로
NO 10번으로

6
명치끝이 쓰리면서 아프다.
YES 12번으로
NO 7번으로

9

흉막염일 수 있으니 서둘러
내과로 가보도록.

10

격렬하고 지속적인
가슴통증이 있고
그 통증이 왼쪽 어깨와
손까지 퍼진다.

YES **11번**으로
NO **15번**으로

11

통증이 있을 때
식은땀이 나고 창백해지며
구토, 발한,
가슴이 뛰고 숨이 막힌다.
맥박이 약해진다.

YES **17번**으로
NO **22번**으로

13

발열, 설사를 하며
가슴 가운데에
통증이 느껴지고 가슴이
두근거린다.

YES **19번**으로
NO **24번**으로

12

서서 물을 마시든지,
혹은 앉아서 물을 마시면
곧 괜찮아진다.

YES **23번**으로
NO **12번**으로

14

폐렴일 수 있으니 내과로
가보도록.

17

심근경색이나
해리성대동맥류일 수
있으니
빨리 내과로 가보도록.

15

불현듯 가슴에 심한 통증이
느껴지면서 숨을 쉬기
곤란한 상태가 되기도 한다.

YES **16번**으로   NO **20번**으로

16

자연기흉이나
폐경색을 의심할 수 있다

다음 페이지에서 계속 ▶ ▶ ▶

▶ ▶ ▷ 이전 페이지에서 계속

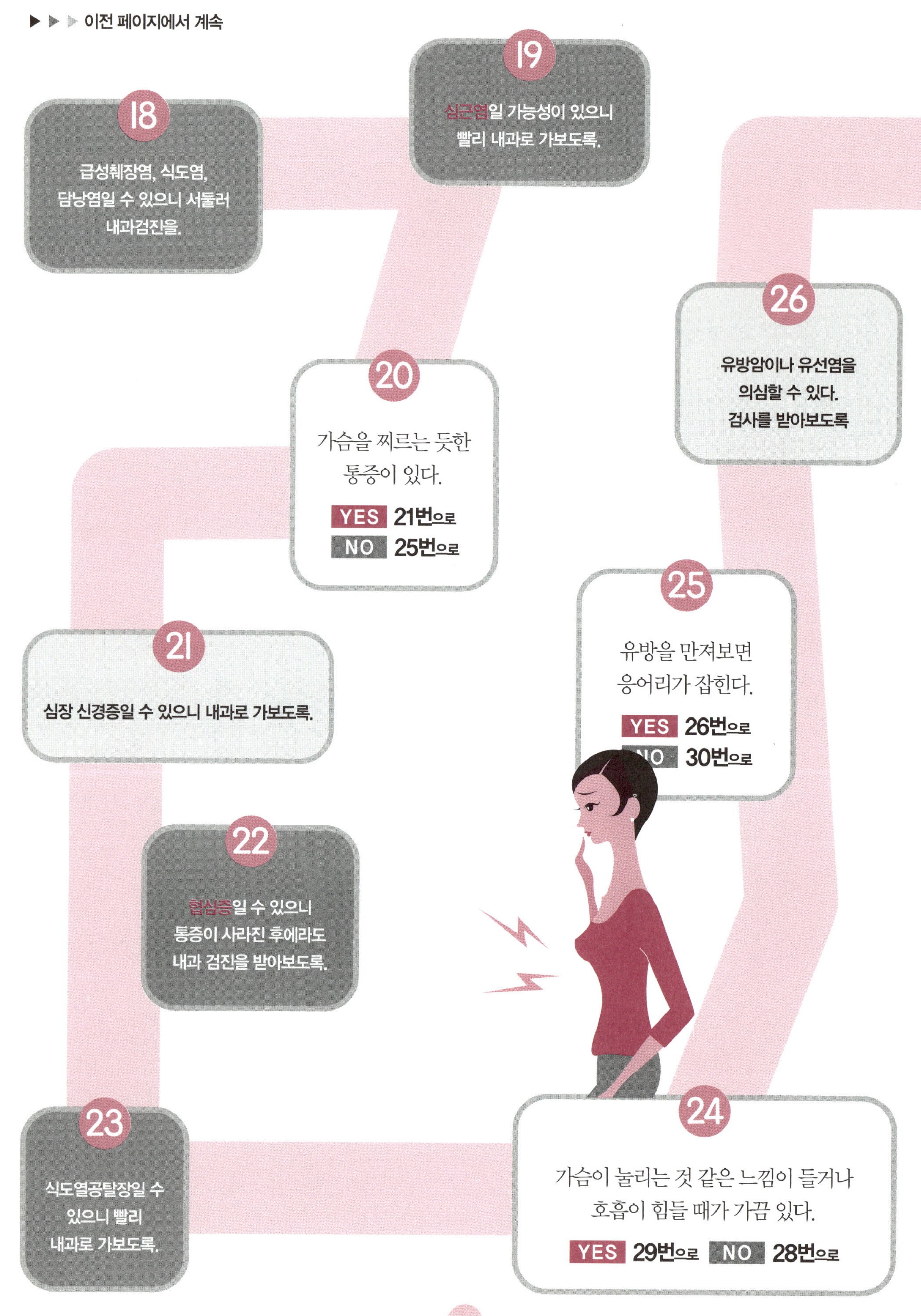
19
심근염일 가능성이 있으니
빨리 내과로 가보도록.

18
급성췌장염, 식도염,
담낭염일 수 있으니 서둘러
내과검진을.

26
유방암이나 유선염을
의심할 수 있다.
검사를 받아보도록

20
가슴을 찌르는 듯한
통증이 있다.
YES 21번으로
NO 25번으로

25
유방을 만져보면
응어리가 잡힌다.
YES 26번으로
NO 30번으로

21
심장 신경증일 수 있으니 내과로 가보도록.

22
협심증일 수 있으니
통증이 사라진 후에라도
내과 검진을 받아보도록.

23
식도열공탈장일 수
있으니 빨리
내과로 가보도록.

24
가슴이 눌리는 것 같은 느낌이 들거나
호흡이 힘들 때가 가끔 있다.
YES 29번으로   NO 28번으로

27

운동에 의한 가슴부위의 근육통에서
비롯되었을 수 있다.
달리 원인이 없는데 통증이 지속된다면
내과 검진을 받아보는 것이 좋다.

28

감기나
흉근통일 수 있다.
빨리 내과로
가보도록.

29

심막염이나 심장 이상,
호흡기질환,
흉막질환일 수 있으니
빨리 내과 검사를.

31

늑간신경통일 수 있으니
통증이 지속되거나
심할 경우 내과 검진을
받아보도록.

30

늑골의 바깥쪽에서 통증이
느껴진다.

YES **31번**으로
NO **27번**으로

가벼운 증세

근육통이거나 감기일 수 있다

무리하게 운동을 했거나 과도한 노동을 한
경우, 가슴에 통증을 느낄 수 있는데 이는 단순
한 근육통이므로 특별히 걱정할 것은 없다. 이
밖에도 감기로 인해 가래가 많이 끼거나 기침
이나 설사를 하는 경우에도 통증을 느낄 수 있
다. 하지만 이렇다 할 원인이 없는데도 가슴 통
증이 오래도록 지속된다면 내과를 찾아 검사를
받아보는 게 좋다.

의심되는 증세

치료시기를 놓치지 않는다

담낭염, 심근경색, 협심증, 급성췌장염, 심장
신경증, 늑간신경통, 유선염 등 여러 가지 원인
에 의해 가슴 통증 증세가 나타나므로 전문의
의 정확한 진단이 필요하다. 가슴 통증이 지속
되는데 특히 호흡에 따라 통증을 느끼며 구토,
발한, 식은땀 등의 증세가 나타날 경우 반드시
전문의를 찾아 정확한 진단을 받아 치료시기를
놓치지 않도록 한다.

중 증

발작 경험 있다면 위험하다

격렬한 가슴 통증으로 호흡곤란을 느끼는
일이 빈번하거나 발작을 일으킨 적이 있다면
즉시 병원으로 가야 한다. 자칫 심근경색이나
돌연사 등 위험한 상태에 빠질 수 있기 때문이
다. 폐경색, 자연기흉, 협심증, 담낭염, 흉막염,
해리성대동맥류 등 원인이 다양한데, 검사를
통해 정확한 원인을 찾아 약물이나 수술 요법
등으로 서둘러 치료를 해야 한다.

심근경색

원인 관상동맥 경화로 심장 근육이 굳은 것이다

관상동맥의 경화가 그 원인이 되어 그 안쪽이 점차로 좁아져서 혈액이 그곳에 굳어져 내강이 폐쇄되어 버리면 앞의 관상동맥에서 혈액을 받고 있던 심장 근육이 부분적으로 죽어버린다. 협심증과 비슷하나 훨씬 증세가 중하며 심하면 사망에 이르기도 하므로 조심한다.

증상 격렬하고 지속적인 가슴 통증이 온다

협심증보다 훨씬 격렬하고 지속적인 가슴 통증이 특징으로 통증이 왼쪽 어깨와 손까지 퍼진다. 이 통증 때문에 쇼크에 빠질 수도 있는데 식은땀을 흘리고 창백해지며 맥박이 미약해지고 혈압이 내려간다. 증세가 악화되면 가슴이 뛰고 숨이 차며 부종이 나타나는 등 심장쇠약의 징후가 나타나며 간혹 뇌경색을 일으켜 반신마비가 오는 경우도 많다.

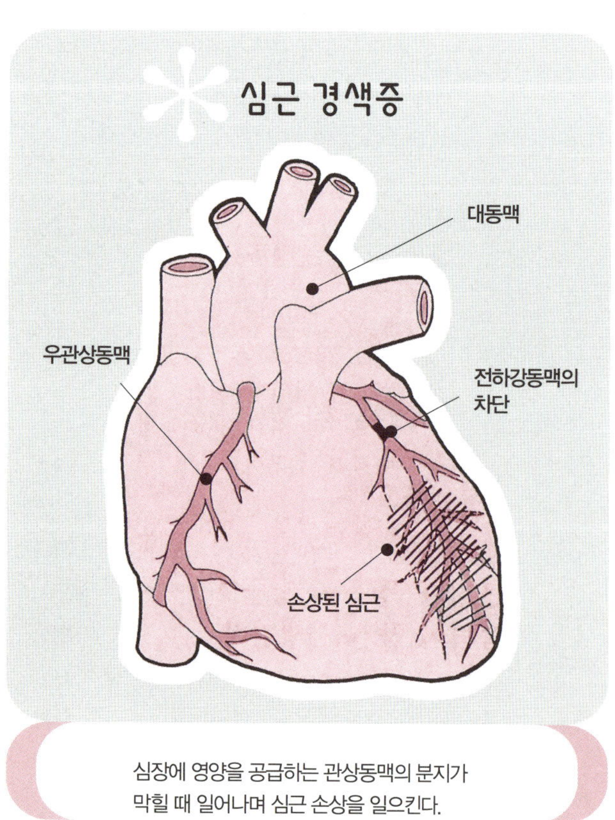

심장에 영양을 공급하는 관상동맥의 분지가
막힐 때 일어나며 심근 손상을 일으킨다.

치료 빨리 의사에게 연락을 취한다

발작 시에는 우선 안정을 취하고 가슴의 통증이나 구토증이 있으면 심장부 혹은 위 부분에 냉찜질이나 미온찜질을 한다. 빨리 의사에게 연락을 취해야 한다.

산소흡입을 하며 경우에 따라 심장근육에 산소공급을 해줘야 하는 경우도 있다. 동맥경화를 방지하거나 관상동맥을 넓히는 약 외에 혈액이 굳어지는 것을 방지하는 약물 처방을 한다.

집에서는
이 렇 게

발작 후 2~3일은 소량의 유동식을 취한다. 만약 심부전 증상이 있는 경우 소금을 제한한다. 가벼운 경우라 하더라도 1주일 정도까지 누워서 몸을 안정하는 것이 좋으며 2주일 내에는 일어나서 스스로 화장실 출입을 해도 좋고 3주까지는 목욕도 가능하다.

협심증

원인 심장에 공급되는 산소 양이 감소해 발생

심장근육을 부양하는 관상동맥에 문제가 생겨 일시적으로 경련을 일으키면 관이 좁아지거나 막히게 된다. 그로 인해 심장 근육에 공급되는 혈액량, 특히 산소의 양이 감소된 경우에 나타나는 증후군이다.

한편, 드물게는 관상동맥의 순환에는 문제가 없으나 심장 근육의 대사 자체가 변화하면 역시 협심증과 유사한 발작 증세를 일으킬 수도 있다.

증상 가슴 한가운데가 묵직하고 아프다

가슴 한가운데가 아프고 묵직한 것이 특징이다. 대체로 무거운 것이 누르는 듯한 압통이나 가슴을 죄는 듯한 느낌 등이 일반적이다. 숨이 답답하기는 해도 기침이나 가래가 나오지는 않으며 통증이 30분 이상 지속되지 않는다.

	협 심 증	심 근 경 색
기본이 되는 병변	관상동맥의 경화	관상동맥의 경화
발작 유인	갑작스러운 운동이나 활동, 안정을 취하고 있는 중에도 일어난다.	정확히 알 수 없다.
증세	통증 이외의 증세는 거의 없다. 발작 또한 가볍고 5분 이내에 멎는다.	통증이 심하고 30분 이상 계속된다. 급성인 경우에는 호흡이 곤란하고 쇼크 상태가 되며 부정맥이 나타나기도 한다.
가정 처치법	니트로글리세린이란 약을 혀 밑에 넣고 있으면 통증이 가라앉는다.	몸을 일으킨 자세를 취하면 호흡곤란이 약간 누그러진다. 가정처치 법은 별로 없고 신속히 의사와 처방을 아는 게 중요하다.
진단	발작이 한번 일어나면 매일 일으킬 수도 있고, 시간이 지나면 그칠 수도 있다.	강한 발작이 한 번 일어나면 그 후로는 아픈 발작이 없다. 발작이 없더라도 심전도에 나타난다.

치료 관상동맥 확장제를 복용한다

관상동맥을 넓혀주는 약(아초산 아밀, 니트로글리세린 등)을 혓바닥 밑에 넣어 녹이면 증상이 가라앉는다. 만약 약을 미처 준비하지 못했다면 소량의 위스키나 브랜디, 럼주 등 양주를 마시면 통증을 억제하는 효과가 있다. 필요에 따라 산소흡입을 할 수도 있다.

집에서는 이렇게 과로, 스트레스 및 흥분, 과식은 금물. 술, 담배도 피한다. 지나치게 뜨겁거나 찬 물에서의 목욕도 피해야 하며 과도한 성생활 역시 삼가야 한다. 변비에 걸리지 않도록 주의하는 것도 잊지 말 것. 땅콩을 현미 식초에 절여 그 물을 마시면 좋다.

담낭염

원인 담결석이 담낭의 출구를 막아 생긴다

급성 염증이 담낭에 발생하여 오른쪽 상복부에 염증성 증상이 나타나는 경우이다. 원인 중 가장 흔한 담결석이 담낭의 출구를 막아 담낭의 담즙이 흘러내리지 못하게 되어 세균 감염이 일어난 증세다. 원인균으로는 대장균이 가장 많으며 포도상구균, 연쇄상구균 등이 발견된다.

증상 우측 상복부에 심한 통증이 온다

우측 상복부에 손만 닿아도 숨이 끊어질 것 같은 통증이 오게 된다. 더 심하면 담낭벽이 괴사되어 감염된 담즙이 복막내로 흘러들어 심한 복막염을 일으키기도 한다.

담석에 의한 통증은 통증이 왔다가 4시간 이내에 사라지는 것이 보통이지만 담낭염의 경우 통증이 지속되며 구토가 나고 열이 있으며 혈중 백혈구가 증가하는 것 등이 특징이다.

치료 수술로 담낭을 제거한다

근본적인 치료는 수술이다. 하지만 무조건 응급수술을 하기보다는 내과적 치료를 하며 여러 검사를 받은 후에 시기를 선택해 수술을 하면 위험부담을 줄일 수 있다. 담낭염으로 통증을 호소할 경우 우선 금식하고 항생제 및 진통제를 쓰며 6시간 내에 호전이 없으면 응급수술을 해야 한다.

 자연기흉

원인 늑막에 구멍이 뚫린 것이 원인이다

기흉은 폐쪽의 늑막에 구멍이 뚫려 공기가 기도를 통해 늑막강에 모이는 경우이다. 원인은 기포나 공동이 터져 생기거나 때로는 외상에 의해 일어나기도 한다.

증상 가슴에 통증이 심해 숨쉬기도 어렵다

갑작스러운 흉통이 오고 호흡곤란이 온다. 심하면 졸도할 수도 있다.

치료 갈비뼈 사이의 공기를 뽑아낸다

어떤 방법으로든 공기를 흡수하거나 제거해야 한다. 환자를 안정시켜 공기 흡수를 촉진하거나 기흉 침으로 뽑아낸다. 갈비뼈 사이로 튜브를 집어넣어 없애는 것이다. 병의 정도에 따라 방법을 달리 선택하게 되는데 자주 재발하거나 치료가 쉽지 않을 때는 외과적인 처치를 받아야 한다.

 흉막염

원인 흉막의 염증이 원인이다

흉막염은 흉막에 염증을 일으킨 상태를 말한다. 호흡기 질환 중 흔히 일어나는 병으로 젊은 남자들에게 발병률이 높으며 염증의 원인은 여러 가지다. 우리 나라는 결핵성이 대부분이고 그외 디스토마성, 폐렴성, 외상, 폐농양, 간농양, 횡경막하농양, 등에서도 흉막염을 일으킨다. 또 삼출액의 유무에 따라 습성과 건성으로 나눈다.

증상 열이 높고 숨이 차며 식욕이 없다

흔히 폐렴 끝에 나타나는 증세로 열이 좀처럼 내리지 않고 숨이 차서 기운이 없고 식욕을 잃게 된다. 얼굴색도 창백하여 금방 병색을 짐작할 수 있으며 통증이 심할 때는 찌르는듯한 아픔 때문에 참기가 어렵다. 하지만 치료를 서두르면 1~2주 정도면 열이 내리고 완치가 가능하다.

치료 흉강 안의 흉수를 뽑아낸다

흉강 안에 튜브를 삽입하여 흉수를 뽑아 낸다. 통증을 덜기 위해 진통제, 해열제, 진해제를 사용하기도 하지만 무엇보다 중요한 것은 소화가 잘 되는 음식으로 영양섭취에 신경을 써야 하고 안정을 취해야 한다. 자세가 나쁘면 호흡곤란이 더 심해지므로 전문의의 지도를 받아 치료에 임하도록 해야 한다.

집에서는 이렇게 호흡을 순조롭게 하기 위해 적당한 온도와 습도를 유지해 주도록 하고 특히 담배는 가래의 직접적인 원인이 되므로 피해야 한다. 칼슘과 단백질이 풍부한 보신음식을 만들어 먹는 것도 중요하다. 호흡기 계통에 특효가 있는 비파 열매로 차를 끓여 마시는 것도 좋은 방법이다.

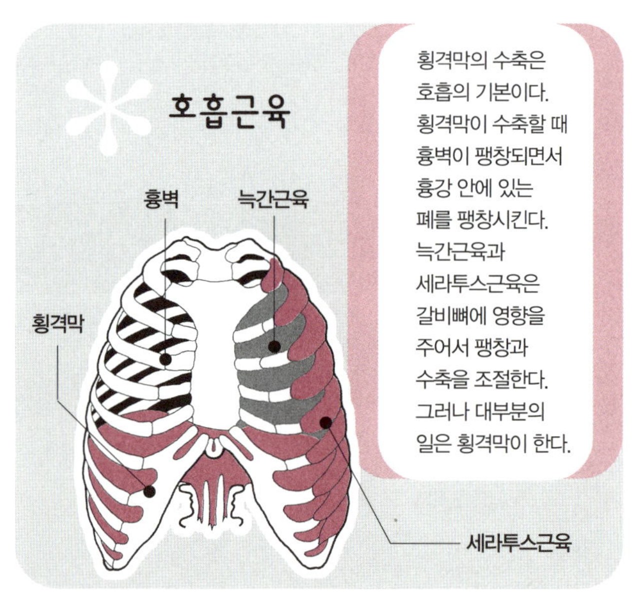

손톱 상태로 체크하는 건강의 이상 신호

■ 초승달이 작을 때 **몸 상태가 나쁘다**

손톱의 아래에는 초승달 모양의 하얀 부분이 있다. 이 초승달은 손톱의 성장이 좋을 때에는 커지는 반면 성장이 좋지 않을 때에는 아주 작아지거나 완전히 사라지기도 한다.

따라서 손톱의 초승달이 평소보다 작아졌거나 없어진 경우에는 자신의 몸 상태가 그리 좋지 않다고 생각할 수 있다.

■ 하얀색이면 **신장병 · 당뇨병을 의심**

먼저 손톱 빛깔에서 붉은 기운이 사라진 경우에는 빈혈이나 말초혈관에 어떤 장애가 일어났을 것이라 생각할 수 있다. 그것이 더욱 심해져서 아예 하얗게 변색되었다면 만성의 신장병이나 당뇨병일 가능성이 있다. 특히 당뇨병과 손톱과의 관계가 깊은데, 때로 당뇨병인 경우에 전혀 통증도 없는 상태에서 갑자기 손톱이 훌렁 빠져버리기도 한다.

■ 청자색이면 **심장의 이상 신호**

심장병이나 폐에 질환이 있다면 그것이 원인이 되어 동맥 중의 산소가 결핍되어 손톱의 색깔이 청자색으로 변화하기도 한다. 그것을 청색증 상태라고 하는데, 심장이나 폐에 질환이 있을 때는 단순히 손톱뿐만 아니라 피부에도 이런 증세가 나타난다.

■ 손톱의 세로 주름은 **동맥경화**

사람의 손톱은 하루 동안 1㎜정도 자라난다. 그런데 큰 병을 앓게 되면 일시적으로 그 기간 동안에는 그 성장이 중단되어 버린다. 그래서 손톱 아랫부분에 가로로 자국이 생기게 된다. 이 가로 주름으로는 다른 병과의 인과관계를 찾아보기가 어려운 특수한 경우라고 할 수 있다.

그러나 세로 주름은 누구에게나 생기는 것인데 그것은 특히 나이가 갈수록 나타난다. 이는 동맥경화가 진행되고 있다는 신호일 수 있으므로 조심한다.

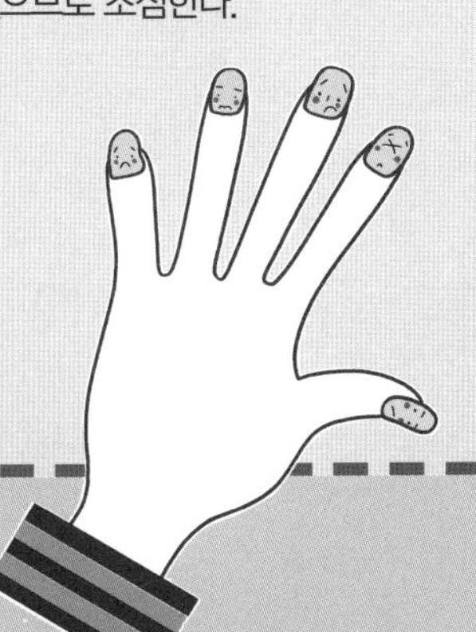

심장에 생기는 병

폐동맥판 협착증

폐동맥판이 좁아지면
우심실 기능이 약화되어
혈압이 올라간다.
보통 태어날 때 나타나며
심잡음으로 알 수 있다.

동맥관 개방증

폐동맥과 대동맥 사이의
동맥관은 보통 출생 후에는
닫히나, 닫히지 않고
그대로 남아 있는 경우는
수술로 쉽게 교정된다.

청색증

폐동맥판의 협착과 양쪽
심실에 모두 결함이 있을
경우, 협착된 판막은
산소가 충분하지 못한
혈액을 좌심실로
보내 아기의 피부와 입술이
푸른색을 띤다.

얼굴색이 달라졌다

특별한 원인이 없는데 갑작스럽게 얼굴색이 변하면 몸에 이상이 생겼다는 신호일 수도 있다.
특히 검붉은 색, 노란색, 보라색, 창백한 흰색으로 변했다면 중병이 있을 수도 있으니
각별히 주의해서 살펴보도록 한다.

1
안색이 창백하다.
YES 2번으로
NO 4번으로

2
주변에서 갑자기 얼굴색이 변했다는 얘기를 한다.
YES 6번으로
NO 3번으로

참 / 조 / 페 / 이 / 지
신우신염 … 119, 153
폐질환 … 62, 63
심장질환 … 64, 65, 96
위장질환 … 45, 84, 104

3
빈혈, 재생불량성 빈혈, 만성신염, 신우신염이 의심된다.
빨리 내과로 가보도록.

4
얼굴색이 보랏빛으로 변했다.
YES 5번으로   NO 8번으로

5
산소가 부족하여 생긴 이산화탄소 중독, 혹은 심장이나 폐질환일 수 있다.

6
40대 이상의 나이로 몇 주 동안 안색이 창백하다.
YES 7번으로
NO 15번으로

7
소화기관이나 치질로 인한 출혈이 있어도 안색이 변할 수 있다. 위 · 십이지장궤양일 수 있으니 내과로 가보도록.

8
얼굴색이 노란색으로 변했다.
YES 9번으로
NO 10번으로

9
귤이나 호박의 과다섭취로 피부가 노랗게 되는 경우도 있다. 눈의 흰자위도 노랗게 변했다면 급성간염이나 담석증으로 인한 황달일 수 있으니 내과로 가보도록.

10

얼굴색이
검붉은색으로 변했다.

YES 11번으로
NO 14번으로

11

입안에 검은 얼룩이 있고
얼굴색이
검은 색으로 변했다.

YES 12번으로
NO 13번으로

12

에디슨병이 의심 된다.

13

흥분되는 일을 당했거나
부끄러운 일, 혹은
긴장감으로 얼굴색이
붉게 변한 것일 수도
있지만 장기간
계속된다면 심장질환,
위장장애, 중금속 중독 등
일 수 있으니
내과로 가보도록.

15

임신중이거나
성장이 활발한 사춘기
여성이라면
철결핍성빈혈일
가능성이 있다.
얼굴색만 창백하고
다른 이상이 없다면
철분섭취만
충분히 하면 개선된다.
다른 증상이 있다면
내과로 가보도록.

14

심장병, 위장장애, 중금속 중독으로
얼굴색이 검붉게 변할 가능성이
높다. 하지만 흥분이나 긴장으로 인한
일시적인 변화일 수도 있다.

갑자기 안색이 변하면 급하다

얼굴색은 건강의 신호등이다. 긴장이나 흥분 때문에 얼굴이 일시적으로 붉어지는 것은 생리적인 현상이다.

또 간혹 귤이나 호박을 과식해도 피부가 노랗게 되기도 한다. 이런 것은 염려할 필요가 없지만 갑자기 안색이 창백해지면 체하거나 **위장장애**를 일으켰을 수 있으므로 잘 살펴 원인을 밝히고 치료를 해야 한다.

창백하면 신장 및 소화기 질환

얼굴색이 늘 창백하다면 **빈혈**을 의심해 봐야 한다. 특히 **철분 결핍성 빈혈**이 가장 빈번한데 이는 철분 소모량이 많은 여성에게 많다. 이 밖에도 만성신염, 신우신염 등 신장질환이 있어도 얼굴이 창백하다. 중년으로서 몇 주간 계속 얼굴빛이 창백하다면 **위·십이지장 궤양**이나 소화기 질환을 의심할 수 있다. 치질에 의한 출혈로도 안색이 나쁘다.

검붉거나 보랏빛은 중병 신호다

얼굴색이 검붉어지거나 노란빛, 보랏빛 등으로 바뀌어 당분간 지속되면 중병일 가능성이 높다. 얼굴색이 노랗고 눈의 흰자위도 노랗다면 급성간염이나 담석증으로 오는 황달일 수 있으므로 바로 내과로 간다.

얼굴색이 파랗게 변하고 숨이 차고 손발에 부종이 나타나면 **심부전증**을 의심한다.

재생불량성 빈혈

 방사선, 약물, 화학물질 등이 원인이다

적혈구, 백혈구, 혈소판 등이 모두 감소하는 병이다. 원인을 알 수 없는 경우가 70%이며 나머지는 방사선, 공업용 벤젠, 항암제 등을 대량으로 사용하면 반드시 재생불량성 빈혈이 온다. 이 외에도 진통제나 항신경제, 염색용제, 니스, 염모제, 약, 시멘트, 농약 등도 빈혈을 유발할 수 있다. 그리고 간염, 췌장염, 임신 그리고 바이러스 감염증 등이 원인이 되기도 한다.

 현기증, 출혈이 잦고 안색이 창백하다

원인을 모르게 얼굴이 창백해지면 재생불량성 빈혈을 의심해야 한다. 또 몸이 피곤하기 쉽고 가벼운 일을 해도 호흡이 곤란하게 되며 현기증이 자주 일어나고 가슴이 뛰고 귀에서 소리가 나게 된다. 면역력이 약해지므로 감염증이 쉽게 일어나며 빨리 낫지 않는다. 혈소판이 감소하면 출혈 현상이 잘 일어나 잇몸, 코, 피부나 자궁, 장과 요로 등에 출혈이 일어난다.

 원인 제거하고 수혈로 치료한다

치료를 받기 전에 먼저 해야 할 일은 빈혈의 원인을 제거하는 일이다. 이 병의 원인이 된다고 생각하는 약이나 기타 화학물질에 대한 투약이나 접촉을 즉각 중지한다. 수혈을 받는 것이 기본적인 치료법에 속하나 수혈로 인한 여러 가지 위험(간염, 헤모시테린 침착증 등)을 예방하기 위해서 가급적이면 수혈을 자주 하지 않는 것이 좋다.

혈소판이나 백혈구 수혈도 하지만 감염 위험이 있으므로 주의가 필요하다. 조혈제를 복용하는데 장기간 복용해

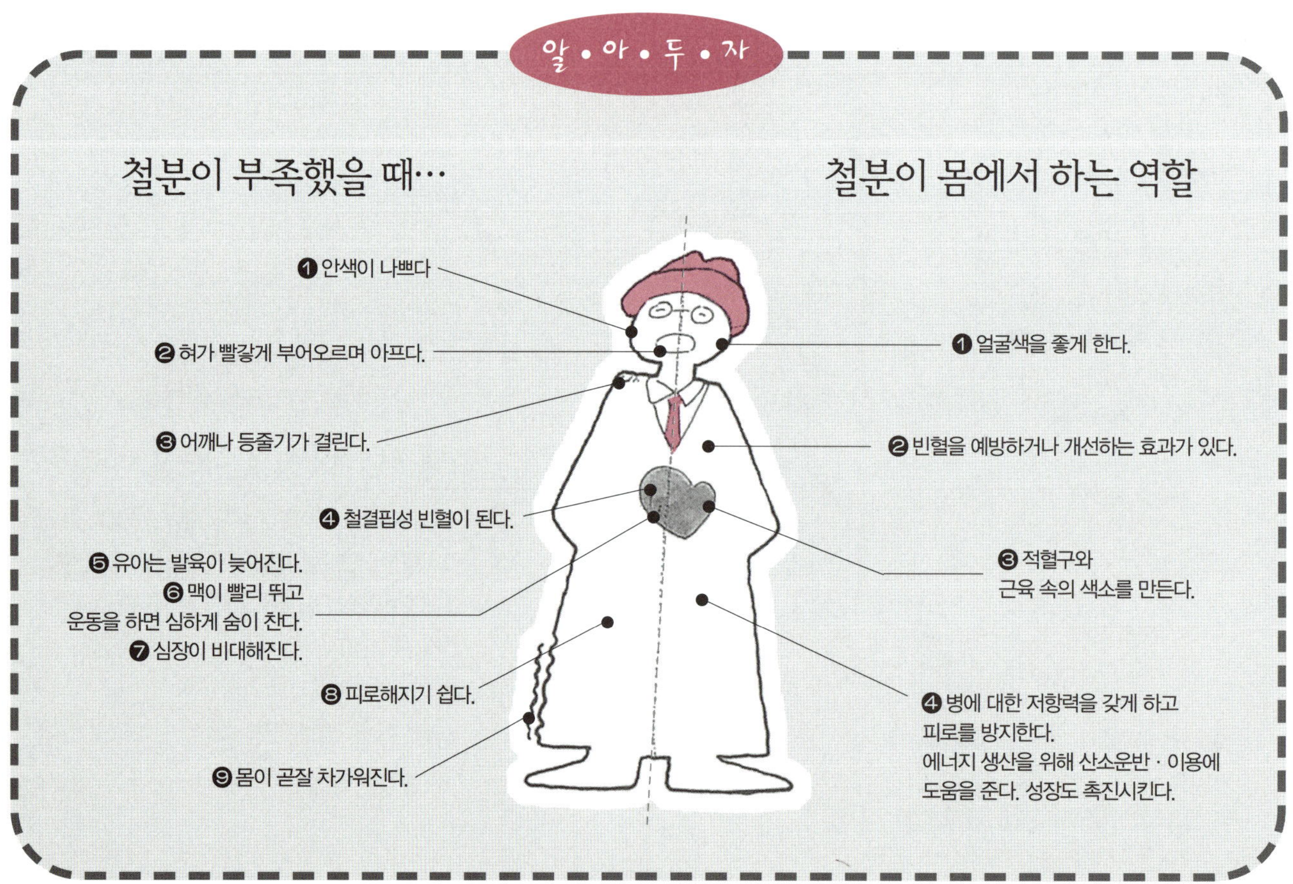

야 하므로 조급하게 서두르면 안 된다. 증상이 심한 빈혈일 경우 골수이식수술을 하는 경우도 있다.

반드시 병원 치료를 받아야 하지만 가정에서의 섭생도 중요하다. 빈혈로 인해 전체적으로 기운이 떨어지고 면역력이 약화된 상태이므로 체력을 보강하고 저항력을 키우기 위해 충분한 영양섭취와 휴식, 적당한 운동 등 주의를 기울여야 한다. 피로감이 심할 때는 인삼, 대추, 현미로 죽을 끓여 먹으면 좋고, 이 외에도 감, 당근, 매실 등이 좋은 식품이다.

철결핍성 빈혈

원인 철분 부족이 원인, 가장 흔한 빈혈이다

가장 흔한 빈혈로 모유나 우유를 먹는 아기나 성장이 활발한 사춘기, 특히 여성들의 경우 월경, 임신, 출산 등의 과정에서 출혈이 일어나므로 빈혈이 되기 쉽다.

만약, 성인 남자나 폐경 후의 여자에게서 철결핍성 빈혈이 나타난다면 신체 내에 만성적인 출혈이 있다는 증거이므로 검사를 해본다. 위장관 출혈이거나 기생충, 치질 등도 원인이 된다,

증세 입 가장자리가 쉽게 갈라진다

혈색이 창백해지고 손톱이 얇아지며 입 가장자리가 쉽게 갈라진다. 드물게는 입맛이 이상해져 보통 때는 찾지 않던 이상한 음식(날 밀가루, 얼음 등)을 즐겨먹기도 한다. 가벼운 운동에도 피로감을 쉽게 느끼고 숨이 가빠지기도 한다.

빈혈이 서서히 생기면 증세가 심하게 느껴지지 않으며 급작스런 출혈 등으로 빈혈이 급작스럽게 오면 심한 증세를 느끼게 된다.

치료 이상 출혈이 있다면 원인 치료부터 한다

과도한 월경, 위궤양 출혈, 치질로 인한 출혈로 인해 올 수도 있다, 이럴 경우 원인을 먼저 치료하고 제거하는 것이 중요하다. 또한 철분은 몸 안에서 생성되지 않으므로 몸 밖에서 취해야 한다. 다른 특별한 질환 없이 철분 부족만이 문제라면 철분제제를 투여하면 되는데 혈색소치가 정상으로 돌아온 뒤에도 2~3개월 더 복용하는 등 대개 3~6개월 정도는 꾸준히 치료해야 한다.

철분은 돼지간, 전복, 장어 등에 풍부하며 부족할 경우 악성빈혈을 일으키는 비타민 B_{12}와 함께 섭취하는 것이 좋다. 우유, 녹황색 채소, 쇠고기 등이 그것. 또 철분 흡수를 돕는 비타민 C를 함유한 식품과 함께 먹으면 흡수가 잘 된다.

반대로 식물 섬유나 녹차, 커피 등에 함유된 타닌 성분은 철의 흡수를 억제하므로 식사 직후에 차나 커피를 마시는 것은 피한다. 한약재로는 인삼과 당귀를 함께 끓여 마시면 빈혈에 효과가 있다.

심부전증

원인 각종 심장질환이나 과로가 원인이다

우리 몸의 각 장기와 조직에 필요한 혈액을 공급하는 심장 기능이 약화되어 생기는 증상을 심부전이라 한다. 동맥경화, 고혈압성 심장병, 선천성심장병, 협심증, 심근경색증, 각종 류머티스성 심장 판막증, 심근염, 심내막염, 폐부종 등 각종 심장질환이나 과도한 노동이나 피로, 지나친 염분섭취 등이 유발 요인이다.

증세 손발, 입술이 파랗게 되는 청색증이 생긴다

초기에는 기침, 운동 시 호흡곤란을 느끼며 쉽게 피로해

지며 몸이 쇠약해진다. 심해지면 가만히 있어도 숨이 차며 밤에 자다가도 숨이 차 깬다.

손발, 입술 등이 파랗게 되는 청색증이 나타나고 혈액순환이 원활하지 못해 두 무릎 이하 다리, 발, 발등에 부종이 나타난다. 소화흡수장애, 식욕부진, 구토 등이 있고 더 심하면 뇌부종으로 신경증상도 보인다.

치료 염분과 수분 제한하고 비만, 변비 피한다

원인이 되는 질환과 심부전 치료를 동시에 해야 한다. 강심제, 이뇨제 등을 처방하기도 하는데 근본적인 치료제는 아니다. 과로하거나 흥분하면 심장에 가는 부담이 더해지므로 휴식과 안정을 취한다.

비만은 심장에 부담을 주므로 표준체중을 유지하는 것이 좋다. 위장의 부담을 줄이기 위해 규칙적인 식사와 소화되기 쉬운 식사가 필요하다. 과식하면 위장이 팽창되어

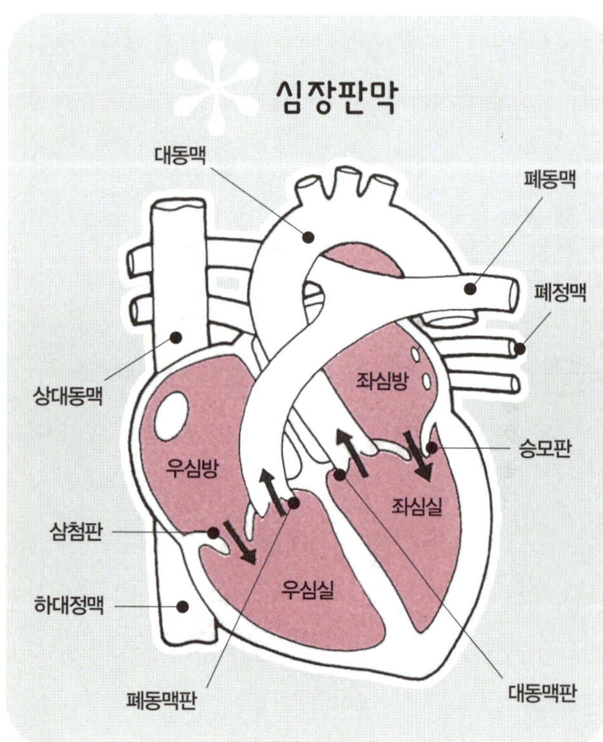

심장에는 4개의 판막이 있다. 승모판과 삼첨판이 열리면 좌우 심방의 혈액은 좌·우 심실로 들어오고 수축기에 열린 폐동맥판은 혈액을 폐로 방출한다. 동시에 열린 대동맥판은 전신으로 혈액을 방출한다.

심장을 압박하게 되므로 조금씩 자주 먹는 것이 좋다. 변비는 복부팽창을 초래하여 심장을 압박하고 혈압을 상승시키므로 변비가 되지 않도록 주의한다.

집에서는 이렇게 숨이 찰 경우 베개 등으로 머리를 받쳐주거나 앉아 있게 하는 것이 낫다. 식이요법이 중요한데 심부전이 되면 몸 안에 나트륨이 축적되고 따라서 많은 물이 체내에 남아 있으므로 염분과 수분을 제한하는 식사를 해야 한다. 이 밖에 수면부족이나 불안, 흥분 등은 심계항진이나 위장기능을 저하시키므로 피한다.

위·십이지장궤양

원인 스트레스, 자극성 식품 등이 원인이다

위산의 자극과 위 점막의 저항력이 약해져 생기는 것으로 그 원인은 복합적이다. 위액 중에 염산과 펩신 등이 많아짐으로써 위산분비를 촉진해 위산과다 상태가 된다. 영양의 불균형, 정신적인 스트레스, 자극적인 기호식품 등도 원인으로 꼽는다. 이 외에 위염이 궤양으로 발전하는 경우도 많으며 유전이나 자율신경실조 등도 원인이 된다.

증세 공복 시 속쓰림이 대표 증세다

가장 일반적인 증세는 복통이다. 흔히 속이 쓰리다고 하는데 주로 공복시에 많이 나타난다. 위궤양보다는 십이지장궤양이 크고 깊을수록, 합병증을 동반할수록 통증이 심하다. 오심, 구토, 구역질, 가슴앓이, 변비 등이 동반되는 경우도 있고 돌연 토혈, 하혈하는 경우도 있는데 이때는 위나 장의 천공, 출혈 및 폐색 등 합병증을 의심해야 한다.

치료 심신의 안정과 식이요법이 중요하다

정신적 육체적 안정, 식이요법, 약물요법으로 크게 나눌

수 있다. 궤양 발생에 정신적인 요인이 크게 작용하므로 정신적 안정이 절대적으로 필요하다. 출혈이 있거나 통증이 심할 경우 입원치료를 받는 것이 좋다.

치료 후 증상이 좋아진다고 해서 금방 치료를 중단해서는 안 되며 최소한 1~2개월은 꾸준히 치료해야 한다. 궤양이 암으로 발전하는 경우도 적지 않으므로 40세 이후라면 정기검진을 받는 것이 좋다.

담배, 커피, 콜라, 술 등 자극성 음식과 궤양을 유발할 수 있는 약품(아스피린, 카페인, 부신피질호르몬제) 등은 피한다. 우유 속의 단백질과 칼슘이 위산의 분비를 촉진하므로 우유는 소량씩 자주 먹는다. 공복 시 속쓰림에는 생감자즙이 좋고, 이 외에도 양배추즙이나 연근즙도 좋다. 오래된 궤양으로 입맛을 잃은 사람에게는 호박죽이 좋다. 파래가루나 무화과가루도 궤양 증세를 가라앉힌다.

⬡ 황달

원인 간 기능 장애에서 오는 경우가 가장 많다

혈액 중의 빌리루빈이 정상치 이상으로 증가해 피부, 눈동자, 점막 등이 황색으로 착색되는 상태다. 간기능장애가 가장 흔하며 적혈구 파괴, 담관 손상으로 인한 담즙 역류로 인한 황달도 있다. 황달을 초래하는 질병을 보면 바이러스성 간염, 알코올 및 각종 약물의 부작용, 담도염, 간의 혈류장애, 종양 등 다양하므로 충분한 검사를 거쳐 정확한 원인을 찾아야 한다.

증세 각막이 먼저 황색으로 변한다

소변이 진한 갈색을 띠기 시작한다. 그 후 각막이 먼저 황색으로 변한다. 경우에 따라 가려움증이 동반되며 대변

색이 옅어지기도 하며 대변에 흰색 물감이나 비지 같은 물질이 섞여 있기도 한다.

피로감, 식욕부진, 구역질 등은 급성간염을, 복통, 발열 등과 함께 황달이 나타나면 담도염, 전신쇠약, 체중감소가 동반되면 종양의 가능성을 의심할 수 있다.

치료 임의로 약물 복용하면 오히려 해롭다

원인에 따라 치료법이 달라지므로 황달 징후가 보일 때는 반드시 병원을 찾아 전문의의 진단과 치료를 받는다. 특히 이런저런 소문만 듣고 임의로 약물을 복용하는 경우 오히려 해를 초래하기도 하므로 특히 주의한다.

미꾸라지는 간 기능을 회복시키는 데 좋은 식품이다. 복숭아나 순무 꽃·씨를 달인 물도 황달을 진정시켜 준다. 사과를 강판에 갈아 꿀을 넣어 먹어도 좋고 동물의 간이나 로열젤리, 논우렁, 미나리즙도 황달기가 있을 때 좋은 음식으로 꼽힌다.

배의 생즙이나 배 달인 물, 배꿀단지 등을 민간요법으로 많이 사용하는데, 황달에는 배를 깎아 식촛물에 며칠 담가 만드는 배식초절임이 잘 듣는다.

배식초절임 만들기

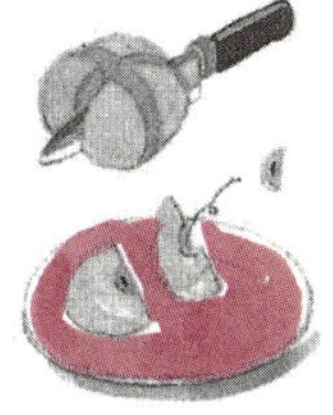

❶ 배 1개의 껍질을 얇게 벗겨 4등분한 다음 씨가 있는 심지 부분은 도려낸다.

❷ 4등분한 배는 1cm 두께로 얇게 썰어 보존용기에 넣고 배가 잠길 정도로 식초를 붓는다.

❸ 서늘한 곳에 하룻동안 절여 두었다가 하루 3회, 1회에 20g 정도씩 먹는다.

안색이 나쁠 때 가정에서 다스리는 법

창백할 때

● **빈혈일 때** _ 말 그대로 피가 '가난' 해서 생기는 증상이므로 잘 먹는 게 중요하다. 특히 철분이나 엽산, 비타민 C 등 조혈작용이 강한 영양소가 많이 함유된 식품이 좋다.

쇠간은 대표 음식. 간전이나 간튀김, 간완자밥 등으로 요리해 자주 먹는다. 빈혈로 인한 어지럼증에는 **굴**이나 **바지락** 같은 조개류가 좋고 특히 수술 후 적혈구가 많이 파괴된 경우라면 **삼백초**를 물에 달여서 식전에 마시면 적혈구 생성을 촉진한다. 시금치, 당근, 사과 모두 빈혈에는 그만. 모두 즙을 내어 섞어 마시면 효과가 배가 된다.

이 밖에 장어, 고등어, 정어리 같은 **등푸른 생선**도 빈혈에는 좋은 식품이다. **톳나물**에 **당근, 유부** 등을 넣고 끓인 톳나물 잡탕이나 들깨에 인삼, 땅콩, 잣 등을 넣어 끓인 **들깨죽**은 빈혈 환자의 영양식으로 그만이고 **파슬리**를 술로 담아 꾸준히 마셔도 치료 효과가 있다.

빈혈은 여러가지 원인에 의해 나타나지만 임신부나 월경기의 여성에게 갑자기 나타나는 경우가 있다. 이는 대개 철결핍성 빈혈로 영양섭취에 신경을 써야 한다.

● **치질일 때** _ 대변이 지나치게 굳어 항문을 빠져나올 때 상처가 생기게 되고 이 때문에 출혈이 생기기도 하는데 **삼백초 잎**이나 **쑥**을 분마기에 곱게 갈아 무명천에 발라 항문에 찜질을 해 주면 출혈이 멎는다.

빨갛게 잘 익은 **무화과 열매**를 하루에 네다섯 개 정도 먹거나 과육이나 잎에서 짜낸 흰 즙을 항문에 바르거나 따뜻한 물에 타 좌욕을 해도 좋다. 이 밖에 **감잎 차, 목이버섯 달인 물, 땅콩 껍질 달인 물**을 마시면 치질로 인한 출혈을 멈추는 데 효과가 있다.

치질이 있을 때 대변이 항문으로 빠져 나오지 못하면 출혈이 생기고 얼굴이 창백해진다. 이때 쑥을 분마기에 곱게 갈아 무명천에 발라 항문에 찜질하면 효과가 있다. 무화과 열매나 감잎차도 좋다.

보랏빛일 때

● **심장병일 때** _ 온 몸에 피를 보내는 심장이 제 기능을 잘 하지 못해 산소부족이 생기면 얼굴이 보랏빛으로 변한다. 심장이나 혈관의 기능을 강화하는 데는 **쑥차**나 **은행잎 달인 물**이 좋다. 쑥잎을 잘 말려 두었다가 뜨거운 물에 넣어 차처럼 마시거나 은행나무 잎을 달여 먹으면 된다.

땅콩을 속껍질째로 유리병에 담고 땅콩이 잠길 만큼 현미식초를 부어 15일 정도 두었다가 하루에 소주잔으로 한두 잔씩 마시면 협심증에 좋다. **솔잎**은 혈관벽을 강화해 심장발작을 예방해 준다. 생잎을 조금씩 씹어 먹거나 술을 담아 먹어도 좋다.

굴껍질을 곱게 갈아 따뜻한 물과 함께 먹거나 굴껍질로 수프를 끓여 마시면 혈전이 생기는 것을 예방해 준다. 동맥경화 증세를 완화하는 데는 검은깨가 좋다. **검은깨**를 갈아 각종 요리에 소스로 활용한다.

검붉은 빛일 때

피부가 까칠해지고 얼굴색이 검붉어지는 것은 심장, 신장, 비위장 기능 등 몸의 전반적인 기능이 약화되었기 때문이다. 만약 만성질환을 가지고 있는 사람의 얼굴이 이렇게 변했다면 병이 깊어진 것이다.

방법 1 **검은콩 삶은 물**을 매일 한 컵씩 마신다. 체내의 독소를 씻어내는 세정작용을 하기 때문이다.

방법 2 심장기능을 강화하며 피 속의 열을 내리고 피를 깨끗하게 해주는 **치자차**도 효과가 좋다. 치자를 잘게 썰어 차처럼 우려내어 공복에 마시면 된다.

노란빛일 때

● **급성간염일 때** _ 급성간염은 약이나 독극물에 의한 경우와 바이러스 감염에 의한 것으로 급성 간염에 걸리면 무력감, 피로감, 관절통, 황달이 나타나기도 한다.

방법 1 새삼의 꽃과 줄기를 **토사자**라고 하는데 토사자를 물에 달여 마시거나 가루를 내어 차가운 물로 복용하면 급성간염이나 황달 증세를 치료하는 데 효과가 있다.

방법 2 **순무꽃**을 말려 달여 먹거나 순무씨를 날 것 그대로 분마기에 곱게 갈아 물에 달여 따뜻하게 마시면 급성간염을 진정시켜 준다.

방법 3 **쌀로 만든 식초**를 적당한 물에 희석하여 1일 3회 마시는 것을 반복하면 급성간염 치료에 도움이 된다.

방법 4 **사철쑥 달인 물**은 황달을 동반하는 간염에 좋다. 잎, 줄기, 꽃에 이뇨작용과 해열작용을 하는 성분이 들어있어 발열성 황달에도 잘 듣는다.
최근에는 항균작용이나 염증 진정, 간기능 회복에 효과가 있다는 연구자료가 발표되어 더욱 주목받고 있다. 꽃이 피었을 때 줄기에서 따내어 그늘진 곳에서 말린 것을 달여 마신다.
사철쑥 8g에 치자열매 3g, 대황 1g을 함께 넣고, 물 2컵 반을 부어 달인다. 물이 1컵 정도로 줄어들면 불에서 내려 따뜻하게 마신다.

방법 5 **복숭아**는 간기능을 활발하게 한다. 묵은 피를 내몰고 간장의 기능을 활발하게 해주는 작용이 있어 숙취로 인한 갈증, 간장병으로 인한 복수(배에 물이 차는 증세)에 효과가 있다.
무엇보다도 싱싱한 복숭아를 고르는 것이 중요하며 몸이 찬 사람은 과식을 피한다.

● **담석증일 때** _ 담낭이 분비하는 담즙이 덩어리로 뭉쳐 이루어진 결석이 담낭관을 막는 것이 담석증이다. 늑골 아래를 찌르는 듯한 격심한 통증과 함께 황달 현상을 일으켜 얼굴빛이 노랗게 변하기도 한다. 결석의 크기나 갯수에 따라 아예 아무 통증도 느끼지 못하고 지나가는 경우도 있다.

매실은 담즙의 분비를 활성화시키고 담낭을 수축하는 작용을 한다. 매실과 생강즙을 넣고 끓여 충분히 우러나면 그 물에 꿀을 타서 마신다. 매실 끓인 물을 차처럼 마셔도 좋다.

방법 1 **옥수수수염** 20g에 민들레뿌리, 사철쑥을 각각 9g씩 넣고 함께 달여 마시면 담석증을 예방하는 데 도움이 된다.

방법 2 **수양버들**에는 타닌이 포함돼 있어 담의 결석을 녹여주고 황달에도 약효를 낸다. 말린 수양버들(편축)에 물을 붓고 달여 하루 두세 번 마신다.

방법 3 **바지락 국물**을 진하게 끓여 공복에 마시는 것을 꾸준히 하면 담석증을 완화시킨다.

방법 4 **매실장아찌**를 뜨거운 물에 우려 생강즙과 꿀을 적당히 타서 마신다. 담석증으로 인한 통증을 완화시키는 데는 매실이 좋다.

혈압이 높다

고혈압은 증세가 거의 없거나 약해서 모르고 지내는 경우가 많다. 그러나 오랜 기간 병이 진행되면 목이 뻣뻣해지며 간간이 머리가 아프거나 어지러운 증세를 보인다. 나이가 들면 혈액의 흐름에 장애가 생겨 뇌졸중, 협심증, 동맥경화증 등 무서운 합병증을 일으킨다.

1

더운 곳에 장시간 서있었다.

YES **2번**으로   NO **3번**으로

2

더우면 피부혈관이 확장된다. 하지만 조금만 더워져도 금세 흥분이 되면 고혈압이나 동맥경화가 의심되니 내과로 가보도록.

3

40대 이상이다.

YES **4번**으로
NO **5번**으로

4

고혈압이나 동맥경화일 수 있다. 여성이라면 갱년기 장애일 수도 있으니 산부인과나 내과로 가보도록.

5

손발이 화끈거린다.

YES **6번**으로
NO **7번**으로

6

이상흥분을 느끼는 부분만 체온이 낮다면 자율신경실조증일 수 있으니 내과나 신경외과로 가보도록.

7

특별한 원인 없이 흥분하게 되고 열이 난다면 자율신경실조증이나 바세도우병일 가능성이 높으니 내과, 내분비과로 가보도록.

가벼운 증세

고혈압, 동맥경화 가능성

정신적으로 긴장되거나 흥분되는 일이 있을 경우 들뜨고 안절부절 못하게 되는 것은 자연스러운 현상이다.

하지만 조금만 더워도 쉽게 흥분이 되면 고혈압이나 동맥경화일 수 있다. 검사를 받아보는 것이 안전하다.

의심되는 증세

자율신경실조증, 갱년기장애

중장년층으로 특히 스트레스를 많이 받거나 비만인 사람이라면 고혈압이나 동맥경화, 갱년기장애(여성의 경우)의 위험이 높다. 또 감기 등을 앓고 난 후에 콜라색 같은 혈뇨가 보이면서 혈압이 높다면 만성사구체신염일 수 있다.

이 밖에도 특별한 원인 없이 흥분이나 열감이 있을 때는 자율신경실조증이나 바세도우병의 가능성도 있다. 내과나 내분비과에서 검사를 받는다.

갱년기장애

원인 성 호르몬의 변화가 주 원인이다

노화현상의 하나로서 일어나는 성 호르몬의 변화가 가장 큰 요인이다.

대체로 40대 후반에 들어서면 내분비기능의 균형이 깨지고 자율신경실조가 와서 나타나는 여러 가지 복합적인 증후군이 나타난다. 갱년기장애는 폐경 후의 여성들에게서 많이 나타나 여성들에게만 국한된 것으로 생각해 왔으나 남성들에게도 갱년기 장애가 있는 것으로 확인됐다.

증세 성기능 장애 등 다양한 현상이 나타난다

갱년기의 증세는 다종다양한 것이 특징이다. 혈압이 상승되고 뼈의 조직이 약해지며 안면 홍조현상, 수족의 열감, 가슴이 뛰는 심계 항진, 부정맥, 현기증, 귀가 울리는 이명, 두통, 요통, 오심, 오줌소태 등이 나타난다.

이 외에도 신경과민, 우울증, 건망증 등 정신증세와 난소의 퇴화로 야기되는 성기 위축과 이에 따르는 여러 가지 성기능장애도 있다.

치료 에스트로겐 대치요법으로 해소한다

여성호르몬인 에스트로겐이 부족해서 오는 모든 생리적, 심리적 증세는 에스트로겐 대치요법에 의해 어느 정도 해소할 수 있다. 단 부작용의 위험이 있으므로 반드시 산부인과 전문의의 처방을 받아야 한다.

이 외에 심리적 증세가 심할 경우 일부 약물요법이 쓰일 수도 있지만 갱년기 증상의 보다 본질적인 치료는 이 시기를 슬기롭게 헤쳐나가려는 자신의 노력이다. 취미생활이나 다양한 사회활동을 통해 갱년기에 겪기 쉬운 심리적 공허감을 극복하는 한편 규칙적인 생활과 운동, 긍정적이고 적극적인 생활을 통해 삶의 즐거움을 찾는다.

공연히 숨이 차고 가슴이 두근거리며 혈압이 오르는 증상에는 검은깨, 치자열매 달인 물, 굴껍질(모려) 가루 등이 효과가 있다. 말린 고춧잎을 욕조에 우려 목욕을 하면 얼굴이 달아오르는 증상을 완화하는 데 효과가 있다. 성욕감퇴도 갱년기의 주요한 증상인데 은행을 달콤하게 조려 하루 6~7개씩 먹거나 목욕 후 귀를 맛사지해 줘도 좋다.

고혈압

원인 심장질환, 피임약 장기 복용도 원인이다

특정한 원인을 찾을 수 없는 본태성 고혈압이 전체의 90%이다. 이는 유전적 요인, 염분이나 고지방 음식의 과다섭취, 완벽하고 소심한 성격, 과체중, 스트레스 등이 영향을 미치는 것으로 알려져 있다. 나머지 10%에 해당하는 고혈압을 속발성 고혈압 혹은 2차 고혈압이라 하는데 신장질환, 내분비질환, 심장질환, 기타 경구 피임약의 장기 복용 등이 원인이 된다.

증세 뒷머리와 목덜미가 땅기는 듯하다

뒷머리와 목덜미가 땅기는 듯한 두통이 아침에 자리에서 일어날 때 많이 일어나며 수시간 후 자연히 사라진다. 이 밖에 어지럽거나 귀에서 소리가 나기도 하고 팔다리가 저리고 온몸이 피로하며 가슴이 두근거리고 코피가 나는 등의 증상이 나타나기도 한다. 하지만 뚜렷한 자각증상이 없을 수도 있으므로 정기적인 혈압 체크를 통해 수시로 확인해야 한다.

치료 정상혈압 유지하고 합병증 예방한다

고혈압을 치료하지 않고 방치하면 동맥경화, 뇌졸중, 협심증, 심부전 등 합병증으로 위험한 상태에 이를 수도 있어 '무언의 살인자' 로 불리기도 한다.

　고혈압 치료의 목적은 꾸준한 치료로 정상혈압을 유지하도록 하고 합병증을 예방하는 것. 따라서 고혈압 약은 일정량을 꾸준히 복용해야 하며 중도에 임의적으로 중단하면 안 된다. 또 정기적인 검사를 통해 혈압을 체크하고 합병증의 유무도 검사해야 한다. 고혈압 치료를 위해서는 식이요법과 운동, 스트레스의 조절 등 환자 자신의 노력이 절대적으로 필요하다.

　염분과 지방성 음식을 피하고 대신 혈압강하 효과가 있는 칼륨이 많이 든 음식(시금치, 근대, 표고버섯, 각종 콩류 등)을 많이 섭취한다. 과체중인 경우 적절한 운동과 식사 조절로 체중을 줄인다. 변비는 위험하므로 예방하고 기온이 내려가면 혈관 수축으로 혈압이 더 높아지므로 이른 아침 야외 활동은 피하는 것이 좋다.

동맥경화증

원인　고혈압, 고지혈증이 주요 원인이다

　동맥경화란 한마디로 동맥의 벽에 콜레스테롤 같은 각종 물질이 끼고 달라붙어 혈관이 좁아지고 탄력이 떨어져 딱딱하게 굳는 것이다. 수도관에 오물이 끼어 물이 잘 흐르지 못하는 상태를 생각하면 된다. 제일 큰 원인은 고혈압, 고지혈증. 이 외에 과로와 정신적 스트레스, 흡연, 비만 등 여러 요인이 복합적으로 작용해 동맥경화를 촉진시킨다.

증세　시야가 흐릿해지고 입이 마른다

　초기 증상이 거의 없어 자각할 정도면 이미 동맥경화가 상당히 진행된 상태다. 가장 먼저 감지되는 것이 고혈압으로, 오랫동안 계속된 고혈압이 동맥경화를 일으킨다. 체력이 떨어지고 머리와 가슴, 허리 등에 통증이 나타나며 기억력이나 이해력 감퇴 같은 정신력 장애도 보인다. 시야가 흐릿하게 보이거나 입이 말라서 물을 많이 마시는 증상이 나타나기도 한다.

치료　생활습관 개선이 가장 중요하다

　동맥경화는 무서운 결과를 가져올 수 있는 병이므로 무엇보다 예방이 중요하다. 정기검진에서 순환기계를 검사해 조기에 발견하고 치료할 수 있도록 한다. 가족 중에 고혈압이나 당뇨 환자가 있거나 비만인 사람으로 담배를 피우며 운동을 하지 않는 사람, 작은 일에도 심하게 스트레

'약년성 고혈압이란?'

　'약년성 고혈압' 이란 젊은 연령층에게 나타나는 고혈압의 총칭으로 본태성 고혈압이나 증후성 고혈압처럼 고정된 병 진행이나 증세를 보이지 않는다.

　이 약년성 고혈압이 최근 문제가 되고 있는 이유는 첫째, 장노년층의 고혈압에 비해 원인이 되는 다른 질병을 가진 증후성 고혈압이 많기 때문이고, 둘째는 병의 진행이 빠른데다 중증 고혈압으로 진전해서 합병증을 일으킬 위험성이 높다는데 있다. 특히 35세 이하의 고혈압에서는 신장에 합병증이 일어나는 비율이 현저히 높아지고 있다.

　가족 중에 고혈압이나 뇌졸중의 병력을 가진 사람이 있을 때에는 유전적으로 고혈압을 유발하기 쉬운 체질을 갖고 있으므로 젊었을 때 고혈압 증세가 있을 경우 특히 조심한다.

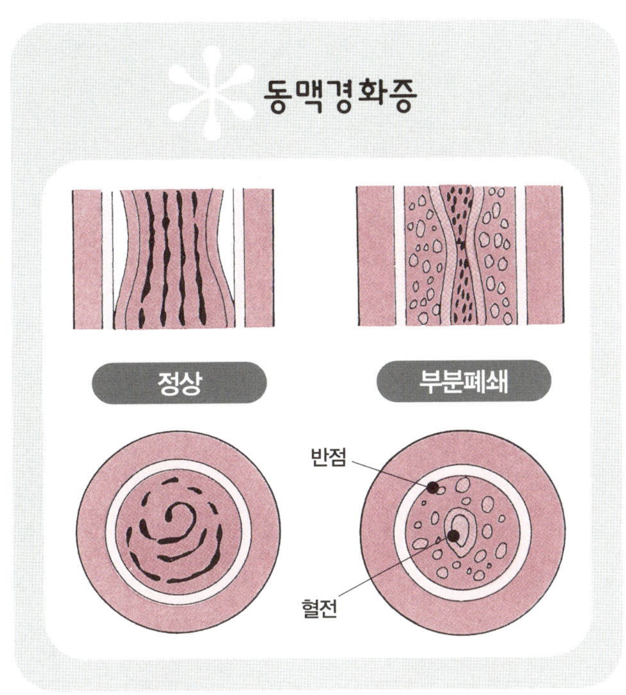

기에 염증이 생긴 것이다. 각종 세균과 바이러스 감염에 의해 일어나며 감기, 편도선염, 인후염 등의 감염성 질환 후에 발병하는 경우가 많다. 급성사구체신염을 제때 체료하지 못해 6개월이 지나면 만성화되고 결국에는 신부전으로 발전하므로 정확한 진단과 조기 치료가 필요하다.

증세 신장기능 저하로 고혈압 증세 보인다

소변 양이 줄며 마치 콜라 색 같은 혈뇨가 보인다. 점차적으로 신장기능이 저하되어 고혈압 증세가 보이며 얼굴과 눈 주위, 손 등이 많이 붓고 식욕부진, 구역질, 구토, 피로감, 수면장애, 피부가려움증 등의 증세를 보이기도 한다. 소변 검사 때 단백뇨와 적혈구가 보이고 혈액 검사에서는 질소 성분이 증가되어 있다.

치료 저염분, 저수분, 저단백 식이요법을 한다

만성신염을 근본적으로 치유할 수 있는 방법은 없다. 따라서 신장을 보호하고 악화시키지 않도록 해야 한다. 병을 악화시키는 것으로는 과로, 한랭, 감염의 3가지. 그 이외에 여성의 경우는 임신에 의해 증상이 악화되는 경우가 있다.

부종이나 고혈압, 신기능 장해 등이 보이지 않더라도 가벼운 단백뇨나 혈뇨를 보이는 상태가 계속되는 사람은 매월 1회 정기검사를 받아야 하며 또한 심한 운동이나 육체노동은 피해야 한다.

스를 받고 그것을 해소하지 못하는 사람, 성격이 급하고 경쟁심이 강하거나 지나치게 완벽을 추구해 긴장감이 높은 사람 등은 동맥경화 발병 가능성이 그만큼 높다. 생활습관의 개선이 가장 핵심적인 예방법이며 치료법이다. 지방질 음식의 섭취를 줄이고 금연, 금주하며 적어도 1주일에 3회 이상 한 번에 1시간 이상씩 운동을 한다.

당뇨와 고혈압이 있으면 치료하고 긍정적인 사고와 휴식으로 정신적 긴장이나 스트레스를 해소한다.

> **집에서는 이렇게** 금연은 기본. 잣의 불포화지방산은 동맥경화증을 예방하므로 좋다. 다시마나 결명자차는 혈압을 내려주며 성인병 예방에 효과 있는 두부 등 각종 콩식품도 약이 되는 식품이다.

> **집에서는 이렇게** 만약, 심한 부종이나 고혈압, 신부전 등이 동반되는 등 증상이 악화됐을 때는 움직이지 말고 가만히 누워 있어야 한다. 식사의 기본은 저염분, 저수분, 저단백이다. 그러나 지나칠 경우 저영양 상태에 빠져 오히려 병을 악화시킬 수 있으므로 증상에 따라 조절하는 것이 필요하다. 팥, 쌀, 보리 등을 함께 넣어 죽을 끓여 식사 대용으로 하면 좋다. 옥수수 수염이나 3년 이

만성사구체신염

원인 감기, 인후염 후에 잘 생긴다

사구체는 신장에서 혈액 여과를 담당하는 부분으로 여

상 건조시킨 강낭콩 달인 물도 고혈압과 부기를 해소하는 효과가 있다.

자율신경실조증

원인 장기간의 스트레스가 큰 원인이다

자극을 받거나 특별한 과제에 직면하게 되면 체내에서는 이에 대처하려는 준비가 이루어진다. 이러한 자극이 자주 반복되면 고혈압과 함께 혈관, 또는 신경계에 상처를 만들게 된다. 특히 장기간 지속되는 정신적 스트레스가 가장 큰 문젠데. 이런 상황이 지속되면 자율신경의 밸런스가 깨져 신체의 여러 기관의 기능장해가 초래된다.

증세 심장압통, 식은땀, 식욕부진 등 다양하다

다양한 증상이 중복되어 나타난다. 심장부위에 압통을 호소하며 현기증이 나고 팔다리가 차다. 입안이 마르고 맛이 이상해지며 식욕이 떨어진다. 호흡수가 증가하고 숨을 충분히 쉴 수 없게 느껴지거나 어깨나 팔 다리 통증이 온다. 식은땀이 나고 전신이 가려우며, 소변에 힘이 없으며

잔뇨감이 있고 성욕이 감퇴한다. 집중력이 떨어지고 의욕이 떨어진다.

치료 운동, 취미생활 등으로 스트레스 해소한다

자율신경실조증의 원인과 병태는 다양하므로 전문의의 진단과 처방에 따른 치료가 필요하다. 전문의와의 상담 등 심리요법이나 약물요법, 호르몬 요법 등과 함께 자율훈련으로 자율신경의 부조를 회복시키는 일종의 자기최면요법도 행해진다. 치료의 핵심은 자율신경에 대하여 과민하지 않은 체질로 만드는 것이다. 무엇보다 환자 자신의 태도나 자세가 중요하므로 운동이나 취미활동, 적극적인 생활태도, 명랑하고 긍정적인 사고방식으로 스트레스에 대한 내성을 키우고 마음의 안정을 찾는 것이 좋다.

> **집에서는 이렇게**
>
> 셀러리에는 혈압을 낮춰주고 혈액을 정화해 주며 날카로워진 신경을 안정시키는 성분이 있으므로 생즙을 내어 먹거나 샐러드 등으로 자주 먹는다. 양파 역시 신경을 안정시키고 혈압을 내리는 데 탁월한 효과가 있으며 비타민 C와 타닌이 들어 있는 감이나 감잎차도 좋은 식품이다.

알·아·두·자

동맥경화증이다 싶을 때 주의해야 할 식생활

■ 고기 먹는 양을 줄인다

우리가 즐겨 먹는 쇠고기, 돼지고기, 닭고기 등의 고기류는 단백질은 말할 것도 없고 지방, 비타민, 무기질도 골고루 갖춘 영양이 풍부한 식품이다. 하지만 고기류는 혈액, 근육, 뼈, 피부 등 우리 몸을 구성하는 데 없어서는 안될 완전 단백질 식품이기는 해도 고기에 들어있는 지방이 포화 지방산으로 혈액 내의 콜레스테롤 양을 증가시켜 동맥경화, 고지혈증 등의 질병을 일으킬 염려가 있다. 그러므로 아무리 육식을 좋아하는 사람이라도 너무 많이 먹는 것은 삼가도록.

■ 곡물도 너무 많이 먹으면 지방으로 쌓인다

우리가 주식으로 먹는 밥, 국수, 빵 등은 주 성분이 당질이다. 이 당질은 체내에서 포도당, 과당 등의 단당류로 분해되어 흡수된 후 우리 몸에 필요한 주요 에너지원이 된다. 그러므로 몸의 에너지를 내기 위해서는 당질을 섭취해 주어야 한다. 그러나 이것도 과잉이 되면 문제가 발생한다. 여분의 당질이 중성지방의 형태로 혈액 내에 쌓이기 때문이다. 그러므로 빵만 너무 많이 먹거나, 식사할 때 밥만 많이 먹는 것은 좋지 않다. 지나친 과식은 피하고 밥보다는 반찬을 많이 먹는 것이 좋다.

미역, 솔잎, 양파로 동맥경화를 막는다

■ 솔잎을 꿀에 재워 2개월 뒤에 마신다

솔잎의 끝을 잘라내고 깨끗이 씻어 병에 담고 꿀과 물을 솔잎과 같은 양으로 해서 재운다. 2개월 뒤 솔잎은 건져내고 나머지를 복용한다. 하루 3회 식후에 복용한다. 이 요법은 장기적으로 복용해야 효과를 볼 수 있다.

◀ 솔잎과 꿀, 물을 같은 양으로 하여 밀폐용기에 담아 서늘한 곳에 2개월 정도 두었다가 걸러서 하루 3회 식후에 복용하면 동맥경화에 효과가 크다.

■ 소금기를 없앤 말린 미역을 먹는다

미역에 들어있는 단백질이나 지방질은 혈압을 내리게 하지만 미역의 칼륨도 염분을 줄이는 효과가 있다. 미역의 성분인 산성 다당류 푸코이딘에는 혈액의 응고를 막는 작용이 특히 강하며, 핏속의 콜레스테롤 수치를 낮추는 푸코스테롤이 함유되어 있어 동맥경화가 염려되는 중년과 노년층에 특히 좋다. 이외에도 미역의 성분인 푸코이딘은 항암 작용을 하며,

라미딘은 혈압을 내리게 하고, 알긴산은 방사성 물질인 스트론튬이나 카드뮴을 몸 밖으로 배출시키는 작용을 한다. 미역이나 다시마의 소금기를 씻어내고 바싹 말렸다가 날 것으로 자주 먹는다. 이밖에도 미역국이나 나물, 냉국, 미역쌈을 해서 먹는다.

■ 각종 음식에 양파를 많이 이용한다

양파의 자극 성분인 황화알릴은 소화액의 분비를 촉진하여 소화를 돕고 특히 동맥경화에 효능이 있다. 이유는 혈액의 항응고 작용이 있기 때문이다. 양파를 날 것으로 먹거나 평소 음식 안에 많이 넣어 먹으면 좋다.

■ 표고버섯 삶은 물을 마신다

마른 표고버섯 2개를 컵에 넣고 뜨거운 물을 부은 뒤 곧바로 그 물을 버리고 다시 뜨거운 물을 붓는다. 여기에 소금을 아주 조금 넣고 위의 맑은 물을 마신다. 하루에 한 번씩 아침 식사하기 30분전쯤에 거르지 않고 한 달 정도 마시면 효과가 나타난다.

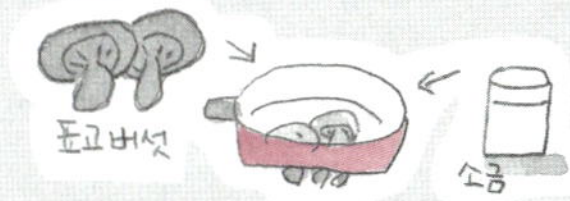

▲ 표고버섯을 달여 그 물을 마신다.

고혈압인 사람의 올바른 목욕법

■ 목욕탕과 방의 온도는 비슷하게 한다

추운 계절에는 실내나 목욕물의 온도가 차다면 몸 전체가 한기를 받아 혈관이 갑자기 수축해서 혈압이 상승한다. 또한 욕탕이 따뜻하고 거실이나 방이 차다면 결과는 마찬가지다. 집안 전체에 온도차가 없도록 하는 것이 이상적이다.

◀ 집안 전체에 온도 차가 없게 한다.

■ 목욕 후에는 일찌감치 잠자리에 든다

목욕 후에는 몸이 식지 않도록 조심한다. 덥다고 해서 선풍기 앞에 앉거나 밖에 나가 시원한 바람을 쏘이는 것 등은

피한다. 물론 방안의 냉방 상태도 체온 이하로 내려가지 않도록 실내온도를 유지한다. 술을 마신 후에 목욕을 하거나 목욕이 끝난 직후에 냉수를 뒤집어쓴다든가 하는 일은 스스로 고혈압을 불러들이는 것과 같다.

■ 미지근한 탕에 가슴까지 담근다

42℃ 이상 뜨거운 물에 들어가면 혈압이 일시에 상승한다. 그러나 40℃ 이하인 온탕에 발 끝부터 천천히 들어가면 끝난 후 2시간 정도 이후는 오히려 혈압이 내려간다.

또 탕 속에서는 가슴 위까지 잠기지 않도록 하는 것이 좋다. 목까지 잠기면 수압을 받는 부분이 늘어나 오히려 혈압이 상승하기 때문이다.

몸에 부기가 있다

몸이 붓는다는 것은 신체에서 여분의 수분을 소변으로 제대로 배출하지 못해
신체조직이 비정상적인 상태에 있음을 의미한다. 신장이상일 수도 있지만 심장병, 간경변,
갱년기장애가 원인일 수도 있으니 진찰을 받아본다.

1

전신이 부었다.

YES 2번으로
NO 5번으로

2

호흡곤란, 구역질이 생긴다

YES 7번으로
NO 3번으로

3

다리와 발목이 붓고
복수가 차기도 한다

YES 4번으로
NO 8번으로

8

피로감, 변비,
월경량이 늘고 피부가
거칠어진다.

YES 9번으로
NO 14번으로

7

네프로제증후군일 수도 있다.
소변 양에 이상이 있거나
혈압이상이 동반되면 내과검진을
받아보도록.

참 / 조 / 페 / 이 / 지

류마티스 … 37, 374
천식질환 … 21
갱년기장애 … 109, 160
복막염 … 52

4

간경화일 수 있다. 몸이
늘 피로하고 오른쪽 옆구리가
뻐근하고 불편하다.
얼굴도 갈색으로 변한다.
간 검사를 받도록 한다.

5

오래 전부터 약을 먹고
있었다.

YES 6번으로
NO 10번으로

6

류머티즘이나 천식질환을
앓고 있거나, 장기간
부신피질호르몬제를
복용 중이라면 얼굴이 붓는다.

9

몸무게가 늘고 근육이
뻣뻣해졌다면
갑상선기능저하증일 수 있다.
내과로 가보도록.

10

목덜미
윗부분이 부었다.

YES **11번**으로
NO **15번**으로

11

갑자기 얼굴이 붉게
상기되면서 얼굴,
목덜미, 어깨가 동글동글
붓듯이 굵어진다.

YES **17번**으로
NO **12번**으로

13

붉게 부으면서
눌렀을 때 통증이 있으면
염증성 부종이니
외과로 가보도록.

14

약물 복용이나 피로로 인한
부종일 수 있지만 장기간 지속되면
호르몬 불균형이나 순환기
이상일 수도 있다. 내과로 가보도록.

12

아침이 되면 눈 근처가 부어 있다.

YES **18번**으로 **NO** **13번**으로

17

쿠싱증후군일 수도 있으니
내과, 내분비과로 가보도록.

15

임신 후기로 다리가
붓고 오른쪽 상복부에
통증이 있다.

YES **16번**으로
NO **19번**으로

16

임신중독증일 수 있다.
만일을 위해
산부인과에서 확인해 보도록.

다음 페이지에서 계속 ▶ ▶ ▶

▶ ▶ ▶ 이전 페이지에서 계속

18

불시에 몸이 붓다가
순식간에 가라앉는다.

YES 22번으로
NO 21번으로

19

중년여성으로 때때로
어질어질하면서
머리가 묵직하고 어깨통증과
미열이 있다.

YES 20번으로
NO 23번으로

26

피로로 인한 부종일 수 있으나
부기가 지속될 경우
내과검사를 받아보도록.
부은 부위가 붉은빛을 띠거나
눌렀을 때 통증이 있으면
염증이 생긴 것이니 외과로 가보도록.

20

갱년기장애로 보이니
산부인과로 가보도록.

21

신우신염이나 네프로제
증후군일 수 있으니 내과로
가보도록.

22

혈관신경성
부기일 수 있으니
내과나 피부과로.

25

장시간 서 있거나 같은 자세로
있을 때 일어나며
시간이 흐르면 곧 괜찮아진다.
좋아지지 않는다면
심장이나 순환기 계통의
이상일 수 있으니
내과검사를 받아보도록.

23

겨드랑이 밑이나 허벅지 부위에
응어리가 잡힌다.

YES 24번으로　**NO** 28번으로

24

임파선염일 수 있다.
외과검진을 받아보도록.

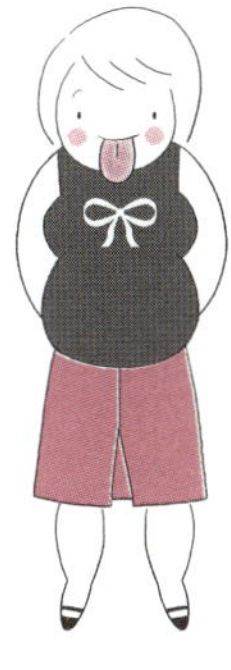

가벼운 증세

월경 전 부종 등 일시적인 현상

몸 속의 수분배출이 원활하게 이루어지지 않을 경우 일어나는 증상이 부종이다. 많이 걷거나 과도한 노동을 한 경우, 오랜 시간 같은 자세로 있는 경우 외에도 여성의 경우 월경 전에 일시적으로 몸이 붓는 경우가 있다. 이 밖에도 부신피질호르몬제를 장기 복용할 경우 얼굴이 붓게 된다. 오래 있어도 부기가 빠지지 않는 경우는 진단을 받도록 한다

의심되는 증세

순환기, 신장의 병을 의심한다

부종의 원인과 증세는 매우 다양하다. 염증성 부종, **신우신염**이나 **네프로제 증후군** 등 신장성 부기, 심장 등 순환기 계통의 질병, 갱년기 장애, **쿠싱증후군** 혹은 류머티즘이나 천식이 있는 경우, 또는 **임신중독증**이나 호르몬의 불균형, **갑상선기능저하증** 등도 부종의 원인이 될 수 있으므로 정확한 진단과 치료가 필요하다.

중 증

혈뇨, 복수, 종양 보이면 중병

물이 고인 것같이 배가 부었다면 **간경화**나 복막염일 가능성이 있다. 얼굴과 발뿐만 아니라 전신에 부기가 생기고 소변의 양에 이상이 있거나 혈압 이상이 나타나면 **신장병** 위험이 높다.

이 밖에도 임파관염이나 혈전성 정맥염 등은 패혈증이나 폐색증 같은 큰 병을 부를 수도 있으므로 빨리 외과로 가서 치료한다.

간경화

원인 간염, 만성알코올중독 등이 주 원인이다

간세포가 파괴되어 점차 간 기능을 잃게 되는 병이다. 가장 흔한 것이 간염을 앓은 후 간 손상이 진행되는 병이다. 또 만성알코올 중독자의 10%가 이 병에 걸린다고 한다. 이 외에 원발성 담즙성 간경화는 구리 대사에 이상이 생겨 혈중에 구리 농도가 증가하거나 철분 과잉으로 일어나는 색소 침착성 간경화이다. 이때는 간뿐만 아니라 다른 장기에도 손상이 온다.

증세 발목, 다리 붓고 복수가 차기도 한다

몸이 늘 피로하고 소화가 되지 않으며 오른쪽 옆구리가 뻐근하고 불편한 느낌이 있다. 몸의 여기저기에 마치 혈관이 튀어오른 것 같은 모양이 나타나고 얼굴도 검은 갈색으로 변한다. 염분 축적 때문에 발목, 다리 등 몸이 붓고 더 진행되면 배에 물이 차게 되며 심하면 호흡까지 곤란해진다. 병이 더 진행되면 의식이 혼미해지고 기억 장애나 혼돈이 생긴다.

치료 간염을 조기에 발견하고 치료해야 한다

간경화의 원인 중 가장 흔한 것이 간염 후 간 손상이 일어나는 경우이므로 간염을 잘 치료하는 것이 무엇보다 중요하다. 또 간염을 앓았던 사람이라면 특별히 주의를 기울여야 하는데 정기적으로 검진을 받고 간경화로 이행되는 것을 예방하는 한편 조기에 발견할 수 있도록 한다. 술, 담배는 절대 금물. 검증되지 않은 약물이나 건강식품을 함부로 먹어서는 안 되며, 되도록 자연식을 하는 것이 좋다. 간의 회복력을 높이기 위해 고열량의 식사를 하되 부종을 막기 위해 염분은 제한하며 간 손상으로 지방질의 소화흡수가 잘 안되므로 지방이 많은 음식도 삼간다. 대신 양질의 단백질과 비타민의 섭취를 늘인다. 과로와 스트레스도 병을 악화시키므로 절대 안정과 휴식이 필요하다.

집에서는 이 렇 게 녹두나 대추를 달여 마시고 바지락, 은어, 해삼, 자라 등으로 음식을 만들어 먹는다. 그밖에 황달에는 미나리즙도 효과가 있다.

갑상선기능저하증

원인 갑상선조직 결손, 기능장애가 주 원인이다

갑상선의 기질적인 장애나 기능장애에 의해 갑상선 호르몬이 충분히 생성되지 못하는 상태를 말한다. 갑상선조직의 결손, 수술이나 방사선 동위원소 치료 후에 오는 경우가 많다. 이 밖에 갑상선 호르몬 생성기능에 장애가 있는 경우로 이때는 대사작용에 의해 뇌하수체에서 분비되는 갑상선 자극호르몬의 분비가 증가됨으로써 갑상선이 비대해진다.

증세 부종, 피로감이 오고 피부도 거칠어진다

피로감, 변비, 월경량의 증가 및 추위 타는 증상 등이 초기에 나타난다. 좀더 진행되면 행동이 굼뜨고 판단력이 흐려지며 식욕도 떨어진다. 몸무게가 늘고 근육이 뻣뻣해져 고통을 호소한다. 쉰 목소리가 나고 청력도 떨어진다. 병이 더 진행되면 전형적인 점액수종의 양상을 보여 눈 주위의 부종이 심해지고 혀가 커지며 피부도 거칠어진다.

치료 갑상선 호르몬 제 복용하고 따뜻하게 한다

일반적인 치료법은 갑상선 제제의 복용이다. 갑상선 제제는 만드는 회사나 제품마다 함량이 다를 수 있으므로 점액수종같이 평생동안 장기복용이 필요한 경우는 항상 같은 제약회사의 같은 제품을 사용하는 것이 좋다. 추위를 많이 타므로 항상 몸을 따뜻하게 해준다. 신체 전반의 활동이 감소하므로 소화가 잘되는 음식을 주로 먹고 저지방, 저콜레스테롤, 저열량 음식을 섭취한다. 장운동도 감소하므로 변비를 막기 위해 수분 섭취에도 신경을 쓴다. 체중 증가는 좋지 않은 예후이므로 체중 체크를 해 주의를 기울인다. 보습 크림 등을 적절히 발라 피부 건조를 막아준다. 호르몬제는 공복에 맞춰 매일 일정하게 복용하도록 한다.

요오드가 많이 함유된 해조류는 갑상선 기능저하증 환자들에게는 좋은 식품이다. 톳나물로 술을 담가 아침저녁으로 한 잔씩 마셔도 좋고, 다시마나 톳나물 반찬도 좋다.

신우신염

원인 오줌이 고여 세균 감염을 일으킨 것이다

요도협착, 방광의 종양 등으로 오줌이 잘 내려가지 못하면 방광과 요관과 신우 속에 오줌이 고여서 세균감염을 일으키기 쉽다. 선천적인 요관협착이나 골반 내 종양 혹은 염증이 요관을 압박하는 경우, 그리고 요로결석도 오줌의 흐름을 방해한다. 이와 함께 생활양식의 서구화, 개방적인 성행위, 화학섬유의 착용, 국소의 오염 등과도 무관하지 않다.

증세 허리통증과 빈뇨가 특징이다

오한과 고열이 나고 허리 근처가 쑤시고 아픈데 심할 때는 허리 피부만 만져도 자지러질 정도다. 오줌의 횟수가 늘어나는데 양이 많은 것은 아니다. 이 밖에 오줌에 세균이나 고름, 백혈구가 섞여 나오기도 한다. 한편 만성신우신염에서는 미열, 전신권태, 요통 등이 있고 신기능 저하로 부종이 나타나기도 하지만 증상이 전혀 없는 경우도 있다.

치료 완전히 치료해 만성화되는 것을 막는다

올바르게 치료하면 100% 낫는다. 그러나 완전히 치료하지 않으면 재발하기 쉽고 만성으로 이행하기도 한다. 만성 신우염이 되어 차츰 병이 진행되면 신기능의 장해가 진전되고 마침내 만성 신부전으로 이행하는 경우도 있다. 진단을 명확하게 하기 위해 오줌검사를 하는데 오줌이 탁하며 현미경으로 보면 많은 백혈구와 세균이 발견된다.

세균은 대장균이 가장 많고 때로는 혈뇨도 있다. 그 밖

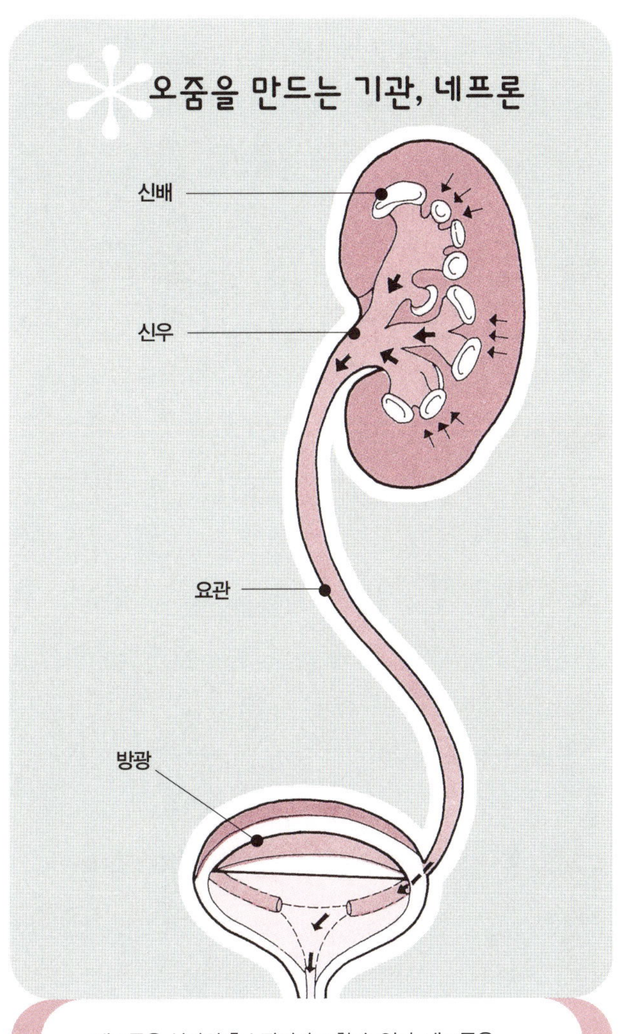

네프론은 신장의 축소판이라고 할 수 있다. 네프론은 보우만주머니와 작은 실핏줄의 결합체인 사구체, 요세관으로 구성된다. 사구체에서 걸러진 여과액은 요세관을 지나면서 대부분이 다시 흡수되어 혈액의 순환계로 되돌아가고 일부분의 수분만이 불필요한 화학물질과 함께 하루에 1~2ℓ의 오줌을 형성한다. 네프론으로부터 작은 화살표를 따라 신배로 오줌이 모인다. 오줌은 신우, 요관을 통해 방광에 이르게 된다.

에 오줌의 흐름을 방해한 원인병을 발견하는 것도 중요한 일이다. 치료로는 항생물질을 사용하는 게 일반적인데 반드시 의사의 처방에 따라야 한다.

우선 안정을 취해야 한다. 수분 섭취도 세균이 많은 오줌을 밖으로 내보내므로 좋다. 음식으로는 검은콩이 신장을 강화하고 요통을 완화하므로 매일 조금씩 삶아 먹거나 수프를 끓여 먹어도 좋다. 또한 들판에 흔히 자라는 쇠뜨기풀을 깨끗이 씻어 말렸다가 10g 정도를 뜨거운 물 2컵 정도를 부어 우려서 아침, 저녁 하루 2번 차처럼 마시면 신장병으로 인한 부기를 내려주고 소변과 함께 독소를 배출한다.

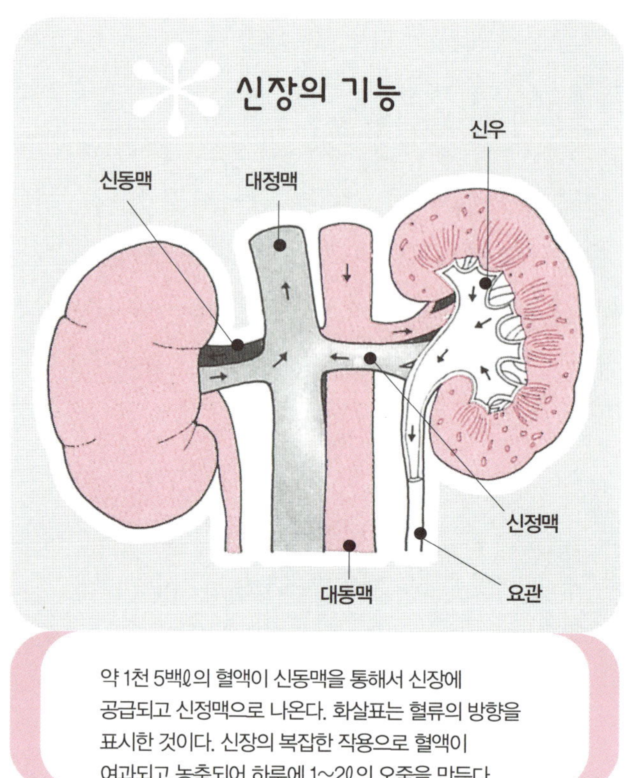

약 1천 5백ℓ의 혈액이 신동맥을 통해서 신장에 공급되고 신정맥으로 나온다. 화살표는 혈류의 방향을 표시한 것이다. 신장의 복잡한 작용으로 혈액이 여과되고 농축되어 하루에 1~2ℓ의 오줌을 만든다.

 네프로제증후군

원인 사구체에 이상이 생겼다

몸에서 사용하고 남은 혈액을 거르는 역할을 하는 사구체에 이상이 생겨 나타나는 일련의 증세들을 네프로제증후군, 일명 신증후군이라 한다. 신장 감염으로 인한 알레르기성 변화가 그 하나이며, 주로 만성신염의 경과 중에 네프로제형으로 되는 경우도 있다. 기타 당뇨병, 다발성 골수종, 수은이나 금 등의 만성중독이 원인이 될 수도 있다.

증세 전신부종이 나타나며 면역력이 약해진다

전신에 걸쳐 심한 부종이 생기며 흉강이나 복강 속에도 물이 괴게 되어 호흡곤란이나 구역질을 일으키게 된다. 또 땀이 나오기가 어렵게 되어 피부가 건조하다. 단백뇨가 심한데 혈장 속에서 단백이 빠져나오기 때문이다. 또 혈액 속에 지방이 많이 나오기 때문에 혈청이 탁해져 있다. 혈액이 쉽게 응고되어 혈전이 생기고 감염에 대한 면역력이 낮아져 위험하다.

치료 스테로이드 호르몬으로 부종을 치료한다

원인이 되는 질환을 먼저 치료한다. 부종이 심할 경우 안정이 필요하다. 치료에 의해 부종이 사라지게 되어도 너무 빨리 활동하게 되면 부종이 재발할 수도 있다. 감기에 걸리지 않도록 하며 보온 등이 필요하다. 네프로제증후군의 치료는 현재로서는 스테로이드호르몬으로 부종을 치료하는 것이 중점이 된다. 이 스테로이드호르몬은 여러 가지 부작용이 있으므로 반드시 전문의의 진단과 처방에 따른다.

염분섭취를 제한한다. 된장, 간장, 맛소금 등을 일체 쓰지 말아야 한다. 이른바 무염식이다. 수분섭취 역시 적은 편이 좋다. 네프로제증후군은 오줌으로 대량의 단백질이 배출되므로 음식을 통해 단백질을 충분히 섭취하는 것이 좋다. 그러나 만성신염이나 당뇨병에 의한 네프로제증후군의 경우 단백질을 너무 많이 먹으면 요독증을 촉진하므로 다량의 섭취는 삼가야 한다.

면역력이 약해지므로 감기 등에 걸리지 않도록 주의한다.

임신중독증

원인 임신성 고혈압이 원인이다

임신이 되어 고혈압이 발생하면서 소변으로 단백이 나오고 부종이 생기는 병이다. 출산 후에는 증상이 없어진다. 초산부에서 더 많고 고혈압의 가족력이 있을 때 잘 나타난다. 이 밖에 양수과다증이나 포상기태 임신에서 잘 나타나며 비대한 임신부, 당뇨병을 가진 임신부에서도 흔하다. 또 신질환, 만성고혈압을 동반한 경우에 많이 볼 수 있다.

증세 다리부터 붓기 시작한다

임신 말기인 7~8개월 후에 가장 많이 나타난다. 다리부터 붓기 시작하여 몸이 붓는다. 그로부터 1개월 후에는 단백뇨가 발생한다. 뇌증세나 앞이 희미하게 보이는 시력장애가 있거나 오른쪽 상복부에 통증을 호소하면 중증이다. 그 외에도 폐수종으로 호흡곤란이 오고 입술이 파랗게 될 때도 중증이다. 소변량이 하루 500㎖ 이하여도 중증이다.

치료 철저한 정기검진으로 예방한다

임신중독증이 되면 병원에 입원하여 치료하는 것이 좋다. 그러나 혈압이 135/85를 넘지 않고 단백뇨가 없으며 안정 후 증상이 악화되지 않았다면 통원치료도 가능하다. 단 통원치료는 일주일에 두 번 정도는 받아야 한다. 집에 있는 동안에도 얼굴과 손발이 부으면 병원을 찾아야 한다. 앞이 잘 안 보이고 불안한 감정을 느끼며 수면 장애가 오는 것도 나쁜 증상이므로 전문의의 상담을 받는다.

또, 구역질이나 구토 및 상복부 통증이 발생하거나 소변량이 급속히 감소되는 것도 좋지 않은 증상이다.

임신중독증 자체를 예방하는 방법은 확실하지 않다. 그러나 경증에서 중증으로 진행하는 것은 철저한 정기검진으로 예방이 가능하다.

집에서는 이렇게 임신중독증의 위험이 있다면 평소 야채 위주의 식사를 하는 것이 좋다. 부기를 가라앉히는 데는 검은콩, 수박껍질 달인 물, 잉어찜, 늙은호박즙 등이 효과가 있다.

쿠싱증후군

원인 글루코이드계 약물 과용이나 종양이 원인

치료를 위해 오랫동안 당질 코르티코이드를 복용한 경우 등의 원인으로 인해 부신피질에서 당질 코르티코이드가 과다하게 분비되어 일어난다.

약물이 원인이 아니라면 대부분 뇌하수체 종양이나 다른 악성 종양 같은 곳에서 뇌하수체 호르몬이 과다 분비되어 올 수도 있다.

증세 몸통 부위가 뚱뚱해진다

몸통 부위는 뚱뚱해지고 팔과 다리는 가늘어지며 얼굴이 달덩이처럼 둥글게 되고 피부가 붉어지고 얇아진다. 혈압이 높아지며 여자의 경우 얼굴이나 가슴에 털이 나고 월경주기가 불규칙해지거나 무월경이 된다. 기타 골다공증이나 골절 등도 쉽게 온다.

치료 종양은 수술로 제거해야 한다

약물에 의해서 생긴 쿠싱증후군은 약물을 끊음으로써 치료할 수 있지만 초기에는 부신기능저하증이 생기므로 주의해야 한다. 뇌하수체에 종양이 있어서 오는 경우에는 종양을 수술로 제거하거나 양쪽 부신을 제거하기도 한다. 부신에 종양이 있는 경우에도 수술로 제거한다.

땀이 심하게 난다

땀은 체온조절이나 노폐물 배출을 위해 필요한 생리현상이지만
지나치게 땀을 많이 흘릴 때는 증후성 다한증일 수도 있다. 뇌의 발한중추이상이나
당뇨, 알코올 중독이 원인일 수 있으니 정밀검사를 받도록 한다.

1
온몸에서 땀이
심하게 난다.
YES **2번**으로
NO **4번**으로

2
열이 나고 피로, 근육통,
인두통, 기침을 한다.
YES **3번**으로   NO **6번**으로

10
바세도우병일 수도 있다.
내분비과로 가보도록.

3
감기나 **인플루엔자**가 원인일 수
있지만 고열이 지속되거나
체온이 심하게 오르내린다면
심각한 상태일 수 있으니 내과로
가보도록.

9
쇼크 증상일 수 있다. 의식불명이
되기도 하니 내과 검진을 받도록.

4
안색이 창백하고 이마나
손바닥에 식은 땀이 난다.
YES **5번**으로
NO **7번**으로

8
몸에 늘 미열이 있고
식은 땀, 피로감이 있다.
YES **16번**으로
NO **11번**으로

6
목의 앞부분이 불룩해지고
체중이 감소되며 맥박이
떨어지며 안구가 돌출되었다.
YES **10번**으로
NO **14번**으로

5
혈압이 낮아지고 맥박이
빠르고 오심, 구토가 있다.
YES **9번**으로
NO **12번**으로

7
쉽게 지치고 조금만
움직여도 숨이 차다
YES **8번**으로   NO **13번**으로

11

얼굴이 붓고 창백해지며
추위를 많이 탄다

YES **17번**으로
NO **15번**으로

참 / 조 / 페 / 이 / 지

설사 … 54
변비 … 74
당뇨병 … 244

12

땀을 비오듯
흘린다면 자율신경실조증일
가능성도 있다.

13

말초혈관 순환부전,
출혈 혹은 약물 알레르기가
원인일 수 있으니
내과 검진을 요한다.

14

더위나 흥분으로 땀이 나는 것은
정상이지만 몸이 무겁고
머리가 띵하며 뒷목이 당긴다든지
설사, 변비가 번갈아 온다면
자율신경실조증일 수 있다.
내과, 내분비과의 검진을 요한다.

17

비만증일 수
있으니 내분비과로
가보도록.

16

폐결핵일 수 있으니
내과 검진을 받아보도록.

15

특별히 눈에 띄는
원인이 없는 데도
지나치게 땀이 난다면
다한증을
의심할 수 있다.

가벼운 증세

스트레스로 인한 일시적 현상

별다른 동반 증세가 없고 원래 땀이 많은 체질이라면, 정신적인 스트레스 등이 더해져서 다른 때보다 땀이 많아지는 일시적인 현상이므로 크게 염려할 필요는 없다.

하지만 심하게 땀을 흘려 악수를 하기 힘들다거나 겨드랑이나 발에 땀이 많아 냄새가 난다면 다한증으로 치료가 필요한 경우다.

의심되는 증세

원인을 찾아 치료한다

온몸에 땀을 심하게 흘리고 동반되는 통증이나 이상 증세가 있는 경우 원인이 되는 병을 찾아 치료해야 한다. 뇌의 발한 중추에 문제가 생겼거나 당뇨병, 알코올 중독이나 약물 알레르기, 비만증, 바세도우병, 자율신경실조증 등이 원인이 될 수 있다. 증상에 따라 내과, 내분비과, 정신과 등을 찾아 정확한 검사와 치료를 받아야 한다.

중증

체온 변화 심하고 식은땀 나면 중증

고열이 계속되고 전신에 땀을 심하게 흘리며 체온의 변화가 심하다면 중병일 가능성이 크다. 잠을 자면서도 땀을 흘리고 미열이 계속되면 폐결핵이 의심되므로 곧바로 내과로 가야 한다. 말초혈관 순환 부전으로 인한 쇼크나 당뇨병에 의한 저혈당 상태에도 식은땀이 나고 체온이 갑자기 떨어지며 의식불명 상태에 빠질 수 있으므로 지체없이 치료한다.

바세도우병 (갑상선기능항진증)

원인 | 면역 장애, 바이러스 감염이 원인이다

면역 계통의 장애에 의해 외부에서 침입한 세균을 방어해야 할 항체가 갑상선 호르몬을 과다하게 분비함으로써 일어나는 병이다. 갑상선기능항진증이라 부르기도 한다. 갑상선기능항진증은 유전적인 요소도 있으며 바이러스 감염이나 스트레스 등도 원인이 된다.

증세 | 체중 감소, 목의 앞부분이 불룩해 진다

갑상선이 커져 목의 앞부분이 불룩해지고 안구가 돌출되므로 병을 쉽게 알 수 있다. 체중이 급격히 감소하며 쉽게 지치고 매사에 신경질적이고 집중력도 떨어진다. 맥박이 빨라지고 땀을 많이 흘리며 여성은 월경 이상, 남성은 성욕감퇴, 발기부전 등을 불러올 수 있다.

치료 | 장기간 항갑상선제를 복용한다

항갑상선제를 복용하는 약물요법이 가장 일반적이다. 중단하면 곧 재발하므로 장기간의 투약이 필요하다. 약 복용중 고열과 목구멍이 아픈 증세가 있으면 치료를 서두른다. 부작용으로 패혈증까지 이를 수 있다. 영양섭취를 충분히 하고 자극적인 음식은 피한다. 요오드가 풍부한 해조류는 치료 후 약 2주부터는 먹어도 된다. 땀이 많이 나므로 집안을 덥지 않게 하고 수분섭취에 신경을 쓴다.

인플루엔자

원인 | 인플루엔자 바이러스가 원인이다

전염성이 매우 높은 인플루엔자 바이러스가 원인이다. 감염 경로는 감기와 같다. 보통 10~40년을 주기로 전세계적으로 대유행을 하며 2~3년 단위로 유행을 일으키기도 한다. 예방 백신이 개발되고 있지만 변종 바이러스가 계속 생겨나 100% 예방은 불가능한 형편이다.

증세 | 일반적인 감기보다 고열, 두통이 심하다

흔히 '독감'이라고 하는 데서 알 수 있듯, 일반 감기보다 증세가 심하다. 40℃를 오르내리는 고열과 피로, 심한 두통과 오한, 근육통과 인두통, 경련성 기침 등 전신 증상을 보인다. 어린아이들의 경우 구토, 설사, 복통 등도 동반되어 잘 먹지도 자지도 못하고 심하게 보챈다.

치료 | 고열 계속되면 의사의 도움을 받는다

예방이 최우선이다. 독감 유행 시기에는 사람이 많이 모인 곳은 피하고 개인 위생에도 각별히 신경을 쓴다. 그 다음으로 필요한 것이 휴식과 안정이다. 감염 후에는 수분과 영양섭취에도 신경을 써 탈수현상을 방지한다. 인플루엔자 바이러스는 건조한 환경에서 잘 번식하므로 실내의 습도를 높여 준다. 대체로 집에서 안정을 취하면 점차 증세가 경미해지며 치료가 되지만 만약, 고열이 3~4일 동안 계속되고 호흡곤란 등 증세가 더 심해진다면 의사의 도움을 받는다. 특히 어린아이나 노인, 만성질환이 있는 사람의 경우는 서둘러 병원으로 가야 한다.

폐결핵

원인 | 호흡기 통한 결핵균 감염이 원인이다

결핵균의 감염으로 폐에 염증이 생겨 폐가 파괴되는 전염병이다. 환자의 가래나 기침과 함께 배출된 결핵균이 공기중에 떠돌다가 호흡기를 통해 감염된다. 영양상태가 좋지 않고 체력이 약한 사람들일수록 쉽게 발병하므로 저항력을 키우는 것이 최선의 예방책이다.

 피로감, 체중감소, 식은땀, 각혈을 한다

결핵균은 생장과 번식이 느리므로 초기에는 환자의 자각증상 또한 거의 없다. 그러다가 피로감과 의욕상실, 식욕부진, 체중감소 등과 함께 오후에는 미열과 식은땀 등 단순한 감기몸살로 오인하기 쉬운 증상들이 나타난다. 증세가 깊어지면 가슴 통증과 각혈 등의 증상들이 나타난다.

 잘 먹고 푹 쉬며 약을 꾸준히 먹는다

6개월 이상 약을 꾸준히 먹어야 한다. 중도에 그만두면 내성이 생겨 치료를 더 어렵게 만든다. 약 복용 후 2주 후부터는 전염의 위험이 없으므로 일상활동에 제한을 두지 않아도 된다. 하지만 결핵은 만성 소모성 질환이므로 잘먹고 푹 쉬는 것이 절대적으로 필요하다.

집에서는 이렇게 술, 담배는 끊는다. 오랫동안 많은 양의 약을 먹어야 하는데 대부분의 결핵약은 간에서 대사가 이루어진다. 간에 부담을 주는 건강식품에 주의한다. 더덕, 호두, 잣도 이로운 음식이다. 이 외에 오미자차나 달개비차는 결핵 약의 약효를 높여준다.

쇼크

 외상, 정신적인 타격 등 강한 자극이 원인이다

심신에 가해진 급격한 자극에 의해 혈액순환이 잘 되지 않아 신체 각부에 혈액 공급이 불충분하여 일어난다. 외상 등으로 출혈이 많고 통증이 심할 때, 수분이나 염분의 결핍, 수술, 중독, 감전, 페니실린이나 인슐린 주사의 부적응 또는 정신적인 타격 등이 그 원인이 된다.

 오한, 식은땀이 나고 호흡이 불규칙하다

안색이 창백하며 공허한 표정과 광택 없는 동공 등이 특징이고 이마나 손바닥에 식은땀이 많이 난다. 혈압은 낮아지고 맥박은 빠르고 미약하며 호흡이 불규칙하다. 오한, 전율이 있어서 이를 덜덜 떠는 수가 있다. 오심, 구토도 있으며 심하면 의식불명에 빠지기도 한다.

 보온에 신경 쓰고 머리를 낮게 한다

쇼크를 일으킨 사람은 혈액순환부전 때문에 체온이 급격하게 떨어지므로 몸을 따뜻하게 해준다. 환자를 일으켜 세우거나 앉혀서는 안 되며 뇌나 심장으로 피가 흐르기 쉽도록 머리를 낮게 하고 다리를 10~15° 각도로 높게 올린다. 그러나 두부나 흉부의 외상이 있거나 코피가 날 때는 다리를 높이면 호흡 곤란과 격통을 호소할 수 있으므로 수평을 유지하도록 한다. 의식이 있을 경우 따뜻한 음료를 주어도 좋다. 단 출혈량이 많거나 구역질이 심한 환자, 곧 수술을 받아야 할 환자 등에게는 아무것도 주면 안 된다.

비만증

 많이 안 먹어도 살이 찌면 내분비계 이상이다

표준체중을 20% 초과할 때를 비만이라 한다. 섭취하는 칼로리보다 운동량이 적으면 몸 안에 남아 있는 칼로리가 지방질로 전환되어 피하에 축적된다. 이런 단순성 비만이 아니라면 부신피질기능항진증, 갑상선기능저하증, 시상하부질환으로 오는 내분비성 비만이 많다.

 쉽게 지치고 숨이 차다

전체 비만인구의 99%가 단순성 비만으로 몸 전체가 뚱뚱해진다. 축적된 지방이 혈관벽을 눌러 혈액순환이 잘 안되므로 쉽게 지치며 조금만 움직여도 숨이 찬 것이 특징. 내분비 이상으로 인한 비만은 얼굴이 붓고 창백해지며 추위를 많이 타는 등 특이한 증세를 보인다.

 식사와 운동 병행해 꾸준히 실천한다

과식, 폭식을 금하고 정해진 시간에 정해진 양만큼 식사를 하며 규칙적으로 운동하는 등 생활습관을 개선한다. 인스턴트음식, 단음식, 동물성 지방 등은 삼가고 자연식 위주로 먹으며 오전에는 많이 먹고 오후에는 삼간다. 비만 해소에 특히 좋은 식품으로는 다시마, 율무, 양배추, 둥굴레, 사과 등이 있다. 검증되지 않은 다이어트 약을 복용하는 것은 위험하며 단순성 비만이 아닐 경우 전문의의 진단과 처방에 따라 약물이나 수술요법 등으로 치료한다.

 자율신경실조증

 과다한 스트레스가 주요원인이다

생체 균형을 유지하기 위한 자율적 조절기능을 담당하고 있는 자율신경은 교감신경과 부교감신경으로 구분되는데 자율신경실조증이란 이 둘의 조화가 깨짐으로써 일어나는 각종 증상들을 총칭한다. 주요 원인은 스트레스로, 과다한 스트레스가 생체 리듬에 이상을 일으킨다.

 불편한 증세들이 매번 다르게 나타난다

특별한 원인을 알 수 없이 몸이 무겁거나 머리가 띵하고 뒷목이 당기며 어깨가 뻐근하고 가슴이 울렁거리며 잠이 잘 오지 않는다. 설사, 변비가 번갈아 오고 땀을 비오듯 흘리는 등의 불편한 증세가 시시각각 나타난다.

 심리치료와 약물요법으로 치료한다

각종 스트레스와 그것을 받아들이는 개인의 성격, 경험, 심신의 상태 등이 원인이므로 스트레스 요인을 없애는 것이 가장 중요하다. 전문의의 심리치료와 약물요법도 도움이 되지만 매사를 여유를 가지고 긍정적으로 대하며 심신을 편하게 하려는 환자 자신의 자율적인 노력도 필요하다.

열이 달아올랐다가 확 떨어지며 오한이 날 때는 치자차를, 땀이 비오듯 흐르고 얼굴이 달아오를 때는 굴 껍데기를 볶아 가루 내어 따뜻한 물과 함께 먹는다. 또 머리가 아프고 뒷목이 당길 때는 생양파나 음양곽차를 수시로 마시는 것도 도움이 된다.

다한증

 정신적 요인이 크다

정신적 요인이 큰 부분을 차지한다. 스트레스나 긴장, 불안 등이 교감신경의 기능을 항진시켜 땀이 많이 나게 된다. 또 한방에서는 습한 체질이거나 영양이 부족하고 속에 화가 차서 기운이 떨어졌을 때 땀샘 조절기능에 이상이 생겨 땀을 많이 흘리게 된다고 보고 있다.

 이유 없이 땀이 흐르고 냄새도 난다

손이나 발, 겨드랑이, 사타구니, 이마, 정수리, 코 등 특정 부위에 땀이 많이 나는 국소적 다한증, 특별히 음식을 먹을 때 땀이 나는 미각성 다한증이 가장 많다. 국소적 다한증의 경우 발 냄새, 겨드랑이 냄새 등 사회생활에 지장을 초래하기도 하므로 적절한 치료가 필요하다.

 해당하는 교감신경을 차단한다

정신적인 긴장이나 불안이 원인이라면 이 원인을 제거해주면 증세가 좋아진다.

그러나 특별히 이렇다 할 원인을 알 수 없고 손, 발, 이마 등 특정 부위에 땀이 많이 나는 경우 해당되는 교감신경절을 차단해 주면 효과가 있는데 최근에는 흉강 내시경이나 주사침 흉강경 등으로 과거에 비해 훨씬 수월하게 차단할 수 있게 됐다.

땀 냄새의 정체와 없애는 방법

땀을 분비하는 땀선에는 에크린선과 아포크린선 두 가지가 있다. 보통 땀을 흘린다는 것은 에크린선에서 나오는 땀 분비인데 이것은 피부 전체에 분포해 있다. 아포크린선은 겨드랑이 밑이나 젖꼭지, 배꼽, 외음부, 항문 주위 등에 분포되어 있고 가장 많이 집중된 곳은 겨드랑이 부근이다.

■ 여성 중에 암내나는 사람이 많다

일반적으로 우리나라 사람들은 암내가 적다고 하지만 심한 사람도 있다. 특히 여성 중에는 암내로 고민한 끝에 겨드랑이 끝의 아포크린선을 피부와 함께 제거해 버리는 수술을 원하는 사람도 있다. 그러나 이 방법은 흉터가 남게 되므로 권할 만한 방법이 아니다.

■ 분비물의 분해로 냄새가 난다

아포크린선으로부터 나오는 땀은 에크린선에서 나오는 땀에 비해 단백질이나 지방분을 많이 포함하고 있다. 때문에 겨드랑이 밑의 아포크린선에서의 땀의 분비가 많은 사람은 소위 암내라는 독특한 체취를 풍기게 된다.

■ 청결을 유지한다

❶ 겨드랑이 털을 깎고 자주 목욕을 하여 청결을 유지한다.
❷ 비누로 잘 씻고 매일 속옷을 갈아입는다.
❸ 알코올을 적신 탈지면이나 거즈로 겨드랑이를 닦아준다.
❹ 살균제가 든 시판 제한제를 사용해 본다.

그래도 심한 상태가 계속되면 피부과에 상담하는 것이 좋다. 또한 실제로는 그다지 불쾌한 냄새가 없는데도 신경과민으로 사람 만나기를 피하는 경우도 있는데 이쯤되면 정신적인 문제가 있으므로 정신과 의사의 치료가 필요하다.

겨드랑이 밑의 아포크린선에서의 땀의 분비가 많으면 '암내'가 난다.

땀으로 몸이 끈적거릴 때는 약탕에 목욕을 한다

■ 중조탕 · 명반탕이 좋다

격렬한 운동을 한 직후나 더운 날씨에 땀이 많이 나서 몸이 젖어 있을 때는 기분까지도 불쾌해진다. 이럴 때는 약탕에 몸을 담그고 목욕을 하면 산뜻해진다.

특히 중조탕이 권할 만한데, 중조 즉 탄산나트륨 한 줌을 받아놓은 목욕물에 넣어주면 중조탕이 만들어진다. 중조 성분은 몸의 수분을 증발시키는 작용을 할 뿐만 아니라 체온의 발산을 도와 몸의 열을 없애는 기능을 한다.

이로 인해 피부가 수축되어 산뜻한 느낌이 된다. 명반탕도 마찬가지 역할을 한다. 더구나 명반에는 피부를 매끄럽게 하는 작용이 있어 피부 미용에도 도움이 된다.

중조, 명반 등을 목욕물에 넣어주면 몸의 열을 없애 준다.

호흡이 곤란하다

계단이나 조금만 경사진 길을 걸어도 금세 숨이 차면서 호흡이 곤란해지기도 한다.
호흡기 계통의 질환에서 비롯된 경우가 대부분이지만
드물게 고혈압, 동맥경화, 당뇨병이 원인일 수 있다.

1
열이 난다.
YES 2번으로
NO 4번으로

2
목이 따끔거리고 아프면서 재채기, 콧물도 난다.
YES 3번으로
NO 6번으로

3
감기 증상이거나 편도선이나 기관지에 염증이 생겼을 수 있다. 내과로.

12
숨쉬기가 힘들어지면서 목에서 쉰소리가 난다.
YES 20번으로
NO 15번으로

11
가래가 심하고 숨이 몹시 차며 손가락 끝이 통통해지면 폐기종을 의심할 수 있다. 노인에게 특히 흔하다.

참 / 조 / 페 / 이 / 지

4
목구멍이 답답하고 아프다.
YES 5번으로
NO 8번으로

10
숨이 막히는 것 같이 호흡이 곤란해진다.
YES 7번으로
NO 13번으로

5
무언가가 목을 막고 있는 것 같다.
YES 10번으로
NO 9번으로

9
숨을 쉴 때 목에서 색색거리는 소리가 난다.
YES 16번으로 **NO** 12번으로

7
목에 이물질이 걸렸거나 신경성에 의한 호흡곤란일 수도 있다. 간혹 부정맥과 같은 심장질환일 수 있으니 빨리 내과로 가보도록.

6
어지럽고 심장이 뛰며 한숨과 하품을 자주 한다면 과호흡증후군일 수 있으니 빨리 내과로 가보도록.

8
가슴을 조이는 듯 답답하고 아프다.
YES 14번으로 **NO** 11번으로

13

목에 이물질이
걸렸거나 자율신경실조증,
부정맥일 수도 있다.

14

협심증, 심근경색일 수 있으니
'가슴에 통증이 있다'
챠트(92쪽)를 참조하도록.

16

호흡곤란 증세가
발작적으로
일어나며 찌르는
듯한 가슴 통증을
호소한다.

YES **17번**으로
NO **21번**으로

15

기침이 계속되고
고름 섞인 가래가 끓으며
입에서 악취가 난다.

YES **18번**으로
NO **19번**으로

17

기침을 심하게 해 폐 표면이 찢어져서
생기는 기흉을 의심할 수 있다.
초기 치료가 필요하므로 서둘러 내과로 간다.

참 / 조 / 페 / 이 / 지

심근경색 … 96
기흉 … 131
고혈압 … 29
당뇨병 … 244

21

심장질환이 있다면
심장천식을 의심할 수 있으니
빨리 내과로.

18

기관지염이나 폐렴이
반복되어 생긴
기관지확장증일 수 있다.
내과 혹은
이비인후과로.

20

후두염과 같은 후두부
질환일 수 있으니
빨리
이비인후과로 가보도록.

19

무리를 하지 않아도 숨이 차다면 심각한 상황이다.
빨리 걷지 않아도 금세 숨이 차고 계단이나
언덕을 오르내리기 힘들다면 무언가 이상이 있다는 신호.
고혈압이나 동맥경화, 당뇨병일 수 있다.

가벼운 증세

감기 혹은 신경성 증상일 수 있다

재채기, 콧물, 목구멍 통증이 동반된다면 감기 증세로 볼 수 있다. 기관지염이나 편도염, 인플루엔자의 한 증세로 나타나기도 한다. 단순한 신경성인 경우도 있다. 목에 무엇이 탁 막고 있는 듯한 느낌이 들어 숨이 찬 것 같다고 생각하는 것. 실제로 목에 무언가 막힌 경우도 있으며 때로는 파상풍이나 심장병 등 중병일 수 있으므로 주의를 기울인다

의심되는 증세

기관지나 폐, 부정맥 등을 의심한다

열이 3일 이상 계속될 때는 호흡기의 감염증일 우려가 있다. 바로 내과로 간다. 호흡할 때 목구멍에서 색색하는 소리가 나면 목구멍이나 기관지, 폐에 큰 병이 있을 가능성도 있다. 이 밖에도 목구멍이 막힌 듯해 불쾌감이 든다면 실제로 목구멍에 이물질이 있는 경우도 있고 자율신경실조증이나 부정맥인 경우도 있다.

중증

목소리가 쉬면 후두부의 병일 수 있다

목소리가 쉬고 숨쉬기가 괴로우면 후두염 등 후두부의 병을 의심한다. 기침 가래와 함께 목구멍의 불쾌감이 있고 숨이 차다면 폐기종일 수 있다. 갑자기 호흡이 가빠지며 숨쉬기를 곤란해하면 과호흡증후군일 수 있다. 이 밖에 기흉, 기관지천식, 심장천식, 동맥경화, 당뇨, 고혈압, 협심증, 심근경색 등의 가능성도 있다. 모두 심각한 병이므로 서둘러야 한다.

과호흡증후군

원인 심한 충격이나 불안이 원인이다

인간의 감정적 욕구와 반응이 호흡기를 통해서도 표현된 것이라 볼 수 있다. 극심한 불안이나 긴장, 극도의 충격 등이 원인으로 호흡 수가 늘어나 산소흡입이 지나침에 따라 혈액 속의 이산화탄소가 부족해져 일어난다. 특히 심리적으로 예민한 사춘기 소녀에게 잘 일어나며 일시적인 호흡정지나 쇼크, 경련까지 올 수 있다.

증세 심장이 뛰고 정신이 아찔해진다

초기에는 어지럽고 머리가 띵하며 눈앞이 뿌옇게 흐려지고 한숨과 하품이 자주 난다. 더 진행되면 정신이 아찔하여 졸도할 것 같은 감을 느끼며 땀을 많이 흘리고 걸음걸이가 불안정하다. 심장이 몹시 뛰거나 통증이 있고 근육이 떨리게 된다.

얼굴이 창백해지며 맥박이 빠르고 불규칙하며 약해지면서 끝내는 의식을 상실하고 심한 경우 경련을 일으키게 된다.

치료 심리 상담 등 정신 치료를 해야 한다

치료의 핵심은 문제를 일으킨 정서상태를 해결하는 길이 될 수밖에 없다. 강한 정신적 충격이나 심각한 불안 등 과호흡을 초래한 정서상의 문제가 어디서 비롯됐는지 그 근본 원인을 탐색하고 해결하는 것이 우선이 돼야 한다. 여기에는 철저한 정신치료밖에 없다.

필요할 경우 항불안 약물을 투여하기도 하나 어디까지나 보조적인 치료법이다. 과호흡환자는 보통 자신이 과호흡을 하고 있는지 자각하지 못하는 경우가 많으므로 진단 시 과호흡을 시켜 일어나는 증세들을 설명하게 함으로써 자신의 증세를 자각시킬 수 있다.

과호흡으로 호흡곤란을 일으킬 때는 일시적으로 숨을 멈추게 하거나 비닐봉지 같은 것을 입에 대고 자신의 호흡을 도로 돌려 마시면 발작적 증상이 가라앉는다. 증상이 자주 반복되고 심할 경우 전문의의 상담을 받는 것이 좋으며 적당한 운동이나 취미생활 등으로 정서적인 여유를 갖는 것도 필요하다.

기관지확장증

원인 기관지 폐쇄가 오래 계속되면 생긴다

정상적인 기관지는 끝으로 갈수록 가늘어진다. 그런데 기관지가 끝으로 갈수록 확장되는 경우를 기관지확장증

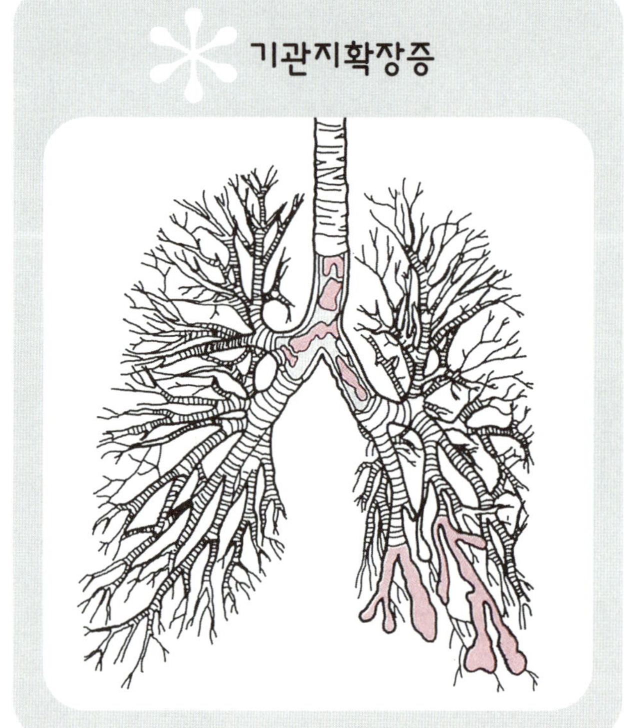

기관지확장증의 파괴와 변형은 소아기 때 폐렴이나 다른 병을 앓고 난 뒤에 생긴 기관지 파괴가 원인이 된다. 이물체로 인한 폐쇄와 감염으로 농양을 형성하면서 고름이 생긴다. 병이 생겨 고름이 찬 기관지(오른쪽)는 정상(왼쪽)에 비해 확장이 된다. 면역방법과 항생제 개발로 인해 기관지확장증 환자는 많이 적어졌다.

이라 한다. 기관지 폐쇄가 오래 계속되는 것이 중요한 원인이다. 반복되는 폐렴 및 기관지염으로 기관지 벽이 약해지고 삼출물이 그 속에 축적될 때 혹은 기관지 내 이물 등이 있을 때도 올 수 있다.

증세 고름 섞인 가래 때문에 숨쉬기 곤란하다

기침이 계속되며 끈끈한 점액과 고름이 섞인 가래가 끓어 숨쉬기가 곤란하다. 몸을 움직이거나 일을 하려 들면 기침이 많이 나오며 입과 목에서 악취가 나고 식욕이 떨어지며 심할 때는 객혈을 하기도 한다. 감기, 폐렴 등 호흡기 감염을 자주 동반하게 된다. 정확한 검사는 기관지경 검사, 기관지 촬영으로 할 수 있다.

치료 심하면 변형된 기관지를 절제한다

호흡기의 모든 감염을 빨리 치료한다. 가래로 인해 호흡 곤란을 겪으므로 가래를 배출할 수 있도록 도와준다. 손바닥을 컵 모양으로 하여 등을 두드려 주면 기관지에 붙어 있던 가래가 쉽게 떨어져 나온다.

증세가 갑자기 악화되거나 2차 세균감염이 있을 경우에는 항생제 요법을 시행한다. 영양을 풍부하게 하고 내과적인 치료법으로 효과가 없을 때에는 변형된 기관지를 절제해 내는 수술을 한다.

집에서는 이렇게 주변을 청결하고 조용하게 해 안정을 취하게 하며 방안의 습도를 높여준다. 술, 담배는 금물이다. 특히 간접 흡연도 증세를 악화시키므로 담배 피우는 장소에도 가지 말아야 한다.

기침과 가래를 가라앉히는 데는 귤껍질과 미나리를 함께 넣어 끓여 마시면 좋다. 해파리도 가래 해소에 효과가 있으므로 반찬으로 자주 해 먹는다. 식욕이 떨어지고 소화 흡수력도 약해지므로 소화되기 쉬운 상태로 조리하는 등 영양섭취에 각별한 주의가 필요하다.

# 기흉

원인 기침을 심하게 해 폐포가 파열된 상태다

폐가 찢어져 가슴 속 늑막강에 공기가 들어 있는 상태. 원인은 여러 가지다. 기침을 심하게 해 폐포면이 파열되면 공기가 새어나와 흉곽 내에 공기가 차게 된다. 간혹, 키가 크고 마른 젊은 남성에게서 특별한 원인 없이 자연 기흉이 생기기도 한다. 또 폭행이나 교통사고 등 외상에 의한 외상적 기흉도 있다.

증세 심한 가슴통증과 호흡곤란이 따른다

숨이 차고 호흡이 곤란한 것이 가장 두드러지는 증상. 새어나온 공기가 건강한 폐를 누르게 되어 폐를 찌부러뜨리고 그로 인해 심한 호흡곤란을 일으키게 된다.

갑작스럽게 찌르는 듯한 가슴의 통증이 있으며 이로 인해 환자가 극심한 불안에 빠지기도 하며 이 외에도 맥박이 빨라지고 혈압이 떨어지며 얼굴 색이 파랗게 변하는 청색증 등의 증상이 나타나기도 한다.

치료 공기를 흡수시키거나 빼내야 한다

진찰만으로도 어느 정도 진단이 가능하지만 정확한 진단을 위해서는 X선 사진을 찍어보는 것이 좋다. 기흉은 심한 경우에 불과 수분 만에 사망할 수도 있고 반대로 간단한 시술만으로 합병증 없이 치료할 수 있는 질환이므로 초기에 정확한 진단과 치료를 받아야 한다.

폐포에 들어 있는 공기의 양이 적으면 자연 흡수되는 것도 있으나 많으면 공기를 제거해 줘야 한다. 가슴 부위에 바늘을 꽂아 공기를 빼내거나 갈비뼈 사이로 튜브를 집어넣어 공기를 뽑아 내게 된다. 하지만 재발 가능성이 높기 때문에 수술을 권하기도 한다.

환자를 안정시키고 편안한 자세를 취하게 해 숨이 차고 호흡이 곤란한 증세를 완화시켜 주는 것이 최우선이다. 기흉 환자의 경우 드러눕는 것보다는 앉는 자세가 편안하다.

외상으로 인해 기흉이 생겼다면 상처 부위를 수건 등으로 급히 막은 후 즉시 병원으로 가야 한다. 담배를 피우면 자연기흉 발생률이 높아지므로 반드시 금연한다.

 폐기종

원인 **기관지염이나 천식의 합병증으로 온다**

폐의 동맥경화라 할 수 있는데. 특히 노인에게 흔하다. 노화로 폐가 탄력을 잃어 폐의 가장 본질적인 기능인 가스 교환을 할 수 없어 혈액 속의 산소 양이 줄고 탄산가스가 늘어남으로써 생기는 병증이다. 오랫동안 천식이나 기관지염을 앓은 경우 합병증으로 올 수 있으며 과도한 흡연, 세균 감염, 폐동맥이나 기관지 동맥경화에 의한 영양장애도 원인이 된다.

증세 **숨이 차고 손가락 끝이 퉁퉁해진다**

첫째 증상은 숨찬 것이다. 또 바로 앞에 있는 촛불도 끌 수 없게 된다. 또 손가락 끝이 북채처럼 퉁퉁해진다.

폐가 부풀어서 횡격막 아래로 처지고 폐의 면적이 커지며 심장은 홀쭉해진다. 폐기종이 오래 계속되면 폐의 순환에 저항이 커져서 혈액이 잘 흐르지 않게 되며 폐동맥의 압력이 올라가 심장의 우실이 커진다. 이를 폐성심이라고 하며 중한 질병이다.

치료 **천식 뒤의 폐기종은 치료가 가능하다**

노인성 폐기종은 얼굴의 주름을 펴 달라는 것과 같아 치료가 어렵지만 천식 뒤에 온 폐기종은 회복이 가능하다.

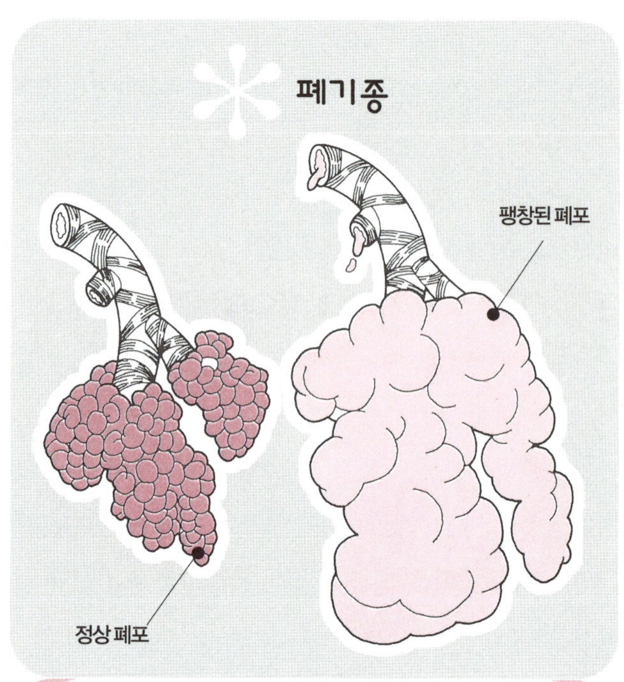

폐포가 심하게 부풀어, 폐포벽이 파괴되면서 가스 교환하는 막이 없어진다. 남자에게 많이 나타난다. 왼쪽은 정상폐포이고, 오른쪽은 점액과 고름으로 모세기관지가 막혀 폐기종을 일으킨 것이다.

치료의 목적은 폐기능이 회복불능 상태로 악화되는 것을 예방하고 증상을 완화하며 장애를 개선하는 것이다. 그리고 호흡부전으로 인한 사망을 예방하는 것이다. 이러한 목적을 위해서는 기관지 분비물의 체외 배출을 도와 기관지가 깨끗하게 되도록 하는 것이 치료의 기본이다.

흡연이 원인이 되고 병을 악화시키므로 반드시 금연한다. 기관지 수축이 오므로 기관지 확장제를 투여해서 호흡곤란을 개선하고 수축된 기도에서 분비물을 제거하는 데 도움을 준다. 하지만 부작용이 있을 수 있으므로 전문의의 처방을 따른다.

수분 공급이 충분하지 않으면 기관지 분비물이 말라 붙어 배출이 안 되므로 과일 주스나 보리차를 충분히 먹이고 가습기를 방에 설치하여 습도를 높이는 것이 중요하다. 흡입공기에 습기를 높여주는 것은 객담을 묽게 하여 배출을 돕는다.

기관지천식

원인 **각종 자극물질과 유전적 요인도 원인이다**

말초기관지가 광범위한 수축을 일으켜 호흡곤란을 초래하는 질환이다. 유전적 요소도 있어 소질을 가지고 있는 사람들은 어떤 외부 자극을 받을 때마다 나타난다.

감염, 감정적 요인, 물리적 자극물질(먼지, 연기, 증기, 온도변화 등), 신체적 과로 등에 의해서도 올 수 있다.

증세 **맥박 빨라지고 천식음이 들린다**

급성 발작 시 숨을 들이마시는 시간은 잠깐이지만 숨을 내쉬는 시간은 매우 길다. 이때 맥박은 매우 빨라지고 부정맥이 나타나며 얼굴이 파랗게 질리게 되기도 한다. 청진기로는 흉벽 전체에서 삑삑거리는 천식음을 들을 수 있으며 대개 수분 후에 발작이 자연히 가라앉게 되는데 심한 경우에는 치료를 하더라도 증상이 지속돼 의식을 잃는 수도 있다.

치료 **항원과의 접촉 피하는 것이 최우선이다**

심한 운동, 찬공기에 노출, 먼지, 가스, 꽃가루 등 천식을 유발하는 특정한 항원이 확인된 경우라면 무엇보다 먼저 이 항원과의 접촉을 피하도록 한다.

실내 환기를 자주 해주고 침대나 이불 커버를 자주 갈아주며 방안 청소도 깨끗이 해 먼지, 진드기나 동물의 비듬, 털 같은 것들이 없도록 하는 것이 좋다. 기관지 확장제를 경구 투여하거나 흡입하게 하는 약물치료법도 있으며 특수한 경우에는 정신요법이나 최면요법도 효과를 보는 경우도 있다.

집에서는 이렇게 어릴 때부터 천식에 걸리지 않는 체질로 키워야 한다. 가능한 한 모유를 먹이고 이

▶▶▶ 호흡곤란 단계 분류표

단 계	증 세	판 단
1도	같은 연령의 건강인과 똑같이 일 할 수 있으며, 언덕이나 계단을 오르내림도 마찬가지로 가능하다. (그러나 숨 가쁨을 느낀다)	이 정도는 정상적인 건강인이라 볼 수 있다.
2도	같은 연령의 건강인과 똑같이 걷는 데는 지장이 없으나, 언덕이나 계단을 똑같이 올라갈 수 없다.	특별한 병은 없어도 비만증이 있을 때 나타나는 현상이다.
3도	평지에서 건강인과 똑같이 걷지는 못하나, 일정한 자기 페이스로 1km 이상 걸을 수 있다.	가볍기는 하지만 심장이나 폐에 이상이 있을 수 있다. 남과 나란히 걸으면 숨이 가빠진다면 의사에게 보여야 한다.
4도	50m 이상 걸을 때 한 번은 쉬어야 한다.	비교적 심한 증세이다.
5도	이야기를 하거나 옷을 벗는 데도 숨이 차고, 집 밖을 나갈 수도 없으며 숨이 차다.	가장 중증이므로 병원 치료가 반드시 필요하다.

유식을 너무 일찍 시작하는 것도 바람직하지 않다. 수유 시 어머니가 알레르기를 일으키기 쉬운 날생선, 날달걀 등을 많이 먹어도 아기를 알레르기 체질로 만들 위험이 높다.

인삼을 달여 따뜻하게 먹으면 천식 치료에 효과가 있으며 구운 은행, 검은콩 삶은 물, 수세미 즙 등도 천식에 좋은 민간약으로 오랫동안 쓰여져 왔다.

각종 암의 중요 증세와 암에 걸리기 쉬운 사람

	간 암	뇌종양	대장암
특징	■ 오른쪽 윗배에서 명치에 걸쳐 불쾌감이 있고 통증이 따른다. ■ 식욕이 떨어지고 체중이 떨어진다. ■ 전신의 권태감이 있다.	■ 초기에는 두통, 현기증, 구토증, 그리고 경련이나 운동장애가 나타난다. ■ 진행되면서 청력장애, 시력장애, 언어장애가 있다.	■ 배부위가 아프고 뻣뻣하며 불쾌감이 있다. ■ 설사와 변비를 되풀이하고 빈혈이 있다. ■ 혈변을 보고 점액질이 섞여 있다. ■ 처음에는 치질이나 월경에 의한 하혈이라 여겨 조기 발견 시기를 놓치는 경우가 많다.
주의해야 할 사람	■ 중년 이후의 남성에 많이 나타난다. ■ 간염·간경변 환자가 발병할 가능성이 높으므로 항상 조심한다. ■ 금연, 금주가 제1원칙이다.	■ 각 연령층에 발생한다. 특히 40~50대에 많이 발생한다. ■ 몸의 다른 부위에서 일어난 암이 뇌로 전이해서 일어나는 수가 많다.	■ 변비가 잦은 편이거나 10년 이상 치질을 앓고 있는 사람은 조심한다. ■ 채소나 과일 등 섬유질이 많이 들어있는 식품을 먹는다.

	식 도 암	설 암	방 광 암
특징	■ 음식을 먹으면 목구멍에 막히거나 넘기지 못해 토하는 수가 있다. ■ 가슴 윗쪽이 아프고 불쾌감, 이물감이 느껴진다.	■ 혓바닥에 굳은 응어리가 생기고 아프다. ■ 궤양이나 백반, 희고 두터운 조직이 생겨 좀처럼 낫지 않는다. ■ 목 줄기 부분으로 전이되기 쉽다.	■ 빈뇨, 배뇨 통증이 있다. ■ 혈뇨가 나온다(통증 등 자각증세가 없어도 갑자기 나타나는 수가 많다).
주의해야 할 사람	■ 남성에게 많다. ■ 흡연, 음주, 뜨거운 음식물 등 자극이 많은 식품을 삼가한다. ■ 애주가이거나 흡연가는 정기검진을 꼭 받는다.	■ 중년의 남성에게 많이 나타난다. ■ 술, 담배, 자극성이 강한 음식을 조심한다. ■ 충치나 구내염에 걸리기 쉬운 사람은 주의한다. ■ 잘 맞지 않는 틀니를 장기간 쓰지 않는다.	■ 중년 이후의 남성에게 많이 나타난다.

	위 암	유방암	자 궁 암
특징	■ 위가 쓰리고 무지근한 아픔이 있다. 썩은 냄새의 트림이 난다. ■ 입맛이 없다. ■ 고기류가 싫어지는 등 식성이 변한다. ■ 설사와 변비가 되풀이 된다.	■ 이렇다할 통증이 없어도 유방에 응어리가 생긴다(산부인과편 유방암 자가 진단법 참조). ■ 유두에서 피가 섞인 분비물이 나온다. ■ 유방의 피부가 가라앉거나 젖꼭지가 조여든다. ■ 유두의 목 부분과 둘레가 헐게 된다.	■ 부정출혈, 성교 후의 출혈, 폐경 후의 출혈과 월경 주기가 틀려지는 증세가 있다. ■ 핑크빛, 암적색 분비물이나 악취가 나는 분비물이 보일 때가 있다. ■ 아랫배와 허리가 아프다.
주의해야 할 사람	■ 위염이 되풀이되는 사람은 주의가 필요하다. ■ 지나친 흡연, 짠 음식은 피한다. ■ 섬유질, 비타민, 콩 등의 단백질이나 우유·유제품 등을 균형 있게 섭취해야 한다.	■ 초경 연령이 빠른 사람, 출산 경험이 없는 사람, 출산 횟수가 적은 사람, 출산이 늦었던 사람, 폐경여성은 주의한다. ■ 1년에 1번 정기검진을 받고 1개월에 1회는 유방암 자가진단을 해본다.	■ 40세 이후의 여성으로서 특히 갱년기가 넘은 연령층에게 쉽게 일어난다. ■ 조혼인 여성이나 성교 상대자가 많은 사람은 특히 주의가 필요하다.

	전 립 선 암	폐 암	피 부 암
특징	■ 힘이 약해 소변이 잘 나오지 않는다. ■ 오줌이 자주 마렵다. ■ 혈뇨가 있다. ■ 허리가 아프다.	■ 숨참, 호흡곤란, 열이 있다. ■ 기침·가래·혈담이 나오고 가슴과 등쪽이 아프다. ■ 입맛이 없고 체중이 떨어진다. ■ 목소리가 쉬는 수도 있다.	■ 주근깨와 사마귀가 생긴다. ■ 습진이 잘 낫지 않는다. ■ 종기 뿌리에 응어리가 있고 딱딱하며 고르지 않다.
주의해야 할 사람	■ 남성 특유의 암으로 50세 이후는 조심을 한다.	■ 중년 이후의 흡연가에게 특히 많이 나타난다. ■ 대기오염이나 작업장에서 오염된 공기에 노출되고 있는 사람은 더욱 더 주의가 필요하다.	■ 직사광선이나 방사선에 노출되는 기회가 많은 사람은 발병할 가능성이 높다. ■ 전부터 있었던 기미나 주근깨, 사마귀, 화상 자국, 외상 등이 갑작스럽게 악성 종양으로 변하는 수도 있으므로 이런 사람은 더욱 더 조심한다.

외과로 가야 할 증세

관절통 · 근육통이 있다

뼈와 뼈 사이를 연결하여 운동을 할 수 있게 하는 관절이나 몸이나 팔, 다리를 움직이게 하는 근육이 아플 때는 근육계 질환일 수 있다. 하지만 뇌신경 계통이나 혈관, 순환기 계통의 이상일 수도 있으니 주의해서 관찰해 보자.

1

관절에 통증이 있다.

YES 2번으로
NO 6번으로

2

넘어지거나 심하게 부딪히는 등 외상 후 관절 주변이 부었다.

YES 3번으로
NO 9번으로

8

저리거나 아픈 증상이 오래도록 계속되면 정형외과로 간다.

4

특히 손가락을 많이 사용하는 사람들에게 흔한 건초염일 수 있으니 정형외과로 가보도록.

3

염좌, 탈구일 수 있으니 정형외과로 가보도록.

7

등에 무거운 짐을 진 채로 일어난 다음에 생겼다.

YES 8번으로
NO 13번으로

5

류마티스관절염일 수 있으니 내과나 정형외과로 가보도록.

6

팔이나 손이 맘대로 움직여지지 않는다.

YES 7번으로
NO 12번으로

9

손가락 관절과 근육이
아프다.

YES 10번으로
NO 15번으로

10

컴퓨터 키보드나 마우스
조작과 같이 손가락을
많이 쓰는 직종에서 일하고 있다.

YES 4번으로
NO 11번으로

12

발가락 위쪽 말단이
발작적으로 아프다면
통풍일 수 있으니
내과, 정형외과로 가보도록.

13

팔이나 손에
힘이 없고 마비되는
증상이 있다.

YES 19번으로
NO 20번으로

11

한번 아프기 시작하면
여러 군데의
관절들이 한꺼번에 아프다.

YES 5번으로
NO 25번으로

14

무릎 퇴행성관절염일 수
있으니
정형외과로 가보도록.

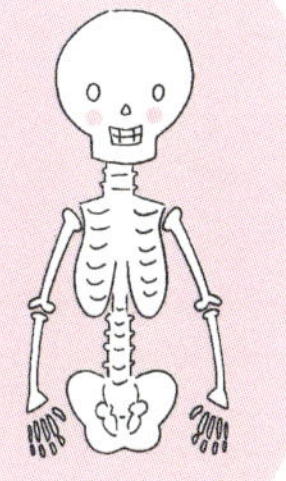

17

근육통이거나 팔꿈치
염증일 수 있으니 일단
안정을 취한 후
정형외과로 가보도록.

15

팔꿈치 통증이 있다.

YES 16번으로
NO 22번으로

16

팔을 비틀면 어깨까지
전해지는 심한 통증이 있다.

YES 17번으로
NO 23번으로

다음 페이지에서 계속 ▶ ▶ ▶

19
원인이 확실하지 않은
통증이 오랫동안 계속되거나
아픈 부위가 자꾸 번지게 되면
몸에 심각한 이상이
있다는 신호다. 신경외과나
내과로 가서
검사를 받아본다.

18
증세가 호전되지 않으면
내과나 정형외과
검사를 받아보도록.

26
감기 등 호흡기 감염에
의해서도 올 수 있다.
통증이 지속되면 내과로
가보도록.

20
어깨가 심하게 결려서
아플 수 있다.
장기간 지속된다면
정형외과로 가보도록.

21
아침에 일어나서 걷기
시작하면 근육이나 관절이
쑤시고 통증이 있다.
YES 14번으로
NO 28번으로

25
손목에 통증이 있다.
YES 31번으로
NO 18번으로

22
무릎 통증이 있다.
YES 21번으로
NO 29번으로

23
팔꿈치를 움직여보면
처음엔 통증이 있었다가도
좀 지나면 부드러워진다.
YES 24번으로
NO 30번으로

24
팔꿈치 부분의 퇴행성
관절염일 수 있으니
통증이 심하면 정형외과로
가보도록.

통증 계속되면 검사를 받는다

무거운 것을 들거나 과로로 인해 관절이나 근육이 일시적으로 아프거나 저리는 증상은 크게 염려하지 않아도 된다. 안정을 취하면 증세가 호전된다. 통증이 계속될 때는 이상이 생긴 것이므로 정형외과로 가서 진단을 받아보는 것이 좋다. 감기나 인플루엔자 때문에 일어나는 수도 있다. 하지만 이때도 통증이 오래 갈 때는 내과로 가서 치료를 받도록 한다.

27

화농성 무릎관절염이나 퇴행성 무릎관절염일 수 있으니 정형외과로 가보도록.

28

갑자기 열이 나고 몸이 붓는다.

YES 27번으로
NO 26번으로

전신증세 없으면 퇴행성 질환

관절의 노화현상에 의한 퇴행성관절염, 퇴행성 고관절염, 퇴행성 무릎관절염, 팔꿈치의 퇴행성 관절염 등은 전신증세가 없다는 점에서 류마티스관절염과는 다르다.

몸의 노화는 누구나 어쩔 수 없지만 일상생활에서 병의 진행을 늦추려는 노력은 할 필요가 있다. 통증이 심하면 정형외과로 가 처치를 받는 것이 안전하다.

29

퇴행성 무릎관절염일 수 있으니 정형외과로 가보도록.

31

손가락을 많이 쓰는 직종이라면 건초염이 의심되지만 이렇다 할 원인이 없다면 수부월상골 무혈성 괴사일 수 있다. 젊은이들에게 특히 잘 나타나는 질환이니 빨리 정형외과 검사를 받아보도록.

30

평소 운동을 즐기고 있다면 박리성 골연골염이나 테니스 엘보일 수 있으니 정형외과로 가보도록. 타박상과 외상이 있다면 증상에 맞는 상처치료를 한다.

통증이 전신으로 번지면 중증이다

외상을 입어 관절 및 그 주변이 붓고 생각대로 움직여지지 않는다면 염좌 혹은 탈구일 수 있다. 골절 가능성도 있으므로 곧바로 정형외과로 간다. 관절이나 근육통증이 지속적이며 전신으로 번지거나 마비 증세가 있다면 심각한 병을 의심한다. 화농성 무릎관절염, 류마티스, 박리성 골연골염, 건초염, 통풍 등은 원인도 다양하므로 검진과 치료를 서두른다.

퇴행성관절염

 관절 사용이 많거나 비만인 경우 잘 생긴다

원인은 확실하지 않다. 여러 가지 학설이 있지만 일반적으로 노화의 일종으로 보는 것이 일반적이다.

기능적인 요구에 비해 혈액공급이 저하된 것이 원인으로 보고 있다. 대개 관절을 많이 사용하는 사람들에게 많이 오며 비만증을 가진 사람이 활동적인 사람보다 많은 것으로 보인다. 이 밖에도 낙천적인 사람보다는 신경질적인 사람에게서 더 빈발하다.

 관절을 쉰 후에 움직이면 통증이 심하다

주로 동통 및 관절이 뻣뻣한 느낌을 가지게 되며 관절을 쉰 후에 움직이면 통증이 심해지며 관절을 지속적으로 사용해도 통증이 심해진다.

류마티스관절염에 비해 관절의 변형이나 이상은 심하지 않아 겉으로는 잘 나타나지 않는데 간혹, 손가락 등에서 외적인 결절 등이 나타나고 경우에 따라 관절의 부종이 관찰되기도 한다.

 관절 변형 심하면 수술로 통증 줄인다

관절을 움직이지 않고 안정하는 것이 제일의 치료요 예방법이다. 규칙적인 운동과 진통제나 온찜질 등도 병용하면 좋다. 치료를 하면 일단 통증은 경감되나 관절 연골 자체는 재생 능력이 제한되어 있으므로 원상태로 회복될 수는 없다.

따라서 다시 무리하거나 하면 통증이 재현되는 것이 특징이다. 특별한 치료제는 없으며 아스피린을 비롯한 여러 제제 및 관절강 내 주사요법 등이 시행된다. 그러나 어떤 방법이든 부작용 및 위험성이 있으므로 의사의 지시에 따라서 치료해야 한다.

집에서는 이렇게
모과차를 끓여 마시거나 말린 모과를 우린 물에 목욕을 해도 효과가 있다. 이 밖에도 진통작용과 염증완화 효과가 있는 율무도 좋다.

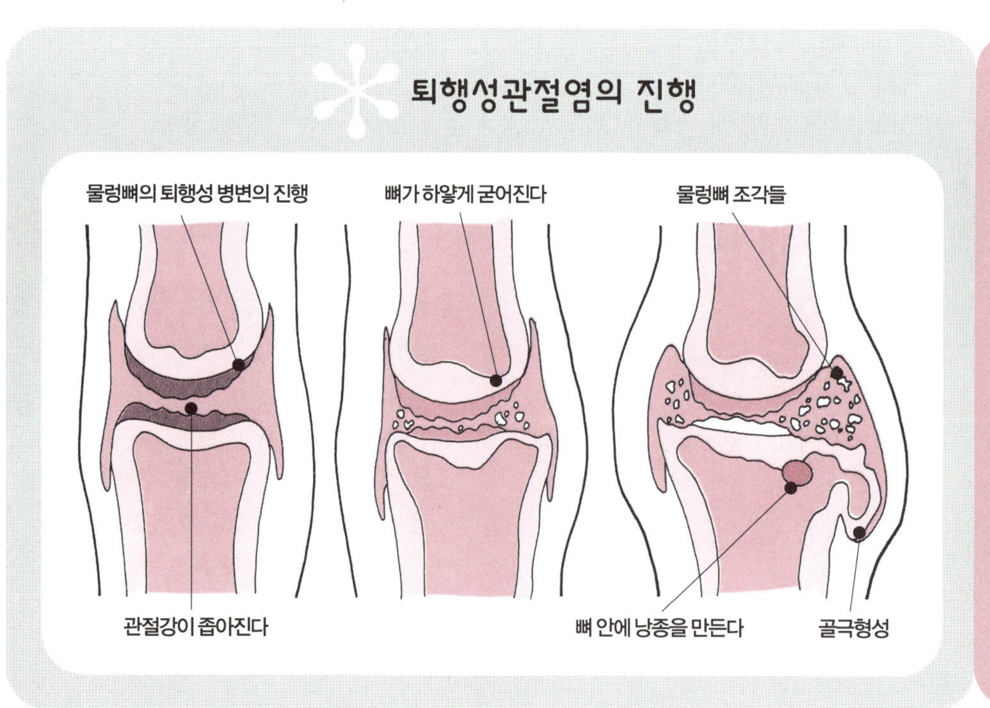

퇴행성관절염의 변화는 몇 년에 걸쳐 서서히 진행한다. 초기 단계에서는 물렁뼈가 약해지며 갈라져서 불규칙한 면을 갖게 되고 관절 사이가 좁아진다. 더 진전되면 뼈는 새로 자라서 손상을 막으려고 한다. 따라서 물렁뼈나 뼈의 조각들이 관절의 활액내에 떠 있게 되어 관절운동에 장애를 준다. 나중에는 뼈 속에 낭종(주머니)을 형성하고 관절은 더욱 더 좁아지며, 골극에 의해 관절을 싸고 있는 막을 손상시키게 된다.

염좌

원인 심하게 부딪히거나 압박을 받았다

관절 부위가 어디에 심하게 부딪히거나 압박을 받았을 경우 순간적으로 관절면이 탈구에 가까운 상태가 되었다가 곧 제자리로 돌아간 것이 염좌이다. 이 때문에 관절 주위의 관절낭이나 인대가 과도하게 늘어나 통증이 오며 경우에 따라서는 찢어지는 수가 있다. 특히 무릎, 발 관절에 일어나기 쉽다.

증세 환부가 붓고 아프다

상당히 강한 통증이 따르고 환부가 부어오르며 경우에 따라서는 관절강 내에 피가 고이는 수가 있다. 관절 뼈 끝에 손상이 없고 출혈이 적을 경우에는 단시일에 낫지만 피가 오래 잔류할 때는 장시일의 치료를 요하며 만성관절염을 일으키는 수도 잇다. 드물기는 하지만 화농하거나 결핵을 유발하는 수가 있다.

치료 냉찜질로 부기 가시면 온찜질을 한다

환부를 움직이지 않도록 하고 골절이 있는지 없는지 살핀다. 환부를 심장보다 높이 올려주면 덜 붓는다. 패드나 붕대로 환부를 감아준 후 처음 몇 시간 동안 얼음찜질을 하면 통증이나 부종이 덜하다. 하루나 이틀 정도 냉습포로 찜질을 한 다음 온습포로 찜질을 해준다. 발목을 삐었을 때는 신발을 신은 채 신발 밑창을 포함해서 발목의 앞뒤로 붕대를 감아준다. 무릎, 손목, 팔꿈치는 탄력붕대로 감아 환부를 보호한다. 통증이나 부기가 오래 계속되면 반드시 정형외과 전문의의 진단과 치료를 받도록 한다.

집에서는 이렇게 찔레나무 열매를 말려서 달여 마시거나 가루 내어 찜질을 하거나 제비꽃을 소금으로 문질러서 그 즙을 아픈 부위에 바르면 진통효과가 있다.

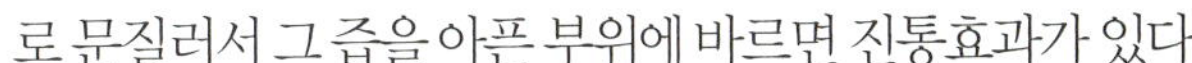

류마티스관절염

원인 원인 불명의 자가면역질환이다

원인은 아직 명확하지 않은데 다만 밝혀지지 않은 어떤 자가항원에 대한 자가항체의 과민한 반응으로, 일종의 자가면역질환으로 생각하고 있다.

유전설, 또는 바이러스, 마이코플라스마 등에 의한 직접 감염설 등이 원인으로 거론되고 있으며 한랭과 습기 등 부적당한 기후가 증상을 악화시키고 만성질병이나 만성적인 스트레스도 증상을 악화시킨다.

증세 관절 동통과 서양 배 모양의 종창이다

부지불식간에 전신이 피곤하며 자주 땀을 흘리나 열은 없는 것이 보통이다. 관절의 동통과 아울러 서양 배 모양으로 붓는 종창이 생기기도 하며 처음에 손가락 관절에서 시작하여 점차 많은 큰 관절을 침습한다.

치료하지 않고 방치하면 모든 관절은 근골의 위축과 더불어 반굴곡위로 변형, 구축, 고정되고 만다. 그러면 환자는 기동조차 못하게 될 수도 있다.

치료 인내심을 가지고 투병한다

원인도 모르고 확실한 치료법도 없다. 그러나 심각한 합병증이 없는 한 치명적인 질병은 아니며 증상이 호전되거나 악화되는 시기가 교대로 나타난다는 것을 이해하고 인내심을 가지고 투병을 하는 것이 중요하다.

약물요법 외에 동통과 종창이 있는 부위에 온습포, 전신 온욕이나 맛사지, 초음파나 온열기 치료, 수중 맛사지, 안마 등 물리요법을 통해 동통을 완화하고 관절을 부드럽게 움직일 수 있도록 도와주기도 한다. 온화한 지방으로 옮겨가 치료를 하는 것도 한 방법이다.

규칙적인 생활로 과로를 피한다. 적당한 운동과 함께 온욕도 효과가 있다. 스트레스나 불안감, 분노 등도 병을 악화시키므로 주의하며 영양섭취에도 신경을 써야 한다. 신선한 야채나 과일로 만든 주스나 해바라기씨, 현미 등이 좋은 식품이다.

통풍

원인 성인병과 동반돼 오는 경우가 많다

핵단백질의 일종인 퓨린이 소화흡수되고 남은 찌꺼기인 요산이 몸 밖으로 빠져나가지 못하고 피 속에 쌓임으로써 생기는 질환이다.

퓨린이 동물성 단백질에 많이 함유되어 있으므로 대체로 술과 고기를 즐기며 운동량이 적은 중년 이후의 남성들에게서 발생 빈도가 높다. 고혈압, 고지혈증, 동맥경화 같은 성인병과 함께 발생하기도 한다.

증세 연골 주위에 요산 덩어리가 생길 수 있다

발작적인 통증이 특징으로 발뒤꿈치, 무릎, 다리, 엄지발가락 등 처음에는 하지 관절에 주로 나타나지만 오래되면 팔꿈치나 손가락에까지 통증이 올 수 있다.

또 요산의 결정체가 딱딱하게 덩어리져 귀나 코에 있는 연골 주위에 혹 같은 것이 생길 수도 있다. 관절이 갑자기 부어오르고 바늘로 찌르는 듯 극심한 통증을 호소한다. 미열, 오한 등이 동반되기도 한다.

치료 약물치료, 식사요법 병행한다

요산 형성을 막거나 요산의 배설을 증가시켜 체내 요산치를 낮추는 것이 치료의 목적이다. 약물치료와 식사요법을 병행하여 치료하며 만약, 심장병이나 신장병 등 다른 병이 동반된다면 그 병에 따른 식사원칙을 우선으로 하여 식이요법을 실시해야 한다.

통풍은 평생에 걸쳐 조절해야 하는 질환이므로 반드시 전문의의 처방을 받아 치료해야 하고 통증이 사라졌다고 해서 치료를 중단하면 재발한다.

고기의 내장이나 등푸른 생선, 가리비 조개 등은 위험식품이다. 술은 요산의 합성을 촉진하므로 과음은 삼간다. 수분을 많이 섭취해 요산 배설을 돕는다. 급격한 체중감량은 오히려 증세를 악화시키므로 냉온찜질 모두 하지 않는것이 좋다.

건초염

원인 지나치게 사용한 것이 원인이다

근육과 뼈를 잇는 힘줄(건)이나 이를 싸고 있는 막(초)에 염증이 생긴 것으로 주로 손가락이나 손목 등에 많이 발생한다. 건을 지나치게 많이 사용하는 것이 주요 원인으로 손목의 엄지손가락 쪽이 아픈 염발음성 건초염, 건초에 수축된 부분이 생겨 그 부위에 건이 부어서 소결절을 만들어 손가락의 움직임이 자유롭지 못한 방아쇠 손가락 등이 대표적이다.

증세 손목의 엄지손가락 쪽이 아프다

염발음성 건초염은 일을 많이 하는 여성이나 야구선수 농구선수 등 주로 손을 많이 쓰는 사람들에게서 흔히 발생한다. 손목의 엄지손가락 쪽이 아프며 누르면 통증이 느껴진다. 방아쇠 손가락은 손가락을 서서히 굽혀갈 때 갑자기 막혀 더 굽혀지지 않거나 더 힘을 주면 순간적으로 툭하며 넘어가면서 아픔이 온다.

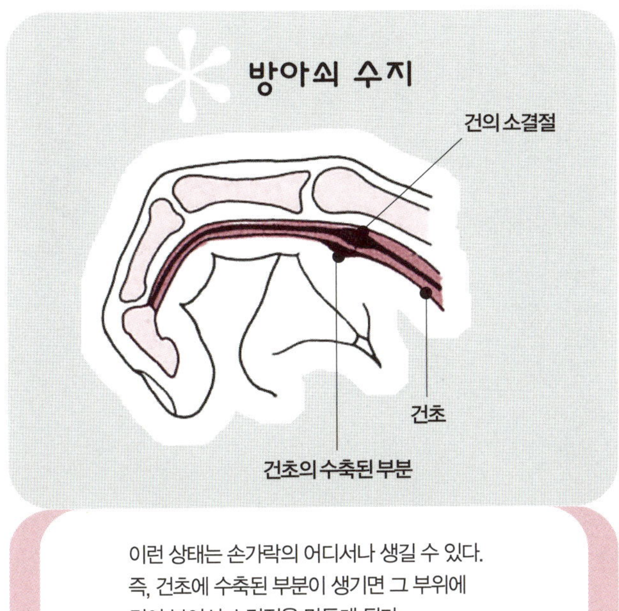

이런 상태는 손가락의 어디서나 생길 수 있다.
즉, 건초에 수축된 부분이 생기면 그 부위에
건이 부어서 소결절을 만들게 된다.
그러면 손가락을 폈을 때에 건이 건초 내에서
자유롭게 움직이지 못하게 된다.

치료 무조건 쉬는 것이 최우선

건초염의 원인이 대부분 건의 지나친 사용에 따른 것이므로 증상이 보일 때는 무조건 원인이 되는 일을 멈추고 쉬는 것이 최우선이다. 또 환부를 가급적 움직이지 않는 것이 좋으므로 환부에 밴드를 고정시키는 것도 한 방법이다. 이 외에 환부에 온찜질을 하거나 침이나 뜸을 뜨는 것도 도움이 된다. 이런 방법으로 증상이 개선되지 않으면 외과적 수술로 건초를 절개하는 방법도 있다. 통증이 심할 경우 전문의를 찾아 진단과 치료를 받는 것이 좋다.

집에서는 이 렇 게 기름지고 자극이 강한 식품은 건막의 염증을 악화시키므로 피한다. 대신 비타민과 무기질이 풍부한 식품을 충분히 섭취하는 것이 좋은데 특히 비타민 B_6 가 많은 음식을 적극 섭취한다. 무청이나 시금치 등이 좋고 토마토나 양배추, 당근 등을 즙을 내어 마시는 것도 도움이 된다. 백미보다는 현미가 좋으며 동물성 단백질보다는 콩이나 두부 등 식물성 단백질을 섭취하는 것이 좋다. 이 외에 김이나 다시마, 미역 등 해조류도 좋다.

화농성관절염

원인 포도상구균 등 세균 감염으로 일어난다

세균이 관절에 침투해 염증을 일으키는 병이다. 급속히 진행되며 물렁뼈를 파괴하므로 발견하는 즉시 집중적으로 치료해야 한다.

원인균으로는 포도상구균이 가장 많고 그 다음은 연쇄상구균과 폐렴균이다. 인플루엔자균과 임균에 의해서도 발생한다. 외상 후 그곳으로 균이 침범하거나 편도염이나 감염된 종기를 통해서도 균이 혈액을 따라 관절에 이르기도 한다.

증세 고름이 괴고 물렁뼈가 파괴된다

염증의 정도에 따라 다르나 환부가 붓고 가벼운 동통이 있다가 고열이 난다. 초기에는 관절 안에 고름이 괴다가 점차 진행됨에 따라 주위로 퍼져 관절의 물렁뼈가 침해되고 파괴되어 간다.

물렁뼈가 상하면 염증이 나은 뒤에도 관절의 형태가 변해 관절을 못쓰게 될 수도 있고 관절면이 파괴되어 뼈가 서로 붙어 관절이 전혀 움직이지 않게 된다.

치료 항생제 투여하고 관절 세척한다

주사기로 뽑아보아 고름이 발견되면 원인균에 대한 항생제를 투여한다. 경우에 따라 관절을 절개하는 수술을 통해 고름을 제거하고 관절을 깨끗이 세척한다. 최근에는 다량의 항생제를 혈관에 주사하면서 약 1주일간 계속 식염수로 씻어내는 방법을 쓰고 있다.

치료 중에는 부목이나 보조기구를 사용하여 관절의 위치를 고정해 줌으로써 변형을 방지한다. 치료가 불충분했거나 시기를 놓쳤을 때는 관절이 파괴되어 관절 고정술을 하게 되는 수가 있다.

목이 돌아가지 않는다

무리한 운동 직후, 혹은 자고 일어나서 갑자기 목이 아프고 목이 돌아가지 않을 때가 있다.
대부분 시간이 지나면 돌아오지만 오래 지속되면 퇴행성 질환이나
갑상선 이상일 수 있으니 정확한 검진을 받아보도록 한다.

1

목이 부었다.

YES 2번으로
NO 4번으로

2

목젖 아래쪽이 부어서 뭔가 있는 것처럼 신경이 쓰인다. 음식을 삼킬 때마다 움직이는 느낌이 든다.

YES 3번으로 NO 6번으로

10

귀 아랫부분이 부어 있다.

YES 11번으로
NO 14번으로

3

갑상선에 이상이 생겼을 수 있다. 단순성갑상선종, 바세도우병 등을 의심할 수 있으니 내과, 내분비과로 가보도록.

4

목을 움직일 때마다 어깨나 팔까지 통증이 전해진다.

YES 5번으로
NO 8번으로

9

목과 손, 손가락 관절이 붓고 아프면 류마티스관절염일 수 있으니 내과, 정형외과 검사를 받아보도록.

5

퇴행성경추염이나 목뼈추간판탈출증, 목, 어깨, 팔 증후군일 수 있으니 정형외과로 가보도록.

6

목덜미 아래쪽에 응어리가 잡힌다.

YES 7번으로
NO 10번으로

7

임파선이 부어오른 것일 수 있다. 내과나 외과 검진을 받아보도록.

8

자고 일어나면 목 뒤에 있는 응어리가 아프다.

YES 9번으로
NO 12번으로

11

이하선염일 가능성이
높다. 내과로
가거나 이비인후과로 가
검진을 받는다.

12

뒷머리 부분에
구토를 동반한 심한
통증이 있다.

YES 13번으로
NO 15번으로

13

뇌졸중의 전조일 수 있다.
서둘러 내과로 간다.

14

부기가 가라앉지 않고
지속되면 내과, 정형외과,
치과, 구강외과,
이비인후과 검진을 통해
원인을 찾아낸다.

17

단순한 근육통이나
잠을 잘못 자서
목이 돌아가는 경우도 많다.
시간이 지나면
정상으로 돌아오지만
만약 장기간 계속되거나
다른 이상이 나타난다면
정형외과 검사를
받아보도록 한다.

15

심한 외상으로
목 부위를 다친 후 혹은
몸 전체에 충격을
받은 후부터
목이 돌아가지 않는다.

YES 16번으로
NO 17번으로

16

편타성외상일 수 있으니
정형외과로 가보도록.
목의 상처를 방치해 두면
악화될 가능성이
크므로 정형외과 치료를.

가벼운 증세

잠자는 자세 나빠도 올 수 있다

아침에 자리에서 일어날 때 갑자기 목이 아프면서 돌아가지 않는 것은 잠자는 자세가 나빠서 오는 통증일 수 있다. 이 밖에 무리한 운동을 하거나 과로했을 경우에도 목이 아플 수 있다. 이런 통증은 시간이 지나면 낫게 되므로 크게 염려할 것 없다. 하지만 증세가 가볍더라도 오래 계속되거나 다른 이상을 동반할 때는 꼭 정형외과에서 검사를 받도록 한다.

의심되는 증세

퇴행성질환, 갑상선 이상을 의심한다

퇴행성경추염, 추간판탈출증의 경우 목을 움직이면 어깨나 팔 쪽에서도 통증이 느껴진다. 목젖 아래쪽이 붓고 삼킬 때마다 움직이면 **단순성갑상선종**을 생각할 수 있다. 목덜미 아래에서 멍울이 만져지면 임파선 팽창, 귀 밑이 부어 있는 경우 이하선염이 의심된다. 안정을 취하거나 약물 요법으로 증세가 완화되기도 한다. 정확한 검진을 받고 치료한다.

중 증

통증, 구토증 심하면 위험하다

목젖 아래쪽이 붓고 목을 돌리기가 힘들며 호흡곤란이 따르면 단순성 갑상선종일 가능성이 있고, 목이 쉽게 돌아가지 않고 어깨, 팔다리가 저리며 따끔따끔 쑤시면 **목뼈추간판탈출증**를 의심한다. 또한 자동차 추돌사고 등 심한 충격 후 통증이 있다면 **편타성외상**의 위험이 있으므로 즉시 병원으로 간다. 목의 상처는 그냥 방치해 두면 악화되기 쉽다.

단순성갑상선종

원인 갑상선 호르몬 부족이 요인이다

체내 요오드 성분이 부족하거나 항갑상선물질을 다량 섭취하는 등 외부적인 요인이 있는가 하면 월경·임신·사춘기 등에 의한 갑상선 수요 증가 등 내부적 요인이 있다. 이런 여러 요인에 따라 갑상선 내부 및 혈중의 갑상선 호르몬이 감소하므로, 이에 대응해 갑상선 호르몬의 분비를 자극하는 호르몬이 증가해 갑상선이 비대해지므로 발생하는 질환이다.

증세 갑상선이 부어 올라 불편하다

갑상선이 부어오르는 것이 가장 큰 특징이다. 갑상선종이 아주 커지면 드물게 호흡곤란, 쉰 목소리가 나오기도 한다.

갑상선을 만져보면 대체로 표면은 편평하고 부드러우며 특별한 병적 요소는 없다. 갑상선종과 유사한 증상을 보이는 갑상선암의 경우 혹처럼 생긴 종창의 표면이 우툴두툴하므로 감별할 수 있다.

알·아·두·자

편타성외상의 응급처치

■ 목 부위를 따뜻하게 해준다

목의 옆 부분이나 어깨 또는 어깨뼈 안쪽 기슭의 힘살을 만져보면 근육이 긴장되어 단단하게 느껴진다. 그래서 문지르면 좋을 것이라 생각하기 쉬우나 아픈 것을 찾아가며 문지르면 더욱 아프다. 이럴 때에는 목의 아픈 부위를 따뜻하게 해준다. 더운 물에 적신 수건이 효과가 있다. 그 위에 나일론천이나 얇은 비닐 막을 덮어서 온도를 유지하고 주위가 젖지 않도록 15~20분 동안 그대로 둔다. 이것만으로도 많이 좋아지는 수가 있다.

치료 갑상선 호르몬제를 투여해야 한다

사춘기 갑상선종의 경우처럼 시간이 흐르면 자연히 낫는 수도 있지만 증세가 심할 경우 갑상선 호르몬제를 투여해야 한다. 갑상선제는 뇌하수체에서 갑상선 자극 호르몬 분비를 억제시키는 기능을 하는데, 전문의의 진단과 처방을 받아 적절한 양을 규칙적으로 투여한다.

투여는 4~6개월간 계속한 후 결과 판정을 해 유효하다고 판정되면 장기간 투여한다. 갑상선제의 효과가 없거나 혹이 너무 클 경우 수술을 시행한다. 수술 후에도 재발 방지를 위해서는 갑상선제를 일생 동안 계속 사용해야 한다.

> **집에서는 이렇게** 안정과 휴식을 최우선으로 한다. 톳나물은 소염 효과가 있으므로 생톳나물로 술을 담가 매일 아침저녁으로 한 잔씩 마시면 좋다. 갈증이 날 때는 복숭아가 좋다.

편타성외상

원인 목이 심하게 구부러졌을 때 온다

급정거를 한다든가 앞차를 추돌한 경우 목이 심하게 앞으로 구부러지거나 차 천장에 머리를 부딪히거나 하여 생긴다. 특히 5,6 경추 사이와 6,7 경추 사이에서 잘 일어나며 경추에 퇴행성 변화가 있는 경우에는 더 쉽게 일어난다. 이 밖에도 무거운 물체가 위로부터 충격을 주어 압박될 때나 수영중에 다이빙하다 가벼운 외상이 생길 때도 올 수 있다.

증세 삐거나 골절로 심한 통증이 온다

이 경우 나타날 수 있는 증상은 크게 염좌와 골절이다. 경추부(목등뼈)가 삔 경우 목이 죄는 듯하고 불편한 느낌이 생기며 몇 시간 지난 후부터 통증이나 부기가 나타난다. 골절되거나 신경에 손상을 입은 경우에는 목뿐만 아니라 두통, 구토, 귀울림 등의 증세까지 동반하는 경우도 많으며 사고 직후부터 목을 돌릴 수 없을 정도로 급격한 통증이 나타난다.

서둘러 정형외과를 찾는다

통증의 정도와 상관없이 서둘러 정형외과를 찾아 정확한 검사를 받고 적절한 조치를 취해야 한다. 만약 외상 정도가 가벼워 통상적인 치료만으로도 치료가 가능하다면 무엇보다 절대 안정이 필수다.

통증이 심할 때는 온습포의 효과가 크다. 근육을 이완시켜 통증을 완화시킨다. 그러나 화농성 염증, 당뇨병이 있는 경우, 전염성 피부질환 등에 사용해서는 안 된다. 이 외에 적외선 치료나 초음파 치료, 맛사지, 지압, 안마 등과 함께 침이나 뜸도 유효하다.

> **집에서는 이렇게** 환자에게는 온돌방이나 딱딱한 침대가 좋다. 바닥은 따뜻한 것이 좋고 차갑고 습한 것은 통증을 악화시키므로 피한다. 식사는 자극성이 없는 것을 섭취하도록 하고 특히 술, 담배, 커피 등은 피하는 것이 좋으며 신선한 야채와 과일을 많이 섭취한다.

목뼈추간판탈출증

경추의 퇴행성 변화가 큰 원인이다

목 부위의 통증을 일으키는 원인 중에 가장 흔하며 때로는 양쪽 팔로 방사되는 심한 통증이 있다. 디스크 탈출, 경추의 퇴행성 변화, 경추 후방인대가 두꺼워지거나 석회침착이 있는 경우, 경추부 힘줄의 손상이 있을 때 등 여러 요인에 의해 경추나 디스크에 어떤 변화가 일어나 척수 신경구를 통해서 나오는 신경근이 압박을 받아 나타난다.

목뿐만 아니라 어깨, 팔까지 아프다

목이 뻣뻣해져 쉽게 돌릴 수 없으며 어깨와 팔까지 저리고 따끔따끔하게 쑤신다. 이러한 동통은 특히 목을 움직이거나 기침, 재채기를 하거나 긴장하게 되면 더욱 심해진다. 증상이 심하면 누워서 자기 힘들고 경부 근육에 경련이 생기고 머리를 움직일 수 없게 되는데 특히 병변이 생긴 쪽으로 더 굽힐 수가 없어 반대쪽으로 목이 굽어지는 현상이 생긴다.

경부 칼라 착용해 안정을 유지한다

반드시 전문의사의 진단을 받고 치료해야 한다. 경부 디스크 탈출증의 대부분은 보존적 치료로 좋은 결과를 얻을 수 있다. 통증이 심하지 않은 경우에는 편안한 위치에서 안정을 하고 온습포를 이용한 물리치료를 하는데 머리와 목은 편안한 상태로 하며 목 뒤에 목의 전만곡선을 따라서 얇은 시트를 접어서 괴어준다.

그리고 골격근 이완제를 복용한다. 통증이 심할 때는 견인요법을 쓰기도 하며 3~4주 정도 물리치료와 약물치료를 겸하면 증상이 호전된다.

일단 회복이 되어 침상안정을 할 필요가 없을 때라도 경부칼라를 착용하는데 착용기간은 대체로 6~8주간이며 누워 있을 때를 제외하고는 늘 착용한다. 보존적 치료로도 효과가 없고 증상이 악화될 때는 수술을 해야 한다.

> **집에서는 이렇게** 목뼈 디스크를 예방하려면 이 부분을 항상 유연하게 해주는 것이 중요하다. 평소 적절한 운동과 올바른 자세를 취하는 것이 중요하며 베개는 낮게 베야 한다. 근육과 뼈를 단단하게 하는 두충차나 혈액순환을 돕는 부추술이나 부추 생즙도 좋다.

우리몸의 뼈의 구성

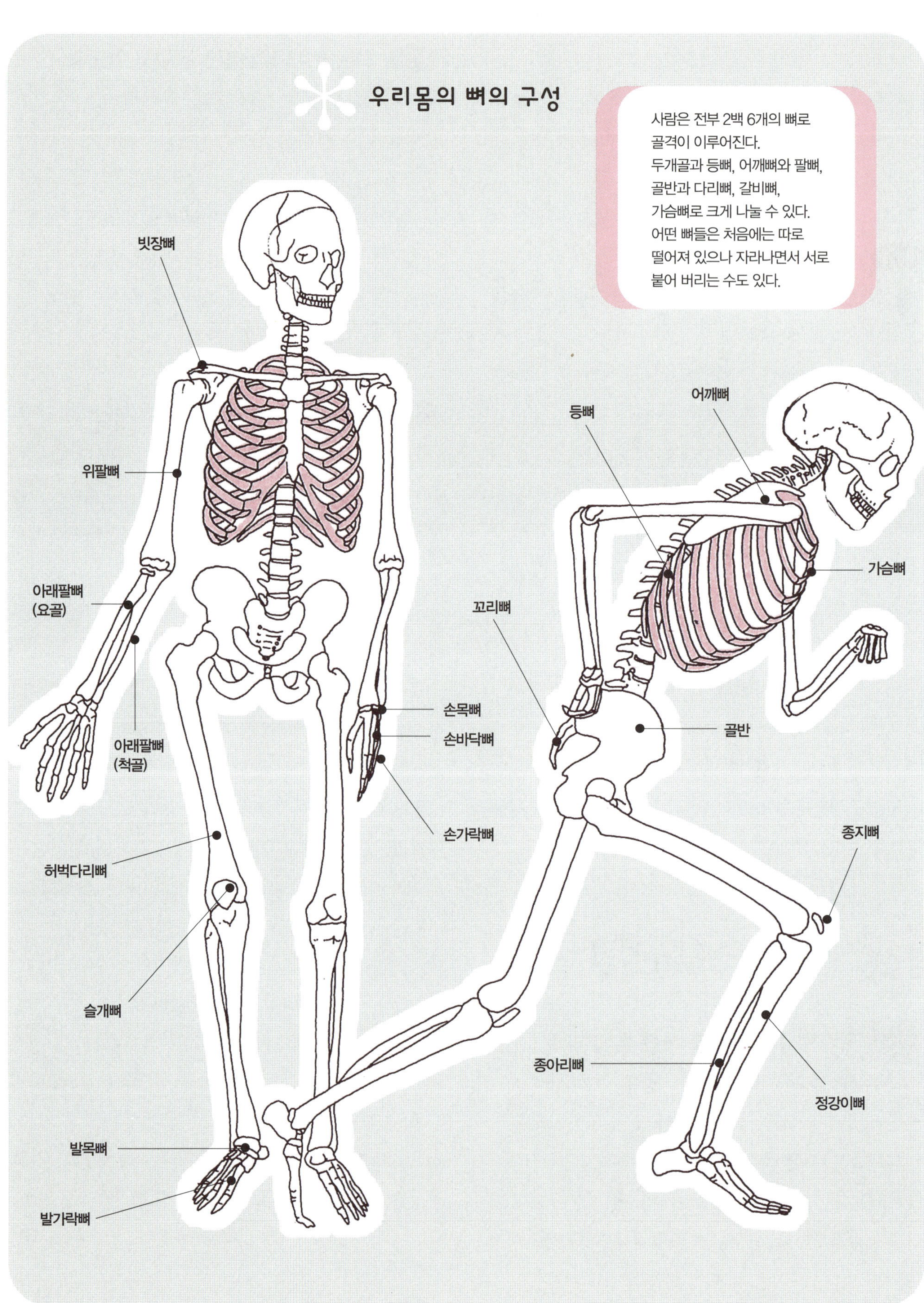
사람은 전부 2백 6개의 뼈로
골격이 이루어진다.
두개골과 등뼈, 어깨뼈와 팔뼈,
골반과 다리뼈, 갈비뼈,
가슴뼈로 크게 나눌 수 있다.
어떤 뼈들은 처음에는 따로
떨어져 있으나 자라나면서 서로
붙어 버리는 수도 있다.
빗장뼈
위팔뼈
아래팔뼈
(요골)
아래팔뼈
(척골)
허벅다리뼈
슬개뼈
발목뼈
발가락뼈
등뼈
어깨뼈
가슴뼈
꼬리뼈
손목뼈
손바닥뼈
손가락뼈
골반
종지뼈
종아리뼈
정강이뼈

갑상선 장애에는 요오드가 풍부한 해조류를 먹는다

■ 다시마를 반찬으로 많이 먹는다

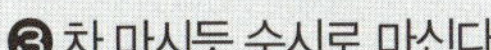

해조류 중에서도 요오드 성분을 가장 많이 함유하고 있는 다시마를 반찬으로 만들어 먹는 것도 좋고, 톳나물과 함께 달여서 탕으로 만들어 마셔도 효과가 있다.

요오드의 공급은 갑상선종뿐만 아니라 바세도우병의 후유증에도 도움을 준다. 특히 수술이나 방사선요법 등으로 갑상선호르몬 분비가 저하되었을 때 적극 섭취하도록 한다.

■ 연꽃 씨 달인 물을 마신다

연꽃 씨 달인 물을 차 대신 마시면 보신에도 좋을 뿐 아니라 가슴이 두근거리는 증세에도 효과가 있다.

❶ 연꽃 씨 10g을 깨끗이 씻어 프라이팬에 잘 볶는다.

❷ 볶은 연꽃 씨를 냄비에 옮겨 담고 물 3컵을 부어 조금 줄 때까지 끓인다.

❸ 차 마시듯 수시로 마신다.

■ 복숭아를 자주 먹는다

갑상선의 질병인 바세도우병으로 인해 땀을 많이 흘린다거나 목이 마른 증세가 있는 사람에게는 복숭아가 좋다. 복숭아는 수분을 많이 함유하고 있으며 담을 막는 작용이 있기 때문이다. 따라서 밤만 되면 식은땀을 흘리는 사람은 복숭아를 자주 먹어주면 도움이 된다. 물론 복숭아는 신선할수록 좋다.

■ 자극성 식품과 음주 · 흡연은 금한다

평소에 짜거나 매운 것을 즐기는 식습관이 있다면 당장 바꾸어야 한다. 싱겁고 담백하게 조리한 음식을 먹어야 하며 더불어 소주나 맥주, 양주 등 알코올 성분이 들어 있는 모든 주류는 절대 피한다. 그 밖에도 진한 홍차나 커피, 담배도 최대한 줄여야 한다.

술, 담배 등은 절대 삼간다. 커피도 줄인다.

생 톳나물에 소주를 부어 발효시킨다.

■ 톳나물 술을 담가 마신다

톳나물은 딱딱하게 응어리진 부분을 풀어주고 소염 작용을 한다. 또한 그 속에 요오드 성분이 들어 있어 갑상선의 활동을 높이는 기능이 있기 때문에 갑상선종 증세가 있는 사람에게 권할 만하다. 톳나물 술은 생것을 이용하는데, 밀폐용기에 톳나물을 담고 소주를 부은 후 뚜껑을 닫고 서늘한 곳에서 2~3주 정도 발효시킨다.

이때 우러나는 색깔을 보고 발효 기간을 맞추도록 한다. 이것을 매일 아침, 저녁으로 한 잔씩 마시면 효과가 있다. 그러나 주의해야 할 점은 일단 갑상선에 이상이 생겼을 때는 피로나 몸에 무리가 가는 일을 하지 않아야 한다. 따라서 톳나물 술 역시 절대로 과음하지 말아야 한다.

■ 찹쌀가루를 현미수프에 넣어 먹는다

찹쌀은 심하게 땀을 흘리거나 잦은 소변, 피로 등으로 시달리는 사람에게 좋은 식품이다. 현미와 밀을 같은 양으로 해서 볶아 가루로 만든 다음, 현미수프에 10g씩 넣어 먹으면 좋다.

요통이 있다

척추나 그 외 주위 근육에 무리가 가거나 피로가 쌓이면 허리 통증이 생길 수 있다.
활동이 많거나 운동부족일 경우에도 통증이 생길 수 있으며 대개 안정을 취하면 통증이
가라앉지만 그렇지 않다면 검진을 받아볼 필요가 있다.

1
최근 허리를 세게 부딪친 적이 있거나 무거운 짐을 들어 올린 이후부터 요통이 생겼다.
YES 2번으로 NO 4번으로

2
타박상이나 변형성척추증일 수 있으니 정형외과로 가보도록.

12
심각한 병일 수 있으니 정형외과로 가보도록.

11
신우신염일 수 있고, 배뇨에 문제가 있으면 요로결석일 가능성도 높다. 내과, 비뇨기과로.

3
장기에 이상이 있거나 자궁내막증 등 생식기에 이상이 있어도 허리가 묵직하고 아플 수 있다. 분비물에 냄새가 심하거나 생리 이외의 출혈이 있다면 산부인과 검사를 받아본다.

4
장시간 같은 자세를 취하고 있다가 요통이 생겼다.
YES 5번으로
NO 7번으로

참/조/페/이/지
골다공증 … 167
월경곤란증 … 280
생리통 … 278, 306

7
허리가 굽었다.
YES 8번으로
NO 10번으로

10
오한과 고열이 나기도 하며 허리 근처가 쑤시며 아프다.
YES 11번으로
NO 14번으로

5
근육통이나 운동부족일 수 있다. 장기간 지속되면 뼈에 이상을 의심할 수 있으니 정형외과로 가보도록.

6
정신적인 장애로 인한 통증일 수 있으나 심하게 아프면 정형외과로 가보도록. 장기간 지속되면 내장 질환일 수 있으니 내과검사를 요한다.

8
골다공증일 수 있으니 정형외과로.

9
허리가 구부정해지고 잠자리에서 일어날 때 더 아프면 노인성관절염일 가능성이 있다.

13

중장년이다.

YES 9번으로
NO 3번으로

14

다리가 당기고 저린
증상이 동반된다.

YES 15번으로
NO 18번으로

15

변형성척추증이나
허리디스크일 수 있으니
정형외과로 가보도록.

16

장기간 심하게 아프고
전신이 무기력해진다.

YES 12번으로
NO 6번으로

17

생리통일 수 있으나
자궁, 난소 등 생식기 질환일
가능성도 있다.
산부인과로 가보도록.

18

허리를 움직이면
통증이 심하다.

YES 19번으로
NO 20번으로

21

생리 기간 중
요통을 동반한다.

YES 14번으로
NO 16번으로

19

척추분리증이
의심되니
정형외과로 가보도록.

20

여성이다.

YES 17번으로
NO 13번으로

근육통, 생리통일 수 있다

계속 같은 자세로 있은 후에 허리 통증을 느끼끼다면 근육통을 의심할 수 있다. 운동부족인 경우도 움직일 때 통증을 느낄 수 있다. 여성의 경우 생리통의 일환으로 요통을 호소하기도 하며 중년 이후의 여성이라면 갱년기장애의 한 증세로 나타난다. 통증이 심하지 않다면 안정을 취하면 쉽게 완화된다. 하지만 통증이 계속되면 검진을 받는다.

소변 이상 있으면 신장병 의심

허리를 세게 부딪히거나 무거운 것을 들어올린 다음에 통증이 생겼다면 타박상이나 변형성척추증을 의심할 수 있다. 이 경우 안정이 최우선이며 약물요법이나 견인요법을 쓰기도 한다. 부기가 있거나 소변에 이상이 있으면 **신우신염**을 의심한다. 다리의 통증이나 저림이 동반되면 **변형성척추증**이거나 **허리디스크**일 가능성 있다. 정확한 검진 후 치료를 받는다.

전신 쇠약해지면 중병이다

허리가 구부정해지고 일어설 때 절로 신음이 새어나올만큼 아프면 **노인성관절염**을, 옆구리쪽에 발작적인 통증이 일어나고 오줌이 갑자기 적어지며 체중이 줄었다면 **요로결석**일 수 있다. 또 월경 전후에 허리가 무지근하게 아프고, 아랫배에 통증이 느껴지며 월경이 없어도 허리가 아프면 **자궁내막증**일 가능성이 높다. 산부인과 검진을 서두른다.

허리디스크

 갑작스런 충격이나 반복된 긴장이 원인

20대 이후부터는 추간판의 퇴행성 변화가 시작돼 충격 흡수 기능이 약화되는데 이때 갑작스러운 충격이나 긴장 상태를 반복해서 받았을 때 일어날 수 있다. 교통사고나 낙상, 허리를 삔 경우 등이 다 디스크병을 유발시킬 수 있는 원인이 된다.

 똑바로 설 수 없을 만큼 아프다

허리를 구부리거나 똑바로 설 수 없을 정도로 아픈 것이 전형적인 증상으로 요통이 점차 소실되면서 다리쪽으로 당기는 듯한 통증이 느껴진다.

이렇게 되면 다리가 저리고 시린 이상감과 함께 근육이 마비되는 좌골신경통이 된다. 오래 서 있거나 오래 걸을 때 허리를 앞으로 구부린 상태, 오래 앉아 있을 때 통증이 더 심하다.

 수술로 디스크 제거하는 방법도 있다

활동을 제한하고 안정하는 것이 최우선이다. 침상은 푹신한 것보다는 딱딱한 것이 좋으며 머리에는 베개를 받치지 말고 무릎 아래 베개나 쿠션 등을 받쳐주면 통증이 완화된다. 가장 흔히 사용하는 방법이 물리치료인데 환부를 따뜻하게 해주는 것이 핵심이다.

온습포나 따뜻한 패드를 대는 방법도 있으며 고주파나 초음파를 이용한 치료도 있다. 증상이 수년간 반복될 때는 수술로 탈출한 디스크를 제거한다.

집에서는 이렇게 디스크를 예방하려면 올바른 자세와 생활습관을 갖는 것이 중요하다. 항상 자세를 바르게 가지며 척추에 무리가 되는 행동은 삼간다. 여성들의 경우 높은 구두나 다리를 꼬고 앉는 자세나 꽉 조이는 속옷 등은 피하는 것이 좋으며 잘 때 엎드려 자는 것은 피하고 바로 누워 무릎을 굽히거나 옆으로 누워 자는 것이 좋다. 체중과다도 척추에 부담을 주므로 체중을 조절한다. 평소 꾸준한 운동과 체조로 근육을 강화시켜 준다.

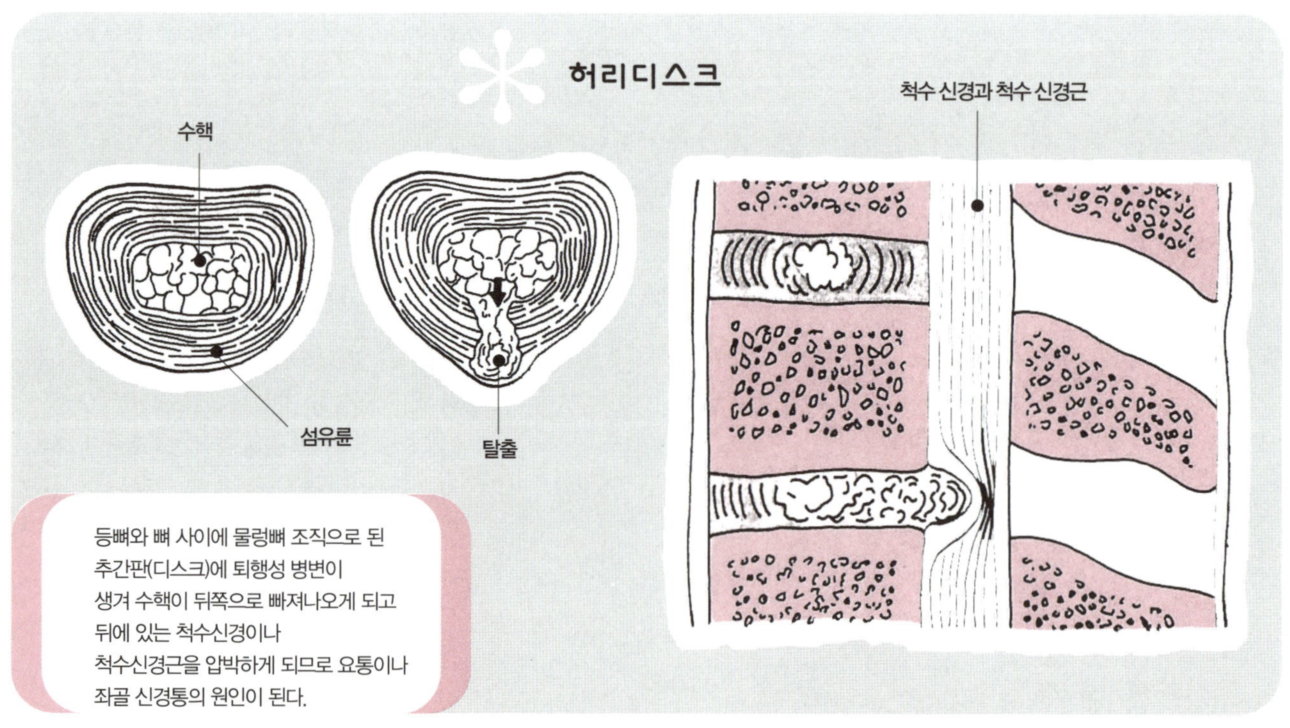

신우신염

원인 요로계통에 염증이 원인이다

오줌이 순조롭게 흐르지 못해 세균이 신우와 신장까지 올라가 염증을 일으킨 경우다. 요도나 요관의 협착 등 요로계통에 문제가 생겼거나, 골반 내 여러 장기의 종양이나 염증 등이 있을 때 밖으로부터 요관을 압박하여 오줌의 흐름을 방해하는 것도 원인이 된다. 이 외에 생활양식의 서구화, 개방적인 성행위, 화학섬유의 착용, 국소의 오염 등과도 무관하지 않다.

증세 만지기만 해도 허리가 아프다

오한과 고열이 나고 허리 근처가 쑤시며 아프다. 심할 때는 허리 피부만 만져도 자지러질 만큼 아프다. 오줌의 양이 느는 것은 아니지만 횟수가 많아진다. 탁하거나 고름이 섞인 오줌이 나오기도 하는데 이는 오줌 속에 세균이나 백혈구가 섞여 있기 때문이다. 만성화될 경우 미열, 전신권태, 요통 등이 있고 신기능 저하를 볼 수 있으나 증상이 전혀 없는 경우도 있다.

치료 완전히 치료하지 않으면 만성화 된다

올바르게 치료하면 100% 낫는다. 그러나 완전히 치료하지 않으면 재발하기 쉽고 만성으로 이행하기도 한다. 만성 신우염이 되어 차츰 병이 진행되면 신기능의 장해가 진전되고 마침내 만성 신부전으로 이행하는 경우도 있다.

진단을 명확하게 하기 위해 오줌검사를 하는데 오줌이 탁하며 현미경으로 보면 많은 백혈구와 세균이 발견된다. 세균은 대장균이 가장 많고 때로는 혈뇨도 있다. 치료로는 항생물질을 사용하는 게 일반적인데 반드시 의사의 처방에 따라 사용해야 한다.

집에서는 이렇게 안정이 제일이다. 수분을 많이 섭취해 세균이 많은 오줌을 밖으로 빨리 내보내는 것이 좋다. 성교 전후에는 깨끗이 씻고 성교 후에는 배뇨하는 습관을 들인다. 몸을 춥게 하는 것은 좋지 않으며 과로하지 않도록 규칙적인 생활을 하는 것이 중요하다.

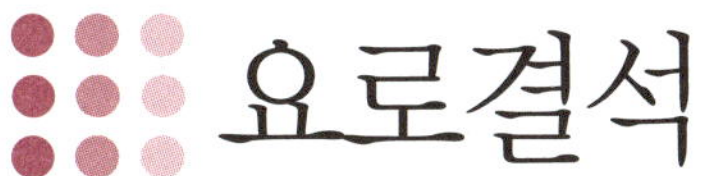

요로결석

원인 스트레스나 기름진 식생활도 영향

신장, 요관, 방광, 요도 등 오줌이 흐르는 요로에 돌(결석)이 생긴 질환이다. 결석의 성분은 칼슘, 인산, 요산, 수산, 암모늄 등의 복합체. 수분섭취가 적어 소변 양이 줄고 소변이 정체될 경우 결석이 생기기 쉽다. 이 외에도 정신적인 스트레스나 기름진 식생활이 영향을 미치기도 하며 요로폐쇄, 부갑상선기능항진증 등이 원인이 되기도 한다.

증세 오줌 줄어 무뇨가 되기도 한다

옆구리쪽에 발작적인 통증이 일어난다. 열이 나고 안면이 창백해지며 식은땀이 나고 오심과 구토증도 온다. 자주 반복하면 빈혈, 체중감소도 뒤따른다.

통증이 심할 때는 오줌이 갑자기 적어지고 무뇨가 되기도 한다. 결석이 내려와서 방광에 오면 배뇨 횟수가 늘어나고 배뇨 시에 통증이 오기도 한다. 극히 드물게는 결석이 있어도 아무 증상이 없을 수도 있다.

치료 오줌으로 배출하거나 수술로 제거한다

작은 결석이 한쪽에만 있을 때에는 그대로 내버려두면 오줌 속에 섞여 나와 버릴 때도 있다. 통증이 심할 때는 진통제를 투여하고 감염증이 생겼다면 항생제로 치료한다. 결석을 제거하는 데는 내과적 방법과 외과적 방법이 있다. 수분 섭취를 늘려 결석을 아래로 내려가게 해 오줌으로 결석을 배출시키는 방법이다. 그래도 결석이 나오지 않으면 수술해야 한다. 겸자로 결석을 제거하는 겸자제거법과 결석을 레이저로 쪼개어 배출시키는 쇄석술, 내시경 요법, 수술 등의 방법이 있다.

하루 3ℓ 이상의 물을 마시며 맥주나 수박 등 수분이 많은 음식을 섭취한다. 육류의 과다섭취가 결석의 위험을 높이므로 주의한다. 조기는 결석 배출에 효과가 있는데, 특히 머리에 돌멩이가 든 석수어가 요로결석에 좋다. 야생초인 범의귀 잎도 이뇨작용이 있어 샐러드나 나물로 만들어 꾸준히 먹으면 결석을 녹여준다.

 노인성관절염

원인 관절의 노화현상이 원인이다

관절의 노화현상이 원인으로 관절이 노화나 과다한 사용 등으로 인해 깎이고 닳아서 소모되기도 하고 수많은 작은 상처들을 가지게도 된다. 체중을 받치고 있는 등뼈에서도 특히 아래 허리 부분의 요추가 있는 부분에서 이런 현상이 흔하며 특히 체중이 증가하면 내려누르는 압력이 커져서 관절의 변화가 더 빨리, 심하게 일어날 수 있다.

증세 쉬었다 움직일 때 통증이 심해진다

별다른 이유 없이 허리가 아파 허리가 구부정하게 되며 앉았다 일어설 때는 절로 신음이 새어나올 만큼 통증을 호소한다. 증상이 심해지면 허리를 움직이는 것이 부자유스럽고 통증은 다리까지 파급된다. 오랫동안 쉬었다가 다시 일어설 때나 아침에 잠자리에서 일어날 때 더 심한 고통을 느끼며 활동하다 보면 통증이 경감된다.

치료 온찜질이나 맛사지 등 보조적 치료가 전부

노화의 한 현상이므로 근본적인 치료는 없다. 통증이 심하면 비스테로이드성 항염증 약제를 사용하여 통증을 완화시킨다. 가급적 무리하지 않고 편안한 자세로 안정을 취하는 것이 좋다. 따뜻한 물로 찜질을 하거나 맛사지나 온열 치료 등을 하면 도움이 된다. 허리에 벨트나 코르셋 등의 보조장구를 착용하여 변형된 관절에 무리한 힘이 가해지지 않도록 하는 것도 좋다. 통증이 가신 후에는 허리에 무리가 가지 않을 정도의 적당한 운동을 계속해서 복부 근육과 허리, 등 쪽의 근육을 튼튼하게 만들어 이미 약화되어 있는 관절을 강화된 근육으로 보호해 주고 지탱해 주는 일도 통증을 예방할 수 있는 방법이다.

집에서는 이렇게 이유없이 허리가 아플 때는 부추를 끓여 졸인 다음 그 물에 청주를 부어 섞어 마시면 통증이 완화된다. 부추가 몸을 따뜻하게 하는 작용을 하기 때문이다. 이 외에도 허리 통증이 있을 때는 따뜻한 물에 청주를 타서 반신욕을 해주면 좋다.

자궁내막증

원인 월경혈이 역류할 경우 생긴다

자궁 속에만 있어야 할 자궁내막이 월경 때 월경혈과 같이 흘러나와 어딘가에 붙어서 그곳에 뿌리를 내리게 되는 증상이다.

일반적으로는 난소, 자궁의 인대, 골반 내부막에 잘 부착된다. 원인은 명확하게 밝혀지지 않았지만 월경혈이 난관을 통해 거꾸로 흘러들어갈 경우, 또는 월경 시 탐폰을 사용하는 것 등이 원인으로 꼽히고 있다.

증세 허리가 묵직하게 아프다

월경이 시작될 때는 물론 월경중이나 끝난 후에도 허리가 묵직하게 아프고 아랫배에 통증이 느껴진다. 월경이 없을 때에도 가벼운 요통이 계속되기도 한다.

이 외에 성교 시에도 통증을 느끼게 된다. 간혹 대소변이 잘 나오지 않는 경우도 있다. 자궁내막이 난소나 난관에 유착되거나 출혈을 일으키면 배란이 잘 되지 않게 돼 불임의 원인이 되기도 한다.

치료 전기 소작하거나 수술로 적출한다

단순 월경통과 구별되는 요통과 하복부 통증이 지속될 경우 병원을 찾는 것이 좋다. 복강경 검사를 통해 증세를 확인한다. 증세가 가벼울 경우에는 호르몬제를 6개월에서 1년 정도 복용하면 효과가 있다. 그러나 재발하기 쉬우므로 근본적인 치료법은 될 수 없다.

근본적인 치료법으로는 자궁내막 부위를 전기로 소작하거나 수술로 자궁을 적출할 수도 있다. 한편, 자궁 내막증이 있어도 임신을 했을 경우 임신기간 동안 내막증이 치유된다는 사실이 판명되었다. 이는 임신중에 늘어난 황체호르몬의 작용 때문으로 추측하고 있다.

월경 이상이 있을 때는 게나 조개류, 냄새가 강한 산나물처럼 피를 탁하게 하는 식품은 먹지 않는다. 몸을 따뜻하게 하며 육류와 찬음식은 삼가고 부추와 미나리 등 진통효과가 있는 식품들을 많이 먹는다. 쑥을 달여 먹거나 생잎을 즙으로 짜서 먹어도 좋다. 월경이 좀처럼 멎지 않을 때는 호두를 재가 되지 않을 정도로 구워 공복에 먹으면 좋다.

변형성척추증

원인 노화에 의해 뼈가 가늘어지고 약해진다

주로 40~50대에서 흔하게 나타나며 노화가 원인이다. 뼈가 오랜 스트레스로 늘어나 가늘어지고 거칠고 약해지며, 척추 사이의 추간판이 탄력을 잃어 쿠션 기능을 잘 수행할 수 없어 그 주변의 뼈를 자극하므로 그 부분에 돌기 같은 것이 생겨나 통증을 가져오기도 한다.

증세 새로운 동작을 할 때 통증이 심하다

허리가 뻣뻣하고 아프며 간혹 경련이 일기도 한다. 특히 잠자리에 눕거나 아침에 자리에서 일어날 때 등 새로운 동작을 할 때 통증이 심하다. 때에 따라 통증이 다리 쪽으로 퍼지는 경우도 있으며 손발이 저리고 목, 어깨, 팔로 통증이 전이되는 경우도 있다.

치료 따뜻한 곳에서 안정을 취한다

노화가 원인이므로 근본적인 치료는 불가능하다. 진통제나 근육이완제 등 증상에 따라 대증요법을 실시하는 수밖에 없다. 비만해지지 않도록 주의하며 차가우면 증상이 더 심해지므로 따뜻한 곳에서 쉬면서 온열요법, 견인요법, 체조요법 등을 병행하는 것이 좋다.

어깨가 결린다

목과 머리를 지탱하는 어깨는 쉽게 결리거나 통증을 느끼는 수가 많다.
단순한 근육통이나 관절염일 수도 있지만 간혹 내장 기관의 이상에서 비롯되는 경우도 있다.
평소 가벼운 운동으로 예방하도록 하자.

1

양쪽 어깨가 뻐근하면서
심하게 결리고 아프다.

YES 2번으로
NO 4번으로

2

어깨가 심하게
결리면서 목이나 팔 부분도
아프면서 저리다.

YES 3번으로
NO 6번으로

9

명치가 아프고 불쾌하다.

YES 17번으로
NO 13번으로

4

대개 왼쪽 어깨가
결리면서 아프다.

YES 5번으로
NO 8번으로

3

목, 어깨, 팔 통증
증후군이나
흉곽출구증후군일 수 있으니
정형외과로 가보도록.

8

대개 오른쪽 어깨가
아프면서 등과 배가 아프다.

YES 22번으로
NO 12번으로

5

가슴이 아프고 답답한 느낌이 든다.

YES 20번으로   **NO** 9번으로

6

중장년이다.

YES 7번으로
NO 10번으로

7

오십견일 수 있으니
정형외과로 가보도록.
여성이라면
갱년기장애일 수도 있다.

10

아침에 일어나면
손가락과 손 관절에
통증이 있다.

YES 11번으로
NO 14번으로

11

류마티스관절염일 수
있으니
내과, 정형외과로 가보도록.

12

어깨 깊숙이
통증이 있는데,
기침을 하면
심하게 아프다.

YES 19번으로
NO 16번으로

13

장기간 지속되면
정형외과 검사를.

15

팔을 마음대로 움직일 수가
없으며 통증이 심해
밤에 잠을 이루기 힘들다면
회전근개 파열을
의심한다.
정형외과로 가보도록.

14

팔을 움직일 수
없을 정도로 아프다.

YES 15번으로
NO 18번으로

18

어깨부터 목, 등에
이르는 부위가
심하게 아프고 전신이
무기력해진다.

YES 23번으로
NO 21번으로

16

시력, 청력장애,
의치 부적합,
턱관절 장애, 중이염이
원인일 수 있다.

17

췌장염 혹은 위장염이
의심되니
내과검진을 받아보도록.

다음 페이지에서 계속 ▶ ▶ ▶

▶ ▶ ▶ 이전 페이지에서 계속

19

폐, 호흡기 계통의 이상일 수 있으며, 발열이 동반되면 폐렴이 의심된다. 내과로.

20

흉막염이나 협심증, 심근경색일 수 있으니 내과로 가보도록.

21

만성적인 어깨결림증은 고혈압이나 저혈압, 혹은 내부 장기의 질환에서 비롯되기도 하지만 간혹 장기 부분의 이상으로 인해 생기기도 한다. 내과 검사 결과 이상이 없다고 해도 통증이 지속된다면 정형외과로 가보도록.

23

심각한 병일 수 있으니 빨리 내과나 정형외과로 가보도록.

22

담석증이거나 내부 장기에 흉막염이나 식도염과 같은 질환이 있을 수 있으니 내과로.

가벼운 증세

휴식과 체조로 근육을 풀어준다

양쪽 어깨가 결리고 뻐근하며 아프고 목이나 팔쪽에도 통증이나 저림이 느껴진다면, 목·어깨·팔 통증 증후군 또는 흉곽출구증후군을 의심할 수 있다. 근육을 무리하게 사용했거나 잘못된 자세를 계속 취하고 있을 때 잘 생긴다. 또 운동이나 작업 후 어깨결림이나 통증이 느껴지기도 하는데 휴식과 체조, 올바른 생활습관 등으로 치료하고 예방한다.

의심되는 증세

오십견, 회전근개 파열 의심

중년 이후일 경우 어깨부터 목, 팔까지 아프고 저리다면 오십견을 의심한다. 폐경 후 몸에 여러 이상 증세와 어깨결림이 동반된다면 갱년기장애 증상일 수 있다. 내과, 정형외과에서 검사를 받는다. 이 밖에 어깨관절이나 힘줄에 파열이 생기면 세수나 머리 빗기조차 힘들 정도로 아픈데 회전근개 파열로 인한 것이다.

중증

내장 병 있으면 등과 복부가 아프다

명치가 아프고 불쾌감이 따른다면 췌장염이나 위장병을, 가슴이 아프거나 조이면 흉막염이나 협심증, 심근경색을 의심한다. 기침을 할 때 심하게 아프면 폐·호흡기 질환을, 열이 있으면 폐렴을 의심한다. 담석증이나 흉막염, 식도염 등 내장 계통의 병이 있을 때는 주로 오른쪽 어깨가 아프고 등과 복부가 함께 아픈 특징이 있다. 모두 서둘러야 할 증상들이다.

협심증

원인 심근의 산소부족 상태가 원인

관상동맥경화 등이 원인이 되어 일어나는 병으로 관상동맥의 내강에 협착이 생긴 사람이 흥분하게 되면 심장 근육이 평소보다 더 심하게 운동하므로 더 많은 산소를 필요로 하게 된다. 그런데 산소의 공급이 충분하지 못해 심근에 산소부족 상태가 오기 때문에 통증이 생긴다. 고지혈증, 고혈압, 비만, 당뇨병, 스트레스, 흡연 등도 협심증 유발 요인이 된다.

증세 심장 통증이 어깨로 퍼진다

몸을 심하게 움직이거나 매우 흥분한 경우에 흉골 바로 아래나 왼쪽 심장 부위가 죄어드는 듯하며 짓누르거나 쑤시는 듯한 아픔이 왼쪽 어깨나 가슴으로 퍼지는 일도 있다. 증세가 진행되면 쉬고 있는 동안이나 조용히 잠을 자는 상태에서도 통증이 올 수 있다. 이 경우 심근경색으로 진행될 수 있으므로 반드시 의사의 진찰을 받아야 한다.

치료 확장제를 투여하고 심하면 수술한다

심전도 검사나 심장혈관 조영술 등을 통해 심장상태와 관상동맥의 상태를 진단할 수 있다. 협심증에는 보통 니트로글리세린이라는 확장제를 투여하는데 부작용이 없으므로 증상이 나타났을 때는 재빨리 입에 넣어 녹여 발작을 막는다. 또 중요한 회의나 행사, 여행 등 정신적 긴장이나 흥분이 예상되는 상황 전에 미리 혀 밑에 넣어두면 발작을 예방할 수 있다. 이것이 효과가 없고 발작이 빈발할 경우 관상동맥을 확장해 주는 수술을 할 수도 있다.

집에서는 이 렇 게 금연, 절주하고 버터 등의 동물성 지방과 단것은 삼간다. 대신 신선한 생채소를 아침, 저녁 식사 전에 많이 먹는 것이 좋다. 협심증 환자의 경우 과격한 운동은 심장에 부담을 주어 발작을 일으킬 수 있으므로 피해야 하지만 가벼운 걷기 운동은 꾸준히 하는 것이 심신의 건강에 도움을 주어 좋다. 체중을 감량하며 잠을 잘 때는 모로 눕고 또 베개 밑에 방석을 한 장 깔아 상반신을 높게 하고 자는 것이 발작을 줄이는 비결이다.

담석증

원인 콜레스테롤로 인한 담석증이 증가한다

담석증이란 담낭(쓸개), 담낭관, 총수담관 및 간내담관에 결석이 있는 것을 말하며, 옛날부터 우리 나라에서는 가슴앓이라고 표현되어 왔다. 원인은 정확하지는 않지만 첫째 담즙의 체류, 둘째 담즙 내에 콜레스테롤이 많아질 때, 셋째 담즙 내 세균이 번식해서 담결석을 생성하는 경우다. 우리 나라에서도 점차 콜레스테롤로 인한 담결석이 증가하고 있는 추세다.

증세 오른쪽 상복부의 통증이 어깨까지 퍼진다

오른쪽 상복부에 아주 심한 통증이 수분 또는 몇 시간씩 계속되며, 통증이 없을 때는 언제 아팠던가 하는 식으로 멀쩡하다. 소화가 잘 안되고 춥고, 떨리며 메스껍고 음식 냄새가 비위에 거슬리게 되며 황달이 나타나기도 한다. 담석이 있어 담즙의 통로가 막혀 황달이 나타났을 경우에는 대변 색이 옅어지거나 흙벽 색이 된다.

치료 절대안정하며 금식해야 한다

우측 늑골 하부에 격통이 있을 때는 통증이 있는 곳에 얼음주머니를 대고 절대 안정하여 병원으로 옮기는 것이 좋으며 이때 물이나 음식 어떤 것도 먹지 않아야 한다. 담석증은 증세 없이 지나칠 수도 있는가 하면 급성담낭염,

복막염, 급성췌장염 등 합병증이 올 수 있으므로 수술로 담결석 및 염증이 생긴 담낭을 수술로 제거하는 것이 최선의 치료법이다. 담석을 녹일 수 있는 약제도 있으나 콜레스테롤 결석의 경우에만 해당되고 그 경우도 6개월 이상 장기투여해야 하며 설사나 간 장애 등 부작용이 많아 주의를 요한다. 그러나 70세 이상이며 수술에 영향을 끼칠 만한 다른 질병이 있을 경우에는 수술할 수 없다.

담석이 있지만 형편상 수술을 미루고 있다면 규칙적인 식사를 한다. 공복 상태가 오래 지속되는 것은 좋지 않다. 몸을 차게 해서도 안 된다. 과격한 운동도 삼가는 것이 좋으며 자극성 많은 음식, 기름진 음식, 날 것, 양파, 양배추, 토마토 종류는 결석 유발 물질이므로 피한다. 무엇보다도 폭음하거나 폭식하는 것은 가장 나쁜 것이므로 금한다.

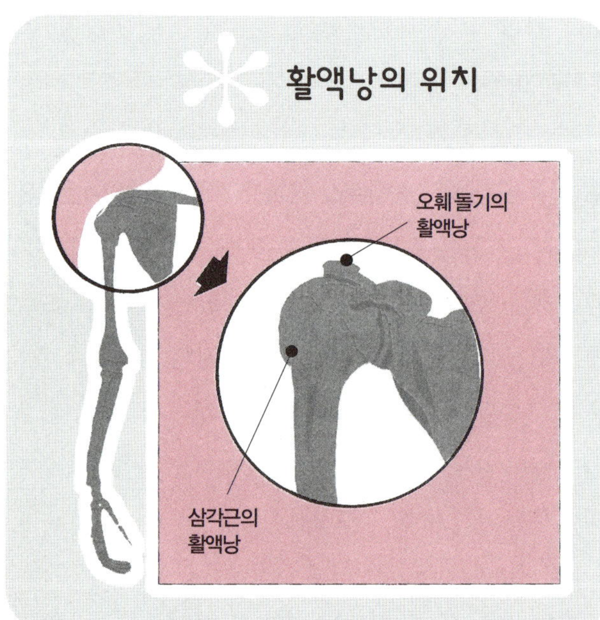

어깨에서 팔을 옆으로 들어 올리는 근육은 두 개의 층을 이루면서 팔뼈 윗부분의 다른 곳에 부착되는데, 어깨 관절 위에서 두 근육 사이에는 '활액낭' 이라는 커다란 물주머니가 있어 운동할 때 두 근육과 힘줄들이 마찰없이 미끄러지도록 도와준다. 이물 주머니에 염증이 생기면 팔을 들어올릴 때 심한 통증을 느끼게 된다.

갱년기장애

원인 난소기능 감퇴 혹은 폐경이 원인이다

여성 갱년기는 노화 현상의 하나로서 난소 기능 감퇴 내지 폐경 때문에 일어나는 증후군이라고 할 수 있다. 즉 난소기능이 저하됨으로써 내분비계에 균형 실조를 일으키며 그 영향은 자율신경계에 파급된다.

새로운 내분비균형이 성립될 때까지 간뇌를 중심으로 하여 자율신경계가 이상 긴장상태를 유지하게 돼 여러 증상이 나타나게 된다.

증세 골다공증이 오고 어깨가 결린다

갱년기의 증세는 다종다양한 것이 특징. 혈관의 경화가 나타나 혈압이 상승되고 여러 관절이 아프게 되며 뼈의 조직이 약해져 골절이 일어나기 쉽고 어깨가 결리고 허리가 아프게 된다. 또 뼈에 골다공증이 쉽게 와 허리가 굽고 요통이 생긴다. 여성 호르몬에 비해 남성 호르몬의 작용이 강해지기 때문에 얼굴에 수염이 나고 목소리가 굵어지는 현상이 나타나기도 한다.

치료 에스트로겐 대체요법이 효과가 있다

여성호르몬인 에스트로겐이 부족해서 오는 모든 생리적, 심리적 증세는 에스트로겐 대체요법에 의해 어느 정도 해소시켜 줄 수 있다. 단 에스트로겐 요법을 받아서는 안 되는 경우도 있고 부작용도 있을 수 있으므로 반드시 산부인과 전문의의 처방을 받아 실시해야 한다.

이 외에 심리적 증세가 심할 경우 일부 약물요법이 쓰일 수도 있지만 갱년기증상의 보다 본질적인 치료는 자신이 처한 신체적 변화를 스스로 이해하고 이 시기를 슬기롭게 헤쳐 나가는 노력이다. 취미생활이나 다양한 사회활동을 통해 갱년기에 겪기 쉬운 심리적 공허감을 극복하는 한편 규칙적인 생활과 운동, 긍정적이고 적극적인 생활을 통해 삶의 즐거움을 찾는다.

집에서는 이렇게 다시마에 들어 있는 요오드 성분은 어깨나 관절부위가 걸리고 뭉친 것을 풀어 준다. 다시마를 구워 가루내어 먹거나 반찬으로 먹는다. 생강을 갈아 밀가루를 섞은 생강연고로 찜질을 하거나 쑥부쟁이·감초 달인 물을 마셔도 효과가 있다.

오십견

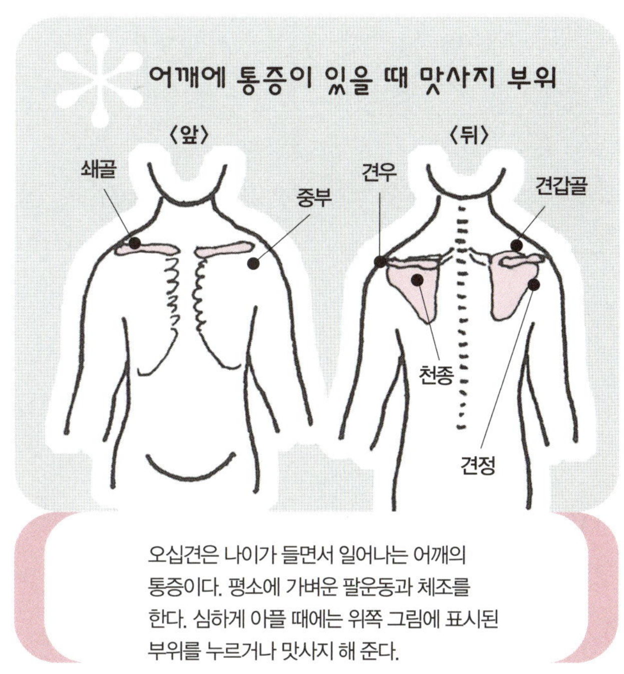

오십견은 나이가 들면서 일어나는 어깨의 통증이다. 평소에 가벼운 팔운동과 체조를 한다. 심하게 아플 때에는 위쪽 그림에 표시된 부위를 누르거나 맛사지 해 준다.

원인 어깨 주변 조직의 퇴행성 병변이 원인이다

명확한 원인은 밝혀지지 않았지만 대체로 어깨 관절 주변 조직에 일어나는 퇴행성 병변이 원인으로 꼽힌다. 어깨 관절에 있는 주머니 모양의 관절낭에 염증이 생기거나 관절막이 좁아진 경우, 혹은 팔을 들어올릴 때 사용되는 근육의 힘줄에 퇴행성 병변이 생겼거나 그 연결 부위에 석회질이 침착된 경우 등이 원인으로 꼽힌다.

증세 팔을 머리 위로 올릴 수가 없다

병명에서 알 수 있듯 주로 40~60대 사이의 나이에 많이 발생하며 어깨 통증과 함께 팔을 머리 위로 올리거나 등 뒤로 돌리기가 힘드는 등 마음대로 움직일 수가 없다. 움직일 때 통증이 악화되며 심하면 자다가도 깰 정도로 통증이 심해지기도 한다. 그대로 수주나 수개월이 지나면 주위의 근육도 마르게 되고 때로는 손과 손가락까지 붓고 통증이 퍼지기도 한다.

치료 물리치료와 운동요법으로 치료한다

극심한 통증에다 움직일 수조차 없기 때문에 환자가 놀랄 수도 있다. 하지만 별다른 치료 없이 두어도 1년 정도 지나면 통증이 사라지고 어깨도 풀리지만, 안정을 취하고 끈기 있게 치료를 하는 것이 필요하다. 물리치료와 운동요법이 주된 치료법.

온습포를 하고 적외선과 초음파 치료를 시행하며 진통소염제를 투약한다. 드물기는 하지만 석회침착으로 염증을 일으켜 통증이 심할 때는 주사로 물을 빼내거나 수술을 하기도 한다.

집에서는 이렇게 운동을 규칙적으로 하는 것이 좋다. 아픈 어깨 쪽 팔에 무거운 것을 든 다음 전후좌우로 움직여주거나 막대나 수건 등의 양끝을 잡고 머리, 목 뒤, 등의 순서로 움직여주는 운동이 효과적이다. 항상 아픈 부위를 따뜻하게 해야 한다.

그러나 아픈 부위에 열감이 느껴지며 통증이 있을 때는 차가운 물로 찜질을 해준다. 파스의 원료가 되기도 하는 붉은고추 끓인 물로 찜질을 하거나 양파나 생강 간 것으로 찜질해 줘도 효과가 있다. 혹은 솔잎 한줌을 물에 깨끗이 씻어 600㎖의 물을 붓고 물이 반쯤 되게 달여 차 대신 마시면 효과가 크다.

회전근개 파열

원인 **어깨 관절의 노화, 지나친 운동이 원인**

회전근개는 어깨 관절을 둘러싸고 있는 4개의 근육의 힘줄을 말하는데 팔을 움직이는 역할을 할 뿐만 아니라, 어깨관절을 사방에서 잡아주어 안정적으로 유지시키는데 중요한 역할도 한다. 이 부위가 외상이나 노화로 인한 혈액순환 장애, 근육의 탄력성 저하 등으로 인해 염증이 생기고 이것이 섬유화, 석회화로 진행되다가 힘줄의 파열이 생기고 끊어지기도 한다. 젊은 사람의 경우는 대부분 지나친 운동으로 인해 발생한다.

증 세 **극심한 통증 때문에 잠을 잘 자지 못한다**

어깨에 극심한 통증이 있다. 통증은 팔의 움직임과 무관하게 발생하기도 하고 누웠을 때 더 아프기 때문에 밤에 잠을 잘 자지 못한다. 팔을 들어올려 머리를 감거나 옷 입고 벗기, 칫솔질, 뒤쪽에 있는 물건 집기 등의 동작이 불편하다. 증상이 더 진행되면 가벼운 움직임도 어려워져 쉽게 피로감을 느끼게 된다. 회전근개 파열은 팔을 뒤로 젖히는 동작에는 어려움이 없는 경우가 많고, 팔을 옆으로 올리는 동작을 잘하지 못하거나 통증을 느끼는 경우가 많다. 이런 증상이 오십견과 구별되는 점이다. 또한 환자에 따라서는 통증이나 근력의 변화를 느끼지 못하는 경우도 있다.

치료 **통증을 다스리며 회복 운동을 한다**

정확한 상태는 단순방사선검사(X-ray)나 자기공명영상검사(MRI), 초음파검사 등을 통해 진단한다. 많은 경우의 회전근개 파열은 수술을 할 필요가 없다. 비수술적인 치료로는 약물치료, 주사치료, 물리치료, 운동치료 등이 있는데 통증의 개선을 위해서는 약물과 주사 치료가 효과적이지만 이 방법만으로는 재발할 가능성이 있다.

무엇보다 중요한 것은 환자 스스로 하는 어깨 근육의 회복 운동이다. 근육의 회복을 통해서 근본적인 치료를 해야 재발하지 않는다. 단, 전문 운동치료사에게서 정확한 동작과 방법을 지도받아 꾸준히 해야 한다. 파열이 일어났어도 증상을 느끼지 못하는 사람도 있는데, 이런 경우도 몇 년 후에는 증상이 나타날 수 있으므로 꾸준히 관찰해야 한다. 회전근개가 파열된 중증의 경우에는 관절 내시경을 이용하거나 절개를 해서 파열된 부위의 힘줄을 봉합하는 수술을 하게 된다. 추위에 근육이 긴장을 하게 되면 통증이 심해질 수도 있으므로 몸을 따뜻하게 하는 것이 좋다. 꾸준한 회복 운동을 하고 의사의 진단으로 완전하게 치료된 것을 확인하기 전에는 무리하게 움직이지 않는 것이 좋다.

흉곽출구증후군

원인 **한쪽 팔을 무리하게 사용하는 것이 원인**

무거운 가방을 한쪽 어깨로만 메거나 한쪽 팔을 무리하게 사용하는 경우에 흉곽출구가 압박을 받거나 외상을 입었을 때 생기기 쉽다.

증 세 **손발이 붓고 어깨가 아프다**

팔, 손, 어깨의 감각이 둔해지며 아프고 저릿저릿한 느낌이 든다. 어깨나 팔에 힘을 쓸 수가 없어 무거운 것을 들어올리기가 힘이 들며 혈관이 눌린 탓에 혈액순환이 원활치 못해 손가락이 부석부석해지며 차가운 것이 특징이다.

치료 **약물치료와 물리치료를 병행한다**

초기 증상일 경우 약물치료와 물리치료를 병행하면 효과를 볼 수 있지만 증상이 심한 경우는 혈관과 신경을 누르는 원인을 제거하는 수술을 해야 한다. 침, 부항 등의 한방치료도 효과가 있으므로 자신에게 잘 맞는 치료를 한다.

어깨의 아픔을 가라앉히는 민간요법

■ 구운 토란껍질과 생강을 붙인다

먼저 껍질을 벗기지 않은 토란을 작은 것이면 2~3개, 큰 것이면 1개를 약간 그을릴 정도로 가볍게 굽는다. 불에 굽는 까닭은 토란의 껍질과 속살 사이에 유독 성분이 있어 날 토란을 그냥 바르면 피부가 상할 수 있기 때문이다. 구운 토란은 껍질을 벗겨 갈아 놓는다.

그런 다음에 생강을 갈아서 섞는데 토란과 생강은 10:1의 비율로 한다.

여기에 달걀흰자 1개, 밀가루 한 숟가락 정도를 넣고 잘 섞은 후 적당한 크기의 거즈에 발라서 통증 부위에 댄다. 하룻밤 정도 지나서 바짝 마르면 떼어내고 그 다음 날 다시 붙여준다. 그 외에 껍질을 벗긴 토란을 강판에 갈아 밀가루와 식초를 넣고 반죽을 해 환부에 바르는 방법도 있다. 비율은 토란 5개에 밀가루 20g, 식초는 소주잔으로 2잔 정도가 좋으나 적당히 조절해도 괜찮다.

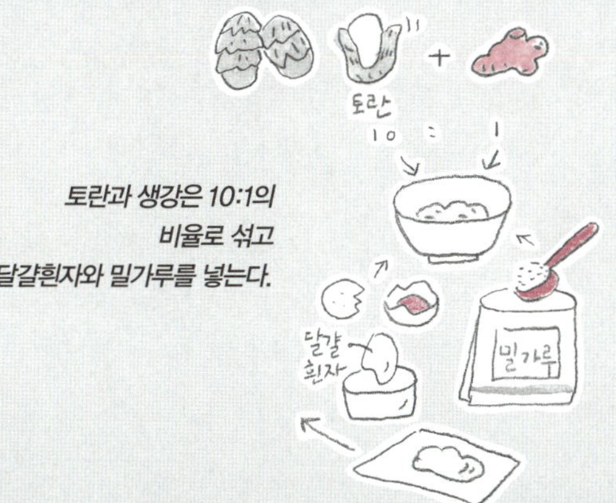

토란과 생강은 10:1의
비율로 섞고
달걀흰자와 밀가루를 넣는다.

■ 마늘을 밀가루에 섞어 붙인다

어깨가 쑤시는 사람 중에는 변비나 위장 장애가 있는 사람이 많다. 그런 경우라면 평소 식생활에도 신경을 써주는 것이 좋다. 보리밥이나 현미도 좋고 깨를 갈아서 밥 위에 얹어 먹어도 좋다. 그리고 단 것은 피하도록 한다.

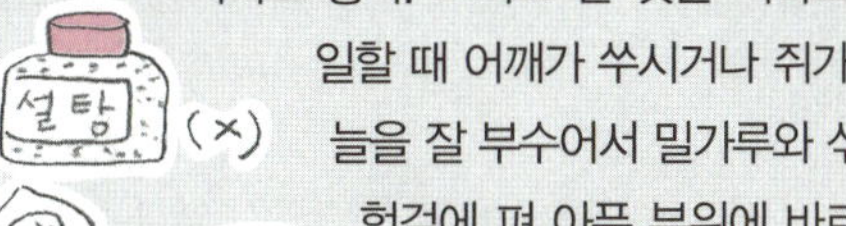

일할 때 어깨가 쑤시거나 쥐가 나면 마늘을 잘 부수어서 밀가루와 섞은 다음 헝겊에 펴 아픈 부위에 바르면 금세 통증이 가라앉는다.

■ 무즙을 어깨에 붙인다

무를 적당량 갈아서 소금을 조금 넣고 한지에 발라서 어깨에 붙여 주는 방법도 예전부터 사용해온 방법이다. 이 방법 외에도 무를 그냥 얇게 통째로 썰어 붙여도 효과가 있다.

무를 강판에 갈아 소금을
조금 넣고 한지에
발라서 어깨에 붙인다.

■ 생강을 끓인 후 짜서 어깨에 댄다

생강은 혈액 순환을 촉진시키고 열을 내는 작용이 있어 찜질 효과가 있다. 생강의 이런 기능을 이용한 습포를 해주면 효과가 크다. 묵은 생강 하나를 골라 갈아서 베보자기에 싼다. 물을 적당히 잡아 끓인다.

이 생강탕에 수건을 적셔 꼭 짠 후 어깨에 댄다. 처음에는 약간 따끔거리기도 하지만 이렇게 여러 번 하면 다음 날 아침에 통증이 훨씬 나아진 것을 알 수 있다. 생강탕 외에 생강즙에다가 밀가루를 넣어 반죽한 것을 어깨에 붙여도 도움이 된다.

등줄기가 아프다

등의 통증을 호소하는 경우 등 부위의 근육통이나 척추 이상일 수도 있지만
대부분 노화나 내장 질환에서 비롯된 통증이다. 중장년 이상이라면 골다공증일 수도 있으니
등의 통증이 심하고 구부러졌다면 정형외과 검진을 받아보는 것이 필요하다.

1

주로 운동이나 작업 후에
아프고 환부를 가볍게
쳐보면 통증이 심하다.

YES 13번으로
NO 2번으로

2

등뼈를 쳐보면
통증이 심하다.

YES 3번으로
NO 4번으로

8

중장년으로 등이 굽었다.

YES 9번으로
NO 10번으로

3

척추 과민증이나
골다공증일 수 있으니
정형외과로 가보도록.

7

척추퇴행성
관절염이 의심된다.

5

등뼈에 결함이 있거나
잘못된 자세가 원인이 되어
척추측만증이
생겼을 수도 있다.

4

등뼈가 한쪽으로 휘어져 있고,
등과 허리가 약해져
쉽게 피로감을 느낀다

YES 5번으로 **NO** 6번으로

6

등만 아픈 것이 아니라
어깨, 목, 팔까지 아프다.

YES 7번으로
NO 8번으로

등 근육통은 올바른 습관으로 예방

잠을 잘못 자거나 오랫동안 서 있는 경우, 또 평소 생활 자세가 나쁜 경우에도 등이 아플 수 있다. 등에 무거운 짐을 지거나 무리한 운동이나 일을 한 경우에도 통증을 느낀다. 이는 모두 근육통의 일종으로 평소 생활자세를 바르게 하고 등의 피로를 줄여줌으로써 예방할 수 있다. 가벼운 증세라도 계속되면 뼈에 이상이 없는지 검사를 받는 게 좋다.

9

골다공증일 수 있으니 정형외과로 가보도록.

참 / 조 / 페 / 이 / 지

10

등이 판자처럼 굳어져 움직일 수가 없고 머리를 들어 멀리 바라볼 수조차 없다

YES 11번으로
NO 12번으로

척추측만증, 골다공증 등을 의심한다

등뼈를 가볍게 쳐 통증이 심하면 척추과민증, 골다공증을 의심한다. 정형외과 검사가 필요하다. 등뼈가 한쪽으로 휘어져 있고 등과 허리가 약해져 피로감을 느낀다면 척추측만증일 가능성이 있다. 역시 정확한 검진을 받아야 한다. 특히 중년층으로 등이 구부러졌다면 골다공증의 염려가 있으므로 정형외과로 가서 검사를 받아 보는 것이 좋다.

11

원인불명의 척추관절염에 의한 강직성척추염일 수 있다. 서둘러 정형외과로 간다.

13

갑작스럽게 무리한 운동을 했거나 나쁜 자세를 오래 유지하면 근육통으로 등이 아플 수 있다. 통증이 오래 지속되면 정형외과로. 장기간 계속된다면 정형외과에서 뼈의 이상을 확인해 보길.

12

가벼운 통증이라도 오래 지속되거나 적절한 휴식을 취해도 계속 아프다면 심각한 증상으로 빨리 정형외과를 가보는 것이 좋다.

극심한 통증, 전신 쇠약은 중병 전조

등이 판자처럼 굳어져 움직일 수가 없고 머리를 들어 멀리 바라볼수조차 없다면 강직성척추염일 가능성이 있다. 강직성 척수염은 마디뼈들이 이어지는 관절들에 염증이 생겨 섬유질로 굳어지는 현상으로 목까지 진행되면 숨쉬기조차 힘들어지므로 심각한 병이다. 서둘러 치료한다.

강직성척추염

 원인불명의 척추관절 염증이 원인이다

아직 원인이 알려져 있지는 않지만 유전적 소인이 큰 것으로 추측된다. 척추관절에 염증이 생겨 척추가 대나무같이 굳어지는 질환이다. 골반의 뒤에 위치하는 천추골은 다섯 마디뼈들이 하나의 뼈처럼 뭉쳐져 있다. 강직성 척추염은 다른 마디뼈들이 이 천추골처럼 굳어져가는 병이다. 이 병은 보통의 류마티스관절염과는 달리 거의 전부가 남자에게서 발병한다.

증세 **등이 판자처럼 굳어진다**

마디뼈들이 이어지는 관절들에 염증이 생겨 섬유질로 굳어지고 잇따라 섬유질이 뼈로 바뀌어 등뼈는 기다란 하나의 통뼈로 변한다. 따라서 등이 판자처럼 굳어져서 움직일 수가 없어진다. 굳어도 앞으로 휘어지며 굳기 때문에 목뼈까지 올라오면 머리를 들어 멀리 바라볼 수조차 없게 된다. 가슴통을 이루는 늑골관절까지 침범되면 숨쉬는 일까지 불편하게 된다.

치료 **소염제 복용하거나 수술을 한다**

염증의 진행을 늦추기 위해 소염제를 투약하고 부신피질호르몬제를 함께 쓰기도 한다. 때로는 방사선 치료도 하는데 재생불량성빈혈증이나 백혈병을 불러올 수 있으므로 주의한다.

척추의 유연성을 지속시키기 위하여 등을 앞뒤로 굽히는 운동을 반복하며 가슴을 넓히는 심호흡 운동을 한다. 척추가 앞으로 휘어지며 굳는 성질에 대비하여 허리가 휘어지는 푹신한 침대에 눕는 것을 금한다. 때로는 굽어지는 허리를 펴는 자세로 몸통을 석고붕대로 고정한다. 척추가 너무 굽어 앞을 내다볼 수 없을 정도이면 허리를 펴는 수술을 한다. 그리고 숨을 쉬기가 힘들 정도로 늑골 관절이 굳어지면 관절을 절제하는 수술을 한다. 때로는 양측 고관절까지 침범되어 굳어지면 걸을 수가 없는데 이때는 인공관절을 삽입하는 수술을 해야 한다.

척추측만증

 관절염에 이어 나타날 수도 있다

등뼈 자체에 결함이 있거나 주변 조직에 문제가 있어 등뼈가 한쪽으로 휘면서 옆으로 돌아간 상태를 말한다. 선천성 기형, 신경이나 근육의 이상, 종양, 감염 및 관절염에 이어 나타날 수도 있다. 특히 소아기나 아동기에 시작되어 성장하면서 성장판이 영향을 받아 휘어짐이 심해지는데 성장이 촉진되는 연령일 때 증상 또한 심해진다.

알·아·두·자

등의 피로를 줄이려면

피로를 줄이고 통증을 예방하기 위해서는 여러 가지 주의가 필요하다. 어떤 자세와 동작이 편한지 알아본다.

■ **앉을 때는 항상 등의 근육을 바로 편다**

앉을 때에는 항상 등의 근육을 바로 펴서 앞으로 구부러지지 않게 한다. 의자는 딱딱한 것으로 등과 수직을 이루는 것을 선택한다. 발은 평평하게 하고 무릎은 직각으로 굽히도록 한다. 등에 필요 이상의 부담이 가지 않도록 머리, 몸체, 발이 일직선이 되도록 바로 선다.

■ **딱딱한 바닥에서 딱딱한 베개를 사용한다**

딱딱한 매트를 사용하든지 아니면 방석에 판을 깔고 잔다. 또 딱딱한 베개로 몸을 지탱한다.

■ **다리 근육을 사용해 물건을 들어올린다**

무거운 것을 들어올릴 때는 가까이서 등을 똑바로 세우고 무릎을 굽힌 다음, 다리의 근육을 사용해 들어올린다.

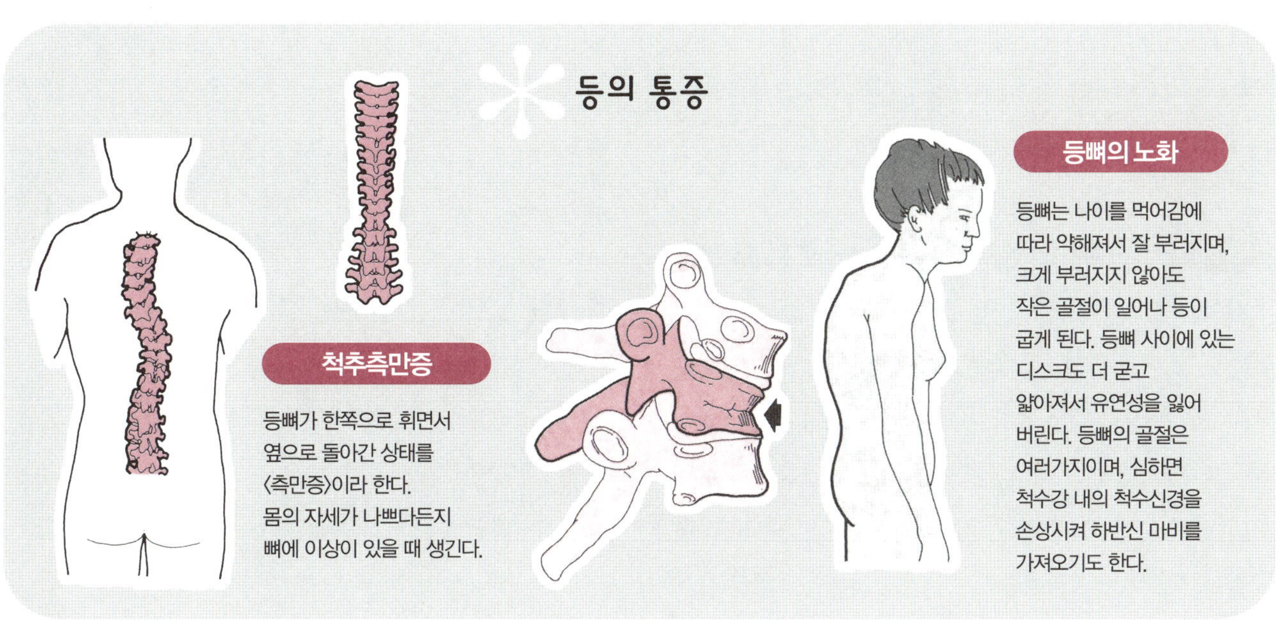

증세 등뼈가 한쪽으로 휘어진다

등뼈가 한쪽으로 휘어져 옆으로 돌아가므로 그로 인한 여러 증상이 나타난다. 등과 허리가 약화되어 쉽게 피로감을 느끼게 되며 고질적이고 만성적인 통증으로 운동능력을 감소시키는 것은 물론이고 정서상의 문제까지 초래할 수 있다. 변형이 심한 경우 외관상으로도 흉할 뿐 아니라 주변 장기에도 문제를 초래, 전신건강을 해칠 수 있다.

치료 척추 보조기를 착용할 수도 있다

특별한 질환 없이 자세의 잘못에서 오는 경우라면 자세를 바로 하려는 노력이나 물리치료 등으로 효과를 볼 수 있다.

이 외에는 원인질환별로 적절한 치료를 해야 하는데 경우에 따라 특수하게 제작된 척추 보조기를 수년간 착용하는 경우도 있고 비수술적 방법으로 치료가 불가능할 경우 특수하게 고안된 금속을 삽입하거나 뼈이식수술 등 수술요법을 시행할 수도 있다.

어떤 경우든 전문의의 정확한 검진과 치료가 필요하므로 척추에 변형이 있거나 통증, 기능장애가 있을 때는 서둘러 전문의를 찾는 것이 무엇보다 중요하다.

바른 자세, 규칙적인 운동으로 척추 건강을 지키며 칼슘 섭취에도 신경을 쓴다. 비파잎이나 무 잎을 욕조 물에 담근 다음 온욕을 해도 통증 완화에 도움이 된다

골다공증

원인 호르몬 감소가 주원인이다

뼈에 단백질이 모자라 칼슘염이 침착할 수 없어 뼈가 약해지는 것으로 호르몬 감소가 주요 원인이다. 여성 호르몬 분비가 감소되는 폐경 이후 여성들에게서 흔하다.

이 외에도 영양불량이나 내장의 소화나 흡수기능의 약화, 운동부족 등도 원인이 된다. 만성 소모성질환, 다리와 등뼈 골절로 석고붕대 고정을 오래 하고 누워 있었던 사람들에게서도 잘 발생한다.

증세 등 한가운데가 아프다

움직이려 하면 통증이 느껴지는데 등 한가운데나 허리가 주로 아프다. 뼈가 약해져 작은 충격에도 뼈가 견디지 못하고 부러지게 된다. 골절이 눈에 보일 정도로 일어나지 않는다 해도 뼈 속의 작은 구조들이 조금씩 부러지게 되는데 이 때문에 극심한 통증을 느끼게 된다.

치료 스테로이드 성분의 약물 남용은 금물이다

호르몬 감소가 원인이라면 호르몬을 투여하고 영양섭취에도 신경을 쓴다. 질 좋은 단백질을 충분히 섭취하며 뼈의 구성분자가 되는 석회질, 인산염 및 비타민 D 섭취에 신경을 쓴다. 운동은 뼈에 칼슘이 침착되는 것을 도와주므로 적당한 운동을 한다. 그리고 칼슘 흡수를 돕는 비타민 D 활성화를 위해 일광욕을 해주는 것도 좋다. 주의할 것은 신경통에 좋다고 하여 스테로이드 성분의 약물을 복용하면 효과가 있을 지 모르지만 이는 뼈를 더 약하게 만들 뿐 아니라 위장이나 심장 등에 나쁜 영향을 주는 일이 많다.

집에서는 이렇게 참깨를 믹서에 갈아 꿀을 섞은 참깨버터나 매실조청, 무말랭이무침, 우유된장국 등이 좋다. 술, 카페인, 짠 음식은 칼슘의 흡수를 방해한다.

척추퇴행성관절염

원인 노화로 인한 관절 마모가 원인

퇴행성관절염은 나이를 먹는 동안에 반복된 조그만 상처나 자연적 마모로 인해 관절에 염증이 생긴 것이다. 큰 상처나 감염이 있었을 때 더 빨리 진행되며 관절이 붓고 물이 차며 관절이 파괴돼 극심한 통증을 일으킨다.

치료 물리치료하고 항염제로 치료한다

척추에 퇴행성관절염이 생기면 등뼈 중 특히 운동이 심한 목과 허리부분에서 잘 발생하며 힘든 일을 오래 한 사람에게 많이 나타난다. 근본적인 치료는 힘들고 증세가 심한 때는 쉬거나 보조기, 코르셋 등을 착용하고 물리치료를 병행하며 항염제를 사용한다.

알•아•두•자

허리가 아플 때는 혈액순환에 좋은 식품을 이용한다

■ 식초 든 음식을 많이 섭취한다

식초에 많이 들어 있는 구연산은 근육 속에 쌓인 젖산을 분해하는 작용이 있어 요통을 줄이는데 효과가 있다. 또한 당류가 신진대사를 할 때 대사 중간물질로 활동하는 산을 많이 함유하고 있어 대사 작용을 활발하게 하므로 몸의 피로가 빨리 풀린다. 따라서 평소에 식초가 든 음식을 많이 먹는 식습관을 길러두면 좋다. 식초는 구연산이 많이 든 양조식초나 사과산이 있는 사과식초가 좋다.

■ 검은콩 달인 물로 찜질을 한다

검은 콩은 신장이 약해 쉽게 붓는 사람이나 피로감을 잘 느끼는 사람, 류마티스 질환을 앓고 있는 사람에게 효과가 있다.

따라서 신장이 약해 허리가 아픈 사람에게는 신장을 강화시키는 검은콩이 권할 만하다. 콩을 부드럽게 삶아 매일 조금씩 먹거나 검은 콩을 달여서 그 물이 뜨거울 때 거즈에 적셔 아픈 부위에 온찜질을 해주면 통증이 많이 가라앉는다.

■ 비파잎을 달여 그 물로 온찜질을 한다

비파는 예로부터 열매나 잎, 씨 모든 부분을 민간약으로 사용해 왔다. 특히 비파잎 물을 달여 온질찜을 해주면 요통뿐만 아니라 타박상에도 효과를 얻을 수 있다. 비파잎을 사용할 때는 먼저 잎의 뒷면을 살펴 가느다란 털을 깨끗하게 없앤 후에 사용하도록 해야 한다.

골다공증일 때는 칼슘이 많이 든 식품을 먹는다

■ 칼슘의 보고 말린 멸치를 많이 드세요

칼슘의 보고라고 일컬어지는 멸치는 뼈째 먹는 생선이므로 어떤 식품보다 많은 양의 칼슘을 섭취할 수 있습니다. 칼슘 외에 인, 회분, 철분 등 각종 미네랄이 풍부해서 우리 몸의 골격과 치아 형성에 필수적이기 때문에 골다공증 예방을 위해 멸치를 충분히 섭취하는 것이 좋습니다. 하얗고 딱딱하게 잘 마른 것으로 골라 멸치볶음을 하거나 기타 여러 가지로 응용해 매끼 드시도록 하세요.

칼슘 외에도 각종 미네랄이 풍부한 멸치는 골다공증 예방에 효과가 있다.

■ 미역을 살짝 데쳐 초고추장에 찍어 먹는다

칼슘이 많이 들어 있는 미역은 뼈와 치아의 형성에 중요한 역할을 한다. 미역의 끈끈한 물질인 알긴산은 배변도 원활하게 해주어 신체의 모든 기관이 노쇠해져 가는 노인들에게는 여러 모로 유익하다. 미역을 살짝 데쳐 초고추장에 찍어 먹거나 국을 끓여 섭취하면 소화가 잘 안 되는 산성식품인 달걀이나 고기 · 생선 등을 같이 먹었을 때도 산도를 중화시켜 소화를 쉽게 한다.

■ 우유를 된장국에 섞어 먹는다

칼슘을 섭취하기에 가장 간단하고 확실한 방법은 우유를 마시는 일이다. 우유는 칼슘이 많이 함유되어 있을 뿐만 아니라 단백질과 젖당의 작용에 의해 흡수율이 매우 높다. 된장국을 끓일 때 우유를 적당량 넣는다.

우유를 된장국에 넣고 끓여 먹는다. 오래 끓이면 단백질이 응고되므로 주의한다.

■ 적당한 운동이 뼈에 칼슘을 정착시켜 준다

적당한 운동은 칼슘이 뼈에 정착되는 것을 도와준다. 그 단적인 예가 바로 투병중인 환자들인데, 이들은 오랫동안 누워서 지내기 때문에 뼈가 약해져서 골다공증 증세가 나타난다. 이렇게 운동 부족으로 골다공증이 되는 것을 막기 위해서는 운동을 해서 뼈에 자극을 주는 것이 필요하다.

■ 일광욕을 하면 뼈가 튼튼하게 된다

일광욕을 해서 피부에 자외선을 쬐게 하는 것도 뼈에 아주 중요하다. 자외선이 몸 속의 프로비타민 D를 활성화하고 이것이 활성형 비타민 D가 되어 뼈를 튼튼하게 하는 것이다.

■ 햇볕에 말린 무말랭이를 무쳐 먹는다

무는 우리에게 친숙한 채소로 예부터 '무를 많이 먹으면 속병이 없다'는 말이 있을 정도로 영양가가 풍부하다.

무는 뿌리보다 잎에 칼슘이 더 많이 들어 있는데 무 잎을 삶은 시래기나물을 섭취하면 좋다. 무를 손가락 굵기만 하게 썰어 말린 무말랭이는 햇볕에 충분히 말린 식품이기 때문에 비타민 D를 많이 필요로 하는 골다공증 환자에게 더 없이 좋은 식품이다.

잘 말린 무말랭이를 물에 불려 물기를 완전히 뺀 다음, 적당량의 고춧가루, 다진 마늘, 채로 썬 파, 약간의 설탕, 깨소금 등을 넣고 무친다. 식성에 따라 참기름을 넣어 먹으면 영양가를 더욱 높일 수 있다.

갑자기 배가 쥐어짜듯 아프다

갑작스럽게 배가 아프다면 응급 상황일 수 있다. 심하면 외과적인 수술을 해야할 수도 있으니
신속하게 증세를 파악하여 적절한 조치를 취하는 것이 필요하다.
복통 이외의 증상을 잘 살펴 적절한 응급처치를 하도록 하자.

1
구역질이 나면서 배가 단단하게 부풀어 올랐지만 일체의 변이나 가스가 없다.
YES 2번으로
NO 5번으로

2
장폐색일 수 있으니 빨리 외과로 가보도록.

9
배가 부었다.
YES 16번으로
NO 10번으로

3
온몸이 나른하고 메스꺼우며 의식장애, 황달, 혹은 두통이 있다.
YES 4번으로
NO 9번으로

4
전격성 간염일 수 있으니 빨리 내과로 가보도록.

8
식사 후 통증이 있다.
YES 15번으로
NO 3번으로

5
명치 부분에 통증이 있다.
YES 6번으로
NO 11번으로

6
복부를 쥐어짜는 듯한 통증이 있다.
YES 7번으로   NO 13번으로

7
협심증, 심근경색일 수 있으니 내과로 가보도록.

10

반드시 내과검사를
받아보도록. 열이 나거나
경련이 있다면
응급상황일 수 있다.

11

허리 부분부터 겨드랑이까지
따끔한 통증이 있고
붉은 소변이 나온다.

YES 12번으로
NO 17번으로

12

요로결석일 수 있으니
비뇨기과로 가보도록.

15

구역질이 나면서
구토를 하고
속이 쓰리다.

YES 21번으로
NO 9번으로

14

담석증, 급성 담낭염,
담관염일 수 있으니 즉시 내과로
가보도록.

13

참기 힘든 통증이 오른쪽
명치에서 시작하여
어깨나 등으로 빠져나가는
느낌이 있다.

YES 14번으로
NO 8번으로

16

간농양, 급성복막염일 수
있으니 내과나
외과 검진을 받아보도록.

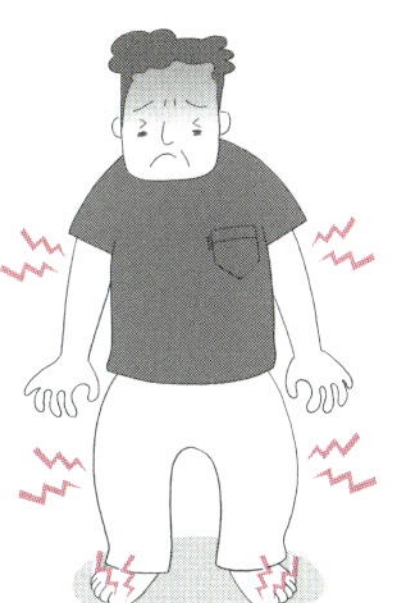

20

생리곤란증으로
보인다.
산부인과 검진을
받아보도록.

17

겨드랑이 부위가
따끔거리면서
아픈 느낌이 든다.

YES 18번으로
NO 23번으로

18

늑간신경통일 수 있으니
내과로 가보도록.
발진이 있으면 대상포진일 수
있으니
피부과로 가보도록.

19

자궁 외 임신의
파열일 수 있으니
곧 산부인과로 가보도록.

다음 페이지에서 계속 ▶ ▶ ▶

21

앉아서, 혹은 선 채로
물을 마시면
통증이 사라진다.

YES 22번으로
NO 27번으로

22

식도열공탈장일 수
있다.

30

설사가 나거나
발열과
하혈, 피를
토하는 경우도 있다.

YES 35번으로
NO 31번으로

23

오른쪽 아랫배에
통증이 있고
구역질과 발열이 있다.

YES 24번으로
NO 29번으로

24

급성충수염일 수 있으니
내과나
외과로 가보도록.

29

아랫배에 통증이 있다.

YES 30번으로
NO 34번으로

25

여성으로 생리불순이다.

YES 26번으로
NO 32번으로

26

성관계의 경험이 있다.

YES 19번으로
NO 20번으로

27

구토와 설사가 있다.

YES 28번으로
NO 33번으로

28

식중독일 수 있으니
내과로 가보도록.

31

여성으로 피가
섞인 분비물이 나온다.

YES 36번으로
NO 25번으로

32

내과검사를 받아보도록.
그 외 이상이 있으면
해당 차트를 찾아보길.

33

위, 십이지장 궤양,
담석증이나 급성췌장염,
급성 신염 일 수 있으니
바로 내과로 가보도록.

34

설사가 나거나 배꼽 근처에
통증이 있으면
급성장염을, 배 전체가 아프고
구토와 복부팽만, 대변이나
가스 배출이 어려우면
급성복막염일 수 있으니
내과로 가보도록.

36

자궁의 이상이
생겼을 수 있다.
산부인과로 가보도록.

35

급성위장장염, 이질 등의
전염병일 수도 있으니 서둘러
내과로 가보도록.

가벼운 증세

꼭 내과에 가서 검진을 받는다

배가 갑자기 아픈 경우는 긴급하게 치료를 해야 하는 병일 가능성이 높다. 복부팽만, 구토, 발열, 설사, 혈변, 경련 등이 동반되면 즉시 병원으로 가서 치료를 받아야 한다. 때로는 긴급수술을 요하는 경우도 있다. 이런 동반 증세가 없이 복부에 급격한 통증이 느껴졌다가 금방 가라앉는 경우 우선 안정을 취한 뒤 꼭 내과에 가서 검진을 받아보도록 한다.

의심되는 증세

월경곤란증, 식도열공탈장 의심

평소 월경불순이 있는 여성이 별다른 증세 없이 복부 통증만을 호소할 때는 월경곤란증을 의심할 수 있다. 안정을 취한 뒤 산부인과로 가서 검사를 받는 것이 좋다. 구토증과 속쓰림을 동반한 복부 통증이 있는데 앉거나 서서 물을 마시면 아픔이 가시는 경우에는 식도열공탈장을 의심할 수 있다.

중증

긴급수술 요하는 경우도 있다

급성충수염, 급성담낭염, 급성복막염의 위험이 있다. 모두 긴급 수술을 요하는 것이므로 신속하게 조치를 취한다. 설사를 하거나 열이 나고 피를 토하며 하혈을 하는 경우 궤양성 대장염이나 이질 같은 전염병이 의심된다. 여성의 경우 골반복막염 혹은 자궁외임신 파열의 가능성이 있다. 요로결석, 담석증, 식중독, 급성췌장염 등도 급격한 복통을 일으킨다.

급성충수염(맹장)

원인 충수돌기에 세균 침입이 원인이다

흔히 맹장염이라고 부르는데 정확하게 말하면 맹장에 붙어 있는 작은 돌기, 즉, 충수돌기에 염증이 생긴 것이다. 원인은 정확하지 않지만 맹장과 충수돌기를 잇는 좁은 통로가 막혀 그곳에 세균이 침입해 염증이 발생하는 것으로 알려져 있다. 통로를 막는 물질로는 딱딱한 대변이나 회충 등이 흔히 발견된다. 치료가 늦어지면 복막염의 위험이 있다.

증세 오른쪽 아랫배에 극심한 통증이 있다

갑작스런 복통과 함께 구토가 일어난다. 상복부에서 일어난 통증이 점차 오른쪽 아랫배로 옮겨가면서 손으로 그 부위를 누르거나 뗄 때 강한 통증을 호소한다. 미열에서

충수는 맹장에서 튀어나온 부분이다. 염증이 생긴 충수가 터져 독성 물질을 분출함으로써 복막염을 일으킬 수 있다. 또 충수로의 혈류 공급에 방해를 받아 썩게 된다. 충수염이 생기면 오른쪽 하복부에 통증이 온다. 복부통증이 있는 사람에게 완하제와 진통제를 주어서는 안된다.

고열까지 열이 나기도 하며 안색이 변한다. 충수가 터지면 오히려 통증이 가벼워지는데 복막염의 증상이 강해지면서 오른쪽 아랫배의 압통이 복부로 퍼지거나 강해진다.

치료 충수 제거 수술이 최상의 치료다

오른쪽 아랫배의 통증을 특징으로 하나 모든 환자가 다 그런 것은 아니다. 초기에는 복통과 함께 소화불량, 구토, 메스꺼움 등 체하거나 장염과 유사한 증상이 나타나 방치하기 쉽다. 충수염과 혼돈하기 쉬운 병으로 위염, 담낭염, 요로결석증 등이 있다. 한편 여자의 경우 이 질환들 외에 자궁 및 그 부속기관의 염증을 함께 의심해 볼 필요가 있다. 조기진단과 치료가 절대적으로 중요한데 충수가 터지면 복막염을 일으켜 위험하다. 최상의 치료는 염증이 생긴 충수를 수술로 제거하는 것이다.

집에서는 이렇게 충수염으로 진단되면 바로 수술에 들어가야 하므로 아무것도 먹어서는 안 된다. 움직이거나 자극이 가해지면 통증이 더 심해지므로 안정을 취하게 한다. 오른쪽 아랫배에 얼음주머니를 대주면 통증이 완화되고 복막염으로의 진행을 더디게 한다. 진통제나 해열제 등의 사용은 삼가한다.

급성복막염

원인 복강내 세균 침입이 원인이다

복막에 염증이 생긴 것으로 주로 소화관의 천공이나 외상에 의해 복강 내에 세균이 스며들어 염증이 생기는 것이다. 대체로 충수염, 췌장염, 담낭염 등의 합병증으로 오는 경우가 많으며 여성들의 경우 유산 뒤에 올 수 있다. 이 외에도 오줌, 담즙, 췌장액이 원인일 수 있다. 원인균으로는 대장균이 많고 포도상구균, 임균 등도 있다.

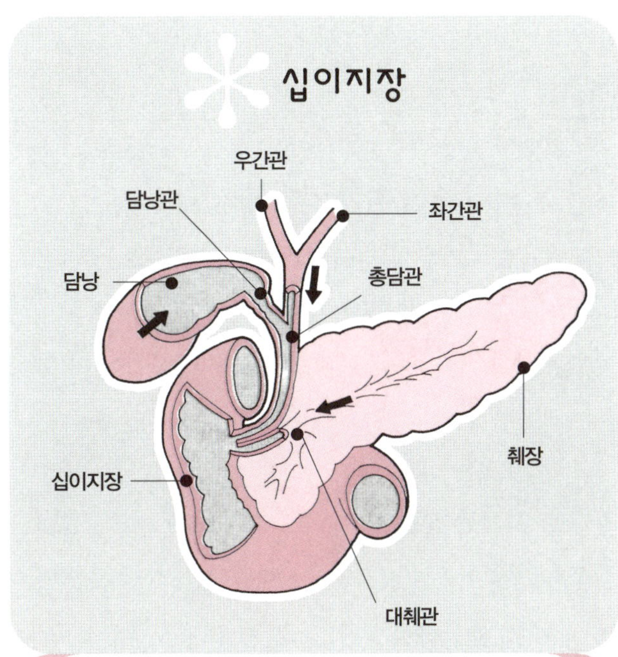

십이지장은 화학적 소화작용의 대부분을 담당한다. 위에서 넘어온 산성의 내용물을 중화시켜 준다. 간에서 형성되어 담낭에 저장되어 있던 담즙이 담낭관, 총담관을 거쳐 십이지장으로 분비되며, 췌장선에서 분비되는 소화효소도 대췌관을 통해 이곳으로 분비된다.

증세 아픈 쪽 배를 웅크리게 된다

복막 전체에 염증이 퍼진 경우에는 심한 복통과 함께 발열, 구토, 복부팽만, 대변이나 가스의 배출불능, 저혈압 등의 증세가 나타난다. 혈액검사에서 백혈구의 증가를 보이며 X선 검사에서는 대장 및 소장의 확장, 소장벽의 부종이 나타난다.

치료 지체하면 생명이 위험할 수도 있다

극심한 통증으로 쇼크를 일으키거나 저혈압 상태에 빠져 손발이 차가워지며 복부가 딱딱하게 굳을 수도 있다. 또 구토가 심하면 탈수상태에 빠질 수도 있다.

안정을 취하게 하며 염증부위를 차갑게 하면 통증 완화에 도움이 된다. 그러나 지체하면 생명이 위독해지는 병이므로 빨리 입원해서 적절한 치료를 받아야 한다. 혈액검사나 X선 검사 등을 통해 복막염으로 진단이 내려지면 증상

이나 원인에 따라 수술해야 한다. 즉 천공성 복막염은 즉시 개복 수술해야 하며 농양이 있을 경우 속히 복강의 고름을 빼내야 한다. 수술 후에도 전신상태의 호전을 위해 수액이나 수혈을 하며 적절한 항생제를 사용한다.

집에서는 이 렇 게 복통이 있을 때는 우선 안정을 취하게 한 후 아픈 부위가 어디인지 정확히 파악한 후 동반되는 다른 증세는 무엇인지 살펴본다. 변의 상태도 살핀다. 만약 구토가 동반된다면 토한 음식이 기도를 막지 않도록 옆으로 눕히고 피를 토하지는 않았는지 살핀다.

급성장염

원인 부패한 음식 먹어 생기기도 한다

원인은 여러 가지다. 소화가 잘 안되는 음식을 많이 먹든지, 부패한 음식, 혹은 세균에 오염된 음식을 먹었을 경우나 맵고 짠 음식, 차가운 음료수를 지나치게 마셨을 때에도 설사를 하게 되며 이불을 잘 덮지 않고 배를 차게 하고 자는 때에도 올 수 있다. 또한 알레르기성 장염이라고 하여 게, 우유 등 특정 음식에 증상을 보이는 사람도 있다.

증세 심한 복통과 설사가 특징이다

심한 복통과 설사를 동반하는 것이 급성장염의 특징이다. 정도에 따라 고열과 함께 설사를 하는 경우도 있다. 식욕부진, 구토, 명치 아래의 통증이 나타난다. 소장이 침범되면 배꼽 근처가 아프며 배 속이 꾸르륵거리고 통증이 배 전체 혹은 양측으로 퍼지며 아랫배가 불러지면서 설사가 시작된다. 심해지면 대변에 피가 섞여 나오기도 한다.

치료 금식하고 수분 보충에 신경 쓴다

우선 안정하면서 설사로 인하여 소실된 수분과 전해질

을 보충한다. 복부를 따뜻하게 찜질하는 것도 통증을 덜어준다. 설사를 멈추려고 항생제나 지사제 등을 함부로 복용하는 경우가 있는데 이는 금물. 하루쯤 금식하고 다음부터 유동식을 들도록 하여 점차 보통식으로 옮겨간다, 설사가 심하면 금식시에도 보리차를 주어 수분 보충을 잊지 않는다. 급성 장염은 치료를 잘하면 아무런 뒤탈 없이 잘 낫는다. 그러나 설사가 멎지 않은 상태에서 보통 식사를 하고 무리하면 만성장염으로 이행되어 몇 년씩이나 고생하게 되므로 완전히 치료하는 것이 중요하다.

> **집에서는 이렇게** 설사를 할 경우 금식이 원칙. 따뜻한 물이나 보리차는 수시로 마시게 해 탈수를 막는다. 장염으로 인한 구토, 설사에는 매실장아찌 달인 물이나 차조기 잎 달인 물을 마시면 좋다. 또 삽주뿌리와 탱자열매를 가루내어 먹어도 효과가 있다.

며 쪼그리고 앉거나 등을 구부리면 덜 아픈 듯해 이런 자세를 취하게 된다.

치료 **위액 분비 막기 위해 금식한다**

수액요법을 시행하며 췌장액의 분비를 감소시키기 위해 입으로는 아무것도 먹지 못하게 하고 위액을 빼내어 준다. 음식물을 먹거나 위액이 분비되면 췌장액이 더 많이 분비되어 췌장조직의 파괴가 더욱 심해지기 때문이다.

급성 췌장염 후에는 농양이나 낭종이 생긴다. 농양의 경우는 복부단층촬영이나 초음파 관찰을 하여 고름을 빼내고 낭종은 주의깊게 관찰하며 기다린다. 대개 초기에 별 탈없이 없어지지만 재발하는 경우 수술적 배액법을 시행한다.

> **집에서는 이렇게** 통증이 심할 때는 온습포로 찜질을 해주면 통증을 조금 줄일 수 있다. 술은 절대

급성췌장염

원인 **과음, 과식, 폭식이 주 원인이다**

술이나 지방질이 많은 음식을 과식하거나 공복 상태에서 음식을 과식한 경우 잘 일어난다. 췌장에서 만들어져 쓸개액과 같이 십이지장으로 나오는 소화효소가 과다하게 생산 , 분비되거나 혹은 췌관으로 역류하여 췌장이 손상을 입는 것이다. 이 외에 경구피임약이나 이뇨제 등의 장기복용, 외상으로 인한 췌장의 손상이 원인이 되기도 한다.

증세 **등, 가슴, 아랫배까지 아플 수 있다**

심한 복통이 주요 증상으로 주로 상복부 통증을 호소하는데 경우에 따라 등, 가슴, 아랫배까지 아플 수도 있다. 음식을 먹으면 통증이 더 심해지며 구토, 복부팽만, 미열 등이 동반되기도 한다. 반듯이 드러누우면 통증이 더 심해지

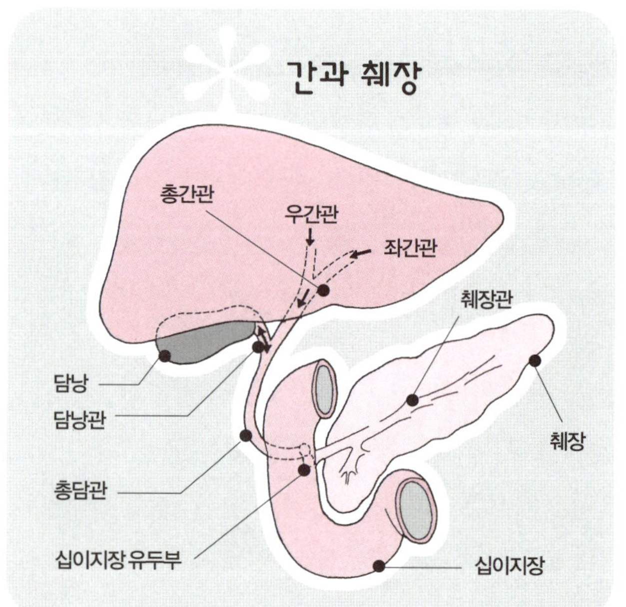

간, 담도, 그리고 췌장은 상복부에 위치한다.
간은 네 엽으로 나뉘며, 우엽이 가장 크다. 간에서 형성된 담즙은 많은 관들과 좌 · 우간관, 총간관을 거쳐 담낭관을 통해 담낭에 저장되었다가, 총담관을 통해 십이지장 유두부로 분비된다. 대췌관도 십이지장 유두부로 연결되어 총담관과 만나며, 이곳으로 췌장액이 분비된다.

마시지 않아야 한다. 그리고 기름진 음식, 과식을 피해 췌장염이 만성화되는 것을 방지한다.

급성담낭염

원인 원인균으로는 대장균이 많다

담낭은 간의 아래쪽에 붙어 있으며 담즙을 저장한다. 이 담낭에 세균이 들어와 염증을 일으킨 것이 담낭염으로, 대개 담석이 담낭의 출구를 막아 담낭의 담즙이 흘러내리지 못하게 됨으로써 세균감염이 일어나는 경우가 많다. 원인균으로는 대장균이 가장 흔하고 이 외에도 포도상구균이나 연쇄상구균, 녹농균 등이 발견된다.

증세 손만 닿아도 끊어질 듯 아프다

명치와 오른쪽 상복부에 칼로 도려내는 듯한 심한 통증이 오고 그곳에 손만 닿아도 숨이 끊어질 것 같은 통증이 온다. 더 심해지면 구역, 구토, 미열이 나타나며 황달, 변비, 마비성 장폐쇄증이 나타나기도 한다. 담낭염 환자의 90% 이상이 담석을 동반하고 있으며 수술을 하지 않아 담낭에 천공이 생기면 복막염, 패혈증, 장폐쇄증 등의 합병증으로 위험하다.

치료 담낭 적출술로 담낭을 제거한다

음식물이 십이지장으로 내려가면 담낭이 담즙을 내려보내기 위해 수축해 통증이 생기므로 우선 금식하고 코에 고무호스를 넣어서 위나 십이지장의 내용물을 밖으로 내보낸다. 담낭이 쉬게 하기 위해서다. 하지만 혈관으로 포도당과 전해질을 주사하는 것이 좋다. 통증이 지속되며 맥박이 빨라지고 열이 나고 혈중 백혈구 수가 증가하면 수술을 한다. 담결석을 포함한 담낭을 제거하는 것으로 빠를수록 좋다. 담낭적출술을 시행한 후 수술 전과 똑같은 동통을 호소하는 경우는 담결석이 남아 있거나 새로 생겼기 때문이다. 소화성궤양, 췌장염, 심장질환 등도 통증의 원인이 될 수 있으므로 잘 살핀다. 이 경우 보조적 약물 치료를 하게 된다.

집에서는 이렇게 콜레스테롤 수치가 높거나 자극성이 강한 식품은 담낭 수축을 촉진해 발작성 복통의 원인이 된다. 규칙적으로 식사하며 식물성섬유가 풍부한 음식들을 주로 먹는다. 옥수수수염이나 연근즙, 매실장아찌 달인 물 등을 장복하면 담석을 예방할 수 있다.

늑간신경통

원인 척추압박골절, 디스크 등이 원인이다

특정 질환을 일컫기보다는 여러 원인에 따른 증상을 말하는 것이다. 원인이 되는 질환으로는 척추에 압박골절이 생겼거나 노인의 경우 골다공증에 의해 올 수도 있다. 이 밖에 흉추나 경추의 디스크, 대상포진 후 오는 신경통, 늑골골절, 당뇨병 등이 있다.

증세 등이나 가슴 쪽에 둔통이 느껴진다

특별히 두드러지는 원인이 없었음에도 불구하고 등이나 가슴, 겨드랑이 쪽이 따끔거리면서 통증이 느껴진다. 피부에는 이상 증세가 전혀 없으며 가슴과 등이 묵직하게 아프거나 심하면 돌아눕기가 힘든 경우도 있다.

치료 신경통증클리닉 찾아 치료한다

신경통증 클리닉을 바로 찾는 것이 치료에 도움이 된다. 검사를 거쳐 확진을 하게 되면 원인에 따라 각기 다른 치료가 필요한데 주로 통증을 유발하는 신경을 찾아 약물요법 등을 통해 염증을 치료해 줌으로써 통증을 감소시킨다.

항문이 가렵고 통증이 있다

원활한 배변습관은 항문을 건강하게 유지하는 데 필수다. 또한 몸을 청결히 하고 수분과 섬유질을 충분히 섭취하는 식생활은 항문질환을 예방할 수 있다. 항문의 병은 자각증상이 별로 없고 또 수치스럽게 생각하는 경향이 있어 발견이 늦어지기 쉽다.

1

항문이 아프다.

YES 2번으로
NO 4번으로

2

변을 볼 때마다 통증이 심하다.

YES 3번으로
NO 7번으로

11

통증이 있으면서 항문이 부풀어 올랐다.

YES 14번으로 NO 13번으로

4

고름이나 피가 난다.

YES 5번으로
NO 8번으로

3

통증이 매우 심하다면 치핵을 의심할 수 있다. 환부를 청결히 해도 상태가 나아지지 않으면 항문외과로 가보도록.

10

배변 후 2~3시간 후에 통증이 느껴지면 치열, 항문에서 뭔가 튀어나와 있으면 치핵일 가능성이 높으며 변을 본 뒤에도 늘 뒤가 무지근하면 직장암을 의심한다. 항문외과로 가보도록.

5

변을 볼 때 새빨간 피가 나온다.

YES 6번으로
NO 9번으로

참 / 조 / 페 / 이 / 지

내장질환 … 82
세균성이질 … 59
습진 … 270

9

피나 고름이 속옷에 묻어 나온다.

YES 15번으로
NO 16번으로

6

배변 후에 통증이 느껴지고 변을 본 후에도 늘 뒤가 무지근하다

YES 10번으로
NO 18번으로

7

항문 부위에 둥근 혹이 생겼는데, 만져보면 단단하고 몹시 아프다.

YES 19번으로
NO 11번으로

8

가려운 부분에 습진이 생겼다.

YES 17번으로
NO 12번으로

12

항문을 청결하게
관리하지 못해 가려움증이
생겼을 수도 있다.
가려움증이 지속되면
내장질환이 원인일 수
있으니 내과로 간다.
여성의 경우 분비물이나
난소기능저하가
원인일 수 있으니 산부인과
검사를 받아보도록.

13

아프고 붓는 증세가
나타나며 열까지 난다면
항문 주위 농양일 수
있으니
항문외과로 가보도록.

14

치핵이 바깥으로
튀어나온 **감돈치핵**일
수 있다. 아픈 부위를
따뜻한 물에 담그고
튀어나온 부분을
손가락으로 밀어넣어 본다.
그래도 들어가지
않는다면 항문외과로.

15

치루일 가능성이 있다.
항문외과
검진을 받아보도록.

16

항문 주위나 음부 등이
심하게 가렵고 밤에 더욱
가렵다면 **항문소양증**일
가능성이 있다. 항상 청결히
하고 건조하게 한다.

17

습진, 두드러기일 수 있다.
피부과로 가보도록.
분비물 때문에 가렵고
짓무를 수 있으니
항문외과로 가보도록.

18

다른 이상이 없다면
치핵일 가능성이 크다.
환부를 청결히 하고
증세가 심하면 항문외과로
가보도록. 출혈이
멎지 않으면 심각한
질환일 수 있으니
항문외과로 가보도록.

19

혈전성 **외치핵**일 수 있다.
따뜻한 물에 좌욕을
하면 한결 좋아진다.
통증이 심하다면
항문외과로 가보도록.

가벼운 증세

위생환경 불결해 가려울 수 있다

단순히 항문이 가렵다면 기생충 때문일 수
있다. 또 위생환경이 불결해 일시적으로 가려
울 수도 있다. 항문의 가려움증이나 배변 시의
통증이 일시적이며 동반되는 이상 증상이 없다
면 **항문소양증**으로 염려하지 않아도 된다. 위
생을 청결하게 하는 것이 첫 번째. 하지만 이런
증상이 지속되고 출혈이 있으면 치질, 치열일
수 있으므로 병원치료를 받는다.

의심되는 증세

항문 병은 초기에 치료한다

여성의 경우 항문 주위가 계속 가렵다면 분
비물이나 난소 기능 저하에 의한 것일 수 있으
니 산부인과 검사를 받아 본다. 이 밖에 분비물
때문에 가렵거나 짓무르는 경우는 항문외과로
간다. 다른 증상 없이 항문 안에서 뭔가가 튀어
나와 있는 느낌이 든다면 **탈항**이나 **치핵**을 의
심한다. 치핵은 방치해 두면 악화된다. 빨리 전
문의의 진찰을 받는다.

중 증

농양, 치핵 등은 수술로 제거한다

아프고 붓고 열이 난다면 **항문 주위 농양**을
의심해야 한다. 새빨간 피가 나오며 항문에서
뭐가 튀어나와 있는 느낌이 들면 탈항이거나
치핵이 상당히 진행된 것일 수 있다. 서둘러 항
문외과로 간다. 한편 배변시 피가 나오고, 변을
본 뒤에도 늘 뒤가 무지근하면 **직장암**일 수도
있으니 서둘러 병원에 가서 검진을 받는다.

치열

변비, 항문 수술, 임신 등 여러 가지

치열의 원인은 여러 가지. 변비 환자가 과도한 힘을 주어서 변을 배출하거나, 항문 수술 후 생긴 딱딱한 자국이 수축이 잘 안되는 경우도 항문 주위 피부나 점막에 상처를 일으킬 수 있다. 이 외에도 탈항증, 폴립, 습관성 설사 환자에서도 잘 생기며 임신, 항문소양증, 크론씨병 등에서도 생길 수 있다. 한편, 2차 매독의 궤양이 치열과 비슷하므로 감별이 필요하다.

배변 시 출혈 · 통증 느껴

항문공에 삼각형의 궤양이 생기며 항문 피부에 상처가 생겨 치상선까지 침범하게 된다. 배변 시 통증을 느끼게 된다. 통증을 느끼는 시간은 대개 배변과 관계가 있는데 배변 당시나 배변 후 2~3시간 후에 통증을 느끼기도 하고 통증이 방광, 대퇴부 및 미골부 등으로 퍼져 통증을 호소하기도 한다. 배변 시 출혈을 동반하는 경우가 대부분이다.

변비 피하고 항문 주위를 청결히 한다

급성 치열은 2~3주의 보존요법으로 자연치유가 된다. 제일 중요한 것은 변비를 피하는 것이다. 반복적인 항문 외상을 피할 수 있으며 이미 생긴 치열에도 자극이 덜하다. 연한 완하제를 사용하여 변을 부드럽게 해주는 방법이 있으며 이 밖에 치열로 인하여 생긴 통증을 줄이고 괄약근의 경련을 감소시키기 위하여 국소마취제가 함유된 연고를 사용하며 심한 경우 국소마취제를 치열 부위에 주입하여 통증을 감소시킬 수 있다.

배변 후 40도 정도의 온수에 좌욕을 함으로써 혈액순환을 좋게 하고 궤양의 상처를 깨끗이 한다. 이러한 보존 요법으로 치료가 힘들고 계속 재발되면 수술을 행한다.

 항문 주위에 상처가 생겨 출혈이 심해지면 말린 약쑥을 가루내어 항문에 고루 바르면 출혈이 멎는다. 또 목이버섯이나 땅콩의 얇은 껍질을 푹 달여 먹거나 삼백초 잎을 갈아서 항문 부위에 찜질을 해도 지혈과 통증 완화에 도움이 된다.

치루 및 항문 주위 농양

세균 감염이 주 원인

치루와 농양은 밀접한 관계가 있으며 농양이 급성형이라면 치루는 만성형이다. 항문 농양의 주 원인은 혈전성 치핵의 감염, 치열의 감염, 항문소와의 감염 및 직장의 단순궤양에 의한 감염으로 항문선과 소낭선에 감염이 파급

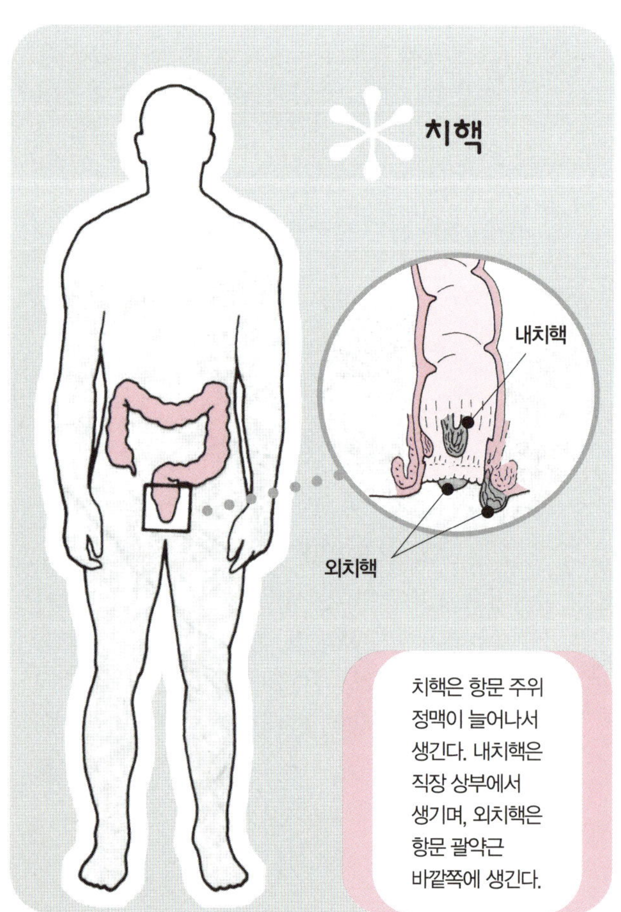

되면서 항문 주위 농양을 형성한다. 이 외에 만성 궤양성 대장염, 크론씨병, 결핵, 직장암 등에 의해 발생하는 경우도 있다.

종세 항문 주위가 발갛게 붓고 통증이 있다

농양 부위에 심한 통증이 오며 주위 조직이 발갛게 부어오른다. 심하면 전신증상으로 고열이 나고 식욕이 없으며 불면증이 생긴다. 좌골 직장 간 농양은 환자가 통증을 느끼는 대신 항문 주위의 불쾌감을 가지며 식욕이 없고 고열이 나타나며 무기력한 증세를 느끼게 된다. 반면 치루는 외공을 통한 농의 배출 외에는 별다른 증상이 없다.

치료 제거 수술을 한다

치루 및 농양의 치료 원칙은 감염소를 정확히 찾아내서 이곳을 제거해 주어야 한다. 대개 감염소는 항문선이나 소낭선이 되므로 어느 선의 감염인가를 확실히 알아서 제거한다. 만약 감염소를 찾지 못하고 농양을 배출하든가 치루 절개술을 하면 40~60%에서 재발을 하게 된다. 농양의 치료는 피부절개를 가능한 한 충분히 하여 고름을 완전히 배출시키며 농양 내부의 괴사된 조직을 박리해 준다. 물론 배농된 농을 배양하여 알맞은 항생제를 투여함이 중요하다. 수술이 곧 완치를 의미하는 것은 아니며 배변 실금 등의 부작용과 재발의 위험도 있다.

이 외에 궤양성 대장염 등 다른 원인 질환이 있는 경우 이들 병을 우선 치료해야 한다.

집에서는 이렇게 치핵은 유전되기 쉬우므로 집안에 환자가 있을 경우 각별히 주의를 기울인다. 충분한 수분섭취, 섬유질 섭취로 변비를 예방하며 장시간 앉아 있는 자세는 해로우므로 자주 몸을 일으켜 가벼운 운동을 해주는 것이 좋다. 단 자전거, 승마 등은 삼간다.

치핵

원인 변비나 항문 자극하는 음식이 원인

항문 주위의 정맥이 팽창된 상태로 요인은 여러 가지다. 일반적으로는 결합조직의 약화에 의한 체질적인 원인을 들 수 있다. 이 외에 변비나 항문을 자극하는 음식물을 많이 섭취한다거나 주로 앉아서 일하는 직업일 경우 혈액순환이 잘되지 않아 혈류 속도를 저하시키고 혈관팽창을 초래할 수 있다. 간질환, 계속된 복압상승 및 임신 등에서도 생길 수 있다.

종세 혹 같은 것이 생기고 아프다

초기에는 큰 자각증상을 느끼지 못하며 한두 번의 출혈 후 자연치유와 재발을 반복하게 된다. 내치핵은 통증이 없는 반면, 외치핵은 심한 통증을 나타내게 된다. 탈항이나 통증을 동반하기도 하고 그렇지 않기도 한다.

내치핵에도 혈전(혈액이 뭉친 것)이 생기면 통증이 심해진다. 외치핵은 항문의 피부 하에 혈전을 동반하게 되며 종기나 혹 같은 것이 만져진다.

치료 시기 놓치면 수술, 조기 치료해야

약물치료로 증세를 완화시킨다. 변비 증세가 있으면 완하제를 투여하고 통증 및 부종을 가라앉히기 위하여 국소 마취제와 수렴제가 함유된 연고를, 염증 증상이 합병된 경우에는 소염제를 투약한다.

중요한 것은 원인 치료를 먼저 하는 것. 변비증이 있다면 변비를 치료하며 음식물이 원인이라면 그 음식을 제한한다. 간질환으로 치핵이 생겼다면 간질환을 먼저 치료한다. 90%는 수술 없이 치료가 가능하므로 초기 진단과 치료가 중요하다.

목욕을 자주 해 혈액순환을 돕고 좌욕으로 항문주위의 청결과 혈액순환을 돕는다. 검은깨를 볶아 꿀에 개어 먹거나 시금치, 감잎차 등이 좋으며 검은깨 삶은 물이나 호박씨 달인 물로 항문을 씻어줘도 예방 효과가 있다. 고추, 생강, 카레 등 향신료와 커피, 술, 담배 등 자극성 식품은 피한다.

이 밖에 죽순이나 게, 새우 등은 염증을 촉진시키므로 피하는 것이 좋다. 항상 몸을 따뜻하게 해주며 가벼운 운동으로 엉덩이에 울혈을 방지한다.

항문소양증

원인 당뇨병으로 인해 올 수도 있다

항문 주위에 소양증을 일으킬 수 있는 원인으로는 치루, 치핵, 콘딜로마, 요충, 음식물 및 전신질환으로 당뇨병을 들 수 있다. 여성에서는 외음부 및 질에 소양증을 가져올 수 있는 트리코모나스 및 칸디나가 원인이 될 수 있으며 피부병 중 홍색음선이 원인이 될 수 있다. 소양증의 원인은 많이 있으나 원인을 찾기가 어려우며 치료가 불충분할 경우 만성화된다.

증세 밤에 더 가렵다

항문 주위나 음부 등에까지 가려움증이 나타난다. 가려움증의 정도는 개개인에 따라서 다르며 별 증상을 느끼지 못하는 환자에서부터 가려움증을 견디지 못해 긁게 돼 항문 주위에 가벼운 외상을 입을 정도로 심한 경우도 있다. 이러한 가려움증은 밤에 더욱 심해져 잠을 못 이루는 경우도 있는데 심할 경우 신경쇠약 증상을 나타내기도 한다.

치료 항상 청결하고 건조하게 유지한다

항문 소양증은 나을 수 있는 병임을 확신하는 것이 중요하다. 가장 먼저 할 일은 소양증을 일으킨 원인을 찾아 제거하는 일. 치루, 치핵 등은 치료하고 기생충이 문제라면

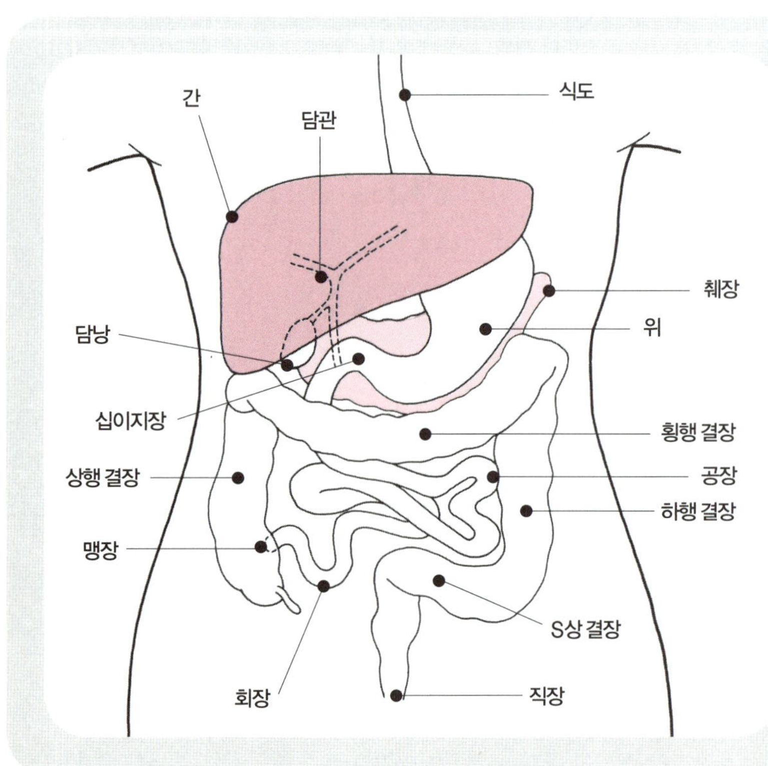

✳ 소화기관

짙게 표시된 부분은 고형 기관으로 간과 담도, 췌장이다. 이곳에서 소화효소와 호르몬이 분비되어 소화를 돕는다.
흰 부분은 소화관으로 위, 소장과 대장이 이에 해당되며, 소화와 흡수를 담당한다.
음식물은 입에서 씹혀 적당히 부숴진 후 식도를 거쳐 위로 들어가면 산, 펩신, 그외의 위액과 섞여 죽처럼 된다. 위의 운동으로 십이지장으로 넘어가 간과 담낭에서 나오는 담즙, 췌장에서 분비되는 췌장액에 의해 소화되어, 분해된 영양분은 소장에서 흡수된다. 나머지는 맹장으로 넘어가며, 대장을 거치는 동안 대부분의 수분이 흡수되어 변으로 배설된다.

구충제를 복용한다. 당뇨는 근치가 어려우므로 증상을 악화시키지 않도록 주의하고 기타 감염증도 치료한다. 증상을 가라앉히기 위해 라놀린 기름이나 국소마취연고, 또는 로션 등을 항문 주위에 바르고 가능한 한 안정을 취한다. 소양증이 심한 경우, 환부 주위에 알코올 주사 또는 X선을 쬐어주는 경우도 있다.

집에서는 이 렇 게 일반적인 치료 및 예방법은 우선, 항문 주위를 언제나 깨끗이 한다는 것. 그리고 세균이나 곰팡이 등은 습한 곳을 좋아하므로 항상 건조한 상태를 유지해 주는 것도 필요하다. 음식물 중 알코올 성분을 제한하며 가스를 형성하는 음식물의 섭취도 줄인다.

직장암

원인 유전, 혹은 환경적 요인이 크다

음식물을 비롯한 환경적 요인이 가장 크다. 아울러 가족 단위로 발생하는 경우가 많다. 음식이 서구화되면서 대장암의 비율도 높아지고 있다. 그 외에 만성 궤양성 대장염, 유전성 혹은 비유전성 대장 용종(대장 안으로 조직이 자라서 들어온 것으로 대부분 악성은 아니지만 조직검사를 해봐야 한다), 기타 양성 종양의 악성 변화가 관계된다.

증세 피섞인 설사와 변비를 번갈아 한다

배변 시 피가 나오며 변을 보고 난 뒤에도 늘 뒤가 무지근한 듯하고 통증은 좀 늦게 나타난다. 늘 배가 부른 듯하고 아랫배가 당기는 듯하며 음식을 먹기도 곤란해진다. 피가 섞인 설사를 계속한다. 증상이 심해지면 배가 팽만해져서 음식을 먹기도 곤란해진다. 배가 아프지도 않으면서 설사와 변비를 번갈아 한다.

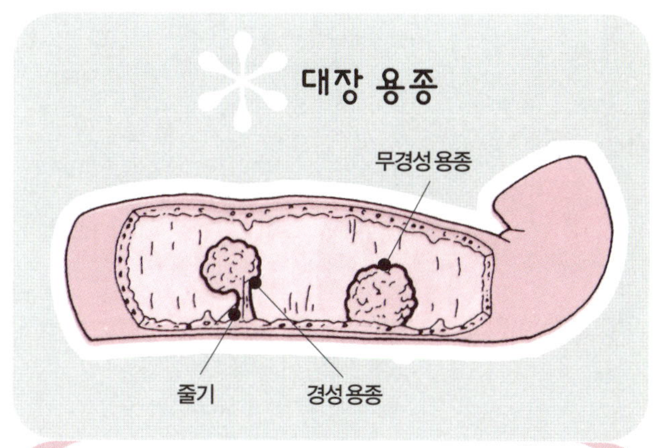

용종에는 줄기가 달린 경성 용종과 줄기가 없는 무경성 용종의 두 가지가 있다. 어떤 것들은 암으로 발전하기도 하는데, 큰 용종이 작은 것보다 더 위험하다.
※ **용종(茸腫):** 피부나 점막의 겉면에 대개 가는 줄기를 가지고 튀어나온 조직이다. 염증성 또는 종양성이 있으며, 악성 종양(암)으로 진행하는 것도 있다.

치료 인공항문을 달아야 할 경우도 있다

배변 시 출혈이 생기면 대부분 치핵으로 생각하고 방치하기 쉽다. 간혹 치핵 수술이 부담스러워 부식제 약품을 항문에 주사하여 치핵을 치료한다고 하는 경우도 있는데 이는 자칫하면 항문을 망가뜨려 평생 고생하게 되거나 암인데도 오진하여 병을 더 키우는 위험을 초래할 수도 있으므로 주의한다.

배변에 이상이 생기고 변의 상태도 의심이 가면 우선 전문의를 찾아 진단을 받아야 한다. 장갑을 끼고 손가락을 넣어보면 대개 만져져 진단이 쉽다. 항문경이나 S상 결장경을 넣어 조직을 떼어 검사해 보는 것이 확실하다. 배변 시 출혈과 통증이 몇 달이고 지속되면 일단 암을 의심해 보는 것이 좋다.

이럴 경우 서둘러 전문병원으로 가 정확한 검사를 받아 본다. 암으로 진단이 나면 수술로 암을 제거해야 하며 수술 후 방사선 치료와 화학요법을 사용한다. 암의 위치가 항문에 가까울 경우 암을 절제하면 항문까지 들어내야 하므로 인공항문을 달아야 하는 수도 있다.

손과 발이 저리다

피부에 감각이 둔해지면서 저릿저릿한 느낌이 들게 되는 것을 '저린다' 라고 한다.
대개는 혈액순환이 제대로 되지 않거나 저린 부위의 신경이 손상되어 생기게 된다.
금세 좋아진다면 걱정하지 않아도 되지만 자주 반복된다면 위험할 수 있다.

1
손발이 자주 저린다.
YES **2번**으로
NO **4번**으로

2
차츰 팔과 다리까지
저려온다.
YES **3번**으로
NO **6번**으로

9
미세한 손떨림이 나타나고
손발이 저릿저릿하며
식욕이 있는데도 체중이 급격히
감소한다면 갑상선기능항진증을
의심할 수 있다. 내과로.

3
허리도 아프다.
YES **7번**으로
NO **11번**으로

참 / 조 / 페 / 이 / 지
변형성척추증 … 155
당뇨병 … 244

8
운동을 심하게 했든지 자세가
잘못되어 일어난 근육피로일 수
있지만 안정을 취해도
호전되지 않으면 내장질환이
의심될 수 있으니
내과 검사를 받아보도록.

5
당뇨병일 수
있으니
내과로 가보도록.

4
팔다리에 힘이
없고 갈증이 나며 소변이
평소와는 다르다.
YES **5번**으로
NO **8번**으로

6
몸의 오른쪽, 왼쪽 중
한편만 저리고
마비되는 느낌이 든다.
YES **15번**으로
NO **10번**으로

7
변형성척추증,
추간판탈출증일 수 있으니
정형외과로 가보도록.

10

기억력이나
이해력이 감퇴된다.

YES **14번**으로
NO **9번**으로

11

경추 후종 인대 골화증일 수
있으니 정형외과로 가보도록.
팔이나 다리 끝이
저리고 근력이 저하되며 근육이
위축되기 시작하면
다발성 신경염일 수 있으니
신경외과로 가보도록.

12

동맥경화증일 수 있으니
내과로 가보도록.

13

손발이 차고 저리며 갑자기
일어섰을 때 현기증이
있다면 **저혈압**일 가능성이
있다. 내과로 가보도록.

15

두통이나 구역질이나
의식이 흐려지는 일이 있으면
뇌졸중일 수 있다.
빨리 내과나 신경외과
검사를 받아보도록.

14

고혈압이 오래 되었으며 기억력이 점점
떨어진다. 머리, 가슴, 허리 등에도 통증이 있다.

YES **12번**으로　**NO** **13번**으로

과도한 운동, 피로도 원인이다

오랜 시간 동안 동일한 근육을 써서 작업을 했거나 과도한 운동을 했을 경우 손발이 따끔따끔거리거나 아무 느낌이 없는 듯 저리는 증세가 나타나기도 한다. 시간이 지나면 저절로 해소되는 정도면 염려할 필요가 없다. 그러나 안정을 취해도 낫지 않거나 증세가 반복되면 다른 내과 질환이 없는지 검진을 받아보도록 한다.

당뇨병, 변형성척추증을 의심한다

목이 마르고 소변에 이상이 있으며 팔다리가 나른하다면 **당뇨병**을 의심한다. 손발뿐 아니라 팔다리에도 저리는 증세가 있으며 요통까지 겸한다면 변형성 척추증이나 추간판탈출증를 의심할 수 있다. 정형외과로 가 치료를 받는다. 이밖에 손발이 차고 저리며 갑자기 일어섰을 때 현기증이 있다면 **저혈압**일 가능성이 있다. 내과 검진을 받는다.

의식이 없다면 뇌졸중일 수도

기억력이 떨어지고 머리, 가슴, 허리 등에도 통증이 있으면 **동맥경화**를 의심한다. 머리에 충격을 받았거나 외상을 입은 후 구토, 현기증을 동반한다면 서둘러 병원으로 간다. 두통, 구토, 의식이상이 있을 때는 **뇌졸중**이 의심된다. 갑상선이 커져 목이 불룩해지고 땀을 많이 흘린다면 **갑상선기능항진증**일 가능성이 있다. 상세한 검진을 받아보도록.

뇌졸중전조

심장질환, 고혈압일 때 잘 온다

뇌혈관이 막히거나 터지는 등 뇌혈관 장애로 생기는 증상을 통칭하여 뇌졸중이라 한다. 이 뇌졸중이 오기 전에 우리 몸에 나타나는 일정한 증상들을 뇌졸중전조증이라 하는데 심장질환이 있거나 고혈압, 당뇨병, 고지혈증이 있는 경우 잘 발생한다. 이 외에도 가족력이 있거나 체중과다에 술·담배를 많이 하며 운동은 하지 않는 사람이라면 주의해야 한다.

이유 없이 손발이 저릿저릿하다

특별한 이유 없이 손발이 저릿저릿하고 힘이 없어지며 간혹 경련이 일기도 한다면 뇌졸중을 의심해 봐야 한다. 이 밖에도 말이 어눌해지며 몸의 감각이 둔해진다. 또 기억력이 감퇴하고 얼굴 근육에 미세한 떨림이 자주 일어나며 머리가 어지럽고 눈이 침침해지며 얼굴이 붉게 달아오르고 귀에서 무슨 소리가 들리는 듯한 증상도 뇌졸중을 예고하는 증상들이다.

선행 질환을 찾아 내 치료한다

전조증상이 자각되면 서둘러 병원을 찾아 진단과 치료를 받는다. 이 경우 또 하나 중요한 것은 선행 질환을 찾아내는 것. 혈압 체크와 소변 검사, 심전도 검사, 외상의 유무를 살피는 등 각종 검사가 필요하다. 각 증상과 선행질환에 따른 치료를 실시한다. 뇌졸중은 심한 운동이나 과로, 정신적으로 흥분했을 때 올 수 있고 또 온도변화가 심하거나 혈압이 급속도로 올라갔을 때도 잘 일어나므로 환절기나 추운 날 외출 시 주의해야 한다.

> **집에서는 이렇게** 당뇨병, 고혈압 등에 걸리지 않도록 해야 하며 병이 진행 중이라면 치료에 힘쓴다. 염분섭취를 줄이고 좋은 단백질 섭취는 늘린다. 지방질 식사는 제한한다. 비만해지지 않도록 주의하고 규칙적인 식사와 운동 등 활력 있는 생활을 해나간다. 한편, 쑥잎과 뿌리를 햇볕에 말렸다가 달여 마시면 손발이 저리고 경련이 있을 때 좋다. 이 밖에 우엉이나 무, 양파, 아가위차, 해조류, 버섯류 등이 뇌졸중 예방에 좋은 식품들이다.

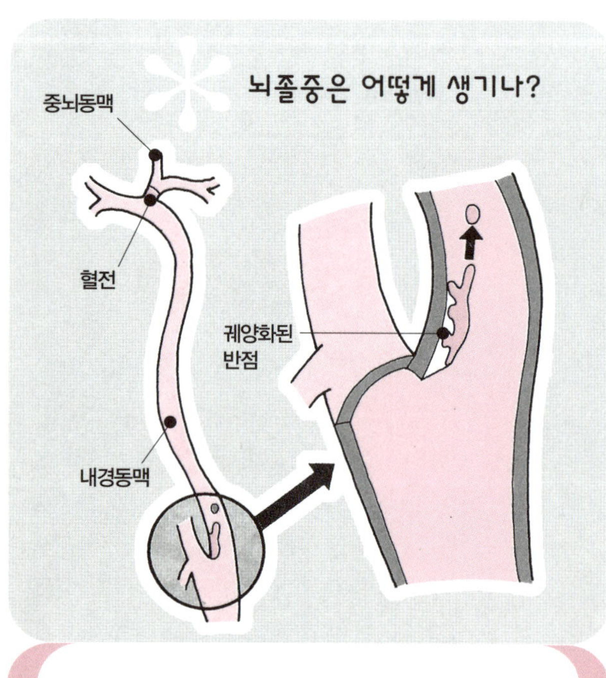

좌: 내경동맥의 동맥경화증이 뇌졸중의 주원인이다.
우: 동맥 내벽에 반점이 형성되어 혈류를 막기 때문에 일과성 허혈이나 뇌졸중을 일으킨다.

동맥경화증

고혈압, 고지혈증, 흡연, 스트레스가 원인

한마디로 동맥의 벽에 콜레스테롤 같은 각종 물질이 끼고 달라붙어 혈관이 좁아지고 탄력이 떨어져 딱딱하게 굳는 것이다. 수도관에 오물이 끼어 물이 잘 흐르지 못하는 상태를 생각하면 된다.

가장 중요한 원인은 고혈압, 고지혈증. 이 외에 과로와

정신적 스트레스, 흡연, 비만 등 여러 요인이 복합적으로
작용해 동맥경화를 촉진시킨다.

증세 체력 감퇴, 정신력 장애도 나타난다

초기 증상이 거의 없어 자각할 경우 이미 동맥경화가 상
당히 진행된 상태다. 가장 먼저 감지되는 것이 고혈압으
로, 오랫동안 계속된 고혈압이 동맥경화를 일으키는 것이
다. 체력이 떨어지고 머리와 가슴, 허리 등에 통증이 나타
나며 기억력이나 이해력 감퇴 같은 정신력 장애도 보인다.
시야가 흐릿하게 보이거나 입이 말라서 물을 많이 마시는
증상이 나타나기도 한다.

치료 금연, 금주가 우선이다

동맥경화는 무서운 결과를 초래할 수 있는 병이므로 무
엇보다 예방이 중요하다. 정기검진에서 순환기계를 검사
해 조기에 발견하고 치료할 수 있도록 한다.

가족 중에 고혈압이나 당뇨 환자가 있으며 비만인 사람
으로 담배를 피우며 운동을 하지 않는 사람, 작은 일에도
심하게 스트레스를 받으며 그것을 해소할 기제를 갖지 못

한 사람, 성격이 급하고 경쟁심이 강하거나 지나치게 완벽
을 추구해 정신적 긴장이 높은 사람 등은 발병 가능성이
그만큼 높다.

지방질 음식의 섭취를 줄이고 금연, 금주하며 적어도 1주
일에 3회 이상 한 번에 1시간 이상씩 운동을 한다. 콩즙이
나 두부, 두유 등은 혈액의 산성화를 막아주며 떫은 감즙을
따뜻한 물에 타먹거나 메밀국수 삶은 물을 마시면 혈관벽
을 깨끗하고 튼튼하게 한다.

토마토나 감자 수프 등은 지방의 소화를 도와 콜레스테
롤 축적을 막아주며 미역, 다시마 등의 해조류나 신선한 녹
즙도 혈압을 낮춰 동맥경화를 예방해 주는 효과가 있다.

저혈압

원인 유전, 환경 혹은 내분비 질환 등이 원인

수축기 혈압이 90mmHg이하고 확장기 혈압이 60mm
Hg이하인 경우이다. 유전이나 환경의 영향을 받는 일차
성(본태성) 저혈압과 내분비 질환이나 만성 소모성 질환
등 여러 질환으로 인하여 이차적으로 발생하는 저혈압인
이차성 저혈압 내분비 질환 등이 있다. 이 외에도 원인불
명의 기립성 저혈압과 체위변화에 따른 체위성 저혈압, 기
타 쇼크성 저혈압이 있다.

증세 손발이 차고 저리다

신체 장기로의 혈액순환이 덜 되어 피로하고 기운이 없
으며 나른하고 어지러우며 곧 쓰러질 것 같은 증상이 특징
이다. 이런 증상은 서 있을 때나 갑자기 일어서게 되면 더
욱 뚜렷하게 나타나므로 곧 저혈압을 의심해도 된다. 작은
일에도 쉽게 불안하고 가슴이 두근거리며 숨이 차면서 손
발이 차고 불면증을 호소하는 경우도 있다. 전체적으로 허
약하다.

 ## 체중 늘리고 체력 단련해야 한다

저혈압은 고혈압과 마찬가지로 질병이라기보다는 하나의 증상이므로 가능한 한 그 원인을 정확하게 밝혀 치료해야 한다. 특히 특정 질병에 동반되는 증상으로 저혈압이 나타난 경우에는 그 원인질환을 우선 치료해야 한다.

저혈압의 대부분을 차지하는 본태성 저혈압은 위험하거나 예후가 나쁜 병이 아니므로 수반되는 증상을 개선시킬 방안을 모색해야 한다. 비만인 경우보다는 마른 사람에게 흔하므로 체중을 늘려주도록 노력한다.

규칙적인 식사를 하되 과식을 하기보다는 소화가 잘되고 열량이 높은 음식을 조금씩 자주 섭취하는 것이 좋다. 우유, 반숙란, 두부, 생선, 치즈, 질 좋은 쇠고기, 배추, 당근, 잣, 호두, 밥 등의 곡류, 견과류, 과일 등이 좋다.

고혈압과는 반대로 염분을 충분히 섭취하도록 하며 가벼운 운동과 건포마찰, 냉수마찰 등으로 체력을 단련하는 것이 좋다. 약물로 혈압을 상승시킬 필요는 없으며 약물로 저혈압을 해소하는 약은 없다고 봐야 한다.

갑상선기능항진증

원인 면역 장애, 바이러스 감염, 스트레스가 원인

면역 계통의 장애에 의해 외부에서 침입한 세균을 방어해야 할 항체가 갑상선호르몬을 과다하게 분비함으로써 일어나는 병이다. 갑상선기능항진증은 유전적인 요소도 있으며 바이러스 감염이나 스트레스 등도 원인이 된다.

증세 체중 감소, 목의 앞부분이 불룩해진다

갑상선이 커져 목의 앞부분이 불룩해지고 안구가 돌출되므로 병을 쉽게 알 수 있다. 미세한 손떨림이 나타나고 손발이 저릿저릿한 증세도 나타난다.

식욕은 왕성한데 반해 체중이 급격이 감소하며 쉽게 지치고 매사에 신경질적이고 집중력도 떨어진다. 맥박이 빨라지고 땀을 많이 흘리며 여성은 월경 이상, 남성은 성욕 감퇴, 발기부전 등을 불러올 수 있다.

치료 장기간 항갑상선제 복용하고 영양섭취에 주의한다

항갑상선제를 복용하는 약물요법이 가장 일반적이다. 중단하면 곧 재발하므로 장기간의 투약이 필요하다. 약 복용 중 고열과 목구멍이 아픈 증세가 있으면 치료를 서두른다. 부작용으로 패혈증까지 이를 수 있다.

이 외에 방사선 요오드, 수술 등의 치료법이 있는데 잘 쓰지 않는다.

집에서는 이렇게 영양섭취에 주의를 기울여 체중감소를 막아야 하는데 고단백, 고탄수화물, 고열량, 고비타민 식이요법으로 에너지 필요량을 충족시켜야 한다. 술, 담배, 자극적인 음식은 피한다.

요오드가 풍부한 해조류는 치료 후 약 2주부터는 먹어도 된다. 땀이 많이 나므로 수분섭취에도 신경을 써야 하는데 설사를 유발할 수 있는 찬 음료수나 과일즙 같은 것은 피한다. 집안을 덥지 않게 하고 평소 스트레스를 풀면서 생활하는 것이 가장 좋은 예방법이다.

비타민 B_1, B_2, 식물성 기름 등이 풍부한 현미는 손발 저린 증세에 좋은 식품이다. 현미를 노르스름하게 볶은 다음 끓여 먹으면 좋다.

안과로 가야 할 증세

눈에 이상 징후가 있다

아이들의 경우, 눈동자가 한쪽으로 쏠리거나 눈을 위로 뜨지 못하면 선천적인 눈의 이상일
수 있다. 수술이나 교정치료로 바로잡아 주어야 한다. 이 밖에도 각종 질환이나
정신적 스트레스, 눈의 혹사 등으로 눈에 이상이 생길 때는 서둘러 안과 검진을 받아야 한다.

1
그림을 그릴 때 색깔을
구분하지 못해
이상한 그림을 그린다.

YES 2번으로
NO 5번으로

2
색각이상일 수 있으니
안과검진을
받아보도록.

8
열이 나고 목구멍이
아프며 기침, 재채기, 콧물 등의
감기 증세가 있다.

YES 4번으로
NO 3번으로

3
급성결막염이나
유행성각막염일 수 있으니
안과로 가보도록.

4
인두염에 걸려 있을 경우에
인두결막염이 나타날 수 있으며,
아이들의 경우, 감기증세에서
발진이 나타난다면
홍역일 수 있으니 즉시 소아과로
가보도록.

7
항상 눈에 눈물이 고여 있고
눈곱이 많은 경우라면
누낭염이 의심된다.
그밖에 각막 질환, 홍채의 염증,
안경 도수가 맞지 않았을 때도
눈물이 난다.
안과 검진을 받아보도록.

5
눈동자가
코 있는 쪽으로 몰리거나
비뚤어진다.

YES 6번으로
NO 10번으로

6
흔히 '사팔눈' 이라 불리는
사시일 수 있다. 사시를 방치하면
시력이 떨어져 심하면
실명에 이를 수도 있다. 증세가 보이면
안과 검진을 받는다.

9

알레르기성결막염일 가능성이 있다. 알레르기성비염을 동반하는 경우도 간혹 있으니 안과로 가보도록.

10

눈꺼풀이 처져 있다.

YES 11번으로
NO 14번으로

11

안검하수증, 즉 눈꺼풀이 처지는 병이다. 눈꺼풀이 처져 무엇을 쳐다보려면 고개를 들고 보게 된다. 심리적으로 위축되므로 전문의의 진단을 받아 수술해야 한다.

참/조/페/이/지

감기 … 20
인두염 … 20
알레르기성 비염 … 236
황달 … 83, 105
홍역 … 327
알레르기성 결막염 … 202

12

눈꺼풀이 부어 있고 눈동자가 충혈되어 있으며 어지럽다.

YES 13번으로
NO 7번으로

13

바람이 심하고 건조한 이른 봄에 더욱 심해진다.

YES 9번으로
NO 8번으로

14

사물이 또렷하게 보이지 않는다.

YES 15번으로
NO 19번으로

15

눈 앞에 흑점이나 검불이 떠다니는 것 같다.

YES 16번으로
NO 12번으로

16

망막이나 포도막 혈관이 터져 **안저출혈**이 생긴 것이다. 서둘러 안과로.

17

황달일 수 있으니 빨리 내과로 가보도록.

다음 페이지에서 계속 ▶▶▶

▶ ▶ ▶ 이전 페이지에서 계속

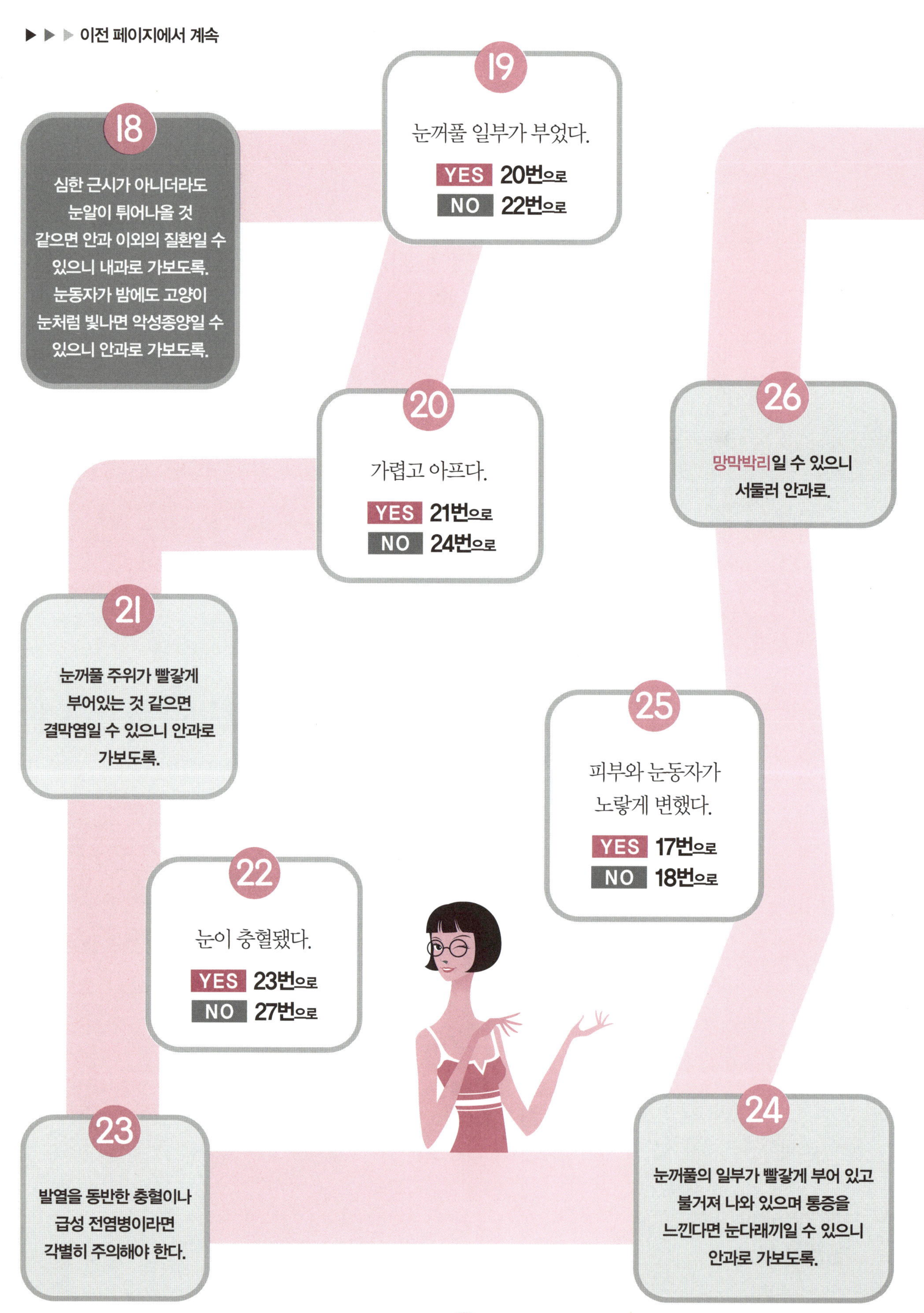

18
심한 근시가 아니더라도
눈알이 튀어나올 것
같으면 안과 이외의 질환일 수
있으니 내과로 가보도록.
눈동자가 밤에도 고양이
눈처럼 빛나면 악성종양일 수
있으니 안과로 가보도록.

19
눈꺼풀 일부가 부었다.
YES 20번으로
NO 22번으로

20
가렵고 아프다.
YES 21번으로
NO 24번으로

26
망막박리일 수 있으니
서둘러 안과로.

21
눈꺼풀 주위가 빨갛게
부어있는 것 같으면
결막염일 수 있으니 안과로
가보도록.

25
피부와 눈동자가
노랗게 변했다.
YES 17번으로
NO 18번으로

22
눈이 충혈됐다.
YES 23번으로
NO 27번으로

23
발열을 동반한 충혈이나
급성 전염병이라면
각별히 주의해야 한다.

24
눈꺼풀의 일부가 빨갛게 부어 있고
불거져 나와 있으며 통증을
느낀다면 눈다래끼일 수 있으니
안과로 가보도록.

가벼운 증세

가성 사시는 자연히 낫는다

생후 6개월 이전의 유아들에게 흔한 **가성 사시**는 자라면서 대부분 정상으로 된다. 돌 지나서까지 낫지 않으면 안과 검진을 받는다. 물체를 볼 때 눈을 가늘게 뜨거나 가까이 다가가 본다면 시력 장애가 있는 것이고 그림을 그릴 때 색 사용이 이상하다면 **색각이상**일 가능성이 있다. 눈꺼풀을 계속 깜빡이면 틱 증후군을 의심한다. 정확한 검진과 처방이 필요하다.

의심되는 증세

눈꺼풀 붓고 가려우면 결막염 의심

언제나 눈에 눈물이 고여 있고 눈곱이 많다면 누낭염을 의심한다. 그 밖에 각막이나 홍채의 염증을 의심할 수 있고 속눈썹이 거꾸로 되어 있어도 눈물이 잘 난다. 눈꺼풀이 붓고 가렵고 아프다면 결막염, 급성결막염, 유행성각막염, 알레르기성결막염 등을 의심한다. 선천적으로 눈꺼풀이 처져 있는 **안검하수**는 수술로 눈꺼풀을 올려줘야 한다.

중 증

황달, 악성종양 등은 위급하다

심한 근시가 아닌데 눈알이 튀어나온 듯하면 안과 이외의 병을, 눈동자가 고양이 눈처럼 빛나면 악성종양을 의심한다. 시야가 흐릿해져 중앙이 보이지 않으면 **중심성망막염**일 수 있다. 눈동자에 섬광이 일고 검은 장막이 쳐진 듯하면 **망막박리**가 일어난 것이다. 서둘러 안과로 가야 한다. 이 밖에 눈동자나 피부가 노랗게 변했다면 황달을 의심할 수 있다.

사시

 유전적 요인이 크다

흔히 '사팔눈'이라 불리는 사시는 눈의 기능이 발달되고 완성되는 시기인 6세 이전의 어린아이에게 흔하다. 부모가 사시인 경우 태어날 아이 역시 사시이기 쉬워 유전적 소인이 큰 것으로 알려지고 있지만 반드시 그런 것만도 아니다. 한편, 눈의 기능이 미숙한 3개월 이전의 아이들이나 코가 낮아 사시로 보이는 가성사시도 있는데, 염려하지 않아도 된다.

 두 눈에 서로 다른 상이 맺힌다

한쪽 눈이 물체를 보는 동안 다른 눈은 눈동자가 코 있는 쪽으로 몰리거나(내사시) 귀 있는 쪽으로 비뚤어져(외사시) 두 눈에 서로 다른 상이 맺히는 경우다. 사시가 시작되면 눈이 돌아갔기 때문에 물체가 둘로 보여 어지럽고 불쾌감을 느끼게 된다. 따라서 돌아간 쪽 눈을 잘 사용하지 않게 되므로 한쪽 눈에 약시가 오게 되고 심하면 실명에 이르게 된다.

 수술로 교정하고 조절한다

이상을 발견한 즉시 안근육을 조절하는 교정 수술을 실시해야 한다. 경우에 따라서는 약물이나 안경 착용만으로 교정되는 경우도 있다. 흔히 사시는 원하는 때에 아무 때나 고치면 되는 것으로 알고 있으나 사시의 문제는 단순히 미용상의 문제만은 아니다. 돌아간 쪽 눈은 실질적으로 보는 기능을 포기하는 것이므로 시력이 점점 떨어져 약시가 되고 심하면 실명하기도 한다. 설사 눈을 수술하게 된다 하더라도 어려서 하면 아무 위험성이나 흉터 없이 간단히 할 수 있으므로 조금도 걱정할 필요가 없다. 수술과 함께 안경착용으로 교정을 한다.

집에서는 이렇게

아이의 눈에 사시가 있다고 여기면서도 시간이 지나면 나아지겠거니 생각하는 사람들이 많다. 하지만 시각 기능이 완성되는 6세 이전에 눈에 이상이나 장애가 있을 경우 즉시 검진을 받고 교정, 조절해 주어야 한다. 이 나이가 넘으면 비록 눈의 위치는 바로잡을 수 있지만 상이 이중으로 맺힌다거나 약화된 시력을 회복하기란 힘들다.

알 • 아 • 두 • 자

근거리 시력장애는 눈 운동으로 좋아질 수 있다

■ **연필 끝을 주시하며 코 가까이 댄다**

병을 앓거나 심한 운동을 한 후에 근거리 시력 장애를 수반하는 경우가 있다. 이럴 때는 눈 운동이 효과적이다.

즉 한손에 연필을 잡고 서서히 코 쪽으로 가까이 하면서 연필을 주시한다. 연필을 더 이상 코 쪽으로 할 수 없을 때까지 한다(보통 코 앞 4㎝ 정도면 된다). 이 방법을 하루에 한 번씩 한 달간 실시한다. 이 눈 운동 방법은 안구 자체가 밖으로 돌아가려는 경향이 있을 때 실시하면 효과가 있다.

그러나 정확한 진단 없이 눈 운동으로 시력을 개선하려고 하다가는 적당한 치료가 시기를 놓치는 수도 있다. 이러한 운동은 반드시 안과 전문의의 지시에 따른다.

안저출혈

 고혈압, 동맥경화 외 안구내 종양 등이 원인

검안경으로 눈 속의 안저를 살필 때 볼 수 있는 출혈로 망막혈관이나 포도막혈관의 출혈이다. 혈류의 압력이 높은 경우, 혈액성분이나 혈관벽의 이상, 안압의 급격한 변화 등이 출혈의 직접적인 원인이다. 이런 증상을 가져올 수 있는 원인질환으로는 당뇨병, 고혈압, 뇌종양, 망막혈관염, 포도막염, 고도근시, 안구외상, 망막박리, 안구내 종양 등 여러 가지다.

 눈앞에 검불이 떠다니는 것 같다

안저출혈의 범위가 크지 않고 안저 주변부에 국한된 출혈은 환자 자신이 전혀 이상을 느끼지 않으나 안저의 중심부, 즉 황반부에 생긴 출혈은 아무리 작아도 심한 시력장애를 느끼게 된다. 안저출혈이 초자체까지 퍼지면 눈 앞에 흑점이나 검불이 떠 다니는 것처럼 느끼고 초자체 출혈이 심해지면 눈앞이 깜깜하여 아무것도 볼 수 없게 된다.

 원인과 출혈 부위 찾는 것이 최우선

서둘러 전문의를 찾아 원인질환을 찾아내어 치료해 주는 것이 원칙이다. 원인을 찾을 수 없거나 당뇨병같이 쉽게 치료되지 않는 경우에는 출혈자체에 대한 치료만을 할 수밖에 없다. 그중 하나가 광선응고술. 아르곤레이저광선이나 크세논 광선을 안저에 쬐어 병적혈관이나 신생혈관을 파괴시키는 방법이다. 하지만 혈관의 부위와 종류에 따라 광선을 쪼이는 방법이나 부위도 달라진다. 또한 한 번의 시술만으로 재발까지 막을 수는 없으므로 정기적인 검사와 반복적인 시술이 필요하다. 초자체 출혈 때문에 시력장애가 생겼다면 양쪽 눈을 가리고 머리를 높인 상태에서 안정을 취하고 출혈이 흡수되기를 기다린다. 출혈이 흡수된 뒤에 광선응고술을 실시하여 출혈의 재발을 막아줄 수도 있다. 만약 출혈이 흡수되지 않을 경우에는 초자체 내에 미세한 주사침을 삽입하여 생리식염수를 투여함으로써 혼탁된 초자체를 투명하게 만들어준다.

눈꺼풀이 처지는 병

 선천적인 요인이 많다

일명 안검하수증이라 불리는 병으로 대개 선천적이며 양눈에 생기는 때도 있지만 한쪽 눈에만 생기는 경우가 많다. 눈꺼풀에는 눈을 뜨게 하는 근육, 즉 상안검거근이 있고 눈을 감게 하는 근육, 즉 안윤근이 있다. 안검하수증은 눈을 뜨게 하는 윗눈꺼풀을 올려주는 상안검거근의 발육이 잘 안되어서 생긴다.

 눈꺼풀이 올라가지 않는다

무엇을 쳐다보려면 눈꺼풀이 올라가지 않으니까 고개를 들고 물체를 보기 때문에 예로부터 '거적눈' 이라 불리기도 했다. 만약 한 눈만 눈꺼풀이 처진다면 그쪽 눈을 사용할 때 불편하므로 평소에 많이 사용하지 않게 되어 약시가 될 염려가 있다.

 수술로 눈꺼풀을 올려준다

가능하면 빨리 수술하는 것이 최상의 치료법이다. 병의 종류와 상태에 따라 수술방법이 달라질 수 있으므로 전문의와 상담을 거쳐 결정하면 된다. 아무리 늦어도 유치원에 들어가기 전에는 수술을 해주는 것이 여러 모로 바람직하다. 눈꺼풀이 처져 있으면 사물을 볼 때마다 신경을 써야 하고 따라서 짜증스런 성격이 되거나 심리적으로 위축될 수도 있다. 하지만 눈꺼풀이 처지는 병을 가진 경우 무엇보다 큰 문제는 시력이 떨어지는 약시가 되기 쉽다는 것.

특히 이 증상이 있는 아이들은 선천적으로 시신경의 발육부전, 즉 약시가 있을 수도 있으므로 서둘러 안과전문의의 진단을 받아보는 것이 필요하다.

망막박리

원인 눈의 각종 염증이나 종양 등이 원인

망막은 안구벽의 제일 내부를 싸고 있는 얇은 신경층으로서 우리가 보는 물체의 상이 맺히는 곳이다. 망막박리란 망막의 내층이 망막의 제일 바깥층인 색소상피층으로부터 박리돼 망막에 영양이 공급되지 못하기 때문에 망막기능이 저하되거나 소실되는 것을 말한다. 눈의 각종 염증, 종양, 당뇨병, 망막변성, 고도근시, 백내장 수술 등 여러 가지가 원인이다.

증세 눈 앞에 검은 장막이 쳐진 듯하다

처음에는 눈앞에 섬광이 번쩍이는 듯하고 검은 흑점들이 나타나기도 한다. 진행되면 떨어진 부위가 검게 보이므로 시야의 한쪽으로부터 검은 장막이 쳐지는 것처럼 느끼게 된다. 차차 진행하여 망막 전체가 박리되면 눈앞이 깜깜해져서 안 보이게 된다.

수시간 내에 망막 전체가 박리되는 경우가 있고 부분박리 상태가 수년간 유지되는 경우도 있다.

치료 초기에 수술할수록 좋다

대부분의 망막박리는 망막이 찢어지거나 구멍이 생기는 것이 원인이기 때문에 세밀한 검사로 모든 열공을 찾아내어 막아주는 것이 수술의 요점이다.

각종 검사법 개발과 수술기술 발전으로 망막박리의 수술성공률은 90% 정도로 높다. 초기에 수술하면 간단히 수술을 시행하여 완치시킬 수 있다. 만약 박리가 광범위하게

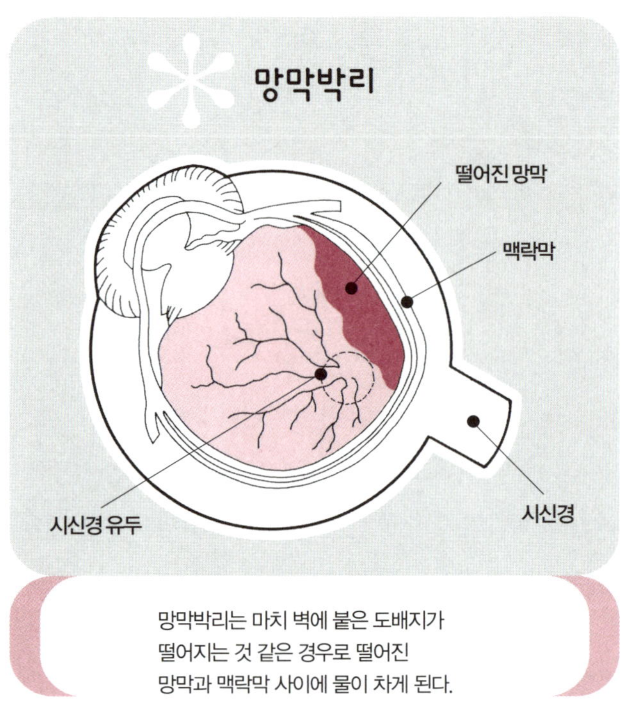

망막박리는 마치 벽에 붙은 도배지가 떨어지는 것 같은 경우로 떨어진 망막과 맥락막 사이에 물이 차게 된다.

진행되어 수술범위가 커지면 후유증으로 황반부에 흠집에 생겨 영구적인 시력장애가 올 수 있다. 망막박리로 인해 시력장애가 나타나면 양눈을 가리고 절대안정을 취한다. 이렇게 하면 들떠 있던 망막이 가라앉는 수가 있는데 활동하면 망막이 다시 박리된다. 망막박리의 병력이 있거나, 백내장 수술을 받은 경우, 가족 중에 망막박리 환자가 있는 경우는 예방적 치료가 필요하다.

1년에 1~2회 정기적인 안저검사를 받고 눈에 충격을 주기 쉬운 작업이나 과격한 스포츠는 피한다. 눈을 다치거나 수술을 받았다면 세심하게 관찰한다.

색각이상

원인 유전되며 남자에게만 나타난다

망막 내의 추체 이상에 기인하는 것으로 남자에게만 나타나며 여자의 경우는 잠복되어 있다가 다음 세대에 발생한다. 즉 유전, 성별과 관계가 있다.

우리가 흔히 색각이상이라 하는 것은 색약으로, 색이 섞여 있을 때 어떤 종류의 색을 구분하지 못하는 증세이다. 적색약은 적색과 녹색이 섞여 있을 때 적색을 더 진하게 칠해야 구분할 수 있으며 녹색약은 녹색을 더 진하게 칠해야 구분할 수 있다.

치료 **특별한 치료법은 없다**

색약은 일상생활에는 큰 불편은 없지만 직종에 따라 장애가 될 수도 있다. 파일럿이나 전기공학자는 절대로 색약이어서는 안된다. 그러나 화가, 디자이너 등은 자신의 결점을 알고 있는 한 자신의 일을 잘 수행해 낼 수 있다.

중심성망막염

원인 **머리를 많이 쓰는 사람들에게 걸린다**

망막의 중심부인 황반부가 부어오르고 망막 속에 액체가 고이는 병이다. 대부분 한쪽 눈에 생기지만 드물게 양쪽 눈 모두에 오는 경우도 있다.

원인에 대해서는 여러 가지 설이 있지만 결핵 알레르기설이 가장 유력하다. 심신의 과로, 수면부족, 눈의 혹사 등이 직접적인 원인으로 40대의 머리를 많이 쓰는 사람들에게서 흔히 발생한다.

증세 **중앙은 보이지 않고 주변만 보인다**

시야가 흐릿해져 마치 수증기를 쐰 유리창을 보는 듯하다. 벽에 걸린 시계를 보면 둥근 형태는 보이는데 시계바늘은 보이지 않는 식으로 사물의 중앙은 보이지 않고 주변만 흐릿하게 보인다.

이 외에 사물이 실제보다 작아보이는 경우도 있고 물건이 비뚤어지게 보이는 경우도 있다.

치료 **망막에 고인 액체를 흡수해 낸다**

일시적으로 원시가 되는 병으로 이 병으로 실명이 될 위험은 없다. 보통 3~6개월 정도면 완치되나 간혹 재발하는 수가 있다. 병의 진단은 형광색소를 이용해 안저를 연속촬영하는 플루어레신트안지오그래피를 이용해 정확히 진찰할 수 있다.

진단이 확실해지면 가장 먼저 해야 할 일이 눈의 혹사, 과로, 수면부족 등 원인이 된 상태에서 완전히 벗어나 휴식과 안정을 취하는 것이 급선무다.

영양섭취에도 주의를 기울이며 심신의 안정을 취해야 하는데, 병의 경과가 길므로 마음을 느긋하게 가지고 치료에 임하는 것이 중요하다. 망막에 고인 액체를 흡수해내기 위해 요오드 제제, 혈관확장제 등을 복용하며 고장성식염수를 결막 아래에 주사하거나 적외선을 쐬는 방법도 있다. 환부에 더운 찜질을 해주는 것도 효과가 있다.

이 외에 액체가 고인 곳에 레이저광선을 쐬어 응고시킴으로써 치료기간을 단축시킬 수도 있다.

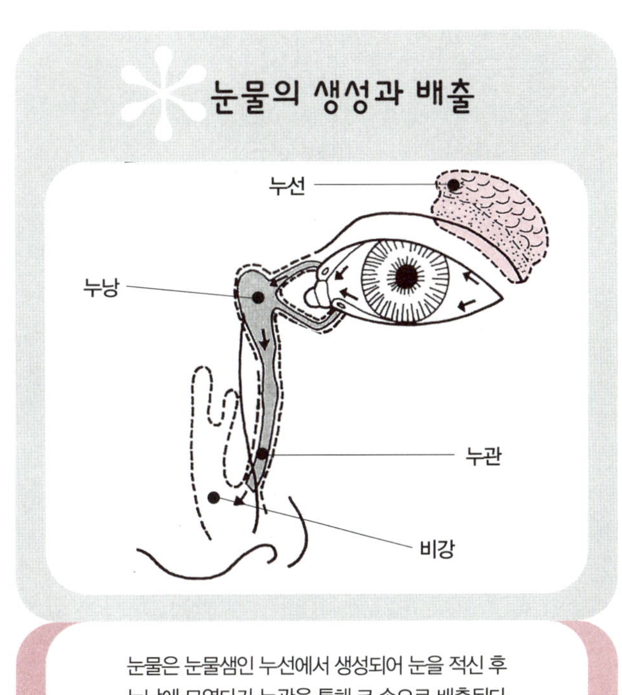

눈물은 눈물샘인 누선에서 생성되어 눈을 적신 후 누낭에 모였다가 누관을 통해 코 속으로 배출된다. 이 때문에 안약을 넣으면 쓴맛을 느끼게 된다.

눈에 통증이 있다

눈이 피로하거나 염증이 생겼을 때 통증이 따른다. 눈이 가렵고 붓기도 하며 눈곱이 끼고
빨갛게 충혈되는 것으로 증세가 나타나고 눈알이 뻑뻑하고 통증이 느껴져 참기가 어렵다.
특히 눈병은 전염성이 강하므로 빨리 안과 치료를 받도록.

1

전체적으로
눈꺼풀이 부어있다.

YES 2번으로
NO 5번으로

8

눈 끝부터 볼까지 붓고 아프다.

YES 9번으로
NO 10번으로

2

눈곱이 끼고 눈이 충혈됐다.

YES 3번으로
NO 4번으로

3

전염성 안질에 걸렸을
수 있다.
유행성 각결막염 등이
대표적이다.
가족들에게도 옮길 수
있으니 주의한다.

7

눈에 외상을 입으면
실명할 수도 있다. 서둘러
안과로 가보도록.

6

눈에 상처를
입었거나 눈 부위를 세게
맞은 적이 있다.

YES 7번으로
NO 8번으로

4

약 복용이나 내장 질환이
원인이 되어 붓는 수가 있다.
내과검사를 받아보도록.

5

눈꺼풀이
부분적으로 부었다.

YES 6번으로
NO 11번으로

9

다래끼(맥립종)나
선립종으로 보인다.

10

급성누낭염일 수 있으니
안과로 가보도록.
멍울이나 응어리가 보이면
만성산립종일 수 있다.

11

눈에 통증이 있다.

YES 12번으로
NO 19번으로

13

각막염이나
눈의 신경통일 수 있다.
안과로 가보도록.

12

눈 뿐만 아니라
눈 주위의
뼈를 누르면 아프다.

YES 13번으로
NO 14번으로

14

눈에 뭐가 낀 듯
따끔거리며
뻑뻑한 느낌이 든다.
따끔따끔 아프다.

YES 15번으로
NO 16번으로

┌ 참 / 조 / 페 / 이 / 지 ┐
녹내장 … 206, 30
백내장 … 206
황달 … 83, 105
고혈압 … 109

17

구토가 나고 두통이 함께
따르면 녹내장일 수 있다.
빛을 볼 때 쏘는 듯이
아프다면 홍채모양체염일
가능성도.
실명할 수도 있으니
빨리 안과로 가보도록.

15

안구건조증일 수 있다.
담배연기나 매운 냄새 등
작은 자극에도 갑자기
눈물이 쏟아질 때가 있다. 방치하면
각막염으로 발전한다.

16

눈 속이 아프다.

YES 17번으로
NO 18번으로

다음 페이지에서 계속 ▶ ▶ ▶

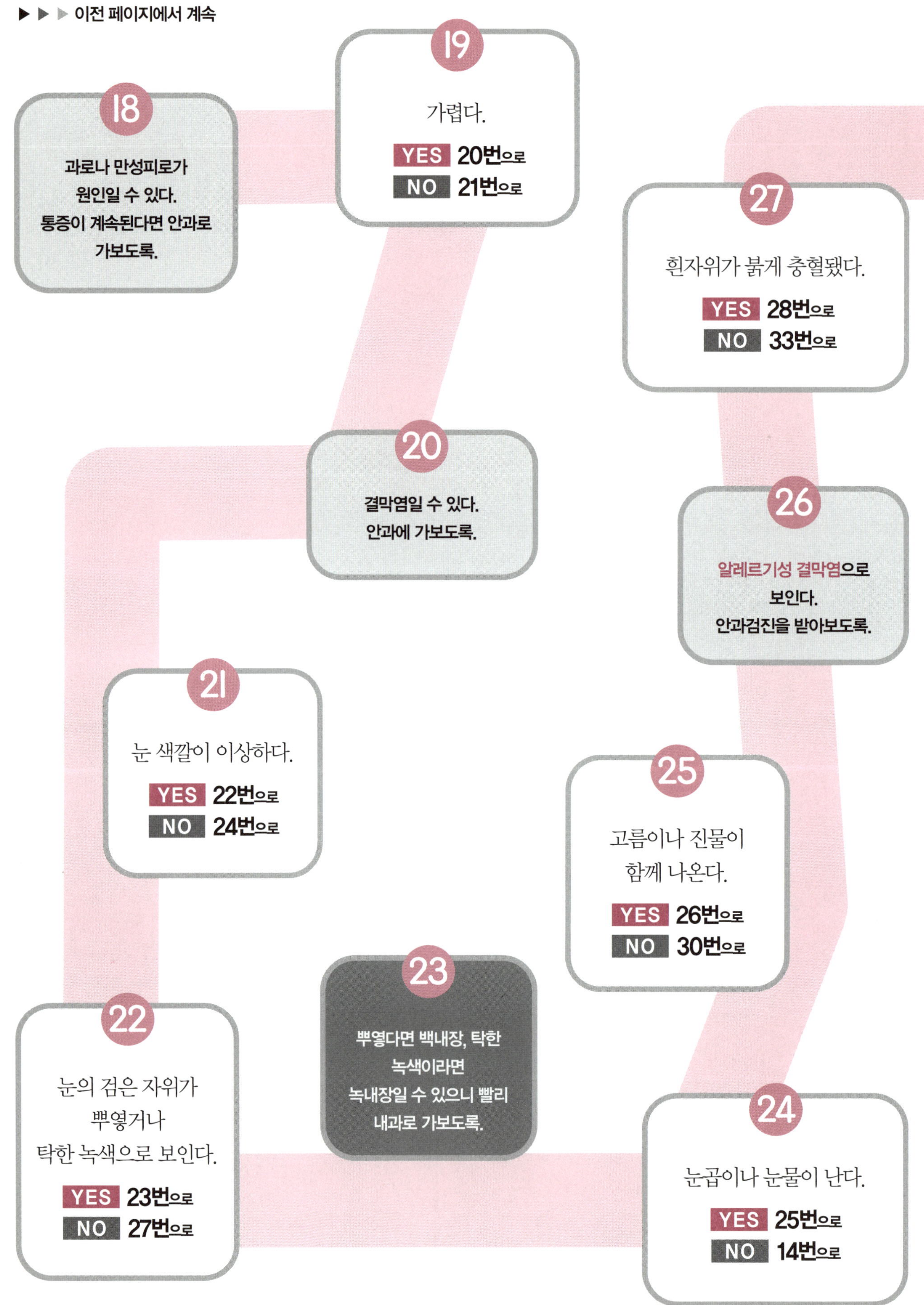
18
과로나 만성피로가
원인일 수 있다.
통증이 계속된다면 안과로
가보도록.

19
가렵다.
YES 20번으로
NO 21번으로

27
흰자위가 붉게 충혈됐다.
YES 28번으로
NO 33번으로

20
결막염일 수 있다.
안과에 가보도록.

26
알레르기성 결막염으로
보인다.
안과검진을 받아보도록.

21
눈 색깔이 이상하다.
YES 22번으로
NO 24번으로

25
고름이나 진물이
함께 나온다.
YES 26번으로
NO 30번으로

22
눈의 검은 자위가
뿌옇거나
탁한 녹색으로 보인다.
YES 23번으로
NO 27번으로

23
뿌옇다면 백내장, 탁한
녹색이라면
녹내장일 수 있으니 빨리
내과로 가보도록.

24
눈곱이나 눈물이 난다.
YES 25번으로
NO 14번으로

가벼운 증세

과로 때문이라면 휴식이 최고

눈이 따끔거리고 뻑뻑하며 작은 자극에도 눈물이 쏟아질 때는 **안구건조증**을 의심할 수 있다. 이 밖에 밤샘이나 불면, 과로 등도 눈을 피로하게 만드는 요인이다. 눈이 뻑뻑하고 따끔거리며 빛을 보면 눈이 부신 느낌이 든다. 휴식과 안정을 취하면 곧 좋아진다. 특별한 원인이 없이 증세가 지속되면 안과로 가 검진을 받는다.

의심되는 증세

충혈 없다면 내과 검사 받는다

눈과 눈 둘레 뼈에 통증이 있으면 각막염 또는 눈의 신경통, 눈곱이 생기고 고름이나 진물이 나오면 **알레르기성결막염**일 수 있다. 눈끝에서부터 볼에 걸쳐 부기가 있다면 **다래끼(맥립종)**나 선립종을 의심할 수 있다. 눈꺼풀이 전체적으로 부은 느낌이지만 충혈, 부기 등 다른 증상이 없다면 약 복용이나 내과 질환이 원인일 수 있으므로 내과 검사를 받는다.

중증

충혈, 눈곱, 부기 있으면 전염성

눈을 세게 부딪혔거나 상처를 입었다면 즉시 병원으로 간다. 외상에 의한 실명 위험이 있기 때문이다. 눈꺼풀이 전체적으로 붓고 눈이 충혈되고 눈곱이 생긴다면 유행성결막염 등 전염성 안질을 의심한다. 즉시 안과로 가 처방을 받아 전염을 막는다. 눈 속이 아프고 구토증, 두통이 동반되면 녹내장, 빛을 볼 때 쏘듯이 아프면 홍채모양체염일 수도 있다. 서두른다.

알레르기성 결막염

원인 염색약, 화장품, 꽃가루 등이 주 원인

특정 물질에 대해 과민한 반응을 보이는 체질을 가진 사람들에게서 나타나는 질환으로 다른 사람들은 아무렇지도 않은데 이상 반응을 나타내는 경우가 많으므로 알레르기성으로 본다. 원인이 되는 물질은 다양하지만 대체로 염색약, 화장품, 꽃가루 등 특정한 물질이 항원이 되어 염증을 일으킨다. 이 병은 누구에게나 있을 수 있지만 특히 젊은 여성에게 흔하다.

증세 눈이 가렵고 충혈된다

눈이 가렵고 충혈되며 뻑뻑하고 피로하다. 증상이 심할 때는 눈 가장자리부터 가려움증이 생겨 비비게 되는데 비비고 나면 눈 언저리와 눈꺼풀이 벌겋게 부풀어오르고 눈알까지 빨개진다. 많지는 않지만 눈곱도 생기고 자연히 시력도 침침해져 매사가 짜증스럽고 귀찮아지기까지 한다. 치료를 받고 나면 일시적으로 증상이 호전되나 다시금 재발을 거듭한다.

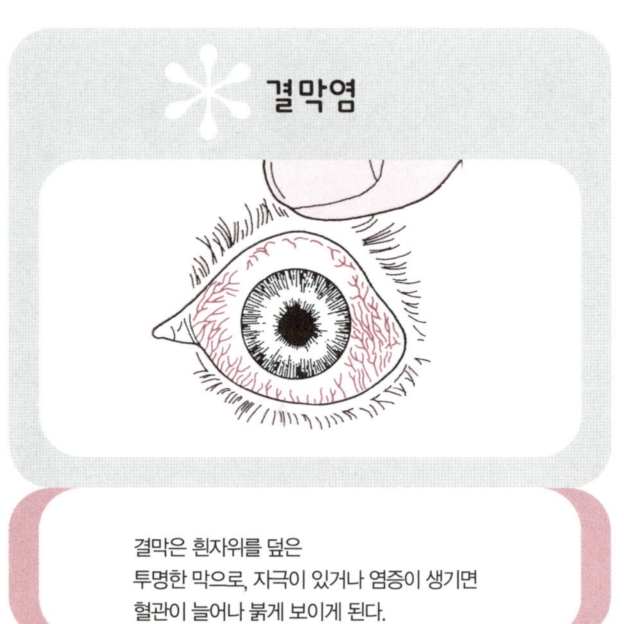

결막은 흰자위를 덮은 투명한 막으로, 자극이 있거나 염증이 생기면 혈관이 늘어나 붉게 보이게 된다.

치료 항원과의 접촉을 피한다

먼저 알레르기를 일으키는 항원을 찾아내는 것이 급선무이다. 항원이 발견되면 항원과의 접촉을 피한다. 항히스타민 제제나 스테로이드 제제를 눈에 넣거나 연고를 바르거나 약물을 복용하면 증상을 없앨 수 있다. 반드시 전문의의 처방을 받을 것. 한편, 알레르기성 체질이라면 안과뿐만 아니라 피부과 전문의의 진찰도 받아두는 것이 좋다.

집에서는 이렇게 외출 시 선글라스를 착용하고 수시로 눈에 냉습포를 해주면 통증이 덜하다. 알레르기 유발 식품이나 열성식품을 제한한다. 복숭아, 코코아, 유제품, 초콜릿, 메밀, 인삼, 기름기 많은 음식, 인스턴트 식품과 술 등이 그것. 이에 반해 당근, 구기자차, 결명자차, 솔잎차 등은 결막염 치료에 좋은 식품이다.

안구건조증

원인 쌍꺼풀 수술 후유증으로도 온다

눈물샘이 위축되어 눈물이 적게 만들어지거나 생성된 눈물이 누관을 통해 너무 많이 배출되는 경우, 혹은 눈물을 공급하는 통로가 막힌 경우 이런 증상이 나타난다. 만성결막염이 있거나 고혈압 약을 장기 복용하는 경우, 쌍꺼풀 수술 후유증으로도 올 수 있다. 노인이나 갱년기 여성과 건조한 실내에서 오래 일하는 경우에도 잘 발생한다.

증세 눈이 뻑뻑하고 이물감이 느껴진다

마치 눈에 모래가 들어간 듯 뻑뻑하고 따가우며 이물감이 느껴진다. 대체로 오후가 되면 증상이 더 심해지고 바느질이나 독서, 컴퓨터 작업 등을 할 때도 더 심해진다. 눈물 부족을 보충하기 위해 눈물 생성이 늘어나 갑자기 눈물이 쏟아지는 경우도 있는데 담배 연기, 매운 냄새 등 작은 자극에도 눈물이 마구 쏟아질 때도 있다.

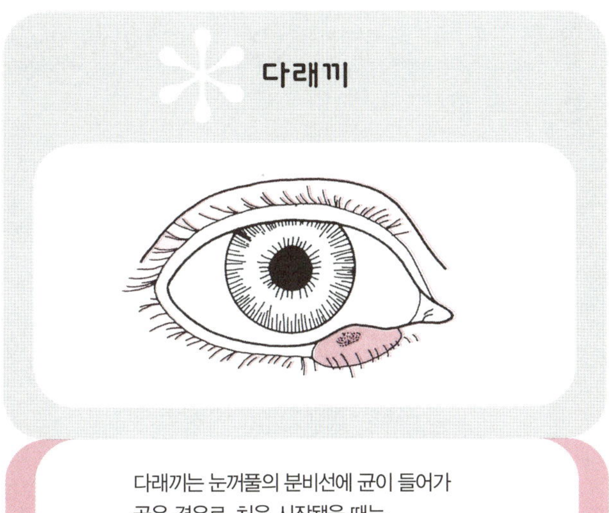

치료 인공눈물을 점안한다

노화에 따른 현상으로 여겨 자칫 방치할 수도 있지만 심해지면 각막염으로 발전해 큰 불편을 초래하므로 안과 전문의를 찾아 검사와 치료를 받는 것이 좋다. 인공눈물을 점안하는 것이 가장 일반적인 치료법이며 눈물의 배출을 막기 위해 누관을 전기소작법으로 막거나 실리콘 마개를 삽입하기도 한다.

집에서는 이렇게 조명은 되도록 밝게 유지하며 눈을 자주 깜빡거려 눈물을 자주 적셔주는 것이 좋다. 실내를 너무 건조하지 않게 하며 수분섭취를 늘리는 것도 한 방법 . 이 밖에도 자극적인 물질은 피하는 것이 좋다. 가령, 담배 연기나 독한 가스, 냄새 외에도 스프레이, 헤어 염색 등도 삼간다. 독서나 컴퓨터 작업을 지나치게 오래 하는 것도 좋지 않다.

 다래끼(맥립종)

원인 불결한 화장도구, 비듬 등도 원인

속눈썹 뿌리 근처에 있는 피지선에 황색 포도상구균이 들어가서 급성 화농성염증을 일으킨 경우가 가장 흔하다. 눈에 사용하는 화장도구나 화장품이 불결한 경우도 생길 수 있으며 지저분한 손으로 눈을 만지거나 비비는 경우, 지성 피부나 비듬이 많은 사람에게서도 쉽게 잘 걸릴 수 있다.

증세 눈꺼풀에 고름이 맺힌 돌기가 생긴다

처음에는 눈에 이물감이 느껴지는 등 불편한 느낌이 들다가 점차 벌겋게 되고 가려움증이 온다. 눈꺼풀에 고름이 맺힌 돌기 같은 것이 생기고 눈 전체가 붓고 아프다. 대개 수일 후에는 저절로 자연치유된다. 하지만 처치를 잘못해 악화되면 눈 속에 염증이나 패혈증 등을 일으키는 수가 있으므로 주의한다.

치료 항생제나 소염제로 치료

눈썹을 뽑거나 고름을 짜는 등 자극을 주면 염증이 더 심해진다. 그리 심하지 않은 것은 저절로 낫지만 심한 경우에는 안과의사의 진찰을 받아 항생제나 소염제로 치료한다. 눈꼬리에 조갯살 같은 것이 나왔다면 안구결막의 일부가 부어서 나온 것으로 염증이 가라앉으면 없어지므로 염려하지 않아도 된다.

염증의 정도와 위치에 따라 수술이 필요한 때가 있다. 다래끼가 처음 시작되었을 때에는 2% 정도의 붕산수로 차가운 찜질을 해주면 좋고 화농이 어느 정도 진행된 후에는 더운 찜질을 해주는 것이 치료기간을 단축시킨다.

집에서는 이렇게 질경이 잎을 구워 가루내어 눈에 붙이고 자거나 익지 않은 산초 열매를 으깬 쌀밥에 싸서 먹으면 염증을 진정시키는데 효과가 있다.

눈의 피로를 느낀다

요즘은 과다한 컴퓨터 사용과 TV시청으로 인해 눈의 피로를 호소하는 사람이 많다.
또한 지나친 스트레스와 긴장감으로 더욱 피로감을 느낀다. 단순한 피로감은 안정을 취하면
좋아지지만 때로 내과적인 질환으로도 눈의 피로감을 느끼므로 안과, 내과의 검사를 받도록.

1
시력이 약해
안경, 콘택트렌즈를
쓰고 있다.

YES **2번**으로
NO **3번**으로

2
안경이나 콘택트렌즈를
맞춘 지 오래된 것이다.

YES **5번**으로
NO **3번**으로

8
황반변성일 수 있다.
안과 검진을
받아보도록.

3
눈앞이 흐릿하고
침침하며
잘 보이지 않는다.

YES **4번**으로
NO **7번**으로

참 / 조 / 페 / 이 / 지

근시 … 211
원시 … 211
난시 … 212
노안 … 213

7
햇살을 보면
눈이 부시다.

YES **12번**으로
NO **9번**으로

5
렌즈의 교정도가 적절하지 않으면
눈이 피로해진다.
안과 검사를 다시 받아 적당한 것을
다시 맞추도록 한다.
눈의 피로뿐만 아니라 어깨나
목이 심하게 결리고 속이
메스껍다면 중병일 수 있다.

4
중장년으로
사물의 중심이 갑자기
검게 보일 때가 있다.

YES **8번**으로
NO **6번**으로

6
머리도 아프고 어깨도
결리는 경우가 많다.

YES **11번**으로
NO **10번**으로

9

사물을 보는 것에
이상이 있거나 불편이
따르면 안과 검사를
받아보도록.

10

속이 메스껍고
두통이 따른다.

YES **13번으로**
NO **14번으로**

11

정신적인 원인이
있을 수도 있다. 안정을
취해도 개선되지 않으면
굴절 이상이나
그로 인한 안정피로일 수 있다.
이후에도 증상이
계속되면 안과로 가보도록.

14

과로나 조명이 나쁠 때
눈이 쉽게 피로해 지는데
원인을 제거해도
그대로라면 눈병일 수 있다.
안과로 가보도록.
눈의 신경이나 망막질환일
가능성이 높다.

12

잠을 충분히 자지 못해도
눈이 피로할 수 있다.
잠을 자거나 눈을
쉬게 해도 나아지지 않으면
백내장일 수 있다.

13

녹내장일 수도
있으니
안과검진을 받아보도록.

렌즈도 안과 질환의 원인이다

각종 공해물질에, 과로, 스트레스는 눈을 혹사시킨다. 눈이 뻑뻑하거나 따끔거릴 때는 안정을 취한다. 증세가 심하거나 지속되면 안과 검사를 받는다. 눈이 침침하거나 사물이 잘 보이지 않을 때는 중년 이후라면 노안이 진행되고 있는 것이며 안경이나 콘택트렌즈 착용 시에는 시력저하가 진행되거나 렌즈가 안 맞는 경우다. 안과 검진 후 렌즈를 교정한다.

눈부심이 지속되면 백내장일 수 있다

밝은 곳에 나서면 눈이 부시는 경우가 있다. 눈이 피로해 보이는 일시적 증상이라면 휴식하면 되지만 그래도 낫지 않으면 백내장일 수 있으니 안과 검사를 받는다.

눈의 피로감과 함께 두통이나 어깨 통증이 따른다면 굴절이상이나 이로 인한 안정피로를 의심한다. 증세가 오래 가면 안과 검진을 통해 원인을 찾아 치료한다.

두통, 구토 동반되면 중병이다

눈의 이상 증세와 함께 두통이나 어깨결림, 구토증이 동반되고 그 증상이 심하면 중병일 수 있으니 서두른다. 눈의 신경이나 망막의 병일 수도 있고 녹내장이 숨어 있을 수도 있다. 진행이 빠르면 실명 위험도 있으니 빨리 치료를 받는다. 사물의 중심이 검게 보이거나 사물이 찌그러져 보이는 증상이 있으면 황반변성이 의심된다. 빨리 안과 검진을 받는다.

백내장

원인 외상으로 수정체 손상 입어 발병

눈 속의 수정체가 흐려지는 병이다. 주로 노인에게서 많이 발생, 노인병의 일종이며 특히 당뇨병 같은 전신질환이 있을 경우 발병되는 경우가 많다. 외상으로 수정체가 손상을 입어 발병하기도 하며 간혹 아주 어린아이에게 나타나는 선천성 백내장도 있다. 백내장은 수정체 내의 영양장애 때문이라고 알려져 있는데 그 원인은 명확하지 않다.

증세 수정체가 혼탁해져 시야가 흐려진다

물체가 퍼져 보인다든가 둘로 보이고 눈앞에 안개가 낀 것처럼 보이는 등 여러 가지 증상이 있다. 어떤 경우는 갑자기 햇볕에 나가면 안 보이는데 이는 동공 중심부가 혼탁해져 있는 상태에서 동공이 수축하므로 보이지 않는 것이다. 한마디로 백내장은 수정체가 빛이 들어가지 못할 만큼 혼탁해 시야가 흐려지고 잘 안 보이는 것이다.

치료 수술로 간단하게 치료할 수 있다

백내장은 수술로 간단하게 치료할 수 있다. 혼탁된 수정체를 적출하고 수정체의 역할을 할 광학물질–안경, 콘택트렌즈, 인공수정체 등을 보충하여 주는 것이 백내장 수술의 방법이다. 대체로 준비시간까지 합해 1시간 정도면 수술이 끝나며 수술의 성공률도 높고 수술 후 재발도 없으므로 안심해도 된다.

연령에 특별한 제한도 없고 수술시기 또한 정해져 있는 것은 아니지만 방치하면 녹내장이 생기는 경우도 있고 사팔뜨기가 되는 수도 있다. 한편, 노인성 백내장 환자는 수술 시 고혈압, 심장병의 발작을 일으킬 수도 있다. 따라서 수술 전에 내과적으로 충분히 치료한 후 수술에 임한다.

녹내장

원인 방수의 흐름에 이상이 생겨 발생한다

안압을 조절하는 액체인 방수의 흐름에 이상이 생기면 안압이 높아지는데 이로 인해 시신경이 장해를 받아 시야가 결손되고 최종적으로 눈이 보이지 않게 된다. 원인불명의 원발성 녹내장과 홍채염, 포도막염 등 안질환의 결과로 발병하는 속발성 녹내장, 선천적으로 방수 배출구에 이상이 있는 선천성 녹내장으로 나눈다.

증세 밤에 전등불을 보면 무지개가 보인다

눈이 무겁거나 피로하며 머리가 무거운 증세가 지속되며 한쪽 눈을 감고 자기 코가 보이지 않으면 검사를 받아야 한다. 밤에 전등불을 보면 그 주위에 무지개가 보이는데 이는 각막에 부종이 생겼기 때문으로 녹내장 발견의 중요한 증상이다. 책이나 신문을 보면 글씨가 흐리게 보이거나 보이지 않는 경우가 있으며 더 진행되면 시야가 좁아진다.

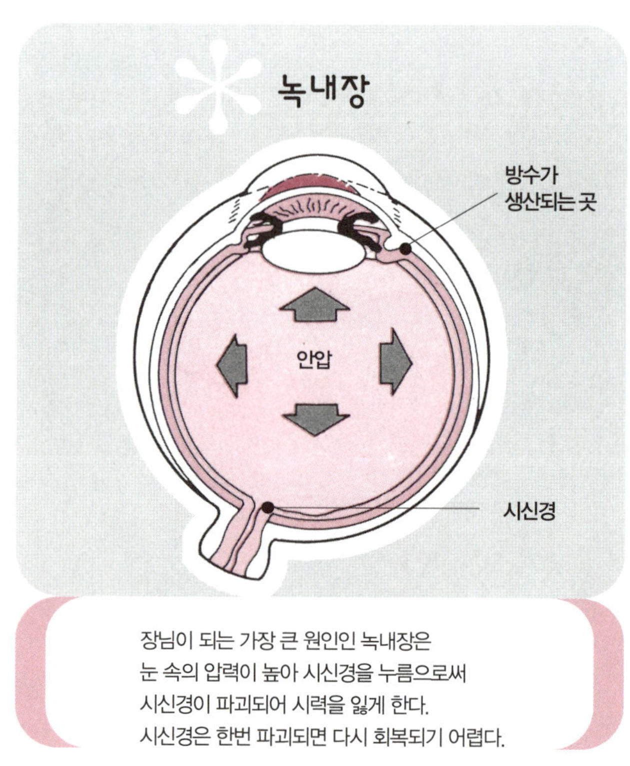

장님이 되는 가장 큰 원인인 녹내장은
눈 속의 압력이 높아 시신경을 누름으로써
시신경이 파괴되어 시력을 잃게 한다.
시신경은 한번 파괴되면 다시 회복되기 어렵다.

 전문적이고 시급한 처치가 필요하다

조기발견, 조기치료가 중요하다. 양친이나 가까운 친척 중에 녹내장을 앓은 사람이 있으면 주의를 기울여야 한다. 원발성 녹내장은 유전적 요인이 있기 때문이다. 40세가 넘으면 반드시 정기적인 안과 검진을 받고 안압측정을 받아보도록 한다. 치료는 대개 점안약, 내복약 등으로 안압을 저하시키면서 시신경 장애를 막는데, 원인질환을 먼저 치료하는 것이 중요하다. 시신경이 장애를 입기 전에 원인질환을 치유하면 녹내장도 좋아진다.

안정피로

원인 **간장, 신장의 기능이 약해져도 온다**

병이라기보다는 일종의 증상으로 근시나 원시, 사시 등의 환자에게서 흔히 볼 수 있다. 임상적으로는 빛의 굴절이 정상인데도 안정피로가 있는 것은 시력을 많이 쓰는 일, 즉 정밀조작공, 작은 글씨를 오래 보는 일을 하는 사람에게 많다. 간장, 신장의 기능이 약해졌거나 정신을 많이 쓰고 생각을 많이 하고 눈을 많이 사용해서 그렇다.

증 세 **두 눈이 시고 아프다**

두 눈이 시고 아프고 심하면 빛을 바라보지 못하고 눈을 감는다. 물체를 오래 바라보지도 못하고 정신이 피로하며 가슴이 뛰고 귀가 울리고 잠을 잘 자지 못하며 머리가 띵하고 터지는 듯한 전신증상이 있다. 눈의 피로가 오래 지속되면 두통이 심해지고 구토 증세를 보이는 경우도 있다.

치료 **안정을 취하고 눈도 쉬게 한다**

책이나 컴퓨터 모니터 등을 가까이에서 너무 오래도록 봐서 피곤한 경우에는 가끔씩 먼 곳을 응시해 눈을 쉬게 해주는 것도 좋다. 눈을 감고 눈동자를 가볍게 누르거나

눈 주위를 맛사지해 주는 것도 눈의 피로를 덜어주는 효과가 있다. 한편, 안경을 쓰거나 렌즈를 착용하는 사람들은 안경이나 렌즈가 시력에 맞는지 검사해 렌즈를 바꿔준다.

황반변성

원인 **연령 증가로 인해 발생한다**

눈의 망막 중심부에 위치한 신경조직을 황반이라고 하는데, 시력에 중요한 역할을 담당하고 있다. 이 황반부에 변성이 일어나 시력장애를 일으키는 질환을 황반변성이라 한다. 황반변성의 가장 많은 원인으로 연령증가를 들 수 있으며, 가족력, 인종, 흡연과 관련이 있다고 알려져 있다.

증 세 **사물이 검게 보이거나 찌그러져 보인다**

황반부는 중심 시력을 담당하는 곳이므로, 이 곳에 변성이 생기면 시력이 감소하고, 사물의 중심이 검게 보이거나 사물이 찌그러져 보이는 증상 등이 나타난다.

황반변성은 크게 비삼출성(건성)과 삼출성(습성)으로 구분하게 된다. 비삼출성인 경우 특별한 치료법이 없으며, 대부분 시력에 큰 영향을 주지 않는데 반해 삼출성은 시력 예후가 매우 나쁘다. 노화로 인한 황반변성은 노인 실명의 주된 원인으로 꼽힌다.

치료 **조기 진단과 꾸준한 치료가 필요하다**

변성이 일어난 부위의 경계를 명확히 알 수 있는 경우는 레이저 광응고술을 시행하며, 광역학요법, 유리체강내 항체주사, 초자체(유리체) 절제술 등을 시행하나 아직까지 완전한 치료법은 없고 이에 관한 활발한 연구가 진행 중이다.

일찍 발견할수록 치료 효과가 좋으므로 꾸준하고 정기적으로 안저검사를 받아 황반부의 이상을 초기에 발견하고 치료하는 것이 중요하다.

시력이 떨어진다

눈은 우리 몸의 상태를 보여주는 신호등이나 다름없다.
피로가 누적되거나 나이가 들어가면서 시력이 떨어질 수도 있지만 다른 부위에
이상이나 부조화가 생겨도 시야가 좁아지거나 시력이 떨어진다.

1

멀리 있는 것이 잘 보이지
않는다.

YES 2번으로
NO 3번으로

2

근시, 난시, 원시일 수 있다.
노인이라면 백내장이 의심된다.

9

백내장이나
녹내장으로 보인다. 안과로
가보도록.

3

신문이나 책의
글씨를
알아보기 힘들다.

YES 4번으로
NO 6번으로

8

안개가 낀듯이 보이고
야맹증세도 있으며
눈동자가 녹색을 띤다.

YES 9번으로
NO 12번으로

4

원시 · 노안일 수 있으나
중장년이라면
위장약을 장기복용해도
그럴 수 있다.

6

비뚤어지게 보이거나 겹쳐보인다.
YES 7번으로 **NO** 10번으로

7

겹쳐서 보인다면 난시, 사시,
뇌질환일 수 있다.
비뚤어진 듯이 보인다면
중심성망막염일 수 있으니
안과 검진을 받아보도록.

5

망막염이나 홍채염,
안정피로일 수 있으니
안과로 가보도록.

10

눈이 침침하고 피로감이 심하다.

YES 11번으로
NO 14번으로

12

눈동자에
흰 반점이 생겼다.

YES 13번으로
NO 16번으로

11

눈이 충혈되어 있다.

YES 5번으로
NO 8번으로

참 / 조 / 페 / 이 / 지

사시 … 194
안정피로 … 207
중심성망막염 … 197

13

각막에 이상이 생겼을 수
있으니 안과로 가보도록.

15

평소 당뇨 증세가 있었다면
당뇨병성 망막증을 의심한다.
뇌신경장애나 백내장일 수 있다.

14

어두워지면
잘 보이지 않는다.

YES 15번으로
NO 18번으로

20

사물의 한 부분이
잘 안 보인다.

YES 17번으로
NO 24번으로

16

망막초자체에
이상이 의심된다.

18

밝은 곳에 있으면
오히려
잘 보이지 않는다.

YES 19번으로
NO 22번으로

17

녹내장,
시신경위축일 수 있다.
안과 검진을
받아보도록.

19

뇌신경질환이나
시신경염일 수 있다.

다음 페이지에서 계속 ▶ ▶ ▶

▶ ▶ ▶ 이전 페이지에서 계속

21

당뇨, 혈압, 뇌신경
이상일 가능성이 있다.

22

시야가 점점
좁아진 것 같은
느낌이 든다.

YES 20번으로
NO 23번으로

23

눈앞에 하루살이나
먼지 같은 게 떠다니면
비문증,
망막박리나 포도막염의
전조일 수 있으니
안과 검진을 받아보도록.

25

망막박리나
뇌질환일 수 있다.

24

시야가 좁아졌다가
넓어졌다가 한다.

YES 25번으로
NO 21번으로

가벼운 증세

원시, 근시, 난시 등을 의심한다

가까운 곳의 물체가 잘 안 보일 때는 원시, 노안일 가능성이 있다. 중년 이후로 위장약을 상복하고 있을 때도 그렇다. 반대로 먼 곳의 물체가 잘 보이지 않을 때는 근시, 난시, 원시일 가능성이 있다. 특별히 통증이 있는 것이 아니기 때문에 방치하고 지내기 쉬운데 시력이 계속 떨어지기도 하고 간혹 다른 신체 부위의 이상이 원인이 되기도 하므로 검진을 받는다.

의심되는 증세

바로 보이지 않으면 검진을 받는다

물체가 겹쳐보이면 난시, 사시, 뇌질환을, 비뚤어보이면 중심성망막염일 수 있다. 눈이 침침하고 쉽게 피로하며 충혈됐다면 망막염이나 홍채염, 안정피로일 수 있다. 하루살이나 먼지 같은 게 떠다니면 비문증, 망막박리나 포도막염의 전조일 수도 있으며 시야가 좁아졌을 경우도 망막박리나 뇌의 병, 혈압, 당뇨 등을 의심한다. 정확한 검진을 받아야 한다.

중 증

방치하면 실명 위험 따른다

어두운 곳에서 잘 보이지 않으면 당뇨병성 망막증이나 뇌신경 장애, 백내장을 의심한다. 시야가 흐리고 눈동자가 초록빛이면 백내장, 녹내장의 가능성이 있다. 검은 눈동자에 흰 반점이 있으면 각막에 병이 생겼을 수도 있다. 시야 안팎의 어느 한 부분이 잘 안보이면 녹내장, 시신경 위축의 가능성이 있다. 어느 경우든 지체 없이 전문의의 진찰과 처방을 받는다.

근시

원인 가까운 데를 오래 주시하는 생활습관

원인이 명확하지는 않았지만 대체로 선천적인 것과 환경적인 요인이 영향을 미친다. 선천성은 태어날 때부터 선척적으로 근시가 있으며 시력도 렌즈로 교정이 잘 안 되고 초자체나 망막에 변성이나 위축이 있는 경우이다. 이에 반해 후천적 근시는 책이나 컴퓨터 모니터를 오래 보는 등 가까운 데를 오래 주시하는 생활습관에 기인한다. 대부분의 근시가 후천적 근시다.

증세 먼 데 사물이 잘 안 보인다

눈 속에 먼 데서 오는 광선이 들어갔을 때 망막의 앞쪽에 영상이 맺어져 가까이 있는 것은 잘 보이는데 먼 데 있는 것은 흐릿하게 보인다. 카메라의 상태로 친다면 정상인 사람은 먼 데 있는 물건에 초점을 맞추어 놓은 상태라면 근시의 경우는 가까운 곳의 물건에 촛점을 맞춰 조절이 된 상태다. 근시의 경우 노안이 잘 오지 않는 장점도 있다.

치료 안경으로 교정, 생활습관 주의한다

안경이나 콘택트렌즈로 쉽게 교정이 가능하다. 안경을 쓰지 않고 눈 운동으로 시력이 좋아질 수 있다는 주장도 있으나 과학적 근거가 없다. 안경을 쓰지 않고 눈이 좋아지기를 바라는 것은 큰 옷을 입고 몸이 자라기를 기다리는 것과 같다. 시력은 신체성장이 활발하게 일어나는 10세와 15세에 급격히 나빠질 수 있으므로 각별히 주의한다. 근시는 유전적 요인도 크지만 텔레비전이나 책, 컴퓨터 모니터 등을 너무 가까이에서 보거나 조명이 잘 맞지 않는 곳에서 오랫동안 일하는 등 생활습관이 잘못돼 오는 경우도 많다. 특히 이 시기 아이들의 경우 텔레비전을 시청하거나 장시간 컴퓨터 게임을 하는 경우도 많으므로 지나치게 오랫동안, 너무 가까운 거리에서 하지 않도록 주의를 기울인다. 비타민 A가 풍부한 당근, 간, 전복, 치즈, 버터, 달걀노른자. 시금치, 파슬리 등은 눈 건강에 좋은 식품. 반면에 마늘, 고추, 생강, 초콜릿 등 자극성이 강한 식품은 피하는 것이 좋다.

원시

원인 당뇨병, 눈의 조절력 약화 등이 원인

원시란 먼 데서 오는 광선이 눈속에 들어갔을 때 영상이 망막의 뒤쪽에 맺어지는 상태. 당뇨병에서와 같이 수정체의 굴절율의 변동으로 굴절력이 낮아져 생기는 경우가 있다. 나이가 들면 눈의 조절능력이 떨어지는데 이 조절능력보다 원시의 정도가 심하면 이 원시는 조절력으로 교정되지 않으므로 망막에 명확한 영상을 맺을 수 없어 물체를 뚜렷이 볼 수 없다.

증세 가까운 곳을 보기가 어렵다

조절력으로 교정이 되는 잠복성 원시의 경우 별문제가 없으나 원시의 정도가 심하면 눈이 항상 피로하고 특히 독서나 가까운 곳을 오래 보아야 하는 작업을 하면 피로가 쉽게 오며 시력이 감퇴되고 눈에 충혈이 생기며 눈물이 잘 나게 된다. 뚜렷한 원인 없이 이런 증상이 오랫동안 계속되면 반드시 의사의 진찰을 받아볼 필요가 있다.

치료 전문의 처방받아 안경으로 교정

대부분 수정체가 탄력성을 잃어 오는 경우가 많으므로 렌즈로 교정해 준다. 원시안을 가진 사람은 같은 연령의 정시안을 가진 사람보다 가까운 물체를 명확히 보기 어려우므로 노안이 빨리 오는 것처럼 느껴진다. 그러므로 정시안을 가진 사람은 보통 45세 이후부터 돋보기를 사용하지만 원시안이 있는 사람은 이보다 더 빨리 돋보기 안경을 써야

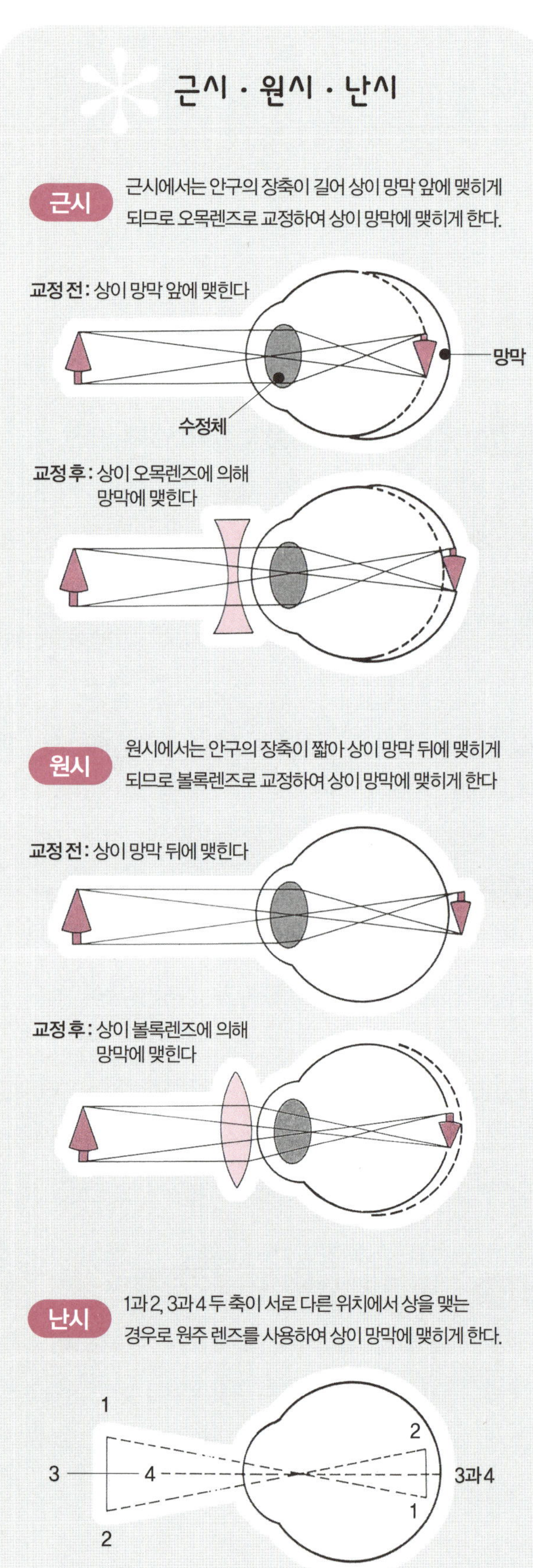

독서를 할 수 있다. 시력이 발달하는 만 5~6세 이하의 어린이들에게서 고도원시(난시도 같음)가 있게 되면 시력이 발달하지 못하므로 빨리 교정안경을 씌워 시력을 발달시켜 약시가 되는 것을 방지해야만 하고 연령이 어리면 어릴수록 치료성과가 좋다. 나이가 어린 경우에는 원시의 정도가 심하지 않으면 조절능력만으로 교정될 수 있다.

 난시

원인 선천적 굴절 이상이나 눈병 후 발생한다

각막의 만곡에 이상이 있어 눈알 속으로 들어가는 평행 광선이 망막 속에 정확하게 초점을 맺지 못하는 상태다. 태어날 때부터 굴절 이상을 가지고 있다가 근시, 원시 등과 함께 난시 현상이 나타나는 선천적인 경우가 있다. 또 눈이나 눈 주변의 외상, 눈꺼풀의 병, 각막 이상으로 각막이나 수정체가 압박을 받아 변형을 일으킬 때도 난시가 된다.

증세 물체가 흐리게 보이거나 이중으로 보인다

각막이 타원형이 되어 상하와 좌우의 휘어짐이 달라지면 물체가 흐리게 보이거나 이중으로 보이며 때에 따라서는 비뚤어지게 보이기도 한다. 피로할 때 증세가 더욱 심해지는데 눈이 피로하고 머리도 아프며 햇빛에 나가면 눈이 시고 눈물이 잘 나며 눈이 항상 충혈이 된다.

치료 전문의 처방 받아 렌즈를 사용한다

시야가 늘 깨끗하지 못한 듯해 함부로 안약을 사서 넣는 경우도 많은데 반드시 전문의를 찾아 진단을 받고 치료를 받는다. 난시의 치료는 근시나 원시 같은 굴절이상의 경우처럼 정확한 안경이나 렌즈로 교정하는 방법밖에 없다. 아무리 시력이 정상일지라도 눈의 피로나 기타 자각적인 증상이 있는 난시의 경우 안경 이외의 다른 방법으로는 치료할 수 없다. 근시나 원시를 교정하는 데 사용하는 렌즈는 전후면이 모두 구면으로 되어 있으므로 구면렌즈라고 한다. 하지만 난시의 경우는 마치 두꺼운 유리봉을 상하로 자른 것 같은 원주렌즈를 사용한다.

한편, 각막의 표면이 고르지 못하고 울퉁불퉁하여 광선이 난반사되는 상태를 부정난시라고 하는데 그 원인은 각막에 어떤 질병을 앓거나 외상 등으로 각막이 상했을 때 온다. 렌즈만으로는 교정이 불가능하며 콘택트렌즈로 각막 위를 덮으면 렌즈와 각막 사이에 눈물이 들어가 괴어서 난반사가 없어지므로 교정될 수 있다.

노안

 ## 수정체의 조절력이 약해졌다

원근의 초점을 맞추어 주는 수정체의 조절의 힘이 약해져 생기는 것으로 일종의 노화현상이다. 수정체는 카메라의 렌즈에 해당하는 것으로 나이가 들수록 딱딱해져서 탄력성이 적어져 사물의 원근에 따라 수정체를 쉽게 조절할 수가 없게 된다. 근시, 원시, 난시 같은 굴절이상과는 다른 것이다. 노화의 시기가 좀 빠르고 늦는 차이는 있지만 절대 예외란 없다.

 ## 바늘 귀를 낄 때 멀리 떼어 놓고 본다

독서를 하고 있다가 먼 데를 쳐다보면 흐릿해 보이며 먼 곳의 경치를 즐기다가 다시 책을 봤을 때 책의 글씨가 어른거리는 증상이 나타난다. 이것이 노안의 징조다. 특히 40세 이상의 사람에게 잘 나타나는 것으로 바늘 귀를 끼거나 신문을 읽으려면 멀리 떼어 놓고 보게 되고 오래 읽으면 머리가 어지럽고 멀미가 나는 듯한 증세가 동반되기도 한다.

 ## 증세와 상태에 맞는 안경 쓴다

40세 이상으로 가까이 있는 것을 볼 때 자꾸 멀리 떼 놓고 보게 된다면 노안의 증상이므로 전문의를 찾아 정확한 검사와 함께 처방을 받는다. 대개는 안경을 쓰게 되는데 40대는 40경, 50대는 50경 식으로 기성품 돋보기를 골라 사용하는 경우가 많다. 하지만 돋보기는 이름 그대로 글자만 크게 확대해 준다고 해서 다 되는 것이 아니다.

자신의 증상과 상태에 정확하게 맞지 않은 안경을 쓰면 눈이 피로하고 머리가 아프므로 정확한 진단과 검사 후 알맞은 것을 써야 한다. 보통 돋보기 안경쯤이야 하고 간단히 생각하는 경향이 있는데 안과에서 정밀검사를 한 다음 정확한 처방을 받고 자신에게 맞는 안경을 써야 한다.

만약 안경 처방 후에도 눈의 피로가 계속되고 잘 보이지 않는다면 다른 질환일 염려가 있으므로 반드시 검사를 받

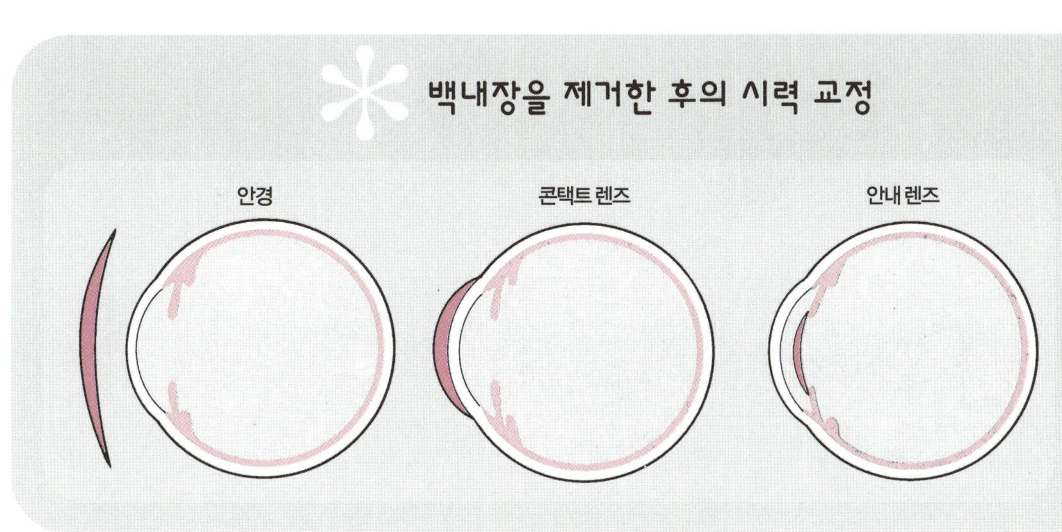

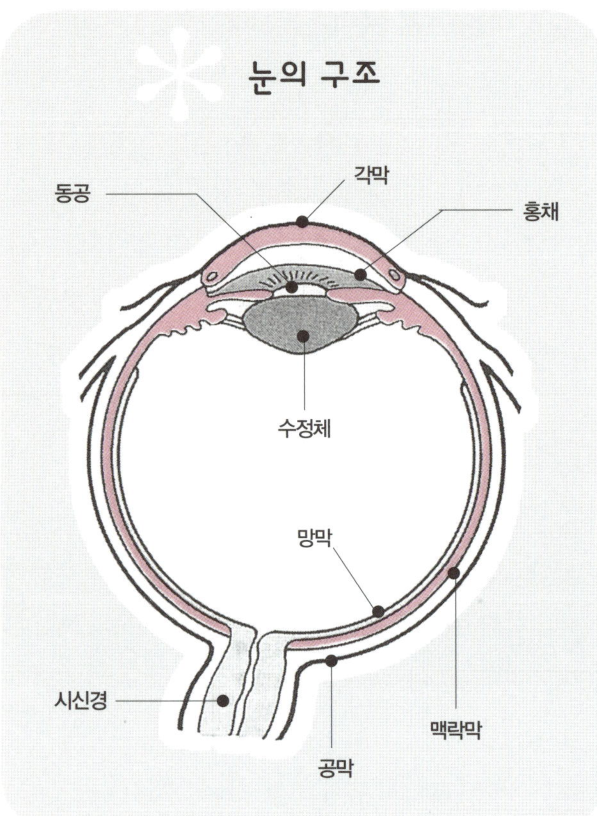

눈의 단면도이다. 빛은 각막, 동공 및 수정체의
순서로 통과하여 망막에 초점을 맺는다.
맥락막은 혈관층으로 영양공급을 담당하고
있고, 공막은 흰자위에 해당한다.
망막의 상은 시신경을 통해 뇌로 전달된다.

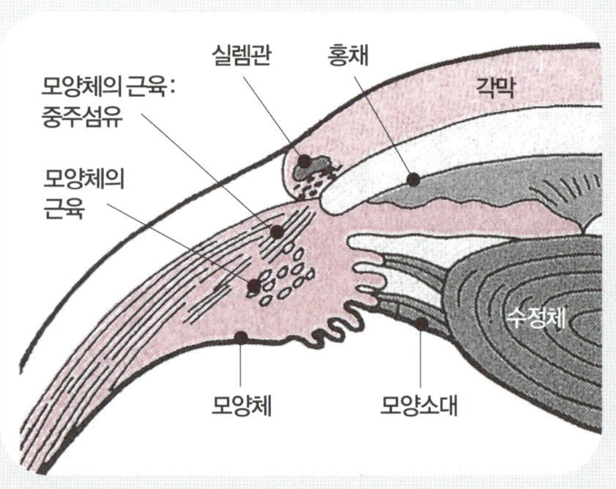

수정체와 각막 사이의 공간을 '전방' 이라
부르며 방수라는 액체로 차 있다. 수정체는
모양체 근육에 붙은 모양소대에 의해
걸려 있으며 모양체의 수축, 이완에 의해 초점을
맞추게 된다. 방수는 실렘관을 통해 배출되며
이 통로가 막히면 녹내장의 주된 원인이 된다.

도록 한다. 되도록 노안 검사 시 백내장이나 녹내장 등 다른 질환은 없는지 함께 검사받는 것이 바람직하다.

비문증

원인 대부분 초자체의 혼탁 때문에 생긴다

눈 속에 있는 겔 상태의 초자체에 액체나 섬유 같은 찌꺼기가 생긴 것이다.

이런 생리적 혼탁은 크게 염려할 필요가 없으나 이 외에 초자체에 염증이 생겼거나 출혈이 있는 경우. 망막박리나 변성, 포도막염 등의 초기 증상으로도 나타날 수 있으므로 주의를 기울여야 한다.

증세 밝은 벽을 보면 증세가 더 심해진다

작고 거미줄같이 떠다니는 점들이 보인다. 만일 그 점들이 아주 작고 일정하다면 귀찮기는 하지만 심각하지는 않다. 특히 밝은 벽을 보거나 눈을 움직이거나 하늘을 보거나 점들을 찾을 때 분명하게 보인다. 그러나 검은 점이 갑자기 소나기처럼 보이면 심각한 상태다.

치료 병적인 원인일 경우 안과 검진을 받는다

대개의 경우는 생리적인 현상으로서 크게 염려하지 않아도 되며 특별한 치료도 필요가 없다. 과로를 금하고 충분한 휴식을 취하는 등 평소 생활을 피로하지 않게 해주면 시간이 지남에 따라 상태가 자연스럽게 호전되기도 한다.

눈앞에 나타나는 점 등이 많을 때는 시력에 장애가 생기지만 그렇지 않을 경우 시력 자체가 나빠지거나 하는 경우는 없다. 하지만 다른 병적인 원인에 의한 것일 경우 치료를 서둘러야 한다.

이비인후과 치과로 가야 할 증세

귀에 통증이 있다

통증뿐만 아니라 귀에서 고름이 나올 정도라면 염증이 생겼을 수 있다.
통증의 정도에 따라 코나 목의 질환을 의심할 수 있고, 충치가 생겨도
귀가 아플 수 있으니 주의 깊게 살펴보고 열이 나면 신속하게 대처해야 한다.

1
고름이 나온다.
YES 2번으로
NO 4번으로

2
고름이 나면서 귀가 아프다.
YES 3번으로
NO 6번으로

12
귀 고름에서 악취가 난다.
YES 15번으로 **NO** 18번으로

3
급성중이염 또는
외이도염일 수 있으니
이비인후과로 가보도록.

11
악관절염일 수 있다.
이비인후과나 정형외과로
가서 검진을 받는다.

4
귀가 아프면서 온몸에
기운이 없고 열이 난다.
YES 5번으로
NO 7번으로

7
귀를 만질 수 없을
정도로 통증이 있다.
YES 8번으로
NO 10번으로

10
입을 크게 벌리면 아프다.
YES 11번으로
NO 13번으로

5
귓속에 염증이
생겼을 수 있다.
구토를 동반한다면
심각한 병일 수
있으니
이비인후과로.

6
가렵고
이물감이 느껴진다.
YES 9번으로
NO 12번으로

8
외이도염일 수
있으니
이비인후과로 가보도록.

9
곰팡이균이 외이도에
기생해서
생기는 증상이다.
더 이상 건드리지 말고
이비인후과로.

13

귀 밑이 부었다.

YES 14번으로
NO 16번으로

14

이하선염일 수 있다.
이비인후과로.

15

진주종성 중이염일 수 있다.
귀 주위에
부기가 있을 수도 있다.

16

통증이 잠깐씩
되풀이된다.

YES 17번으로
NO 19번으로

17

삼차(안면)신경통일 수 있으니
신경과나 마취과로 간다.

18

만성중이염이 의심되니
이비인후과로 간다.

19

식사할 때 귀에
심한 통증이 있다.

YES 20번으로
NO 21번으로

20

충치나 구내염으로 인한
경우에는 귀
가까이에서 통증이
느껴진다.
치과나 구강외과에서
검진을 받는다.

21

뚜렷한 원인 없이
증상이 지속되면
이비인후과로 가보도록.
인후염이나
편도선염이라도 귀가
아플 수 있다.

가벼운 증세

관련 기관의 이상을 살핀다

귀가 아픈 것은 귀 자체의 병이 원인이 되기도 하지만 관련 기관들의 이상이 원인이 된 경우도 많다. 통증이 심하지 않고 고름이나 부기, 발열 등 기타 다른 동반 증세가 없다면 귀 자체보다는 다른 기관에 이상이 있는지 살펴본다. 인후염이나 편도선염일 가능성이 있고 특히 식사할 때 귀에 통증이 느껴진다면 충치나 구내염일 수 있다. 전문의의 검진을 받는다.

의심되는 증세

급성중이염, 외이도염을 의심한다

입을 움직이거나 귀 주변을 눌렀을 때 통증이 느껴진다면 급성중이염, 외이도염을 의심한다. 외이도의 습진을 긁으면 가렵고 귀고름이 나오기도 하는데 모두 항생제로 다스릴 수 있는 증상이지만 방치하면 수술을 해야 할 경우도 생긴다. 이 밖에 이하선염, 악관절염, 삼차(안면)신경통 등의 관련 기관 이상으로 인한 증상도 있다.

중증

난청 위험 있으므로 서두른다

귀에 통증이 있고 전신이 나른하면서 열이 나면 귓속에 염증이 생겼을 가능성이 있다. 구토증이 있으면 중증이다. 귀 둘레가 붓고 귀에서 악취가 나는 고름이 나올 경우도 서두른다. 만성중이염일 수 있다.

만성중이염의 하나인 외이도진균증은 내이염을 발생시키며 뇌막염을 일으키는 수도 있으므로 빨리 조치한다.

악관절염

원인 이갈이 습관도 원인이 될 수 있다

이의 교합이 나빠 무리하게 씹거나 이갈이 하는 습관도 원인이 될 수 있다. 이 외 사랑니 주위염이 심하거나 편도선염으로 인해 입이 열리지 않는 경우도 있고 류마티스관절염이나 외상성관절염으로 인한 것도 있다. 특히 20세 전후의 여성들에게서 많이 발병해 이 시기 스트레스와도 연관이 있는 것으로 추측된다.

증세 귀가 아프고 윙윙거리는 소리가 난다

입을 벌릴 때 탁 하고 소리가 나는데 뼈가 비벼지기 때문에 나는 관절잡음이다. 그러면서 입을 벌리기가 힘들어진다. 초기에는 턱을 움직이지 않으면 아프지 않고 부기도 없지만 그대로 두면 관절통이 오며 귀가 아프고 윙윙거리거나 현기증 같은 증상이 동반된다. 아울러 이마 부위가 아프고 목이나 입이 마른 증상이 나타난다.

치료 약이나 수술 등의 치료는 필요 없다

원인이 될 만한 것들을 우선 제거하고 치료한다. 이의 교합에 문제가 있다면 치과진료를 통해 이의 부정교합을 교정해주어야 한다. 이갈이가 심한 사람이라면 권투에서 쓰는 마우스피스와 비슷한 나이트 가드를 입에 물고 잠자리에 들어본다. 수개월간 불편함과 고통을 참아야 하지만 좋지 못한 습관을 바꾸기란 쉽지 않으므로 끈기를 가지고 노력한다. 이 외에도 음식을 한쪽으로만 씹는 습관이 있다면 이것 또한 고쳐야 한다. 기본적으로 약이나 수술 등의 치료는 필요가 없다. 치료의 핵심은 통증이 심할 경우 통증을 없애는 선이다. 대체로 자연스럽게 낫지만 통증이 심하고 지속적이면 치과나 구강외과 전문의가 있는 병원에 가서 진단과 처방을 받도록 한다. 스트레스나 정신적인 긴장감 등 심리적인 요인이 원인이 될 수 있으므로 이럴 경우 마음을 편안하게 가지고 충분히 휴식을 취하는 것이 좋다.

외이도염

원인 포도상 구균의 감염이 원인

가장 흔한 외이도 질환 중 하나. 외이도 연골부에 있는 모공, 이구선, 피지선 등에 포도상구균이 감염되어 종기가 발생하는 것이다. 특히 여름철 수영 후 많이 생기는데 외이도에 더러운 물질이 들어가 염증을 일으키거나 함부로 후비는 등 외이도 피부에 상처가 생겼을 때 세균에 감염돼 염증을 일으키게 된다.

증세 귀를 만질 수 없을 정도로 통증이 심하다

대개 외이도 입구 부근에 발생하여 처음에는 근질거리고 약간의 통증이 있으나 차차 통증이 심해져서 잠을 못 이룰 정도가 된다. 며칠 지나면 종기가 화농이 되어 고름이 배출되며 염증이 주위로 퍼지기도 한다. 이렇게 되면 외이도 주위염이나 외이도 주위농양을 일으킬 수도 있다. 귀를 만질 수 없을 정도로 통증이 심하며 음식물을 씹을 때도 아픔을 느낀다.

치료 진통제와 소염제로 치료

통증이 심하면 이비인후과를 찾아 진통제와 소염제를 처방받는다. 소염 작용을 하는 솜 탐폰을 염증이 생긴 곳에 넣어 주기도 한다. 경우에 따라 저절로 고름이 배출이 되기도 하는데 이럴 경우 환부를 청결하게 소독해줘야 한다. 초기에 항생제를 사용하는 경우도 있으나 별 효과가 없다. 목욕이나 수영을 할 때 귀에 물이 들어가지 않도록 주의해야 하며 귀를 자주 후비지 말아야 한다. 귓병을 앓고 있을 때는 목욕을 삼가고 안정을 취한다.

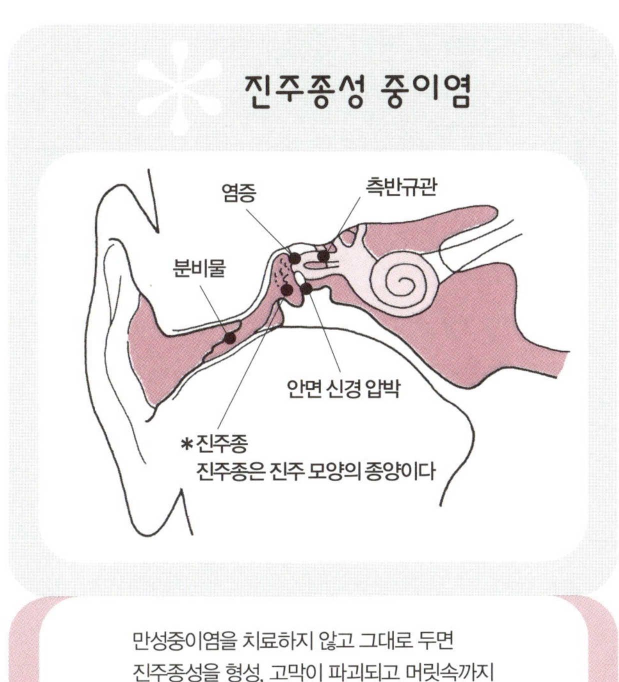

만성중이염을 치료하지 않고 그대로 두면 진주종성을 형성, 고막이 파괴되고 머릿속까지 합병증을 일으켜 심하면 생명까지 위험하다. 그러므로 각별히 주의해서 치료해야 한다.

집에서는 이렇게 외이도의 염증으로 통증이 심할 때는 천남성 뿌리를 가루 내어 식초에 갠 다음 면봉에 적셔 염증이 난 부분에 바른다. 독 성분이 있으므로 먹는 약으로 사용하면 안 된다.

이 밖에 명아주 잎이나 줄기 말린 것을 달여 하루에 3회 식사하기 30분 전에 마시면 좋다. 한편 귀에 염증이 있을 때는 염증을 악화시키는 음식은 피하는 것이 좋다. 찹쌀, 죽순, 게, 새우, 생선알, 치즈 외에 설탕, 과자, 초콜릿 등 단 음식도 삼간다.

 급성중이염

원인 감기 합병증으로 잘 생긴다

감기와 후두염, 축농증 등의 합병증으로 잘 생긴다. 바이러스가 가장 중요한 원인이며 드물게는 세균 감염으로도 온다. 특히 아이들은 이관이 짧고 곧고 넓기 때문에 인

후두부의 염증이 중이로 전해지는 경우가 많은데, 감기에 걸렸을 때 코를 세게 풀어 균이 중이강으로 들어가는 경우도 있다. 이 외에 알레르기나 급속한 기압의 변화가 원인이 되기도 한다.

증세 심하면 고막이 터져 고름이 나온다

일반적인 감기 증세에 동반되는 경우가 많다. 열이 갑자기 오르면서 귀가 아프다고 하며 말을 할 수 없는 아이들은 귀를 잡아당기거나 비비는 수가 있다. 방치할 경우 세균성일 경우 중이에 화농성 물질이 축적하게 되고 심하면 고막이 터져서 고름이 흘러나오게 된다. 적절한 치료에도 불구하고 2~3주 이상 고름이 나오면 만성이라고 생각할 수 있다.

치료 치료 늦어지면 청력 장애 초래

일단 중이염으로 진단되면 서둘러 전문적인 치료를 받아야 한다. 치료가 늦어지면 중이강 전체가 곪게 되고 고막도 염증으로 인해 녹게 되어 치료가 어렵게 되며 무엇보다 청력에 심각한 장애를 준다.

이럴 경우 만성화되어 염증이 반복적으로 발생하고 병이 계속 진행되어 청력에 심각한 손상을 일으킬 수도 있으므로 주의한다. 귀가 몹시 아플 때에는 귀 주위를 따뜻하게 한다. 급성중이염을 앓은 후에는 작은 목소리나 시계소리로 청력검사를 해본다. 만일 청력이 떨어진 것으로 의심되면 더욱 정확한 검사를 해보아야 한다.

집에서는 이렇게 만성화된 중이염이나 중이염 예방에는 검은콩이 좋다. 검은콩을 부드럽게 삶아 먹거나 수프를 끓여 먹으면 좋다. 밤, 두유 등을 평상시 간식으로 자주 먹어도 면역력을 길러주므로 좋다. 귀지, 고름을 처리하려고 면봉 등으로 귀속을 후비지 않는다. 불필요한 자극이 상태를 악화시킬 수 있다.

외이도진균증

 외이도가 습할 때 잘 생긴다

진균, 즉 곰팡이균이 외이도와 고막에 기생해서 생기는 질환으로 아스페르질루스라는 진균이 90% 이상을 차지한다. 이 균 자체는 병원성이 없이 귓속에 붙어 있다가 그 자리에 염증이 생기거나 습기가 많아질 때 증식을 한다고 보는 견해도 있다. 따라서 귓구멍에 염증이 생겼거나 수영, 목욕 등으로 물이 들어가거나 고름이 잡혔을 때 균의 번식이 시작된다.

 귀가 가렵고 이물감이 느껴진다

외이도와 그 주변이 몹시 가려우며 곰팡균이 끼어 귀지가 늘어나 귀가 막힌 듯한 느낌이 든다. 이 밖에도 귓속에 뭔가 낀 것 같은 이물감도 특징이다. 이런 느낌 때문에 귀를 후비게 되는데 이때 귀에 손상이 생겨 진물이 나는 경우도 있다. 이 상태가 되면 곰팡이는 물론 각종 세균의 침입과 번식이 쉬워져 염증이 생기게 된다.

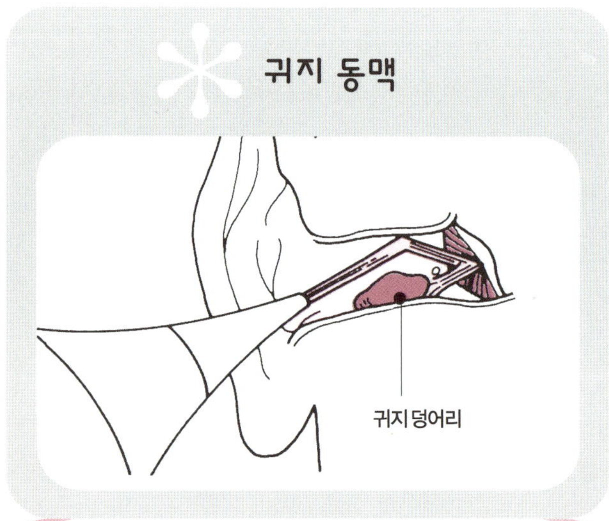

귀지가 막히면 귀지 동맥을 일으키기 쉽다. 동맥 현상이 일어나면 귀가 아프고 막힌 듯한 느낌이 들거나 귀 울림이 생긴다. 평소 귀지가 생기지 않게 조심하고 귀지 때문에 통증이 있을 때는 의사의 진단을 받아 제거한다.

 알코올로 닦아 건조시켜준다

외이도에 생긴 귀지와 곰팡이를 제거하면 곧 좋아지나 다시 재발하여 같은 증상을 호소하게 된다. 외이도에 붙어 있는 귀지 등의 이물질을 완전히 제거하고 70% 알코올로 깨끗이 닦아 건조시키는 동시에 살진균제가 포함되어 있는 점이액을 하루 2~3회 귀에 넣어준다. 이 밖에 외이도에 연고를 발라주는 경우도 있다.

집에서는 이렇게 귀를 건조한 상태로 유지하며 절대로 귀를 후벼서는 안 된다. 특히 다른 사람이 귀를 후빈 막대 같은 것을 번갈아가며 후비거나 하면 곰팡이균을 옮길 확률이 높으므로 절대 삼가야 한다.

외이도 곰팡이가 심하면 이비인후과로 가서 치료를 받아야 한다. 흔히 귀지를 파내는 것이 귀청소라고 생각하지만 이것 또한 귀에 번식한 곰팡이균을 제거하는 치료라는 것을 알아야 한다. 귀를 후빌 때는 막대에 깨끗한 솜을 두껍게 말아 무리가 가지 않도록 살살 후벼야 한다. 그리고 한 번 사용한 막대는 버리고 다시 쓰지 말아야 한다.

만성중이염

 중이강에 염증이 만성화됐다

급성중이염의 치료가 늦어지거나 제대로 이루어지지 않으면 중이강 전체가 곪게 되고 고막도 염증으로 인해 녹게 되는 등 만성중이염으로 이행하게 된다. 이 외에 고막을 다치는 등 외상으로 인해 중이강에 세균이 들어와 염증을 일으켜 생기는 경우도 있다.

 고름이 나오고 청력이 떨어진다

고막에 구멍이 생겨 고름이 나오며 청력에 장애가 생긴다. 특히 진주종성 중이염의 경우 염증이 중이강의 골벽을

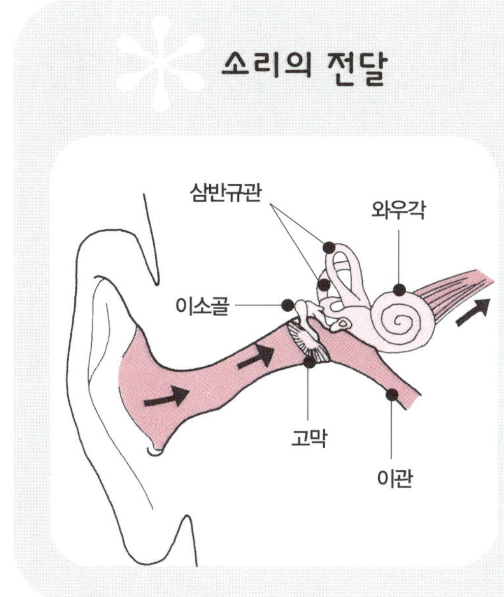

화살표는 소리의 전달과정을 보여준다. 외이도로 들어온 음파는 고막을 진동하고 이 진동은 중이강 내의 이소골을 통해 증폭되어 내이에 전달된다. 전달된 음은 내이의 와우각의 림프액을 진동시켜 청신경 섬유를 자극하여 뇌에 도달한다.

● **정원창 _** 외우각으로 통하는 구멍. 제 2 고막이라는 얇은 막으로 닫혀져 있음
● **난원창 _** 내이로 통하는 뼈구멍. 등골의 바닥 부분이 이 구멍에 꽂혀 있어 고막의 진동이 추골, 침골, 등골을 거쳐 난원창으로부터 내이로 전달되는 것이다.

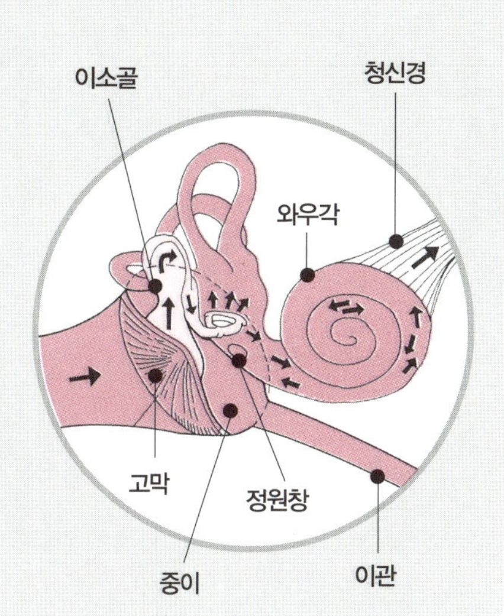

녹이고 뇌까지 침범해 생명을 위협할 수도 있다. 특별한 통증이 없어 방치하기 쉽다. 단, 진주종이 있을 때는 농이 배출되지 못해 귀가 아프고 두통도 호소한다.

치료 정밀진단 후 수술이 최선이다

귀에서 고름이 나고 악취가 날 경우 우선 정밀진단을 통해 염증의 정도나 귀 조직의 손상 정도를 정확하게 파악해야 한다. 상태에 따라 치료법이 달라지지만 대부분 만성중이염의 경우 수술치료가 완치할 수 있는 가장 효과적인 방법이다. 방치하면 위험하니 서둘러야 한다.

이하선염 (볼거리)

원인 바이러스성 전염병이다

바이러스성 전염병으로 귀 밑의 타액선이 부어올라 살이 찐 것처럼 보이며 특히 학령기(6~11세) 나이에 잘 걸린다. 기침을 하거나 말을 할 때 침방울 속에 섞여 나와 다른 사람에게 옮기게 된다.

볼거리는 한 번 앓고 난 후에는 면역력이 생기므로 예방접종을 반드시 해야 한다. 12~15개월 사이에 홍역, 풍진과 함께 예방접종한다.

증세 귀 밑이 부어오르면서 열이 난다

잠복기는 2~3주 정도이고 미열, 두통, 권태감이 있다가 1~2일 후부터 귀 밑이 부어오르면서 고열이 난다. 음식을 삼킬 때나 만지면 아파하고 3~4일 후부터 가라앉는다. 자연 치유가 잘 되나 가끔 뇌막염을 일으키므로 고열과 두통, 구토가 계속되면 뇌염을 의심해야 한다. 또 청소년의 볼거리는 고환염, 난소염 등을 일으킬 수도 있다.

치료 격리시켜 전염을 막는다

특효약은 없으며 안정시켜 쉬게 하고 붓고 아픈 곳은 찜질해주거나 해열제나 진정제를 사용하여 통증을 가라앉힌다. 볼거리가 가라앉을 때까지 환자를 격리시켜 전염을 막는다. 만약 만 1세가 지났다면 예방주사를 맞히도록 한다.

집에서는 이렇게 유행성 이하선염으로 열이 날 때는 인동덩굴즙이 좋다. 인동덩굴을 달여 먹으면 되는데 인동덩굴은 한약재 시장에서 살 수 있다.

목이 아프다

목을 많이 쓰거나 가벼운 감기, 혹은 특별한 이상이 없어도 목이 아플 수가 있다.
대개는 안심해도 좋지만 목의 통증을 너무
오래 방치하면 다른 질환으로 발전할 수 있으니 주의해야 한다.

1
열이 나면서
목이 아프다.

YES 2번으로
NO 4번으로

2
재채기, 콧물이 나면서
코가 막힌다.

YES 7번으로 NO 3번으로

11
침을 삼켜도 목이
아프고 그대로 있으면
목에 무언가 걸린 듯한
느낌이 든다.

YES 15번으로
NO 12번으로

3
심하게 아프고 열이 높다면
급성편도선염일 수 있다.
내과나 이비인후과로 간다.

참 / 조 / 페 / 이 / 지

감기 … 20, 354
뇌졸중 … 50
삼차신경통 … 29
후두염 … 230
인두염 … 20

10
인두편도염일 수 있다.
이비인후과
검진을 받아보도록.

4
가벼운 통증이
비교적 자주 일어난다.

YES 5번으로
NO 8번으로

7
콧물, 기침과 함께
열이 있으면 감기일
가능성이 높다.
이비인후과나 내과로 간다.

9
만성인두염이나
후두염일 가능성이 있다.
이비인후과.

5
평소 담배를 즐기고
자극적인 음식을 좋아한다.

YES 6번으로
NO 10번으로

6
담배를 끊고 자극적인
음식을 먹지
않아도 통증이 지속되거나
더 심해진다면
이비인후과 검진을
받는다.

8
가래가 자주 생긴다.

YES 9번으로
NO 11번으로

12

얼굴에서 욱신거리는 통증이 되풀이된다면 심차신경통을 의심할 수 있다. 내과로.

13

검사 결과 이렇다 할 원인이 없다고 나와도 증세가 지속된다면 인후두에 이물감을 느끼는 **인두신경증** 증세일 수 있다. 대개 뚜렷한 질환이 없어도 목에서 이물감이 느껴지는 것으로 걱정할 필요는 없지만 오래 지속된다면 신경과 검진이 필요하다.

14

목에 생선가시가 걸렸을지도 모른다. 아니면 목 안쪽에 상처가 있어 염증이 생겼을 수도 있다. 그냥 둬도 낫지 않으면 이비인후과로 간다.

15

생선으로 만든 음식을 먹었거나 딱딱한 것을 먹은 다음부터 증상이 나타났다.

YES 14번으로
NO 17번으로

17

음식을 삼킬 때는 아무렇지도 않은데 목에 뭔가가 걸린 듯한 느낌이 든다.

YES 13번으로
NO 16번으로

16

특별한 병은 아니지만 신경이 쓰인다면 이비인후과나 내과 검사를 받는 것이 좋다. **급성편도선염**이나 **역류성식도염** 같은 병이라면 목이 아프고 삼키기 힘든 증세가 나타날 수 있다. 뇌졸중 같은 뇌신경계 질환에 걸려도 삼키기 어려운 증세가 나타난다.

가벼운 증세

감기, 자극성 음식 등이 원인이다

가장 일반적인 이유는 **감기**다. 휴식과 안정을 취하면 저절로 나을 수도 있다. 담배나 자극성이 강한 음식물을 좋아해 간혹 목의 통증을 느끼는 경우라면 금연이나 식이요법 등을 통해 원인을 제거한다. 음식을 삼키기는 쉬워도 목에 뭔가 걸린 것 같은 느낌이 드는데 이렇다 할 원인이 없는 경우는 **인두신경증**인 경우가 많다. 마음을 편히 가지고 안정을 취한다.

의심되는 증세

급성중이염, 식도염, 뇌졸중을 의심한다

목의 통증이 심하고 고열이 날 때는 급성중이염을 의심한다. 생선 등을 먹은 후에 목에 뭔가 걸려 있는 느낌이라면 생선가시가 목에 걸렸거나 목 안쪽에 상처가 나서 염증을 일으켰을 가능성이 있다. 침을 삼킬 때 통증이 느껴지면 **급성편도선염, 역류성식도염**을 의심한다. 이렇다 할 이유 없이 통증이 지속된다면 뇌졸중, 뇌신경 질환 등 관련 질환도 의심해 본다.

중증

가래, 미열 지속되면 만성병이다

목의 통증이 빈번하고 가래가 자주 나오며 미열이 나기도 한다면 인두편도염, 후두염을 의심한다. 만성화된 병증은 급성 병증을 반복한 결과 발병하는 경우가 많으며 그만큼 치료가 힘들고 좀더 무거운 병으로 진행하기 쉽다. 위생에 주의하고 흡연이나 자극성 있는 음식을 피하는 것은 기본. 약물 요법, 수술 등 적절한 치료를 서둘러 받는다.

역류성식도염

원인 위산과다나 식도 괄약근의 이상이 원인

위에서 분비되는 위산과 펩신 등 산성 위액이 식도로 역류함으로 인해 식도 안의 세포를 자극해 염증이 생긴 상태. 정상인의 경우에는 식도 하부의 괄약근이 역류를 막아주지만 위산의 양이 너무 많거나 괄약근이 헐거워지면 역류가 생긴다. 식도 하부의 괄약근에 이상이 생긴 식도열공탈장이나 위의 분문을 절제한 경우에 잘 나타나는 증상이다.

증세 음식이 넘어갈 때 목이 아프다

흔히 가슴앓이라 부르는 통증이 주요 증세로 가슴의 아래쪽이나 배 윗부분에 막연히 타는 듯한, 때로는 따뜻한 듯한 느낌을 주는 증세가 나타난다. 소화성 궤양과 구별하기가 힘든 경우도 많다.

통증이 목, 어깨, 팔로 퍼지기도 한다. 염증으로 인해 식도가 좁아진 경우 가슴 속에 덩어리가 걸린 것처럼 느껴지고 덩어리가 넘어갈 때 통증을 느끼게 된다.

치료 약물치료로 호전 안 되면 수술

바륨이라는 약물을 삼키면서 식도의 X선 사진을 찍거나 식도경으로 식도 안을 들여다보면서 식도 점막의 일부를 떼내어 조직검사를 하기도 하며 식도의 운동상황을 알기 위해 압력을 재거나 촬영을 해서 관찰하기도 한다. 제산제나 자율신경차단제 등의 약물요법을 쓰는데 그래도 증세가 나아지지 않으면 수술이 필요할 수도 있다.

집에서는 이렇게 위산을 중화시킬 수 있는 식품을 섭취한다. 율무차 등을 차로 끓여 마시면 제산작용을 하므로 좋다. 체중을 조절하고 술, 담배도 끊는다. 누울 때 증세가 심해지면 머리를 높여준다. 과식하지 말며 특히 잠자리에 들기 2시간 전에는 아무것도 먹지 않는다. 이 밖에도 거들이나 꽉 죄는 팬티 스타킹 등 조이는 옷은 입지 않는다.

인두신경증

원인 스트레스, 질병에 대한 공포심 등이 원인

실제로 인두에 염증이 있거나 만성부비동염, 만성비염, 편도선염이 있을 때도 나타난다. 하지만 이러한 이비인후과적 원인이나 다른 전신질환이 없는데도 인두 이물감을 호소하는 경우는 일종의 신경증으로 분류할 수 있다. 특히 과민하고 스트레스가 많은 사람이나 건강에 대한 지나친 염려가 있을 경우, 갱년기 여성에게서 잘 생긴다.

증세 목이 타는 듯하고 뭔가 걸린 듯하다

늘 목에 무언가가 걸려 있는 듯 이물감이 느껴져 답답함을 느낀다. 혹은 목이 타는 듯 마르고 가벼운 통증을 느끼기도 하며 침을 삼키기 힘든 느낌이 있으나 음식을 삼킬 때는 아무 이상이 없는 것이 특징. 인두의 이물감 외에 특별히 동반되는 다른 증세가 없다는 것도 다른 질환들과 감별을 가능하게 해주는 특징이다.

치료 정신적 안정과 여유가 필요하다

갱년기 여성일 경우 호르몬 감소가 원인이 되기도 하므로 호르몬 치료를 할 수도 있다. 또 이 시기 여성에게 흔한 정신적인 불안감이나 우울감, 욕구불만 등 심리적 증상들을 치료하는 것이 중요하다. 심리적인 여유를 갖고 생활을 규칙적으로 해나가며 적절한 취미생활이나 운동 등으로 스트레스를 해소하려는 노력 등이 필요하다. 환자 본인의 적극적인 치료의지가 가장 중요하며 필요에 따라 약물이나 심리치료 등이 병행될 수 있다.

가슴이 답답하고 목이 마르고 뭔가 걸린 듯한 증상이 있을 때는 육류나 단 음식보다는 섬유질이 풍부한 야채나 과일을 많이 섭취하는 것이 좋다. 야채 중에서도 특히 부추가 좋은데 부추를 짓찧어 즙을 낸 다음 식초를 조금 타서 먹으면 좋다. 참마를 즙내어 참기름을 타서 먹어도 좋고 죽순을 달여 먹어도 불안한 정서를 안정시키는 데 효과가 크다.

급성편도선염

원인 저항력 약해져 편도에 세균 감염

입과 코를 통해 침입하려는 세균과 먼지 같은 외적에 대항하는 방어벽이 곧 편도이다. 이 편도가 신체 저항력의 약화로 세균에 대한 방어기능이 떨어지면서 감염, 염증을 일으킨 것이 급성 편도선염이다.

대체로 감기 후 감염이 편도선에까지 번져 일어나는 경우가 많다. 또 몸에 피로가 쌓였거나 기온 변화가 심할 때 잘 걸린다.

증세 침 삼킬 때 특히 아프다

음식물을 삼킬 때 목이 아프며 특히 침을 삼킬 때 몹시 아프다. 보통 때의 편도에 비해서 빨갛게 부어 있으며 편도 표면에 흰점이 군데군데 보이게 된다.

고열이 나는 데 비해 비교적 원기가 있고 가끔씩 팔다리가 쑤신다고 호소하는 경우가 있다. 자주 반복하거나 완전히 치료하지 않으면 만성화되고 심하면 중이염, 부비동염을 일으킬 수가 있다.

치료 항생제와 양치액을 사용한다

안정을 취하는 것이 최우선이다. 음식은 소화되기 쉬운 것으로 먹고 아스피린을 투여하여 통증을 감소시킨다. 항생제와 양치액을 3~4일간 사용하면 경과가 좋아지는데 만약, 이때도 증세의 호전이 없으면 즉시 병원을 찾는 것이 좋다. 식염, 중조, 붕산 등을 1% 정도 녹인 것이나 보리차나 따뜻한 물로 목을 자주 씻어내주는 것도 좋은데 중요한 것은 너무 뜨겁지 않은 정도로 목 깊숙이 잘 들어가게 하며 한꺼번에 많이 하는 것보다 자주 조금씩 하는 것이 좋다. 이 외에 빨아먹는 약이 있는데 항생제와 진통제, 소독제가 조금씩 들어 있다.

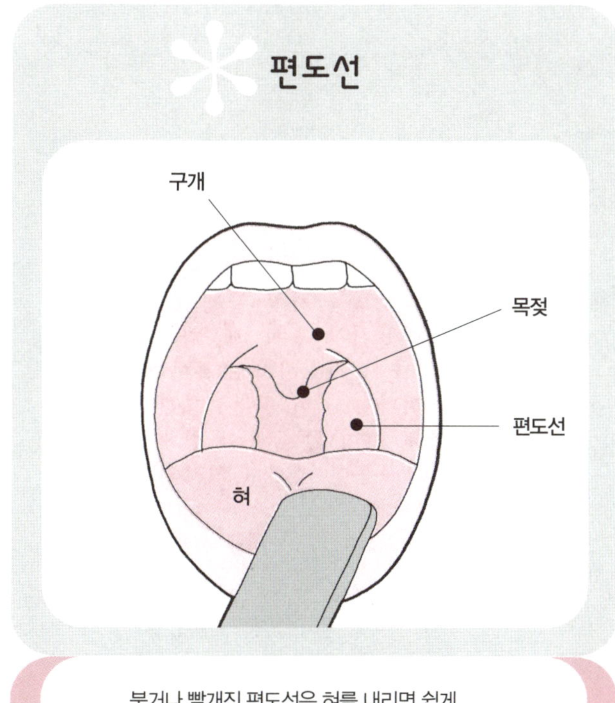

붓거나 빨개진 편도선은 혀를 내리면 쉽게 볼 수 있다. 감염 중이나 감염 후에 커지며 편도선 자체에 감염이 될 수도 있다.

비타민과 칼슘이 풍부한 금귤에 얼음설탕을 넣고 달여 먹거나 석류나 도라지, 감초 등을 달여 먹으면 목구멍이 아픈 증세를 완화시키고 염증을 해소한다.

수분을 충분히 섭취하고 휴식한다. 목이 아파서 음식물을 삼키기 힘든 경우에는 죽과 같은 부드러운 음식을 먹는다. 평소 구강 위생을 철저히 하고 손을 자주 씻는 습관을 갖도록 한다.

목에서 쉰 소리가 난다

후두부의 성대는 목 안에서 발성기 역할을 한다. 목에서 쉰 소리가 나게 되면 성대에 이상이 생긴 것으로 대부분 목을 많이 사용해서 생긴 것이지만 감기와 같이 가벼운 증상일 수도 있다. 때로는 더 심한 질환이 원인일 수 있으니 증상이 지속되면 검사를 받아본다.

1
목이 아프면서 말하기가 힘들고 쉰 소리가 난다.
YES 2번으로
NO 4번으로

2
발열과 재채기, 콧물이 나고, 기침을 한다.
YES 3번으로 NO 7번으로

12
환경적인 요인이나 목소리를 많이 써서, 혹은 만성후두염의 질환일 수 있다. 이비인후과 검진을 받아보도록.

3
급성후두염일 수 있다. 말을 줄이거나 큰소리를 내지 않으면 금세 좋아진다.

11
담배나 술로 인한 후두염일 수 있다. 원인을 제거한 후에도 좋아지지 않는다면 이비인후과로.

4
목이 차츰 가라앉고 쉬어서 목소리가 잘 안나온다.
YES 5번으로 NO 8번으로

7
과음을 하거나 담배를 많이 핀 다음 날 목이 쉬었다.
YES 11번으로
NO 13번으로

10
목을 많이 사용하는 직업이다.
YES 17번으로 NO 12번으로

5
목에 뭔가가 걸린 느낌이 있고 음식을 삼키기 힘들다.
YES 6번으로 NO 10번으로

6
인두부에 이상이 있을 수 있다. 1주일 이상 지속된다면 이비인후과로 가보도록.

8
목소리가 떨린다.
YES 9번으로 NO 14번으로

9
일시적인 증상이라면 안심해도 좋다. 팔다리가 떨리면서 증상이 계속된다면 파킨슨씨 병일 수 있으니 내과나 신경과 검진을 받는다.

13

노래를 많이
부르는 등
말을 많이 했다.

YES 18번으로
NO 21번으로

14

말이 잘 안 나오고
집중력과 판단력이
흐려졌다.

YES 15번으로
NO 19번으로

16

쇼크나 긴장으로 인한
것일 수 있으나
상태가 지속된다면
신경정신과나
신경외과 검진을 받는다.

15

실어증, 뇌동맥경화증,
뇌혈관 장애일 수 있으니
신경외과나
내과로 가보도록.

참 / 조 / 페 / 이 / 지

감기 … 20, 354
동맥경화증 … 110
뇌혈관장애 … 24

17

목을 너무 많이 써서 **성대결절**이
생겼을 수도 있으니 이비인후과로.

21

4주 이상 목 쉰
소리가 나고
호흡곤란이
동반되면 **후두암**을
의심할 수 있다.
서둘러
이비인후과로.

18

가글링으로 목을 헹궈 내거나 증기
흡입 등을 하고 목소리를
사용하지 말도록. 증상이 계속되면
이비인후과로 간다.

19

통증은 없는데
갑자기 목소리가 잠긴다.

YES 20번으로
NO 16번으로

20

재발성신경마비일
가능성이
있으니 서둘러
이비인후과로
간다.

가벼운 증세

목소리를 많이 사용해도 나타난다

감기 등으로 인한 일시적인 것이라면 걱정할 필요 없다. 또 노래를 너무 많이 불렀다거나 목소리를 너무 많이 사용한 경우도 목을 헹궈 내고 안정을 취하면 곧 좋아진다. 주변 공기가 너무 건조하거나 기온의 변화가 급격할 때 목소리가 쉬거나 떨릴 수 있고 쇼크나 긴장으로 말이 잘 안 나오는 수도 있지만 모두 일시적인 것일 때는 걱정하지 않아도 된다.

의심되는 증세

후두염, 성대염증 등을 의심한다

목이 쉬면서 목에 이물감이나 통증이 1주일 이상 계속될 때는 인두염을 의심한다. 열이 나고 재채기, 콧물, 기침 등을 수반한다면 **급성후두염**이나 **만성후두염**을 의심할 수 있다. 담배나 술을 많이 했을 때도 일어난다. 원인을 제거해도 낫지 않으면 치료를 받는다. 목소리를 많이 사용하는 직업이라면 **성대결절**을, 아니라면 만성화된 목의 병일 수 있으므로 검사를 받는다.

중 증

종양 등 중병인지 정밀검사 받는다

목소리의 떨림과 함께 팔다리의 떨림 증상이 지속적이라면 **파킨슨씨 병**일 수 있다. 말이 잘 안 나오며 이해, 판단이 어려우면 실어증, 뇌동맥경화증, 뇌혈관장애를 의심한다. 목의 통증은 없는데 갑자기 말이 안 나온다면 재발성신경마비일 가능성이 있다. 이 외에 술, 담배를 즐기는 사람이 4주 이상 목이 쉬었다면 후두암이 의심된다. 정밀검진을 받도록.

급성후두염

원인 감기가 목 깊이 들어가 생긴다

감기가 목 깊이 들어가 생기는 경우가 많으며 기후가 급변하거나 실내 환경이 지나치게 건조할 때 쉽게 발생한다. 인플루엔자균, 폐렴균, 포도상구균 등이 혼합 감염되어 발생하며 이 밖에 뜨거운 증기나 자극성 가스, 먼지 등의 흡입, 술, 담배의 과용도 원인이 된다. 그리고 지나치게 큰 소리를 지르거나 기침을 오래 해도 후두염을 일으키게 된다.

증세 목소리가 쉬고 목에 이물감이 있다

목소리가 쉬고 심하면 목소리가 아예 나오지 않는다. 후두 부위가 간질간질하고 목이 타고 마르는 듯한 증상이 있으며 목구멍에 이물감이 느껴진다. 음식이나 물을 삼킬 때 불편하고 아픈 느낌이 든다. 급성의 상태가 오래 계속되면 성대와 그 부근이 붉게 되고 부어오른 것이 빠지지 않게 되어서 만성화된다. 또 성대 폴립이나 성대결절의 원인이 되기도 한다.

치료 쉬고 말을 하지 않는다

먼지나 환경오염이 많은 곳, 건조한 곳, 차가운 곳은 피한다. 실온 22도 정도의 따뜻한 곳에서 푹 쉬는 것이 좋으며 습도도 50% 정도로 유지하는 것이 좋다. 담배와 술은 금물. 수분 섭취는 충분하게 하되 커피, 홍차 등 자극성 음료는 피한다. 될 수 있는 한 말을 하지 말고 침묵을 지키며 후두의 안정을 취하도록 한다. 1~3%의 식염수로 목구멍을 씻어내고 가습기를 사용하여 입 안으로 증기흡입을 하는 것이 좋다.

대부분 이 정도로도 자연치유되는 경우가 많으나 통증이 계속되면 이비인후과에 가서 약물요법, 흡입요법 등의 치료를 받는다.

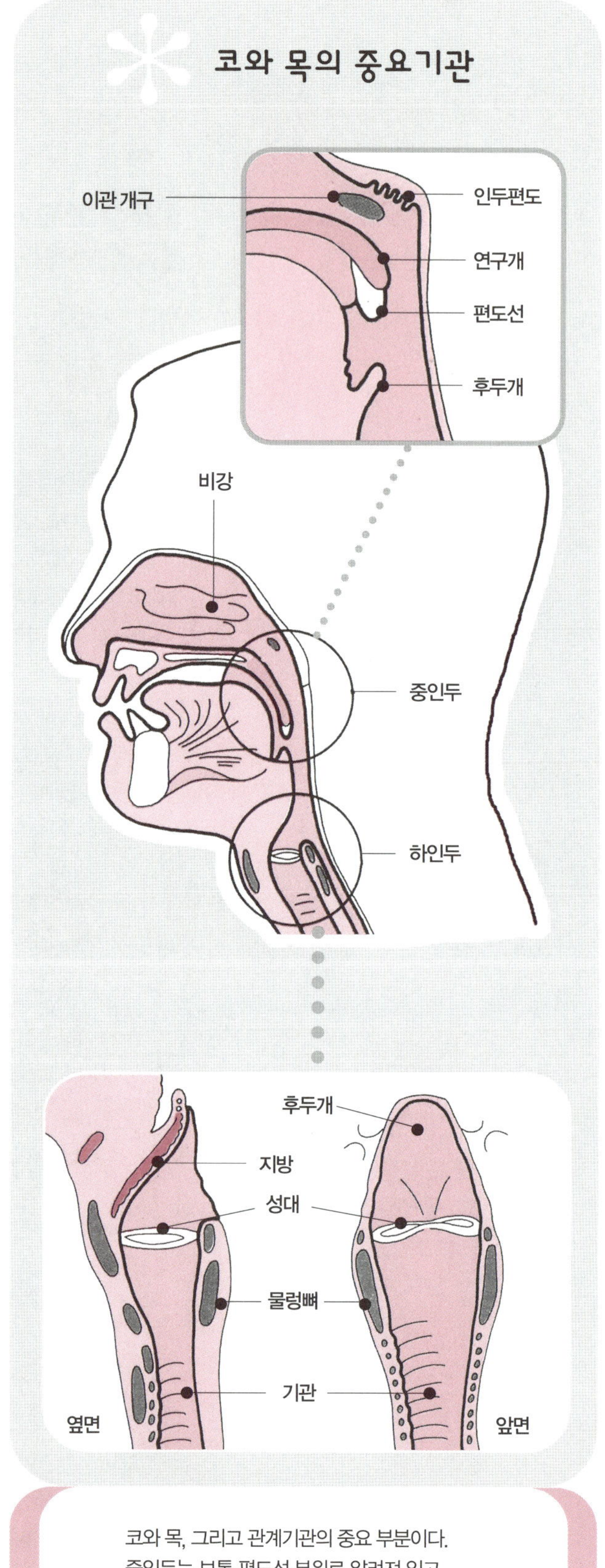

코와 목, 그리고 관계기관의 중요 부분이다. 중인두는 보통 편도선 부위로 알려져 있고, 하인두는 소리를 내고 숨쉬는 것을 관할한다. 성대는 폐로 음식물이 들어가는 것을 막으며 소리를 만들어 낸다.

뽕잎과 국화꽃, 도라지를 함께 달여 마시면 목의 통증을 덜어준다. 이 밖에 수세미, 검은콩 등이 좋은 식품이다. 술, 담배를 많이 하거나 과로하면 쉽게 재발하므로 주의한다.

 성대결절

원인 목을 너무 쓰거나 큰 소리 냈을 때

발성기관인 성대는 말을 하거나 노래를 하기 위해 쉴 새 없이 움직이고 접촉해야만 한다. 안정을 취해가며 쓴다면 별탈 없겠지만 무리를 했다 하면 여러 가지 탈이 발생한다. 그중의 하나가 성대결절로 목을 너무 많이 썼거나 큰 소리를 질렀을 때 생기기 쉽다. 말을 많이 해야 하는 교사나 목을 많이 쓰는 가수들에게 잘 일어나는 증상이다.

증세 목소리가 갈라지고 중복음이 난다

양쪽 성대가 마주 닿는 중앙부에 좁쌀만 한 크기의 결절(군살)이 생기는데 그 언저리에 진한 분비물이 부착되면 목이 쉬 피로해지며 음성이 갈라지고 두 갈래 소리가 나는 중복음이 생기게 되고 심하면 목쉰 소리를 내게 된다. 결절이 커지면 버섯 모양으로 되는데 이를 성대폴립이라 한다. 성대결절이나 폴립이 커질 경우 간혹 호흡곤란이 오기도 한다.

치료 침묵요법이 가장 확실하다

치료법은 성대의 절대 안정, 즉 침묵요법이 가장 확실하다. 말하자면 억지로 반벙어리 행세를 해야 한다. 적어도 6~8주간 참을성 있게 지속해야만 치유가 가능하다. 양쪽 성대가 접촉하지 않고 서로 떨어져 있기만 해도 결절은 자연 소실된다. 이와 함께 증기를 쐬게 하거나 약제를 흡입하게 한다. 치료 시기를 놓쳐서 결절이 쌀알만큼 커지면 침묵요법만으로는 치료가 불가능하므로 수술을 해야 한다.

외출 시에는 목에 스카프 등을 해 목을 보호하고 외출 후에는 꼭 양치질을 한다.

알•아•두•자

성대의 구조와 작용

■ **인두와 후두가 나뉘는 부분에 성대가 있다.**

목 안은 음식물이 통과하는 길로서 소화기계로 통하는 인두부와, 공기가 통과하는 길로서 폐로 통하는 후두부로 나뉜다. 이 두 부분은 별개의 작용을 하고 있음에도 불구하고 코와 입으로부터 공기와 음식물을 받아들인다는 점에서 공통되어 있다. 그 때문에 후두부의 입구는 인두부를 거쳐 소화기로 보내지는 음식물이 폐로 통하는 기도로 보내지는 일이 없도록, 음식을 삼킬 때 닫혀지는 구조로 되어 있다.

이때 닫히는 부분을 성문이라고 하는데 발성을 관장하는 중요한 기관인 성대가 이 부분에 위치하고 있다.

■ **성대 진동으로 소리가 난다.**

성대는 목소리를 낼 때 성문이 닫힌 상태에서 이곳을 통과하는 공기의 진동에 의해 소리를 낸다. 또, 호흡을 할 때는 성문을 열어 자유롭게 공기를 통과시킨다. 이렇게 성대의 진동에 의해 생긴 소리는 인두부나 구강, 비강 등으로 울려 발성되게 된다. 성대의 크기나 형태는 사람에 따라 약간씩 차이가 있다. 일반적으로 성인 남성은 여성이나 어린이에 비해 성대가 두껍고 긴 편이다. 그 때문에 공기의 진동 수가 적어져서 성인 남성의 목소리는 굵고 낮은 느낌이 드는 것이다.

무화과열매 달인 물은 목이 아프면서 쉬었을 때 좋다. 이 밖에 매실과 꿀을 함께 달여 먹거나 석류즙을 먹어도 치료 효과를 높여준다.

만성후두염

원인 과도한 흡연이 주요 원인

급성 후두염이 오래 계속되면 만성 후두염이 되는 수가 많다. 흡연자의 경우 과도한 흡연이나 지속적인 과음이 원인이 되며 먼지가 많은 환경에서 장시간 머물거나 자극성이 심한 가스를 흡입하는 것도 원인이 된다.

증세 목쉰 소리가 만성화된다

후두염이 만성화되면 좀처럼 낫기 힘들고 목소리가 쉬게 된다. 목 쉰 소리는 후두의 발성기능에 장애가 와서 생기는데 양쪽의 성대가 맞닿는 면이 여러 가지 원인에 의해서 밀착되지 못했을 때 생긴다. 후두염은 보통 3개월 이내에 치료되는데 만약 그 이상 목 쉰 소리가 계속될 때는 만성화된 것이라 볼 수 있다.

치료 술, 담배는 반드시 끊는다

술, 담배는 반드시 끊어야 하며 환경을 청결히 하고 자극성이 강한 물질과의 접촉이나 흡입은 삼간다. 원인을 제거하지 않은 채 약물만 계속 복용하는 것은 현명한 처사가 못된다. 어린아이가 유치원이나 초등학교에 입학하면 항상 큰소리로 떠들기 때문에 성대가 과로해서 목소리가 쉬게 되는데 이를 학령기의 애성이라고 부른다.

한편 드물기는 하지만 아이들이 후두유두종이라는 양성 종양 때문에 소리가 거의 나오지 않고 호흡도 곤란할 때가 있다. 따라서 목소리가 거칠어지는 증상이 지속되면서 점차 진행될 때에는 전문의의 진찰을 받는다.

배 우린 물이나 순무즙은 목 쉬고 아픈 증상을 완화시킨다. 차조기씨를 달인 물에 쌀을 넣고 죽을 쑤어 먹어도 좋고 맥문동, 오미자를 끓여 수시로 마셔도 좋다.

후두암

원인 흡연, 음주 등이 결정적 요인이다

10:1 정도로 남성에게 압도적으로 많지만 간혹 여성에게도 나타난다. 담배가 가장 결정적인 요인으로 알려지고 있으며 후두암 환자의 90% 이상이 흡연자인 것으로 보고되고 있다. 이 외에 알코올이나 기타 좋지 않은 자극이 지속적으로 주어질 때 발병하기 쉽다.

증세 목 쉰 소리가 4주 이상 계속된다

초기 자각증상은 목의 이물감, 음식물을 삼킬 때의 통증 등이다. 병이 진행되면 목소리가 갈라지고 거칠어지는데 목 쉰 증상이 4주 이상 계속되면 일단 후두암을 의심할 수 있다. 서둘러 진단을 받는 것이 좋다. 가래에서 피가 섞여 나오기도 한다.

치료 초기 발견, 초기 치료가 중요하다

초기에 발견하면 다른 어떤 암보다도 치료율이 높다. 후두에는 림프선이 그리 발달되어 있지 않기 때문으로 초기에 발견하면 목소리를 잃지 않고 치료할 수 있다.

종양의 부위, 병의 진행 상태에 따라 항암제 치료와 방사선 치료, 후두적출 수술 같은 외과적 치료가 이어진다. 병증의 정도나 암의 발생 부위에 따라 치료성과는 다소 다르지만 초기 단계에서는 방사선요법만으로 90% 이상이 치료되며 후두부 적출 후에도 생존율이 높다.

입안이 마를 때 가정에서 다스리는 법

물을 마셔도 계속 목이 마르고 입안이 말라 뻣뻣한 느낌이 들 때가 있다. 발열 ,설사 등의 감기 증상에 따라 목이 마를 수도 있고 이 밖에 갈증을 주요 병증으로 하는 당뇨나 빈뇨가 나타나는 만성신부전, 만성신장염 등도 입안이 마르는 원인 질환이 된다.

신경증이나 우울증 등 정신과적인 질환에서도 가슴이 답답하며 입이 마르고 쓴 증세가 나타나기도 한다.

신장병으로 인한 갈증

신장염으로 몸에 열이 나고 입이 마르는 사람에게 좋은 음식이 수박이다. 제철에는 수박을 그대로 먹어도 되지만 그렇지 못할 때를 대비해 수박당을 만들어두고 먹어도 좋다.

수박당은 수박즙을 끓인 것으로 1년 정도 냉장보관이 가능하다. 이 밖에 귀울림이 있고 입이 마를 때는 산수유 열매를 달여 먹거나 소주를 부어 1개월간 숙성시킨 다음 공복에 마셔도 된다,

수박즙을 끓여 수박당을 만들어 냉장보관하면 1년 내내 먹을 수 있다.

감기로 인한 갈증

열이 나서 생기는 갈증과 구강건조증에는 배·사과즙이 좋다. 배와 사과를 강판에 갈아 즙을 내서 먹으면 가슴이 시원해지고 식욕증진의 효과도 있다.

목이 아프고 갈증이 심할 때는 강판에 간 무에 끓는 물을 부어 마시는 무탕이 좋다. 껍질을 벗긴 귤과 사과와 배를 그릇에 담고 오렌지 주스를 부어 마시는 귤 프루츠는 비타민 C도 보충하고 갈증도 해소할 수 있어 좋다.

뽕잎, 누에 집, 말린 다래 등은 당뇨로 인한 갈증에 좋다.

당뇨로 인한 갈증

당뇨병 치료제로 관심을 끌고 있는 뽕나무 잎을 차로 끓여 수시로 마시거나 누에의 집을 달여 먹으면 당뇨로 인한 갈증도 없애고 치료효과도 볼 수 있다. 또 한약방에서 파는 말린 다래를 하루 40g씩 끓여 그 물을 마셔도 좋고 다래로 술을 만들어 마셔도 좋다.

우울증·신경증에 의한 갈증

정신적인 긴장이나 우울증이 심해지면 얼굴에 열이 나며 입이 마르고 쓴 증상이 나타난다. 이럴 때는 안중오즙탕이 좋다. 연근, 생강, 배, 부추를 즙을 낸 다음 냄비에 넣고 우유를 섞어 중불에서 끓인다. 이것을 하루 2~3회 따뜻하게 마시면 된다. 두릅의 뿌리나 줄기 생즙, 연뿌리즙도 정신을 안정시키고 갈증을 해소하는 데 효과가 있다.

갈증이 있을 때의 생활수칙

● 이유 없는 갈증이 지속될 경우 전문의의 검진을 받아야 한다.
● 갈증으로 힘이 빠질 때는 미네랄이 풍부한 생수를 마신다.
● 입안이 마를 때는 침 분비를 촉진하는 껌이나 단 음식을 먹는다.
● 당분이 많은 음료나 카페인, 탄산 음료 등은 삼간다.
● 야채나 과일을 섭취할 때는 수분보다 당분이 더 많은 과일은 주의한다.
● 냉증이 있는 사람의 경우 지나치게 찬 음료나 과일 등은 해로우므로 주의한다.

코가 막혀서 콧물이 난다

코로 이물질이 들어가면 자연스럽게 재채기나 콧물이 난다.
이처럼 자연발생적인 콧물은 상관없지만 간혹 알레르기성 비염이나 부비동염일 가능성도 있다.
방치해 두면 만성질환으로 진행될 우려가 있다.

1
열이 나면서 콧물이 나오고 목이 아프다.
YES 2번으로
NO 3번으로

2
감기일 가능성이 높다.

3
목은 아프지 않은데 물 같은 콧물이 나오면서 재채기가 난다.
YES 4번으로
NO 5번으로

4
초기 감기 혹은 알레르기성비염이 의심된다. 이비인후과나 내과로 가보도록.

5
맑은 콧물이 아니고 고름같이 누렇고 진득거리는 콧물이 난다.
YES 6번으로
NO 7번으로

6
만성비염이나 만성부비동염일 수 있다. 이비인후과로 가보도록.

7
고름같은 콧물은 아닌데 그냥 콧물이 많이 난다.
YES 8번으로 NO 9번으로

8
급성비염이 의심된다. 이비인후과 검진을 받아보도록.

9
콧물에 피가 섞여 나온다.
YES 10번으로 NO 11번으로

10
냄새가 난다면 건조성 비염, 비중격만곡증, 비염, 부비동염이나 비강 및 부비강 종양, 혹은 심각한 질환일 수 있으니 바로 이비인후과 검진을 받아보도록.

11
코가 막히거나 콧물이 난다면 대부분 만성비염이나 부비동염이지만 다른 증상 없이 계속된다면 두통이나 후각장애가 생길 수 있으니 이비인후과로 바로 가보도록.

12
코가 막히고 마르면서 코딱지가 생긴다.
YES 18번으로 NO 13번으로

13

코막힘이 지속되는데
체위에 따라
막히는 부위가 바뀐다.

YES 14번으로
NO 15번으로

참 / 조 / 페 / 이 / 지

감기 … 20

14

방이 건조하고 음주,
약물 복용으로 인한
것일 수 있다.
통증이 있다면 콧속에
상처가 났을 수도
있으니 이비인후과로
가보도록.

15

한쪽 코만 막힌다.

YES 16번으로
NO 17번으로

16

비후성비염이나
비중격만곡증일 수 있다.
콧 속에 종기가 났을 수도
있으니 이비인후과
검진을 받아보도록.

17

건조한 곳에 있다 보면
자연적으로 코가
막히게 된다. 감기일 수도
있지만 다른 원인
없이 상태가 지속된다면
이비인후과로.

18

코 안쪽까지
코딱지가 생긴다.

YES 19번으로
NO 20번으로

19

건조한 곳에서 코딱지가
생기는 것은 생리적인 현상이지만
코가 심하게 막히면서
불쾌감이 들면 부비동염이
악화되었을 수 있다.
간혹 코에서 냄새가 난다면
위축성 비염일 가능성도 있으니
이비인후과로 가보도록.

20

감기 끝이나 건조한
장소에 오래 있다 보면
콧물과 코막힘이 생긴다.
상태가 지속되고
피가 섞인 콧물이 나오면
이비인후과로 가보도록.

가벼운 증세

알레르기성 비염, 염증인지 살핀다

공기가 건조한 곳에 오래 있으면 비점막이 건조되어 코딱지가 앉는 것은 자연스런 현상이다. 또 코에 이물질이 들어갔을 때 재채기나 콧물이 나오는 것도 지극히 생리적인 현상이다. 이런 현상은 염려할 것이 없다. 다만 이런 증상이 빈번할 경우 알레르기성비염이나 염증이 생긴 것일 수도 있으니 잘 살핀다.

의심되는 증세

간단한 수술을 할 수도 있다

콧물이 물 같고 재채기가 나온다면 감기 초기 아니면 급성비염을 의심한다. 콧물이 고름처럼 진득하고 양이 많다면 만성비염, 부비강염의 가능성이 있다. 빨리 진단을 받고 치료한다. 코가 막히고 딱지가 생기는데 막히는 곳이 한쪽뿐이라면 만성비후성비염 또는 비중격만곡증일 수 있다. 경우에 따라 간단한 수술로 치료하기도 한다.

중 증

피 섞인 콧물이 나오면 중증이다

콧물에 냄새가 나고 피가 섞이는 일이 있다면 건조성비염, 비중격만곡증, 비염, 부비동염이 상당히 진행된 것으로 볼 수 있다. 또한 비강이나 부비강에 종양이 생겼거나 더 중병일 수도 있으므로 곧바로 이비인후과로 간다. 코가 막히는 증세가 코 안쪽까지 생기고 냄새가 날 경우 부비동염이 악화되었거나 드물게는 위축성 비염일 수 있다. 치료를 서두른다.

급성비염

원인 감기 등 상기도 감염 후에 온다

누구나 한 번쯤 걸려봤을 만큼 흔한 증세로 주로 감기에 걸렸을 때 생긴다. 그 밖에 인플루엔자(독감)나 홍역, 디프테리아 등의 전염병으로 인해 올 수도 있고 자극성 있는 가스나 약물의 흡입으로도 생긴다. 너무 흔한 증상이라 자칫 소홀히 방치하기 쉽지만 만성화되거나 여러 가지 합병증을 불러올 수 있으므로 주의를 기울여야 한다.

증세 콧속이 가렵고 마른다

원인에 따라 다소 차이는 있지만 대개 재채기로 시작되고 전신이 나른하고 두통이 동반되며 콧속이 간질거리며 바싹 마르는 느낌이 든다. 콧속의 점막이 충혈되고 부어오르며 코가 막히고 콧물이 많아진다. 콧물은 처음에는 물코지만 차차 점액성, 점액농성 혹은 농성으로 된다. 회복기에 접어들면 콧물의 양도 적어지고 막혔던 코도 다시 뚫려 숨쉬기가 수월해진다.

치료 점비약으로 코를 뚫어준다

초기에는 특별한 치료보다는 안정을 취하고 몸을 따뜻하게 하는 것이 중요하다. 감기약, 항히스타민제를 복용하고 항생제를 쓴다. 코가 막히고 콧물이 많아서 괴로울 때는 점비약을 코에 넣어서 코가 뚫리게 함으로써 고통도 덜어주고 치료도 촉진시킬 수 있다. 그러나 초기에는 점막에 자극을 주는 것이 도리어 나쁘므로 점비약의 사용은 되도록 피하는 것이 좋다.

또한 점비약은 주로 혈관수축제로 만들어져 작용이 일시적이고 과용하면 도리어 해롭기 때문에 주의해야 한다. 또 하나 주의할 것은 코를 풀 때 한쪽씩 가볍게 풀어야 한다는 것. 힘껏 세게 풀면 비인강에 있는 더러운 분비물을

이관을 통해 중이강으로 밀어넣게 돼 중이염을 일으키게 하기 때문이다.

집에서는 이렇게 수박줄기를 볶아 가루 내어 따뜻한 물에 타서 마시면 콧물이 멈춘다. 무즙이나 진하게 우려 소금을 조금 넣은 녹차를 코 안에 조금씩 떨어뜨리면 콧속이 시원해진다.

비중격만곡증

원인 발육이상으로 콧속 물렁뼈가 구부러졌다

비중격은 코 안을 좌우로 가로막는 물렁뼈와 뼈로 된 막이다. 비중격만곡증은 이름 그대로 비강 사이에 있는 이 비중격이 똑바르지 않고 구부러진 경우다. 원인은 선천적이라기보다는 일종의 발육 이상으로, 안면골과 두개골이 발육과정에서 조화를 이루지 못해서 일어난다. 이 밖에 코의 외상으로도 생기기도 한다.

증세 코가 막히고 코피가 잘 난다

코가 호흡기로서의 기능을 충분히 발휘할 수 없게 된다. 코가 막히고 주의력이 떨어져 산만해지고 기억력 감퇴, 두통, 편두통 등의 증상이 따른다. 또 돌출된 측은 자극을 받기 쉬워 코피가 잘 난다. 대개 증세 없이 지내다가 성인이 되어 코피가 잘 나는 바람에 병원을 찾아 비로소 진단되는 경우가 많다.

치료 수술이 유일한 치료법이다

만곡의 형태는 S자형, C자형 등 여러 가지이며 만곡의 정도도 천차만별이다. 하지만 비중격만곡으로 인해 나타나는 여러 증상들은 반드시 만곡의 정도와 일치하지 않는다. 즉 만곡이 심해도 자각증상이 없는 수가 있고 반면에

만곡이 가벼워도 자각증상은 심한 때가 있다. 만곡이 있어도 자각증상이 없다면 별다른 치료를 하지 않아도 된다. 정상인일 경우더라도 비중격이 반듯하기보다는 약간씩 구부러진 경우가 많다. 비중격만곡증의 치료는 수술요법이 유일하다. 수술은 그다지 어렵지 않으며 보통 2~3일 정도 입원하여 수술하게 된다. 만약, 부비동염, 중이염 등과 관계가 있다면 이런 질병들을 먼저 치료해야 한다.

흔히 코피가 나면 고개를 뒤로 젖히는데 이렇게 하면 코피가 기도로 넘어갈 위험이 있으므로 피한다. 코를 손으로 잡고 콧구멍을 압박하면서 고개를 앞으로 숙인다. 그래도 코피가 멈추지 않으면 반듯이 누워 찬수건을 코에 얹어 냉찜질을 해준다.

만성비후성비염

원인 급성비염이 만성화된 경우가 많다

코점막이 심하게 부풀어 올라 코가 막히고 콧물이 흐르는 증상으로 급성비염을 되풀이하거나 외부로부터 기계적, 물리적, 화학적인 자극을 오래 혹은 반복해서 받을 때 생긴다. 주위 조직의 질환, 즉 부비동염이나 비중격만곡증과도 관계가 있다. 감기나 그 밖의 기도질환, 당뇨병, 간질환, 혈액질환, 심장질환과도 관계가 있으며 체질적인 요인도 무시할 수 없다.

증세 끈적거리는 콧물이 목으로 넘어간다

흔히 일년 내내 감기를 달고 산다고들 하는데 만성 비염이 있을 경우 그 같은 증상이 나타난다.

만성적인 비염 증세를 보이는 것으로 늘 코가 막힌 상태며 콧물은 부비동염 때보다는 그 양이 많지 않고 점액성 내지는 점액종성이며 특히 후비루라고 해서 콧물이 목으로 흘러 넘어간다. 따라서 목에도 불쾌감이 있고 머리가 무겁고 주의력이 감퇴한다.

치료 원인질환이 있으면 먼저 치료한다

비후성 비염의 근본적인 치료법은 수술이다. 코 점막의 비후증식을 초래한 원인을 제거해야 하지만 생활환경을 근본적으로 바꾸거나 체질을 개선하는 것은 쉽지 않기 때문이다. 하지만 뚜렷한 전신질환 특히 당뇨병이나 심장질환 등은 먼저 치료해야 하며 간혹 어린아이일 경우 성장하면서 자연치유되는 경우도 있다.

약물요법도 여러 가지가 있지만 크게 효과를 기대하기는 힘들고 효과 자체도 일시적인 경우가 많다. 코가 막히고 콧물이 많을 때 점비약을 써서 점막을 위축시킨 다음 코를 풀어서 비강을 깨끗하게 해준다. 또 원인이 되는 아데노이드나 습관성 편도선염, 비중격만곡증은 수술을 해주는 것

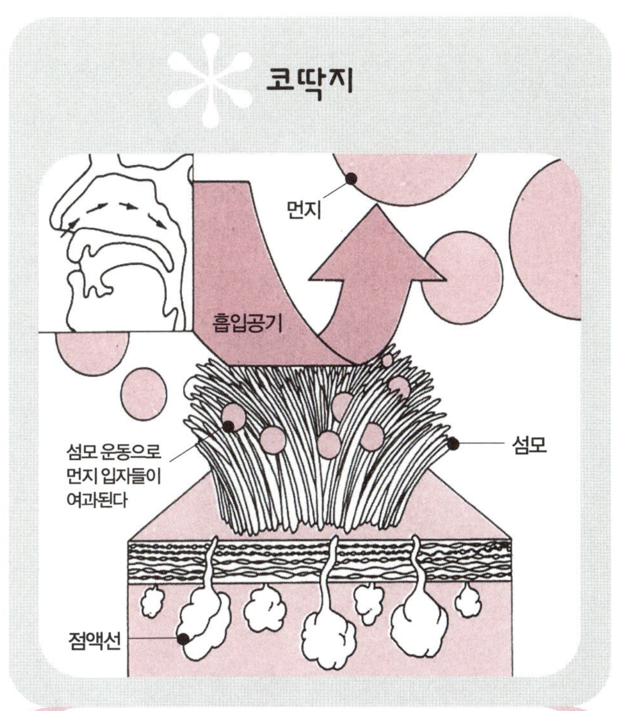

코 안의 점막은 많은 양의 점액과 미세한 섬모를 가지고 있다. 섬모는 폐로 들어가는 공기 중의 먼지, 세균 등 해로운 물질을 걸러서 끈적끈적한 점액이 섞이도록 한다. 이렇게 하여 코딱지가 된다.

이 좋고 만성부비동염이 있다면 이것도 치료해준다.

체온이 떨어지면 증세가 심해지므로 몸을 따뜻하게 해준다. 음식도 몸을 덥게 해주는 것이 좋다. 머위, 파, 생강, 당근, 고구마, 산마, 고등어, 장어, 양고기 등이 좋다.

알레르기성 비염

 꽃가루, 기온의 변화 등이 주 원인

특정한 물질에 대한 신체의 과민반응으로 일어나는 것으로 그 원인물질은 사람마다 다르다. 가장 흔한 것이 봄철에 흔한 꽃가루나 동물의 털, 기온의 변화, 먼지, 그리고 정신적인 스트레스 등이다.

원인이 밝혀지면 원인 물질과의 접촉을 피하면 되지만 알레르기를 유발하는 원인물질을 밝혀내기가 쉽지 않다는 것이 문제다.

 물 같은 콧물이 줄줄 흐른다

코가 막히고 물 같은 콧물이 줄줄 흐르며 연달아 재채기를 하는 것은 알레르기 비염의 특징적 증상이다. 이때 코안의 점막은 청회색으로 부어오른다. 경우에 따라 다르지만 대체로 봄가을이나 환절기에 증상이 심해진다. 약을 먹고 치료를 받으면 일시적으로 좋아지는 듯하지만 약을 먹지 않으면 증상이 전과 같이 되돌아온다.

 원인물질을 주사해 면역력 기른다

원인요법과 대증요법이 있다. 원인요법은 원인이 되는 물질을 찾아내어 그것을 바탕으로 치료하는 것. 피부에 작은 상처를 내어 여러 물질들을 발라본 뒤 반응을 검사하는 피부반응검사로 원인물질을 찾아낼 수 있다. 원인물질을 찾은 후에는 이를 조금씩 여러 번 주사하여 면역력을 길러 알레르기를 치료한다. 원인을 찾아내지 못하든가 이런 검사를 받을 입장이 못되는 사람은 그때마다 증상만을 없애주는 대증요법을 쓴다.

항히스타민제의 복용과 막힌 코를 넓게 해주는 물약을 코에 넣어 주는 방법이 가장 일반적이다. 증상이 심하면 스테로이드 호르몬제를 사용할 수도 있는데 이는 어디까지나 일시적인 효과를 나타낼 뿐이다.

집안을 늘 청결하게 하고 건조하지 않도록 하며, 몸을 항상 따뜻하게 하고 찬 음식이나 단 것의 섭취는 줄인다. 대신 야채나 해조류 등을 충분히 섭취한다. 감자는 체질 개선

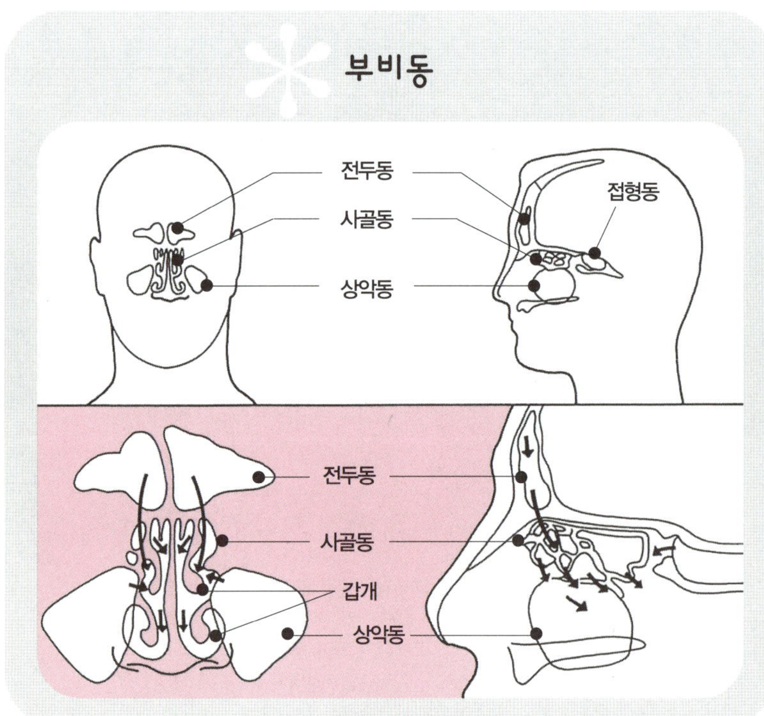

부비동에는 전두동, 사골동, 접형동, 상악동 등 네 가지가 있다. 오른쪽 그림은 각각의 부비동으로부터 유통되는 방향을 보여주며, 이들 모두는 비강과 통하고 있다.

효과가 있어 알레르기성 비염에 좋다. 삼백초와 율무를 함께 달여 마셔도 좋고, 생강즙을 코로 마셔 입으로 뱉어내기를 5~6회 하면 재채기가 멎는다.

부비동염

원인 감기가 오래되어 오는 경우가 많다

축농증이라 부르는 것으로 감기에서 오는 것이 가장 많다. 감기를 치료하지 않고 그냥 두면 코 안에 세균이 들어가 염증이 생기고 이 염증이 코 주위에 있는 부비동이란 공간까지 퍼져 농이 괴게 되는 것.

이 외에 코를 막고 심하게 풀든가 코 안에 껌, 종이, 콩 등의 이물질이 들어가든가, 여름철 해수욕장에서 다이빙을 하든가 하면 발생한다.

증세 코가 막히고 머리도 아프다

비강 주변에 있는 부비동에 염증에 생겨 그 입구가 고름으로 막힌 상태다. 진득거리는 고름 같은 콧물이 많이 흐르고 코 막힘이 심해 호흡을 입으로 하게 되며 콧소리를 내게 되고 코를 심하게 골고 머리도 아프며 집중력도 떨어진다. 목으로 흘러들어간 고름을 삼키게 되거나 목을 자극해서 기침도 한다. 때로는 농이 기관으로 들어가 폐렴으로 진행되기도 한다.

치료 치료효과 없으면 수술로 점막 제거한다

14~15세 이전에는 수술을 하지 않고 보존치료를 하는 것이 일반적이다. 대체로 부비동에 고인 농을 굵은 바늘로 찔러 뽑아내고 약물로서 씻어주며 곁들여 세균을 죽이는 항생제와 염증을 없애는 소염제 같은 약을 쓰게 된다. 이런 치료는 반드시 전문의와 의논해 해야 한다. 장기적인 치료에도 불구하고 증상이 전혀 나아지지 않는다면 다른 원인

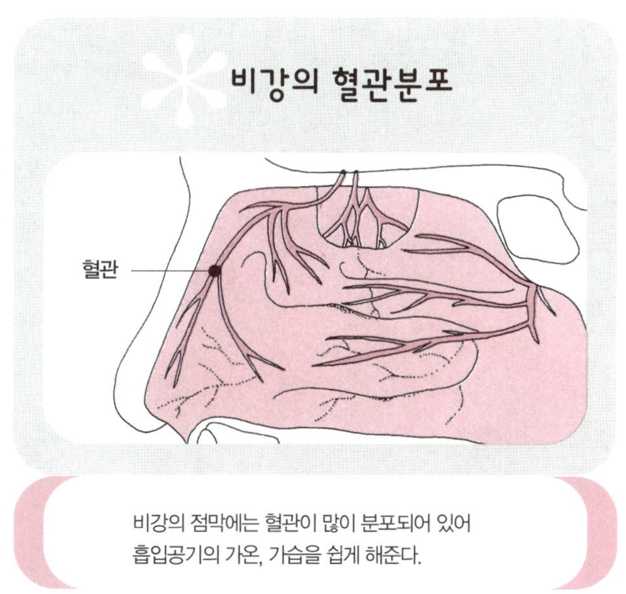

비강의 점막에는 혈관이 많이 분포되어 있어 흡입공기의 가온, 가습을 쉽게 해준다.

이 있지는 않은지 검사해봐야 한다. 만성편도염이나 갑상선 기능이 좋지 않을 때도 축농증의 치료가 쉽지 않다. 그럴 때는 먼저 이런 질병부터 치료해야 한다. 다른 질병이 없는데도 치료 효과가 없으면 고름 배설구멍을 만들거나 염증이 생긴 점막을 제거하는 등 수술요법을 쓰기도 한다.

집에서는 이렇게 달팽이를 삶아 말린 다음 볶아 가루 내어 식전에 먹거나 질경이 달인 물을 매일 마시면 축농증 재발을 막는 데 효과가 있다.

이 밖에 가운뎃손가락으로 양쪽 콧방울 옆을 수십 회 문질러 주어 콧속까지 마찰 열이 전해지게 해준다. 막혔던 코가 뚫리고 시원한 느낌이 든다. 집 안에서는 실내 온도를 23~25℃, 습도는 45% 정도로 해 쾌적한 상태를 유지하는 것이 좋고 당분을 과잉섭취하지 않도록 주의한다.

입술이 부르트고 갈라진다

입술은 건조하거나 몸에 열이 있을 때 쉽게 튼다. 항상 외부 대기와 화장품 같은 화학물질, 자극적인 식품들에 노출되어 있기 때문에 평소에는 물론이고 강한 통증이 느껴진다면 특별히 주의를 기울여 관리를 해줘야 한다.

1 핏기가 없다.
- YES 2번으로
- NO 4번으로

2 입술이 부르트면서 청보라색으로 변한다.
- YES 3번으로
- NO 6번으로

8 입술 주위가 짓물렀다.
- YES 12번으로
- NO 9번으로

참 / 조 / 페 / 이 / 지
- 빈혈 … 102, 103
- 피부과 … 263

3 점액농포일 수 있다. 구강외과로 가보도록.

7 화장품을 잘못 사용했거나 상처로 인해 거칠어졌을 수 있다. 증상이 심하다면 피부과로 가보도록.

4 입술이 거칠고 피부가 벗겨진다.
- YES 5번으로
- NO 8번으로

6 청보라색이면 산소부족, 핏기가 없어 보인다면 빈혈일 수 있으니 내과 검진을 받아보도록.

5 열, 화장품 부작용, 비타민 부족으로 인한 **구순염**일 수 있다. 피부과로 가보도록.

물집으로 부풀어 올랐고
부스럼이 있다.

YES 13번으로
NO 10번으로

입술이 가렵다.

YES 11번으로
NO 7번으로

자극적인 음식을 먹었거나
화장품을 잘못
사용했기 때문이다.
증상이 계속되면
피부과로 가보도록.

구각염일 가능성이 높다.
내과로 가보도록.

단순성포진일 수 있다.
피부과로 가보도록.

가벼운 증세

자극성 음식, 화장품도 원인이다

입술이 거칠거칠하면서 피부가 벗겨지거나 물집이 생기는 등 구순염의 증세를 보이면 화장품이 너무 강한 것은 아닌가 살펴본다. 이 밖에 너무 뜨거운 음식을 먹었거나 자극성이 강한 식품을 섭취한 것도 원인이 될 수 있다. 때때로 비타민 부족으로 입술이 거칠어지고 피부가 벗겨지며 가려움증을 호소하는 경우도 생긴다. 원인을 제거한 뒤에도 지속되면 피부과로 간다.

의심되는 증세

구각염이 오래 가면 내과로 간다

입술 가장자리가 짓물러 입을 벌릴 때 통증을 느낀다면 구각염을 의심한다. 세균이나 진균에 의한 감염이나 비타민 결핍 외에도 빈혈이나 만성 질병에 의한 쇠약 등이 원인이 되므로 오랫동안 계속되면 내과로 가 정확한 검진을 받는다. 이 밖에 입술에 물집이나 부스럼이 생겼다면 단순성포진을 의심할 수 있다. 피부과로 가 처방을 받는다.

중 증

핏기가 없다면 내과 질환을 의심한다

입술이 부풀어오르는 것처럼 되면서 청자색으로 변한다면 점액농포를 의심할 수 있다. 아랫입술 안쪽에 생긴 반구형 혹이 터졌다 부풀어오르기를 반복하면 레이저로 없애거나 적출 수술을 하기도 한다. 입술 색깔에 핏기가 없다면 내과적 질병이 중한 것이 아닌지 의심해 본다. 입술에 자색이 돌면 산소부족, 붉은빛이 부족하면 빈혈일 수 있다. 내과의 진단을 받는다.

구순염

원인 립스틱, 약물에 대한 과민반응

좋지 않은 립스틱으로 인해 입술이 트고 입술 주위의 피부들에 물집이 생기고 부어오르기도 한다. 이 밖에 특정 약물에 대한 과민반응의 일종으로 피부 점막 전체에 이상이 생기는 경우도 있다.

어린이들의 경우 입술을 빠는 것도 문제가 되며 과로나 흥분 때문에 생기는 염증, 코의 염증 때문에 입을 벌리고 호흡을 하는 사람들에게도 잘 생긴다.

증세 입술 표피가 벗겨지고 아프다

입술 전체가 마르며 입술 주변의 피부에는 물집이 생기기도 한다. 입술 표피가 벗겨지고 찢겨져서 아프고 심하면 피가 나며 잘못하면 염증이 생긴다. 대기가 건조한 겨울에 증상이 더 잘 생기며 쉽게 악화되는 것이 특징이다. 약물에 대한 과민반응으로 피부 점막에 이상이 생긴 경우에는 눈썹, 음부, 항문에도 비슷한 증상이 온다.

치료 연고를 함부로 바르지 않는다

그 원인이 간단하지 않으므로 피부과 전문의의 진찰과 처방을 받아 치료하는 것이 바람직하다. 함부로 약물을 복용하거나 입술 주위에 바르는 것은 삼가는 것이 좋다. 약물이 원인이 된 것이라면 다른 약물로 바꿔보고 기타 상기도 염증이나 편도선 등으로 인해 입을 벌리고 호흡하는 것이 문제가 된다면 원인질환이 치료되면 자연 치유된다.

집에서는 이 렇 게 공기가 건조한 경우 잘 발생하므로 실내 습도를 높여주는 것이 좋다. 증상이 생기면 립스틱이나 립글로스, 시판하는 약물이나 연고 등을 임의로 발라서는 안 된다. 오히려 바셀린이나 글리세린 등을 바르는 것이 좋다. 어린이들이 입술을 빠는 버릇은 정신적인 불안이 원인일 경우가 많으므로 아이를 안정시키는 것이 필요하다.

단순성포진

원인 헤르페스 바이러스가 원인

헤르페스 바이러스의 감염에 의해 발생하는 급성 수포성 질환. 수포가 여러 개 모여서 생기는 것이 특징인데 수포가 비교적 적은 것이 단순성포진이며 여러 개의 수포가

발음 이상에 대한 교정법

■ 정확한 발음 지도가 중요하다

발음에 이상이 있는 어린이의 경우는 어머니의 정확한 발음을 듣고 분별하는 능력을 습득하는 것이 가장 기초적인 훈련법이다. 입술을 움직이는 데 이상이 있거나 귀가 잘 들리지 않는 어린이에게서 정확한 발음을 기대할 수 없다. 그리고 어린이 주위에 발음 이상이 있는 사람이 있으면 자연히 그걸 따라 하게 되어 문제가 생길 수도 있다. 태어날 때부터 난청이 심해서 언어 장애가 생긴 경우에는 조기에 치료를 해야 한다.

■ 말더듬이의 교정법

● 어머니가 중심이 되어 어린이가 편하게 얘기할 수 있는 분위기를 만들어 준다.
● 말을 더듬어도 좋으니 마음대로 말할 수 있도록 해준다. 그리고 말을 자연스럽게 자주 할 수 있는 기회를 만들어 준다.
● 말을 더듬는다는 것에 걱정스러운 표정을 지어서는 안 된다. 자칫 어린이가 말할 수 있는 용기를 잃을 수 있다.
● 여러 친구들과 어울려 놀 수 있도록 배려해주고 다양한 경험을 하도록 환경을 조성해준다.
● 전문의와 상의한다. 심리요법이 도움이 될 수 있다.

띠 모양으로 큰 군집으로 이루고 있는 것을 대상포진이라 한다. 주로 습하고 불결한 부위에 많이 생기는데 입술이나 구강, 또는 음부에 잘 발생한다.

증세 입술 주위에 작은 수포가 생긴다

흔히 고단하거나 열이 난 다음에 입술 주위에 홍반이 나타나고 그 위에 작은 수포가 밀집하여 발생하는 질환이다. 그러나 이런 병변이 처치를 잘못해서 진물이 흐르고 딱지가 앉으면 곰팡이균에 의한 감염으로 코밑이나 턱에 생기는 무좀의 일종인 모창과 유사한 형태를 띠기도 한다.

치료 항 바이러스 약제 사용한다

통증이 심할 경우 진통제를 주사하고 항 바이러스 약제를 복용하거나 상처 부위에 바르기도 한다. 하지만 신경을 많이 썼거나 햇볕을 많이 받았거나 열이 많거나 고단하거나 할 때 계속적으로 재발하는 것이 문제다. 발적과 수포가 생길 때에 석탄산 원액으로 태워버리고 알코올로 중화시키면 큰 탈 없이 치유된다.

집에서는 이렇게 증상이 오히려 악화되고 습진화가 되기 쉬우며 흉터가 남을 수 있으므로 아무 연고나 함부로 발라서는 안 된다. 항상 건조하고 청결하게 해주며 충분한 휴식과 안정을 취하는 것이 좋다.

구각염

원인 비타민 B₂의 결핍도 원인

입의 양쪽 끝(구각)이 찢어지고 허는 증상으로 구강 점막이 효모균의 일종인 칸디다에 감염돼 일어나는 경우가 가장 흔하다. 영양상태가 부실해 몸의 저항력이 떨어지거나 신체의 청결상태가 좋지 못할 때도 감염되기 쉽다. 이밖에 비타민 B₂의 결핍도 구각염의 원인이 되기도 한다.

증세 입의 양쪽 끝이 찢어지고 헌다

입의 양쪽 끝이 빨갛게 되고 갈라지거나 찢어지고 헐어 피가 나기도 한다. 시간이 지나면 이 부위에 궤양이 생기며 딱지가 앉는다.

흔히 이를 보고 입이 커지는 것이라거나 너무 큰 수저로 밥을 먹어 찢어진 것이라며 방치하는 경우가 많다. 이와 함께 혀에 백태가 끼며 혀의 표면이 두꺼워지고 볼 안이나 편도, 인후에도 염증이 발생한다.

치료 비타민 B₂의 섭취를 늘린다

발병 요인이 될 만한 요소를 제거해야 한다. 피부의 청결을 유지하며 특히 습기에 노출되지 않도록 한다. 환부나 증상의 정도에 따라 약물을 먹거나 바르는데 약을 바를 때는 바셀린처럼 수분을 흡수하지 않는 것을 사용하면 각질이 더욱 붓게 되어 오히려 해롭다. 따라서 크림 형태나 용액 형태의 것이 효과적이다.

집에서는 이렇게 비타민 B₂의 결핍도 원인이 되므로 비타민 B가 풍부한 음식을 섭취한다. 보리나 토마토에는 비타민 B₂가 많이 들어 있으므로 좋은 식품이다. 보리로 죽을 끓여 먹는 것도 좋고 토마토를 갈아서 먹으면 혈관을 튼튼하게 하여 구각염을 빨리 치료되게 해준다. 이 밖에 수렴작용이 있는 꿀이나 코코아 가루, 로열젤리 등을 상처에 발라줘도 효과가 있다.

입안이 건조하다

건조한 실내에 오래 있거나 땀을 많이 흘린 직후 입안이 건조해지지만
간혹 우울증이나 신경증과 같은 정신과적인 원인이나
내과적인 원인, 약물 부작용 등으로 입안과 목이 건조해질 수도 있다.

1

입 안쪽만 마르고
다른 부위는 정상적이다.

YES 2번으로
NO 4번으로

2

먹고 있는 약이 있다.

YES 3번으로
NO 6번으로

3

맞지 않는 약으로 인한
부작용일 수 있다.
신경안정제, 진정제, 항우울제,
이뇨제 같은 약은
침의 양을 줄어들게 할 수 있으니
주의해야 한다.

7

신경이 예민해지고
우울하다.
피로감도 느낀다.

YES 8번으로
NO 10번으로

4

목이 말라서 물을 많이
먹는데도 입이
마른다. 대신 소변 양은
늘어난다.

YES 5번으로
NO 7번으로

5

당뇨병일 가능성이 높다.
그외 요붕증,
만성신부전증일 수도 있으니
내과로 가보도록.

6

침이나 눈물의 양도
줄었다.

YES 11번으로
NO 9번으로

가벼운 증세

긴장이나 약물 부작용이 원인이다

실내공기가 건조하거나 땀을 많이 흘린 후, 혹은 정신적으로 심한 긴장이 있을 때 입 안이 마르고 목이 타는 듯한 느낌을 받기도 한다. 상황이 종료되면 정상으로 돌아오므로 크게 염려할 것 없다. 복용하는 약물이 있고 입 안이 건조하게 느껴진다면 약의 부작용이 원인일 수 있다. 특히 항우울제, 신경안정제, 진정제, 이뇨제 등은 타액생산을 감소시키므로 주의한다.

의심되는 증세

침 분비를 자극해 증상을 완화한다

고열이나 발한, 설사 증세가 심할 경우 이로 인한 탈수 증세 때문에 입이 마르는 구강건조증이 생길 수 있다. 이 경우 수분이 많은 음식을 섭취하고 시고 단 사탕류를 빨거나 껌을 씹어 침 분비를 자극한다. 하지만 이 외에 다른 요인으로 구강건조증이 있다면 그 원인 질환을 먼저 치료하는 것이 급선무다. 내과적 질환이나 정신과적 질환은 없는지 살핀다.

중 증

당뇨병, 셰그렌 증후군 의심한다

물을 아무리 마셔도 목마른 증세가 계속되고 소변 양만 많아진다면 당뇨병, 요붕증, 만성신부전증의 가능성 있다. 타액 및 눈물의 분비가 눈에 띄게 줄어들었다면 교원병의 일종인 셰그렌증후군을 의심할 수 있다. 모두 내과로 가 검진을 받는다. 이 밖에 우울증이나 신경증에 의해 갈증이 일어나는 수가 있으니 정신과에 가서 진찰을 받도록 한다.

교원병

셰그렌증후군의 일종

교원병의 일종인 셰그렌증후군에 의해 올 수 있다. 교원병이란 우리 몸의 여러 장기나 온몸의 세포를 연결시켜주는 전신의 결합조직에 특별한 변화가 일어나서 교원섬유와 기타 섬유가 증가해 일어나는 여러 가지 질환들을 총칭한다. 셰그렌증후근의 원인은 밝혀지지 않았으며 자가면역반응에 의한 것이라는 추측이 일반적이다.

침분만 아니라 눈물까지 줄어든다

타액의 분비가 줄어들거나 타액 분비에 장애가 생긴다. 타액 분비가 줄어드는 것은 나이가 들어감에 따라 일어나는 자연스런 현상이기도 한데 셰그렌증후군은 타액뿐만 아니라 눈물도 감소되는 것이 특징. 이 때문에 각막염이나 결막염을 일으키게 된다. 타액 분비에 장애가 생기는 것은 심한 수분 손실이 있을 때로 당뇨병, 콜레라, 열성질환 등에서 볼 수 있다.

껌이나 신 음식으로 타액분비 촉진

원인이 명확하지 않으므로 특별한 치료법은 없으며 타액 분비를 촉진하는 것이 최선의 치료다. 음식물을 입안에 넣었을 때 맛있게 보이는 때나 맛있는 냄새를 맡을 때 또는 조건반사에 의해서도 타액분비가 일어날 수 있다. 껌을 씹는다거나 신 음식을 먹는 것 등도 타액 분비를 촉진할 수 있다. 수면 중에 입으로 호흡을 해 입안이 건조해진다면 마스크를 한다든가 의치를 빼는 것도 한 가지 치료방법이 되겠다. 글리세린을 입안에 바르는 것도 좋다.

> **집에서는 이 렇 게**
>
> 타액 분비를 늘려주는 데는 신맛이 나는 음식이 좋다. 석류 열매를 즙내어 먹으면 입안이 마르는 증상을 완화시켜준다. 토마토나 수박을 주스로 해먹어도 좋고, 귤, 사과, 배를 잘게 썰고 여기에 오렌지 주스를 부어 만든 귤프루츠도 효과가 있다.

당뇨병

인슐린 부족이 원인

췌장에서 분비되는 호르몬인 인슐린의 부족으로 생기는 만성 대사 질환으로 유전 경향이 커서 부모 모두 당뇨병인 경우 당뇨병에 걸릴 확률이 약 60%다. 이 밖에 식습관, 비만, 운동부족, 스트레스도 크게 영향을 미친다. 이 외에 췌장의 병, 갑상선기능항진, 임신도 원인이 되며 볼거리나 감기 등 각종 감염증에 의해서도 온다.

입이 마르고 소변을 자주 본다

목이 말라서 물을 많이 먹고 소변을 많이 보는 것은 당뇨병의 전형적인 증상이다. 피 속에 포도당 농도가 증가되면 소변을 많이 누게 되고 수분이 부족해져서 몸이 수분을 요구하게 되므로 자주 입이 마르고 물을 찾게 된다. 취침 중 2회 이상 화장실에 가서 소변을 보고 그때마다 목이 말라 물을 마시게 되면 당뇨병을 의심해야 한다.

지속적인 약물 투여가 필요하다

당뇨병 치료는 크게 식사요법, 약물요법, 운동요법 세 가지로 나눌 수 있다. 약물요법은 부족한 인슐린을 주사 혹은 경구용 약물로 체외에서 공급하는 방법으로 지속적인 약물투여가 필요하므로 반드시 전문의의 처방을 받아야 한다. 식이요법으로는 기름진 것, 단것의 섭취를 줄이고 야채, 해조류, 버섯류 등을 중심으로 자연식을 한다. 비만한 경우 절식이 필요하다. 과로나 정신적인 스트레스는 당대사를 악화시키므로 절제 있는 생활과 느긋한 태도로 몸과 마음에 무리가 가지 않도록 하며 적당한 운동으로 체내 당분의 흡수율을 높인다.

당뇨로 인해 입이 마르고 갈증이 날 때는 모시조개가 좋다. 이 외에 시금치로 수프를 끓여먹어도 갈증 해소에 도움이 된다.

 만성신부전

원인 각종 성인병의 합병증으로 잘 생긴다

신장의 활동이 점차 저하되어 드디어는 신부전 상태가 되고 최후에는 요독증을 일으켜 죽음에 이르는 병이다. 원인이 되는 병으로는 만성신염이나 만성신우신염이 가장 많다. 이 밖에 당뇨병, 통풍, 고혈압 등의 합병증으로 신부전이 오는 경우도 흔하며 드물게는 선천성 신장질환을 치유하지 않고 방치하면 만성신부전이 된다.

증 세 입이 마르고 구내염 증상 보인다

구내염을 일으키기 쉽고 그 밖에 위나 장에도 출혈이 나타나고 식욕부진, 오심, 구토, 설사 등이 동반된다. 전신의 저항력이 약해져 기관지, 폐에 염증이 생기고 시력의 감퇴, 난청, 빈혈, 배뇨곤란 등 여러 증상이 나타난다. 전체적으로 안색이 부석부석하면서 거무스름하게 변한다. 신경질이 느는가 하면 원기가 없어 계속 졸며 뼈도 약화된다.

치 료 움직임을 삼가고 절대 안정해야 한다

절대 안정이 필요하므로 움직이는 것을 최대한 삼간다. 목욕도 수건으로 피부를 닦아내는 정도로 그친다. 약을 투여할 때는 용량을 반드시 지켜야 한다. 못쓰게 된 신장은 그대로 두고 체액에 일어난 이상만을 정상으로 돌려주는 것으로 투석요법이나 신장이식수술 등을 행한다.

증세가 호전됐다고 해서 활동을 늘리면 증세가 급격히 악화된다. 신장병인 사람은 탈수가 되기 쉽다. 입안의 건조가 나타나면 서둘러 수분을 섭취해야 한다. 그렇다고 너무 많이 마시면 수분중독이 되어 두통이나 구역질을 하는 수도 있다. 술, 담배는 금물. 감기나 피부 감염도 쉬우므로 주위 환경을 청결히 하고 사람들과의 접촉도 피한다.

노인성구강건조증

원인 침의 분비가 감소되는 것이 원인이다

중년 이후가 되면 구강주위 근육의 힘이 떨어지고 침선에 미치는 자극이 약해져 침 분비가 감소된다. 특히 류마티스 증세가 있거나 고혈압 약이나 항우울제 등을 장기 복용하는 것도 구강건조증의 원인이 된다. 이밖에 빈혈이나 비타민 결핍 등도 원인으로 꼽힌다.

증 세 입이 마르고 미각을 잃기 쉽다

입안이 마르고 입안이 쓰다고 호소하는 경우가 많다. 입안의 세정효과가 있는 침 분비가 줄어들므로 칫솔질을 열심히 해도 충치나 잇몸질환이 쉽게 오며 틀니 등 의치가 점막에 상처를 주는 경우도 흔하다. 미각에도 변화가 생겨 입맛을 잃게 되고 생활에 활력을 잃기 쉽다.

치 료 구강내과 전문의의 처방을 받는다

수분 섭취를 늘리고 신 맛이 나는 음식이나 음료, 무설탕 껌 등을 섭취하면 침 분비가 늘어난다. 그러나 이런 방법으로도 안되면 구강내과 전문의의 처방에 따라 인공타액을 사용해 입안이 마르는 증상을 완화해 주는 방법도 있고 증상의 정도나 원인에 따라 타액 제제나 전기 자극법 등이 사용되기도 한다.

입속이 얼얼하고 아프다

평상시나 음식물을 섭취할 때 입안에 통증이 느껴지는 것은 구내염인 경우가 많다.
만성피로나 비타민 결핍, 혹은 바이러스 감염 같은 원인을 제거하면 호전된다.
하지만 간혹 심각한 질병이나 난치병일 수 있으니 주의한다.

1
입속이 붓고 종기가 났다.
YES 2번으로
NO 4번으로

2
동그랗고 작은
흰색 반점이 생겼다.
YES 3번으로
NO 6번으로

8
입안에 아무 이상에 없는데
통증이 계속된다면
구내염일 가능성이 높다.
구강외과로 가보도록.

3
눈이나 입, 음부 등에 궤양이 생기고
관절에 통증도 있다.
YES 11번으로 NO 7번으로

4
음식물을 먹거나
찬물을 마시면
입안이 시큰거린다.
YES 5번으로
NO 8번으로

7
아프타성 구내염일 수 있다.
구강외과나
이비인후과로 가보도록.

5
충치가 생겼을 수 있다.
치과 검진을 받아보도록.

6
피부에 검버섯 같은 것이
생겼는데 통증은 없다.
YES 9번으로
NO 10번으로

9

부신피질 기능저하증이 의심된다. 내과 검진을 받아보도록.

10

뺨 안쪽 점막이나 혀의 표면에 궤양이 생기고 단단한 것이 닿으면 아프다.

YES 12번으로   **NO** 13번으로

참 / 조 / 페 / 이 / 지

구내염 … 405
폐렴 … 62, 22
홍역 … 327
충치 … 360, 261

11

베체트병일 수 있으니 내과나 교원병 전문의를 찾아가보록.

12

카타르성 구내염이나 아프타성 구내염일 수 있다. 이비인후과나 구강외과 검진이 필요하다.

13

뚜렷한 이유를 알 수 없지만 입안이 마르는 증세가 오래 계속되면내과나 이비인후과, 구강외과에서 진찰을 받아 원인을 밝히도록 한다. 폐렴이나 홍역, 백혈병과 더불어 발병될 때는 구내염의 가장 심한 증세로 입안의 조직이 파괴되는 경우도 있다.

가벼운 증세

충치, 비타민 부족 등이 원인이다

무엇을 먹거나 찬물을 마실 때 입안이 아프거나 얼얼하거나 혹은 시린 느낌이 든다면 충치를 의심할 수도 있다. 또 비타민 부족이나 바이러스, 감기 등이 원인일 수 있다. 충치의 경우 서둘러 치과치료를 받아야 하며 다른 증상들도 원인을 제거하면 쉽게 낫는다. 하지만 증세가 오래 간다면 다른 원인이 있으므로 주의해서 살핀다.

의심되는 증세

부신피질 기능저하를 의심한다

통증이 있는 작은 원형의 궤양이 입술, 뺨, 혀 등에 생겼다면 아프타성 구내염을 의심한다. 약물치료 등으로 1~2주일이면 낫지만 재발이 쉬워 만성화하는 경우가 많다. 입안이 붓고 통증이 없는 검버섯으로 피부도 검어진 것 같으면 부신피질 기능저하증이 원인일 수 있다. 내과 검진을 받는다.

중 증

시력 이상이 동반되면 치료를 서두른다

입안이 붓고 반점 같은 것이 나는 한편, 발열, 관절통증, 피부의 홍반, 눈이 침침해지는 등의 증세가 동반되면 베체트병을 의심할 수 있다. 궤양이 서로 융합하여 입안 전체에 퍼지며 성기 주변에 궤양이 생겨 통증을 느낄 수도 있다. 특히 눈 주위가 아프거나 홍채염이 생겨 실명에 이를 수도 있으므로 주의한다.

베체트병

원인 면역계통의 혼란이 원인

피부 증상으로는 아프타성 구내염과 유사하고 관절통으로는 류마티스 관절염과 상당히 유사하다. 원인은 아직 명확하게 밝혀지지 않은 상태인데 면역 계통에 이상이 생겨 혼란이 일어났으리라는 추측이 지배적이다. 유전적 요인이 강해 유전적 배경에 어떤 원인이 가해질 경우에 발생하는 것으로 알려져 있다.

증세 입, 눈, 음부 등에 궤양 생겨

눈이나 입, 음부 등에 궤양이 생기는 것이 특징적인 증상. 눈에는 홍채염이 일어나 심해지면 실명에 이르게 되고 입안에는 궤양성 구강염이 생기며 남자의 경우 음낭, 여자의 경우는 외음부 전부에 아픈 궤양이 생기며 피부에도 발진이 생긴다. 관절염도 동반된다. 보통 발병 후 수년 내에 증상이 나타나는 것이 특징으로 난치병에 속하며 치료 후에는 재발하지 않는다.

치료 아프타성 궤양의 치료와 유사하다

아프타성 궤양의 치료 때와 유사하다. 궤양이 생기면 환부에 부신피질 호르몬이 들어 있는 연고를 바르고 막을 형성하여 보호한다. 이렇게 하면 통증을 가볍게 하고 빨리 낫는 효과가 있다. 평상시 주의할 것은 치아나 의치에 쉽게 자극을 받기 때문에 치료를 해두는 것이 중요하며 또 입안을 항상 청결하게 유지하는 것이 중요하다.

집에서는 이 렇 게 범의귀 잎은 예로부터 구내염 치료제로 쓰였던 민간약이다. 범의귀 잎을 생으로 즙을 내어 소금을 조금 넣고 입안에 머금고 있다가 뱉어낸다. 이 밖에 타닌 성분이 있는 감잎차나 연근 달인 물도 양치액으로 좋은데 소염 작용과 지혈 작용, 단백질 응고 작용이 있어 입안을 수시로 헹궈주면 치료기간을 단축시킨다.

아프타성 구내염

원인 면역계통의 혼란이 원인

구강 점막에 둥그런 궤양이 생기는데 1~3개월의 기간을 두고 반복해서 나타나는 것이 특징. 원인은 명확하게 밝혀지지 않았으며 단지 면역계통의 이상으로 혼란이 초래된 것으로 추측하고 있다. 일반적으로 스트레스나 과로, 위장 장애 등도 영향을 미치는 것으로 추측된다. 20세 전후에 처음 생기는 경우가 많고 재발하는 것이 특징이다.

증세 입안의 점막과 잇몸에 궤양이 생긴다

뺨 안쪽 점막이나 혀의 표면, 입술에 작은 궤양이 한두 개 생기는 것이 보통이다. 단단한 물건이 닿으면 대단히 아프다. 그냥 놔두어도 1주일에서 10일간이면 낫지만 재발을 반복하면 직경이 1~2센티로 증가하며 통증도 증가해서 잘 낫지 않는다. 나은 후에 경련이 일어나는 수가 있다. 피로해지고 열이 나며 위장의 상태가 나빠지기도 한다.

항생제나 호르몬제제로 치료

원인이 명확하지 않으므로 치료 또한 궤양의 진행을 막고 통증을 완화시키는 선이다. 환부에 항생물질이나 호르몬이 들어 있는 연고를 바르고 막을 형성하여 보호한다. 이렇게 하면 통증이 줄어들고 빨리 낫는 효과가 있다. 입안이 지저분하면 증세가 쉽게 악화되므로 언제나 청결하게 한다. 치아 표면이 매끄럽지 못하거나 하면 더 자극을 받으므로 치료를 하는 것이 좋다. 식사가 힘들어 자칫 영양부족에 빠질 수 있으므로 자극적이지 않고 영양이 풍부한 음식과 수분도 충분히 섭취한다.

집에서는 이렇게 가지를 검게 태워 가루 내어 꿀로 잘 버무린 다음 염증이 생긴 부위에 발라주면 좋다. 연근 달인 물이나 결명자 달인 물, 감초 달인 물로 입속을 헹궈주면 치료에 도움이 된다. 식욕이 없을 때는 신선한 무를 갈아서 식사 때마다 마신다.

카타르성 구내염

입안 점막의 상처 통해 세균 감염

설사나 감기에 걸려 몸의 저항력이 저하되었거나 영양 상태가 부실할 때 잘 일어난다. 입안에는 많은 세균이나 바이러스가 살고 있는데 저항력이 약해지면 입안 점막의 작은 상처를 통해 세균이나 바이러스가 쉽게 침투해 염증을 일으켜 발병한다. 카타르성 구내염은 특히 비타민 B의 부족에 영향을 받는 것으로 알려져 있다.

입안이 벌겋게 부어오른다

입안 전체가 벌겋게 부어오르고 침을 흘리며 통증 때문에 식사를 제대로 못한다. 그 때문에 영양상태가 더 나빠져 구내염이 악화되는 악순환을 되풀이하기도 하므로 주의한다. 증세가 진행되면 입안이 점차 건조해지고 그에 따라 통증도 심해진다. 증세가 심해지면 열이 나고 통증 때문에 잠들지 못한다. 아이들은 음식을 먹지 못하고 울거나 침을 흘리거나 한다.

원인질환을 함께 치료한다

항생제를 복용하거나 항생물질이나 호르몬제제의 연고를 환부에 바른다. 외출 후에는 반드시 양치질을 한다. 감기나 소화기 질환 등이 원인이 되어 저항력이 떨어졌을 때 더 쉽게 오므로 원인이 되는 질환을 먼저 치료해야 한다. 입속의 통증 때문에 식사하기가 힘들 수 있으므로 영양가 높은 음식을 먹기 좋은 형태로 조리해서 먹는다.

집에서는 이렇게 결명자를 진하게 삶아 수시로 입안을 헹구면 치료 효과가 있다. 비타민 B의 섭취에 신경을 쓴다. 닭고기 등으로 묽은 수프를 끓여 먹어도 좋고 보리나 현미를 뭉근히 끓여 물처럼 마시거나 죽을 쑤어 먹어도 좋다. 코코아는 헐거나 손상된 점막의 재생력을 높여주는 효과가 있다. 코코아 가루를 꿀에 개어 환부에 발라주면 좋다.

혓바닥이 아프다

혀는 가벼운 열이나 자극에도 다치기 쉬우며 내장기관의 이상에 따라
색깔 변화가 나타나는 부분이다. 비타민 결핍이나 위장장애, 음식물에 의한 자극으로
혀에 이상이 생길 수 있지만 오래 지속되면 심각한 질환일 수 있으니 주의한다.

1

혓바닥이 거칠어져서
신경이 쓰인다.

YES 2번으로
NO 4번으로

2

혀 끝이 빨개지고
찌릿찌릿 아프며 환부에 무엇이 닿으면
심한 통증이 따른다.

YES 3번으로 **NO** 6번으로

10

혀의 표면이나
뺨 안쪽 점막에
흰 반점이 생겨 퍼지면
아구창일 수 있다.

3

설염이다. 구강외과나
이비인후과로 가보도록.

4

혓바닥 색깔이
청백색이 돈다.

YES 5번으로
NO 8번으로

9

악성 빈혈 초기 증세일 수 있다.
그밖에 비타민 B2 결핍이나
만성간염, 위장장애를 의심한다.
내과 검진을 받아보도록.

8

선명한 붉은색
혹은 짙은 색을 띤다.

YES 9번으로
NO 11번으로

5

빈혈일 수 있으니
내과로 가보도록.

6

혀가 아프다.

YES 7번으로
NO 10번으로

7

식사하기도 힘들고 말을 해도 소리 끝이 길어지는
등의 증세가 나타나는가 하면 환부가 심하게 아프다면
혀의 궤양, 혀의 모세혈관이 충혈되어 빨갛게 되고
짓물렀다면 구내염일 수 있다. 이비인후과로 가보도록.
위장질환이 원인일 수도 있으니 내과 검진도 받아본다.

11

약물을 잘못 먹은 적이 있고
철분제나 납 성분을 마셨다.

YES 12번으로
NO 13번으로

12

약물, 납, 철분제 중독일
가능성이 있다.
빨리 내과로 가보도록.

13

혀의 윗면에서부터
가장자리에 걸쳐 하얀
테두리의
붉은 반점이 있다.

YES 14번으로
NO 15번으로

참 / 조 / 페 / 이 / 지

구내염 … 248, 249
빈혈 … 102, 103

14

지도상설일 수 있다.
아프다면 내과 검진을
받아보도록.

15

혀의 표면에 커다란
흰 반점이 나 있다.

YES 16번으로
NO 17번으로

17

항생제나 호르몬제 복용이
원인일 수 있다.
그 밖의 증상이 있다면
해당 차트를 살펴보도록.

16

혀에 갈색의 이끼(설태) 같은 것이 달라
붙어있다면 위의 상태에 이상이 있는 신호다.
중장년으로 혀가 두꺼워지고 있다면
심각한 질환일 수 있다. 내과나 이비인후과,
구강외과로 가보도록.

가벼운 증세

자극적이고 뜨거운 음식은 조심한다

지나치게 맵거나 짠 음식, 혹은 뜨거운 음식을 먹고 난 후 혀가 얼얼하거나 혀에 통증을 느끼는 경우가 있다. 또 감촉이 까칠한 것을 혀로 핥았을 경우에도 혀가 아프거나 까칠해지기도 한다. 한마디로 혀를 혹사한 경우다. 이런 경우 시간이 지나면 자연스럽게 정상으로 돌아온다. 하지만 이런 증상이 반복되면 혀에 병이 생기거나 기능이 둔화되므로 조심한다.

의심되는 증세

구내염, 설염, 지도상설 등이 있다

혀가 짓물러 있다면 **아프타성 구내염**을, 혀가 따끔따끔하다면 **설염**을 의심한다. 이 밖에도 혀의 표면이나 뺨 안쪽 점막에 흰 반점이 생기면 **아구창**일 수 있다. 구강외과나 이비인후과로 간다. 혀의 윗면에서부터 가장자리에 걸쳐서 하얀 테로 둘러진 붉은 반점이 있을 경우 **지도상설**이다. 간혹 열이나 통증을 동반하기도 하는데 통증이 심하면 내과 치료를 받는다.

중 증

혀가 두꺼워졌다면 심각하다

혀끝이 빨개지고 아프며 식사하기도 힘들다면 **혀의 궤양**을, 혀의 색깔이 청백색이면 빈혈을 의심한다. 혀가 선명한 붉은색 혹은 짙은 빛이 도는 색이며 간이 나쁘다면 악성 빈혈 초기 증세를, 갈증이 동반된다면 당뇨병일 수도 있다. 이 밖에 혀에 흰 반점이 보이고 중년 이후로 혀의 일부가 두꺼워지는 경우라면 심각한 병일 가능성도 있다.

 # 혀의 궤양

원인 ▸ 갱년기, 빈혈 등이 원인이 되기도 한다

갱년기, 빈혈 등으로 인해 오기도 하며 비타민 B₁₂의 결핍이 원인이 되어 상처가 보이지 않는 궤양이 생긴다. 상처가 보이는 경우에는 충치로 치아가 날카롭게 되어 혀를 자극해 상처를 일으킨 욕창성 궤양과 항생제 등 특정 약품 때문에 입속에 발진이 생길 수도 있으며 아프타성 구내염의 한 증상으로 올 수도 있다.

증세 ▸ 닿으면 아파 음식 먹기가 힘들다

혀끝이 저절로 빨개지고 찌릿찌릿하게 아프며 환부에 무엇이든 닿으면 극심한 통증이 느껴진다. 따라서 식사를 하는 것도 힘들어지며 말을 하더라도 소리 끝이 길어지는 등의 증상이 나타난다. 궤양도 상처가 보이는 것과 보이지 않는 것이 있으며 이런 상처에도 염증성과 종양성이 있다.

치료 ▸ 원인질환 치료하고 영양보급한다

원인질환을 치료해야 한다. 치아가 문제가 된 경우 치과 치료를 받아 치아가 혀를 자극하지 않도록 한다. 약품이 문제가 됐다면 해당 약물 복용을 중단한다. 과로나 스트레스, 정신적인 피로감이나 우울 등 심리적인 원인이 병을 불러오는 경우가 많으므로 과로를 피하고 충분한 수면과 휴식을 취하는 것이 좋다. 수분 부족이 원인이 되기도 하므로 수분을 충분히 섭취한다. 비타민 B의 부족도 원인이므로 비타민 B가 많이 함유된 음식을 섭취하는 것이 좋다.

집에서는 이렇게 비타민 B는 배아에 많이 함유되어 있으므로 현미를 먹는 것이 좋으며 장어, 돼지고기, 철분이 모자라서 빈혈인 사람은 소나 돼지의 간, 콩, 두부, 그리고 해초를 많이 섭취하도록 한다.

 # 아구창

원인 ▸ 곰팡이균이 입안에 번식

곰팡이의 일종인 칸디다 알비칸스라는 진균이 입안에 번식하여 생기는 병으로 감기나 설사로 인해 병에 대한 저항력이 약해지고 영양상태가 악화되었을 때 공기 중에 있는 곰팡이가 세력을 얻어 구강점막에 번식하는 증상으로 특히 젖먹이 아기들이 잘 걸리는 병이다. 출산 시 산도에서 감염되기도 하고 이후에는 불결한 우유병이나 젖꼭지 등에 의해 감염된다.

증세 ▸ 혀의 표면에 흰 반점이 생긴다

혀의 표면이나 뺨의 안쪽 점막에 흰 반점이 생겨 퍼지면 입안이 희게 보이며 때로는 인후나 식도기관까지 퍼지게 된다. 반점의 수가 적을 때는 생활에 별 지장이 없지만 이것이 주위로 퍼지면 식욕이 떨어지고 침을 흘리며 구내염 증상이 나타난다. 입안이 아파 음식물 섭취를 잘 못하므로 영양상태가 나빠져 증세가 악화될 수 있다.

> ### 알·아·두·자
>
> ## 평소에 혀를 혹사하지 않는다
>
> 입맛을 잘 느끼려면 음식물이 미뢰에 도달할 때까지 혀가 물이나 기름에 잘 적셔져 있어야 한다. 그렇기 때문에 침이 잘 나오게 할 필요가 있다. 침이 제대로 분비되지 않는 사람은 침이 잘 나오게 하는 약을 복용해야 한다. 혀는 오랜 세월 사용하면서 둔화되기 마련이다. 따라서 먹는 즐거움을 오랫동안 제대로 누리려면 혀를 혹사해서는 안 된다. 맵거나 짠 음식은 될 수 있는 대로 피해야 하며 평소에 독한 술 같은 자극성이 강한 것을 즐기는 사람은 술을 줄이도록 해야 한다.

 항생제를 희석해서 소독한다

집안에서는 소독 상태를 좋게 해주고 의사의 진단을 받아 치료하는 것이 바람직하다. 특별한 통증이나 발열은 없지만 진행되면 순식간에 입안 전체는 물론이고 인후두나 식도까지 퍼지므로 주의한다. 항생제를 희석한 보라빛 수용액을 입안에 발라 소독한다.

집에서는 이렇게 주변을 청결하게 하고 젖먹이 아기의 경우 엄마의 유방이나 젖병, 젖꼭지, 스푼 등을 철저히 소독한다. 영양섭취에도 신경을 써야 하는데 아이가 식욕이 없고 입안이 아파 먹기 싫어하면 보리차나 과일즙 등으로 수분보충을 충분히 해준다. 큰 아이들의 경우 충분한 영양섭취와 안정을 취하게 해 저항력을 키워주는데 특히 비타민 B를 충분히 섭취시킨다.

지도상설

원인 **원인이 명확하지 않다**

원인은 명확하지 않으며 주로 4개월에서 5세 미만의 어린아이에게서 잘 발생한다. 형제간에 같은 증상을 보이는 경우가 많아 유전적 소인이 있는 것으로 추측되기도 한다. 이 외에도 비타민 결핍이나 신경장애 등이 원인으로 꼽히기도 하지만 명확하지는 않다.

증세 **혀가 벗겨진 듯하다**

마치 혀가 벗겨진 듯 황백색의 테두리를 한 붉은색 반점이 생기는데 한 곳이 나으면 다른 곳으로 옮겨다니며 재발이 잘 되는 특징이 있다. 반점의 모양이 마치 지도 모양처럼 불규칙하다고 해서 지도상설이라는 이름이 붙었다. 특별히 통증은 없지만 약간의 가려움증이나 음식물을 먹었을 때 따끔따끔한 증세가 가볍게 나타나기도 한다.

치료 **자연치료되나 쉽게 재발된다**

명확한 원인이 밝혀지지 않았으므로 특별한 치료법이나 예방법은 없다. 며칠 두고 보면 자연히 낫는다.

단, 지도상설이 생긴 부위에 음식 찌꺼기 같은 것이 달라붙어 염증을 일으키면 음식을 먹을 때 따갑고 아프기도 하므로 입안을 청결하게 해주는 것이 가장 중요하다. 양치질을 자주 해주고 깨끗한 물로 입을 자주 헹궈주는 것도 좋다.

설염

원인 **자극성 음식의 과다섭취도 원인이다**

영양상태가 불량하고 피로한 경우 쉽게 생긴다. 충치나 의치로 치열이 고르지 못해 혀에 외상이 생겼을 때 세균 감염에 의해 생기며 알코올, 담배, 맵거나 짜고 신 음식 등 자극적인 음식을 많이 섭취한 경우에도 생긴다. 혀의 궤양, 구내염과 합병되어 생기는 경우가 많다.

증세 **혀끝이 붉어지고 따끔거린다**

혀끝이 붉어지고 따끔거리며 아프다. 음식물이 닿으면 통증이 더 심하다. 증세가 진행되면 작은 수포나 균열이 생기는 경우도 있으며 혓바닥에 흰 이끼 같은 설태가 끼고 입 냄새가 심해지기도 한다. 혀가 치아에 닿으면 아파 발음이 불분명해지며 음식물 섭취가 힘들어진다.

치료 **3주 이상 낫지 않으면 다른 질환 의심**

입안을 청결하게 하는 것이 중요하다. 얼음조각 같은 것을 입안에 넣어 헹궈주면 좋다. 항생제를 사용해 염증의 진행을 막고 비타민 B군의 섭취를 늘린다. 자극성 음식은 삼간다. 증상이 나아지지 않으면 다른 질환이 원인일 수 있으므로 내과 검진을 받아보도록 한다.

입맛을 잃었을 때는 아연 섭취를 늘린다

■ 아연이 부족하면 입맛을 잃는다

혀와 입안에 병이 있을 때는 물론이고, 당뇨병 등의 신장질환이나 신경계에 장해가 있으면 흔히 입맛을 잃게 된다. 이외에도 혈압강하제나 해열진통제, 해독제 등 약의 부작용으로도 입맛이 떨어질 수 있다.

그러나 원인을 알 수 없는 특발성 미각 이상이 대부분이다. 입맛을 잃는 것은 원인을 알 수 없는 경우조차도 그 원인과 관계없이 대부분 몸 안에서 아연이 감소하고 있기 때문에 입맛을 잃게 된다. 아연은 동물의 성장에 중요한 구실을 하는 것으로 신체에서 신진대사가 활발한 부분에는 아연이 많다.

따라서 혀의 구조 중에서 미뢰(맛을 보는 기관) 같은 부분도 신진대사가 활발해 아연이 많다. 아연이 부족하다는 것은 영양 섭취가 불균형을 이루고 있다는 뜻인데 그중에서도 가공식품을 많이 먹는 것도 큰 원인이다.

아연은 동물의 성장발육에 중요한 구실을 하는 성분으로 인체의 신진대사를 도와준다. 혀의 구조 중에서도 맛을 느끼는 부분에 충분한 아연이 필요한데 부족하게 되면 영양섭취에 불균형이 이루어지고 있다는 신호다. 가공식품을 많이 먹으면 아연부족 현상이 일어난다.

■ 장해가 일어나면 즉시 아연을 복용한다

①다른 질환이 원인이 되었을 때는 원인이 되는 질환부터 치료를 하는 것이 근본적인 치료법이다.

②약을 장기간 복용할 때 입맛을 잃기 쉽다. 이럴 경우에는 약을 다른 것으로 바꾸어 준다. 예를 들어 고혈압으로 인해 혈압강하제를 먹어야 한다면 그 기능을 하면서도 아연과 관계가 없는 약을 먹으면 된다.

③사정이 여의치 않을 때는, 황산아연을 복용한다. 이 방법은 장해가 일어나자마자 즉시 치료를 시작한 사람에게는 어느 정도 효과가 있지만 몇 년이 경과한 환자에게는 좀처럼 효과가 없다.

혈압강하제나
해열진통제 등
약의 부작용으로
입맛을
잃을 수도 있다.

■ 아연을 많이 함유한 식품

조개류	굴, 키조개
간	소·돼지·닭의 간
곡물의 눈	현미, 깨
육류	쇠고기
물고기류	빙어, 복어, 어란
녹색 야채	무, 순무 등의 잎, 파슬리
가공품	말린 생선 알집, 말린 청어알, 연어알젓, 명란젓
기타	알집, 팥, 푸른 매실

원인이 되는 질환부터
치료하는 것이
근본치료법이다.

혀를 통해 소화기와 순환기 계통의 병을 체크한다

혀의 빛깔로 알 수 있는 병

■ 옅은 갈색이면 위염을 주의한다

혀에 갈색의 이끼 같은 것이 달라붙어 있는 경우가 있는데 이는 위의 상태에 이상이 있다는 신호이다. 가장 가능성이 높은 것은 위염이다.

약간 옅은 갈색을 띠는 것은 과로나 과음으로 인한 일시적인 위염이므로 며칠 안정하면 사라진다. 변비나 감기로 열이 있을 때도 옅은 갈색을 띠기도 한다. 이럴 경우에는 백색이나 황색의 설태가 끼는 일도 있다. 설태의 빛깔이 암갈색으로 변했다면 위염이 약간 진행된 것이므로 무리하지 말고 병원으로 가보는 게 좋다.

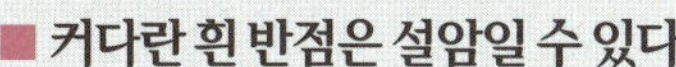

■ 커다란 흰 반점은 설암일 수 있다

혀 표면에 지도처럼 하얀 부분이 점점 섞여 '지도 모양의 혀'가 되었을 때는 소화불량이라는 신호다. 이때는 몸이 피로하지 않도록 해주면 금방 회복된다.

그러나 이런 흰 빛깔이 좀더 큰 반점으로 나타날 때는 주의해야 한다. 이 반점은 통증 없이 진행되는데 드물기는 하지만 암이 될 수도 있으므로 빨리 처치하는 것이 좋다. 혀가 충치와 오랫동안 접촉하면 설암이 되기도 하므로 충치가 혀에 닿는다면 빨리 치료를 받는 것이 좋다.

■ 검은 설태는 항생제 과용으로 생긴다

가끔 감기가 낫지 않는다든가 하는 이유로 항생제 복용을 계속하면 그 영향으로 혀 안의 이로운 세균까지 죽어버릴 수도 있다. 그러면 나쁜 균이 세력을 얻어 혀에 까만 이끼가 생기게 된다. 그것이 더 심해지면 마치 혀에 털이 난 것처럼 보이기도 한다.

■ 빨갛고 매끈할 때는 악성빈혈이다

혀의 건강을 체크할 때는 윗니로 혀를 가볍게 문질러보는 것이 좋다. 약간 거칠거칠한 감촉이 느껴지면 정상이다. 그러나 경우에 따라 매끈할 때로 있는데, 이때는 빛깔을 잘 살펴봐야 한다. 혀가 빨갛고 반짝거린다면 분명히 몸에 이상이 있다는 상태이므로 주의해야 한다.

우선은 악성빈혈을 생각해 볼 수 있다. 그밖에도 비타민B2의 결핍이나 만성간염, 위장 장애 등이 원인일 수도 있다.

■ 혀에 염증이 오래 가면 위험하다

매운 음식을 먹거나 술, 담배를 많이 한 다음 혀에 궤양이 생기는데 대개 수일이 지나면 금방 낫는다. 그런데 염증이 잘 생기고 3주 이상 지나도 잘 낫지 않으며 출혈이 있으면 혀암을 의심해 봐야 한다.

혀를 움직여보고 알 수 있는 병

■ 혀가 구부러지면 뇌에 장애가 있다

건강한 사람은 혀를 내밀 때 곧바로 뻗어 나간다. 그런데 노인의 경우에는 한쪽으로 약간 구부러지는 경우가 있다.

그런 사람은 뇌에 어떤 장애가 있을 수 있으므로 몇 가지 체크를 함께 해본다. 우선 입술 양쪽 끄트머리의 한쪽이 처져 있거나 코에서 입아귀로 뻗어 있는 주름을 살펴봤을 때 한쪽이 더 길게 뻗어 있거나 깊이 패어 있으면 가벼운 뇌혈전일 수도 있다.

잇몸이 붓고 잇몸출혈이 있다

잇몸이 붓고 피가 나면 치과적인 질환이 생긴 것이다.
이들 질환들은 평소에 입안을 깨끗하게 관리하지 않았기 때문인 경우가 많고
악화되면 치료에 어려움이 따르므로 치료시기를 놓치지 않아야 한다.

1

잇몸이 부어 불편하다.

YES 2번으로
NO 4번으로

2

부어 있는 잇몸을 누르면
피가 나오고 고름이 날 때도 있고
구취가 날 때도 있다.

YES 3번으로　**NO** 6번으로

11

사랑니주위염일 수 있다.
치과로 가보도록.

참 / 조 / 페 / 이 / 지

구내염 … 405
편도선염 … 225
충치 … 261, 360

3

치은염, 치주농루염일 수
있으니
치과로 가보도록.

10

사랑니 부근이 부었다.

YES 11번으로
NO 14번으로

4

잇몸이 짓물렀다.

YES 5번으로
NO 8번으로

5

잇몸에 작은
백반 같은 것이 있다.

YES 18번으로
NO 9번으로

9

열이 나면서 심한 통증이 있다.

YES 17번으로　**NO** 13번으로

6

임신부로 임신 초기
(8~15주)에 잇몸이 붓고
잇몸 출혈이 나타났다.

YES 7번으로
NO 10번으로

7

임신성 치은염일 수 있다.
치과로 가보도록.

8

자극 없이도 잇몸이 벌겋게
부어오르고 칫솔질을 할 때
피가 나고 잘 멎지 않는다.

YES 16번으로
NO 12번으로

12

잇몸출혈이 있다면
치은염이나 치주염일
가능성이 높다.
잇몸, 코, 자궁에 출혈이
보이면 자반병이 의심되고,
그밖에 심각한 병일 수
있으니
내과 검진을 받아보도록.

13

치은염, 치주염일
가능성이 높지만,
만에 하나
심각한 질환일 수 있다.

14

뜨거운 것이나
단것을 먹으면
시큰거린다.

YES 15번으로
NO 19번으로

15

충치나
치수염일 수 있다.
더 심각해지기 전에
치과로 가보도록.

19

잇몸이 단단하게
부풀어 있다면
치은증식증일 수 있으니
치과로 가보도록.
약물중독이나 빈혈,
백혈구 감소가
원인일 수도 있으니
내과 검사를 권장한다.

16

잇몸이 붓고 출혈이 있으면
대부분 치주염, 치은염이나
외상이 원인이 되어
나타난다. 증상이 멈추지
않으면 치과 검진을 받아야
한다.

18

구내염일 수 있으니
이비인후과로 간다.

17

구취가 심하거나 피가 난다면 궤양성
치은염일 수 있으니 치과로 가보도록. 내과 질환의
한 증상으로 여겨진다면 내과 검진을 받는다.

가벼운 증세

치석제거 등 조기치료가 중요하다

잇몸이 붓고 피가 난다면 대부분 치은염이나 치주염, 외상이 원인이다. 입안이 지저분해서 치태 등의 양이 많아지면 세균의 영향으로 치은에 염증이 일어난다. 혈액질환, 당뇨병, 영양장애, 바이러스나 세균 감염이 원인이 되기도 한다. 치은염이 악화되면 치주염이 된다. 초기에는 통증이 없으므로 방치하기 쉬운데 브러싱, 치석제거 등 조기 치료가 중요하다.

의심되는 증세

약물중독, 빈혈도 원인이다

잇몸이 짓무르고 작은 백반 같은 것이 있다면 구내염을 의심할 수 있다. 여성으로서 임신 초기에 증세가 시작되었다면 임신성 치은염일 가능성이 있다. 부은 부위가 사랑니 주위일 경우 사랑니주위염을 의심할 수 있다. 뜨거운 것이나 단것을 먹을 때 이빨이 시큰거리면 충치, 치수염일 수 있다. 약물중독이나 빈혈, 백혈구 감소에 의해서도 일어난다. 내과에서 검사를 받는다.

중 증

고열이 나면 서둘러 병원에 간다

잇몸의 출혈이 멈추지 않고 전신에 보라색 피하 출혈반이 나타날 때는 자반병 외의 심각한 병일 수 있으므로 즉시 내과진찰을 받는다. 발열을 동반하면서 치통이 심하고 심한 구취나 출혈이 이어진다면 궤양성 치은염일 가능성이 있다. 이 밖에 잇몸 또는 치근의 염증일 때도 통증 및 출혈이 동반되는데 특히 고열이 날 때는 서둘러 병원으로 간다.

치은염

원인 음식물 찌꺼기, 치태 등이 원인

염증이 치조골까지 미치지 않고 치은에만 국한된 경우를 치은염이라고 한다. 치은염을 일으키는 원인으로는 음식물 찌꺼기, 치태 등에 의하여 치아 표면이 더러워져 잇몸을 자극하거나 이쑤시개 등을 사용해 잇몸에 상처를 입히거나 잘못된 금관 등에 의하여서도 유발될 수 있다. 한편, 바이러스나 세균 감염에 의해 치은염이 발생할 수도 있다.

증세 잇몸이 붓고 출혈이 있다

이를 둘러싼 경계선이 살짝 부어오르기 시작하며 약간 붉은색을 띠기도 한다. 상태가 악화됨에 따라 잇몸이 심하게 붓고 칫솔질을 할 때 잇몸에서 출혈이 되고 눈으로 봐도 잇몸 색깔이 정상이 아닌 푸르죽죽한 색깔이 된다. 이

것을 그대로 방치해두면 염증이 더욱 깊이 파고들어 치조골까지 이르러 치조농루를 형성한다.

치료 초기 치료가 중요하다

치은염을 초기에 치료하지 않으면 치조골까지 염증이 파고들어 잇몸 조직을 파괴시키고 파괴된 잇몸조직은 재생되지 않으므로 반드시 초기에 치료하는 것이 필요하다. 치주질환을 예방하려면 치아 표면을 청결하게 유지하는 것이 절대적으로 필요하다. 입안에 있는 무수한 세균이 당분을 이용하여 치아 표면과 잇몸에 끈적거리는 세균막을 만드는데 이것이 치태다. 치태가 굳어지면 치석이 된다.

> **집에서는 이 렇게** 우엉 뿌리를 달여 양치를 하거나 다시마 가루, 가지 가루를 잇몸에 발라도 효과가 있다. 무와 생강을 함께 달여 입에 머금고 있거나 양치를 해도 효과가 있다.

치주염

원인 치석과 치태가 원인

치석과 치태가 제일 큰 원인으로 씹는 습관이 나쁜 것도 치조농루를 만들 수 있다. 이 외에 음식물이나 영양상태 또는 전신적인 질환으로 인하여 치조농루를 일으킬 때도 있다. 비타민 C의 부족, 심한 단백질 부족이나 당분의 과다 섭취, 당뇨병, 성호르몬의 부족, 또는 간질 약 복용 등 치주질환의 원인은 여러 가지다.

증세 고름이 생기고 이가 흔들린다

단단한 치석이 잇몸과 치아 사이에 들어가 치주낭을 형성하여 고름이 생기며 치근막과 치조골을 상하게 해 치아와 잇몸의 사이가 분리되어 이가 흔들리게 된다. 잇몸이

☀ 치아의 구조

치관
법랑질
상아질
잇몸
치수
백아질
치근
치수 인대
치아 주위의 골

치관은 우리가 외면적으로 볼 수 있는 부분이고, 치근은 치관보다 2~3배 길이가 길다.
충치나 감염으로 치수 내의 혈관이 팽창되어 신경을 압박하면 치통이 생기게 된다.

벌겋게 부어오르며 칫솔질을 할 때 피나 고름이 나온다. 치아와 치아 사이에 틈이 생겨 음식물이 잘 끼며 치아가 흔들거려 단단한 것을 씹지 못하며 구취가 심해지는 등의 증상이 나타난다.

치료 심하면 치주낭을 떼어낸다

칫솔질만으로 떨어지지 않는 치석은 치과에서 스케일링을 받아 떼내야 한다. 잇몸과 이가 분리된 경우에는 치석과 농이 들어 있는 잇몸을 떼어내고 경우에 따라 이도 빼야 한다.

집에서는 이 렇 게 잇몸질환을 예방하려면 이를 닦을 때 잇몸도 맛사지해준다. 이때 칫솔보다는 손가락으로 해주는 것이 좋으며 소금이나 치약을 조금 묻혀 가볍게 문질러주면 된다. 6개월에 한 번 정도 치과정기검진

을 받고 치석과 치태를 제거하는 스켈링을 받는다. 과로와 스트레스는 몸의 저항력을 떨어뜨리므로 잇몸 염증을 일으키기 쉽다. 충분한 휴식과 수면이 필요하며 적당한 운동과 취미생활 등으로 스트레스를 풀어주는 것이 필요하다.

자반병

원인 혈소판 수가 부족한 것이 원인이다

지혈작용을 하는 혈소판이나 혈관에 이상이 생긴 경우로 피하의 작은 혈관들이 출혈을 일으켜 자반(붉은 반점)이 나타나는 병이다. 혈소판 수가 부족한 것이 가장 큰 원인인데, 간혹, 피하조직이나 혈관벽이 약해서 피하출혈이 생기기도 한다. 이 외에 알레르기성 혈관염이 원인이 되기도 하는데 세균이나 바이러스 감염이 주 원인이다.

알•아•두•자

충치의 4단계

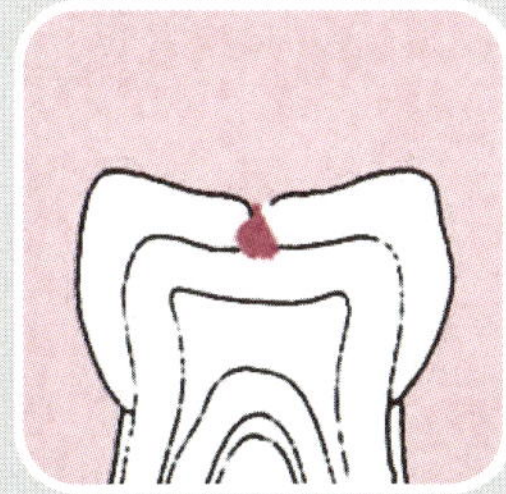 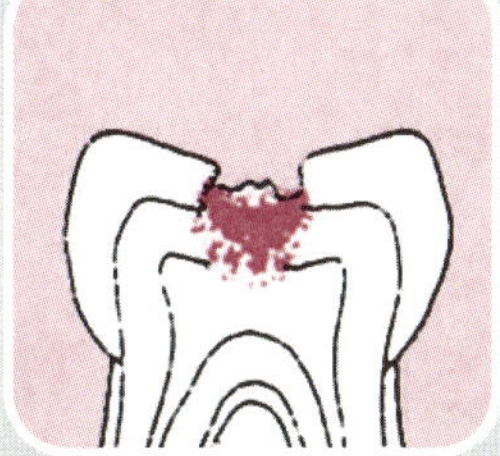 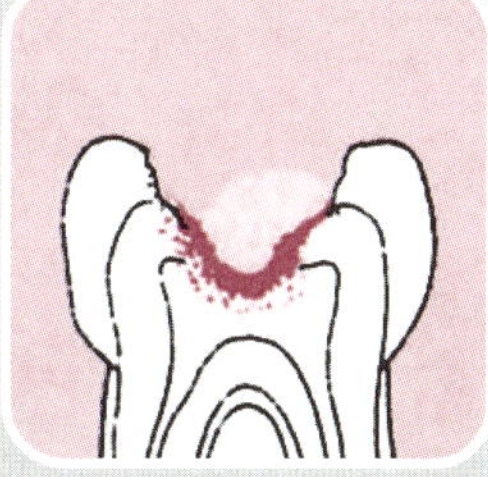 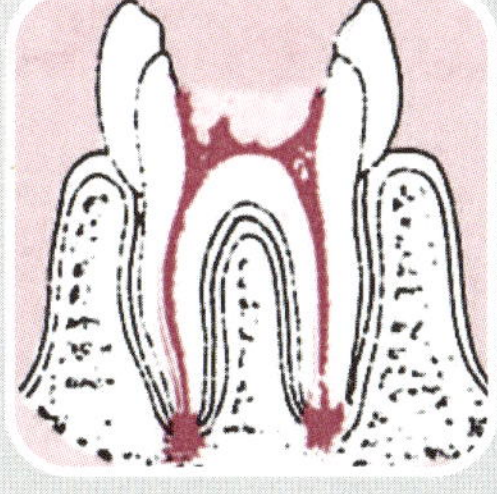

■ 1단계

사기질 표면이 녹기 시작하는 단계이다. 이때는 자신이 느끼기 어렵기 때문에 대부분 정기검진을 통해 알게 되며, 이 상태에서는 철저한 양치질과 간단한 치료를 받으면 충치를 막을 수 있다.

■ 2단계

치아의 상아질까지 썩는 단계이며 찬 것, 뜨거운 것에 자극을 느낀다. 이때 치료하는 것도 늦지는 않으나 이 시기를 넘기지 말아야 한다.

■ 3단계

치아는 물론 치수조직까지 썩는 단계이다. 심한 아픔을 느끼게 되며 치료의 시기는 이미 늦었으나 이 시기를 놓치면 치아를 빼야 하므로 가능한 즉시 치료를 받아야 한다.

■ 4단계

치수까지 곪아서 뿌리 끝에 고름주머니가 생기며 몹시 아프고 심한 냄새가 나는데 치료해도 치아를 사용할 수 없으며 다른 병을 예방하고 옆 치아를 보호하기 위하여 빼고 의치를 해야 한다.

증세 **잇몸, 코, 자궁 등에 출혈이 나타난다**

잇몸, 코, 그리고 하부에 적자색의 반점 형태로서 출혈이 일어난다. 자궁출혈이 심해서 산부인과 의사를 찾아가는 수가 있고 안저 출혈로 시력장애를 일으키는 수도 있으며 장과 요로를 통해서도 출혈하는 수가 있다. 고열, 식욕부진, 두통이 나타나며 중증인 경우에는 자반의 중심부에 괴사가 나타나는 수도 있다.

치료 **항생제 투여, 혈소판 수혈**

보통 2주일 내에 급성 염증성 반응이 없어지면서 갈색의 반점을 남기게 된다. 괴사나 궤양이 없는 한 반흔을 남기지 않고 3~4주 후 자연치유된다. 그러나 급성인 경우에는 무릎, 발목에 관절통이 동반되고 복통 및 장출혈, 장중첩, 신염, 고혈압 등이 초래되어 심각한 상태에까지 이르게 된다. 혈소판 수의 감소는 재생불량성 빈혈의 한 증상이기도 하므로 치료도 이에 준해 혈소판 수혈을 하기도 하며 지혈을 목적으로 부신피질호르몬제를 투여하기도 한다.

집에서는 이 렇 게 별꽃가루로 잇몸 맛사지를 하면 지혈효과가 있다. 또 연근을 생으로 즙을 내어 먹거나 조금 쉰 듯한 쑥을 따다 그늘에 말려 달여 마셔도 효과가 있다.

사랑니주위염

원인 **세균감염으로 인한 화농성 염증이다**

잇몸 속에 숨어 있거나 일부만 돌출되어 있는 사랑니는 옆에 있는 이에 압력을 가해 치아의 변형을 가져오며 세균감염이 쉬워 화농성 염증을 일으키게 된다.

증세 **잇몸이 붓고 아프다**

잇몸이 빨갛게 붓고 곪아 입을 벌리기 힘들 정도로 통증을 느끼며 음식을 먹기조차 힘들다. 냄새도 심하게 난다. 방치하면 잇몸뼈까지 침해 당하므로 치료를 늦춰서는 안 된다.

치료 **사랑니를 빼는 것이 가장 확실하다**

통증이 심할 경우 항염제나 진통제 등을 복용할 수 있지만 어디까지나 일시적인 진통완화 효과 외에 치료효과는 없다. 사랑니를 빼는 것이 가장 확실하다. 사랑니를 뺄 때는 잇몸을 절개해야 하는 등 그 과정이 쉽지 않으므로 반드시 전문의의 진단과 치료를 받아야 한다.

치실, 구강세정제 등을 이용해 평소 입안을 청결하게 하는 것이 중요하다.

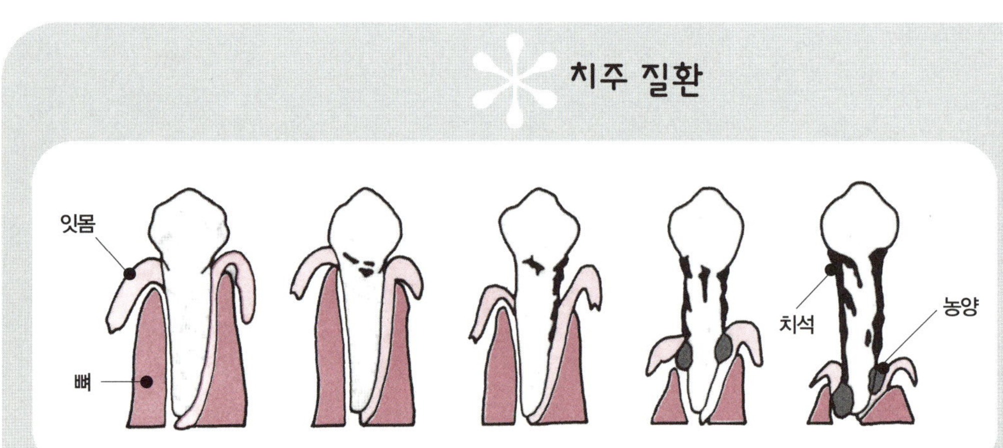

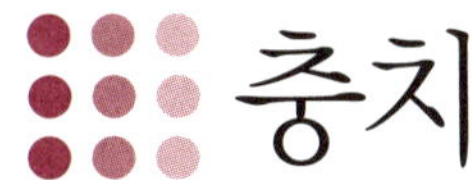

충치

원인 산성식품 과잉섭취도 문제다

치아가 세균에 감염되어 세균이 치아에 붙은 음식물 속의 당분을 산으로 바꾸고 다시 그 산이 이의 부식을 일으키는 것이다. 임신부의 경우, 칼슘 부족만을 원인으로 생각하기 쉽지만 단것이나 산성식품을 너무 많이 먹는다든지 이를 깨끗이 닦지 않는 것도 원인이다.

증세 뜨거운 것, 단것에 자극을 받는다

아이들의 충치는 어른과 다르다. 그 하나는 진행이 빠르고 이 표면에 흑갈색을 띤 작은 충치가 단기간에 내부로 진행, 잇속에까지 미쳐서 염증을 일으킨다. 또 한 가지는 한 번에 여러 개의 치아를 침범하는 것이다. 진행 정도에 따라 뜨거운 것이나 찬물, 차가운 공기, 단것 등에 의해 얼얼해지거나 통증을 느낀다.

치료 치아 사이의 청결 유지가 중요하다

충치의 예방은 치아 사이를 청결하게 하는 것이 우선이다. 이가 나기 시작하면 어머니는 젖먹이용 고무 칫솔이나 부드러운 어린이용 칫솔을 사용해서 식후에 이 닦는 습관을 들여 주어야 한다. 이 닦는 방법은 치과에서 제대로 지도를 받는 것이 좋다. 아이가 지나치게 싫어할 경우에는 거즈로 이를 닦아주는 것만으로도 어느 정도 효과가 있다.

동시에 1년에 2~3회 정도 정기적으로 불소화합물을 발라주는 것도 방법이다. 과자나 과일을 먹은 뒤에도 이 닦는 습관을 들인다면 단 것을 주어도 좋다. 주스류를 마셨을 때는 입안을 헹구어 준다.

치료 충치는 자연치유가 되지 않는다

충치는 저절로 낫는 일이 없으므로 빠른 시기에 치료해야 한다. 가벼울 경우에는 썩은 부분만 긁어내고 합성수지나 금속을 채워 넣으면 되지만 잇속까지 썩게 되면 소위 치수까지 제거해야 한다. 더 진행되면 이를 빼야 할 필요도 생긴다. 어린이의 경우는 급속하게 치수까지 진행되므로 조기에 소아치과의 진찰을 받도록 한다. 상태에 따라서는 치료 후에도 정기검진이 필요하다.

충치가 진행되어 아플 때에는 먼저 충치 속에 들어있는 찌꺼기를 이 쑤시는 실로 제거하고 미지근한 물로 양치를 잘 해준다. 그 다음 충치용 진통제를 바르거나 차게 해서 아픈 고비를 넘기고 치과 의사에게 보인다.

치수염

원인 충치가 원인이다

충치가 악화되어 상아질이 얇아지면 차가운 물이나 뜨거운 것이 이에 닿았을 때 자극을 받아 시큼거리고 짜릿한 느낌을 준다. 치수는 치관에서 이의 뿌리 끝까지 이의 가운데를 통과하는 작은 통로 속에 가득 차 있다. 이 치수 안으로 세균이 침입을 하면 염증이 일어난다.

증세 욱신거리는 통증이 얼굴 전체로 퍼진다

욱신욱신 맥박이 뛰듯이 통증이 심하고 통증이 얼굴 전체로 퍼져서 음식을 씹을 수가 없으며 치수에서 고름이 나오지 않는 한 증세가 사라지지 않는다.

치료 충치 치료가 우선이다

초기에 충치를 발견하는 것이 중요하다. 치수는 될 수 있는대로 빼지 않는 것이 좋으므로 치수염을 일으키기 전에 충치를 치료하는 것이 우선이다. 치수염과 충치는 깊은 관계가 있기 때문에 충치의 통증 정도에 따라 치수염 상태를 판단하게 된다.

잇몸이 붓고 피가 날 때 다스리는 법

칫솔질을 할 때면 잇몸에서 피가 나고 잇몸이 붓고 아픈 증상은 대개 치석에 의해 잇몸뿌리에 염증이 생기는 치은염이나 치주염 때문이다.

충치만큼 통증이 심하지 않기 때문에 자칫 치료를 소홀히 해 이가 빠질 때까지 방치하기 쉬우므로 특별히 주의를 기울여 제때에 치료를 받아야 한다. 치과질환 외에도 빈혈, 구내염 등에 의해서도 치주질환이 생기기도 한다. 치과진료와 더불어 집에서 할 수 있는 처치법은 어떤 것이 있는지, 또 잇몸병 예방법은 어떤 것인지 알아본다.

잇몸에서 피가 날 때

소금물로 양치한다. 특히 잇몸의 혈액순환을 원활하게 하기 위해 칫솔 대신 손가락으로 잇몸을 문질러가며 양치를 하면 효과를 볼 수 있다.

별꽃 잎 우린 물을 양치물로 사용해도 좋다. 별꽃 잎은 진통, 지혈 작용이 강한 풀이다. 이 별꽃을 으깨 즙을 낸 다음 소금과 함께 볶아 양치를 하거나 잇몸 맛사지를 해도 효과가 있다. 가지 껍질이나 꼭지 등을 알루미늄 호일에 싸서 프라이팬이나 오븐에 검게 구운 다음 갈아 아픈 잇몸에 바르거나 가지 장아찌로 잇몸을 맛사지하듯 닦아주면 염증을 치료하고 잇몸에서 피가 나는 것을 멈추게 하는 데 효과가 있다.

잇몸에서 피가 날 때는 별꽃 잎을 으깨 즙을 내어 잇몸을 맛사지해 주면 좋다.

염증으로 잇몸이 붓고 아플 때

차조기 잎 달인 물을 따뜻하게 해 잇몸의 통증 부위에 오래 머금고 있으면 통증이 완화된다. 차나무뿌리 30g과 계란 3개를 함께 삶아 그 물과 계란을 모두 먹는다.

다시마를 가루 내어 잇몸을 맛사지하거나 다시마를 많이 먹는다. 우엉의 뿌리 또는 잎을 달여 그 물로 양치질을 한다.

다시마 가루나 차조기 잎 달인 물은 잇몸 통증을 줄여준다.

잇몸 염증으로 구취가 심해 걱정이 될 때는 김을 볶아 하루에 세 번 먹는다. 김은 충치를 예방하고 세균번식을 억제하는 미네랄과 엽록소가 많아 입 냄새를 방지한다.

잇몸병을 예방하려면

오이즙을 만들어 먹으면 치아나 치주 질환을 예방할 수 있다. 무 또한 잇몸을 튼튼하게 한다. 무의 잎도 좋다. 무나 무의 잎을 같은 양의 꿀에 재어 며칠 두었다가 하루에 한 숟가락씩 먹으면 잇몸 질환을 예방할 수 있다. 천일염을 부드럽게 갈아 중조와 2:1로 섞어 양치하면 치석 제거 효과가 있다.

잇몸 질환을 예방하는 생활수칙

- 6개월에 한 번은 치과 정기검진을 받고 스케일링을 한다.
- 양치질할 때 잇몸 맛사지도 함께 한다. 손가락에 천일염을 조금 묻혀 가볍게 문지른다.
- 과로와 스트레스를 피하고 충분한 휴식을 취한다.
- 혈액순환이 원활해야 잇몸도 건강하다. 운동을 생활화한다.

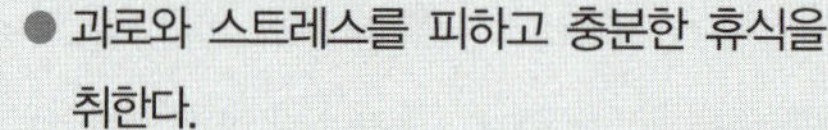
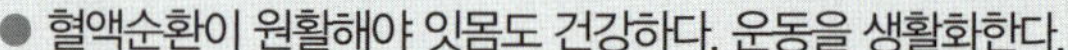

피부과로 가야 할 증세

피부에 뽀루지가 났다

가려움증을 동반하는 뽀루지는 크게 염려하지 않아도 되지만 내과질환이 원인이 되어
생긴 뽀루지는 가렵지는 않지만 전문의의 진료가 꼭 필요한 뽀루지이다.
이런 경우는 원인을 찾아 고치면 피부상태는 자연히 좋아진다.

1
가렵고 응어리가 잡힌다.
YES 2번으로
NO 5번으로

2
무릎 아래 앞부분, 허벅지, 대퇴부, 얼굴에까지 응어리가 생기고 누르면 아프다.
YES 3번으로　NO 4번으로

12
단순성포진(구순 헤르페스)일 가능성이 높다. 전신에 증상이 나타나고 약을 먹고 있는 중이라면 약진일 수 있다. 피부과 검진을 받아보도록.

3
결절성홍반, 삼출성홍반, 베체트병일 수 있다.

참 / 조 / 페 / 이 / 지
베체트병 … 248

4
원인을 알 수 없는 뽀루지라면 피부과 검진을 꼭 받는다.

11
입이나 직장 주위의 점막 또는 피부에 종기가 났다.
YES 12번으로　NO 13번으로

5
종기 부위가 아프다.
YES 6번으로
NO 11번으로

7
대상포진이 의심된다. 피부과나 내과의 진료를 받도록.

10
벌레에 물린 경우이기도 하지만 그렇지 않다면 피부과 검진이 필요하다.

6
종기부위가 아프고 물집이 생겼다.
YES 7번으로
NO 8번으로

8
피부에 뽀루지가 솟았고 고름이 생겼다.
YES 9번으로
NO 10번으로

9
여드름일 가능성이 있다. 악성으로 진행하기 전에 피부과의 치료를 받도록.

13

피부가 솟아 올라 있고
표면이
각질화돼 있다.

YES 14번으로
NO 15번으로

14

사마귀도 바이러스
감염에 의한
피부질환이다. 방치하면
치료가 어려워지므로
피부과로.

16

여러 가지
원인에 의한 습진일 수
있다. 피부과로.

15

부스럼 위에
은백색의 피부 조각이
붙어있다.

YES 17번으로
NO 19번으로

17

좁쌀만 한 오돌도돌한
것들이 많이 나면서
물집이 잡히기도 하고
몹시 가렵다.

YES 16번으로
NO 18번으로

19

발열, 구토가 따른다면
바이러스
감염증에 의한
수막염일 수 있으니
빨리 내과 검진을
받아보도록.

18

건선도 피부과 질환의 일종으로
병원 치료가 필요할 수도 있다.
여드름이 커지거나 검은색을
띤다면 악성으로 반드시 피부과의
처치를 받는것이 좋다.
그 외에는 안심해도 좋다.

벌레, 노화, 세균이 원인이 된다

사춘기에 많이 나는 **여드름**은 시간이 지나면 없어지지만 자칫 악성으로 진행되기도 하므로 병원의 처치를 받는 것이 좋다. 바이러스 감염에 의한 **사마귀** 역시 방치하면 넓게 퍼지므로 치료가 필요하다. 가려움증을 동반하는 대부분의 피부 뾰루지는 크게 염려할 것 없다. 하지만 내과질환이 원인이 되기도 하므로 심하면 전문의의 진료를 받는다.

대상포진, 약진 등을 의심한다

통증이 있은 후 물집이 생겼다면 대상포진(헤르페스)일 수 있다. 입술 근처에 물집이 생겼다면 구순 헤르페스일 수 있다. 복용하는 약물이 원인이 돼 **약진**이 생길 수도 있다. 피부가 몹시 가렵고 좁쌀알 크기의 뾰루지가 피부전체에 퍼진다면 **습진**을 의심한다. 종기 위에 은백색 피부 조각이 붙어 있으면 **건선**이다. 모두 피부과 진료를 받아야 한다.

발열, 구토, 두통 따르면 수막염

온 몸에 오돌도돌한 것이 많이 나고 발열, 구토, 두통이 함께 있다면 바이러스 감염증에 의한 수막염일 가능성이 있다. 서둘러 내과로 간다. 무릎에서 발목에 걸쳐서 응어리가 만져지고 누르면 아픈 결절성 홍반은 어린이의 경우 결핵이나 류머티즘의 초기 증세, 성인에게는 베체트병이나 백혈병, 교원병의 초기 증세일 수 있으므로 전문의의 검진을 받는다.

약진

원인 약물의 부작용이다

진단이나 치료를 목적으로 투여한 약물이 전신순환계를 통하여 피부와 점막에 원하지 않은 반응을 일으키는 것. 쉽게 말해 약의 부작용이라 보면 된다. 지나치게 많은 양을 투여했을 때, 중금속을 함유한 약물은 약 자체가 지닌 강력한 독소로 인해 장해를 일으키는 경우가 있다. 마지막으로 알레르기성으로 사람에 따라 반응의 형성기간이나 반응 정도는 다르다.

증세 가렵고 발진이 생긴다

피부에 나타나는 약진은 피부 증상에만 국한되는 경우는 거의 없으며 정도의 차이는 있지만 전신증상을 동반하는 경우가 보통이다. 심한 경우는 호흡마비나 쇼크를 초래하기도 한다. 가벼운 경우는 약간의 가려움증이나 국한된 발진으로 나타나는가 하면 두드러기나 맥관부종, 반점, 수포성 발진, 구진상 발진 등 다양하다.

치료 약물을 임의로 복용하지 않는다

대개 원인이 되는 약을 끊고 수주 후면 자연치료된다. 발진이 생겼던 부위는 수포가 생겼다가 피부 표피가 벗겨지고 새로 생기며 색소침착을 남기고 없어진다. 하지만 간혹 다른 신체 부위에 장애를 일으키거나 호흡곤란이나 쇼크 등 위험한 상황까지 올 수 있으므로 의사의 진단과 처치를 받는 것이 좋다.

어떤 약이든지 약진을 일으킬 수 있지만 특히 항생제나 해열제, 진통제 등 흔히 약국에서 임의로 사서 먹는 약으로 인해 일어나는 경우가 많으므로 약물은 반드시 의사의 처방을 받은 후 복용하는 것이 중요하다. 또 약을 이것저것 임의로 섞어서 복용하는 사람들도 많은데 이 경우도 약

진을 일으킬 가능성이 높으므로 삼간다. 약진을 일으켰던 경험이 있는 사람들은 청량음료나 드링크류, 강장제 등 약물 성분이 조금이라도 포함된 것들을 섭취할 때는 반드시 무엇을 먹었는지 기억해두는 습관을 가져야 한다. 그래야 원인이 되는 약제를 찾을 수 있어 재발을 막을 수 있다.

여드름

원인 성 호르몬의 불균형도 원인이다

일반적으로 인정되고 있는 것은 유전적 요인, 피지선의 기능과 관련되는 호르몬, 특히 성 호르몬의 불균형, 미생물의 영향, 전신건강상태의 부진, 특히 변비 및 소화불량, 음식물 즉 초콜릿, 치즈, 호두, 땅콩, 돼지고기, 커피, 버터,

이상적인 세수와 목욕 방법

■ 겨울철에는 1주일에 한 번 정도

흘리는 땀이나 피부의 더러워지는 정도, 또는 화장의 정도에 따라 변수가 있지만 원칙적으로 겨울철의 목욕 횟수는 1주일에 한 번 정도가 적당하고 10~20분이 넘지 않도록 한다.

■ 때 미는 수건은 금물

비누나 때 미는 수건을 사용해서 목욕을 하면 피부가 건조해진다. 더구나 1~2시간씩 목욕을 하게 되면 피부에 방어벽이 파괴되어 여러 가지 세균이나 해로운 물질이 침범하기 쉽다.

■ 피부보호 성분 비누를 사용

피부가 건조한 사람이 매일매일 비누로 세수를 하면 피부 표면의 지방질이 없어져서 점점 더 건조해진다. 비누를 꼭 사용해야 청결감이 느껴진다면 라놀린이나 오트밀 같은 피부보호 성분이 있는 비누를 사용하도록 한다.

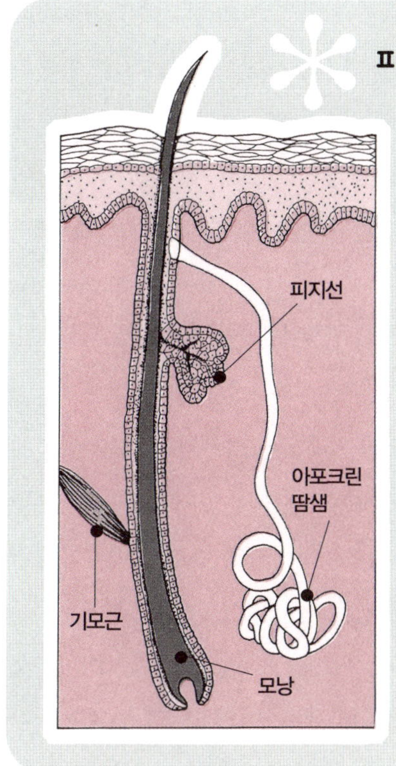

아이스크림 등과 과식, 기타 정신신경성, 기후관계 등 여러 요인들이 관여하는 것으로 알려져 있다. 화장품에 의해서도 발생한다.

증세 30대까지 지속되는 수도 있다

쌀알이나 좁쌀만 한 지방덩어리 형태로 솟았다가 여기에 화농균이 붙어 붉은색을 띠거나 고름을 형성한다. 보통 10세 전후에서 여드름 증상이 시작되지만 대부분 10대 후반이나 20대에서 발생하며 때로는 30대까지도 지속하는 수가 있다. 여성들의 경우 월경 전에 여드름이 악화되는 수가 있다. 잘못 처치하면 보기 흉한 흉터를 남길 수 있다.

치료 잘못 처치하면 흉터 생긴다

환자 자신이 손으로 짜게 되면 상태를 더 악화시키고 흉터를 남기게 되므로 피부과 의사의 시술로 치료받는 것이 좋다. 심한 여드름에는 단기간의 부신피질호르몬 제제의 경구투여가 매우 효과적이나 간혹 부작용도 있다. 여자들의 경우 월경불순, 폐경기, 임신중절 등으로 호르몬의 불균형이 있을 경우에는 경구 피임약을 투여하여 좋은 효과를 얻을 수 있다. 여드름 전용 연고를 환부에 바르기도 하며 여드름 압출기로 지방덩어리를 압출해버리기도 한다.

집에서는 이렇게 몸을 청결히 하며 유분이 많은 화장품 사용은 삼가며 여드름을 악화시킬 수 있는 초콜릿, 치즈, 동물성지방, 아이스크림 등은 삼가고 특히 단것은 많이 먹지 않는다. 변비 및 소화불량은 먼저 치료하고 과로와 스트레스를 피하고 잠을 충분히 잔다. 살구씨를 가루 내어 달걀흰자에 개어 팩을 해주거나 녹두 가루나 율무 가루 팩도 효과가 있다. 삼백초 잎이나 쇠비름 달인 물을 수시로 마셔도 좋다.

 사마귀

원인 자가접종에 의해 확산되기도 한다

가장 흔한 원인이 바이러스에 의한 감염이다. 따라서 치료하지 않고 방치하면 점차 번질 수 있으며 특히 땀이 많이 나는 경우에는 자가 접종에 의해 확산될 수 있다. 이 외에는 노인성 사마귀로 피부의 노화가 원인이다. 적절한 치료 후에도 사마귀가 계속 생긴다면 면역 계통의 이상을 의심해봐야 한다.

증세 피부가 각질화돼 솟아올랐다

피부가 솟아올라 있고 표면이 각질화돼 만져보면 까칠까칠한 것이 일반적이다. 흔히 사마귀는 손등이나 얼굴에만 발생하는 것으로 생각하는 사람들이 많다.

그러나 실제로는 손가락이나 발가락에도 자주 발생하고 때로는 손톱이나 발톱 밑, 혹은 발바닥에도 드물지 않게 나타난다. 눌러도 통증이 없는 것이 특징이다.

 집에서 함부로 건드리지 않는다

외과적으로 드러내고 꿰매는 방법, 전기소작기로 태워 버리는 방법, 소파기로 긁어내는 방법 외에도 항암제 주사, 약물로 녹이기, 항바이러스제제 복용 등 치료법은 수없이 많다. 이중 어느 방법을 택하느냐는 발생된 부위 및 개수와 기타 조건에 따라 달라진다.

피부과의사들이 가장 애를 먹는 치료가 바로 사마귀의 치료라고 한다. 따라서 집에서 함부로 건드릴 일이 아니다. 함부로 민간요법이나 속설을 따라 하다가는 보기 흉한 흉터를 남길 수 있다. 만약, 치료 후에도 사마귀가 계속 생긴다면 반드시 전문의와 상의해 원인 검사를 해봐야 한다.

집에서는 이 렇 게 바이러스 감염에 의한 사마귀는 남에게 옮기는 경우는 드물지만 스스로 전염돼 증식되는 게 특징. 따라서 사마귀가 난 부위는 언제나 깨끗하게 하고 만지고 난 다음에는 반드시 손을 씻도록 한다. 율무 달인 즙을 매일 마시거나 고삼 달인 물로 사마귀 부위를 씻어주면 효과가 있다.

데 심한 경우에는 대퇴부나 허벅지 등에도 나타나며 얼굴에도 발생한다. 응어리는 비교적 뚜렷한 적색 또는 적갈색의 1~5센티 정도 크기다. 응어리를 누르면 통증이 나타나고 간혹 누르지 않아도 통증을 느낄 수 있다. 비교적 가벼운 전신증상으로 무력감, 근육통, 관절통 등이 동반된다.

 자연치유되나 중병의 전조일 수 있다

보통 가벼운 경우 수일 또는 평균 3주 정도 지속된다. 경우에 따라서는 수개월간 지속되는 경우가 있고 홍반이 서서히 소실되어 반흔 없이 치유된다. 이처럼 수주일 후면 대개 자연소실되기 때문에 안정을 취하거나 대증요법만으로도 충분히 치료된다.

그러나 간혹 일부 환자에서는 교원병, 베체트병, 결핵, 나병 같은 중한 내부질환이 있어 이의 피부증상으로 나타나는 경우가 있기 때문에 반드시 전문의사와 상의하는 것이 원칙이다. 병원에서는 혈액검사나 소변검사 등을 통해 원인질환을 찾아낸다. 통증이 심할 경우 진통제를 투여하며 경우에 따라 부신피질호르몬제를 투여하기도 한다.

결절성홍반

 류마티스나 결핵의 초기 증상으로도 온다

알레르기성 질환의 하나로 보는데 가장 흔한 원인으로서는 용혈성 연쇄상구균 등 세균이나 곰팡이 감염을 들 수 있다. 이 밖에 편도선염, 인후염 등의 한 증상으로 올 수도 있고 류마티스나 결핵의 초기 증상으로도 나타날 수 있다. 약제 중 설폰아마이드나 브로마이드, 요오드, 피임약 같은 것도 이 질환의 발병에 중요한 역할을 한다.

 통증이 있는 응어리가 무릎 아래에 생긴다

무릎 아래 앞부분에 콩알 크기의 결절(응어리)이 생기는

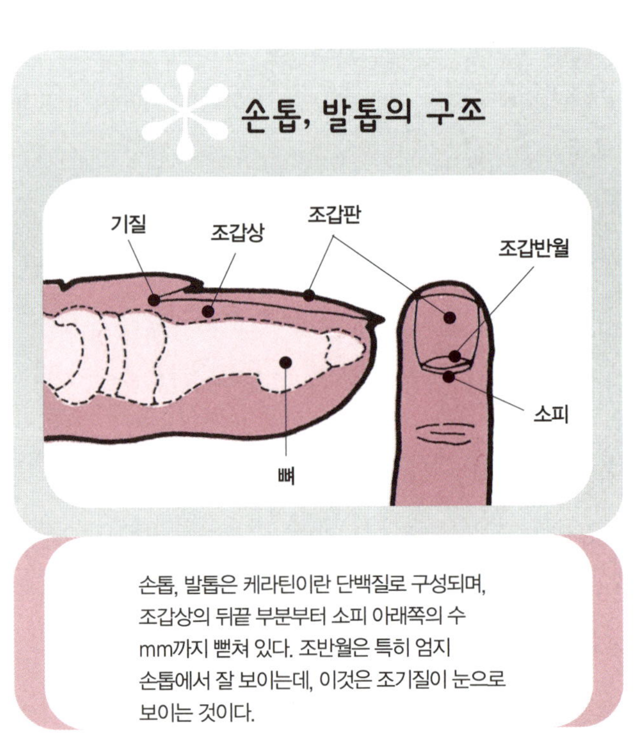

손톱, 발톱은 케라틴이란 단백질로 구성되며, 조갑상의 뒤끝 부분부터 소피 아래쪽의 수 mm까지 뻗쳐 있다. 조반월은 특히 엄지 손톱에서 잘 보이는데, 이것은 조기질이 눈으로 보이는 것이다.

기미방지와 민간요법

여성에게 있어서 기미는 미용상 큰 적이다. 기미는 멜라닌 세포를 자극하는 요인을 제거하는 것으로 예방할 수 있다. 그 요인은 호르몬 이상, 스트레스, 화장, 각종 독기에 노출되거나 습진 등인데 최대의 적은 자외선이다. 이것은 잔주름의 원인이 되기도 하므로 외출 시에 특히 조심해야 한다.

■ 하루 1g의 비타민C가 필요하다

예방으로는 비타민 C를 풍부하게 포함한 식품을 균형 있게 먹는 것이 바람직하다. 단순히 건강 유지를 위해서라면 하루에 60~80mg이면 충분하지만 기미 방지를 위해서는 하루 1g, 레몬으로 계산하면 하루 9~10개 정도가 필요하다. 식품으로 섭취하기 힘들 때는 비타민제를 이용하는 것이 간편하다. 기미는 나이가 들어갈수록 늘어가고, 대부분 얼굴 부위에 생기지만 가슴이나 팔, 허리, 유두, 음부에도 나타나는 수가 있다.

■ 고구마 줄기를 달여서 바른다

고구마 잎과 줄기를 모두 쓸 수 있다. 고구마 줄기를 적당히 잘라 그릇에 넣고 물을 붓고 달여서 기미 난 얼굴에 자주 발라준다. 이렇게 일주일 정도 발라주면 효과가 나타난다.

■ 꿀과 살구씨 가루를 섞어 바른다

살구씨와 꿀을 섞어 발라주는 게 좋은데, 꿀은 원래 피부를 곱게 해주고 영양을 주며 살구씨는 휘발성 정유 아미그다린 등의 성분이 피부에 도움이 될 수 있다.

꿀은 이왕이면 밤꿀이 좋다. 꿀과 살구씨 가루를 각각 한 숟가락씩 잘 섞어 갠다. 그리고 얼굴을 깨끗하게 씻은 다음 마사지하듯 30분 정도 해준다. 시간이 나는 대로 수시로 하면 좋고 오랫동안 해야만 기미가 사라진다.

집에서는 이렇게 특별한 원인 질환이 없다면 안정이 최우선이다. 흔히 피부에 나타나는 증상이 비슷하다고 하여 다른 사람이 쓰던 연고나 아무 연고나 임의로 바르는 경우가 있는데 절대 삼가야 한다.

건선(마른버짐)

원인 원인불명의 만성질환

원인은 아직 확실하지 않다. 체질적인 소인과 면역 불균형이 복합적으로 작용해 발병하는 것으로 추측되고 있다. 여름보다는 겨울철에, 편도선염에 걸린 후나, 스트레스를 받고 난 후에 증상을 일으키는 환자가 많은 것이 특징이다. 유전적인 소인이 보이지만 반드시 그런 것은 아니다.

증세 비늘 같은 각질이 생긴다

피부세포가 정상세포보다 6~7배 빨리 증식함으로써 비늘 같은 각질이 생기고 떨어져 나가는 증상으로 몸의 어느 부위에나 생기는데 팔꿈치, 머리, 무릎, 엉덩이, 손발 등 자극이 많은 부위에 특히 더 잘 생긴다. 비늘이 겹겹이 쌓인 듯 보이는 판상형 건선이 가장 흔하고 고름주머니가 생기는 농포성 건선, 피부 껍질이 떨어져 나가는 박탈성 건선 등 여러 형태다.

치료 장기적인 치료가 필요하다

건선을 불치병이라고 하지만 자연치료가 됐거나 치료 효과를 거둔 경우도 있다. 하지만 경과가 오래고 재발이 쉬우므로 단기간에 치료 효과를 거두려고 하면 안 된다. 환부 위에 약물을 바르거나 약을 먹고, 자외선을 쪼이는 광선요법 등이 있다. 자신에게 잘 맞고 장기적으로 시행해도 부작용이 없는 치료법을 택해 꾸준히 치료해 주는 것이 필요하다. 부신피질호르몬 연고를 환부에 직접 바르거나 항히스타민제를 먹기도 한다.

일정 시간 특수 자외선요법으로 치료하면 치료율이 더 높다. 치료가 다 된 후에도 2주에 한 번 정도 자외선요법을 시행하면 건선 예방 효과가 크다.

습진

원인 알레르기나 내분비 장애가 원인

습진은 광범위한 피부질환을 의미한다. 어린이게 흔한 아토피성 습진은 물론 세균성 습진, 건조성 습진, 감염성 습진 등 다양한 질환이 포함된다.

알레르기 요소가 많으며 정신적 스트레스나 기타 내분비 이상 등이 원인으로 꼽힌다. 외부 요인으로는 너무 뜨겁거나 찬 곳에 노출된 경우, 광선, 약품 및 화장품 등이 악화요인으로 꼽힌다.

증세 발진이 모여서 나고 가렵다

좁쌀알 크기의 붉은색 발진이 여러 개가 모여 나타나는데 주변 피부 전체에 퍼져 피부 전체가 붉게 되어 있다. 조그마한 물집이나 고름이 잡힌 경우도 있고 진행상태에 따라 헐었다가 딱지가 잡히며 쌀겨 모양의 가루를 수반하는 홍반이 생긴다.

피부가 몹시 가려운 것이 특징이며 이 가려움증 때문에 성격도 신경질적으로 변하는 경우가 많다.

치료 피부 자극을 최소화한다

일반적으로 습진의 정도와 상태에 따라 그때그때 치료법을 선택하는 것이 습진 치료의 요령이며 원인에 따라서 조금씩 달라질 뿐이다. 부신피질호르몬제 연고를 쓸 때는 부작용이 있을 수 있으므로 반드시 전문의의 진단과 처방을 받은 후 사용한다.

일상생활에서는 피부에 자극이 될 만한 요소를 줄여주는 것이 치료의 원칙이다. 열이 나거나 습진 부위가 헐거나 짓무른 상태만 아니라면 목욕은 해도 된다. 단 때를 미는 일은 삼가는 것이 좋으며 목욕물의 온도도 시원한 물로 짧게 샤워 정도로 끝내는 것이 좋다. 강한 자외선도 자극이 되므로 주의하고 자극성 음식이나 향신료, 본인에게 맞지 않는 음식이나 인스턴트 음식은 피하고 어린이의 경우, 콜라나 초콜릿을 삼가며 가려움증이 심할 경우 찬물로 샤워를 하거나 찬수건을 대주면 증상이 완화된다.

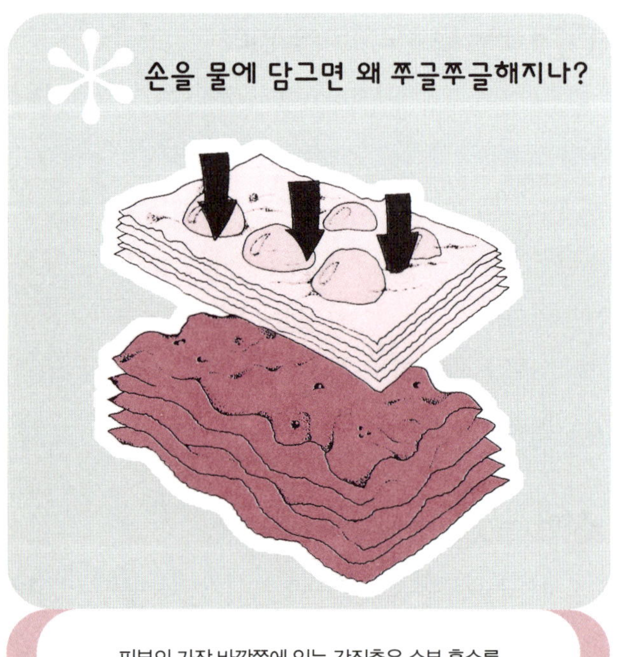

피부의 가장 바깥쪽에 있는 각질층은 수분 흡수를 방어하는 작용을 하기 때문에 처음에는 피부 속으로 수분이 흡수되지 않는다. 그러나 오랫동안 물에 담그고 있으면 각질층이 물을 머금어 방어작용이 깨진다. 이렇게 되면 수분은 진피층까지 흡수되고 포화되어 손끝이 쭈글쭈글해진다.

<table><tr><td>집에서는
이 렇 게</td><td>참깨는 피부 저항력을 길러주므로 좋은 식품이다. 갈아서 먹는다. 탱자나 민들레</td></tr></table>

뿌리는 가려움증을 완화해주므로 합해서 달여 마신다.

피부트러블을 다스리는 민간요법

동상일 때

■ 생강 달인 물로 환부를 씻는다

생강은 열성 자극제로 냉을 제거해 신진대사를 왕성하게 해준다. 동상은 냉증 체질인 사람들이 걸리기 쉬운데 이때 생강을 사용하면 잘 낫는다.

생강 9g을 600㎖의 물에 넣고 끓인 후 불을 줄여 약한 불에서 물이 반쯤 되게 달인다. 이렇게 달인 물로 환부를 잘 씻어주면 된다. 또는 생강즙에 뜨거운 물을 부어서 이것으로 환부를 씻어준다. 이때 너무 뜨거운 것은 오히려 좋지 않으므로 조금 식힌 후 사용하는 게 효과적이다.

피부에 땀이나 여드름 등 트러블이 생겼을 때는 자극성이 없는 비누를 사용하고 약효가 있는 식품으로 찜질을 하거나 즙을 내어 바른다.

■ 귤껍질 달인 물에 환부를 담근다

동상은 마사지를 해서 푸는 방법도 있으나 민간요법으로 귤껍질과 생강을 함께 이용하는 방법도 있다.

귤껍질 안쪽의 흰 것을 뜯어내어 건조시켜 이것을 볶아 가루로 만들고, 생강을 짓찧는다. 손을 담글 수 있을 만큼의 따뜻한 물에 귤껍질과 생강을 풀어 넣고 환부를 담근다. 일주일 정도 꾸준히 해주면 효과가 나타난다.

여드름이 났을 때

■ 녹두 가루와 팥가루를 섞어 바른다

녹두 가루와 팥가루의 비율을 3:1로 잘 섞은 후 물을 넣어 반죽해서 자기 전에 바른다. 율무죽에 깨소금을 뿌려서 매일 먹는 방법도 있고 율무 20~30g을 달여 수시로 마시는 방법도 있다.

사마귀가 생겼을 때

■ 가지를 썰어 환부에 문지른다

예로부터 사마귀, 티눈 등을 다스리는 데는 가지가 많이 사용되어 왔다. 가지는 익히지 않고 날것을 썰어서 환부에 골고루 문질러준다.

■ 쑥뜸을 2~3일 정도 한다

쑥을 사마귀 크기와 비슷하게 말아 사마귀가 난 부위에 놓고 불을 붙여 완전히 재가 될 때까지 태운다. 그러면 약간의 진물을 보이면서 사마귀가 없어지는데 이때 진물은 만지지 말고 그대로 두면 며칠 후에 저절로 완전히 없어지게 된다. 이렇게 두 번 정도 반복해 쑥뜸을 뜨면 2~3일 안에 깨끗이 없어진다.

이 외에 젖은 엽차 잎사귀 몇 개를 매일 바꿔대는 동안 저절로 작아지면서 없어지는 경우도 있다.

땀띠가 돋았을 때

■ 우엉을 삶아 목욕 후 바른다

우엉의 쓴맛에는 여러 가지 유효한 성분(주로 단백질)이 들어 있다. 이 단백질을 몸에 바르면 소염 · 해독작용이 있고, 수렴작용으로 지혈 · 진통에 효과가 있다.

특히 땀띠가 심할 때 우엉 뿌리나 잎 5~10㎎을 물 200㎖에 넣어 진하게 삶아서 목욕 후에 바른다. 물을 넣어 반죽해서 잠자기 전에 마사지하듯 발라준다. 이렇게 일주일을 하면 효과가 눈에 보이기 시작한다.

머리카락이 빠진다

머리카락은 피부의 일부분으로 매일 빠지고 새로 나기를 거듭한다. 그것이 정상이다.
하지만 탈모증 환자에서는 새로 나는 숫자보다 빠지는 숫자가 많다는 것이다. 더구나
원형탈모증처럼 어느 한 부분의 머리카락이 뭉텅 빠질 때는 문제가 아닐 수 없다.

1
최근 머리털이 원 모양으로
빠지기 시작한다.
- **YES** 2번으로
- **NO** 3번으로

2
원형탈모증일 가능성이 높다.
젊은 사람들에게도
흔한 증상으로 스트레스가
원인일 수 있으므로 피부과로
가보도록.

11
전신질환의 부분 증세일 수
있으니
피부과나 내과로 가보도록.

3
두피가 가려우면서
비듬이 생긴다.
- **YES** 4번으로
- **NO** 6번으로

4
비듬이 크고 딱지 모양으로
머리속에 붙어 있어 붉게 변한다.
- **YES** 5번으로
- **NO** 8번으로

5
아토피성피부염일
수 있다.
지루성피부염일 수도
있으므로
피부과로 가보도록.

10
점액수종일 수 있으니
내분비과나
내과로 가보도록.

6
갑자기 탈모가 진행됐다.
- **YES** 7번으로
- **NO** 9번으로

7
전체적인 탈모가 진행되면서
전신권태, 식욕부진, 두통,
고름나는 발진을 동반한다.
- **YES** 11번으로
- **NO** 14번으로

8
비듬이 원인일 수
있으니 머리를
매일 감아 깨끗이
관리한다.
그래도 마찬가지면
피부과로 가보도록.

9
얼굴이 붓고
머리카락 힘이
없는듯이
쑥쑥 빠진다.
- **YES** 10번으로
- **NO** 12번으로

12

얼굴이나 손에 붉은
반점이 생기는데
가렵지도 않고 통증도 없다.

YES 13번으로
NO 15번으로

참 / 조 / 페 / 이 / 지

비듬 … 275
철결핍성빈혈 … 103

13

교원병의
일종일 수 있으니
내과로
가보도록.

14

최근 약을 먹고 있다면
부작용일 수도 있다.

15

남성이다.

YES 16번으로
NO 17번으로

17

갑상선기능저하증,
철결핍 빈혈 영양장애나
만성간장애일수 있으니
피부과나 내과 검진을
받아보도록.
여성이라면 머리를 묶어서
생긴 탈모일 수 있다.

16

노화현상일 수도 있지만
젊은 사람이라면
유전이나 호르몬 이상에 의한
것일 수 있다.
내분비과나 내과 검진을
받아보도록.

빠진 만큼 나지 않는다면 탈모다

매일 일정량의 머리카락이 빠지고 새로 나는 것은 지극히 정상적인 현상이다. 하지만 새로 나는 수보다 빠지는 수가 더 많거나 머리가 빠진 후 다시 나지 않는다면 그 원인을 찾아 치료해야 한다. 중년 이후라면 탈모를 노화현상의 하나로 볼 수 있고 여성들의 경우 머리를 묶는 것도 탈모의 원인이 되기도 한다.

비듬, 스트레스, 약물 등이 원인이다

비듬이 딱지처럼 크고 두피의 단단한 곳이 붉어진다면 **지루성피부염**일 수 있다. 접촉성 · 아토피성 피부염도 염려된다. 머리카락이 빠진 부분이 둥근 모양이라면 **원형탈모증**을 의심한다. 손, 얼굴에 붉은 반점이 생기는데 아프지도 가렵지도 않다면 **교원병**의 일종일 수 있다. 탈모는 비듬, 긴장, 스트레스, 약물 복용 외에 내과적 질환의 한 증상일 수도 있으니 전문의의 진찰을 받는다.

전신질환의 부분 증세일 수 있다

온몸이 나른하고 피로하며 입맛이 없고, 두통을 호소하며 고름이 나는 발진이 있고 머리카락이 전체적으로 빠진다면 서두른다. 전신질환의 부분 증세일 가능성이 있다. 빨리 피부과나 내과로 가 검진을 받는다. 이 밖에 특별한 이유 없이 탈모가 진행된다면 영양장애나 만성 간 장애, **갑상선기능저하증**, 철결핍성 빈혈 등을 의심해 볼 수 있다.

갑상선기능저하증

갑상선 조직 결손, 기능 장애가 주 원인

갑상선의 기질적인 장애나 기능장애에 의해 갑상선 호르몬이 충분히 생성되지 못하는 상태를 말한다. 갑상선 조직의 결손, 수술이나 방사선 동위원소 치료 후 오는 경우가 많다. 이 밖에 갑상선 호르몬 생성 기능에 장애가 있는 경우로 대상작용에 의해 뇌하수체에서 분비되는 갑상선 자극호르몬의 분비가 증가됨으로써 갑상선이 비대해진다.

증세 심한 피로감과 탈모증이 온다

갑상선기능이 저하되었을 때 머리가 빠지는 탈모증과 백반증이 온다. 피로감, 변비, 월경량의 증가 및 추위 타는 증상 등이 초기에 나타난다. 좀더 진행되면 행동이 굼뜨고 판단력이 흐려지며 식욕도 떨어진다. 몸무게가 늘고 근육이 뻣뻣해져 고통을 호소한다. 쉰 목소리가 나고 청력도 떨어진다. 병이 더 진행되면 전형적인 점액수종의 양상을 보여 눈 주위의 부종이 심해지고 혀가 커지며 피부가 거칠어지고 창백해지며 무표정한 얼굴이 된다.

치료 갑상선 호르몬 제제를 복용한다

갑상선기능저하증의 일반적인 치료법은 갑상선 제제의 복용이다. 호르몬 제제를 복용할 때는 항상 같은 시간에 같은 양을 규칙적으로 복용하는 것이 중요하며 장기간 복용해야 할 경우에는 같은 회사의 제품을 복용하는 것이 좋다. 피부가 쉽게 건조해지므로 보습크림이나 수분에센스 등으로 피부를 보호해준다.

추위를 많이 타므로 항상 보온을 유지하고 몸을 따뜻하게 해준다. 신체 전반의 활동이 감소하므로 소화가 잘되는 음식을 주로 먹게 하고 저지방, 저콜레스테롤, 저열량 음식을 먹는다. 장 운동도 감소하므로 변비를 막기 위해 수분 섭취에도 신경을 쓴다. 체중 증가는 좋지 않은 예후이므로 체중 체크를 해 주의를 기울인다.

> **집에서는 이렇게**
>
> 밤송이껍질을 불에 구워 가루 내어 참기름을 섞어 두피를 맛사지해준다. 생강 삶은 물이나 생강 엑기스로 두피 맛사지를 해도 효과가 있다. 소, 돼지의 간, 미역 또는 다시마, 당근, 양배추 등을 먹으면 좋고 고추·후추·소금·지방 등이 많은 음식은 삼간다.

지루성피부염

원인 붉은 반점과 비듬이 동반된다

두피의 피지선에서 분비되는 피지가 지나치게 많은 상태가 원인이다. 피지막에 먼지나 세균 등이 쉽게 달라붙게 돼 오염이 쉬워지는데 이런 오염에 의해 피부에 여러 이상 증세가 일어난다. 세균이 피부 속까지 침투해 염증을 일으키는 경우도 있지만 그렇지 않더라도 피지막이 굳어 피지선이나 땀구멍을 막게 되면 피부의 혈액순환이 나빠져 탈모를 촉진하게 된다.

증세 홍반과 비듬이 많이 생긴다

지루성피부염에서 머리털이 많이 빠지는 수가 있는데 피부의 염증 때문인지 아니면 유전적인 경향 때문인지는 구별이 안 된다. 이 경우의 탈모는 머리 정수리 부위에 심하게 일어나서 빠진 자리가 보이지 않고 성글게 빠진다. 홍반과 염증 반응이 나타나며 비듬이 견고하게 달라붙어 있으며 곰팡이균을 발견할 수가 없는 것이 특징이다.

치료 전반적으로 성글게 빠진다

비듬이 많고 탈모가 지속적으로 진행되면 전문의의 진찰과 치료를 받아야 한다. 적합한 비누와 샴푸 등을 골라 쓸 필요가 있으며 무엇보다 청결을 유지하는 것이 가장 핵심이다. 보통 셀레늄설파이드나 진크피리치온이 함유된 것을 사용하면 좋은 효과를 얻을 수 있다. 또한 직사광선은 증상을 악화시키므로 피하는 것이 좋고 과로와 스트레스도 피한다. 수면부족이나 단 음식 등은 피지 분비를 더 왕성하게 하므로 피하는 것이 좋다.

집에서는 이렇게 측백나무즙은 탈모와 비듬 치료에 효과적이다. 측백나무를 푹 달여 물만 받아 머리카락에 바른 후 1시간 정도 지난 후에 미지근한 물로 씻어낸다. 한약방에서 상백피라 불리는 뽕나무껍질도 탈모나 비듬 치료에 좋다.

원형탈모증

원인 | 스트레스, 영양장애 등 원인 다양

원인은 아직 정확하게 밝혀지지 않은 상태다. 자율신경의 이상으로 인한 영양장애설, 알레르기설, 유전적 소인설, 정신적 불안과 갈등에 의한 스트레스설, 국소감염설 및 자가면역설 등이 있지만 정신적 외상과 자가면역설이 원인 및 유발인자로 가장 유력시되고 있다. 갑상선질환, 당뇨병, 백반증 등과 자주 동반된다. 임신 등 내분비적 요인도 작용한다.

증세 | 머리털이 뭉텅이로 빠진다

가려움증이나 통증 같은 자각증상은 없이 털이 뭉텅이로 빠지는 것이 특징적인 증상이다. 주로 두피에서 일어나지만 가끔 수염이나 눈썹처럼 인체의 털이 나 있는 어느 부위에서나 발생할 수 있다 탈모된 부위의 피부는 미끄럽고 부드러우며 상아처럼 하얗다. 드물게는 탈모 초기에 약간 빨갛거나 부어 있을 수 있다.

치료 | 연고를 바르거나 직접 주입한다

환자를 안심시키고 원인이 되는 정신적 질환 및 타 내부 장기의 질환이 있는지를 파악하여 합병되었을 때엔 함께 치료를 한다. 연령, 침범 범위의 정도 및 경과에 따라서 국소적 및 전신적인 치료를 병행한다.

국소적으로는 국소 자극제, 면역 치료제, 혈관확장제 및 스테로이드제 등의 연고를 바르거나 탈모 부위에 직접 주입한다 전신적으로는 안정제 및 비타민제 등을 투여한다. 심한 전두탈모증 시엔 가발을 권한다.

집에서는 이렇게 전신적인 질병에 걸리지 않도록 항상 건강에 유의한다. 충분한 수면으로 스태미나를 축적하며 스트레스를 해소해야 한다.

모발 성분의 95% 이상이 젤라틴과 단백질로 되어 있으므로 우유, 계란, 해조류 및 야채류 등으로 영양을 공급하고 자극이 있는 향신료나 염분은 탈모를 촉진시키므로 삼간다.

비듬이 있을 경우 탈모가 촉진되므로 머리를 청결하게 한다. 모자, 탈색이나 염색은 좋지 않다.

교원병

 자기면역 반응에 의한 것으로 추측

자가면역 반응에 의한 질환으로 추측되고 있다. 온몸의 세포와 각각의 장기를 연결해 주는 결합조직에 이상이 생겨 일어나는 여러 질환을 총칭하는데 교원병도 그 일종이다. 교원병 외에도 류마티스, 루프스 등이 이에 속한다.

 피부가 굳고 뻣뻣해진다

피부가 두꺼워지고 딱딱해져 혈액순환이 잘 안되며 관절이 붓고 뻣뻣해져 잘 구부러지지 않는다. 주로 손발, 다리 등에 생기지만 간혹 머리 피부에 이런 증세가 생기면 두피가 반들거리는 가죽처럼 변하고 머리털이 빠져 다시는 재생되지 않는 반흔성 탈모가 생기기도 한다.

 자연 치료 어렵고 필요하면 모근 이식한다

교원병의 원인이 명확하지 않으므로 치료나 예방법이 따로 없다. 강피증으로 인한 반흔성 탈모는 자연적으로 치료되지 않는다. 모발의 뿌리 자체가 파괴된 경우가 대부분이므로 모발이 없는 자리가 흉하다면 다른 피부의 모근을 이식하는 수술이 유일한 방법이다.

알·아·두·자

머리카락 트러블 예방법

원형탈모증일 때

■ **뻣뻣한 솔이나 빗으로 두드려 준다**

머리카락이 나오는 것을 촉진하기 위해서 할 수 있는 방법은 뻣뻣한 솔이나 빗으로 두피를 가볍게 두드려 주는 것이다. 원형탈모증이 발견된 즉시 시행하되 한동안 증세가 악화되더라도 꾸준히 계속해 준다.

빗으로 두피를 가볍게 두드려 주면 혈액순환이 잘돼 원형탈모증을 예방해 주고 두피에 탄력이 생겨 머리결도 튼튼해 진다.

■ **머리를 감을 때는 맛사지하듯 한다**

머리를 감을 때도 자극을 주면서 문지르지 말고 손바닥으로 머리 전체를 감싸듯 문질러 준다. 향이 짙은 샴푸 등은 피하고 가급적 세숫비누를 이용하는 것이 더 좋다. 또 매일 감는 것보다는 2~3일에 한 번 정도로 더러워지면 감아주도록 한다.

머리카락이 갈라질 때

■ **머리를 짧게 자르고 빗질을 부드럽게 한다**

머리가 갈라지고 부스러질 때는 짧게 자르는 것이 좋다.

머리카락이 길면 그만큼 영양소를 많이 빼앗기게 되고 머리카락이 엉켜 손상이 더욱 심해진다. 빗은 금속제가 아닌 것으로 빗살이 성근 것이 좋다. 빗살이 거칠면 머리카락의 제일 바깥쪽의 세포가 떨어져 나가 머리카락이 빨리 상하게 되므로 머릿결에 따라 조심스럽게 빗어주도록 한다.

새치가 생길 때

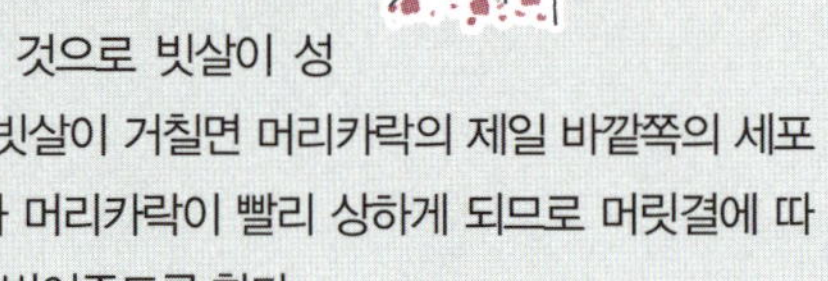

미역이나 김 같은 해조류는 머리카락을 검고 아름답게 만들어 주므로 자주 섭취하는 것이 바람직하다. 이런 주의를 해도 좋아지지 않는다면 내분비 기능의 장애로 인한 새치일 수 있다. 근본적인 원인을 치료하는 것이 중요하다.

산부인과로 가야 할 증세

생리에 이상이 있다

사람의 생김새가 가지각색이듯이 생리의 주기나 양도 사람마다 다르다. 그런데 이런 주기가 들쭉날쭉하고 생리의 양도 많았다가 적었다가 규칙적이지 않을 때를 생리불순이라 한다. 원인은 대개 호르몬 분비에 문제가 있는 것으로 보지만 증세가 심할 때는 전문의의 진료를 받는다.

1
초경시기가 넘었는데도 생리가 없다.
YES 2번으로
NO 4번으로

2
월경이 있다가 3개월 이상 멈추고 있다면 원발성무월경, 전혀 월경을 하지 않았다면 질 폐쇄, 처녀막 폐쇄 등의 성기 기형일 가능성이 있다.

12
생리기간이 길어지고 월경량이 많아졌다.
YES 13번으로
NO 14번으로

11
월경량이 갑자기 많아졌다.
YES 12번으로
NO 15번으로

3
40대 후반의 여성이라면 폐경이나 폐경기가 다가오고 있음을 알리는 신호일 수 있다. 그렇지 않다면 다른 증세가 있을 수 있으니 산부인과로 가보도록.

참 / 조 / 페 / 이 / 지

갱년기장애 … 109, 160
월경 전 긴장증 … 286
자궁근종 … 303
자궁내막증 … 155, 302

4
계속 생리를 했지만 갑자기 없어졌다.
YES 5번으로
NO 7번으로

5
40대 후반의 여성이다.
YES 3번으로
NO 6번으로

8
월경량이 많아지고 월경불순이 온다.
YES 9번으로
NO 10번으로

10
초경으로부터 5년 이내와, 폐경기 무렵에는 생리주기가 불안정하지만 그 외의 경우라면 산부인과 검진을 받아보도록.

6
출산 직후나 임신 중에는 생리가 없다.

7
월경주기가 짧거나 길다.
YES 8번으로　NO 11번으로

9
자궁근종일 수 있으니 산부인과 검진을 받아보도록.

13

30세 이상이라면
자궁근종, 생리통이
심하다면 자궁내막증일
가능성이 높다.

14

생리 중이거나 그
전후로 허리와 아랫배가
아프고 단단하게
부푸는 느낌이 든다.

YES 20번으로
NO 21번으로

15

출혈량이 적다.

YES 16번으로
NO 17번으로

16

과소월경 증세로 체질적으로
타고난 것일 수 있지만
난소기능저하나 호르몬 이상일
가능성도 있다.

17

생리통이 심하다.

YES 19번으로
NO 18번으로

21

출혈량이 많다면
과다월경 증세일 수 있다.
간혹 골반염, 또는 자궁근종일
수도 있으니 다른 이상이
있다면
산부인과로 가보도록.
특히 핏덩어리가
많이 나온다면 검진을.

18

장기간 지속되거나
핏덩어리가 나온다면
심각한 이상일 수 있으니
산부인과 검진을
받아보도록.

20

자궁후굴증이나
자궁부속기 염증일
가능성이 있다. 우울하고 몸이
부으며 냉증이나 현기증이
난다면 생리전 긴장증,
월경곤란증일 수 있으니
산부인과로 가보도록.

19

심리적인 영향이나
호르몬 이상, 신진대사
이상 등 여러 원인들이
복합적으로 작용한 것이니
오래 지속된다면
산부인과
검진을 받아보도록.

초경, 폐경 무렵에는 주기 불안정

임신 중이거나 또는 출산 직후에는 월경이 없다. 또 초경으로부터 5년까지, 그리고 폐경기 때는 주기가 불안정하다. 한편, 갱년기에 접어들어 폐경이 되거나 폐경이 다가올 때는 지금까지 있던 월경이 없어진다. 이런 경우는 지극히 정상적이며 자연스러운 생리적 현상으로 특별히 다른 이상이 없다면 염려하지 않아도 된다.

월경통은 정신적인 영향이 크다

월경 전후로 우울한 느낌이나 붓는 증세, 냉증, 현기증 같은 것이 있다면 월경 전 긴장증이나 월경곤란증을 의심할 수 있다. 월경 중이나 그 전후에 허리나 하복부가 아프고 복부가 팽팽한 느낌이 든다면 자궁후굴증, 자궁부속기 염증을 의심할 수 있다. 월경통이나 월경불순은 정신적인 영향이나 호르몬, 신진대사 이상 등이 원인으로, 심하고 오래 갈 때는 검사를 받는다.

핏덩어리가 많이 나오면 중병이다

만 18세 이상인데 월경이 없다면 무월경증이나 성기 기형을 의심한다. 월경통이 너무 심하고 오래 계속되거나 핏덩어리가 나올 때는 중병일 수 있으므로 서둘러 산부인과로 간다. 월경기간이 길고 출혈량이 많으며 주기가 차츰 짧아진다면 자궁에 만성 염증이 있거나 자궁근종일 수 있다. 특히 핏덩어리가 다량으로 나올 때는 심각한 병을 의심한다.

월경곤란증

원인 자궁수축 호르몬과 관계 있다

월경으로 인해 나타나는 증상이 일상생활을 하는 데 어려움을 줄 만큼 심할 경우다. 자궁수축호르몬과 관계가 있는 것으로 밝혀졌으며, 정서적인 불안이나 신경과민 등도 원인이 된다. 이런 요인 외에 당뇨병 등의 전신질환이나 자궁후굴 또는 자궁전굴 등도 원인으로 꼽히며 자궁내막증, 골반내염증, 자궁근종 같은 질환이나 자궁 내 피임장치가 원인이 되기도 한다.

증세 아랫배, 허리가 심하게 아프다

아랫배가 심하게 아프고 허리가 아픈 것이 가장 흔한 증세다. 이 외에 소화가 안 되거나 복부 팽만감, 배가 당기는 느낌, 변비, 구토 등의 증세를 나타낸다. 또한 심한 피로감과 두통, 메스꺼움 등을 호소하는 사람도 많다. 일반적으로 미혼이거나 출산 경험이 없는 여성들에게서 증상이 더 심하게 나타난다.

치료 통증이 계속되면 다른 질환 의심

통증이 심할 경우 아스피린 같은 약물을 처방하기도 한다. 배란을 억제시키는 피임약도 통증 완화에는 효과적이지만 부작용이 있으므로 전문의와 상담을 거쳐 복용한다. 월경통은 대부분 월경 전후 하루나 이틀이면 없어지는데 통증이 계속되면 다른 질환이 원인일 수도 있으므로 반드시 전문의를 찾아 진찰을 받는 것이 좋다.

한편, 결혼을 해 규칙적인 성생활을 하거나 출산 후에는 월경통이 줄어드는 것이 보통이다.

집에서는 이렇게 음식은 소화가 잘되는 것이 좋으며 육류와 찬 음식은 삼가는 것이 좋다. 부추와 미나리 등은 피를 맑게 하고 진통 효과까지 있으므로 많이 먹는 것이 좋다. 정향, 백두구를 가루 내어 따뜻한 생강차와 함께 복용하면 좋다.

월경불순

원인 호르몬 분비의 문제다

사람의 얼굴이 가지각색이듯 생리의 주기나 양도 사람마다 다 다르다. 하지만 통계적으로 보아 28~30일이 보통이다. 그런데 이런 주기가 들쑥날쑥하거나 생리 양이 많았다가 작았다 하는 경우를 월경불순이라고 한다.

원인은 대개 호르몬 분비의 문제일 것으로 추측하고 있다. 증세가 심할 경우 전문의를 찾아 배란 유무나 다른 신체 질환은 없는지 검사한다.

증세 월경 주기, 양에 이상이 있다

월경을 두 달, 석 달에 한 번씩 하는 경우도 있으며 반대로 한 달에 두 번 하는 경우도 있다. 어떤 때는 월경 양이 많은데 어떤 때는 아예 월경이랄 것도 없을 정도로 적게 나오는 경우도 있다. 이렇게 일정하고 규칙적이어야 할 월경주기가 엉망인 경우로 과거의 월경주기에 비추어봐 이상이 있다면 병원을 찾아야 한다.

치료 배란은 되는지 검사해본다

생리 양이 너무 작거나 생리를 두세 달에 한 번 하는 식으로 한다면 배란이 안 될 확률이 높다. 배란이 있는 경우라면 문제가 그리 크지 않는데 그렇지 않다면 임신을 할 수 없으므로 배란을 유발하는 치료를 받아야 한다. 만일 이전에는 주기가 일정했는데 갑자기 월경이 뜸해졌다면 생리현상을 조절하는 각종 장기에 이상이 있는 것은 아닌지 조사해 봐야 한다.

익모초는 자궁수축력을 증가시키기 때문에 월경불순인 여성들에게 좋다. 검은콩을 가루 내어 차조기 잎 달인 물과 먹으면 좋다. 월경 분비를 촉진하는 데는 우엉술이나 말린 미나리 달인 물도 효과가 있다. 월경 양이 너무 많아 힘들 때는 목이버섯이 좋다.

무월경증

원인 생식기 이상이 원인일 수도

무월경은 3개월 이상 월경이 없을 때를 말한다. 무월경의 원인은 중추신경계의 이상, 만성질환, 신진대사의 이상, 임신 또는 출산 후, 폐경 등으로 인한 생리적 무월경과 난소의 이상, 신체 생식기의 해부학적 구조의 이상으로 무월경이 발생한다. 아예 초경이 일어나지 않는 무월경은 생식기 계통의 선천성 기형으로 오는 수가 많다.

증세 3개월 이상 월경이 안 나온다

난소에서 난포호르몬과 황체 호르몬의 분비가 감소하고 자궁내막이 탈락하게 되어 출혈이 일어나는 것을 월경이라 한다. 그러나 월경이 없는 경우가 있다. 무월경증에는 월경이 있다가 3개월 이상 월경이 나오지 않는 원발성 무월경이 있으며 아예 초경이 발생하지 않는 경우도 있다. 무월경인 경우 무배란이 동반되므로 불임증이 생긴다.

치료 호르몬 투여하고 배란 유발시킨다

검사를 통해 원인을 밝혀 치료한다. 특별한 원인 없이 무월경 증상을 보일 때는 대개 황체호르몬을 투여하는데 2~7일 이내에 월경이 나온다. 그래도 월경이 없으면 난포호르몬과 황체호르몬을 투여해 월경을 유도한다. 출산을 앞둔 연령이라면 배란촉진제를 투여해 배란을 유발시키고 규칙적인 월경주기를 유도하지만 미혼인 경우 어느 정도 관찰을 해도 좋다. 하지만 17세 이후에도 초경이 없다면 의사의 진찰을 받는다. 사춘기에 신경성 식욕감퇴증이 생겨 무월경을 초래하기도 하는데 정신과 치료나 상담이 필요한 경우도 있다.

복숭아씨와 대황을 1:2로 섞어 가루 내어 밀가루에 반죽해 환약을 빚어 식후에 다섯 알씩 먹으면 좋다.

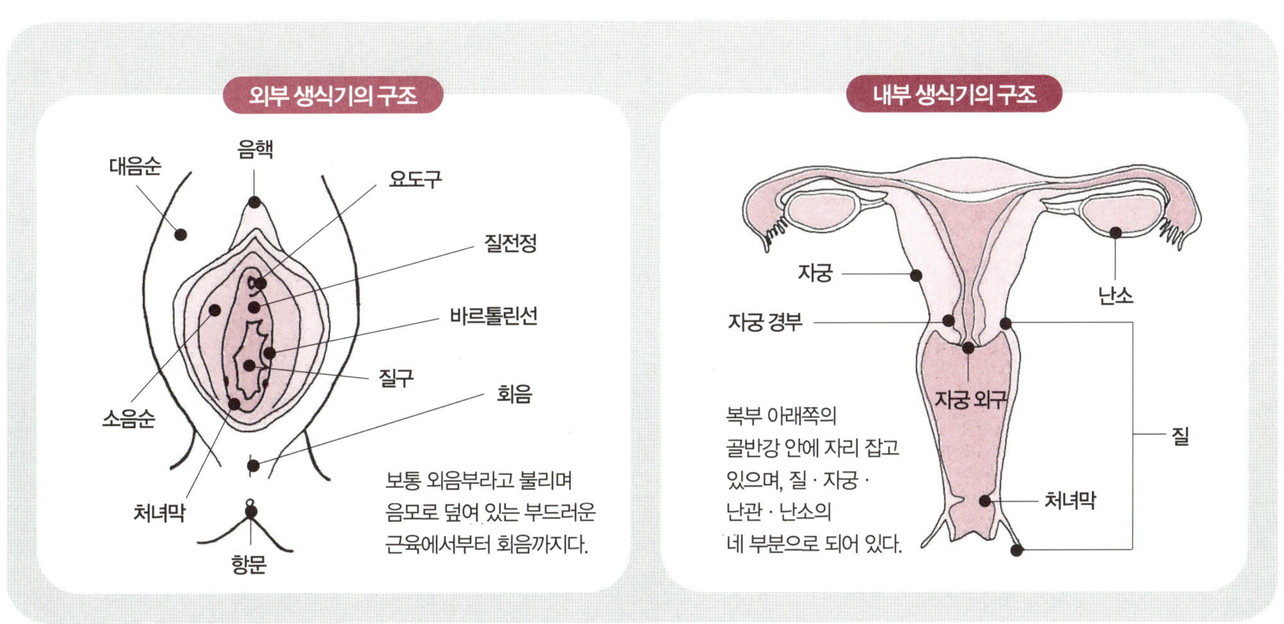

여성의 생리와 피부 미용

여성의 몸은 한 달을 주기로 움직인다. 이 순환의 중심은 바로 생리로서, 생리 전과 생리 중 그리고 생리 후로 구분할 수 있는데 주기에 따라 여성의 몸과 피부에는 여러 가지 변화가 일어난다.

생리 시작 2주 후부터 피부 트러블이 생긴다

일반적으로 피부 트러블이 일어나는 시기는 생리가 시작한 2주일 후부터 약 10일간 황체호르몬이 분비되면서부터이다. 이때 기초 체온이 상승되고 각종 트러블이 생기는 것이다.

이 시기의 여성들은 정신적인 면에서 볼 때 60% 이상이 신경질이 잘 나고 집중력이 떨어진다. 그리고 기분이 우울하거나 아주 히스테리컬해지거나 또는 불안해지는 등의 정신적인 변화와 함께 때로는 허리나 배의 통증, 변비나 설사가 일어나는 등 신체적으로도 안정이 되지 못한 시기다.

생리 중에는 화장이 잘 받지 않는다

생리 중에 여성들이 가장 민감하게 반응하는 것은 역시 피부 트러블이다. 유달리 얼굴에 뾰루지도 많이 나고 안색도 나빠진다. 이렇게 나빠진 안색을 화장으로 커버하고 싶지만 화장조차도 제대로 안 된다. 안색이 나빠지는 건 색소 침착을 일으키는 프로게스테론이라는 호르몬이 증가하기 때문이고 화장이 잘 안 되는 것은 피부에 지방이 많기 때문이다.

■ 피부의 컨디션이 나쁠 때

자극이 약한 로션이나 나쁜 안색을 커버할 수 있도록 얼굴을 밝게 보이게 하는 파우더나 베이스 파운데이션을 이용한다. 평소보다 더 세심한 손길을 필요로 하는 것은 물론이다.

파우더는 피부색을 밝게 보이게 할 수 있는 컬러베이스를 이용하는데 핑크나 아이보리가 피부를 싱싱하게 보이도록 하는 효과가 있다. 컬러베이스는 베이스에 살짝 발라주면 되는데 평소 화장을 고칠 때도 편리하다. 기름기가 많아지거나 화장이 지워졌을 때 피부색보다 약간 더 밝은 것을 이용한다. 그리고 이때는 옅은 핑크나 퍼플로 포인트를 준다.

■ 트러블에 대한 대책

역시 팩이다. 피부색이 칙칙하거나 누렇게 되는 것은 호르몬의

▶▶▶ 생리 주기표

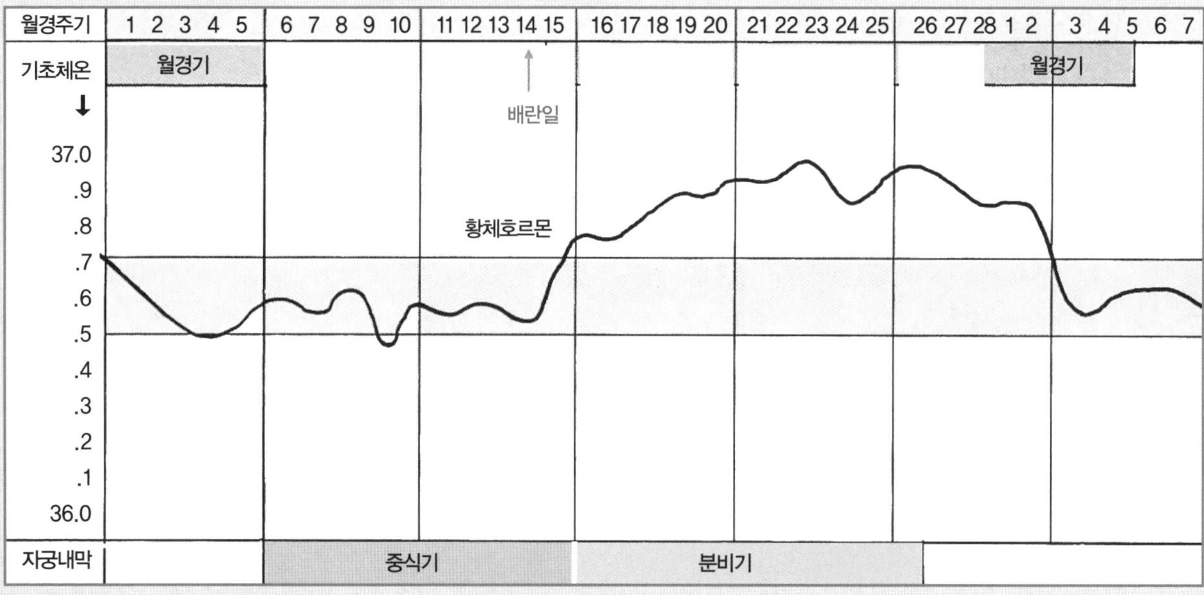

배란 후 황체호르몬이 분비되는데 이때 기초 체온이 상승하고 각종 피부 트러블이 생긴다. 자신의 생리 주기를 만들어놓고 시기에 맞는 미용법을 하도록 한다.

작용뿐만 아니라 혈액순환에 문제가 있기 때문이다. 밤에는 클렌징을 한 후 꼭 팩으로 충분한 수분을 주어야 한다.

이 시기에는 자극적인 손질보다 부드러운 손질이 중요하다. 젤 타입의 로션이나 에센스류를 이용하는 것이 좋다. 그리고 이 시기에는 몸의 수분량이 증가하여 손발이 붓기도 하므로 우선 수분 섭취를 줄이도록 한다. 하루에 1리터를 넘지 않도록 하는 것이 좋으며 특히 저녁 7시 이후에는 수분 섭취를 하지 말아야 한다. 그리고 염분도 가능하면 피하는 것이 좋다.

생리 주기별 피부 손질법

- **월경 첫날에서 5일까지 _** 이때도 휴식이 최고, 거무칙칙해진 피부에 뾰루지가 남아 있어 관리에 신경 써야 한다. 부드러운 손질을 위해 젤 타입의 로션을 이용한다.
- **생리가 끝난 첫날에서 14일까지 _** 피부가 안정되어 가는 시기. 크림을 듬뿍 써서 피부를 점차 활성화시키는 맛사지 손질을 해 준다. 특히 생리 후에 피부가 까칠해지는 사람은 더욱 주의해야 한다.
- **배란 직후 _** 트리트먼트를 해준다. 황체호르몬이 활발해지기 직전이므로 이에 대비해 고농축 콜라겐 에센스류를 이용하면 좋다.
- **생리일이 가까워질 무렵 _** 피지 분비가 왕성해진다. 여드름이나 기미가 생기기 쉬우니 딥클렌징이 필요하다. 영양크림 등은 평소보다 적게 사용한다.
- **생리가 시작되기 직전 _** 아직 황체호르몬이 지배하고 있기 때문에 피지 분비를 막을 수 있는 팩이 중요하다.

생리시기를 조절하려면

■ 조절 1개월 전부터 준비한다.

평소에 기초체온표를 만들어 놓거나 생리주기를 제대로 기록해 두는 것이 중요하다. 그리고 조절하기 1개월 전부터 준비하는 것이 좋다.

생리를 앞당기는 것이든 늦추는 것이든 사용하는 약은 경구용 피임약이라 불리는 호르몬제이다.

생리시기를 조절하고 싶다면 최대한 빨리 산부인과 의사나 약국에 가서 상담을 해야 한다. 생리를 시작하기 직전은 물론이고 의사나 약사의 처방 없이 섣불리 약을 먹었다간 예상치 못한 출혈로 당황하게 된다.

■ 생리시기를 늦추려면 생리 5일 전부터 복용한다

먼저 늦추고 싶을 때는 원래의 생리 시작날 5일 전부터 황체호르몬을 계속해서 복용한다. 이렇게 하면 자궁내막이 분비준비기의 상태로 계속 유지되기 때문에 생리가 생기지 않는다. 다만 늦추는 시기를 2주일 이상 연장할 경우에는 황체호르몬의 양을 늘려야 한다. 자칫 효과가 약해져 생리가 시작될 수 있기 때문이다. 황체호르몬은 매일 꾸준히 복용하지 않으면 효과가 없으므로 적당한 시간을 정해놓고 먹어야 한다.

■ 생리 앞당기려면 전달 생리가 끝난 후 복용한다

시기를 앞당기고 싶을 때는 그 전달의 생리가 끝날 날부터 곧바로 난포호르몬과 황체호르몬을 합성한 약을 복용한다. 적어도 열흘간은 복용해야 효과가 나타나기 때문에 단 며칠로 효과가 나타나지 않는다 해서 포기하면 안 된다.

의사나 약사의 지시에 따라 다 먹고 나면 2~3일 이내에 생리가 다시 시작된다. 이렇게 시작된 출혈이 그 달의 생리 첫날이 된다. 그 다음달부터는 다시 이전의 정상 시기를 되찾는다. 물론 인위적으로 생리를 조절하여 다음 차례의 생리가 본래 주기와 약간 어긋날 수도 있다. 그러나 이것은 일시적인 것으로서 걱정할 필요는 없다.

■ 지병이 있으면 약을 사용할 수 없다

이 약을 복용함에 있어 꼭 하나 알아두어야 할 것은 평소에 심장이나 간장, 신장 등에 지병이 있거나 난소 질환을 가지고 있거나 자궁에 이상이 있는 사람들은 이 약을 사용할 수 없다는 것이다. 따라서 의사나 약사와 상담을 할 때도 평소 자신의 건강 체크를 확실히 해야 한다.

유방에 통증이 있다

유방에 통증이 없더라도 응어리가 잡힌다든지, 유두의 방향이나 색깔이 변하거나,
당겨지는 느낌이 든다면 이상이 있을 수 있다. 유방이상은 자가진단으로 확인할 수 있으니
주의 깊게 살펴 조기 치료를 한다면 건강을 유지할 수 있다.

1
아기에게
젖을 먹이고 있다.
YES 2번으로
NO 4번으로

2
유두에 통증이 있다.
YES 3번으로
NO 6번으로

11
급성유선염일 가능성이
높다. 빨리 외과나
산부인과로 가보도록.

10
만져보아
말랑말랑한
응어리가 잡히면
심각한 증상일 수
있으니 빨리
산부인과나
외과로 가보도록.

3
젖을 물릴 때 통증이 있다면
유두염일 가능성이 높다.
아픈 부위를 깨끗하게 하며
증상이 심하면
산부인과로 가보도록.

4
유방을 만져보면
말랑말랑한 응어리가
잡힌다.
YES 5번으로
NO 8번으로

9
유선증, 유선낭포증, 유관내유두종일 수
있다. 악성일 수 있으니
외과나 산부인과 검진을 받아보도록.

5
유선섬유선종이나 다른 증상일 수 있으니
외과나 산부인과 검진을 받아보도록.

6
유방을 만져보면 짜릿짜릿한
통증이 있다.
YES 7번으로 NO 10번으로

7
열이 높고 유방이
빨갛게 부풀었다.
YES 11번으로
NO 14번으로

8
유두에서 기분나쁜
분비물이나
피, 고름이 나온다.
YES 9번으로
NO 12번으로

12

생리 전에 아픔이
더 심해지고
유방이 단단해진다.

YES 13번으로
NO 15번으로

13

만성유선염이나
월경 전 긴장증일 수 있다.
산부인과로 가보도록.

14

아기에게 줄 젖이 이유없이
줄었다면 **유선염**일 수 있다.
응어리가 있다면 산부인과로
가보도록.

17

통증이 있다면 산부인과나
외과에서 검진을 받아보도록.

15

생리가 멎었고 유두 주위가
거무스름하게 변했다.

YES 16번으로
NO 17번으로

16

임신일
확률이 높다.

가벼운 증세

월경 전 아픈 것은 걱정 없다

월경 전에 통증이 느껴지고 유방이 팽팽해지는 것은 **월경 전 긴장증**일 수 있다. 월경이 나오고 나면 나으므로 크게 염려하지 않아도 된다. 간혹 만성유선염인 경우 유사한 증상을 보이므로 주의한다. 임신을 하면 월경이 멎고 유두 주위가 거무스레해진다. 정상적인 현상이므로 걱정 안 해도 된다.

의심되는 증세

유두에서 피, 고름 나오면 중병

수유 중 유두가 아프다면 유두염일 수 있다. 통증이 심하면 산부인과로 간다. 그리고 모유가 잘 안 나올 때는 **유선염**을 의심한다. 응어리가 있다면 산부인과에서 검사를 받는 것이 좋다. 수유중이 아닌 일반 여성이 유두에서 분비물 또는 피나 고름이 나온다면 **유선증**, 유선낭포증, 유관내 유두종을 의심할 수 있다. 서둘러 병원으로 간다.

중증

종양 적출 수술이 필요할 때도 있다

열이 나며 유방이 빨갛게 부풀고 통증이 심하다면 급성유선염을 의심할 수 있다. 빨리 산부인과나 외과로 간다. 유방에 콩알만 한 크기에서 감자 크기만 한 응어리가 있으면 **유선섬유선종**을 의심할 수 있다. 종양을 적출해 내는 치료를 받으며 적출물을 이용해 유방암 발병 여부를 검사하기도 한다.

유선섬유선종

원인 **유선 및 섬유조직의 과잉 증가**

유방은 월경주기에 따라 변화하는데 월경이 있기 전에는 유선 조직과 그 주위의 섬유조직이 증가했다가 월경이 끝나면 다시 위축하는 주기적 변화를 나타낸다. 그런데 이 월경 주기에 따라 유선조직과 그 주위의 섬유조직이 지나치게 많이 증가해 생긴 것인 유선섬유선종이다. 대체로 출산 가능한 연령대의 젊은 여성들이 잘 걸리는 것이 특징이다.

증세 **통증 없는 응어리가 움직인다**

유방을 만져보면 말랑말랑하고 동그란 응어리가 만져져 유방암인 줄 알고 병원을 찾는 경우가 흔하다. 응어리의 크기는 다양하며 어느 한 곳에 붙어 있는 것이 아니어서 이리저리 움직이며 통증은 별로 없다. 응어리는 서서히 성장하는 것이 특징인데 특히 사춘기, 임신 중, 폐경기 직전에는 눈에 띌 만큼 급성장한다.

치료 **수술로 응어리를 제거한다**

응어리가 악성 종양인지 아닌지 진단이 필요하다. 보통 방사선 촬영을 해보면 확인이 되지만 섬유선종의 경우 대개 젊은 여성들에게 많이 생기는 질환이므로 젖가슴 조직이 풍성해 방사선 촬영만으로는 응어리와 정상조직을 구분하기가 어려울 때가 있다. 이럴 경우에는 초음파 검사를 하는데 응어리의 성질도 확인하고 다른 곳에 더 있는지도 알아낼 수 있다. 이 외에도 유방암 여부를 확실히 하기 위해 응어리 조직의 일부를 바늘로 추출해 현미경으로 조직 검사를 실시하는 경우도 있다. 섬유선종은 악성 종양은 아니지만 점점 커지는 경향이 있고 폐경 전까지는 저절로 없어지는 일은 없다. 따라서 수술로 응어리를 제거하는 것이 최선이다. 수술은 그다지 힘들지 않다.

집에서는 이렇게 30대 여성이 한쪽 가슴에 응어리가 만져지고 통증이 심하지 않다면 섬유선종일 확률이 높고 폐경 후 한쪽 유방에서 통증을 느낄 때는 유방암을 의심할 수 있다.

월경 전 긴장증

원인 **호르몬의 변화가 원인이다**

여성의 몸과 마음은 월경 주기에 따라 일정한 변화를 보이는데 배란 후부터 월경 전까지 그 변화가 심하다. 이는 대개 분비되는 호르몬의 변화에 따른 것으로 개인에 따라 정도의 차이는 있지만 월경 날짜가 가까워오면서 심리적, 신체적으로 여러 가지 이상 증세와 통증 등을 호소하게 된다. 간혹 다른 질병 때문에 통증이 나타날 수도 있으므로 주의한다.

증세 **월경이 시작되면 없어진다**

두통, 유방팽만감, 얼굴이나 팔다리가 부어서 오는 일시적인 체중증가를 비롯해 피로감, 정서불안, 우울증 등이다. 신경이 예민해져 사소한 일로 싸우거나 토라지고 잘 울기도 한다. 약 30~40%의 여성이 주기적으로 증세를 보이고 대개 월경이 시작되면 증세가 사라진다.

대개 미혼이나 출산 경험이 없는 여성들에게서 더 심하게 나타난다.

치료 **증상이 심하면 정신과 치료**

월경 전 긴장증으로 일어나는 여러 증상은 대체로 월경이 시작되면 사라진다. 하지만 그 증상이 심할 경우에는 정신과 치료를 받아보는 것도 좋다. 경우에 따라 호르몬제, 이뇨제, 신경안정제 등이 투여되기도 한다. 월경 전 긴장증이 나타날 때는 몸과 마음 모두를 편안하게 쉬는 것이 좋다. 정신적인 긴장이나 흥분을 하면 증상이 더욱 심해지기 때문이다. 몸은 따뜻하게 하는 것이 좋으며 옷은 면 소재로 헐렁한 것을 입고 가볍게 움직이는 것이 좋다. 산책이나 수영 등 가벼운 운동을 하는 것도 좋다.

자극적인 음식은 정신적인 긴장과 흥분을 오히려 심화시킬 수 있으므로 피한다. 너무 단것이나 짠 음식도 피하며 변비가 오는 경우도 있으므로 섬유질이 풍부한 음식을 섭취하는 것이 좋으며 이와 함께 비타민E를 많이 섭취하면 유방의 통증을 줄일 수 있다. 비타민E는 주로 동물의 간이나 달걀노른자, 녹황색채소, 콩, 참깨, 옥수수 등에 많다.

유선염

 화농성 세균의 감염이 원인

유선에 생기는 세균성 감염증으로 원인균은 주로 포도상구균이나 연쇄상구균 등 화농성 세균이다.

젖먹이 엄마들에게서 특히 더 잘 나타나는데 유즙 분비에 문제가 있어 유즙이 고이고 여기에 세균이 침입해 감염을 일으키거나 유두 면에 난 작은 상처를 통해 세균 감염이 일어나기도 한다. 출산 후 석 달 이내에 가장 많이 걸린다는 통계가 있다.

 겨드랑이 림프절도 붓는다

유방이 벌겋게 부어 오르고 열이 나며 유방 내부에 멍울이 맺힌다. 그리고 겨드랑이 하부의 림프절이 부어 오를 때도 있다. 유방에 생긴 멍울은 짙은 갈색을 띠며 만지면 말랑말랑하고 파동을 느낄 수 있다. 증상이 진행되면 멍울에 고름이 잡히며 이 고름을 제거하지 않으면 혈액이나 고름이 유즙에 섞이는 경우도 있다.

 절개해 고름을 짜낸다

유방의 상태에 항상 주의를 기울여 조금이라도 아프거나 붓는 등 이상증상이 보이면 바로 의사와 상담을 해야 한다. 유선의 염증 부위가 아직 곪기 전이라면 항생물질이나 소염제를 복용하고 유방에는 얼음찜질을 한다.

하지만 이미 곪았다면 유방을 절개하여 고름을 빼내야 한다. 아이에게 젖을 먹이는 엄마라면 젖 먹이기를 중단하고 착유기나 맛사지로 젖을 짜 유선을 비워야 증세의 악화를 막을 수 있다.

수유 시에는 항상 손을 씻고 유방을 만지는 등 청결하게 하는 습성을 들여야 유선염을 예방할 수 있다. 또 아기에게 먹이고 남은 젖은 꼭 짜내야 한다. 유선염에 좋은 치료법으로 예로부터 사용돼왔던

유방의 구조

방법이 수선화뿌리 찜질약이다. 수선화뿌리를 강판에 갈아 이것을 밀가루와 잘 섞은 다음 창호지 위에 올려 유방에다 붙여두면 통증도 덜고 염증도 가라앉히는 효과가 있다. 이 외에도 별꽃 나물, 민들레뿌리 달인 즙 등이 좋다.

유선증

원인 성 호르몬 분비와 관계 있다

아직 명확한 원인은 밝혀지지 않았지만 난소 · 갑상선 · 뇌하수체 · 부신 · 태반 등 호르몬의 작용에 영향을 받고 있는 것이라 추측된다. 즉, 성 호르몬 분비와 관계가 있을 것이라는 의견이 지배적이다. 이런 추측을 뒷받침해 주듯 유선증은 월경이상, 불임, 미망인(성생활 이상), 인공유산, 출산 경험이 없거나 적은 사람, 수유에 이상이 있는 사람 등에게서 잘 나타난다.

증세 타원형의 물주머니가 만져진다

유방을 만져보면 여러 가지 크기의 응어리가 만져지고 누르면 통증도 느껴진다. 이 응어리가 커지면 타원형의 물

집에서 할 수 있는 유방암의 자가진단

■ 제1단계 : 목욕할 때

촉진하기에 가장 좋은 시기는 목욕할 때이다. 한쪽 팔을 머리 뒤로 올리고 다른 손으로 팔을 올린 쪽의 유방을 만져본다. 손바닥을 모두 펴서 유방의 구석구석을 빠짐없이 만져 보면서 덩어리나 굳은살이 있는지 잘 살핀다.

■ 제2단계 : 거울 앞에서

팔을 내린 채로 거울에 비친 모습을 전체적으로 관찰한 후 두 팔을 만세 부르듯이 올려서 관찰한다. 전체 윤곽의 변형이 있는지, 부어오르거나 들어간 부분은 없는지, 또는 유두의 모양이 변했는지를 잘 관찰한다. 그 다음에 두 손을 허리에 대고 아래로 힘을 주면서 가슴 근육을 수축시킨다. 이때 유방의 움직임이 좌우 대칭으로 동일한가를 유의해서 본다.

■ 제3단계 : 누운 자세로

누워서 베개나 타월을 오른쪽 어깨 밑에 받친 후 오른팔을 머리에 괸다. 손가락으로 오른쪽 유방의 바깥에서부터 한 바퀴 원을 그리며 만지면서 차츰 유두 쪽으로 이동한다. 천천히 부드럽게 만져 손가락 끝의 감촉으로 유방 속 조직의 어떤 변화도 놓치지 말아야 한다. 한쪽 유방의 검진이 끝나면 반대쪽을 같은 방법으로 반복한다. 마지막으로 양쪽 유두를 엄지와 검지로 가볍게 짜보아 분비물이 나오는지를 관찰한다.

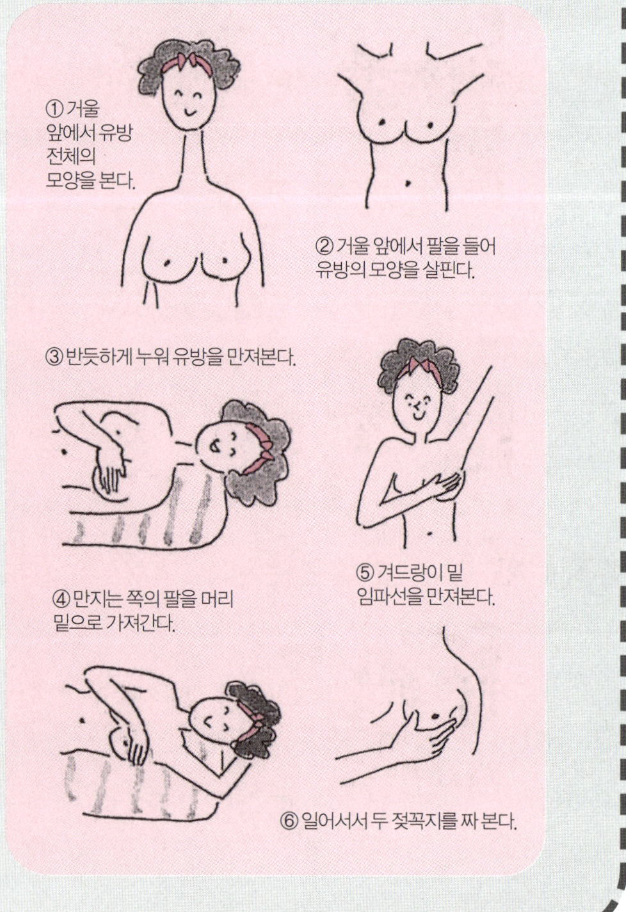

주머니 같은 것이 만져지기도 한다. 대체로 월경 전에는 증세가 심하지만 월경이 끝나면 응어리가 없어진다. 간혹 응어리에서 맑은 분비물이 나오기도 한다. 응어리는 섬유선종처럼 윤곽이 뚜렷하지는 않고 함몰되는 일도 없다.

응어리가 없어지지 않으면 검사 받는다

유선증은 월경 주기에 따라 응어리가 있었다 없었다 하기 때문에 특별히 치료를 받을 필요는 없다. 그러나 유방암 초기 증상과 유사한 부분이 많으므로 만약 응어리가 쉽게 없어지지 않는다면 검사를 받는 것이 좋다.

검사는 X선검사, 초음파검사를 통해 진단하며 경우에 따라 조직검사를 실시하기도 한다. 유선증은 별다른 치료 없이 지나갈 수 있으며, 약물로 치료하는 방법도 있다. 그러나 유방암으로 진행하는 경우가 정상인에 비해 3~5배 높으므로 6개월에 한 번 정도 유방 X선 촬영을 실시하는 것이 좋으며, 평소에 유방 자가진단법을 이용하여 스스로 체크하는 습관을 들인다.

집에서는 이렇게 자가진단법으로도 유방암 여부를 알 수 있다. 유방 모양이나 유두 방향의 변형, 유방 표면 중 움푹 들어 간 곳이 있다, 임파선이 부어 있고 젖을 짜면 검붉은 분비물이 나온다면 서둘러 병원으로 가서 정확한 검사와 진단을 받아야 한다.

유방암

가족력이 있는 경우 위험하다

모든 암이 그렇듯 유방암의 원인도 아직 명확하게 밝혀지지는 않았다. 다만 유방암 환자들을 통계적으로 살핀 결과 유방암 발생과 관련성이 있는 몇 가지 유인을 발견했다. 대개 유방 발생 위험이 높은 것으로 나타난 사람은 우

선, 유방암 가족력이 있는 경우다. 그 밖에 초경이 늦었거나 출산이나 수유 경험이 없는 경우, 호르몬제제의 장기복용, 방사선에 노출된 경험이 있는 경우, 50세 이상의 여성 등이 해당한다. 물론, 이런 조건에 해당되지 않는 유방암 환자도 70%에 달한다. 하지만 고위험군에 속하는 사람들은 보통 사람보다 더한층 건강관리와 자가진단에 주의를 기울여야 할 것이다.

응어리, 유두 함몰, 혈성분비물 보이면 의심한다

유방암은 한국 여성에게 자궁암 다음으로 발생 빈도가 높고 점점 증가하는 추세다. 크게 선종과 육종으로 나뉘는데 약 95%가 선종이다. 선종은 주로 유선을 이루는 세포에서 생긴다. 유방암은 주로 통증이 없이 혹이나 단단한 조직 덩어리로 발생하는 것이 대부분이다.

이 덩어리 암세포는 겨드랑이, 목, 가슴에 있는 림프선으로 쉽게 전이할 수 있고 혈액을 따라 체내 어디든지 퍼질 수 있다. 유방암의 증세는 만져지는 덩어리 외에도 부어오르는 것, 속으로 들어가는 것, 피부가 빨갛게 부어오르는 것 또는 자극감이다.

유두의 변화로는 하얀 비늘 같은 것이 생기는 것, 유두가 들어가는 것, 유두로부터 혈성 분비물이나 통증이 나타나는 것도 의심되는 증세 중의 하나이다.

방사선 치료와 외과적 수술 병행한다

치료는 대체로 각 전문의들과 상의하여 방사선 치료와 수술의 순서를 정하고 화학요법의 정도도 결정한다. 대부분 수술로 암세포가 전이된 유방을 제거하게 되는데 완전히 치료가 끝난 후 성형외과에서 유방재생수술을 받으면 본래의 가슴 모습을 얻을 수도 있다.

그 이외의 치료방법으로는 호르몬 치료 및 면역요법을 시행하는 경우도 있다.

불감증인 것 같다

불감증의 원인은 여러 가지다. 성교에 대한 불안이나 성생활에 대해 유난히 부끄러움이나 불결감을 느낄 경우, 심리적인 압박감이 작용하여 영향을 받는다. 여성들의 경우 어느 정도 이런 반응을 보일 수도 있지만 그 정도가 심할 때 병적으로 보아야 하며 정신치료를 받아야 한다.

1

성욕을 느끼지 못한다.

YES 2번으로
NO 3번으로

2

성관계를 혐오한다.

YES 4번으로　NO 5번으로

11

남녀간의 성감에는 흥분속도나 특징이 다르니 부담 없이 느긋하게 생각한다. 호르몬 이상분비가 의심된다면 산부인과 검진을 받아보도록.

3

성관계에서 만족을 얻을 수 없다.

YES 10번으로　NO 9번으로

4

잠재적으로 성에 대한 불안감이나 혐오감이 내재되었을 수 있다. 여성이라면 파트너에 비해 흥분속도가 늦어서 만족을 느끼지 못하는 경우도 있다.

10

결혼을 한 커플이다.

YES 13번으로
NO 4번으로

8

우울증이 원인일 수 있다. 신경정신과로 가보도록.

5

현재 임신중이거나 출산 직후다.

YES 6번으로
NO 7번으로

9

유년기의 잘못된 체험이나 부끄러움, 불안, 공포 등 심리적인 이유에서 올 수 있다. 이런 증세가 오래 지속되거나 부담이 된다면 신경정신과나 상담 프로그램을 이용해본다. 간혹 호르몬 분비 이상이 있을 수도 있으니 산부인과 검진도 권한다.

6

임신, 출산이 심리적으로 작용하여 영향을 받는 것이다. 곧 괜찮아진다.

7

전신이 무기력해지고 우울하다.

YES 8번으로
NO 11번으로

12

가족들이 신경 쓰여서
성관계에 집중하지
못한다면 환경을 바꿔본다.

13

다른 가족들과
함께 살고 있다.

YES 12번으로
NO 15번으로

14

남성의 일방적인 행위에
불만이 많다.

YES 16번으로
NO 9번으로

15

방음이 제대로 되지 않아
옆집 소리가
그대로 들리는 공동주택에
살고 있다.

YES 17번으로
NO 14번으로

16

남성의 이해와 배려가
필요하다. 여성의
성적 흥분은 남성에 비해
상당히 완만하고
느리게 나타나기 때문이다.

17

성관계 시 다른 사람이
소리를 듣게 되진
않을까 하는 걱정이 원인이
될 수도 있다.

상황에 따른 일시적 현상이다

임신 중이거나 출산 직후에 성욕이 없거나 성교에 대한 불안감이나 혐오감이 드는 것은 일시적인 현상이므로 걱정할 필요가 없다. 이 밖에도 시부모 등 남편 외에 가족이 함께 살고 있거나 벽이 얇은 공동주택에서 살고 있는 경우 신경이 쓰여 섹스에 몰입할 수 없는 경우도 만족감을 느끼기 힘들다. 환경을 바꿔보는 것도 방법이다.

파트너의 이해와 노력이 필요하다

부부간의 불화나 남성과 여성의 서로 다른 성감에 대한 이해 부족 등이 이유가 되기도 한다. 무미건조한 섹스가 오래 지속되어 섹스에 대한 흥미를 잃어버렸을 수도 있고 반대로 지나치게 성적 만족감을 얻는 데 집착하여 예민해져 있을 수도 있다.

파트너간의 이해와 노력이 선행돼야 하고 느긋한 마음가짐도 필요하다.

호르몬 분비 이상도 이유가 된다

어릴 때의 좋지 못한 성적 체험으로 인한 섹스에 대한 잠재적인 혐오감이나 불안감이 원인이 될 수 있다. 이 밖에도 전신 권태감이나 우울한 기분 때문에 섹스를 기피하거나 만족감을 못 느낄 수도 있다. 이런 경우 정신과 상담을 받아보는 것이 좋다. 드물게 호르몬 분비 이상으로 불감증이 생길 수 있는데 이럴 때는 산부인과 치료를 받는다.

불감증

원인 만성질환이나 심리적 요인

성행위에 관심이 없거나 만족을 느끼지 못하는 증상으로 그 원인은 다양하다. 먼저 성생활에 지장을 초래할 수 있는 만성질환, 즉 고혈압, 당뇨병, 심한 빈혈, 각종 신경계 질환, 그 외 각종 비뇨생식기계 질환을 가지고 있는 경우를 들 수 있다.

이 밖에 성에 대한 부정적 태도 및 편견, 성행위를 부도덕한 것이나 추한 행위로 생각하는 것, 정서적 불안감, 우울증 등 성에 대한 정서적 문제가 80%를 차지한다. 상대에 대한 성적 매력이나 사랑이 없는 경우, 상대방의 성행위 시의 태도나 기술 등도 원인으로 작용한다. 이 밖에 비만하다거나 자궁을 들어낸 경우 심리적인 요인도 작용하며 경구용 피임약을 잘못 사용해도 올 수 있다.

증세 오르가슴을 느끼지 못한다

여성이 고조로 흥분되면 대개의 경우 쉽게 오르가슴에 도달하지만 성욕의 정도나 오르가슴에 대한 민감도는 개인에 따라 그 차이가 심하며 또한 상대자와의 관계가 크게 좌우한다. 불감증은 사람마다 그 정도가 다 다르다. 심한 경우 어떤 자극에도 성적인 흥분을 느끼지 못하며 전혀 성적인 욕망이 없는 경우가 있다. 그런가 하면 성적 욕망도 있고 전희에 성적 흥분을 느끼면서 정서적으로는 사랑의 감정에 빠져들기도 하지만 오르가슴은 느끼지 못하는 경우도 있다. 이 밖에 자위행위에서는 오르가슴을 느끼지만 이성과의 성교에서는 오르가슴을 못 느끼는 경우도 있다.

치료 부부가 함께 치료하고 해결한다

불감증의 원인과 증상이 개인에 따라 조금씩 다르듯 그 치료 또한 각각의 경우에 따라 달라진다. 따라서 전문가와 상담하여 원인을 확실히 파악한 다음 적절한 치료법에 따라 치료한다. 먼저 원인이 되는 다른 질환이 있는지 살펴 원인을 제거하는 것이 우선 해야 할 일이다. 신체적인 원인이 아니라 정신적이고 심리적인 데 원인이 있다면 상담을 통해 성행위에 대한 부정적인 느낌이나 거부감, 수치감 등을 없애준다. 필요에 따라 정신안정제나 호르몬을 투여하기도 하는데 무엇보다 중요한 것은 부부 사이의 솔직한 의견교환과 협조다.

은행은 대단한 강정, 강장 효과를 가지고 있다. 은행을 껍질 벗겨 설탕을 넣고 달콤하게 조려 하루에 6~7개 정도 먹으면 여성은 불감증을 극복할 수 있고 남성은 정력증진에 좋다. 귀에는 성기능을 항진시키는 경락이 모여 있으므로 목욕 후 귀를 맛사지해도 불감증에서 점차 벗어날 수 있다.

알·아·두·자

성기능을 높이려면

- 피를 맑게 해주고 체액을 알칼리화해 주는 것이 좋다. 그러기 위해서는 피를 맑게 해주는 해조류, 생선류, 채소류, 과일류 등을 많이 먹는다. 육류나 기름기가 많은 음식은 비만의 원인이 되고 산성체질이 될 염려가 있으므로 피한다.
- 기분 전환을 위해 취미생활이나 술을 조금 마셔본다. 약간의 알코올은 혈액순환을 도와 피곤을 풀어주고 기분을 상승시켜 성기능에 활력을 준다. 샤워를 하는 것도 스트레스 해소를 위해 좋은 방법이다.
- 과음·흡연·카페인 섭취를 줄이고 수면부족이 되지 않도록 하며 스트레스가 쌓이지 않게 한다.

신혼 불감증이란?

신혼기에는 성에 대한 사전 지식이 부족할 경우가 많다. 특히 여성의 경우 처녀성에 대한 심리적인 작용이 의외로 강하게 나타날 수 있으므로 일시적인 불감증이 되기 쉽다. 무엇보다 성에 대한 올바른 이해가 필요하다.

성에 대한 무지나 편견 등이 불감증을 불러올 수 있다.

■ 혼전 육체관계도 이유가 된다

결혼 전에 불행했던 성교 경험이 있어 정신적인 상처를 입었을 경우에 불감증이 될 수 있다. 예를 들어 강간이나 성희롱 등과 같은 경우가 이에 해당한다. 그리고 결혼에 실패한 경험이 있는 경우도 해당한다.

■ 불결하다는 생각 때문에 생긴다

성생활에 있어서만큼은 성기가 배설기관이라는 사실에 지나치게 얽매여서는 안 된다. 그렇게 되지 않으려면 일단 평소에도 청결한 관리를 해 불결하다는 느낌을 없애야 한다.

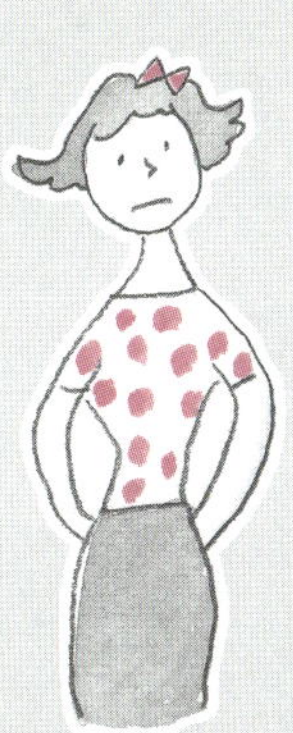

성에 대한 잘못된 인식은 불감증으로 이어진다. 간혹 어떤 여성들은 성 자체를 불결하게 생각하는 경우가 있는데 이런 생각에서 벗어나려면 항상 청결감을 잃지 않도록 깨끗이 관리해야 한다.

■ 임신 공포증도 불감증이 된다

이런 경우는 적지만 그래도 신혼일 때 아직 임신에 대한 준비가 되어 있지 않으면 여성은 임신을 피하고 싶은 마음을 가지게 된다. 이로 인해 불안한 마음이 들고 성생활을 회피하게 되어 불감증이 생길 수도 있는 것이다.

■ 초야의 실패가 두려움이 된다

여성은 첫 경험에서 어느 정도 통증을 느끼게 된다. 이럴 때일수록 남성의 배려가 필요하다. 그런데 남성 역시 미처 성에 관해 미숙해 여성이 별다른 감흥을 느끼지 못하고 단지 통증만을 경험했다면 이 경험으로 여성은 성행위에 대한 공포감을 가지게 된다. 이로 인해 불감증이 된다.

첫 경험의 기억이 성행위에 대한 공포감을 갖게 할 수도 있다. 남성의 배려가 필요하다.

■ 부끄러움 때문에 생긴다

도덕적으로는 강압된 성적 죄악감이나 불결감이 잠재의식으로 작용해서 불감증으로 드러난다. 성생활에 대해 유난히 부끄러워한다거나 지나치게 도덕적으로 행동하는 경우가 있는데 이것이 심하면 병적이라고 보아야 한다.

이런 경우는 정신치료의 대상이 되며 치료가 된 후라야 올바른 성생활을 할 수 있게 된다.

음부에 통증이 있다

다른 증상 없이 음부만 가렵다면 팬티스타킹이나 나일론 속옷이 원인일 수 있다.
분비물이 나오면서 심하게 가려우면 세균 감염에 의한 염증일 수 있지만
그 밖에 통증이나 응어리가 있다면 성병일 수도 있으니 검진을 받아보도록.

1
음부가 부어 있고
빨갛게 되었다.
YES **2번**으로
NO **4번**으로

2
가렵고 아프면서
음부의 살이 짓물렀다.
YES **7번**으로
NO **3번**으로

8
질 입구에 통증을
동반한 오돌도돌한
좁쌀 크기의
수포가 많이 생겼다.
YES **9번**으로
NO **12번**으로

3
바르톨린선염일 수 있으니
산부인과로 가보도록.
지나치게 커진다면 수술을
받아야 한다.

4
심하게 가렵다.
YES **5번**으로
NO **8번**으로

7
질 입구 부위가
붓고 아프다.
YES **28번**으로
NO **11번**으로

5
노란 분비물이
나오면서
심하게 가렵다.
YES **6번**으로
NO **10번**으로

6
임질일 수 있으니
산부인과로 가보도록.

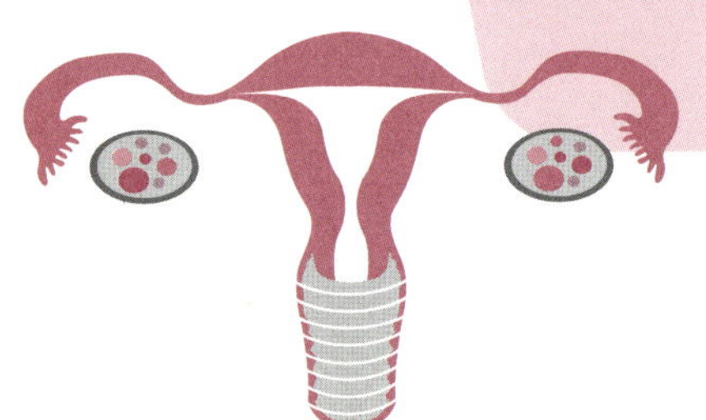

9
성기헤르페스일
확률이 높다.

10
소음순이 부어 있고
누리끼리하거나
혹은 흰색 분비물이 나온다.
YES 18번으로
NO 22번으로

참 / 조 / 페 / 이 / 지
갱년기장애 … 109, 160
베체트병 … 248
칸디다질염 … 304
트리코모나스질염 … 305

11
외음염으로 보인다.

12
대음순이나
소음순의 안쪽이
짓물렀고
응어리가 잡힌다.
YES 13번으로
NO 15번으로

13
입안에도 응어리가
생겼고 피부에
붉은 반점이 생겼다.
YES 14번으로
NO 17번으로

16
외음부백반증이나
외음위축증일 수 있다.
심각한 이상을 알리는
전조 증세일 수 있으니
빨리 산부인과
검진을 받아보도록.

14
베체트병일 수 있다.
내과, 산부인과
검진을 받아보도록.

15
외음부 피부가 두꺼워지면서
광택을 띠고
하얗고 단단해졌다.
YES 16번으로
NO 19번으로

다음 페이지에서 계속 ▶ ▶ ▶

▶ ▶ ▶ 이전 페이지에서 계속

17

외음부의 짓무른
부위와 응어리 부근에
통증이 있다.

YES 26번으로
NO 21번으로

18

트리코모나스질염이나
칸디다질염일 수 있다.
성교 시 아픔을
동반하는 경우도 있다.

24

서혜부탈장일
가능성이 높다.

19

성관계 후 2~3일,
또는 2~3주 이내에
변화가 생겼다.

YES 20번으로
NO 23번으로

20

성관계 후 2~3일 만에
붉은 구진이
음부에 생겼다가
궤양이 되었다.

YES 25번으로
NO 21번으로

23

허벅지 윗부분까지 부었다.

YES 24번으로
NO 27번으로

21

질 입구에 아프지 않은
응어리가 있다면
매독일 수 있으니 산부인과 검진을
받아보도록.

22

외음부소양증일 수 있다.
혹은 면재질이 아닌 속옷 등으로
생긴 가려움증일 수 있다.

나일론 속옷도 가려움증 유발한다

다른 증상 없이 음부가 가려우면 **외음부소양증**이다. 목욕 후나 나일론 속옷을 입어도 생긴다. 질 입구에 작은 물집이 생기는 **성기헤르페스**나 대음순, 소음순의 안쪽에 짓무름이나 응어리가 있고 피부에 붉은 발진이 생기는 베체트병 등은 대부분 세균감염으로 인한 증상이다. 방치하면 악화되므로 초기에 치료한다.

질염이 있으면 성교시 통증이 있다

성교 후 2~3일 만에 음부에 붉은 구진이 생겼다가 궤양으로 변했다면 연성하감을 의심한다. 허벅지 윗부분이 부었다면 서혜부 탈장일 수 있으므로 내과나 외과를 찾는다.

이 밖에 소음순이 붓고 담황색 또는 흰색 분비물이 있다면 트리코모나스질염, 칸디다질염, 비특이성 질염을 의심한다. 성교 시 통증을 동반하기도 한다.

외음부백반증은 중병의 전조다

외음부 피부가 두꺼워지거나 하얗게 되고 위축되었다면 외음부백반증 또는 외음위축증을 의심한다. 암 등 심각한 병의 전조일 수 있다. 질 입구에 통증이 없는 응어리가 있다면 매독을, 노란색 분비물과 가려움증이 있으면 임질일 수 있다. 음부가 빨갛게 붓고 가려움증, 통증, 짓무름이 있으면 **바르톨린선염**일 수도 있다. 너무 커지면 적출 수술이 필요하다.

25

연성하감일 수 있다.

26

급성외음궤양일 가능성이 높으니 빨리 산부인과 검진을 받아보도록.

28

바르톨린선염일 수 있으니 빨리 산부인과로 가보도록.

27

증세가 지속된다면 산부인과로, 갱년기를 넘어선 후에는 난소 작용이나 호르몬 분비가 변하기 때문에 음부에 기분 나쁜 증세가 느껴지기도 한다.

바르톨린선염

원인 대장균과 임균 등에 의한 감염

바르톨린선은 여성성기 중 질 아래쪽에 위치하며 대음순 내부의 안쪽에서 소음순 안쪽을 향해 열려 있다. 성교 시 점액을 분비하여 외부생식기를 적셔주는 역할을 하는 것으로 이곳에 세균이 감염돼 염증을 일으킨 것이 바르톨린선염이다. 원인균으로는 대장균과 임균이 가장 흔하다. 꽉 죄는 청바지나 속옷을 오래 입거나 불결한 상태에서 성관계를 해서 감염이 되는 경우가 흔하다.

증세 붓고 화끈거리며 아프다

바르톨린선의 입구가 막히면 밖으로 배출될 수액이 고이게 된다. 바르톨린선은 항문이나 질 입구, 요도 입구와 가깝기 때문에 세균감염의 위험이 높으며 여기에 세균이 감염되면 감염 부위가 부어오르고 농양이 생겨 고름으로 가득 찬다. 화끈거리며 만지면 아프다. 더 심해지면 감염 부위에 밤톨만 한 낭종이 생겨 밖에서도 만져진다.

치료 낭종이 생기면 수술로 제거한다

염증이 생겼을 때는 환부를 청결하고 건조하게 유지해 주면서 안정을 취하는 것이 좋다. 보통 통증은 그리 심하게 느껴지지 않는데 만약 통증이 심하다면 진통제를 쓸 수도 있다. 치료는 보통 항생제를 사용하며 감염증이 진행돼 고름이 고였다면 고름을 짜낸다. 바르톨린 낭종의 경우 수술로 제거하는 것이 가장 확실한 방법이다. 산부인과에서 1시간 정도만 하면 할 수 있을 만큼 간단한 것이지만 낭종을 완벽하게 제거하지 않으면 재발확률이 높다.

집에서는 이렇게 생식기 주변이 불결하거나 통풍이 잘 안 되면 염증이 잘 생긴다. 성기 주변은 항상 청결을 유지하며 속옷은 면으로 된 것을 입고 너무 꽉 죄는 옷은 입지 않는다. 또 성관계를 너무 오래 해도 바르톨린선의 입구를 막는 요인이 되므로 주의한다.

성기헤르페스

원인 성교를 통해 감염된다

여성의 외부 생식기에 흔한 질병으로 헤르페스 바이러스가 원인균이다. 피부나 점막의 접촉을 통해 전염되므로 성교가 가장 직접적인 감염경로다.

1차 감염 후 신경절에 잠복해 있다 피곤하거나 스트레스를 많이 받는 경우, 임신, 월경, 외상 등 저항력이 약해지면 쉽게 재발하는 것이 특징이며 감염 산모로부터 출산 시 태아에게 감염되는 경우도 있다.

 외음부에 수포 생기고 가렵다

초기에는 별다른 증세 없이 전신 피로감, 두통 같은 증상들이 나타나다가 외음부에 작은 수포들이 생겨 가렵고 아프다. 소변보기가 불편하며 냉, 대하가 증가한다. 수포는 며칠 지나지 않아 터지면서 궤양을 만들어 이차적인 세균감염을 일으킨다. 이러한 궤양은 양측 음순에 넓게 생겨 심하게 붓는다. 특히 서혜부 임파절이 붓지만 궤양은 흔적 없이 자연 치유된다.

치료 **반드시 배우자와 함께 치료한다**

통증을 줄이기 위해 진통제를 사용한다. 그러나 무엇보다 이차 세균감염이 생기지 않도록 예방하는 것이 중요하다. 최근에는 항바이러스 약제를 주사제나 연고 형태로 많이 사용한다. 하지만 항바이러스제로 일단 드러나는 증세가 가라앉았다 하더라도 말초신경의 줄기를 타고 척추 근처의 신경절에 자리를 잡은 바이러스까지 없애지는 못한다. 이 경우 평생을 두고 재발을 일으키게 된다. 재발은 보통 1년에 5~6회 정도 나타나는데 사람마다 조금씩 다르다.

집에서는 이렇게 감염 후 치료는 반드시 배우자와 함께 받아야 하며 증상이 있을 때는 성 접촉을 피해야 한다. 만약 임산부가 성기 헤르페스에 감염됐을 경우 분만 시 질분비물에 의해 신생아에게 전염될 수 있으므로 제왕절개를 하는 것이 안전하다.

외음부소양증

원인 **꽉 죄는 옷도 원인이 된다**

외음부염증, 노년성질염, 외음부백반증의 한 증세로 나타나는 경우가 가장 흔하다. 이 외에는 월경혈이나 성교 시의 분비물, 질 분비물, 소변, 비누 세정 등에 의해 자극을 받는 경우도 있으며 코르셋이나 꽉 조이는 팬티스타킹, 합성섬유로 된 속옷도 요인이 된다. 한편 습진, 당뇨병, 내분비 장애 등도 원인이 되고 특별한 원인 없이 신경성인 경우도 있다.

증세 **참을 수 없는 가려움이 특징**

견디기 힘든 가려움증이 특징. 특히 목욕을 하거나 잠자리에 들어 몸이 따뜻해지면 증상이 더 심해져 신경쇠약이나 불면증에 걸리는 수도 있다. 가려움을 참지 못하고 긁어 음부가 빨갛게 될 수도 있고 더 심하면 상처가 나 염증이 생기는 수도 있다. 극심하고 지속적인 가려움증이 특징인 외음부백반증의 경우 드물기는 하지만 외음부암으로 진행될 수도 있다.

치료 **외음부를 청결하게 유지한다**

각종 질염이 문제라면 질염을 치료하고 외음부 피부가 건조해져 위축되고 하얗게 되는 외음부백반증의 경우 난포호르몬이 든 연고로 치료하며 비타민 A결핍이 원인이 되기도 하므로 비타민 A제제를 복용하기도 한다. 이 외에 다른 전신질환도 치료한다.

특정 질병이 원인이 된 경우가 아니라면 질의 분비물이 가려움증을 유발하는 중요한 원인이 되므로 외음부를 항상 청결하게 하는 것이 중요하다.

외음부소양증이 생기면 남 보는 데서 시원하게 긁지도 못하고 긁으면 또 상처가 생겨 고생하게 되므로 심리적으로 위축되기 쉽고 스트레스도 심할 수 있다. 마음을 느긋하게 가지고 치료한다. 무청을 목욕물에 우려 그 물에 목욕하면 가려움증이 완화된다.

냉·출혈이 있다

성인 여성이라면 배란주기 때 분비되는 냉은 정상이지만
색깔이 짙고 점성이 높으면 위험할 수 있다. 생리기간 외에 생식기에서 부정출혈이 있다면
심각한 질환일 수 있으니 서둘러 전문의와 상담하도록.

1

생리가 아닌데
출혈이 있다.

YES **2번**으로
NO **4번**으로

2

기혼여성으로
임신을 하고 있거나
임신준비중이다.

YES **3번**으로
NO **6번**으로

3

임신 초기라면
자궁외임신, 혹은
유산, 포상기태일 수
있으니 빨리
산부인과로 가보도록.

11

중장년으로
물같이 묽은 분비물이
나온다.

YES **12번**으로
NO **15번**으로

10

자궁내막염, 자궁내막증,
자궁근종일 가능성이 높다.
심각한 질환일 수 있으니
빨리 산부인과
검진을 받아보도록.

4

외음부염증이 있으면서 고름과 같은
분비물이 나오는데 그 색이 노랑, 혹은 녹색이다.

YES **5번**으로   NO **7번**으로

5

트리코모나스질염일
수 있다.
산부인과로 가보도록.

6

성관계 직후 출혈이
일어났다.

YES **10번**으로
NO **9번**으로

8

칸디다질염일 수
있으니 산부인과로
가보도록.

7

젖은 휴지 조각
같은 허연 분비물이 나오면서
음부가 가렵다.

YES **8번**으로   NO **11번**으로

9

폐경기에 접어들면서
갑자기 출혈이 났다.

YES **14번**으로
NO **13번**으로

12

갱년기에 흔히
나타나는
질염으로 보인다.

13

자궁질부미란, 자궁경관
미란일 가능성이 높다.

14

심각한 질환일 수
있으니
산부인과 검진을
받아보도록.

참 / 조 / 페 / 이 / 지

갱년기장애 … 109, 160
자궁내막증 … 155

15

노란색 분비물이
나온다.

YES 16번으로
NO 18번으로

16

피가 섞인
점성의 노란 분비물이
나온다.

YES 17번으로
NO 19번으로

17

자궁질부 미란,
자궁경관 미란, 자궁경관
폴립, 자궁경관염,
자궁근종일 수 있으니
산부인과로 가보도록.

19

성감염증일
가능성이 높다.
산부인과로
가보도록.

18

분비물이 평소보다 많고 열이 나며 하복부 전체에 통증이
있다면 난소, 난관과 같은 자궁부속기염이나
골반복막염, 질염일 수 있다. 피가 섞인 분비물이라면
심각한 질환일 수 있으니 속히 산부인과로 가보도록.

가벼운 증세

부부가 함께 검사 받는다

냉에 색깔이나 점성이 있다면 문제가 있다. 옅은 노란색 혹은 다소 녹색이 있는 고름 모양의 분비물과 외음부염증이 있으면 **트리코모나스질염**을, 술찌꺼기 같은 희멀건 분비물이 있고 음부가 가려우면 **칸디다질염**을 의심한다. 중년 이상으로 물 같은 분비물이 나오면 갱년기 질염일 수 있다. 증세가 가벼워도 부부가 함께 치료를 받아야 한다.

의심되는 증세

자궁근종, 질염 등을 의심한다

분비물의 색깔이 노랗고 점성이 있다면 성감염증을 의심할 수 있다. 이 밖에 점성의 분비물에 피가 섞여 있다면 자궁질부미란, 자궁경관미란, 자궁경관 폴립, 자궁경관염, **자궁근종** 등이 의심된다. 분비물이 평소보다 많거나 색이 있을 때는 난소나, 난관 등 **자궁부속기염**이나 골반복막염, 질염을 의심할 수 있다. 피가 섞였다면 중병일 수 있다. 서두른다.

중 증

갑작스런 출혈은 중병의 전조다

임신 중이거나 임신 가능성이 있는 여성이 월경이 아닌 출혈이 있다면 유산 혹은 자궁외임신, 포상기태일 가능성이 있다. 빨리 산부인과로 간다. 성교 후에 출혈이 일어났다면 **자궁내막염**, 자궁내막증, 자궁근종 외에 심각한 병일 수도 있으므로 서두른다. 폐경기 이후의 갑작스런 출혈도 심각한 병의 징후일 수 있다.

자궁내막염

원인 임질균이나 트라코모나스 균의 감염

자궁 안쪽 점막에 세균에 감염되어 염증이 생긴 경우. 건강한 여성의 경우 자궁경관에서 세균의 침입이 차단되지만 출산 후나 인공중절 후 등 저항력이 약해진 경우에 세균 침입이 쉬워진다.

또 남성이 임균성 요도염 등 성병에 걸린 경우 성교를 통해 감염된다. 원인균은 주로 임질균이나 트라코모나스 같은 균이다.

증세 고름 또는 피가 나온다

고름 같은 노란색 분비물이 점차 늘어나는 것이 특징. 열이 나고 아랫배가 아프다. 증상이 진행될수록 대하의 양이 많아지고 피가 섞여 나오는 경우도 있다. 악취가 심하며 만성으로 이를 때엔 빛깔은 진하지 않으나 계속해서 분비물이 나온다. 심해지면 세균이 더욱 위쪽으로 침입해 난소, 난관 복막에까지 염증을 일으킬 수도 있다.

복강경으로 골반 내를 직접 보면서 진단하는 검사이며 불임증에서는 색이 있는 용액을 자궁 안에 주입하여 난관의 소통이 원활한가를 알아낼 수도 있다.

치료 평소 질 분비물에 관심 가진다

항생제로 치료할 수 있지만 평소 자신의 질 분비물에 관심을 갖고 주의를 기울이는 것이 필요하다. 만약 병적인 대하라고 판단이 되면 서둘러 전문의를 찾아 정확한 검진과 그에 따른 치료를 받는다.

성교 전후에는 항상 깨끗이 씻는 습관을 들이고 성교 후 배뇨 습관을 들인다. 불결하고 무절제한 성교로 인해 감염되는 경우가 많으므로 절제 있는 생활을 하며 인공유산이나 출산 후에는 무리한 활동이나 성교를 삼가고 충분한 휴식을 취해야 한다.

집에서는 이렇게 분비물이 늘어나 외음부가 지저분해지기 쉬우므로 속옷은 자주 갈아입고 목욕시도 음부를 깨끗이 씻어 청결을 유지한다.

단 비누 등을 함부로 사용하면 증상을 악화시킬 수 있으므로 주의한다. 분비물이 늘어 냄새도 나고 하복부의 통증도 심하다면 무궁화꽃봉오리를 달여 마시면 효과가 있다. 차조기는 방부제로서도 효과가 있으므로 분비물로 생긴 염증을 가라앉히는 데 효과가 있다. 차조기 잎이나 씨를 물로 달여 하루 3회로 나눠마신다.

자궁부속기염

원인 질을 통해 들어온 세균에 감염

난관이나 난소, 혹은 그것을 고정시키고 있는 인대 등에 생기는 염증으로 가장 흔한 것이 난관염이다. 질을 통해 들어온 세균에 감염되어 염증을 일으키게 되는데 대개 분만 후나 유산 후, 혹은 인공 임신중절 후에 섭생을 잘못해 생기는 경우가 많다.

원인균으로는 임균, 클라미디아, 화농균, 마이코플라즈마 등이 있다.

 고열과 하복부 통증이 주요 증세

급성 염증의 경우 고열이 나고 하복부 전체에 통증이 생긴다. 통증은 아주 심해 움직일 수 없을 정도일 수도 있고 견딜 만큼 무지근한 통증일 경우 등 여러 가지다. 이런 하복부 통증과 함께 분비물의 증가가 특징적인 증상이며 만성화될 경우 하복부 동통 외에도 허리가 아프고 배뇨 시 통증을 느끼게 되며 분비물에 고름이나 피 같은 것이 섞이기도 한다.

 만성화되면 불임의 원인이 된다

초기에 잘 치료하면 완치할 수 있으나 방치하면 만성화되어 고생하는 경우가 많다. 편안하게 누워 우선 안정을 취하며 통증이 심할 경우 진통제를 투여한다. 치료는 보통 항생제 투여가 일반적인데 배양검사나 도말검사, 과거병력 등 다양한 검사들을 통해 원인을 파악한 후 적절한 항생제를 전문의로부터 처방받아야 한다.

항생제를 사용해도 증상이 나아지지 않고 농양이 생길 때는 수술로 염증 부위를 절개해 고름을 빼내야 한다. 한편, 도말검사 결과 임균이 발견되면 성접촉 시 전염되므로 반드시 배우자와 함께 치료해야 한다. 치료하지 않고 그대로 방치해두면 불임증의 원인이 된다

쑥에는 지혈과 통증을 멎게 하는 약효가 있다. 분비물이 많고 통증이 심할 때는 쑥 생즙을 마셔도 좋고 쑥을 달여서 먹어도 효과가 있다. 미나리 달인 즙을 하루 3회 정도 마시면 통증을 완화하는 데 도움을 준다.

자궁근종

 여성 호르몬과 관련 있을 것으로 추측

자궁에 단단한 혹이 생기는 병으로 30세 이상의 여성 5명 중에 1명 꼴로 부인과 질환 중 가장 흔한 병 중의 하나다. 원인은 아직 명확하게 밝혀지지 않았으나 난소의 기능이 활발한 연령층에서 잘 생기는 것으로 보아 여성호르몬인 에스트로겐(난포호르몬)과 관련된 것으로 추측되고 있다. 또 유전적 소인도 있는 것으로 보인다.

 월경 양이 늘고 기간도 길어진다

월경 양이 갑자기 많아지거나 출혈 기간이 길어진다. 월경통이 심하다. 생리가 아닌 때에 출혈이 있다. 근종이 큰 경우 주위 장기의 압박으로 변비나 소변이 자주 보고 싶고 다 나오지 않은 것 같으며 허리가 아프다. 안색이 좋지 않고 쉬 피로하며 빈혈 증상이 온다.

임신이 된 경우에는 근종이 방해가 되어서 유산이 되거나 조산을 일으키기 쉽다.

 근종이 크고 폐경기라면 자궁적출

근종 그 자체를 없애려면 수술로 제거하는 방법 외에는 없지만 근종이라고 해서 모두 수술로 제거해야 하는 것은 아니다. 연령, 근종의 크기, 생긴 부위, 증상에 따라 수술할 필요가 없는 경우도 있다. 폐경이 가까운 연령이거나 근종의 크기가 작고 증상이 거의 없는 경우 등은 대략 6개월 간격으로 진찰하여 근종의 변화를 관찰한다.

반드시 수술해야 하는 경우는 특별한 자각 증상이 없더라도 근종의 크기가 남자주먹만 한 크기 이상이거나 짧은 기간 내에 커지는 경우, 폐경이 되어도 계속 커지는 경향이 있을 때는 수술로 제거를 해야 되는데 이 모든 것은 전문의의 진단결과에 따른다.

 한약재료상에 가면 살 수 있는 연꽃열매를 가루 내어 따뜻한 물과 함께 먹거나 맨드라미꽃을 달인 즙을 먹으면 부정출혈을 멎게 하는 효과가 크다. 나쁜 피를 정화시켜주는 목이버섯을 달여 꾸준히 먹으면 자궁근종을 예방하는 효과가 있다.

칸디다질염

 경구 피임약, 항생제 사용 후 생기기 쉽다

칸디다라는 곰팡이균의 일종이 질내에 번식하기 때문에 점막에 염증이 생기는 질환. 칸디다균은 정상상태의 질내에도 존재할 수 있다. 그러다가 임신을 하거나 당뇨병이 있거나 경구피임약을 사용하거나 항생물질을 다량으로 사용한 후에 증식하기 쉬운 특징을 가지고 있다. 뿐만 아니라 질이나 자궁의 병변이 있을 때도 증가한다.

 싸라기 모양의 흰 대하가 나온다

싸라기 모양의 흰 분비물이 대량으로 나온다. 질내에 칸디다증이 있어 냉이 많아지면 외음부가 심하게 가려워지고 부어오르며 각질이 허옇게 생기고 그 주변에는 작은 고름집들이 둘러싸고 있는 양상을 띤다. 성교 시에 통증을 느끼는 수도 있다. 질 내의 칸디다균은 성교에 의해 남성에게 감염을 일으킬 수 있으며 귀두포피염을 일으킬 수도 있다.

 항칸디다제제 삽입 혹은 복용한다

치료에 앞서 발병의 요인이 되는 요소를 제거해야 한다. 우선 영양상태를 호전시켜야 하고 병소에 먼저 존재하던 기존질환의 치료와 전신질환, 예를 들면 당뇨병 같은 것을 조정할 필요가 있다. 특히 습기에 노출되는 것을 피하는 것이 무엇보다 중요하다. 외음부 및 질의 국소를 잘 씻고 피부 점막에 붙어 있는 끈적한 곰팡이나 알맹이들을 완전히 떼어낸다. 물로 씻어낸 뒤 약효가 빠른 질정을 질 내에 깊이 삽입한다. 외음부의 증세가 심할 때는 항칸디다제가 든 연고를 바르는 방법도 있다. 칸디다균이 변 속에 들어 있을 때는 항문 둘레가 가렵거나 밖으로 퍼져 외음부의 칸디다증을 일으키는 경우가 있다. 이런 경우는 연고만으로는 치료가 어렵고 정확한 진단에 의해 내복약을 함께 복용해야 한다. 칸디다질염만 있는 경우에는 최근 1회 복용으로 완치되는 푸르코나졸이라는 약물이 개발되었다.

알•아•두•자

가려움증을 가라앉히는 약초 목욕법

일반적인 목욕과 함께 약초 목욕을 병행하면 보다 효과가 있다. 약초 목욕은 식물에 들어 있는 정유 성분이 피부에 작용해서 혈액의 흐름을 좋게 하고 몸을 따뜻하게 해주는데다가 그 따뜻함을 지속적으로 유지시켜 주는 작용을 한다.

■ 무 잎 우린 물로 목욕한다

무에는 여러 가지 소화 효소가 들어 있어 체했거나 소화가 잘 되지 않을 경우 무를 먹거나 무즙을 내서 먹으면 좋다. 무 잎에도 많은 영양소가 들어 있다. 특히 무 잎 말린 무청

을 목욕물에 넣고 그 물에 목욕을 하면 음부의 가려운 증세를 가라앉힐 수 있다. 한 번에 무 잎 15개 분량을 사용한다.

■ 쑥 달인 물을 마시거나 우린 물로 목욕한다

쑥은 손발을 덥게 하고 냉을 쫓는다. 점액의 양이 늘어나 축축하게 되었을 때 마시거나 뒷물로 사용하면 좋다. 쑥 20g과 말린 생강 잎 10g을 함께 그릇에 담고 물 5컵을 붓고 그 양이 반으로 될 때까지 달여 하루 3회로 나눠 마신다.

쑥은 냉증뿐만 아니라 지혈 및 혈액순환에도 좋으므로 산후에 먹어도 좋은 식품이다.

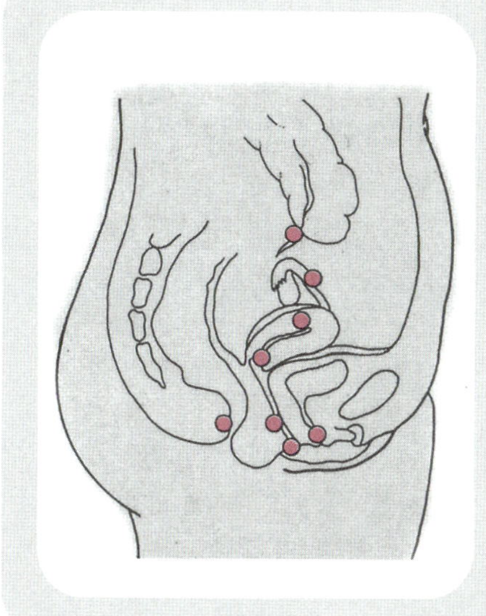

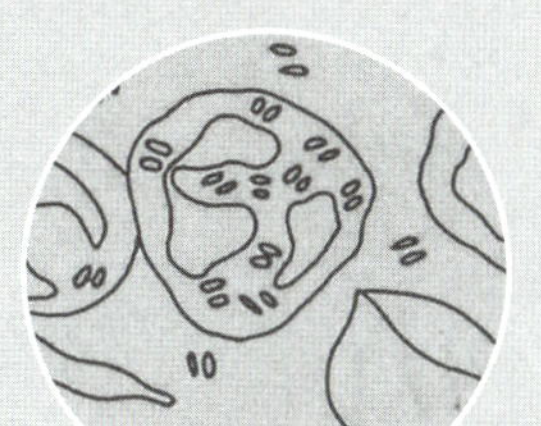

집에서는 이렇게 무청을 목욕물에 넣고 우린 다음 그 물에 목욕을 하면 외음부 가려움증을 가라앉힐 수 있다. 차조기 잎을 달여 마셔도 효과가 있다.

트리코모나스질염

원인 성교로 인한 감염이 대부분

성교로 인해 남성의 비뇨생식기에서 증상 없이 체류하던 트리코모나스가 질 내로 직접 감염이 된다. 간접 감염은 자연계에 있던 트리코모나스가 음식물에 감염이 되어 위장을 거쳐 항문에 이르러 질 내에 감염이 된다. 애완동물을 통하여 감염되기도 하며 침구나 변기 등을 통하여도 감염이 된다.

증세 황록색의 악취 나는 분비물

황록색의 악취가 나는 분비물이 병적으로 많아지는 것이 주요 증상. 악화되면 급성 염증이 생겨 질 내 및 외음부가 따갑고 통증을 느끼게 되며 성교 시에도 통증이 있다. 더 진행되면 외음부에 부종이 생기고 심한 가려움증을 동반하게 된다. 이때 질점막의 혈관이 충혈되고 늘어나 자궁경부 위에 딸기 모양의 붉은 반점이 나타나기도 한다.

치료 부부가 함께 치료받아야 한다

염증이 질내, 외음부에만 생겼다면 그 부분만 치료하면 되지만 방광이나 바르톨린선 등에 감염되어 있을 때는 재발이 잘되고 남편의 비뇨기에 감염되었을 때도 재발이 잘되어 국소치료만으로는 완치되기 어렵다. 국소치료는 산성수로 질 세척을 하고 매일 1회씩 질 후벽부에 질정을 삽입하여 보통 7~10일을 계속한다. 최근에는 항트리코모나스제제가 많이 개발되었는데 내복약으로 된 티베랄이 상당히 효과가 높고 2회 정도 복용으로 완치할 수 있으며 필히 부부가 함께 복용하여야 한다. 트리코모나스는 단세포 원생동물의 한 종류로서 편모를 가지고 있으며 자연계의 여러 곳에서 숙주에 기생 또는 발생하고 있다. 완전히 치료를 하지 않으면 재발 내지 재감염되기 때문에 반복치료를 요하게 된다.

집에서는 이렇게 율무 뿌리를 물에 달여 마시면 염증을 치료해주며 가려움증도 덜어준다.

생리통과 일상생활

월경통의 정도는 개인에 따라 차이가 있지만 생활의 불편을 겪을 정도로 심한 통증은 일반적으로 드물다.

간혹 격한 통증을 겪는 경우에 병이 아닐까 하는 생각을 갖기 쉽다.

■ 월경통이 심하면 자궁의 병을 의심한다

30대 이후, 특히 출산 경험이 있는 여성이 갑자기 심한 월경통을 느끼는 경우에는 종종 자궁과 그 부속기관의 이상이 원인이 되기도 한다. 오히려 심각한 증세의 병은 자각증세가 없는 수가 많으며 월경통을 격화시키는 증세로 쉽게 생각할 수 있는 것은 자궁근종이나 자궁내막증 정도이다.

자궁근종이나 자궁내막증은 정기적인 검진을 받는다면 쉽게 진단할 수 있다. 그러므로 검진을 통해 별 이상이 없음이 밝혀진다면 걱정하지 않아도 된다.

폐경기 무렵
호르몬 변화로 생리통이
심해지기도 한다.

■ 폐경기 무렵에도 생리통이 심하다

갱년기·폐경기의 여성인 경우는 호르몬의 변화 등 이전까지의 신체 리듬이 흐트러지는 과정에서 생리통이 심해지는 경우가 있다. 이런 경우에는 근종의 유무나 호르몬의 양에 따라 출혈을 보이기도 한다. 증세를 보아가며 정기적으로 검진을 받도록 한다.

■ 특히 하반신 보온에 힘쓴다

이상이 없더라도 통증이 심해 일상생활에 지장이 있거나 월경통 외에 두통, 구토 등의 증세가 심하게 나타날 때는 방치해 두어서는 안 된다.

먼저 정신적으로 긴장할 만한 요소가 있는지 살펴 마음을 편안하게 하고 월경기간을 전후해 가벼운 운동 등으로 근육을 풀어주는 것이 좋다. 또 몸을 차게 하면 혈관과 근육이 수축하게 되므로 체온 특히 하반신 보온에 신경을 쓰도록 한다.

일시적으로 진통제를 쓰는 것도 경우에 따라서는 권할 수 있는 방법이지만 월경 때마다 격통이 되풀이된다면 체질에 따라 한방 처방을 쓰는 것도 효과를 볼 수 있다.

심각한 병은 자각증세가
없는 경우도 많으므로
정기검진을 받는 것이 좋다.

■ 심리적인 이유로 통증이 가중된다

초경에서부터 20대에 이르는 젊은 여성들에게 나타나는 월경통은 대개 신경성이거나 자궁의 발달이 완전하지 못해 일어난다. 출산 경험이 없는 자궁은 근육도 유연하지 못하여 월경 시 피를 밖으로 밀어내기 위한 움직임이 부드럽지 못해 통증을 일으키는 것이다.

또 수험생이거나 신경을 많이 쓰는 직업을 갖고 있다면 신경성으로 통증이 가중되기도 한다. 이것은 신경 쓰이는 대상이 없어지면 자연히 사라진다.

비뇨기과로 가야 할 증세

성기능에 이상이 있다

성기능 이상은 다른 증세들보다 개인차도 크고 심리적인 요인도 크게 작용한다.
정상과 비정상의 기준도 모호하여 객관적인 진단이 어려울 수 있으니 성기에 이상이 없다면
마음을 느긋하게 가지고 원인을 찾아보는 것이 필요하다.

1

언젠가부터 발기가 되지 않는다.

YES 2번으로
NO 4번으로

2

성욕이 전혀 없다.

YES 5번으로
NO 3번으로

12

사정시간에는 개인차가 있으니 안심해도 좋다.

11

피로나 스트레스가 쌓이면 **발기부전**이 올 수 있다.
안정을 취하고 기분전환을 하면 좋아진다.
성기가 붓고 가려우며 통증이 있다면 검진을 받아보도록.

3

머리, 목, 등, 허리 등 척추에 심한 충격을 받은 적이 있다.

YES 15번으로
NO 7번으로

4

발기는 되지만 사정을 하지 못한다.

YES 5번으로
NO 8번으로

10

전립선염일 수 있다.

9

걱정이 많고 기분이 울적하다.

YES 13번으로   NO 20번으로

5

몸이 나른하고 피곤하다.

YES 9번으로
NO 6번으로

6

소변을 봐도 시원하지 않고 아픔이 따른다.

YES 10번으로
NO 14번으로

7

전신이 극도로 피로하다.

YES 11번으로
NO 6번으로

8

사정 시간이 짧고 성교 직전에 사정하는 일도 있다.

YES 16번으로
NO 12번으로

13

정신적인 피로와
우울증이 원인일 수 있다.
신경정신과
상담을 받아보도록.

14

성교시
불안감이 앞선다.

YES 19번으로
NO 18번으로

15

뇌, 척추, 척수 등의
신경장애일 수 있다.
뇌신경외과로 가보도록.

16

결혼초라면 너무 걱정하지
않아도 된다.
차츰 좋아진다. 하지만
불안감이 있다면
비뇨기과나 내과 상담을
받아보도록.

17

성관계를 잘할 수 있을까 하는
불안감은 성기능에 이상을
일으킬 수 있다.
안정을 취한 후 그래도 계속된다면
내과로 가보도록.

18

정신적으로
계속 긴장상태에 있다.

YES 17번으로
NO 21번으로

21

지나친 음주와
척추장애가 있을 때
성욕 감퇴, 발기부전이
되는 수가 있다.
내과, 정신과, 신경과
등에서 상담을 해본다.

19

신경이 예민한
사람들에게
자주 일어난다.

20

당뇨병, 간질환이나
장질환 환자들에게서 흔히 성욕감퇴나
발기부전이 일어난다.

성기에 이상 없다면 걱정 없다

피로나 스트레스 때문에 발기부전 증세를
보이는데 성기에 통증이나 부기, 가려움증 같
은 동반증상이 없다면 걱정할 필요 없다. 휴식
이 약이다. 성생활을 갓 시작한 사람이 성교 직
전에 사정해 버리거나 사정 시간이 짧은 경우
는 흔하므로 신경 쓸 필요 없다. 정신적 긴장이
나 성교불안감이 원인이 되기도 하는데 오래
지속되면 정신과, 혹은 내과를 찾는다.

우울증도 성기능 이상을 초래한다

평소 우울한 편이며 기분이 쉽게 가라앉는
사람의 경우 정신적 피로나 우울증 때문에 성
욕이 생기지 않는 등 성기능에 이상이 생길 수
도 있다. 이 경우 정신과 상담이 필요하다. 당
뇨병, 간장병, 신장병 등을 지병으로 가지고 있
어도 성욕감퇴, 발기부전을 일으키기 쉽다. 먼
저 원인이 되는 병을 치료해야 한다.

전립선염, 척추장애 등을 치료한다

사고로 인해 머리, 목, 등, 허리 등에 충격을
받은 일이 있다면 뇌, 척추, 척수의 신경장애를
의심할 수 있다. 이 밖에도 배 근육의 운동장
애, 알코올 중독일 때도 성욕이 급격히 감퇴하
며 발기부전, 조루 등의 성기능 이상이 나타난
다. 내과, 정신과, 신경과 등에서 상담한다. 한
편 소변 볼 때 통증이나 잔뇨감이 있다면 전립
선염이 의심되므로 우선 치료한다.

남성 성기능장애

 정신적 원인이 큰 비중을 차지한다

성기능장애를 일으키는 원인은 크게 신체적 원인과 정신적 원인으로 나눌 수 있다. 신체적 원인으로는 당뇨병, 간염 및 소모성 질환의 말기 상태이거나 비뇨기과적인 질환이 있을 때 성기능에 문제가 생긴다. 이 밖에 항우울제, 고혈압약, 제산제 등 약물의 남용이나 지나친 음주 등도 영향을 미친다.

하지만 이런 신체적 원인에 의한 성기능장애는 전체의 10% 정도에 불과하다. 그만큼 정신적 원인이 큰 비중을 차지한다. 성에 관한 무지, 실패하지 않을까 하는 두려움, 상대방의 욕구를 만족시켜 주어야 한다는 부담감, 완전무결주의, 상호대화나 신뢰감의 부족 등도 원인이 된다. 이 밖에 겉으로는 전혀 문제가 없어 보이지만 여러 가지 고민이나 불안감, 초조감 등으로 일상생활이 위태로운 경우도 성생활이 원만히 이루어질 수 없게 만든다.

이 외에 어린시절 성에 대해 불쾌한 경험을 했거나 불안, 공포를 느낀 경험이 있었다면 성기능장애를 일으킬 수 있다.

 발기 지속 시간은 개인차가 크다

발기부전 – 발기가 이루어지지 않는 상태

질 내 삽입이 가능해질 만큼 발기가 이루어지지 않는 상태로 한 번도 질 내 삽입 경험이 없었던 1차성 임포텐스와 적어도 한 번 이상의 성공적 삽입이 있었으나 어떤 사정으로서든 그 후 불가능해지는 2차성 발기부전증이 있다. 자

성기능을 높이는 운동

■ 서서 반원 그리기를 1분 동안 한다

차렷 자세에서 양손을 허리에 대고 오른발로 바깥쪽을 향해 반원을 그리면서 앞뒤로 회전시킨다. 오른발이 끝나면 다시 왼발도 똑같이 실시한다. 운동을 처음 시작하는 경우에 부담없이 해볼 수 있다. 이 운동을 1분간 매일 계속하면 오래된 두통 · 요통 · 발기부전 · 혈압 · 신경통에도 효과가 있다.

■ 앉아서 3분 동안 다리운동을 한다

① 책상다리를 하고 편히 앉는다.
② 양다리를 앞으로 가지런히 뻗는다.
③ 발에 손을 얹고 몸 쪽으로 끌어당기면서 다시 책상다리를 만든다.
④ 책상다리인 채로 발만 풀어서 발바닥이 마주보게 된다.
⑤ 발바닥을 마주 댄 상태에서 손을 무릎에 얹고 무릎을 바닥 쪽으로 지그시 눌러준다.
⑥ 다시 책상다리를 하고 심호흡을 한다. 이 운동을 되풀이해주면 하반신 단련에 도움이 된다.

■ 부부가 함께 피로 풀어주기 체조를 한다

배가 차고 뱃속이 불편하면서 허리가 아프고 정력이 떨어질 때는 이 부부 체조를 한다.

먼저 두 사람이 등을 맞대고 다리를 어깨 폭만큼 벌리고 선다. 양팔을 서로 감아 잡은 뒤 한쪽이 허리를 굽혀 상대의 상체를 등에 싣고 흔든다. 등 위의 사람은 몸 전체의 힘을 빼고 밑의 사람이 허리를 굽힌 정도에 따라 몸이 자연스럽게 흔들리도록 한다. 이렇게 하면 피로가 풀릴 뿐만 아니라 부부간의 조화에도 도움이 된다.

위행위를 하거나 환상적인 성적 자극에 의해 발기가 되었다가도 막상 성교행위를 시도하려면 무기력하게 죽어버리는 경우가 대부분이다. 어떤 자극에도 전혀 발기가 되지 않는 경우도 있지만 그런 경우는 비교적 드물다.

조루 – 삽입 후 1분 내 사정할 때

말 그대로라면 사정이 빨리 되어버리는 것을 말하는데 조루의 기준은 상대적이다. 하지만 병적인 조루증이란 대개 질 내 삽입 후 1분 내에 사정될 때, 계속 10회 이상의 상하 삽입운동을 할 수 없으리만큼 사정이 빠를 때, 성교 10회 중 아내가 극치감을 경험하는 경우가 5회 이내에 불과할 만큼 사정이 빠를 때 조루증에 해당한다고 본다. 조루증을 반복하면 발기부전으로 이어지는 경우가 많다.

지루 – 질 내 사정이 안 된다

성적흥분과 훌륭한 발기력으로 성교행위가 이루어지는데 놀랍게도 질 내에서 사정이 이루어지지 않는 상태를 말한다. 질 외 자위행위나 다른 조작에 의해 사정이 가능함에도 불구하고 질 내 사정이 되지 않으므로 성교행위에 대한 관심이 그만큼 떨어질 수 있다. 여성의 질이 너무 탄력성을 잃어 충분한 자극 효과를 발휘하지 못하여 일어난다고 해석하는 사람도 있으나 그런 경우는 드물다. 그보다는 심리적인 원인이 주로 작용하는 것으로 추측된다.

치료 약물치료보다는 부부간의 조화가 중요

원인이 많다는 것은 그만큼 치료가 간단하지 않다는 말이기도 하다. 원인질환이 뚜렷한 경우라면 원인이 되는 질환을 먼저 치료하는 것이 원칙.

이 밖에 여러 가지 심리적인 원인, 정신적인 원인, 환경적인 원인들을 치료과정에서 밝혀 원인을 제거해 나가는 것이 치료의 핵심이다.

환자의 무의식 속에서 일어나는 갈등이나 불안감, 억압

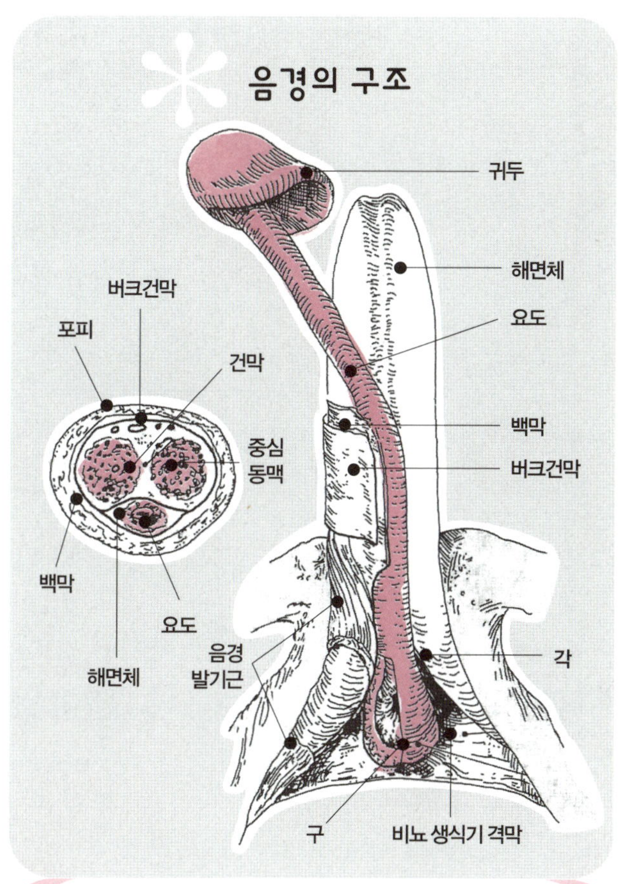

음경의 중심부에는 해면체와 요도가 있으며 그 각각과 전체를 여러 층의 막이 둘러싸고 있다. 자극에 의해 해면체에 혈액이 차고 단단해지면 음경 발기근의 도움으로 발기할 수 있다.

감 등을 상담과 교육을 통해 조정해 나가는 한편 배우자 치료도 병행해 부부간의 갈등을 조화시켜 나가는 것도 필요하다.

흔히 성기능장애가 생기면 약물이나 각종 정력제 등으로 치료하려는 경향이 있지만 특별한 경우 외에는 효과를 기대하기 힘들므로 약물치료에 의존해서는 안 된다. 사랑보다 더 효과적인 치료제는 없다.

음경에 통증이 있다

음경에 통증이 있을 때는 비뇨기과 치료를 받으면 개선된다. 대개 포경수술을 받지 않은 경우
포피에 불순물이 쌓인다든지 세균감염으로 염증이 생기기도 한다. 하지만 통증이 없는
응어리나 발진이 보인다면 심각한 질환일 수 있으니 정확한 검진을 받아야 한다.

1
음경이 심하게
가렵다.
YES 2번으로
NO 4번으로

2
특히 귀두와
포피가 몹시 가렵다.
YES 3번으로
NO 7번으로

9
연성하감일 수 있다.
비뇨기과나 피부과 검진을
받아보도록.

3
평소 깨끗하게 관리하지 못해서
생긴 귀두포피염일 수 있으니
피부과로 가보도록. 고름이 없다면
제대로 씻지 않아
가려운 것이니 청결상태를 유지한다.

4
귀두에 닭벼슬 같은
혹이 생기고
항문에는 콩알만한
혹이 잡힌다.
YES 5번으로
NO 8번으로

8
성관계 후 2~3일 이내에
생긴 붉은 구진이
통증을 동반한 궤양으로
변했다.
YES 9번으로
NO 12번으로

5
귀두 아랫부분에
오돌도돌한 돌기가 보인다.
YES 6번으로
NO 10번으로

6
통증이 없다면 첨형콘딜롬일
가능성이 있고 짓물렀다면
매독 같은 성병일 가능성이 높다.
빨리 비뇨기과
검진을 받아보도록.

7
요도부 부위가 몹시
가렵고 누르면 고름이
나온다.
YES 11번으로
NO 15번으로

10

아프지 않은 응어리만 있고
다른 증세가 없다면
매독 1기일 가능성이 있다.
성교가 없었다면
결핵으로 인한 것일 수
있으니 비뇨기과 검진을
받아보도록.

11

세균에 감염되어 생긴
요도염일 수 있다. 비뇨기과
검진을 받아보도록.

12

사정할 때 아프다.

YES 13번으로
NO 16번으로

13

전립선이나 정낭의
염증일 수 있다. 비뇨기과로
가보도록.

14

배뇨시 통증이 심하고
잔뇨감이 남으면 전립선염일 수
있으니 비뇨기과 검진을.
성기가 청결하지 않아도
가려울 수 있으니
늘 위생상태에 주의한다.

15

귀두에 좁쌀만한 오돌도돌한
수포가 생겨서 가렵다면
바이러스성 감염일 수 있다.
깨끗하지 않아서
생긴 가려움증일 수 있다.

16

발기할 때
통증을 느낀다.

YES 17번으로
NO 20번으로

17

요도 부근에 염증이
생겼을 수 있으니
비뇨기과 검진을 받아보도록.

18

포경수술을
했는데도 좋아지지 않고
아프기만 하다.

YES 19번으로
NO 14번으로

다음 페이지에서 계속 ▶ ▶ ▶

▶ ▶ ▶ 이전 페이지에서 계속

19

따뜻한 수건으로
습포를 하면 부기가 빠진다.
그래도 회복이 안된다면
비뇨기과 치료를 받는다.

20

소변 볼 때 몹시
아프다.

YES **21번**으로
NO **22번**으로

21

배뇨 중 아프다면
급성 요도염으로 보인다.
배뇨 후에 아프다면
만성방광염이나 요로결석,
전립선염일 수 있다.

23

해면체가 부러졌을 수
있다. 수술을 해야만
할 수도 있으니
비뇨기과로 서둘러 간다.

22

발기한 후 음경을
강제로 구부리는 과정에서
소리가 나고 아팠다.

YES **23번**으로
NO **18번**으로

가벼운 증세

불결함, 바이러스 감염이 원인

성교 경험이 있는 남성의 음경에 이상이 생겼다면 우선 비뇨기 계통의 병을 생각할 수 있다. 가장 가벼운 것은 귀두와 포피 사이에 오돌도돌한 돌기가 보이는 **첨형콘딜롬**이다. 더 심해지면 귀두와 포피 사이에 고름이 생기고 가렵거나 귀두에 좁쌀 같은 수포가 생기는 **귀두포피염**일 수 있다. 불결한 상태나 바이러스 감염이 원인이다. 이쯤 되면 비뇨기과로 가야 한다.

의심되는 증세

발기시 아프면 해면체에 염증

요도부가 가렵고 손으로 누르면 고름이 나온다면 요도염을, 음경의 아랫부분이 붓고 아프면 전립선염을 의심할 수 있다. 이 밖에도 발기할 때 아프면 해면체나 요도 주위에 염증이 생긴 것이고 사정시 아프면 전립선이나 정낭의 염증을 의심할 수 있다. 배뇨시 아프면 급성요도염, 만성방광염, 요로결석 등을 의심한다. 모두 서둘러 비뇨기과로 가야 한다.

중증

응어리, 돌기 있다면 성병이다

성교 후 귀두 포피에 궤양이 생기면서 아프다면 **연성하감**을 의심할 수 있다. 방치하면 악화되므로 즉시 비뇨기과로 간다. 귀두 밑부분에 응어리가 생기거나 유두 모양의 우툴두툴한 돌기가 있고 짓물렀다면 매독 등 심각한 성병일 수 있다. 발기시 음경을 억지로 구부렸더니 소리가 나면서 아프고 붓는다면 해면체가 부러졌을 수도 있으니 빨리 비뇨기과로 간다.

귀두포피염

원인 포피에 상처가 나거나 불결할 때

주로 포경수술을 받지 않은 경우 포피가 불결해 세균 감염을 일으켜 염증이 생기는 경우가 많다.

이 외에 귀두나 포피에 이물질에 의한 상처가 생겨 그 상처로 세균이 감염되는 경우도 있으며 지저분한 속옷을 오래 입었거나 깨끗하지 못한 손으로 만지거나 한 경우 접촉성 피부염을 일으켰을 수도 있다.

증세 붓고 가렵고 쓰라리다

귀두와 포피가 가려우며 붓고 빨개지며 따갑고 쓰라린 느낌이 든다. 증상이 진행되면 고름이 잡힌 종기 같은 것이 생겨 통증이 느껴지며 옷에 닿거나 하면 쓰라리고 따가우며 아프다. 종기가 터져 고름이 배출되기도 한다. 소변 볼 때 통증이 느껴져 시원하게 소변을 보기 힘들어지므로 소변을 자주 보게 된다.

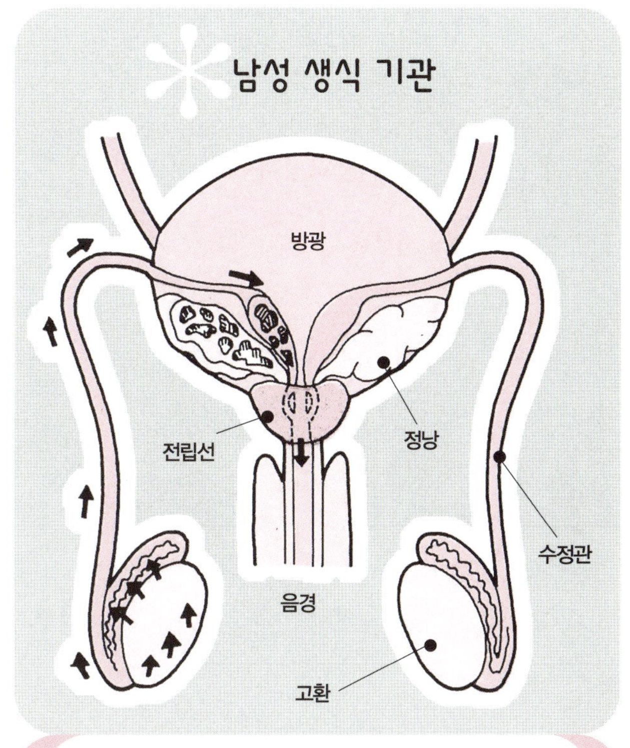

정자는 고환에서 생산, 저장되었다가 세정관을 지나서 정낭과 전립선으로부터의 분비물과 섞여 사정액을 이룬다. 사정액은 요도를 통해 배출된다. 왼쪽 그림은 방광, 정낭과 전립선 사이의 관계를 나타낸다.

치료 재발이 잦으면 포경수술을 한다

원인을 먼저 찾는 것이 중요하다. 세균에 의한 감염인지, 접촉성 피부염인지 밝히는데 소변 볼 때 통증이 심하다면 소변검사를 해서 균이 배출되는지를 검사한다. 균이 확인되면 그에 맞는 항생제를 쓴다.

원인을 정확하게 파악하지 않은 채 자꾸 손으로 만지거나 임의로 아무 연고나 바르면 증상을 더욱 악화시키므로 주의한다. 전문의를 찾아 진단을 받고 적절한 처방을 받아 치료해야 한다.

집에서는 이렇게 속옷은 흡습성이 좋은 면 소재로 입되 축축하지 않게 항상 건조한 상태를 유지해준다. 속옷을 자주 갈아입어 귀두나 포피에 불결한 때가 끼지 않도록 해주며 음경을 자주 씻는다. 또 지저분한 손으로 만지지 않도록 주의한다.

연성하감

원인 성접촉에 의해 감염된다

성병의 일종으로 원인균은 헤모필루스 듀크레이균이다. 성 접촉에 의해 감염이 되는데 감염 후 2~3일이 지나면 귀두나 포피에 궤양이 생긴다.

여성들의 경우 외음부에 생긴다. 발생하는 궤양이 매독과는 달리 딱딱하지 않고 물렁물렁하고 연한 것이 특징인데 바로 이런 특성 때문에 연성하감이라는 병명이 생겼다. 혈청검사를 통해 매독과 구분한다.

증세 심한 통증이 있는 궤양이 생긴다

귀두, 포피, 음경 등에 처음에는 붉은색 구진이 생긴다. 여기에 고름이 맺혔다가 터지면서 궤양이 생기며 궤양 주위가 붉게 변하고 트는데 고름이 끼기도 하면서 대단히 아프다. 이로 인해 서혜부 임파선이 붓는 경우가 많은데 통증이 심하다. 임파선 주위가 곪아 고름이 잡히게 되면 절개해서 고름을 빼내야 할 때도 있다. 궤양이 생기는 잠복기는 5일이다.

치료 1주일 정도 충실히 치료하면 완치된다

연성하감의 원인균인 헤모필루스 듀크레이균에는 페니실린은 효과가 없고 설파제 계통의 항생제가 효과가 있다. 복용하거나 연고 형태로 환부에 바른다. 약 1주일 정도 충실히 치료하면 완치되므로 다른 성병에 비해 치료가 쉬운 편이다. 연성하감의 궤양은 딱딱하지 않아 매독과 구분되며 처음부터 통증이 있는 것이 특징이다. 궤양이 커지고 고름이 고여 극심한 통증이 있을 땐 절개하여 고름을 빼내기도 한다. 감염 부위를 청결히 한다.

⠿ 첨형콘딜롬

원인 바이러스에 의해 감염된다

귀두와 음경 중앙에 사마귀의 일종이라 할 수 있는 양성 종양이 생긴다. 바이러스가 병원체로 성 접촉에 의해 감염된다. 동성애자의 경우 항문 주위에도 생길 수 있으며 구강섹스로 인해 입 주위나 비강 내에도 생길 수 있다. 남녀 모두에게 생길 수 있으며 미국에서는 성병 중 가장 흔한 병이라고 한다.

증세 닭벼슬 모양의 혹이 생긴다

음경 부위의 습한 곳에 주로 잘 생기며 성 접촉 후 3개월 이내에 눈으로 확인할 수 있는 혹 같은 것이 생긴다. 귀두에 생기는 것은 닭벼슬 모양이며 항문에는 콩알만한 것들이 한꺼번에 많이 일어난다. 옅은 붉은빛을 띠고 있다. 이 혹이 염증을 일으켜 가렵거나 아플 수도 있으며 악취가 나는 경우도 있다. 여성들은 질전정이나 소음순 같은 축축한 부위에 잘 생긴다.

치료 전기로 태우거나 액체질소로 동결시킨다

종양이 있는 동안은 전염이 되므로 성 접촉을 금한다. 병을 앓고 난 후에 면역력이 생기는지는 확실치 않다. 전기로 태워버리거나 액체질소로 동결시켜 진행을 막는 방법도 있으며 항바이러스 연고를 사용하기도 한다. 성기 주변을 청결히 하며 포경수술을 하는 것이 좋다.

집에서는 이렇게 성교 직후에는 배뇨하는 습관을 들이고 성교 전후에는 성기를 깨끗이 씻는 습관을 들인다. 구강성교는 부부간이 아니면 삼가고 항문섹스는 하지 않는다. 의심스런 증상이 조금이라도 보이면 서둘러 병원을 찾는다. 임의로 약을 먹거나 연고를 바르는 것은 증상을 악화시키므로 삼간다.

반드시 전문의의 진단과 처방을 받으며 치료를 시작하면 반드시 완치될 때까지 치료를 받아야 한다. 영양섭취와 균형 잡힌 생활로 몸의 저항력을 키운다.

성기능장애를 개선해 주는 음식

■ 구운 마늘을 잠자기 전에 조금 먹는다

마늘술도 '만능의 신약'이라 할 만큼 건강증진에 뛰어난 효과가 있다. 또 마늘을 쪄서 구운 것도 효과적이다. 껍질을 벗긴 마늘 60g을 쿠킹 호일에 싼다. 이것을 15분 정도 찐 다음 다시 구워 매일 잠자기 전에 먹으면 피로감이 없어지고 스태미나가 좋아진다. 그러나 지나치게 먹으면 부작용이 생길 우려가 있으므로 하루 10g을 넘기지 말아야 한다.

■ 잔 새우 · 돼지고기 완자를 죽에 넣어 먹는다

새우는 강장 · 노화방지 작용이 강한 식품으로 정력이 떨어져 허리에 힘이 없는 사람에게 효과적이다. 스태미나가 떨어져 허리에 힘이 없을 때는 잔 새우 · 돼지고기를 함께 다져 완자를 빚어서 죽에 넣어 먹으면 된다.

■ 부추즙 · 부추탕을 마신다

갖가지 영양소를 풍부하게 함유하고 있는 부추는 강장 · 강정 작용이 뛰어난 채소이다. 그 밖에도 위장을 비롯한 내장 전체의 상태를 조절해 줄 뿐만 아니라 피의 흐름을 좋게 하고 자율신경을 자극한다. 정력이 떨어진다고 생각될 때에는 부추즙이나 부추탕을 만들어 마시면 효과적이다.

부추즙을 만들려면

이렇게 만드세요

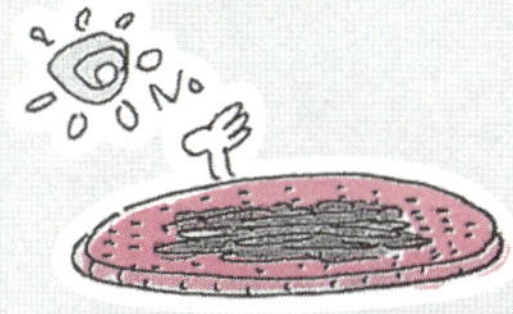

■ 질경이를 데쳐 갖은 양념에 무쳐 먹는다

초여름에 나는 질경이의 어린 잎을 살짝 데쳐 참깨와 갖은 양념으로 무쳐 먹으면 맛도 있고 건강에도 좋다. 그렇지 않으면 깨끗하게 씻어 햇볕에 말렸다가 끓여서 물 대신 마셔도 된다. 정신도 맑아지고 위도 튼튼해져 스태미나가 강해진다.

당근 · 사과즙을 만들려면

■ 당근 · 사과즙을 마신다

빈혈이 있을 때는 날 당근을 갈아서 간을 맞추어 오래도록 먹으면 보약보다 좋다. 또 당근은 소변을 잘 나오게 하는 작용이 있기 때문에 신장병에도 좋다. 당근 1개와 사과 반쪽을 강판에 갈아 즙을 만든 다음 꿀을 타서 먹으면 정력식품으로 매우 좋다.

음낭에 통증이 있다

대개 음낭 표피나 고환에 질환이 있는 경우이다.
간혹 내장 질환으로 인해 통증이나 부기가 있을 수 있고 방광염이나 전립선염일 수 있으니
비뇨기과나 피부과 검진을 받아보도록.

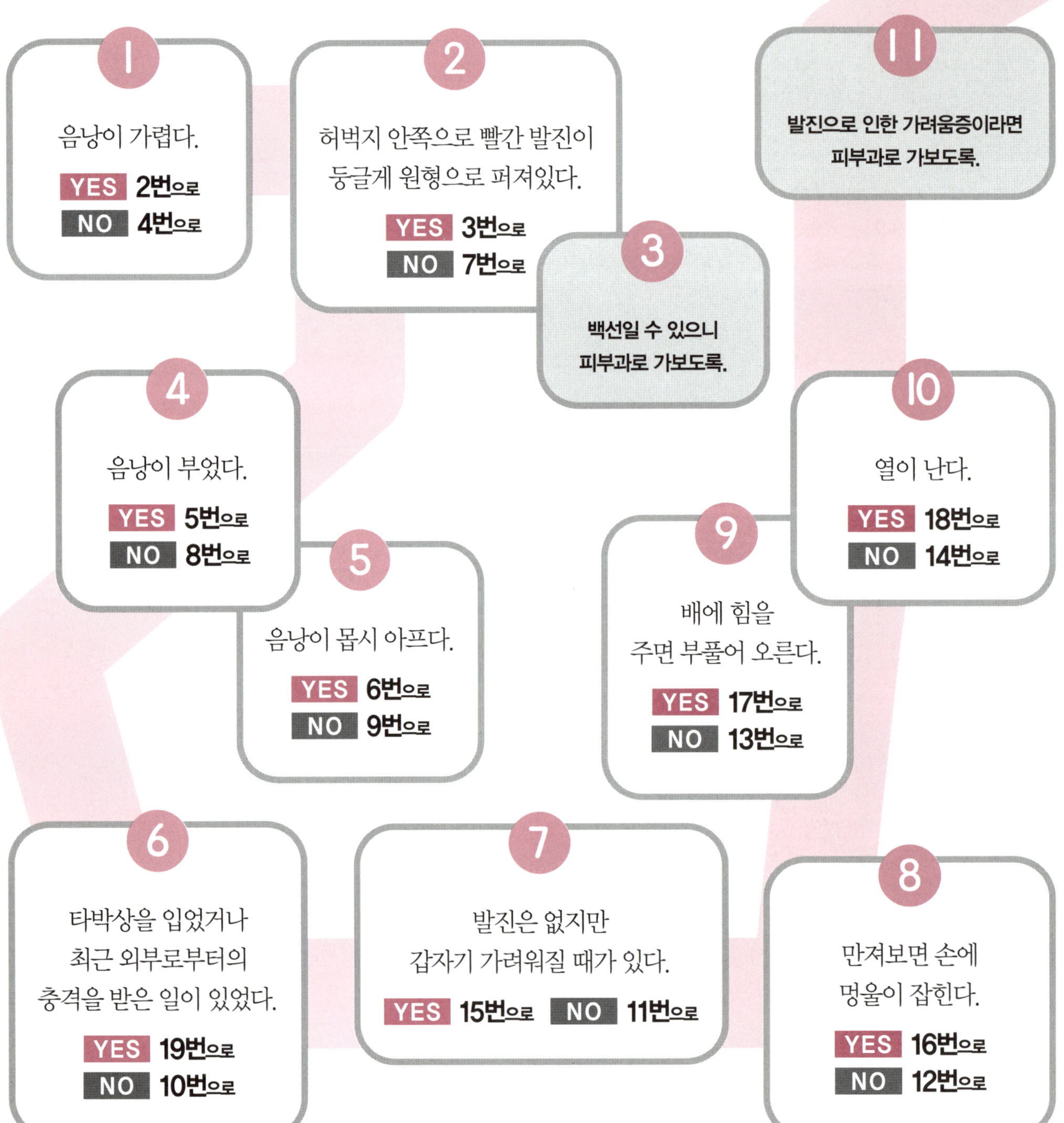

12

원인을 발견할 수 없으나
통증이 심하다.
이런 증세가 오래 지속되면
비뇨기과
검사를 받도록 한다.

13

음낭수종일 수 있지만
멍울이 커지고
붓긴 하지만 통증이
없다면 심각한
질환일 수 있으니
비뇨기과로 가보도록.

14

고환염전증일 수
있으니
빨리 비뇨기과로
가보도록.

15

피부병일 수 있다.
피부과로
가보도록.

참 / 조 / 페 / 이 / 지

서혜부탈장 … 392
피부병 … 263

19

고환파열일 수 있으니
빨리 비뇨기과 검사를
받아보도록.

16

정자침습증일 수 있으니
비뇨기과
검진을 받아본다.

18

고환염, 부고환염일 수
있으며 고환염이라면
불임증으로
진행될 우려가 있다.
빨리 비뇨기과 진단을
받아보도록.

17

서혜부탈장이
음낭까지
침투했을 가능성이 있다.

가벼운 증세

가렵고 발진 생기면 피부과 질환

특별히 발진이 있는 것도 아닌데 발작적으로 가려워진다면 일종의 피부질환이다. 또한 대퇴부 안쪽에 발진이 생겨 빨갛게 둥근 모양으로 퍼져 있다면 백선을 의심할 수 있다. 심하게 가려울 때는 악화되기 전에 피부과로 간다. 한편 이렇다 할 원인이 없는데도 아프고, 증세가 가볍지만 오래 끌 때는 비뇨기과에서 검사를 받아보는 편이 안전하다.

의심되는 증세

정액류, 정자침습증, 음낭수종

부고환 머리 부분에 생긴 정액류는 통증은 없으나 커지면 압박감을 느끼게 되므로 수술로 제거한다. 정자침습증 역시 악성 질병은 아니지만 진단을 위해서는 적출 수술이 필요하다. 음낭에 물혹이 생기는 음낭수종의 경우도 적출 수술로 제거한다. 응어리가 커지거나 붓기만 할 뿐 아프지 않다면 더 심각한 병일 수 있으니 검사를 받는다.

중 증

고환기능 잃거나 무정자증 우려도

외부 충격으로 심하게 아프고 부어오른다면 고환파열을 의심할 수 있다. 갑자기 고환 아래에서부터 격렬한 통증이 생기고 구토와 쇼크 증세를 보이는 경우 고환염전증이 의심된다. 자칫 고환 기능을 잃게 되므로 서두른다. 고환염이나 부고환염의 경우 통증, 오한, 발열 증세가 동반되는데 정확한 진단과 치료가 되지 않으면 무정자증이 될 수 있으므로 주의한다.

고환염

원인 이하선염 후에 잘 생긴다

고환에 세균이 감염돼 염증을 일으킨 것으로 원인균으로는 대장균, 포도상구균, 연쇄상구균 등이 흔하다. 요도로 침입한 세균이 정관, 부고환을 거쳐 고환에 이르거나 혈액의 흐름을 따라 고환에 이르는 등의 경로로 감염을 일으킨다. 이 외에는 신체 다른 질환이 원인이 돼 발생하기도 하는데 이하선염 후에 바이러스에 의한 고환염이 잘 생긴다.

증세 붓고 아프며 고열이 난다

증상에 따라 급성과 만성으로 나눌 수 있다. 급성에서는 고환이 갑자기 부어올라 단단해지며 강한 통증과 함께 고열이 난다. 이하선염같이 급성 감염증 후에 나타날 때는 고환이 위축되어 불임의 원인이 될 수도 있다.

만성에서는 고환이 붓고 단단해지며 고환에 울퉁불퉁한 멍울이 생기기도 한다. 만성 고환염 증세가 보일 경우 고환암을 의심해 봐야 한다.

치료 원인에 따라 치료한다

세균 감염에 대하여는 항생제를 처방하고, 염증으로 인한 통증이 심할 때는 소염 진통제를 동시에 사용한다. 대체로 항생제 복용 후 5일 후면 증상이 호전된다. 한편, 이하선염 등 기타 다른 감염증으로 인한 경우 안정을 취하면 보통 2~3주 안에는 쾌유되지만 고환이 위축되는 경우가 있으므로 주의해야 한다. 양쪽 고환이 침해되면 불임증이 될 수 있다. 비뇨기과가 전문이지만 어린이가 유행성이하선염에 동반돼 고환염이 왔다면 소아과에서도 치료한다.

집에서는 이렇게 어떤 경우든 안정이 최우선이다. 수건에 찬물을 적셔 짠 후에 고환을 싸듯이 하여 냉습포를 해주면 통증 완화에 효과가 있다.

고환과 음낭의 흔한 질병으로 음낭 수종과 정액류가 있다. 음낭 수종은 고환을 싸고 있는 막의 주머니에 액체가 고여서 음낭이 팽만된다. 정액류도 정자의 통로가 비슷하게 확장되는 것으로서 고환과 부고환의 위치가 바뀐다.

부고환염

원인 임질이나 전립선 수술 후에 많다

결핵균이나 임균, 대장균 외에도 포도상구균, 연쇄상구균 등 세균에 의해 부고환이 염증을 일으킨 것이다. 고환의 윗부분을 덮고 있는 부고환은 고환에서 만들어진 정자

여성의 임질은 산부인과로 간다

성병은 남성만의 병이 아니다. 여성에게도 똑같이 무서운 병이 된다. 특히 성병을 신속히 치료하지 못하면 불임이 되는 수도 있다.

성병 중에서 임질의 경우는 남성과는 달리 여성에게는 여러 가지 증세와 병으로 나타나므로 주의를 해야 한다. 남성은 임질에 걸리면 곧 알 수 있다. 아침에 일어나면 요도의 앞부분이 막힌 것 같이 부어서 누르면 노란색 고름이 나온다. 아프고 소변보기도 힘들게 된다. 그러나 여성의 경우는 3~10일의 잠복 기간 동안 노란색 분비물이 나오고 외음부가 짓무르게 된다.

문제는 이 임균이 여성의 여러 비뇨기계에 침입함에 따라 각각의 병이 달리 나타나는 것이다. 따라서 임질에 걸리면 치료는 비뇨기과에서 받아도 되지만 여성의 경우는 분비물이나 자궁, 월경 등의 여성 특유의 증세가 있으므로 산부인과에 가는 것이 무난하다.

의 통로로 중요한 역할을 한다. 부고환염은 소변 배출에 문제가 생겨 요도 카테터를 삽입해야 하는 비뇨기계통의 처치나 임질이나 전립선 수술 후에 많이 나타난다.

증세 만성화되면 딱딱한 응어리가 생긴다

갑자기 음낭이 붓고 아프고 고열이 나며 염증이 생긴 부고환 쪽의 아랫배까지 아프다.

초기에는 부고환만 붓지만 증상이 진행되면 고환까지 붓는데, 이때 고환염으로 착각하기 쉽지만 대부분 부고환염이다.

부고환염이 만성화되거나 결핵균에 의한 부고환염은 통증은 줄고 부고환과 정관에 딱딱한 응어리가 생긴다.

치료 지체하지 말고 병원으로 간다

방치하면 패혈증으로 사망에 이를 수도 있는 무서운 병이므로 지체하지 말고 치료를 받아야 한다. 증상이 호전되

는 것은 보통 약 2주 후이며 한 달은 지나야 부고환이 정상으로 회복된다. 염증이 지속돼 고름이 가득 차게 되면 절개해서 고름을 빼주는데 그래도 증상이 나아지지 않으면 부고환을 잘라낼 수도 있다.

부고환은 고환에서 만들어진 정자의 성숙장소이며 통로이므로 부고환염이 양쪽 모두에 생기면 치료를 잘 하더라도 불임이 올 가능성이 있다.

집에서는 이렇게 심한 통증과 부종, 고열이 동반되는 초기에는 절대 안정을 유지하며 원인균에 적합한 항생제로 치료한다. 고열이 난다면 음낭을 들어올린 다음 붓고 딱딱해진 부고환에 냉습포로 찜질을 계속 해준다. 만약 열이 없으면 온찜질을 해줘 염증을 가라앉힌다.

고환염전증

원인 고환으로 가는 혈관이 꼬였다

고환으로 가는 혈관인 정삭(정액이 나오는 관)이 꼬인 상태다. 이렇게 되면 고환에 혈액 공급이 되지 않아 극심한 통증을 일으키게 되며 빨리 처치하지 않으면 조직이 썩어 고환을 절제해야 할 만큼 화급을 다투는 상태다. 유아기나 사춘기 이전의 남자아이들에게 잘 일어나는데 간혹 신생아에게도 나타날 수 있다.

증세 고환에 심한 통증과 구토, 복통이 따른다

고환 부위에 통증을 호소하며 아픈 고환부위가 사타구니 쪽으로 올라가면서 빨갛게 부어오른다. 이때 음낭을 들어올려도 고환 부위의 통증이 줄어들지 않는다. 배를 구부리며 복통을 호소하고 오심, 구토를 동반하며 심한 경우 쇼크 증세를 일으킬 수도 있다. 충수염, 부고환염, 이하선염 등과 혼돈하기 쉬우므로 감별 진단이 필요하다.

서둘러 수술을 받아야 한다

수술을 통해 꼬인 정삭을 빨리 풀어주지 않으면 고환을 절제해야 하거나 그렇지 않더라도 불임증을 초래할 수도 있으므로 서두른다.

만약 시간이 오래 지체되었다면 비틀어졌던 고환으로부터 자가면역적인 물질이 나와 반대측 고환에도 영향을 주어 불임증이 나타날 수 있으므로 고환 제거술을 받아야 한다. 고환의 한쪽이 문제를 일으켰다면 반대쪽도 가능성이 있으므로 비틀어진 고환을 풀어준 다음 움직이지 않도록 고정시켜 주는 수술을 하기도 한다.

집에서는 이렇게 고환염전증이나 고환적출술 등은 개인 병원에서는 수술이 불가능하므로 바로 종합병원으로 가는 것이 시간을 절약할 수 있는 방법이다. 꼬인 고환을 그대로 두면 약 5일 후에는 통증이 가라앉는데 이는 고환이 위축돼 통증이 줄어든 것이지 치료된 것이 아니다.

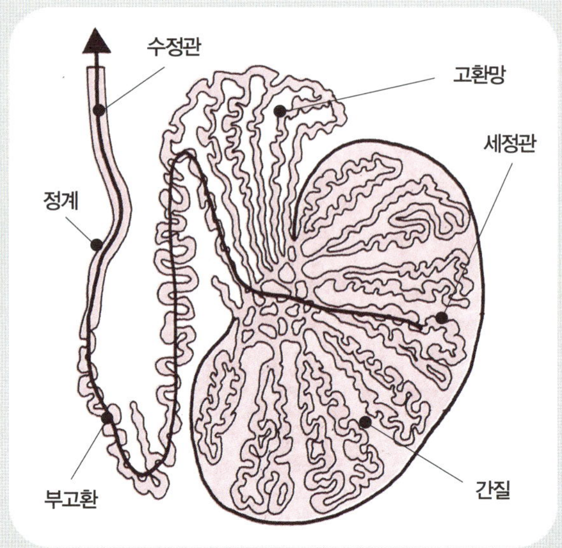

남성호르몬과 정자를 만드는 고환의 단면도이다. 화살표로 표시한 것처럼 세정관에서 만들어진 정자는 고환망을 거쳐 부고환에 저장된다. 정자는 부고환에서 성숙되어 수정관을 통해 나간다.

알·아·두·자

남성의 불임과 치료

불임은 고환 자체의 이상이나 정자가 나오는 길 중 어느 부분의 폐색, 기형, 감염이 있을 경우나 내분비계의 질병, 전신적인 질병, 중독이 있을 때 생긴다. 불임의 원인을 밝히는 데는 우선 정액검사가 중요하다. 정자의 수, 운동성, 모양, 생존 여부를 관찰하여 무정자증일 때에는 고환 조직검사를 실시한다.

■ 여성에게 정자항체 있으면 불임이다

정액검사에 이상이 없고 부인도 정상인데 불임이 되는 경우가 있다. 이것은 여성에게 정자에 대한 항체가 형성되어 정자가 몸에 들어오면 항원 항체 반응을 일으키기 때문이다.

그로 인해 정자운동이 방해를 받아 자궁 속으로 들어가지 못하게 된다. 치료는 원인이 되는 질병이 있으면 우선 치료하고 정자의 수가 모자라거나 운동성이 떨어지면 적당한 약물요법을 시행하며, 정자가 나오는 길의 폐색이 확인되면 수술을 한다.

■ 검사는 부부가 함께 받는다

부부 중 어느 쪽에게 문제가 있는지, 혹은 문제가 있다면 어떤 문제인지 밝히기 위해서 검사를 받을 때는 부부가 함께 받는 것이 바람직하다. 이 때 따로따로 검사를 받는 번거로움을 덜기 위해서 산부인과와 비뇨기과가 함께 있는 병원이나 불임크리닉이 개설되어 있는 병원을 찾도록 한다.

소아과로 가야 할 증세

열이 난다(고열·미열)

어린 아이의 체온은 어른에 비해 높고, 쉽게 열이 나기 때문에
평상시 체온이 37.5℃ 이상일 때도 있으니 늘 체온을 살펴보고 그 이상으로
올라간다면 반드시 원인을 찾아내도록 한다.

1

열이 높고 기침이 난다.

YES **2번**으로
NO **4번**으로

2

숨을 내쉴 때 '색색'
소리를 내며
가쁜 숨을 쉬거나 가슴이
아프다고 한다.

YES **3번**으로
NO **7번**으로

9

인두결막염이 의심된다.

3

모세기관지염이나 폐렴일 수
있다. 소아과로 가보도록.

4

수영장에 다녀온 후,
갑자기
목구멍이 아프다고 한다.

YES **5번**으로
NO **8번**으로

8

귀 뒤, 얼굴, 목, 팔, 다리에
발진이 퍼지면서
귀에서 진물이 나고 통증을
호소한다.

YES **13번**으로
NO **12번**으로

5

눈이 충혈됐다.

YES **9번**으로
NO **6번**으로

6

목이 심하게 아프다고 하며
목구멍 표면에
하얀 막이 관찰된다.

YES **10번**으로   NO **11번**으로

7

목구멍이 부어있고 고열이
동반된다면 급성인두염, 두통
및 구토나 설사증세가 보이면
인플루엔자가 의심된다.

10

편도염일 수 있다.
이비인후과로.

11

목 주변이 빨개지고
목구멍 주위에
수포나 궤양이 있다면 포진성
구협염일 가능성이 높다.

12

구토나 미열이
관찰되지만
소변색은 이상이 없다.

YES **18번**으로
NO **15번**으로

14

심장 두근거림이 크게 느껴지면
류마티스열일 수 있다.
홍반이 생기거나
평소와 다른 행동을 할 수도 있으니
소아과로 가보도록.

13

홍역일 가능성이 있다.
귀에서 진물이 난다면 회복기에
나타나는 중이염일
가능성이 있다. 홍역이 가라앉으면
이비인후과로 가보도록.

15

소변이 붉고 황달기가
있다면 간염일 수 있다.
소변이 잦고 통증이 있다면
요도감염증이나
사구체신염일 수 있으니 빨리
소아과로 가보도록.

19

열이 높고 경련을
일으킨다.

YES **23번**으로
NO **20번**으로

17

발열과 함께 귓볼이 붓고
통증이 있다면
유행성 이하선염이 의심된다.
소아과로 가보도록.

16

관절이 붓고 아프다고
하며 고열과
함께 숨이 가쁘다.

YES **14번**으로
NO **17번**으로

18

탈수증상을
일으킬 정도로
심한 설사를 하며
허리가 아프다.

YES **22번**으로
NO **19번**으로

다음 페이지에서 계속 ▶ ▶ ▶

▶ ▶ ▶ 이전 페이지에서 계속

20

혀에 발진이 있다.
목이 아프고 갑자기
고열이 나타난다.

YES 24번으로
NO 16번으로

21

온몸에 발진이 나타나면
성홍열이, 발진과 함께
임파선이 붓는다면 풍진이
의심된다.

22

급성충수염,
급성췌장염, 식중독이
의심된다.
혈변이 나오면
급성장염일 수도 있다.

23

고열로 인한 경련일 수 있지만
기운이 없고 구토를 한다면
수막염이나 뇌염일 확률이 높다.

24

목뒤가 붓고 온몸에
분홍색 발진이 난다.

YES 21번으로
NO 25번으로

25

열이 내리면서 발진이
생겼다면 돌발성
발진일 수 있다.
고열과 미열이 반복되면
패혈증이, 열이
재발하면서 발진이
생겼다면
풍진일 수도 있다.

가벼운 증세

다른 병이 없고 미열이면 지켜본다

어린아이의 병증 가운데 가장 흔한 것이 발열이다. 가장 흔한 감기에 걸려도 열이 나는데 다른 증상이 뚜렷하지 않고 고열이 아니라면 잠시 지켜보는 것도 괜찮다. 열이 나면서 목구멍 통증을 호소하고 눈이 충혈되어 있다면 인두결막염을, 목구멍 표면에 흰 막 같은 것이 생겼다면 편도염을 의심한다. 방치하면 악화되므로 치료시기를 놓치지 않도록 주의한다.

의심되는 증세

기침과 함께 호흡곤란오면 모세기관지염

고열과 기침을 하면서 호흡곤란이 동반되면 **모세기관지염**이나 폐렴일 수 있다. 목구멍이 부었다면 급성인두염, 두통과 구토가 따르면 **인플루엔자**를 의심한다. 목구멍이 아프고 그 속에 궤양이 생겼다면 포진성구협염, 발진이 뒤로부터 시작해 얼굴, 목, 팔, 다리 등으로 번지면 **홍역**일 수 있다. 홍역 회복기에 중이염으로 진물이나 통증이 있을 수 있으니 주의 깊게 관찰하고 이비인후과 치료를 받는다.

중 증

풍진, 성홍열, 패혈증, 뇌염 등 의심

임파선이 붓고 발진이 있을 때는 풍진이나 성홍열을 의심한다. 고열과 미열을 되풀이 할 경우 패혈증의 위험 있으니 서두른다. 관절 통증과 호흡곤란이 따르면 류마티스열일 가능성이 있다. 계속 진행되면 홍반이나 피하결절도 나타난다. 열성경련, 두통, 구토가 동반되면 수막염이나 뇌염일 우려도 있다. 모두 서둘러야 할 중증이다.

모세기관지염

원인 모세기관지에 염증이 생긴 것이다

4~18개월의 영아에서 가장 많이 발생하며 기관지의 말단인 모세기관지에 염증이 생긴 것이다. 보통 감기 등 상기도 감염으로 침입한 바이러스가 모세기관지까지 내려와 감염을 일으키게 된다. 특히 아이들의 경우 기관지가 좁아서 잘 발생한다. 침, 가래 등에 의해 전파되며 늦가을부터 초겨울, 이른 봄에 많다.

증세 발작적인 기침과 호흡곤란이 온다

1~3일간 콧물, 재채기, 기침, 미열 등의 감기 증상이 있다가 색색거리는 소리와 함께 호흡곤란이 나타난다. 기침은 발작적으로 오고 호흡곤란이 온다.

호흡은 내쉬는 시간이 길어지고 특히 숨을 내쉬는 기간에 '색색' 소리가 난다. 호흡을 할 때 목 부분과 갈비뼈 아래쪽이 함몰되고 입술이 파랗게 되는 청색증이 나타나는 경우가 있다.

치료 습도 높여주고 청색증 보이면 입원한다

청진기를 대보면 시끄러운 잡음을 들을 수 있으며 흉부 X선 사진상에 공기가 많이 차 있는 것을 볼 수 있다. 특효약은 없으며 항생제도 효과가 없다.

우선 아이를 안정시키고 가습기를 틀어주거나 젖은 수건을 방에 너는 등 주변의 습도를 높여준다. 수분을 충분히 공급해야 하며 전해질의 공급도 필요하다. 호흡곤란이 심해 입술이 파랗게 되는 청색증이 나타나면 산소공급을 해야하므로 즉시 입원을 해야 한다.

집에서는 이렇게 담배연기는 금물이다. 먼지가 많거나 사람들이 많은 곳으로 외출은 삼간다. 특히 봄철 황사가 있을 때도 외출해서는 안 된다. 감기가 심해진 것이라 생각하고 종합감기약이나 기침약만 먹이는 경우가 있는데 이렇게 되면 병을 더 악화시키게 되므로 주의한다.

 홍역

원인 콧물이나 침으로 전염된다

홍역 바이러스에 의해 전염되는데 전염성이 매우 강해 예방접종이 나오기 전에는 누구나 반드시 한 번은 앓았을 정도다. 환자가 재채기나 기침을 할 때 콧물이나 침 속에 있는 바이러스가 공기 중으로 퍼지게 됨으로써 전염된다. 홍역은 한 번 앓으면 면역이 생겨 일생동안 걸리지 않으며 생후 6개월 이내의 신생아도 엄마로부터 받은 면역력이 있어 잘 걸리지 않는다.

증세 열이 나고 온몸에 붉은 발진이 돋는다

초기에는 감기 증세와 비슷해 열이 나고 기침이 나고 식욕이 없으며 코프릭 반점이라고 하는, 여러 개의 반점이 구강 점막에 나타난다.

그 후에는 발진기가 계속되는데 특이한 발진이 귀 뒤로부터 시작해 얼굴, 목, 팔, 다리 등으로 퍼진다. 약 3일 후부터는 발진이 없어지면서 다른 증상도 좋아진다. 회복기에 중이염, 경부임파선염, 폐렴 등 합병증이 올 수도 있다.

치료 15개월에 홍역 예방접종을 한다

대증요법을 실시하며 합병증이 생겼을 때는 그에 따른 항생제 요법으로 치료한다. 홍역 예방주사는 생후 15개월이 되면 맞힌다. 홍역이 유행할 때는 9개월 정도의 아이라도 예방접종을 하는 것이 좋다.

만약 9개월 이전에 예방접종을 한 경우에는 1년 후에 다시 접종을 해야 한다. 홍역 예방주사를 맞은 아이도 홍역을 할 수도 있는데 대개 가볍게 앓는 것이 보통이다.

안정과 보온이 필요하다. 급성기가 지나서 열이 내리면 회복기에 접어든 것인데 이때 돌아다니면 병의 회복도 더디고 몸의 쇠약으로 합병증이 오기 쉽다. 영양가가 많고 소화가 잘되는 음식을 먹이고 특히 충분한 수분을 공급해야 한다. 홍역으로 열이 날 때는 금귤에 얼음설탕을 넣고 조려 먹이면 해열효과가 있다.

▶▶▶ 건강한 아기의 월령별 체온·맥박·호흡수

월령	체온	맥박	호흡수
0~1개월	37.5℃~37.6℃	120~160	40~50
1~2개월	37.0℃~37.5℃	120~130	30~35
12개월 이상	36.5℃~37.4℃	100~110	20~30

인플루엔자

원인 바이러스성 급성 전염병이다

흔히 독감이라 부르는 급성 전염병으로 바이러스가 원인이다. A, B, C의 3가지 형으로 나누는데 변이형도 많아 그 종류가 굉장히 많다. 이 변이형은 발견된 지역에 따라 홍콩형, 텍사스형, 영국형, 방콕형 등으로 부른다. 일반 감기와 유사한 듯하지만 훨씬 더 심한 증세를 보이며 전염성도 더 강하다. 2~3년마다 주기적으로 유행한다.

증세 고열이 나고 온몸이 쑤시고 아프다

36~48 시간의 잠복기가 지나면 갑자기 오한, 고열로 병이 시작되는데 두통과 더불어 목과 사지가 아프고 쑤시며 건성기침이 점차 심해진다. 나이가 어린 아이들은 구토와 함께 심한 설사가 일어나는 수가 많다. 가벼운 인플루엔자의 경우 3~4일 이내에 회복이 되나 심한 경우 합병증 즉 중이염, 축농증, 기관지염, 폐렴으로 인해 중태에 빠지는 수가 있다.

치료 진행 빠르므로 초기에 치료한다

특효약이 없다. 흔히 유행하는 유형의 인플루엔자에 대해서는 예방접종을 실시하지만 바이러스의 유형이 셀 수 없을 만큼 많고 다양하므로 미처 예상치 못한 유형의 인플루엔자가 유행할 수도 있다.

하지만 보통 예방접종을 한 경우 증세가 가볍다. 일반 감기와 마찬가지로 증세에 따른 대증요법을 실시할 수밖에 없다. 해열제나 항생제 등을 쓴다. 아이들은 특히 경과가 급작스럽게 악화될 수 있으므로 초기에 전문의의 진료를 받는 것이 바람직하다.

예방이 우선이므로 인플루엔자가 유행할 때는 외출을 삼간다. 병이 걸렸을 때는 충분한 안정과 휴식이 최우선이다. 방안의 습도를 높여주고 열이 날 때는 물수건으로 몸을 닦아주어 열을 내려준다. 열이 있는 동안은 목욕은 시키지 않는 것이 좋다.

독감이라고 하는 인플루엔자는 바이러스 감염으로 발병된다. 일반 감기에 비해 열이 높고 건성기침을 한다. 어린아기일수록 구토와 함께 설사를 하기도 한다. 예방이 우선이므로 유행할 때는 외출을 금하고 안정을 취해야 한다.

아이는 체온 조절 기능이 미숙하다

아기가 열이 잘 나는 것은 체온 조절 기능이 미숙하기 때문이다. 그러나 갓난아기나 어린아이가 갑작스럽게 열이 나는 경우는 대개 바이러스나 세균에 감염되어 염증이 생긴 경우일 수 있으므로 상태를 잘 파악하여 안심해도 되는지 병원에 가야 하는지를 결정한다.

아기가 열이 오를 때 응급처치법으로 몸을 따뜻하게 해주고 안정을 취하게 하며 수분을 충분히 공급해 준다.
열이 37.5℃이상될 때는 얼음주머니를 만들어 겨드랑이나 가랑이 등에 대준다.

■ 좀더 두고 보아도 좋을 경우

- 평소나 다름없이 잘 먹고 마신다.
- 얼르면 웃고 기분이 좋다.
- 손발을 잘 움직이며 생기가 있다.
- 잠을 잘 잔다.

■ 다음 날 진찰 받아도 좋은 경우

- 38℃ 정도의 열이 있으며 얼굴이 상기되어 조금 빨갛지만 호흡은 그다지 거칠지 않다.
- 호흡이 조금 빠르지만 괴로워 보이지 않는다.
- 칭얼거릴 때 안아 주거나 업어서 재우면 가라앉는다.
- 열이 계속 오르면서 경련을 일으키지만 1~3분 내에 가라앉으며, 그 뒤에 의식이 제대로 돌아왔다.

■ 급히 병원에 가야 할 경우

- 코를 벌렁거리거나 헐떡이며 괴로워한다.
- 불러도 대답이 없고 의식이 가물가물하다.
- 안색이 나쁘고, 안아 주거나 업어서 달래도 울음을 그치지 않는다.
- 반복해서 토하거나 설사를 하고 경련을 일으킨다.

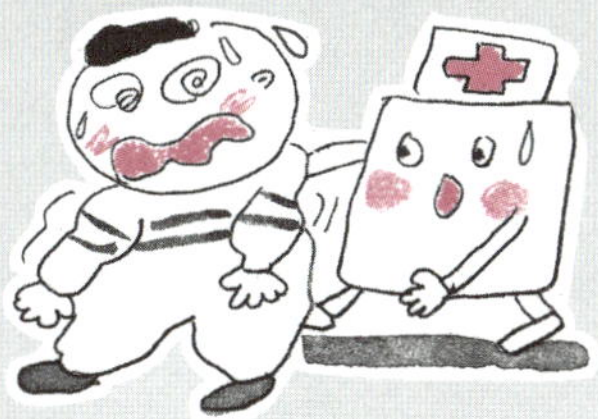

아이들은 체온 조절에 미숙하므로 열이 오르면서 안색이 빨갛게 달아오르고 토하거나 설사를 하면 서둘러 병원으로 가야 한다.

■ 가정에서의 응급처치

- **정확한 체온을 잰다** 평균 체온보다 1℃ 이상 높으면 주의해야 한다. 평균 체온을 잘 알지 못할 때는 37.5℃로 평균 체온을 잡는다.
- **따뜻하게 해주고 조용히 쉬게 한다** 열이 날 때는 무엇보다 안정이 최고다. 열이 높아지면 머리나 겨드랑이, 사타구니 등에 얼음주머니를 대준다.
  얼음베개를 사용할 때는 어깨에 닿아 차가워지지 않도록 하고, 토할 때는 반드시 얼굴을 옆으로 돌려 토물이 기도를 막지 않도록 한다.
- **수분을 충분히 공급한다** 높은 열이 계속 될 때에는 탈수증을 일으키기 쉬우므로 차게 식힌 보리차나 수프, 주스 등을 자주 먹인다.
- **억지로 먹이지 않는다** 젖이나 우유를 먹으려 하지 않을 때에는 억지로 먹이지 말고 물만 준다.

- **해열제를 함부로 먹이지 않는다** 경련을 일으키기 쉬운 아기는 의사의 지시 없이 시판되는 해열제를 사용하면 위험하므로 반드시 의사의 지시를 따라야 한다.
- **열이 있는 동안에는 목욕을 시키지 않는다** 열이 내린 뒤에도 하루쯤은 몸의 상태를 살펴야 한다. 그러나 신진대사가 활발한 아기는 몸이 더워지기 쉽고, 특히 엉덩이에는 기저귀 발진이 생길 염려도 있으므로 열이 아주 높거나 심한 설사, 구토, 축 늘어지는 증세가 없으면 따뜻한 낮 시간에 엉덩이만을 씻기는 좌욕을 시키면 좋다.

구토를 한다

어린아이는 위의 닫힘 기능이 약하기 때문에 쉽게 토할 수 있다.
음식물을 잘못 먹었거나 고열을 동반한다면 감기일수도 있지만 급성위장염이나 알레르기,
식중독 등의 심각한 병이 원인일 수 있으니 주의하도록 한다.

1

발열이 있다.

YES 2번으로
NO 5번으로

2

고열이 있기도 하며, 기침,
재채기, 콧물이 함께 나타난다.

YES 3번으로
NO 8번으로

8

오한이 나며 물 같은
녹색 설사를 한다.

YES 9번으로
NO 13번으로

3

피부에 생기가 없고 입술이
말라 있으면 감기일 수 있다.
소아과로 가보도록.

7

선천성비후성유문협착증이
의심된다. 분유수유
중인 아이라면
우유알레르기일 수 있다.

5

젖을 먹이면
수유직후 분출성
토사물이 나온다.

YES 6번으로
NO 10번으로

4

구토, 오한이 함께 나타나면
식중독, 보채고 우유를
잘 안 먹으면 급성위장염일
가능성이 있다.
빨리 소아과로 가보도록.

6

식욕은 왕성한데
계속 체중이 줄고
피부에 윤기가 없다.

YES 7번으로
NO 12번으로

9

배가 아프고 심하면
경련을 일으킨다.

YES **4번**으로
NO **15번**으로

10

대변이 타르 형태를 띠며
피가 섞인
토사물이 관찰된다.

YES **11번**으로
NO **16번**으로

12

위나 식도에서의
역류가 원인일 수 있다.
수유 후 반드시
트림을 시키도록.

11

태어난 지 얼마 되지
않는다면 신생아
출혈성질환, 유아기라면
위, 십이지장과 같은
소화기관 출혈이 의심된다.

13

갑자기 배가 많이
아프다고 한다.

YES **20번**으로
NO **14번**으로

17

주기성구토증일 수
있으니 빨리 소아과로
가보도록.

14

현기증과 심한 두통을 호소하며
심하면 경련이나
혼수상태에 이르기도 한다.

YES **21번**으로   **NO** **19번**으로

16

입에서 심한 구취가 나며
물기가 없는
검은 토사물이 나온다.

YES **17번**으로
NO **22번**으로

15

시큼하고 설사가 하얀
물 같은 상태라면
심각할 수 있으니
소아과로 가보도록.

다음 페이지에서 계속 ▶ ▶ ▶

18

혈액이 섞였거나 점도가
강한 변이 나온다면
장중첩증, 남아의 음낭 부근에
응어리가 잡힌다면
서혜부탈장일 가능성이 높다.
빨리 외과나
소아과로 가보도록.

19

황달기가 있다면
급성간염,
귀에서 고름이 나고
심하게 아프다고 하면
급성중이염일 수 있다.
이비인후과나
소아과로 가보도록.

20

감기, 급성충수염이나
급성췌장염일 수 있다.
소아과로 가보도록.

25

뒷목이
뻣뻣해지면서 두통을
호소한다.

YES 26번으로
NO 27번으로

21

수막염이나 뇌염이 의심된다.
빨리 소아과로 가보도록.

24

설사가 심하다면
식중독일 수 있다.
소아과로 가보도록.

22

심한 복통을 호소한다.

YES 23번으로
NO 25번으로

23

갑자기 배가
아프다고 하면서
변을 통 못 본다.

YES 18번으로
NO 24번으로

26

부기가 있다면 신장 질환이 의심되며 머리를 세게 부딪친 후라면 그로 인한 것일 수 있다. 다른 원인이 없어도 계속 토하고 머리를 뒤로 젖히고 경련을 일으키면 **뇌막염**일 가능성이 있다. 소아과 검진을 받아보도록.

27

이유 없이 어지럽다고 한다.

YES 28번으로
NO 29번으로

29

심한 기침이나 멀미, 혹은 현재 먹이고 있는 약 때문일 수 있다. 그 외 특별한 이유가 없다면 스트레스로 인해 구토를 할 수도 있다.

28

귀나 순환기 계통의 이상일 수 있으니 소아과로 가보도록.

위의 닫힘기능이 미숙해서 토한다

아기가 수유 직후 트림이나 기침을 하면서 토하는데, 토한 뒤에는 아무렇지도 않고 생기가 있다면 염려하지 않아도 된다. 위의 닫힘기능이 미숙하기 때문으로 자라면 없어진다. 아이가 때때로 토하지만 체중이 순조롭게 늘고 있다면 스트레스에 의한 신경성 구토로 볼 수 있다. 또 심한 기침이나 멀미, 먹이고 있는 약이 원인이 되기도 한다.

유문협착증, 알레르기 등을 의심한다

젖을 먹일 때마다 분수같이 토한다면 **선천성비후성유문협착증**이나 위·식도 역류증을 의심할 수 있다. 이 외에도 감기 등 급성감염증의 초기 증세로 구토를 하는 경우도 있고 특정 식품에 대한 알레르기 반응일 수도 있다. 시큼한 냄새가 나고 하얀 물 같은 설사가 나올 수 있다. 모두 소아과 진료를 받아야 한다.

혈액이나 점액이 섞이면 위급하다

토사물에 선홍색 또는 흑갈색 혈액이 보인다면 신생아 출혈성 질환 또는 소화기관 출혈이 우려된다. 혈액이나 점액이 섞여 있으면 **장중첩증**을, 음낭에 혹 같은 것이 만져지면 서혜부탈장일 수 있다. 두통, 경련, 의식 혼미가 동반되면 **뇌막염**이 의심된다. 모두 위급한 병이다. 이 밖에 급성간염, 급성중이염, 급성충수염, 급성췌장염 등도 구토를 동반한다.

선천성비후성유문협착증

원인 선천적인 질환이며 가족력이 있다

출생 후 건강하게 잘 자라던 유아가 생후 2~3주부터 젖을 먹을 때마다 토하는 증세를 보인다. 원인은 확실하게 밝혀있지 않으나 선천적인 질환으로 알려져 있다. 흥미로운 것은 이런 증상을 보이는 아이들 중 첫째로 태어난 남자아이들이 많다는 것. 그리고 가족력이 15%에 이른다고 한다.

증세 수유 직후 분수처럼 왈칵 토한다

초기 증상은 대개 생후 2~3주부터 2~3개월 사이에 나타난다. 구토는 분수처럼 왈칵 토해 내는 것이 특징. 대개 수유 직후에 나타나며 때로는 수유한 후 수시간 후에 나타나는 경우도 있다. 토사물은 수유한 우유가 그대로 나오며 황색의 담즙은 섞이지 않는다. 토하는 횟수가 잦을수록 탈수현상을 나타내고 피부의 피하지방이 소실되어 노인의 피부처럼 쪼글쪼글하게 된다.

치료 유문부의 근육 절개하는 수술을 한다

위에서 십이지장으로 이행하는 부위인 위 전정부 근육이 비후되어 두꺼워짐으로써 유문부가 더 가늘게 늘어나서 음식물이 통과되지 못하고 구토가 일어나게 된다. 수유 직후 또는 구토 직전에 좌측 상복부로부터 우측 상복부를 향하여 움직이는 파동을 볼 수 있다.

토하는 횟수가 많을수록 탈수현상, 전해질 부족 현상을 초래할 수 있고 영양상태가 극히 불량해지므로 소아과 또는 외과 전문의의 진찰을 받고 외과적으로 치료해야 된다.

외과적 치료법은 비후된 유문부의 근육을 절개하여 좁아진 통로를 넓혀주는 방법으로 간단하고도 위험성이 거의 없다. 증상이 가벼울 때는 우유를 조금씩 자주 먹이며

▶▶▶ 아기가 토할 때 체크사항

아기의 상태	의심되는 병	아기의 상태	의심되는 병
■ 수유 후나 트림을 한 뒤, 기침을 한 뒤에 토하는데 토한 뒤에는 아무렇지 않고 생기가 있다.	■ 위의 닫힘기능이 미숙하기 때문이다. 염려할 것 없다.	■ 때때로 먹은 것을 토하기는 하지만 체중은 순조롭게 늘며 생기가 있다.	■ 스트레스에 의한 구토로 보인다. 기분을 풀어주면 된다.
■ 반복해서 몇 번이나 토하며 설사를 한다. ■ 불러도 반응이 둔하며 졸고 있다.	■ 소화불량증, 탈수증이 원인일 수도 있다. 즉시 병원으로 가봐야 한다.	■ 입안에서 단내가 나고 몇 번씩 토하며 축 늘어져 생기가 없다 ■ 열이 나는 경우도 있다.	■ 주기성 구토증일 수도 있다. 병원으로 가야 한다.
■ 구토가 가라앉지 않고 몇 번씩 반복되면서 높은 열이 난다. ■ 의식이 몽롱하고 축 늘어져 있다.	■ 뇌막염, 폐렴, 뇌증일 수 있다. 급히 서둘러 병원으로.	■ 음식을 먹고 난 후에 토하거나 토할 듯한 증세를 보이며 열도 난다.	■ 편도선염이나 감기 초기 증세일 수 있다. 소아과 진찰이 필요하다.
■ 몸을 비틀며 심하게 울면서 몇 번이고 토하거나 설사를 한다. ■ 변에는 혈액과 점액이 섞여 있다.	■ 장중첩증이 의심된다. 즉시 병원에 가봐야 한다.	■ 넘어지거나 부딪쳐서 머리를 다친 뒤, 구토를 반복하거나 며칠 지나서 갑자기 토했다.	■ 뇌진탕, 두개내출혈인 것 같다. 즉시 병원으로 가봐야 한다.
■ 우유나 젖을 먹고 나면 언제나 토해 내며 체중이 늘지 않는다.	■ 유문협착증일 수도 있다. 즉시 병원에 가봐야 한다.	■ 황색이나 녹색을 띤 담즙이나 혈액이 다소 섞인 것을 토한다.	■ 위궤양이나 십이지장궤양일 수도 있다. 즉시 병원으로.

수유 직후 약 1시간씩 아기의 상체를 약 45도 정도 높여 누이면서 아트로핀 같은 부교감신경 차단제 같은 약물을 투여하는 방법도 있다.

하지만 이 경우 치료 기간이 3~6개월 이상 소요되기 때문에 아기의 성장, 발육에 지장이 많으므로 조기에 수술요법으로 치료하는 것이 바람직하다.

뇌염

원인 병원체를 가진 모기에 물려 전염된다

바이러스가 원인이며 일본뿐 아니라 우리나라, 대만 등 극동 지역 여러 나라에서 발생하고 있다. 병원체를 가진 모기에게 물려 전염된다.

그러나 병원체가 몸에 침입했다 해서 모두 발병하는 것은 아니다. 과로나 수면부족 등으로 몸이 쇠약해졌거나 저항력이 약한 경우에 쉽게 감염된다. 특히 8~9월에 많고 유치원이나 학령기 어린이에게서 흔히 발생한다.

증세 고열과 구토를 보이다가 혼수 상태에 빠진다

1~2주일의 잠복기가 지나면 발병이 배우 급격하여 갑자기 39~40℃의 고열이 나고 두통, 현기증, 구토, 흥분 등의 증상이 나타난다.

그리고 점차 의식이 흐려지고 병이 진행되면 경련, 혼수 등에 빠져서 사망에 이르는 수도 있다. 경과가 좋을 경우에는 1주일 전후로 열이 내리며 증세가 좋아지나 언어장애, 마비 등의 후유증을 남기는 경우도 있다.

치료 서둘러 입원 치료해야 한다

자칫 독감 정도로 생각하고 방치하면 언어장애나 지능 저하, 파킨슨 증후군 같은 심각한 장애를 가져올 수도 있고 심할 경우 사망에 이를 수도 있는 위험한 질환이다. 특

효약은 없으나 여러 가지 증상에 대한 치료와 간호가 중요하므로 서둘러 입원 치료하는 것이 바람직하다. 흥분이나 경련에 대해서는 진정제를 써야 하고 산소를 흡입시키고 너무 고열일 때는 빨리 해열시키도록 하며 가래가 끓을 때는 흡인기로 분비물을 흡입시킨다. 그리고 영양 및 수분 공급도 매우 중요하다.

우리나라에서 가장 흔한 일본뇌염의 경우 제 2군 법정전염병으로 분류될 만큼 전염성이 높으므로 감염되지 않도록 예방하는 것이 최우선이다. 여름에는 모기에 물리지 않도록 주의하며 특히 어린 아이들의 경우 매년 5월과 6월 사이에 뇌염 예방 접종을 하는 것이 좋다.

뇌막염

원인 뇌의 수막에 세균이나 바이러스가 침범

뇌와 척수를 싸는 막에 세균 혹은 바이러스에 의한 감염이 발생해 염증이 생긴 것. 원인균은 인플루엔자균, 뇌막염 구균 혹은 폐렴 구균 등에 의해 발생하며 이 외에도 귀의 병이나 결핵 등 다른 질병으로 인해 세균이 혈액을 타고 돌면서 뇌의 수막에 침범해 발생하는 경우도 있다.

증세 토하고 사지를 뒤틀며 경련한다

갑자기 고열이 나면서 두통, 구토 및 경련을 일으키며 뒷목이 뻣뻣하여 똑바로 누워 있는 아이의 목을 뒤에서 앞으로 젖히려 하면 저항을 느낀다. 갑자기 열이 오르면서 눈을 위로 치켜뜨고 머리를 뒤로 젖히고 사지를 뒤틀면서 경련을 하는 것이 보통이다.

6개월 미만의 아기는 뚜렷한 뇌막 증상이 없이 고열과 아울러 처음부터 의식혼탁을 일으키기도 한다.

치료 **치료 늦어지면 뇌성마비 위험 있다**

진단만 정확하게 해 조기에 치료하면 쉽게 치료할 수 있는 질병이지만 잘못된 진단으로 치료를 늦추거나 하면 정신박약, 청각장애, 뇌성마비 등 심각한 상태에 이르게 되므로 초기에 서둘러 치료하는 것이 바람직하다. 세균 감염에 의한 것이 대부분이므로 항생제로 치료한다. 집에서 치료할 수 없으므로 한시라도 빨리 병원을 찾아 진단을 받은 후 의사의 판단에 따라 입원 치료한다.

집에서는 이렇게 열이 39℃ 이상이며 3개월 이하의 영아인 경우, 뒷목이 뻣뻣해지는 경우, 고열과 함께 설사를 계속하는데 변에 혈액이나 농이 섞여 있는 경우, 심한 복통을 호소하며 새우처럼 구부린 경우, 기운이 없고 축 처져 있으며 동공이 풀린 경우 등은 서둘러 병원으로 가야 한다. 그렇지 않은 경우라면 얼음물 주머니나 찬 물수건으로 냉찜질을 해주거나 미지근한 물로 샤워를 해주며 수분을 충분히 섭취하게 하고 안정을 취하게 한다.

장중첩증

원인 **장의 일부가 장 속으로 들어갔다**

생후 2개월에서 6세까지의 소아에서 가장 흔한 장폐색증의 원인이 된다. 아기의 장은 확실하게 자리를 잡고 있지 않기 때문에 심하게 움직이거나 하면 장의 일부가 장 속으로 빨려들어가게 된다.

알 • 아 • 두 • 자

아기가 아플 때 어머니가 해야 할 일

아기들은 어른과 달리 병에 대한 저항력도 약할 뿐더러 아파도 어디가 어떻게 아픈지 자세히 표현하지 못한다. 그러므로 아기가 아플 때 병의 증세를 효율적으로 관찰할 줄 아는 사전 지식이 어머니에게 꼭 필요하다.

■ **아기의 상태가 평소와 다른지를 관찰한다**

설사를 하며 열이 높고 토하면서도 보채지 않고 비교적 잘 놀며 기운이 있는 아기가 있는가하면 축 늘어져 힘이 없고 보채는 아기도 있다.

이러한 아기들의 상태를 전문의에게 상세하게 들려줌으로써 병을 진단하고 치료하는데 큰 도움이 된다. 이럴 때 증세가 급한 것인지 어떤지는 전신상태나 기분의 좋고 나쁨을 기준으로 삼아 관찰하고 판단한다.

■ **작은 변화도 놓치지 말아야 한다.**

평소 잘 하지 않던 몸짓이나 새로운 증세의 발견은 병 진단에 도움을 주며 병의 악화를 막기도 한다. 이러한 증세 관찰을 신체 부위별로 일목요연하게 체크해 두면 증세를 쉽게 파악할 수 있다.

■ **판단이 어려우면 서둘러 병원으로 간다**

갑작스럽게 아기의 상태가 나빠졌을 때 바로 병원에 데리고 가는 것이 좋은지 아니면 얼마동안 상태를 지켜보는 것이 나은지 부모들은 망설이고 불안하게 된다. 이때는 침착하게 아기를 관찰한 후 지체하지 말고 병원에 가도록 한다.

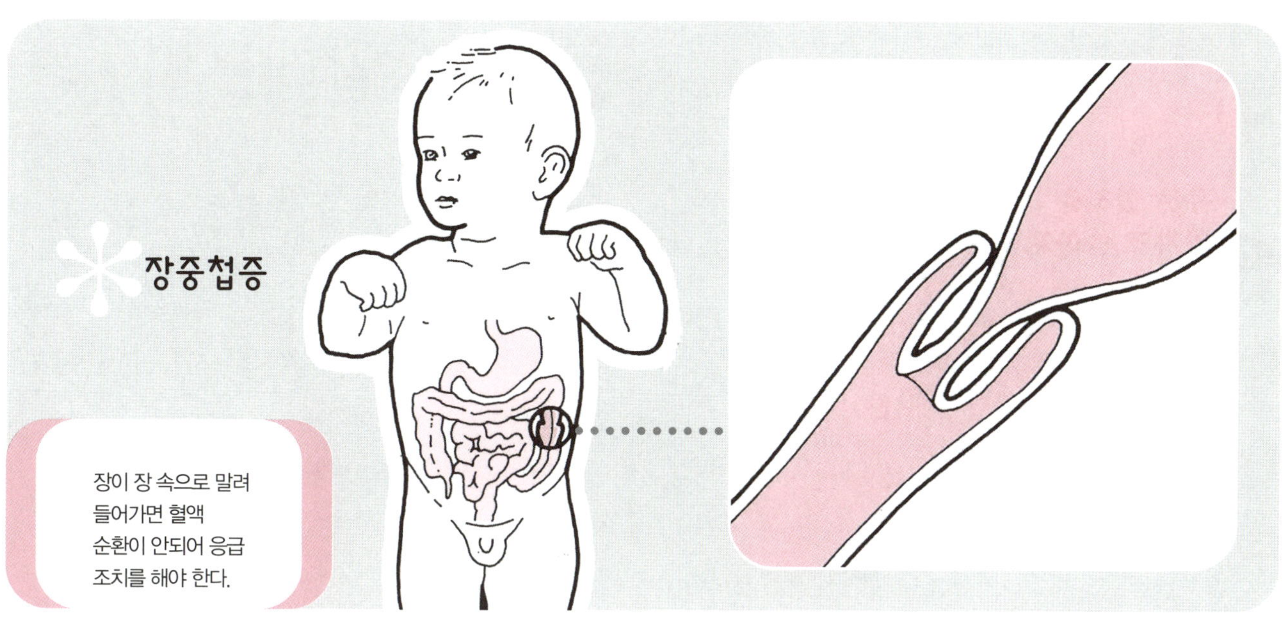

가장 흔한 것이 소장 끝부분이 대장으로 빨려들어가는 형태다. 생후 5~6개월부터 2세 정도까지의 건강하고 살찐 남자아이들에게서 흔하다.

증세 돌발적 복통, 고열, 구토 동반한다

아이가 갑자기 돌발적인 복통을 일으키게 되는데 시간이 경과함에 따라 안면이 창백해지며 다리를 배로 끌어당겨 붙이며 아파한다. 고열이 나고 맥박이 약해지고 담즙이 섞인 구토와 더불어 12시간이 경과하기 전에 건포도 젤리 색깔의 혈변을 보이게 된다. 대체로 우측 상복부에서 소시지 모양의 덩어리가 만져지기도 한다.

치료 한시라도 빨리 응급실로 간다

바륨이라는 약물을 항문을 통해 관장시키면서 압력을 높여주면 중첩된 장이 풀리게 된다.

이와 같은 바륨 관장 정복술은 발병한 후 24시간 이내에 시행해야 하며 24시간이 경과해 장의 괴사가 우려되는 경우 수술적 방법으로 중첩된 장을 풀거나 장의 절제술이 필요하다. 시간이 지나면 지날수록 치료가 힘들어지므로 서둘러 치료를 받는 것이 중요하며 한시라도 빨리 병원 응급실로 데려가는 것이 중요하다.

집에서는 이 렇 게 심한 복통으로 발작적으로 울며 담즙이 섞인 구토와 혈변을 본다면 장중첩증의 가능성이 높으므로 이럴 때는 지체하지 말고 바로 응급실로 가야 한다.

장중첩증은 조기에 적절히 치료해 주지 않으면 고열, 탈수, 탈진 등의 증상이 생기고, 중첩된 장 부위가 손상돼 패혈증으로 사망에 이를 수 있는 위험한 병이다. 아이의 상태를 주의깊게 살피는 한편 토사물이나 변혈이 묻은 기저귀를 가져가는 것도 진단에 도움을 줄 수 있는 방법이다.

식중독

원인 미생물이 신체 내에서 증식한다

살모넬라. 장염비브리오, 웰치균 식중독과 같이 음식물과 함께 섭취된 미생물이 인체내에서 증식하거나 또는 사람이 섭취하기 전 식품 내에서 증식한 다량의 미생물이 장관점막에 작용함으로써 위장기능에 장애를 일으킨다. 이 외에 보틀리누스균이나 포도상 구균에 의한 식중독처럼 식품 중에서 미생물이 증식할 때 생기는 독소에 의해 일어나는 식중독이 있다.

증세 복통, 구토, 오한이 함께 나타난다

식중독에 걸리면 우선 전신이 나른해진다. 식욕도 금방 뚝 떨어진다. 그리고 복통, 구토, 설사가 따르며 열까지 나는 경우도 많다.

우리나라에 가장 많이 빈발하는 살모넬라 식중독의 경우 일반적인 증상 외에도 고열과 오한, 전율 외에 뇌증상도 일어나 불안, 경련, 의식혼탁, 혼수상태에 이르기도 한다. 대변은 물과 같으며 녹색을 띠고 고약한 냄새가 난다.

치료 지사제 먹으면 치료를 어렵게 한다

심하면 사망하는 수도 있으므로 의사의 진찰을 받아야 한다. 특히 같은 음식을 먹은 사람이 다 똑같은 증상을 보였다면 전염병의 위험도 있으므로 반드시 병원에 가야 한다. 먼저 해야 할 일은 소금물을 마시게 하거나 손가락을 목에 넣어 먹은 것을 토해 내도록 하고 이것을 되풀이하여 위를 씻어내도록 해야 한다.

또 설사를 한다고 해서 지사제를 먹으면 장 속에 세균이나 독소를 그대로 두는 결과가 돼 치료를 더 어렵게 할 수도 있다. 수분 섭취에 유의해 설탕물과 소금물을 충분히 보충해 주는 일도 잊어서는 안 된다.

집에서는 이렇게 불결한 식품, 신선하지 않은 식품의 구입 및 섭취는 금한다. 병원균 전염의 매개체인 바퀴벌레나 쥐 등은 잡는다.

냉장고는 보통 2주에 1회 정도는 모든 식품을 들어내고 닦아주는 것이 좋으며 도마와 행주, 개수대는 꼭 소독한다. 조리한 음식은 가능한 한 빨리 섭취하고 조리하는 사람은 위생에 더욱 철저히 한다.

 # 우유알레르기

원인 체질적인 원인이 많다

알레르기를 일으키는 원인은 여러 가지가 있다. 음식물, 집 안의 벌레나 먼지, 식물의 꽃가루, 의류의 섬유, 애완동물의 털이나 표피, 담배연기 등이 대표적인 것이지만 행동 범위가 한정되어 있는 아기의 경우에는 역시 음식물이 원인이 되는 경우가 가장 많다. 그 중에서도 알레르기를 일으키기 쉬운 음식물의 대표적인 것이 우유, 달걀, 콩이다.

증세 설사나 구토를 반복한다

아기가 처음 먹게 되는 음식물은 우유이기 때문에 우유 알레르기가 있을 경우, 빠르면 생후 1~2주일 정도부터 설사나 구토를 반복하며 배가 아픈 듯이 울고 보챈다. 심하면 잘 먹지 않아 영양실조가 되어 성장 발육에 장애가 올 수도 있다. 다만 아기는 소화기능이 아직 미숙하므로 소화불량을 일으켜 설사하는 경우도 있으며, 선천적으로 우유의 성분 분해효소가 부족해서 설사나 구토, 복통을 일으키는 경우도 있으므로 설사나 구토가 반드시 알레르기 때문이라고 단정할 수는 없다.

치료 원인이 되는 우유 양을 줄이고 의사의 지시를 받는다

아기의 설사, 구토, 복통 증세가 음식물 때문이라고 여겨질 때는 1주일 정도 식사일기를 적으면서 아기의 상태를 관찰해 보자. 그렇게 하면 무엇이 원인인지 대략적으로 파악이 되어 의사에게 진단을 받을 때 참고가 된다. 우유알레르기라는 것을 알게 되면 원인이 되는 음식의 양을 줄이거나 경우에 따라서는 얼마간 완전히 먹이지 않도록 한다. 다만 이 경우에는 반드시 의사의 지시를 따른다. 엄마의 판단으로 끊어 버리는 건 금물이다.

아기의 건강 체크법

체온계의 수은주 쪽에
콜드크림을 바른다.
한 손으로 엉덩이를 벌린
다음 체온계를
2~3cm쯤 집어 넣는다.

체온을 재는 방법

● 항문용 체온계의 위쪽 끝을 쥐고 흔들어서 수은주가 화살표 아래로 내려가게 한 다음 수은주가 있는 쪽 끝에 베이비오일이나 콜드크림을 조금 바른다. 아기를 엎드려 눕히고, 한 손으로 엉덩이를 벌린 다음 체온계를 2~3㎝쯤 집어넣는다.
아기의 엉덩이를 오므리고 엄마의 둘째·셋째 손가락 사이에 체온계가 오도록 하여 엉덩이를 꼭 잡고 2~3분쯤 기다렸다가 체온계를 뺀다. 몇 도인지 눈금을 찾아 읽고, 체온을 잰 시간도 적어둔다.

● 겨드랑이의 땀을 잘 닦아낸 다음 수은주가 있는 체온계의 끝이 겨드랑이의 한가운데에 가도록 대고 팔로 눌러 고정시킨다. 3~5분쯤 그대로 있다가 체온계를 빼어 눈금을 찾아 읽는다. 오후에는 체온이 약간 높은 편이므로 아침과 저녁에도 체온을 재서 적어 둔다. 요즘은 전자식 체온계가 나와 이마, 귓속 등에서 측정이 가능하다.

맥박을 재는 방법

● 아기가 자고 있을 때 어머니의 둘째·셋째 손가락을 모아 관자놀이에 대고 맥박수를 재거나 아기의 손목을 감싸듯이 잡고 손목 안쪽에 어머니의 엄지와 검지를 가볍게 대고 잰다.

호흡수를 재는 방법

① 아기가 자고 있을 때 아기의 명치에 엄마의 손바닥을 가볍게 놓고 1분간 잰다.
② 아기가 자고 있는 동안 휴지를 콧구멍에 가까이 대고 움직이는 횟수를 잰다.

열이 있음을 알리는 신호

● 젖꼭지를 문 아기의 입안이 뜨겁거나 끈적끈적하다.
● 왠지 모르게 나른해 보이며 얌전해지고 눈에 눈물이 고인다.
● 얼굴이 창백하고 피부에 생기가 없다.
● 어머니의 이마를 아기의 이마에 대어 보면 열이 느껴진다.
● 추운 듯이 떨며 입술이 메말라 있다.

알레르기 체질인지 알아보는 요령

아래의 항목 중에서 하나라도 '예' 라는 대답이 있으면 알레르기성 체질이기 쉽다.

1 아빠, 엄마는 알레르기성 체질인가? ☐
2 인공영양인가? ☐
3 습진이 잘 생기는가? ☐
4 곧잘 설사를 하거나 토하는가? ☐
5 모유에서 우유로 바꾸었을 때 습진이나 설사, 구토가 있었는가? ☐
6 이유식을 시작했을 때 습진이나 설사, 구토가 있었는가? ☐
7 금방 콧물을 흘리거나 숨을 내쉴 때 식식거리지는 않는가? ☐
8 기침과 함께 호흡곤란을 일으킬 때가 있는가? ☐
9 약간의 기온변화나 먼지, 연기 등으로 콧물이 나오거나 심한 기침을 하는 경우가 있는가? ☐

기침을 한다

어린아이는 기도 점막이 약하고 주변 환경에 예민해서 작은 이물질이나 환경,
기온 변화에도 민감하다. 발작적으로 심한 기침을 하거나
이렇다할 증상 없이 기침만 계속된다면 천식이나 기관지, 폐질환을 의심할 수 있다.

1 열이 난다.
- YES 2번으로
- NO 4번으로

2 발작적인 기침과 심한 가래가 관찰된다.
- YES 17번으로
- NO 6번으로

11 갓난아이로 몸이 식을 정도로 열이 내리고 얼굴과 입술이 보라색이 되었다.
- YES 7번으로
- NO 15번으로

3 급성후두염, 디프테리아일 수 있으니 빨리 소아과나 이비인후과 진찰을 받아보도록.

4 갑자기 기침이 심해지면서 호흡곤란을 일으키기도 한다.
- YES 5번으로
- NO 8번으로

10 재채기와 콧물과 함께 호흡곤란을 나타낸다
- YES 11번으로
- NO 14번으로

9 목이나 기관지의 이물질이 원인일 수 있다. 이물질을 제거하지 못했다면 빨리 소아과로 가보도록

5 숨을 제대로 쉬지 못해 밤에 잘 깨고 목에서 쉰 소리가 나면서 힘들어한다.
- YES 13번으로
- NO 9번으로

6 컹컹거리며 개가 짖는 듯이 기침을 한다.
- YES 3번으로
- NO 10번으로

7 기관지염일 수 있다. 소아과로 가보도록.

8 처음엔 감기와 유사한 증세를 보였지만 얼굴이 빨개지도록 심한 기침이 난다.
- YES 16번으로
- NO 12번으로

참 / 조 / 페 / 이 / 지

- 감기 … 354
- 이물질이 걸렸을 때 … 367
- 급성후두염 … 228
- 인두염 … 20
- 인플루엔자 … 328
- 폐렴 … 343
- 홍역 … 327
- 흉막염 … 98

12

마른기침만 가볍게 하고 그 외의 증상은 없다면 습관성 기침일 수 있다. 소아과 상담을 받아보도록.

13

기관지천식일 수 있다. 발작이 계속된다면 소아과로 가보도록.

14

기침이 오래가거나, 기침 이외의 증세가 없어도 심하게 보채고 식욕과 기운이 없다면 기관지염이나 폐렴일 수 있다. 소아과로 가보도록.

15

갑자기 눈곱이 심하게 끼면서 충혈됐다.

YES 21번으로
NO 18번으로

16

백일해일 수 있다. 기침하는 중간에 색색거리는 피리소리가 들린다면 소아과로 가보도록.

17

안색이 안 좋고 숨이 가쁘면서 가슴이 아프다고 한다.

YES 19번으로
NO 20번으로

21

인두에 염증이 있다면 인두결막염, 고열이 반복적으로 나타난다면 홍역일 수 있으니 서둘러 소아과로 가보도록.

18

감기나 인플루엔자일 수 있다. 기침 이외의 증상이 없이 식사량에도 이상이 없다면 걱정하지 않아도 좋다.

20

기관지천식일 수 있다. 콧물이나, 인후통, 두통, 고열, 근육통과 같은 증세가 나타난다면 감기나 인플루엔자일 수 있다.

19

급성기관지염, 폐렴, 농흉, 흉막염, 혹은 마이코플라스마 폐렴일 수 있다. 소아과 진찰을 받아보도록.

기도점막이 민감해 기침이 난다

기온의 변화나 건조한 공기 등 주변 환경의 영향 때문에 일시적으로 하는 기침은 크게 걱정하지 않아도 된다. 기도점막이 민감하기 때문이다. 아이가 가볍게 마른기침을 계속할 뿐 이렇다 할 증상이 없을 때는 습관성 기침인지 상담해 본다. 감기 증상인 경우도 있는데 방치해 두면 합병증이 생기는 등 악화되므로 치료 시기를 놓치지 않도록 한다.

기침 오래 가면 기관지·폐의 병 의심

심한 기침이 발작적으로 일어난다면 기관지천식을, 심하게 기침을 하는데 피리 불 때 같은 숨소리가 들린다면 백일해를 의심한다. 콧물, 목의 통증, 두통, 관절통, 식욕부진 등 온몸의 증세가 나타날 때는 감기 또는 인플루엔자일 수 있다. 기침이 오래가고 기침 외에 이렇다 할 증세가 없는데 보채고 기운이 없으며 식욕도 없다면 기관지나 폐의 병을 의심한다.

폐렴, 흉막염, 급성후두염 우려도 있다

심한 기침과 가래에 안색이 나쁘고 가슴 통증이나 호흡곤란을 호소하면 급성기관지염, 폐렴, 마이코플라스마폐렴, 농흉, 흉막염 등이 의심된다. 기침 소리가 개가 짖는 듯하면 급성후두염, 디프테리아의 우려가 있다. 재채기, 콧물, 고열을 동반하며 눈곱이 끼고 충혈이 되었다면 인두결막염, 발진이 생기면 홍역 등을 의심할 수 있다. 모두 급하다.

급성세기관지염

 세기관지에 바이러스 감염

4~18개월의 영아에서 가장 많이 발생하며 기관지의 말단인 세기관지에 염증이 생겨 세기관지가 붓고 진한 분비물과 삼출물이 나와 호흡 장애를 일으키게 된다. 바이러스성 질환으로 가족 중에 누군가가 감기를 앓고 있거나 하면 전염되는 경우가 흔하며 드물게는 세균에 의한 감염으로 오기도 한다.

 발작적인 기침과 호흡곤란이 온다

1~3일간 콧물, 재채기, 기침 등의 감기증상이 있다가 색색거리는 소리와 함께 호흡곤란이 나타난다. 기침은 발작적으로 온다. 호흡은 내쉬는 시간이 길어지고 특히 숨을 내쉬는 기간에 '색색' 소리가 난다. 호흡을 할 때 목 부분과 갈비뼈 아래쪽이 함몰하게 되고 또한 입술이 파랗게 되는 경우가 있다.

 호흡곤란 증세 보이면 입원한다

초기 증상이 감기와 비슷해 감기 시럽만 사 먹이는 경우가 많은데 이는 증상을 오히려 악화시킬 뿐이다. 방치하면 호흡곤란으로 사망까지 이를 수 있는 심각한 병이므로 반드시 병원을 찾아 치료를 해야 한다.

병원에서 하는 일반적인 치료는 항염제나 기관지확장제 등을 사용해 증상을 완화시키며 진정제나 항생제는 쓸 필요가 없다.

알·아·두·자

이런 기침 증세일 땐 병원에 간다

기침을 한다고 바로 병원으로 데려가는 것은 조금 성급한 일이지만 다음과 같은 증세를 보일 때는 병원으로 간다.

- 38℃ 이상의 열이 나며 콧물을 흘린다.
- 갑자기 심하게 기침을 하며 눈을 희번덕거린다.
- 호흡이 빠르다.
- 밤중에 심하게 기침을 하면서 잠들지 못한다.
- '푸푸' 소리를 내는 기침을 한다.
- 안색이 창백하고 칭얼거리며 보챈다. 얼굴이 새빨개지며 기침을 한다.
- 한숨 섞인 호흡을 하며 개가 멀리서 짖는 듯이 컹컹거리며 기침을 한다.
- 하루에도 몇 번씩 심하게 기침을 하며 한 번 시작하면 그칠 줄을 모른다.
- 2주 이상이나 콜록거리는 마른기침을 계속한다.
- 기침이 심하고 토하기도 한다.

- 그렁그렁 가래 끓는 소리를 내며 호흡이 곤란해 보인다. 어깨로 숨을 쉬거나 콧방울을 벌름거리며 호흡을 하면서 가만히 있지를 못한다.

■ **어머니가 해야 할 응급처치**
- 심하게 기침을 계속할 때는 아기를 세워 안고 등을 가볍게 두드리거나 문질러 준다.
- 방안에 빨래를 널거나 가습기를 틀어 습도를 높여 준다.
- 실내온도는 18~22℃를 유지하고 1~2시간마다 창문을 열어 환기를 시켜 준다.
- 보리차나 주스 등으로 수분을 공급하여 가래가 부드럽게 나올 수 있도록 한다.
- 집안에 먼지나 곰팡이, 진드기 등을 없애고 침구도 빨거나 햇볕에 말려 곰팡이를 없애고 살균을 시킨다.

외출은 물론 금지. 집 안에서는 담배도 피지 않는다. 집안의 습도를 높여주며 등을 자주 두드려 가래가 쉽게 떨어지게 하고 물을 많이 마시도록 해 점막을 부드럽게 해준다. 오이즙이나 검은콩 삶은 물은 기침을 멎게 하는 데 효과가 있다.

도록 하는 것이 좋다. 기관지 확장제를 경구 투여하거나 흡입하게 하는 약물치료법이 있다.

어릴 때부터 면역력을 강화하고 천식에 걸리지 않는 체질로 키우는 것이 중요하다.

기관지천식

원인 체질적인 요인이 크다

유전적 요인이 커서 선천적으로 체질을 타고나는 경우가 많다. 알레르기로 오는 경우는 원인이 되는 특정물질이 호흡할 때 함께 들어와 과민반응을 일으키게 된다. 주로 먼지, 꽃가루, 곡분, 담뱃재 등이고 음식물을 통해 소화기로 항원이 들어가기도 하는데 이 경우 주로 단백질이 문제시되고 있다.

증세 발작적인 기침이 밤에 더 심하다

초기 증상은 목이 좀 가랑가랑하고 기침이 시작되며 기침은 밤에 더 심하다. 가슴이 누르는 듯 아프며 숨이 차서 안절부절 못하는데 누우면 더 숨이 차므로 앉아서 숨을 쉬게 된다. 발작증세가 있는 동안은 맥박이 빨라지고 청색증이 나타난다. 가래를 동반한 기침 때문에 호흡곤란이 심해 금방 숨이 막힐 것 같으나 열은 없고 이것 때문에 질식하는 경우는 없다.

치료 항원과의 접촉을 피한다

심한 운동, 찬공기에 노출, 먼지, 가스 등에 의해 발작이 나타나므로 주의한다. 항원이 확인된 경우라면 무엇보다 먼저 이 항원과의 접촉을 피하도록 한다. 실내 환기를 자주 해주고 침대나 이불 커버를 자주 갈아주며 방안 청소도 깨끗이 해 먼지, 진드기나 동물의 비듬, 털 같은 것들이 없

폐렴

원인 감기, 홍역 등에 이어 나타난다

폐의 실질인 폐포에 염증성 변화가 일어나는 것으로 원인균은 폐렴 쌍구균, 연쇄상 구균, 포도상 구균, 인플루엔자 간균 등으로 단독감염 또는 혼합감염으로 기관지 폐렴이 발병한다. 대개는 감기 증후군에 속발하여 발병하며 때로는 홍역, 백일해, 유행성 감기 등에 이어서 나타나는 수도 많다.

증세 고열, 기침, 호흡곤란 등 심하다

초기에는 콧물, 기침 같은 감기 증세를 보이다가 며칠 후 갑자기 고열이 난다. 기침과 호흡곤란을 동반하고 색색거리는 소리가 들리며 호흡장애를 일으킨다. 어린 영아에서는 구토, 설사 등 위장장애도 올 수 있다. 한편 포도상구균 폐렴은 예후가 한층 안 좋은데 가슴 속에 고름과 공기가 차는 증상이 동반되면 사망에 이르는 수도 있다.

치료 페니실린 등 항생제로 치료한다

주변을 조용하게 하고 안정을 취하게 한다. 습도를 높여주고 산소, 수분 및 전해질을 충분하게 공급해 준다. 대개는 페니실린 같은 항생제를 적절히 처방하여 치료하는데 포도상 구균의 경우 항생제에 대한 내성이 강하고 광범위한 항생제를 사용한다. 물론 전문의의 지시와 처방에 따라야 한다. 가슴에 고름이나 공기가 찼을 때는 항생제 요법

외에도 흉강내로 관을 꽂아 농을 배출시켜 주어야 한다.

시금치씨를 노랗게 볶아 가루 내어 먹으면 기침이 가라앉는다. 비타민 A, C가 많은 호박도 좋다. 단호박과 꿀을 함께 찌거나 호박잎이나 꽃을 달여 마셔도 효과가 있다.

백일해

원인 백일해균이 감염 원인이다

백신의 보급으로 상당히 적어졌지만 엄마로부터 면역체를 얻는 경우가 적기 때문에 신생아들도 걸린다. 백일해균의 감염이 원인이고 코나 목으로 균이 침입한다.

증세 발작적인 기침을 한다

처음에는 감기 초기 증세와 비슷하게 1~2주 계속되는데 이 시기가 가장 감염력이 높다. 미열이나 콧물, 기침, 재채기 등의 증세부터 시작한다. 점차로 기침이 심해지고 1~2주일 지나면서 발작적으로 기침을 하기 시작한다. 기침을 심하게 한 뒤 '푸 -' 하는 피리소리 같은 소리를 내며 길게 숨을 들이마신다. 2~3개월 정도 기침을 계속하다가 서서히 생기를 찾는다.

치료 항생제를 이용한다

항생제를 이용하여 치료한다. 증세가 진행된 경우에는 약의 효력이 떨어지므로 조기 진단과 치료가 필요하다.

예방접종이 의무화되어 있으므로 현재로는 발병이 줄어든 상태이다.

처음 감기 증세를 보일 때에 발견하여 조기치료를 하면 가볍게 끝난다. 환경오염이 문제이므로 먼지, 담배연기 등 집안의 환경이 오염되지 않도록 주의하여 환기를 잘 시켜주어야 한다. 자극성이 있는 음식, 즉 신것, 매운 것, 탄산음료 등을 피한다. 다른 형제에게 옮기지 않도록 방을 따로 쓰게 하는 것도 좋다. 옷을 너무 두텁게 입히는 것도 기침을 유발하게 하므로 주의한다. 발병된 후에는 의사의 지시를 따르는 것이 좋다.

▶▶▶ **기침의 상태와 어머니가 할 일**

아기의 상태	의심되는 원인	어머니가 할 일
● 아침, 저녁으로 쌀쌀할 때 콜록콜록 기침이나 재채기를 하지만 열은 없다. ● 잘 놀고 기분이 좋다.	● 체질적인 것, 가벼운 감기	● 걱정없다.
● 아침저녁뿐 아니라 낮에도 자주 기침을 하며 때때로 심한 기침을 계속하기도 한다. ● 열이나 콧물, 코막힘도 시작된다.	● 심한 감기, 홍역	● 빨리 소아과에서 진찰을 받도록 한다.
● 밤중에 특히 콜록거리는 기침이 심해지고 얼굴이 새빨개져서 심하게 기침을 하며 호흡이 괴로워 보인다.	● 백일해	● 빨리 소아과에서 진찰을 받도록 한다.
● 갑자기 심하게 기침을 하며 괴로워한다. ● 눈이 돌아간다.	● 기도에 뭔가가 걸린 것 같다.	● 급히 서둘러 병원으로!

아기가 걸리기 쉬운 병

▶▶▶ 생후 6개월경까지 많은 병

병명	증세	어머니가 할 일
유문협착증	태어나서 2, 3주경부터 젖을 먹을 때나 먹은 뒤 토한다. 체중이 늘지 않는다.	진찰을 받도록. 얼굴을 옆으로 돌려눕힌다.
폐렴	기침이 오래도록 계속되고 고열이 있다. 호흡이 가쁘고 감기가 악화되어 일어나는 경우가 많아 겨울에 걸릴 가능성이 있다.	어린 아기일수록 위험하다. 즉시 병원으로! 집에서 치료할 경우에는 습도조절이 필수.
돌발성 발진	3, 4일 정도 고열이 있다가 열이 내리면 온몸에 튀어나오지 않는 선홍색 발진이 생긴다. 머리의 임파선이 붓는다. 보통 회복되는데 일주일 정도 걸린다.	일단 아이가 열이 심하면 해열을 시켜준다. 중증일 수도 있으므로 주의!
장중첩증	자주 토하고 안색이 좋지 않다. 아기가 우유를 먹자마자 토하고 많이 운다. 혈변을 보기도 한다.	서둘러 병원으로 가야 한다.
세기관지염	열이 나고 안색이 나빠진다. 콧구멍을 벌렁거리며 숨쉬기를 괴로워한다. 입술이 보라색으로 변한다.	최대한 빨리 병원으로 데려가 진찰을 받는다.

▶▶▶ 생후 6개월 이후에 많은 병

병명	증세	어머니가 할 일
뇌막염	6개월 미만일 때도 걸릴 수 있다. 열이 높고 경련을 반복하고 머리가 아파 심하게 운다. 경련이 멈추어도 의식이 몽롱하다.	서둘러서 병원으로 가 진찰을 받는다.
중이염	감기가 원인이 되는 경우가 많아 겨울에 많이 걸린다. 귀가 아프고 감기 증세가 있다. 아기가 손을 귀로 가져가고 머리를 흔든다. 고열이 있는 아기도 있다.	급히 병원으로 데려가 귀 안의 고름을 제거하고 감기 증세를 치료한다. 재발되지 않도록 조심.
열성 경련	고열이 나기 시작하여 몸을 쭉 뻗으며 경련을 일으키지만 이내 가라앉는다. 경련이 가라앉으면 의식도 분명하다.	경련이 가라앉으면 일단 검진을 받는다. 경험이 있으면 생약으로 열을 내리게 한다.
기관지염	가래가 섞인 기침이 오래 계속되기도 하고 열이 나며 콧물이나 재채기도 한다. 보통 감기가 악화되어 일어난다.	호흡곤란을 일으키기 전에 병원으로 간다. 밖에 내보내지 말고 실내에 있게 한다.
홍역	감기 증세가 나타났다가 열이 내린 다음 다시 열이 오른다. 이때는 온몸에 걸쳐 빨갛고 작은 좁쌀 같은 것이 나타난다. 눈곱이 끼고 기침도 심해지며 몸이 축 늘어져 기운이 없다.	이상하다고 느낀 즉시 병원으로 가 진단을 받고 전염되므로 걸리지 않은 아이와는 격리시킨다. 예방접종을 받아둔다.
백일해	밤중에 특히 콜록거리는 기침이 심해지고 얼굴이 새빨개져서 심하게 기침을 한다. 호흡이 괴로워 보인다. 구토를 하거나 콧물이 흐르기도 한다.	실내의 먼지나 곰팡이 등을 제거하고 밤에는 습도를 높여 기침이 가라앉도록 해준다.
수두	열이 나고 빨간색의 발진이 튀어나오며 통증이 있다. 발진은 수포로 변한 후 딱지가 된다. 가려움이 심하다.	해열제로 열을 내리게 한 다음 로션을 발라 발진을 억제한다. 이때는 긁지 않도록 한다.

울음을 그치지 않는다

아기들의 울음은 가장 확실한 의사표현 수단이다.

갑자기 숨이 넘어갈 듯이 울 때는 당황하지 말고 원인이 무엇인지 자세히 지켜보도록 한다.

몸이 불편해 보인다면 배설물과 체온, 그 외의 증상들을 살펴본다.

1

숨이 넘어갈 듯이
자지러지게 운다.

YES 2번으로
NO 5번으로

2

변이나 방귀의 상태는
정상이다.

YES 8번으로
NO 3번으로

9

변비나 영아산통일 수 있다.
계속 반복되면
소아과로 가보도록.

3

안색이 나빠지면서
구토나
구역질을 한다.

YES 4번으로
NO 9번으로

8

귀를 심하게 비비며
고름이
흘러나오기도 한다.

YES 14번으로
NO 13번으로

4

장중첩증이나 서혜부탈장,
혹은 충수염이 의심되니
빨리 소아과로 가보도록.

6

젖이나 우유를 먹인 후 시간이
경과했다.

YES 7번으로　**NO** 12번으로

5

손가락 끝을 자주 빤다.

YES 6번으로
NO 10번으로

7

목이 마를 수 있으니
수분공급을 해본다.

10

트림을 시켰더니
그쳤다.

YES **11번**으로
NO **15번**으로

11

수유 후엔 반드시 트림을
시킨다.

12

배가 고파도 울 수 있다.
최근 체중증가가 없었다면
우유를 좀 더 많이
주거나 이유식을 시켜본다.

13

안아주거나 손발을 움직이면
고통스러워한다.

YES **17번**으로   **NO** **18번**으로

14

구내염, 혹은 급성중이염일
수 있으니 소아과나
이비인후과로 가보도록.

15

눈을 껌뻑거리면서
응석부리듯 운다.

YES **16번**으로
NO **20번**으로

16

졸음이 원인일 수 있으니
주위를
조용히 하고 재워본다.

17

몸에 골절이나 타박상 또는
탈구일 수 있다.
서둘러 소아과나 정형외과로
가보도록.

21

배가 고프거나 불쾌감을
느껴서, 혹은
낮 동안의 흥분이나
환경변화 때문일 수 있다.

참 / 조 / 페 / 이 / 지

감기 … 354
구내염 … 405
급성충수염 … 381
서혜부탈장 … 392
장중첩증 … 336
변비 … 388

19

분노발작일 수 있으니
소아과로.

18

숨이 넘어갈듯 울다가
갑자기 얼굴이 새파래지면서
경련을 일으킨다.

YES **19번**으로
NO **23번**으로

20

종종 밤에 자다가
갑자기 깨서 운다.

YES **21번**으로
NO **24번**으로

다음 페이지에서 계속 ▶ ▶ ▶

▶ ▶ ▶ 이전 페이지에서 계속

22

엄마가 스트레스를
받거나 감정에
기복이 생기면 아이에게
전이될 수 있다.
항상 편안한 마음으로.

23

옷 속에 이물질이 들어있거나
몸에 상처난 곳,
짓무른 곳은 없는지 살펴본다.

24

기저귀를 갈고 나서,
혹은 안아서
얼러주니까 울음을
그쳤다.

YES 25번으로
NO 26번으로

25

안기고 싶어서 응석을
부렸거나
기저귀가 젖어 불쾌감을
느꼈을 수 있다.

27

감기 초기증세일 수
있으니 소아과로.

26

콧물이 흐르고 기침과
발열이 있다.

YES 27번으로
NO 22번으로

가벼운 증세

요구하는 것이 있어서 운다

특별히 아픈 데가 없는데도 아기가 울음을 그치지 않는다면 무언가를 요구하고 있는 것이다. 울음은 아기의 언어다. 손가락 끝을 빨면서 울면 목이 마른 것일 수 있고 눈을 감으려 하면서 응석부리듯이 울면 졸음이 오는 것일 수 있다. 밤에 갑자기 운다면 배가 고프거나 잠자리가 불편해서 일 수 있다. 아기의 변화를 잘 살펴 덜 울릴수록 아기의 성격이 좋아진다.

의심되는 증세

옷 속이나 몸의 상처도 살핀다

변이나 가스가 정상적으로 나오지 않는다면 변비 또는 **영아산통**을 의심할 수 있다. 입속에 빨간 점이 있고 귀에서 진물이 나면 구내염이나 **급성중이염**일 수 있다. 코막힘, 기침, 고열 등의 증세가 있다면 감기 초기 증세로 볼 수 있다. 이 밖에 이유 없이 운다면 옷 속에 이물질이 들어 있는지, 몸에 상처는 없는지도 살핀다.

중 증

움직일 때 울면 타박상일 수 있다

아기가 격렬하게 울며 구토를 하는데 평소 변이나 가스가 잘 나오지 않았다면 장중첩증, 탈장이나 충수염 등을 의심한다. 또 몸을 만지거나 움직일 때 아파한다면 삐었거나 타박상일 수 있다. 한편 아기가 울다가 호흡을 멈추고 전신에 발작을 일으키면 **발작**일 수 있다. 시간이 지나면 안정되는데 비슷한 증상이 오래도록 반복되면 정밀검사를 받아본다.

영아산통

원인 **우유를 먹일 때 공기가 들어가 불편한 것이 원인**

생후 3~4개월 이전의 아기들이 주로 밤에 숨이 넘어갈 듯 자지러지게 우는데 쉽사리 울음을 그치지 않는 경우다. 그 원인은 아직 정확하게 밝혀지지 않았지만 우유를 먹일 때 공기가 함께 들어가 불쾌감을 느끼는 것이라는 설이 가장 유력하다. 이 외에도 주변 환경이 불안하거나 소란스러워 긴장감이 고조된 경우도 있으며 소화불량, 위장 알레르기 등도 원인으로 꼽는다.

증세 **아무리 달래도 울음을 그치지 않는다**

아기가 불에 덴 듯 자지러지게 울고 배가 아픈 것처럼 다리를 가슴으로 끌어올리며 움츠리는 모습을 보인다. 아무리 달래고 얼러도 울음을 그치지 않으며 이런 증상이 1시간 정도나 계속된다. 또 며칠씩 계속되는 경우도 있고 낮엔 잘 놀다가도 밤만 되면 나타나는 경우가 많다.

치료 **오래 지속되면 검사를 받는다**

영아산통은 질병이 아니므로 진찰을 해도 소용없지만 밤마다 반복될 때나 대변에 점액이나 피가 섞여 나올 때는 소아과 의사에게 상담한다. 영아산통은 우유를 먹는 아이에게서 더 흔히 나타나는데 아무래도 엄마 젖꼭지보다는 인공 젖꼭지로 우유를 먹으면서 공기를 더 많이 삼키기 때문일 것으로 추정된다. 따라서 우유를 먹일 때는 젖꼭지와 입술 사이에 틈이 없도록 밀착시켜 공기를 삼키지 않도록 주의한다. 또 우유를 먹인 후에는 등을 가볍게 두드려 트림을 시켜야 하며 따뜻한 물수건이나 더운물을 넣은 병 같은 것을 배에 대주어 배를 따뜻하게 하고 부드럽게 맛사지해 준다. 이 외에도 따뜻한 물로 목욕을 시키고 나면 보채지 않고 잘 자기도 한다. 평소 집안 분위기를 조용하게 하고 쾌적한 상태로 만들어주어 아기가 평온하고 안정되게 잠들 수 있게 한다.

급성중이염

원인 **인후두부의 염증이 중이로 전해졌다**

인두부에서 중이로 통하는 길이 있는데 어릴 때는 이 길이 곧고 넓기 때문에 인후두부의 염증이 중이로 쉽게 전해진다. 따라서 감기나 편도염, 후두염 등을 앓고 난 후 그 합병증으로 중이염이 잘 생기게 된다. 성장할수록 발병률이 낮아진다. 감염의 원인은 대부분 바이러스에 의한 것이며 드물게 세균으로 인한 경우도 있다.

증세 **고열, 귀의 통증을 호소한다**

열이 갑자기 오르면서 귀가 아프다고 하며 말을 할 수 없는 어린아이들은 아픈 귀를 잡아당기거나 비비며 심하게 울고 보챈다. 두통, 어지럼증, 식욕부진 등이 동반되며 증상이 악화되면 고막이 팽창해 찢어지면서 귀 밖으로 고름이 흘러나오기도 한다. 이 고름은 3~4 일 또는 1~2 주간 지속하기도 하나 점차 줄어든다. 만약 고름이 계속 나온다면 만성화된 것이다.

치료 **항생제로 끈기 있게 치료해야 한다**

중이염으로 진단되면 항생제를 사용해 세균감염을 치료하게 된다. 보통 2~3일이면 통증은 사라지지만 완치와 재발을 막기 위해서는 10일 정도는 항생제를 복용하는 것이 안전하다. 치료하다 통증이 가라앉는다고 해서 치료를 중단하면 나은 듯하다 재발하기 쉽고 증상이 더 악화돼 만성화되기 쉽다. 급성중이염을 앓은 후에는 정확한 청력검사를 해봐야 한다.

절대 안정해야 한다. 목욕은 금물이다. 소화가 잘되는 음식을 주로 먹이고 수분은 충분하게 섭취하게 한다.

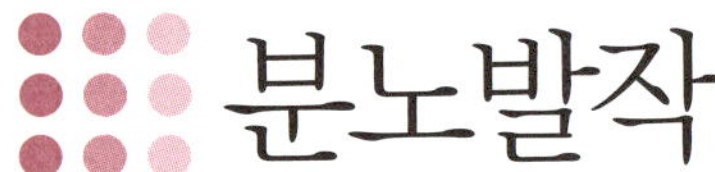 분노발작

원인 부모의 양육태도가 문제다

성격 자체가 신경질적이고 예민한 경우도 있겠지만 대부분은 부모의 양육태도에서 비롯되는 경우가 많다. 부모가 아이의 행동을 심하게 간섭하거나 나무라는 경우, 아이의 감정표현을 지나치게 억제하고 원칙을 강요하는 경우에 나타나기 쉽다. 즉 아이가 달리 자신의 감정을 표현할 길이 없어 발작을 일으킨 것이라 보면 된다. 간혹 너무 피로하거나 배가 고파도 나타날 수 있다.

증세 숨을 못 쉴 만큼 운다

뭔가 자신의 마음에 안 들거나 불쾌한 일이 있을 때 장소나 주변 상황은 아랑곳없이 아무 데나 드러누워 소리를 지르면서 우는데 좀처럼 울음을 멈추지 않아 숨을 못 쉬고 잠시 기절했다 회복하기도 한다.

심한 경우에는 호흡이 멈춰 얼굴이 새파랗게 질리기도 하고 경련을 일으키기도 한다. 하지만 1분 이내로 진정이 되고 끝나면 아무 일도 없었다는 듯이 잘 논다.

치료 크게 걱정하지 않아도 된다

금방 본래 모습으로 돌아오므로 크게 걱정할 필요는 없다. 아이가 심하게 울면서 발작을 일으키면 애써 달래려 하기보다는 잠시 아이가 보지 않는 곳에서 가만히 지켜보는 것이 오히려 더 나은 방법이다.

대신 아이가 이런 분노발작을 자주 나타내는 경우 부모의 양육태도를 점검해볼 필요가 있다. 아이에게 지나치게

간섭을 하지는 않는지, 과보호로 오히려 아이의 자율성을 해치지는 않는지, 아이에게 함부로 대하거나 비난하는 등 아이에게 불쾌감을 주지는 않는지 등을 살핀다.

대개 4세 이후가 되면 이런 증세는 자연히 낫는다. 하지만 경련발작 증세가 지나치게 빈번하고 나이가 들어서까지 계속된다면 뇌파 검사를 받아본다.

 탈구

원인 관절 속에 있는 뼈가 삐져 나온 것이다

손목이나 발목, 무릎, 팔꿈치 등을 삐었을 때 탈구현상이 일어난다. 탈구가 되면 뼈의 모양이 변하므로 반대쪽 뼈와 비교해 보면 대개 알 수 있다.

증세 부기가 심하고 아파서 울음을 터트린다

삐었을 때는 몹시 아프므로 심하게 울며, 관절 부위가 푸르스름해지고 부어 오른다. 처음에는 삔 것인지 탈구인지 골절인지 구별하기가 어려우므로 서둘러서 병원에 가는 것이 안전하다. 어느 경우이든 매우 아프고 퉁퉁 부어 오른다.

치료 냉찜질을 하고 부목을 대준다

병원에 가기 전에 통증을 가라앉혀 주고 더 이상 붓지 않게 얼음주머니나 찬물로 냉찜질을 해준다. 이때 다친 곳을 주무르거나 바로잡으려고 하지 말고 부목을 대어 고정시킨 후 병원으로 간다.

울음을 그치지 않을 때 살펴봐야 할 증세

아이가 울음을 그치지 않고 울 때는 체온과 배설물을 우선 살펴 이상이 없는지 확인한다. 배가 고프거나 목이 마르는 등의 단순한 사항이 아니라면 장중첩증, 탈장 등의 위급한 상황일 수도 있고 급성감염성 질환이나 타박상 등에 의한 극심한 통증이 원인이 될 수 있다. 이 밖에도 다른 불편은 없는지 살펴 적절한 조치를 취해 준다.

구내염 · 중이염일 때

● **구내염** _ 아이의 입안에 빨간 점 같은 것이 보인다면 구내염을 의심할 수 있다. 구내염이 생기는 원인은 여러 가지지만 아이들의 경우 위장장애나 비타민 B의 부족이 주요 원인이 된다. 이유기의 아이라면 요구르트에 달걀과 우유를 섞어 셰이크를 만들어 먹이면 좋다.

아기의 입안에 빨간 점이 보이면 구내염이 의심된다. 이유기의 아기라면 요구르트에 달걀과 우유를 섞어 먹인다.

● **중이염** _ 화농균이 고막 부근의 점막에 침입해 일어나는 증세로 아이들에게는 감기 합병증으로 흔하게 온다. 중이염에 걸리면 절대 안정을 취하고 목욕을 삼가며 우유를 먹일 경우에도 머리를 좀 높인 상태로 안아서 먹여야 귓속으로 우유가 흘러들어 가는 것을 막을 수 있다. 고름이 나오고 난청이 의심되면 서둘러 병원으로 간다.

타박상 · 염좌일 때

아이가 몸을 움직이거나 엄마가 만질 때마다 자지러지듯이 울면 타박상이나 삔 데는 없는지 살핀다. 낮에 놀면서 어딘가 세게 부딪혔거나 넘어졌을 경우인데 겉으로 보이는 상처는 없지만 내부의 작은 혈관들이 터져 조금씩 부어 오르고 멍이 들어 통증을 느끼게 된다. 먼저 찬 물수건이나 얼음 주머니 등으로 찜질을 해주고 부기와 통증이 가라앉으면 혈액순환을 촉진하는 온찜질을 해준다. 응급처치 후 정형외과로 가 정확한 검진을 받아야 한다.

경련 · 발작일 때

심하게 울던 아이가 갑자기 울음을 멈추고 팔 다리가 뻣뻣해지며 눈이 돌아가거나, 팔 다리를 떨거나 흔드는 경우, 몸의 일부만 흔들거나 떠는 경우도 있고 멍해진 채 이상 행동을 하는 경우가 있다. 증상이 다양하듯 경련의 원인 또한 다양하므로 원인을 찾는 것이 중요하다.

경련 증상은 대개 수분 안에 끝이 난다. 만약 15분 이상 경련이 지속되면 그 즉시 병원으로 가야 한다. 또 경련 증상이 반복적으로 일어나는 경우도 병원으로 가야 한다.

경련을 일으켰을 때의 처치법

● 당황하지 말고 주위의 위험한 것을 치운다.
● 토물이나 침이 기도로 들어가지 않도록 고개를 옆으로 돌리거나 엎드리게 한다.
● 혀를 깨물 위험은 없으므로 입 안에 억지로 무엇을 집어넣지 않는다.
● 열이 높으면 미온수로 찜질을 해주며 입을 억지로 벌려 해열제를 먹이려 하지 않는다.
● 경련 상태, 지속시간 등을 잘 살펴 병원 진료시 알려주는 게 좋다.

아이가 경련을 일으켰을 때는 당황하지 말고 토물이나 침이 기도로 들어가지 않도록 하고 서둘러 병원으로 데리고 간다.

콧물과 코피가 난다

어린이는 비강구조가 좁아서 쉽게 코가 막혀 호흡곤란이 올 수 있다.
눈의 충혈과 재채기를 동반하면 알레르기성 비염일 수 있다.
다른 증세나 충격이 없이 코피가 계속된다면 빈혈과 같은 혈액과 관계된 병일 수 있다.

1
콧물이 심하다.
YES 2번으로
NO 4번으로

2
다른 증상없이 콧물이나 한쪽 콧구멍에서만 나온다.
YES 3번으로 NO 10번으로

11
부비동염일 수 있다.
이비인후과 검진을 받아보도록.

4
항상 호흡이 곤란할 정도로 코가 답답하게 막혀있다.
YES 5번으로
NO 7번으로

3
감기기운이나 코 질환이 없어도 콧구멍에서 피가 섞인 콧물이 나오거나 냄새가 나는 느낌이 든다면 이물질이 들어갔을 수도 있다. 이비인후과로 가보도록.

10
콧물이 고름같이 누렇고 점성이 강하다.
YES 11번으로
NO 14번으로

5
만성비염이나 알레르기성 비염, 비중격 이상, 아데노이드일 수 있으니 이비인후과로 가보도록.

9
코를 자주 풀어서 코점막이 헐어 피가 나거나 급성비염일 때에도 피가 섞인 콧물이 나올 수 있다. 모두 출혈량이 적다면 안심해도 좋다.

6
코질환이나 타박상 같은 직접적인 원인이 없는데 코피가 계속된다면 빈혈과 같은 혈액 관계질환일 수 있으니 소아과로 가보도록.

7
종종 갑작스런 코피가 난다.
YES 8번으로
NO 12번으로

8
평소 안색이 창백하고 쉽게 코피가 난다.
YES 6번으로
NO 9번으로

12

찬 곳에 있다가 따뜻한
곳에 들어간다든가
먼지가 많은 곳에 있으면
콧물이 난다.

YES 13번으로
NO 15번으로

13

일시적인 코막힘일 수
있다. 재채기가 난다면
알레르기성 비염을
의심할 수 있으니
소아과나 이비인후과로
가보도록.

14

감기 기운이 있고 콧물이
물처럼 계속 흐르면
급성비염일 수 있다. 또
콧물이 묽고 코가
간지러우면 알레르기성 비염일
수 있다. 소아과나
이비인후과로 가보도록.

17

특별한 증세가 없어도
맑은 콧물이 계속
흐른다면 선천적인 요인
때문일 수 있다.
알레르기성 비염으로
발전할 수 있으니
소아과나 이비인후과
검진을 받아보도록.

15

기침, 재채기가
심하며 미열이 난다.

YES 16번으로
NO 17번으로

16

감기일 가능성이 높다.
소아과로 가보도록.

가벼운 증세

감기의 한 증세거나 일시적 현상

콧물이 기침, 재채기, 발열 같은 증상들과 동반되는 것이라면 감기의 한 증세로 볼 수 있다.

찬 곳에 있다가 더운 곳에 들어가면 콧물이 난다거나 건조하고 먼지가 많은 곳에서 코막힘이나 재채기 현상이 나타났다면 일시적이고 체질적인 것으로 볼 수 있다. 그러나 이런 경향들이 알레르기성 비염으로 이행하는 경우가 많으므로 전문의와 상담을 하는 것이 좋다.

의심되는 증세

맑은 콧물이 흐르면 급성 비염이다

늘 코가 막힌 듯 답답하다면 만성비염이나 알레르기성 비염, 비중격의 이상이나 아데노이드 등을 의심한다. 감기 증세와 함께 맑은 콧물이 흐르면 급성비염, 가려운 느낌과 눈의 충혈을 동반할 때는 알레르기성 비염을 의심한다. 콧구멍에 손가락을 넣었을 때도 피가 난다. 비염일 때에도 콧물에 피가 섞이는 일이 있다. 소량의 출혈이라면 걱정하지 않아도 된다.

중 증

코피가 잘 멈추지 않으면 빈혈 의심

평소 안색이 나쁘고 쉽게 출혈을 하는 아이가 코의 병이나 외부로부터의 충격 등 직접적인 원인이 없는데도 코피가 좀처럼 멈추지 않는다면 빈혈 등 혈액관계 병을 의심해 봐야 한다. 고름 같은 콧물이 나온다면 부비동염일 가능성이 있다. 콧병이 없는데 한쪽 콧구멍에서 냄새가 나거나 피가 섞여 나온다면 이물질이 들어갔을 수 있다.

급성비염

 감기 후에 잘 걸린다

누구나 한 번쯤 걸려봤을 만큼 흔한 증세로 주로 감기에 걸렸을 때 생긴다. 그밖에 인플루엔자(독감)나 홍역, 디프테리아 등의 전염병으로 병발될 수도 있고 자극성 있는 가스나 약물의 흡입으로도 생긴다. 너무 흔한 증상이라 자칫 소홀히 방치하기 쉽지만 만성화되거나 여러 가지 합병증을 불러올 수 있으므로 주의를 기울여야 한다.

 코가 막히고 콧물이 많아진다

원인에 따라 다소 차이는 있지만 대개 재채기로 시작되고 전신이 나른하고 두통이 동반되며 콧속이 간질거리고 바싹 마르는 느낌이 든다. 콧속의 점막이 충혈되고 부어오르며 코가 막히고 콧물이 많아진다. 콧물은 처음에는 물코지만 차차 점액성, 점액농성 혹은 농성으로 된다. 회복기에 접어들면 콧물의 양도 적어지고 막혔던 코도 다시 뚫려 숨쉬기가 수월해진다.

 안정 취하고 몸을 따뜻하게 한다

초기에는 특별한 치료보다는 안정을 취하고 몸을 따뜻하게 하는 것이 중요하다. 감기약, 항히스타민제를 복용하고 항생제를 쓴다. 코가 막히고 콧물이 많아서 괴로울 때는 점비약을 코에 넣어서 코가 뚫리게 함으로써 고통도 덜어주고 치료도 촉진시킬 수 있다.

하지만 점비약은 부작용도 있으므로 반드시 전문의의 처방 하에 사용한다. 또 하나 주의할 것은 코를 풀 때 한쪽씩 가볍게 풀어야 한다는 것. 힘껏 세게 풀면 비인강에 있는 더러운 분비물을 이관을 통해 중이강으로 밀어넣게 돼 중이염을 일으킬 수 있기 때문이다.

 비염으로 코가 막힐 때 미지근한 녹차에다 소금을 조금 넣은 것이나 무즙을 솜에 적셔 콧속에 밀어넣거나 스포이드를 이용해 조금씩 넣으면 콧속이 시원해진다.

비염을 악화시키는 식품

몸을 차게 하는 주스나 익히지 않은 채소나 샐러드 등은 피한다. 또 새우 · 게 · 산나물 등도 코의 점막에 충혈 현상을 일으키기 쉬우므로 조심한다.

감기

 사람이 많은 곳에서 감염되기 쉽다

여러 가지 바이러스가 원인이 되는 바이러스성 질환으로 어린이들의 호흡기 질환 중 가장 흔한 질병이다. 더운 곳에 있다가 갑자기 추워지거나 추운 공기에 오래도록 노출돼 있으면 쉽게 감기에 걸린다.

특히 사람이 많은 곳에 가거나 먼지나 오염이 많은 환경에서 감염이 쉽다. 또, 영양상태가 좋지 않거나 피로한 경우도 쉽게 감염된다.

 미열, 기침, 콧물 등의 증상이 나타난다

보통 미열이 있고 식욕이 떨어지며 큰 아이들은 인두통을 호소하고 어린아기들은 보채게 된다. 코가 막혀 젖 먹는데 힘들어하며 젖을 토하거나 설사를 잘 일으킨다. 콧물이 나고 코가 막히며 기침을 하게 된다. 콧물은 처음에는 맑으나 점차 진해진다. 콧물이 누런 색의 농성을 띠면 2차 세균감염을 의심해야 한다.

 항생제를 함부로 쓰지 않는다

아이를 안정시키고 몸을 따뜻하게 해주며 수분과 영양 섭취에 신경을 쓰는 등 섭생을 잘해 주면 며칠 지나 증세가 호전된다. 증세에 따라 고열일 때는 해열제를, 기침이 심하면 진해제를 사용하고 가습기를 설치하거나 젖은 타월을 걸어두는 식으로 방안의 습도를 높게 해주는 것이 좋다. 2차 감염이 없다면 항생제 사용은 별 도움이 안 되므로 함부로 사용하지 않는다.

집에서는 이렇게　평소 과로를 피하고 영양섭취를 충분하게 해 저항력을 기른다. 특히 비타민 A와 C의 섭취를 적극적으로 한다. 기침, 가래, 오한, 두통 등 기침의 여러 증세에 효과가 있는 것이 생강탕이다. 생강을 진하게 달여 꿀을 타서 먹이면 아이들도 잘 먹는다. 감기로 입맛을 잃은 아이들에게 부추죽을 끓여주면 맛과 향도 좋고 영양공급에도 탁월하다.

알레르기성 비염

 꽃가루, 먼지 등에 대한 과민반응

특정한 물질에 대한 신체의 과민반응으로 일어나는 것으로 그 원인물질은 사람마다 다르다. 가장 흔한 것이 봄철에 흔한 꽃가루나 동물의 털, 기온의 변화, 먼지, 그리고 정신적인 스트레스 등이다. 원인이 밝혀지면 원인 물질과의 접촉을 피하면 되지만 알레르기를 유발하는 원인물질을 밝혀내기가 쉽지 않다는 것이 문제다.

 콧물이 줄줄 흐르며 재채기를 계속한다

코가 막히고 물 같은 콧물이 줄줄 흐르며 연달아 재채기를 하는 것은 알레르기성 비염의 특징적 증상이다. 이때 코 안의 점막은 청회색으로 부어오른다. 경우에 따라 다르

알·아·두·자

비염의 종류와 증세

● **급성비염**
　재채기, 코막힘, 물 같은 콧물, 두통, 미열 등이 있다.
● **만성비염**
　코막힘, 고름 같은 끈끈한 콧물이 나고 냄새를 못 맡고 쉽사리 지친다. 발열이나 통증은 없다.
● **알레르기성 비염**
　발작적인 재채기, 물 같은 콧물, 코막힘. 감기와 다른 점은 코만을 훌쩍훌쩍거리는 것과 밤과 아침에 심해지는 것이다.

지만 대체로 봄가을이나 환절기에 증상이 심해진다. 약을 먹고 치료를 받으면 일시적으로 좋아지는듯 하지만 약을 먹지 않으면 증상이 전과 같이 되돌아온다.

 면역력 기르는 것이 최선의 치료법

피부에 작은 상처를 내어 여러 물질들을 발라본 뒤 반응을 검사하는 피부반응검사로 원인물질을 찾아낼 수 있다. 원인물질을 조금씩 여러 번 주사하여 면역력을 길러 알레르기를 치료한다. 이런 치료가 불가능하다면 항히스타민제의 복용과 막힌 코를 넓게 해주는 물약을 코에 넣어 주는 방법이 가장 일반적이다. 증상이 심하면 스테로이드 호르몬제를 사용할 수도 있는데 이는 어디까지나 일시적인 효과를 나타낼 뿐이다.

집에서는 이렇게　이부자리는 진드기가 통과할 수 없는 것으로 커버를 만들고 카펫이나 천으로 된 소파, 커튼은 치운다. 주변은 항상 청결하게 하고 실내에서는 가족 모두 금연한다. 꽃가루, 황사 등이 심한 날은 외출을 삼가며 부득이하게 외출한 후에는 양치질을 한다.

머리가 아프다고 한다

특별한 병증을 동반하지 않은 두통은 대체로 성격이나 기질,
환경적 요인에서 기인한다. 하지만 간혹 심각한 뇌질환일 수 있으니 지속된다면
정확한 검사를 받아보는 것이 좋다.

1

미열이 있다.

YES 2번으로
NO 4번으로

2

목이 아프다고 하면서
기침을 한다.

YES 3번으로　**NO** 6번으로

11

식욕에는 이상이 없고
잠도 충분히 잤다.

YES 12번으로
NO 14번으로

3

감기나 인플루엔자가
의심된다.
소아과로 가보도록.

10

급성감염증으로 인한 고열로
두통이 생기기도 한다.

4

목에 뭔가 걸린 느낌이
들고 어지럽다고 한다.
누런 콧물이 나거나
밥을 잘 못 먹기도 한다.

YES 5번으로
NO 8번으로

5

근시나 원시, 난시와 같은 눈의 굴절이상이나
안경부적합일 수 있다. 혹은 비염, 부비동염,
충치 혹은 부정교합이 원인일 수 있으니
안과, 이비인후과, 치과 검진을 받아보도록.

9

타박상 후유증일 수 있다.
서둘러 신경외과
검진을 받아보도록.

6

계속 구토와 구역질을 하고
의식이 흐려지면서 목덜미 부근이
굳어지는 증세를 보인다.

YES 7번으로　**NO** 10번으로

7

수막염이나 뇌염일 수
있으니 빨리
소아과로 가보도록.

8

머리를 심하게 다친 후
구역질이나 구토,
손발의 마비증세를 보인다.

YES 9번으로　**NO** 11번으로

12

주기적으로 두통을
나타낸다.

YES 13번으로
NO 15번으로

13

가족 중 두통이
심한 사람이 있다면
편두통일 수 있다.
신경이 예민하거나
난시가 있는 아이들에게
주로 나타난다.

15

목뒤나 머리 옆쪽,
뒤쪽이 아프다고 한다.
아침에 늦잠을
자는 경우가 많다.

YES 16번으로
NO 18번으로

14

기립성조절장애가
원인일 수 있다.
간혹 공복, 수면부족
혹은 피로로 인한
것일 수 있으니
생활습관을 교정해 본다.

19

의식을 잃게 되거나 뇌에
심각한 질환이 있을 수
있으니 서둘러
소아과나 신경외과
검진을 받아보도록.

16

심한 심리적인 요인이
원인이라면 욕구불만이나
불안감을 보일 수 있다.
머리가 눌리거나 조여드는 것
같다는 식으로 증세를
얘기한다. 흔히 신경질과
의타심이 많거나 유아성이
심한 아이에게 나타난다.
그 외 육체적인
피로 때문일 수 있다.

18

구토나 경련,
의식이 흐려지는
증상을 보인다.

YES 19번으로
NO 17번으로

17

심인성두통, 등교거부증의 시작이나 뚜렷한 원인이 없어도
짧은 주기로 발작적인 두통을 일으킨다면 간질일 수 있으니
빨리 소아과로 가보도록.

가벼운 증세

성격이나 기질이 두통을 낳는다

특별한 병증이 있다기보다는 성격이나 기질적인 요인, 환경적 요인 등에 의해 생기는 두통은 아이를 대하는 부모의 태도나 환경, 생활태도의 개선 등을 통해 줄일 수 있다. 목덜미나 머리 옆 혹은 뒤쪽이 지속적으로 아픈 경우 육체적 피로나 심리적 요인에 의한 두통이다. 신경질과 의타심이 많은 아이에게서 흔하다.

의심되는 증세

학교 갈 시간에만 아픈 등교거부증

목의 통증이나 기침 등과 동반된다면 감기나 인플루엔자일 가능성이 있다. 근시나 원시, 난시, 눈의 굴절이상, 안경부적합, 비염, 부비동염, 충치나 부정교합 등이 원인일 수 있다. 식사와 수면이 제때 잘 이루어지지 않는다면 기립성조절장애, 공복, 수면부족, 피로 등이 원인이 된다. 이 밖에 학교 갈 시간이 다가오면 갑자기 두통을 호소하는 등교거부증도 있다.

중 증

경련, 의식이상 보이면 중병이다

머리를 심하게 다친 후 구역질, 손발 마비와 함께 두통을 호소하면 타박에 의한 후유증이다. 서둘러 신경외과로 간다. 구토, 경련, 의식이상 등이 나타나면 뇌에 큰 병이 있을 수 있다. 토하기를 되풀이하고 경련을 일으키며 물건이 이중으로 보이고 의식이 흐리면 수막염, 뇌염의 우려가 있다. 급히 서두른다.

부비동염

원인 코를 심하게 풀어도 걸릴 수 있다

흔히 축농증이라 부르는 것으로 감기에서 오는 것이 가장 많다. 감기를 치료하지 않고 그냥 두면 코 안에 세균이 들어가 염증이 생기고 이 염증이 코 주위에 있는 부비동이란 공간까지 퍼져 고름이 고이게 되는 것이다. 이 외에 코를 막고 심하게 풀든가 코 안에 껌, 종이, 콩 등의 이물질이 들어가든가, 여름철 해수욕장에서 다이빙을 하든가 하면 발생한다.

증세 머리가 무겁고 어지럽다

부비강에 괸 고름이 코 또는 목으로 나오므로 누런 콧물이 계속 나오고 목도 뭔가 걸린 듯 불쾌하고 기침이 나온다. 때로는 이 고름이 기관으로 들어가 폐렴도 되며 농을 삼켜 위로 내려가면 식욕감퇴, 소화불량도 생긴다. 이 밖에도 늘 머리가 무겁고 어지러우며 집중력이 떨어져 학습장애를 일으킬 수도 있다. 중이염, 위염, 심장질환 등이 합병증으로 올 수 있다.

치료 고름 뽑아내고 소염제로 치료한다

14~15세 이전에는 근본적인 치료보다는 보존치료를 하는 것이 일반적이다. 대체로 부비강에 고인 고름을 굵은 바늘로 찔러 뽑아내고 약물로서 씻어주며 세균을 죽이는 항생제와 염증을 없애는 소염제 같은 약을 쓰게 된다. 장기간 사용할 때는 단백분해효소제를 사용하는데 이런 단백효소제는 원래 콧물이나 침에 포함되어 있는 것으로 이를 더 많이 공급하는 것이다.

코 안에 넣는 물약도 있는데 말초혈관을 수축시켜 코 안을 넓혀주는 것이다. 대부분 3개월 정도 치료하면 완치되는데 치료가 잘 안된다면 코 안이나 다른 신체적 원인이

있을 수 있으므로 반드시 전문의의 진단과 처방에 따른다. 증세가 심하면 수술해야 한다.

<table><tr><td>집에서는
이 렇 게</td><td>감기에 안 걸리는 것이 최선의 예방법이다. 감기에 걸려도 방치하지 말고 치료한다. 영양분을 고루 섭취하며 개인위생을 철저히 한다. 엎드려 책을 읽거나 자면 분비물이 잘 배출되지 못하므로 안 좋다.</td></tr></table>

기립성조절장애

원인 빠르게 크는 키를 체중이 따라가지 못할 때

자율신경실조증의 하나로 대개 10~14세의 성장기에 많이 나타난다. 원인은 신장과 체중의 밸런스가 잘 맞지 않아 나타나는 것으로 즉, 신장은 빠른 속도로 성장하는데 비해 체중은 여기에 따르지 못하기 때문이다. 대개 키는 4~6월에 많이 자라고 체중은 9~12월에 많이 증가하는 경향이 있는데 이 시기에 기립성조절장애가 많이 나타난다. 유전적인 요인도 있다.

증세 머리가 어지럽고 가슴이 뛴다

아이가 평소 차멀미를 잘하고 기운이 없으며 앉았다 일어서면 머리가 핑도는 것같이 어지러우며 가슴이 두근두근 뛰는 증상을 호소한다. 이 외에도 식욕이 없고 얼굴 색이 나쁘며 아침에 일어나기를 싫어하고 어쩐지 기운이 없어 보이는 듯하다. 무슨 일을 해도 정신집중이 잘 안되며 끈기 없이 쉽게 포기하는 경향을 보이기도 한다.

치료 약물복용과 훈련법으로 치료한다

소아과에 가서 전문적인 검사를 받아야 한다. 기립성 조절장애로 확진이 되면 약물복용과 훈련법으로 치료를 한

다. 약 1~2주 정도 치료하면 상태가 좋아지기 시작하면서
1개월만 계속하면 거의 완쾌가 되나 다음해 봄 무렵에는
다시 같은 증세가 반복되기 때문에 다시 약물을 투여해야
한다.

그 외에도 이런 아이들에게서는 모세혈관과 정맥계통
의 수축반사가 둔하므로 건포마찰이나 냉수마찰 등으로
자율신경의 작용을 활발하게 하는 방법도 있고 편식을 하
지 않게 하는 것이 중요하다.

집에서는 이렇게 아침에 일어나기 힘들어하므로 아침밥
을 거르기 일쑤다. 그렇게 되면 영양상의
문제가 생기게 된다. 이런 악순환을 피하려면 어머니 자신
이 아침에 일찍 일어나고 식습관을 개선하는 등의 노력을
해야 하며 이런 규칙적인 생활을 끈기 있게 계속할 때 더
욱 좋은 결과를 얻을 수 있다.

밤은 근육과 뼈를 튼튼하게 하고 생기를 돌게 한다. 흑
설탕에 조려 간식으로 수시로 먹이면 좋다. 내장을 따뜻하
게 하고 몸을 튼튼하게 하는 당근수프도 좋다.

부정교합

원인 **유치의 충치가 큰 영향을 준다**

상하의 치아가 잘 맞지 않는 경우다. 유전적인 소인도
다분히 있으며 엄지손가락이나 입술을 빠는 습관, 유치가
적절한 시기에 빠지지 않은 경우, 또는 유치의 충치가 큰
영향을 준다. 가령, 유치의 어금니에 충치가 있으면 앞니
로만 사용하려 하기 때문에 반대교합이 될 수도 있고 유치
의 충치가 영구치의 성장을 방해하여 결국 무질서한 치열
이 되는 수가 있다.

▶▶▶ 미열이 계속될 때 어머니가 해야 할 일

아기의 상태	의심되는 원인	어머니가 할 일
● 미열이 계속되면서 가벼운 기침과 가래가 동반되는가?	● 감기가 의심된다. 만약 오래 끌면 소아결핵일 수도 있다.	● 걱정은 없지만 일단 진찰을…
● 1주일 이상이나 열이 계속되며 진찰을 받았는데도 가라앉지 않는다. 기분은 그다지 나쁘지 않아 보인다.	● 급성백혈병, 재생불량성 빈혈이 예상된다.	● 큰 병원에서 정밀검사를 받는다.
● 38℃ 전후로 열이 난 후 출혈반점이 나타났다.	● 패혈증, 백혈병이 예상된다.	● 급히 서둘러 병원으로!
● 기분이 좋지 않고 잘 울며 잘 먹지도 않는다.	● 중이염이나 유행성이하선염이 예상된다. ● 밤중에 갑자기 울음을 터뜨리거나 귀를 만지면 심하게 운다.	● 되도록 빨리 소아과 진찰을 받도록 한다.
● 안색이 나쁘고 식욕 부진의 증세가 있다. ● 무릎이 아프다고 한다.	● 약년성 류마티스관절염, 교원병이나 혈액 등의 큰 병일 수도 있다.	● 급히 서둘러 소아과로!
● 열 이외에 다른 증세가 없고 생기 있고 기분은 나빠 보이지 않는다.	● 옷을 너무 많이 입혀 체온이 올라갔거나 더위를 먹었다.	● 시원하게 해 주고 상태를 살펴본다.

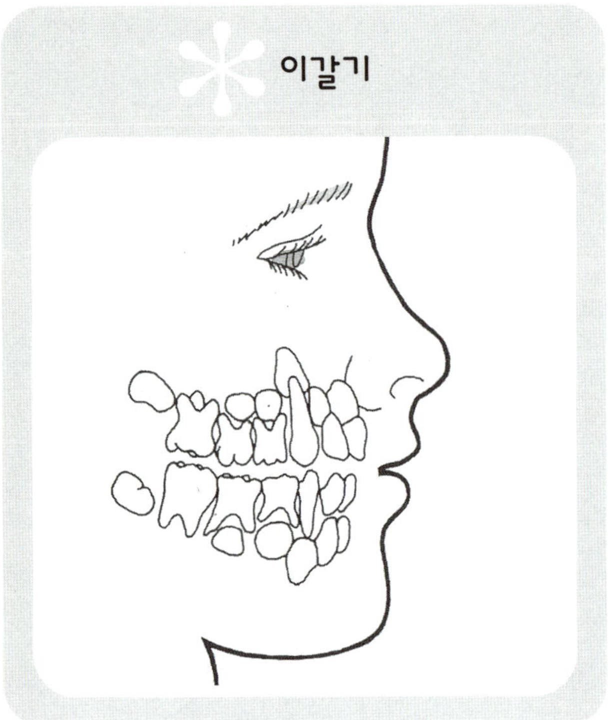

젖니와 간니를 측면에서 본 그림이다.
간니는 젖니 밑에서 자라면서 젖니의 뿌리에
압력을 가하게 된다. 그러나 잇몸 밖으로
나오기 바로 직전까지 젖니는 잇몸에 단단히
붙어있어 씹는데 지장이 없다.

증세 충치나 잇몸병의 원인이 되기도 한다

음식물을 잘 씹지 못하여 발육에 영향을 미칠 수 있으며 몇 개의 치아에만 큰 부담이 갈 수도 있고 음식물이 무질서한 치아 사이에 남아서 충치나 잇몸병의 원인이 되기도 한다. 발음이 제대로 안 되고 턱뼈나 주변 조직의 정상적인 성장이 장애를 받게 된다.

치료 교정장치로 어긋난 치열을 바로잡는다

교정장치를 하고 보조재료나 자신의 근육의 힘을 이용하여 조금씩 바른 위치로 되돌려간다.

치료기간은 보통 2년 정도로 충분하지만 유전적인 원인이라면 더욱 많은 기간을 필요로 한다. 교정장치는 부정교합의 종류나 증상에 따라서 만든다.

교정시기는 빠를수록 좋은데 최초의 영구치가 나오는 것이 만 6세쯤이고 앞니는 7~8세가 된다. 턱뼈는 그 후에도 점점 성장하게 되는데 부정교합의 의심이 가면 즉시 진단을 받아야 한다.

그리고 유치의 충치를 즉시 치료하는 것이 부정교합의 예방을 위해서도 중요하다. 결국 아이들의 치아에 대한 부모의 깊은 관심과 주의가 부정교합을 예방하고 치료시기를 줄이는 데 꼭 필요하다.

교정장치는 치아나 턱뼈의 성장에 따라 바꿔주어야 하므로 장치를 한 후에는 1년에 2~3회 정도 정기적인 검사를 받아야 하며 영구치가 나올 시기가 되면 더욱 자주 검사해야 한다. 영구치가 나와 있는데 장치를 그대로 두면 음식물 찌꺼기가 끼어 충치가 될 수 있다.

어린이충치

원인 세균, 음식 찌꺼기 결합한 치태가 원인이다

입안에 있는 세균과 음식물 찌꺼기가 합쳐져서 치아 표면에 치태를 형성한다. 이 치태가 충치나 치주병의 원인이 된다. 치태는 치아의 법랑질을 녹여 충치를 만든다.

개인의 여러 가지 조건, 즉 치열이 바른가 그렇지 않은가, 치질이 강한가 약한가, 침이 많은가 적은가, 어떤 음식을 주로 먹는가 등에 따라 달라진다.

증세 치아가 백묵같이 희게 변한다

충치의 시초는 치아 표면의 법랑질이 백묵같이 희게 변하고 투명도가 없어지는 것으로 칫솔질을 한 후에 거울에 치아를 비쳐봐 이런 변화가 보이면 충치가 시작되는 것이다. 초기에 치료하면 치료도 쉽고 비용도 절약되며 고통도 덜하다. 특히 어린이들은 충치의 진행속도가 빨라서 어느 날 보면 구멍이 갑자기 커져 있으며 그래서 통증을 느끼기 시작한다.

빠를수록 치료도 쉽고 경제적이다

충치가 생긴 치아는 그대로 두어서는 절대로 자연치유가 되지 않는다. 충치를 그대로 방치하면 결국 신경까지 상해서 신경치료를 해야 하거나 이를 뽑아내야 한다. 충치 치료는 빠를수록 치료도 쉽고 비용도 절약된다. 어린이들의 치아관리는 부모들의 몫이다. 당분이 많은 간식은 가급적 삼가고 간식을 줄 때는 여러 차례 주기보다는 양을 늘려 한번에 주고 양치질을 하게 하는 것이 바람직하다. 간식의 종류도 수분이 많은 과일류가 좋다.

수분이 많은 과일은 구강을 세척해 주는 까닭에 충치에 걸릴 확률이 적기 때문이다. 아기의 이가 나기 시작하면 어머니는 구강관리를 시작해야 한다.

식사를 하게 되면 치아에 음식물이 끼기 시작하는데 치아에 끼기 시작하는 음식물 찌꺼기를 제거해 주기 위해 칫솔질을 해주어야 한다. 어릴 때부터 이 닦는 습관을 길러 주어야 하며 수유기의 아기는 탈지면봉으로 입 안과 치아를 깨끗이 닦아주어야 한다.

등교거부증

원인 분리불안감이 원인이다

유치원이나 초등학생이라면 '분리불안감' 즉 부모와 떨어지는 것을 두려워하는 심리적 불안감이 주 원인이다. 사랑하던 사람이나 애완동물이 죽었거나 전학이나 이사를 해 환경이 갑자기 바뀐 경우, 엄마와 오래 떨어져 있었던 경험, 부모의 불화나 별거, 엄마의 지나친 관심과 애정 등이 분리불안감을 낳는 요인이 된다.

증세 학교 갈 시간이면 아프다고 한다

평소에는 아무렇지도 않게 잘 지내다가 학교 갈 시간이 가까워지면 머리가 아프다, 배가 아프다 등 통증을 호소하며 학교에 가지 않겠다고 운다. 꾀병으로 생각하기 쉽지만 실제로 열이 나기도 하고 토하기도 하며 어지럽고 머리가 아프고 배가 아픈 증세를 보이기도 한다. 그러나 '학교 가지 말라'는 말이 떨어지는 순간 이런 증세가 싹 없어지는 것이 특징이다.

치료 정신과 상담 통해 원인 제거한다

아이가 불안감을 갖는 원인을 찾아 제거하는 것이 급선무다. 처음으로 유치원이나 학교에 가게 된 아이가 보이는 막연한 불안감이라면 엄마가 아이와 함께 학교나 유치원을 미리 둘러보거나 학용품을 함께 준비하며 학교생활에 대한 기대감을 갖게 하고 이제 학생이 되었다는 자긍심을 심어주면서 자신감을 북돋워주면 해소가 될 수 있다. 하지만 증상이 심각하거나 변화가 없다면 정신과 전문의를 찾아 상담을 받아본다.

가족치료, 놀이치료, 상담 등을 통해 아이가 불안감을 해소해 나가는데 이때 치료는 아이 혼자가 아니라 엄마나 가족 모두가 함께 참여하는 것이 효과적이다.

아이의 분리불안이란 대개 가정환경이나 부모의 양육 태도 등이 문제가 되는 경우가 많기 때문이다.

중고등학교 아이들에게서 이런 증세가 나타날 때는 상황이 좀더 심각할 수 있다. 우울증이나 정신분열증의 초기 증상일 수 있다. 경우에 따라 항우울제, 항불안제 등이 투여되기도 한다.

목에 통증이 있다

감기나 편도선염으로 목이 아플 수도 있지만 공기가 건조하거나 대기 중에 먼지가 많아도
목이 아프다. 만약 혀에 작은 돌기가 보이거나 목이 쉬고 기침이 계속되면
세균감염일 수 있다. 특히 심한 구취를 동반한다면 빨리 병원에 가도록.

1

열이 있다.

YES 2번으로
NO 4번으로

2

눈이 건조해지거나 충혈됐다.

YES 3번으로
NO 6번으로

11

목구멍 주변에 궤양이나 막이 관찰된다.

YES 15번으로
NO 10번으로

3

여름감기의 일종으로 흔히 수영장에서 전염되지만 최근엔 실내냉방이 원인일 수 있다. 소아과나 안과 검진을 받아보도록.

4

잔뼈가 있는 생선을 먹었다.

YES 5번으로
NO 8번으로

10

편도선이 크게 부어서 음식물을 삼키기가 힘들다.

YES 13번으로
NO 14번으로

9

목이 쉬고 입을 크게 벌려 목 안을 보면 인두 후벽에 작은 궤양이 보인다.

YES 12번으로
NO 11번으로

5

처음엔 가시가 목구멍 안쪽으로 들어가지만 몇 시간이 지나면 자연적으로 밀려 올라오므로 기다리면 쉽게 빼낼 수 있다. 잘 안빠지거나 통증이 심할 때, 혹은 큰 가시에 찔렸다면 이비인후과로 가보도록.

6

온몸에 발진이 나면서 편도가 붓고 심하면 구토를 한다.

YES 7번으로
NO 9번으로

8

통증이 가볍고 목이 메는듯한 느낌이 든다면 감기 초기에 나타나는 급성인두염일 수 있다. 임파선이 부어오르거나 유행성이하선염에 걸려도 목이 아프다고 호소한다.

7

바이러스나 세균감염일 수 있다. 온 몸에 붉은 발진이 보이면서 혀가 빨갛게 붓고 좁쌀만한 돌기가 관찰되면 성홍열일 수 있으니 서둘러 소아과로 가보도록.

12

급성인두염일 가능성이 있다.
이비인후과나
소아과에 가보도록.

13

생리적인 편도선비대라면
괜찮지만 계속
반복적으로 열이 난다면
주의하도록.

15

목소리가 쉬고
컹컹거리며 개가
짖는듯한 기침을 한다.

YES **16번으로**
NO **18번으로**

14

갑자기 목구멍이
그르렁거리면서
잔기침을 계속한다.

YES **20번으로**
NO **17번으로**

16

디프테리아일 수 있다.
소아과 검진을 받아보도록.

21

편도선염일 수 있다.
염증이 퍼지면서
금세 곪아서 음식물을
삼키기 힘들 정도가
되므로 서둘러 소아과
치료를 받는다.

17

미열을 동반한 가벼운
통증은 감기로 인한
급성인두염의
한 증상일 수 있다.

20

급성기관지염일 수 있다.
소아과로 가보도록.

18

입 냄새가
심하다.

YES **19번으로**
NO **21번으로**

19

디프테리아일 수 있다.
서둘러 소아과로 가보도록.

가벼운 증세

생선가시가 박혀 아픈 경우도 있다

목이 아픈 원인으로 가장 흔한 것은 감기이다. 초기에 치료하면 쉽게 낫지만 악화되지 않도록 조심한다. 생선 가시 같은 것이 목에 걸렸을 때도 목이 아프다. 만약 빼낼 수 없거나 통증이 심할 때 또는 큰 가시에 찔렸을 때는 곧 이비인후과로 간다. 다른 증상이 없다면 문제없다. 그러나 계속 목이 아프고 열이 난다면 전문의의 진찰을 받는다.

의심되는 증세

기관지염, 편도선염 등이 빈번하다

그렁그렁 소리가 나며 심한 기침을 동반하면 급성기관지염을, 편도선이 새빨갛게 부어오르거나 편도에 하얀 반점이 끼며 고열과 목의 통증이 있으면 편도선염을 의심한다. 통증은 심하지 않으나 목이 메는 느낌이 들 때는 급성인두염일 수 있다. 이 밖에도 임파선이 부어오르거나 유행성이하선염일 때도 목의 통증을 호소한다. 어느 경우든 초기 치료가 중요하다.

중증

개가 짖는 듯한 기침을 하면 디프테리아를…

목소리가 갈라지며 개가 짖는 듯한 기침을 한다면 디프테리아를 의심한다. 이병은 갑자기 심장마비를 일으켜 급사할 정도로 위험한 병이므로 반드시 예방접종을 해야 하며 발병 시에는 초기 치료에 힘쓴다. 여름 감기의 일종인 포진성구협염은 고열로 인한 급성경련을 일으킬 수도 있다. 서둘러 치료를 받아야 한다.

편도비대증

원인 ## 유전적 영향이 크다

정상적인 편도는 어린이들의 발육과정에서 4~5세부터 10~11세까지 생리적으로 어느 정도 커져 있다. 편도비대증이란 어린이의 편도가 보통 이상으로 커서 여러 가지 불편과 질환을 초래하는 경우를 말한다. 편도비대의 원인은 유전적 영향이 크므로 부모가 어릴 때 어떠했는지, 형제 중에 같은 증상을 가진 사람은 없는지를 살피는 것이 진찰에 도움이 된다.

증세 ## 양쪽 편도가 닿아 있다

호흡과 음식물을 삼키는 데 방해가 되고 잠을 잘 때 소리를 내며 입을 멍하니 벌리고 있는 상태가 계속되면 편도비대증이라 생각해도 좋다. 툭 하면 감기를 앓으며 중이염으로 쉽게 진행된다. 목구멍을 들여다보아서 양쪽 편도가 가운데에서 거의 닿아 있으면 편도비대증이 확실한데 다른 어린이나 어른과 비교하면 확실히 알 수 있다.

치료 ## 병적인 편도 비대는 수술로 제거한다

편도는 호흡기에 침입하는 세균을 여과하며 면역 글로블린을 형성해 체내의 저항력을 크게 만드는 역할을 하므로 수술 여부는 신중히 결정해야 하며 특히 만 5세 이전의 아이들은 편도선 절제 수술을 하지 않는 것이 좋다. 하지만 편도비대가 정상이 아니라 병적이라 판단이 들고 이로 인해 여러 가지 불편과 질환이 동반된다면 이비인후과 전문의를 찾아 진단을 받고 수술 여부를 결정한다. 수술해야 할 편도를 떼어버린 아이는 수술 후에 식사도 잘하고 매일 달라져서 건강하게 된다.

알·아·두·자

편도선염에는 목을 부드럽게 해주는 식품을 먹는다

■ 금귤 꿀탕을 만들어 먹인다

금귤에는 비타민과 칼슘이 풍부하게 들어 있어 목구멍의 염증을 가라앉히고 감기 예방에도 좋은 약효를 낸다. 금귤의 얇은 껍질에는 비타민 C와 칼슘이 많고, 알맹이에는 비타민 A·B1·B2·C와 칼슘이 함유되어 있다.

따라서 평소에 금귤을 자주 먹는 습관을 들이면 감기 예방에 큰 도움이 된다. 그런데 나이가 들어 신맛을 좋아하지 않는 노인이나 어린아이들에게는 꿀과 함께 만든 금귤 꿀탕이 좋다. 금귤의 알맹이나 껍질뿐 아니라 금귤의 잎도 같은 효과를 내므로 함께 달여 마시면 좋다.

■ 배즙을 차게 해서 준다

배 1개를 강판에 갈아 그 즙을 천천히 마신다. 배즙은 자신의 몸에 따라 따뜻하게 하거나 차게 해서 마셔야 한다. 통증이 유난히 심하거나 열이 높아 즙을 그냥 삼키기가 힘들 때는 얼음을 넣은 차가운 즙을 마시는 것이 덜 아프고, 반대로 열이 나고 몸이 떨리는 증세가 있는 사람이나 냉증이 심한 여성·설사중인 사람은 따뜻하게 데워서 마시는 것이 좋다.

■ 도라지 달인 물로 입안을 헹군다

반찬으로 잘 만들어 먹는 도라지는 염증을 가라앉히고 가래를 진정시키며 고여 있는 고름을 빼내는 약효가 있다.

여름철에 도라지를 캐서 흙을 털고 맑은 물에 깨끗이 씻어 햇볕에 말린 것을 약으로 사용하는데, 한방에서는 이것을 '길경'이라 한다. 길경은 약효가 너무 강하기 때문에 길경만 달여 마시면 구토가 날 수 있으므로 감초와 함께 달인다. 길경 3g에 감초 2g을 냄비에 넣고 1컵 반의 물을 넣은 다음 중불에서 반으로 줄 때까지 달인다. 달인 물을 거즈에 걸러 입안을 헹구거나 조금 마신다.

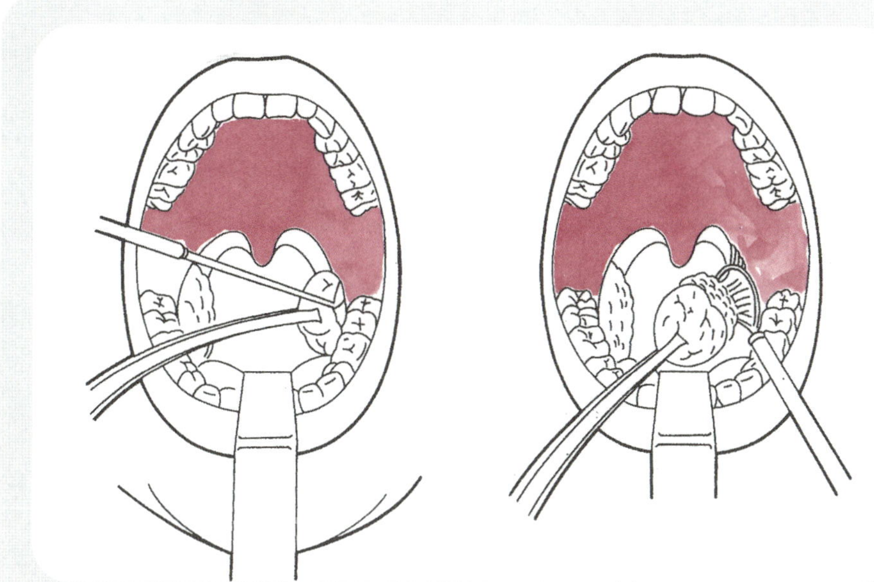

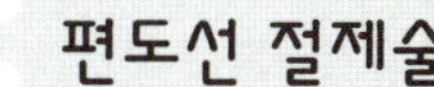

편도선염을 치료할 때 많이
쓰이는 방법이다.
왼쪽: 입 안쪽의 부어있는
편도선을 집게로 집어
연결부분을 잘라내려 하고
있다.
오른쪽: 계제(절단하기 위해
쓰는 고리 모양의 기구)를
편도선 밑부분에 놓고 조여
주변조직에서 떼어낸다.

집에서는 이렇게 　도라지 달인 물은 목구멍의 통증을 가라앉히는데 효과가 있다. 이 밖에 석류열매를 달여 그 물로 양치질을 해도 염증을 완화하고 목의 통증도 덜어준다.

급성인두염

원인 세균이나 바이러스 감염이 원인이다

상기도 감염, 즉 감기의 한 증상으로 나타나는 것이 보통이다. 세균이나 바이러스의 감염에 의해 발생한다. 세균 감염에 의해 발생하는 인두염은 두 종류의 세균이 원인이 되는데 디프테리아균과 용혈성 연쇄구균이다.

이런 감염 증상은 영아기에서는 흔하지 않고 4~7세 사이에 가장 많이 나타난다.

증세 목구멍이 아프고 열이 난다

바이러스성 인두염은 증상이 서서히 나타나며 발열, 권태감, 식욕부진 등을 동반한다. 목이 쉬고 입을 크게 벌려 목 속을 보면 인두 후벽에 작은 궤양을 볼 수 있으며 결막염을 동반하기도 한다. 세균성 인두염은 고열이 나고 급격히 진행되며 두통, 복통, 구토 등을 동반하면서 목구멍이 아프다. 편도선이 붉게 부어 있고 황백색의 삼출물이 막상으로 덮여 있다.

치료 합병증에 주의한다

열이 높을 경우 옷을 벗기고 미지근한 물에 적신 거즈로 몸을 닦아주어 안정을 취하도록 한다. 보통 1~5일 후면 자연치료되는데 증상이 호전되지 않으면 병원을 찾는다. 가장 흔한 용혈성 연쇄구균에 의한 인두염의 경우 페니실린이 잘 들으며 보통 24시간 내에 열이 내리고 전신증상이 좋아진다. 하지만 합병증을 주의해야 한다. 급성기에는 중이염, 유양돌기염, 인두후부의 농양 등이 오기 쉽고, 뒤늦게 류마티스열과 급성사구체신염 등도 올 수 있으므로 초기에 적절한 치료를 받아 합병증을 예방하는 것이 중요하다.

집에서는 이렇게 　목 아픈 데는 치자차가 좋다. 또 대파의 흰부분을 넣은 된장국은 열을 내려준다.

유자차, 매실차도 좋고 참깨죽, 호두죽, 호박죽 등 부드럽고 영양 많은 죽 종류가 좋다.

유행성이하선염

원인 침이나 소변 통해 감염된다

흔히 볼거리라고 말하는 이 병은 바이러스성 전염병으로 원인 바이러스는 멈프스 바이러스다. 바이러스는 침이나 소변 등을 통해 배설되는데 이때 감염자와 접촉하거나 음식을 같이 먹거나 하면 쉽게 전염된다. 따라서 아이가 볼거리로 확인되면 격리 치료해야 한다. 잠복기가 2~3주일 가량으로 길다. 지금은 15개월에 풍진, 홍역과 함께 예방접종을 실시하므로 발병률이 비교적 낮다.

증세 음식을 삼킬 때 아파한다

귀 밑의 타액선이 부어올라 살이 찐 것처럼 보이며 5~10세에 잘 걸린다. 잠복기는 2~3주 정도이고 처음 증상은 미열, 두통, 권태감이 있다. 1~2일부터는 귀 밑이 부어오르면서 고열이 난다. 음식을 삼킬 때나 목주위를 만지면 아파하고 3~4일 후부터 서서히 가라앉기 시작한다. 그러므로 볼거리로 곪는 일은 거의 없다.

치료 격리해서 치료한다

아이를 안정시켜 쉬게 하고 붓고 아픈 곳은 냉습포로 찜질해 통증을 완화시킨다. 필요에 따라 해열제나 진정제를 사용한다. 음식을 씹을 때도 통증을 호소하므로 부드럽고 삼키기 쉬운 유동식을 주는 것이 좋다. 그리고 학교나 유치원을 쉬게 해 격리시켜야 한다. 볼거리는 자연치유가 잘 되나 가끔 뇌막염을 일으키므로 계속하여 고열과 두통, 구토가 있으면 의심해야 한다. 이 외 청소년기의 볼거리는 고환염, 난소염 등을 일으켜서 불임증의 원인이 될 수도

있고 췌장염도 합병된다. 만 15개월이 되면 반드시 예방접종을 실시한다.

집에서는 이렇게 볼거리로 목의 통증을 호소할 때는 메밀가루를 미지근한 물에 개어 발라주면 통증이 가라앉는다. 열이 날 때는 인동덩굴즙이 좋다.

성홍열

원인 유행성 전염병이다

3세가 지나면서 초등학생 시기에 걸리기 쉬운 유행성 전염병으로 여러 가지 세균에 의해 감염된다. 법정전염병이므로 격리 입원하여 치료를 받는다.

증세 혀에 오돌토돌한 발진이 생긴다

잠복 기간은 2~5일 정도로 갑자기 38~39℃의 열을 내면서 오한, 두통, 목의 통증을 호소한다. 편도가 부어오르고 때로는 고름이 생기거나 구토를 한다. 목의 임파선도 부어오르고 온몸에 선홍색 발진이 나타난다.

치료 항생제로 발진을 막고 검사를 받는다

최근에는 조기에 항생제를 사용하고 있어 발진이 생기는 일은 거의 없다. 5~7일 지나 열이 내리면 2~3일 후에 발진도 없어진다. 그러나 2~3주쯤 지나 사타구니 · 손바닥 · 발바닥의 피부가 얇은 종이가 벗겨지듯이 벗겨진다.

인두의 분비물로 배양 검사 및 항원 검사, 혈액배양 검사나 혈청 항체 검사를 하는데 검사 결과 용혈성연쇄상구균에 의한 감염증이면 신장염이나 류마티스열을 일으킬 수 있으므로 나은 후에도 반드시 검사를 받는다.

이물질이 걸렸을 때의 응급조치

목에 이물질이 걸렸을 때는 어떤 것이 걸렸는가에 따라 조치를 달리 해야 하므로, 먼저 침착하게 대처해야 한다. 이물질이 걸린 부위가 숨쉬는 상태나 목소리를 낼 수 있는지에 따라 구분할 수 있다.

■ 기관에 들어갔을 땐 등을 두드려 내려가게 한다

이물질이 기관에 들어갔을 때는 억지로 꺼내려 하기보다는, 등을 두드리거나 하여 아래로 내려 보내는 것이 현명하다. 그러면 이물질이 한 쪽 폐로 가서 나머지 한 쪽 폐로 숨을 쉴 수 있게 된다.

그 다음에는 반드시 병원에 가서 이물질을 제거해야 한다. 그렇지 않고 내버려두면, 폐 속으로 들어간 이물질이 염증을 일으켜 기관지염이나 폐렴을 일으키기 쉽다.

■ 토하게 하면 안 되는 경우도 있다

이물질이 약물·약품 같은 성분을 포함하고 있는 경우는 물이나 우유를 먹여 희석하고 토하게 하는 것이 일반적이다. 우유는 이물질의 해로운 성분을 희석하고 위에서 흡수되는 것을 막아주므로 도움이 된다.

비누·샴푸 등의 세제류나 담배·화장품 등이 이 경우에 해당된다.

반면 무언가 먹이거나 토하게 해서는 안 되는 경우도 있다. 이물질 자체의 독성이 강하면 토하는 과정에서 다른 기관을 다치게 할 우려가 있다.

표백제·매니큐어·벤젠 같은 자극이 강한 화학물질이나 유리나 바늘·금속조각 같은 날카로운 물건들은 집에서 처치를 하기보다는 소아과에 먼저 연락을 취해 응급환자가 있음을 알리고 속히 병원으로 가는 것이 중요하다.

기관지에 이물질이 들어갔을 때는 꺼내려 하지 말고 등을 두드려 아래로 내려가게 한 후 서둘러 병원으로 간다.

■ 식도에 걸렸을 땐 손가락을 넣어 토하게 한다

손가락을 넣어 이물질을 꺼내려고 하면 오히려 밀려들어가 더욱 깊숙이 내려갈 수도 있다. 당황하지 말고 즉시 병원에 가서 이물질을 빼내는 것이 좋다.

부득이 손가락을 넣을 때는 이물질을 잡으려 하지 말고 비스듬히 입가 쪽으로 넣어 혀를 앞쪽으로 끌어내듯이 해서 구역질을 하면서 이물질을 토하게 한다.

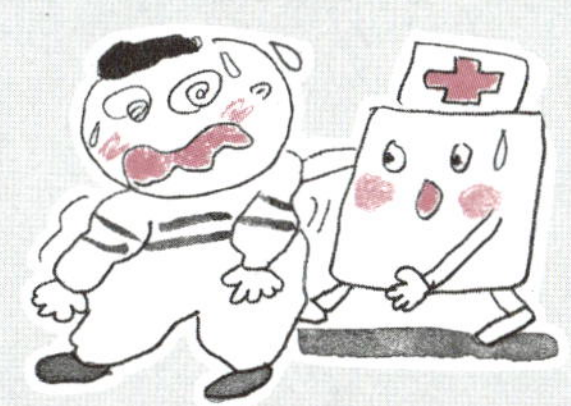

무언가를 먹거나 삼켰을 때 증세가 심각한 것이 확실하면 병원으로 가야 한다. 그러나 상태가 그리 심하지 않으면 손가락을 아기의 입에 비스듬히 넣고 토하게 하거나 물이나 우유를 마시게 해 토하도록 해본다.

■ 기도에 걸렸을 땐 인공호흡을 한다

기도에 이물질이 걸려 숨구멍을 막아버리는 경우는 빨리 구급차를 부르고 간단한 응급처치를 한다.

먼저 환자를 의자에 앉히거나 바로 세운 뒤, 등 뒤쪽에서 양팔로 껴안아 가슴 바로 밑에서 양손으로 잡는다.

마주 잡은 손으로 환자의 가슴을 순간적으로 꽉 조이면 폐 속의 공기가 밀려나오면서 이물질이 움직여 약간 숨을 쉴 수 있게 된다. 그 다음 구급차가 올 때까지 계속해서 인공호흡을 시킨다.

밥을 먹지 않는다

식욕에는 개인차가 있지만 잘먹던 아이가 갑자기 밥을 안먹는다면
정신적인 스트레스가 원인일 수 있다.
억지로 먹이면 역효과가 나므로 즐거운 분위기를 만들어주도록 하자.

1
열이 있고 나른한
느낌이 든다.
YES 2번으로
NO 3번으로

2
배가 아프다고
보채며 설사를 한다.
YES 9번으로
NO 10번으로

8
가정 내 불화와 대인관계 이상이
심리적인 작용을 하여
식욕부진으로 나타날 수 있다.
다른 형제들에 대한 부모의 편애나
몰이해도 원인일 수 있다.

3
마르고 싶다고 식사를
거부한다.
YES 4번으로
NO 6번으로

4
최근에는 초, 중학생
사이에서도
신경성식욕부진이
늘어나고 있다.
소아과 상담을 받아보도록.

7
유아기의 편식은 흔한 일로 억지로
먹이려 하면 오히려 안 좋을 수 있다.
영양적으로 문제가 되는
편식은 드물기 때문에 아이에게 즐거운
식사를 주도록 하자.

5
식욕에도 개인차가 있어
운동기능이 활발한 유아기에는
식욕이 상대적으로 적어지고
식사량도 줄어든다.
건강하고 즐겁게 지내고 있다면
걱정하지 말고 억지로 먹여
음식에 대한 흥미를
떨어뜨리지 않도록 한다.

6
편식이 심해서 싫다는 음식을
억지로 먹이려 한 적이 여러 번 있다.
YES 7번으로　　**NO** 12번으로

9

감기나
급성위장염일
수 있다.

10

변이 하얗거나
맥주 색을
띤 소변을 본다.

YES 15번으로
NO 16번으로

11

류마티스열로 보인다.
후천성심질환으로
발전할 수도 있으니
조기치료를 해야 한다. 빨리
소아과로 가보도록.

12

규칙적으로 시간을 정해
놓고 간식과 식사를 한다.

YES 13번으로
NO 18번으로

13

원래 식사량이 적다.

YES 5번으로
NO 19번으로

16

피부에 홍반이 나타나고
맥박이 빨라진다.

YES 17번으로
NO 22번으로

14

아이가 심리적인 스트레스나
불안을 느낄 수 있으니
아이의 의사를 존중해서 자유롭게
사고할 수 있도록 해주자.

15

감염성소화불량일
가능성이 크지만 눈의 흰자위가
노랗게 변했다면
급성간염일 수도 있으니 빨리
소아과나 내과로 가보도록.

다음 페이지에서 계속 ▶ ▶ ▶

▶ ▶ ▶ 이전 페이지에서 계속

17

심장에 통증이나
압박감이 있다고 한다.

YES 23번으로
NO 11번으로

18

식사시간이 불규칙하다면
생활리듬도 깨지고
식욕도 저하된다.
규칙적인 식사량과 식사시간을
지키도록.

24

운동량이 적다면 당연히
에너지 소비량도 적다.
몸에 다른 증상이 없다면
밖에서 뛰어
놀도록 유도한다.

19

최근 가정 내 불화나
경제 문제와
같은 일로 아이가 신경을
쓴 적이 있다.

YES 8번으로
NO 20번으로

23

류마티스열로 인한
후천성심질환일 수 있다.
서둘러
검사를 받아보도록.

20

공부나 교우관계에서
비롯된 문제로
아이가 심한 부담을
가지고 있을 수도 있다.

YES 14번으로
NO 25번으로

21

요붕증이나
요로감염증일 수 있다.
소아과 검진을
받아보도록.

22

소변을 자주 보고 체중이
눈에 띄게 줄고 있다.

YES 21번으로
NO 27번으로

가벼운 증세

간식 줄이고 야외 활동 유도한다

간식이나 군것질을 많이 하거나 야외활동을 활발하게 하지 않고 실내에만 있는 아이라면 배가 고프지 않은 게 당연하다. 아이가 싫어하는 음식을 억지로 먹이거나 많이 먹기를 강요하는 가정이거나, 정신적인 스트레스나 다이어트 등도 식욕부진으로 이어진다. 특별히 다른 병증이 없다면 생활태도나 습관, 환경의 개선으로 문제를 해결할 수 있다.

의심되는 증세

신경성 식욕부진에 주의한다

열이 있고 나른하며 복통이나 설사를 동반한다면 감기, 급성위장염일 가능성 있다. 흰색 변이나 맥주색 같은 진한 소변이 나온다면 바이러스성 감염증을 의심한다. 구토와 발열, 황달이 보이면 급성간염일 수 있다. 이 외에 여위고 싶어서 먹지 않는 신경성식욕부진의 경우에는 생명을 위협할 수도 있으므로 경우에 따라 입원치료가 필요하기도 하다.

중 증

후천성 심질환은 쇼크 위험이 있다

요로감염증이나 요붕증이 있으면 소변 횟수가 늘어나고 배뇨 시 통증과 함께 식욕부진도 일어난다. 이 밖에 맥박이 빨라지고 관절통을 호소하면 류마티스열을 의심할 수 있다.

방치하면 호흡곤란이나 쇼크 상태를 초래할 수도 있으므로 조기 치료가 필요하다.

신경성식욕부진

원인 지나친 식사 강요도 원인이다

신경성식욕부진의 최초 발생은 부모 혹은 조부모들의 지나친 식사 강요가 원인이 되는 경우가 많다. 어린이의 신체적 상태, 식욕상태, 기분은 무시하고 강제로 먹이려고만 하는 데서 비롯된다. 그것이 계속되면 심리적으로 식욕이 없어지고 심지어는 거부하게 된다.

한편 한참 활동기이기 때문에 놀이에 너무 집중하거나 숙제가 많거나 해 과로할 경우 입맛을 잃기도 한다.

증세 식사 때만 되면 복통을 일으킨다

특별한 병적 요인은 보이지 않는데도 밥을 보면 도망가거나 밥을 먹는둥 마는둥 하는 경우가 많다. 심인성복통이 생겨 식사 때만 되면 '배가 아프다'고 화장실로 달려가는 경우까지 생기게 된다. 이런 과정들이 반복되면 아이는 신경질적으로 변하게 되고 조용히 앉아서 식사를 하는 것을 더욱 싫어하게 된다.

치료 환경이나 육아 태도의 변화가 우선이다

특별히 육체적인 병이 없으면 겉으로는 무관심한 척하면서 식사량을 적게 주어본다. 그리고 먹든말든 방치해 두면 효과를 볼 수도 있다. 이때 아이가 원하면 더 먹도록 해준다. 아이들의 영양과 식단에 대해 융통성 없이 의사나 육아책의 지시를 그대로 따르려는 엄마의 태도도 아이의 식욕부진을 불러일으킬 수 있다. 식욕을 증진시키는 약제가 시중에 많이 나와 있으나 대부분 호르몬제가 많아 부작용을 일으킬 수 있으므로 피하는 것이 좋다.

집에서는 이 렇 게
환경이나 육아태도의 변화로 좋아질 수 있다. 달고 기름진 과자류, 아이스크림, 사

영양 상태를 체크한다

아이가 밥을 잘 먹지 않을 때, 혹은 편식이 심할 때 아이의 영양 상태의 균형을 알아둘 필요가 있다. 특히 아이가 급성간염일 경우에는 특별한 치료법이 없고 식이요법이 중심이 되므로 각 영양소의 역할을 기본적으로 알아둘 필요가 있다.

이유식을 시작한 아기라면 채소, 생선, 고기류를 골고루 먹을 수 있도록 식단을 짠다. 조리 형태의 변화를 주면 아기들이 알게 모르게 먹게 되므로 영양의 균형이 저절로 잡히게 된다.

탕, 캐러멜 등 군것질을 많이 하는 아이들도 식욕부진이 따르므로 군것질은 삼가고 간식은 식사에서 모자라는 영양만을 보충할 수 있도록 먹이는 지혜가 필요하다.

급성간염

원인 대변 오염이나 혈액을 통해 전염된다

간염 바이러스에 의해 생기는 간염은 바이러스의 종류에 따라 A형(유행성) 간염. B형(혈청성) 간염, 비 A 비-B형 간염 등으로 나눌 수 있다.

위생상태가 나쁜 지역일수록 잘 걸리는데 소아에게는 주로 A형이 많다. 주로 대변 오염을 통해 전파되며 간혹 혈액을 통해 전염되기도 한다.

증세 메스껍고 복부 불쾌감을 동반한다

어린이들은 어른보다 증상이 가볍고 경과도 좋다. 특히

3세 이전의 소아에서는 황달이 나타나지 않고 가볍게 경과하기도 한다.

황달은 급격히 또는 서서히 오는데 식욕부진, 고열. 두통, 피로감 혹은 메스꺼움과 구토, 그리고 복부불쾌감으로 시작된다. 다소 큰 아이는 가슴 아랫부분이나 우측 상복부의 통증을 호소한다.

기, 두부 등 양질의 단백질이 풍부하고 지방이 적으며 소화가 잘되는 음식을 충분히 먹인다. 하지만 간에 부담을 주는 약제나 민간요법은 주의해야 한다. 급성기가 지난 후에는 평소대로 활동해도 된다.

치료 안정과 영양섭취가 관건이다

아이를 조용한 곳에서 안정을 취하게 한다. 식욕부진이 동반되므로 과즙과 유동식을 조금씩 먹이며 식욕이 회복되면 제한 없이 입맛대로 먹이면 되는데 생선, 달걀, 살코

집에서는 이 렇 게 위생상태가 불량하면 감염되기 쉬우므로 주변을 청결히 하며 손발을 잘 씻는 등 개인위생을 철저히 한다.

배를 식초에 며칠간 담갔다가 먹어도 간의 염증을 해소하는 데 효과가 있다.

▶▶▶ 각종 영양소의 역할

	체내에서의 역할	주의사항
단백질	체세포의 성장과 회복, 대사작용 등에 이용된다. 콩 종류 외에 고기와 생선이나 달걀 그리고 치즈 같은 유제품류의 동물성 식품에 많이 함유되어 있다.	동물성 단백질에는 지방이 많이 포함되어 있으므로 반드시 식물성 단백질도 함께 섭취해야 한다.
탄수화물	활동의 근원이 되는 에너지원이지만 다 소비되지 않고 남으면 지방으로 변해 체내에 축적된다. 탄수화물을 많이 포함한 식품으로는 설탕과 곡류, 감자류가 있다.	탄수화물 식품은 현미와 빵 등으로 한다. 설탕과 백미류가 에너지와 지방으로만 사용되는 것에 비해, 현미류에는 섬유질을 비롯해 다른 영양소도 포함되어 있기 때문이다.
지방	한마디로 에너지원의 덩어리라고 생각하면 된다. 다른 영양소에 비해 칼로리도 높다. 고기와 달걀, 버터 등의 동물성 식품 외에도 땅콩 등과 견과류, 올리브, 식물성 기름 등과 같은 식물성 식품에도 포함되어 있다.	어떤 종류든 지방은 섭취량을 최소량으로 줄인다.
섬유질	식물성 식품에 포함되어 있고 소화되지 않은 채 남아 소화기관을 통과한다. 칼로리도 영양소도 전혀 포함되어 있지 않지만 위장의 건강을 위해 꼭 필요하다.	섬유질을 충분히 섭취하려면 주식을 현미로 하고, 물을 많이 마셔야 한다.
비타민	복잡한 화합물로서, 몸에 필요한 것은 각 종류 모두가 극히 소량이다. 일반적인 식사만 해준다면 비타민의 부족한 현상은 잘 생기지 않는다.	비타민은 조리 방식에 따라 분해되어 버리는 수도 있으므로 생야채와 과일을 빼놓지 않도록 해야 한다. 의사에 따라서 5세 이하의 어린이에게도 비타민제를 복용케 하는 일도 있다.
미네랄	미네랄과 특정 염분도 소량만 있으면 된다. 미네랄에는 철칼륨, 칼슘, 나트륨 등이 있다. 정상적인 식생활을 하고 있는 어린이는 충분하다.	염분을 너무 많이 섭취하면 오히려 해롭다. 맛을 낼 때 가능한 줄여 쓰는 게 좋다.
칼로리	식품에서 얻어진 에너지의 양을 나타내는 단위다. 식사 중에 필요 이상의 칼로리가 섭취되면 남는 칼로리는 지방으로 체내에 축적된다. 반대로, 에너지의 섭취량이 소비량보다 적으면 이전에 저장되어 있던 지방을 모두 사용함으로써 여위게 된다. 지방과 탄수화물을 많이 포함한 식품은 대부분 고칼로리 식품이다.	식사는 칼로리가 부족해도 또 너무 많아도 안 된다. 어린이의 자연스런 식욕에 맞는 올바른 식생활을 계속해 가면 에너지의 섭취량도 자연히 조절된다.

류마티스열

원인 용혈성 연쇄구균에 대한 과민반응이다

용혈성 연쇄구균의 병균에 감염되어서 생긴다고 보고 있다. 이 병균은 보통 편도염이나 인두염을 일으키지만 이러한 증세로 이 병균의 감염이 반복될 경우 그 아이는 그 균 독소에 대해 과민하게 반응하는 체질로 변화하게 된다. 그 결과 류마티스열이 발병하게 된다.

증세 손발을 움직이기가 어렵다

초기 증상은 감기와 비슷해 모르고 지날 때가 많다. 편도염과 인두염을 반복하여 앓은 후에도 38~39℃의 신열이 나고 관절통, 피부 홍반이 나타나며 무의식중에 손을 움직여 글씨도 쓸 수 없고 수저로 음식을 먹는데도 지장이 생긴다. 그러나 가장 중요한 것은 심장판막이 염증으로 변형되고 유착되어 심장의 기능에 장애가 올 수 있다.

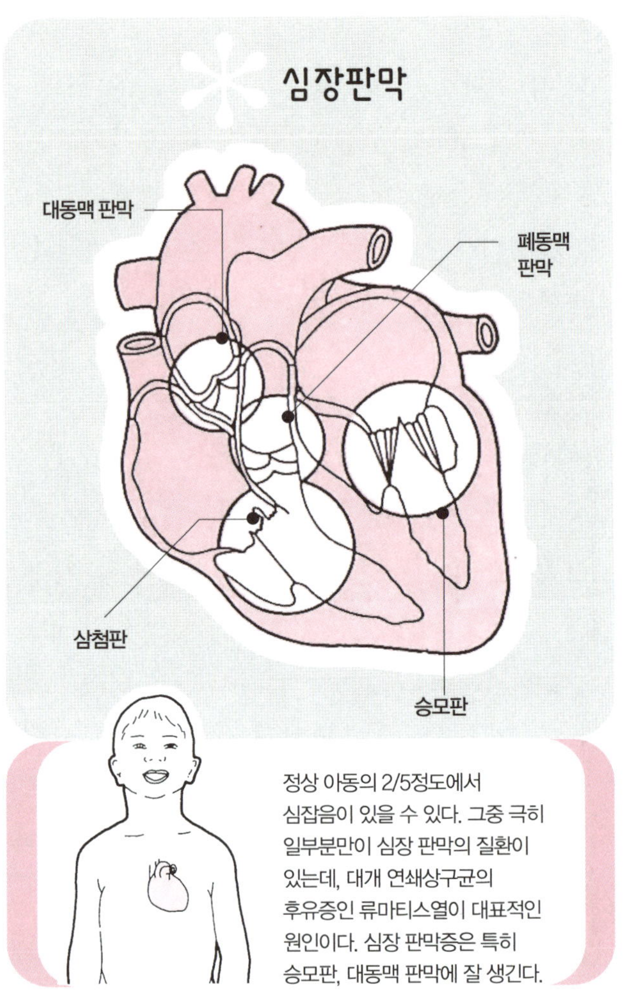

정상 아동의 2/5정도에서 심잡음이 있을 수 있다. 그중 극히 일부분만이 심장 판막의 질환이 있는데, 대개 연쇄상구균의 후유증인 류마티스열이 대표적인 원인이다. 심장 판막증은 특히 승모판, 대동맥 판막에 잘 생긴다.

치료 재발 확률 높으므로 주의한다

류마티스열에 걸리지 않으려면 연쇄상구균의 감염으로 오는 상기도염(인두염, 편도염) 등을 예방하는 것이 중요하다. 하지만 한 번 류마티스열을 앓았다면 항상 주의를 기울이고 재발 예방에 힘써야 한다. 특히 합병증으로 올 수 있는 심근염은 생명에 관계되는 중대한 증세이므로 전문의의 처방과 치료를 받는 것이 중요하다. 원인균인 용혈성연쇄상구균에 대해서는 페니실린이 유효하며 심막염을 일으키지 않은 경우에는 아스피린을 사용한다. 심막염을 일으켰다면 서둘러 입원해야 하며 이 경우에는 부신피질 호르몬제가 사용된다. 재발을 방지하기 위해서는 페니실린을 몇 년 동안 계속 복용하는 경우도 있으나 약물치료만으로 효과가 없으면 수술을 하기도 한다.

아기가 먹지 않을 때 체크해야 할 일

아기들이 먹지 않으려 하는데도 억지로 먹이는 건 잘못이다. 아기가 먹지 않는 데는 그만한 이유가 있다.

■ 구토 증세가 동반될 때는 병원으로 간다

단순히 적게 먹기만 하는 게 아니라 기운이 없고 기분이 좋아 보이지 않고 열이 나거나 구토 증세를 보이면 빨리 병원으로 데려가 보는 게 좋다.

■ 생후 2~4개월부터 자기 식욕을 조정한다

생후 2~4개월쯤 되면 어느 정도 자기 식욕을 조정하여 자기에게 맞는 양을 발견해 내는 시기다. 따라서 먹는 양이 좀 줄더라도 살이 오르고 기분이 좋다면 걱정하지 않아도 된다.

먹는 양이 줄어도 성장에 이상이 없다면 괜찮지만 먹는 양도 몸무게도 줄고 있다면 원인을 찾아내야 한다. 대개 아기들은 심리적인 요인이 크므로 환경의 변화가 없었는지 체크해 본다.

■ 환경이 바뀌면 입맛이 떨어질 수도 있다.

이유식을 막 먹기 시작한 아기나 먹고 있는 아기가 혀로 음식물을 내밀어 버리는 것은 조리의 형태나 맛이 낯설어 당황했거나 아직 혀를 잘 움직이지 못하는 탓이다.

그밖에 외출을 하거나 다른 집에 놀러가 환경이 바뀌면 긴장하고 피곤해서 잘 먹지 못하게 된다. 일시적인 현상이니 그다지 신경 쓸 필요는 없다.

■ 억지로 먹이면 역효과가 난다

억지로 강요하면 할수록 아기들은 먹는 게 괴로워진다. 조금이라도 더 먹었으면 하는 바람이야 이해하지만 적어도 식사만큼은 즐겁게 먹을 수 있도록 배려해야 한다.

아기들이 먹지 않으려 할 때는 억지로 먹이려 하지 말고 시간을 두고 기다리는 자세가 필요하다. 엄마가 초조해 하며 아이들은 먹기를 더욱 거부하게 된다.

■ 먹는 시간을 끌면 먹기 싫어한다

아기가 굳이 먹고 싶어하지 않을 때는 끝까지 먹이려 하지 말고 길어도 20분 정도가 지나면 그만 두도록 한다. 4시간에 한 번 정도로 주며 잘 안 먹는다고 시간을 끌 필요는 없다. 가끔씩 노느라고 먹는 걸 소홀히 하는 경우도 있지만, 이때도 배가 고프면 먹게 되어 있다.

■ 유아기에는 편식이 많다

편식도 유아기에 많이 나타나는데 음식 먹는 방법에 편향이 있어도 영양적으로 대개는 필요량을 채우고 있다. 어머니가 손수 장만하는 수고를 덜 수 있다고 해서 인스턴트 식품이나 스낵류, 패스트푸드, 청량음료 등을 많이 주거나 좋아하는 음식만 많이 주는 건 옳지 않다.

■ 아기들이 크면 친구들과 함께 먹을 수 있게 한다

편식을 고치기 위해서는 즐거운 분위기를 만들어 식사를 하게 하고 친구들과 함께 즐기며 음식을 먹는 분위기를 만들어 준다. 친구들과 함께 먹는 것이 계기가 되어 먹지 못했던 음식을 먹게 되는 경우도 있다.

아기의 성장 발육 곡선표

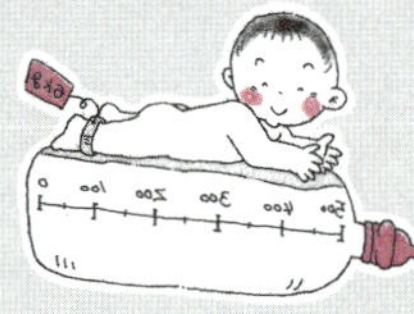

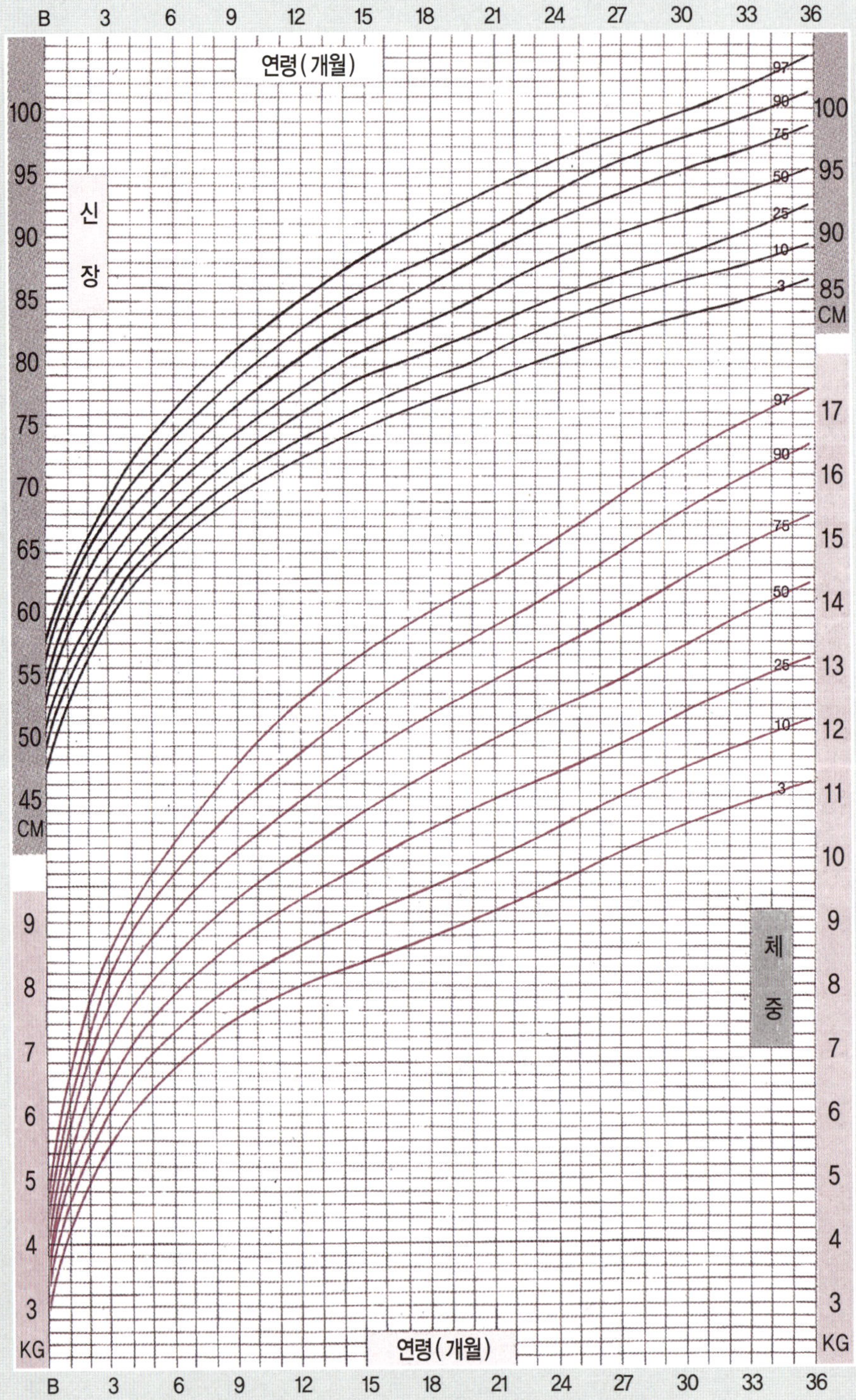

**한국 아기의 발육곡선
(남아 0~36개월)**

아기의 체중과 신장

아기의 발육곡선을 36개월로
나누어 남아와 여아의
표준치를 나타냈다.
가로줄에서는 아기의 연령을
찾고 세로줄에서는 아기의
성장속도를 찾는다. 두 선을
따라가서 교차되는 지점을
표시한다. 먹선은 신장 곡선,
색선은 체중 곡선이다.
매달 한 번씩 이 점들을
연결시켜 체중과 신장의 성장
곡선을 비교 파악해 본다.

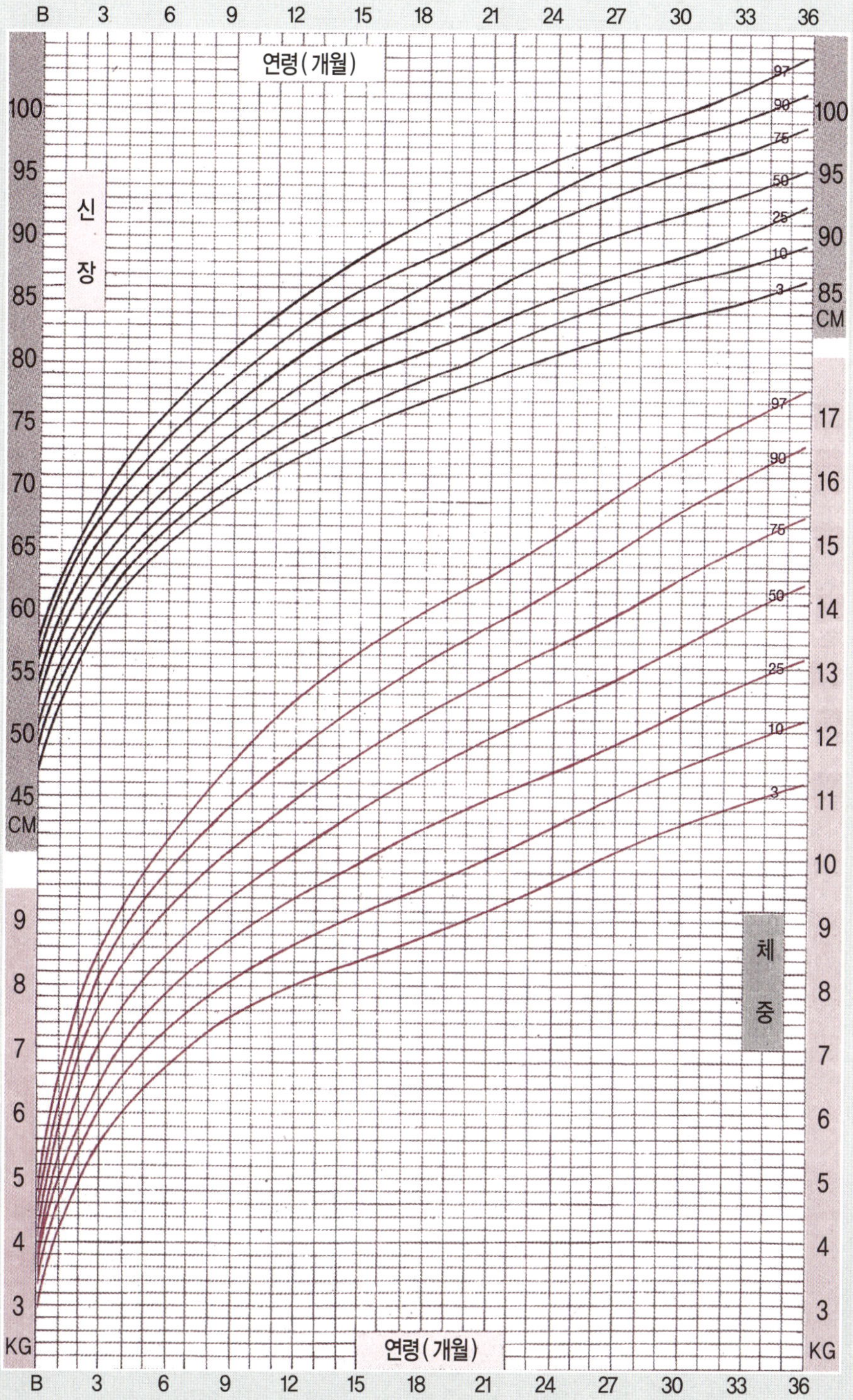

한국 아기의 발육곡선 (여아 0~36개월)

아기의 신체 발육 표준치

아기들의 신체 발육 표준치는 국민의 영양 상태의 평가에 예민한 지표가 된다. 세계적으로 과거 50년 동안 아기들의 발육 표준치는 점점 증가하고 또한 성장속도가 빨라지고 있음을 알 수 있다. 이 도표는 최근 대한소아과 학회에서 전국을 10개 지역으로 나누어 측정한 신체 발육 표준치다.

복통을 호소한다

어린 아기들은 배가 아파도 말을 할 수 없기 때문에 심하게 보채거나
식욕을 잃어버리는 형태로 표현한다. 평소와 변이 다르거나 몸에 어떤 증세가 나타나면
바로 소아과 의사와 상담을 하도록.

1
갑자기 울고 보챈다.
YES 2번으로
NO 4번으로

2
젖을 먹고 있다.
YES 3번으로
NO 6번으로

9
설사를 한다.
YES 12번으로
NO 13번으로

3
얼굴색이 창백해지면서
구토를 한다.
YES 7번으로
NO 11번으로

4
배꼽 근처가
많이 아프다.
YES 5번으로
NO 8번으로

8
요통이 있다면 신장이
움직이는 유주신일
가능성이 높다.
소아과로 가보도록.

5
변비나 만성복통,
신경성 복통으로 보인다.

6
열이 난다.
YES 9번으로
NO 10번으로

7
혈변에 점액이 섞여 나온다면
장중첩증, 서혜부 안에
부드러운 응어리가 잡힌다면
서혜부탈장일 수 있다.
소아과나 내과 검진을 받아보도록.

참 / 조 / 페 / 이 / 지

10
5~10세의 아이로
반복적인
심한 통증이 있다.
YES 15번으로
NO 14번으로

11
생후 2~3개월의
아기라면 영아산통일
가능성이 높다.

12
손발과 하반신에
보라색 반점이 있다.
YES 20번으로
NO 16번으로

14
입에서 쉰내가 나면서
구토를 한다.
YES 19번으로
NO 23번으로

13
5세 이상의 아이로
오른쪽 배가
아프다고 호소한다.
YES 18번으로
NO 17번으로

15
반복성복통일
수 있다.

18
급성충수염일 수 있다.
서둘러 소아과나 내과로.

17
소변색이 뿌옇고
소변을 볼 때 아랫배가
아프다고 한다.
YES 22번으로
NO 21번으로

16
급성위장염이나
세균성이질, 식중독을
의심할 수 있다.
서둘러 소아과로 가보도록.

다음 페이지에서 계속 ▶ ▶ ▶

▶ ▶ ▶ 이전 페이지에서 계속

19

주기성구토증일 수 있다.

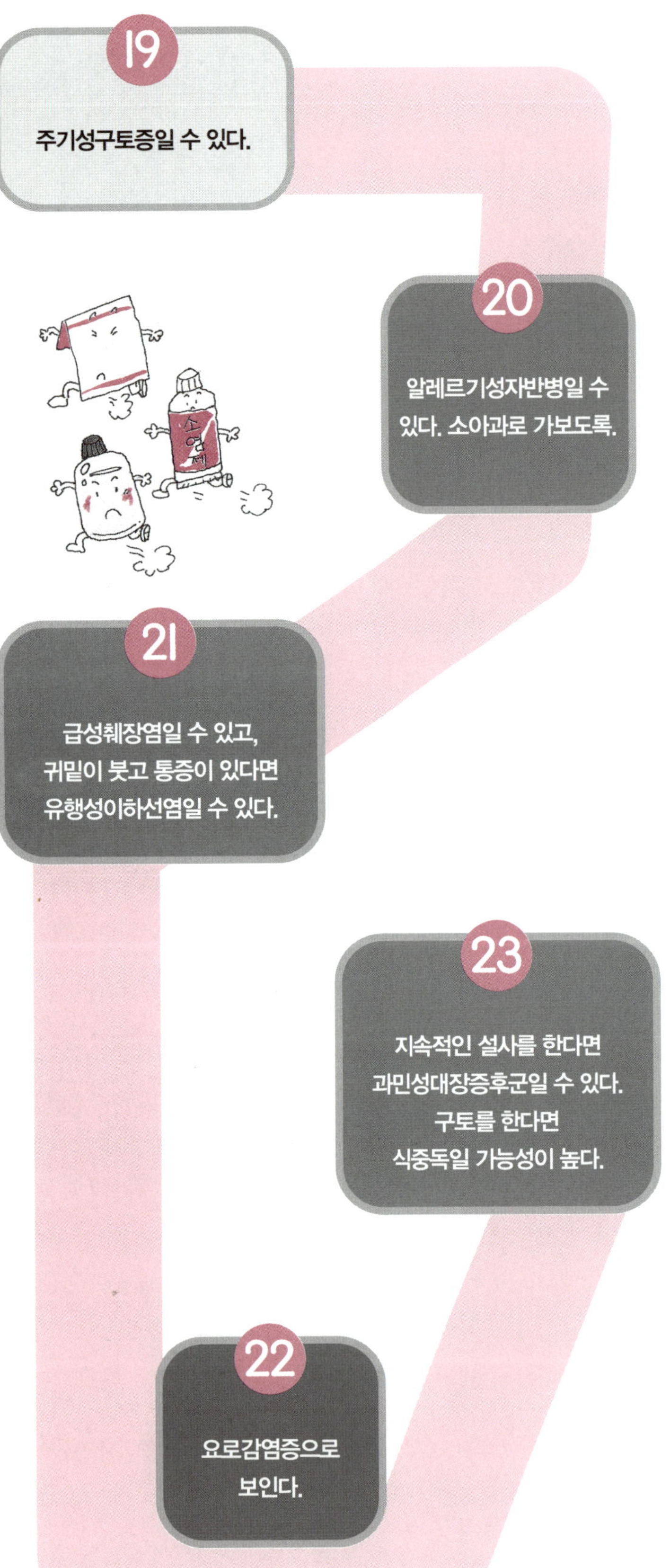

20

알레르기성자반병일 수 있다. 소아과로 가보도록.

21

급성췌장염일 수 있고, 귀밑이 붓고 통증이 있다면 유행성이하선염일 수 있다.

23

지속적인 설사를 한다면 과민성대장증후군일 수 있다. 구토를 한다면 식중독일 가능성이 높다.

22

요로감염증으로 보인다.

영아산통, 변비를 의심한다

생후 2~3개월된 아기가 저녁 무렵마다 운다면 영아산통을 의심한다. 5세 이상의 아기가 배꼽 주위의 통증을 호소한다면 변비, 만성복통, 신경성복통이 아닌지 의심할 수 있다. 만약 요통을 동반하는 경우라면 신장이 움직이는 '유주신'은 아닌지 의심된다. 소아과 검사를 받아보는 것이 안전하다.

과민성장증후군을 의심한다

복통에 설사와 변비를 번갈아 하고 변에 점액이 섞여 나오며 권태, 불면 등 전신증세를 동반하는 경우라면 과민성장증후군을 의심할 수 있다. 5~10세의 아이로 갑자기 경련성복통을 호소하며 1~2시간 정도 지나면 가라앉았다가 다시 반복 증세를 보이면 반복성복통일 가능성이 있다. 소아과 검진을 받아보는 것이 좋다.

장중첩증, 식중독 등은 위급하다

갑작스런 복통을 호소하며 얼굴색이 나쁘고 구토를 동반하며 특히 혈변에 점액이 섞여 있을 때는 장중첩증일 수 있다. 서혜부 안에 부드러운 혹 같은 것이 만져질 때는 서혜부탈장이 의심스럽다. 급성충수염, 급성장염이나 세균성이질, 급성췌장염 등 모두 재빨리 소아과로 가야 할 증상이다.

급성충수염

원인 충수돌기가 폐쇄돼 염증을 일으킨다

대장의 일부인 맹장 끝에 붙어 있는 충수돌기에 세균이 감염되어 일어나는 질환이다. 어린이들의 경우 특히 급성 기관지염, 홍역, 세균성이질 등에 의해 점막하의 임파조직이 지나치게 증식하여 염증을 일으키는 경우가 많다. 그 외 간혹 이물질이나 기생충 또는 종양에 의해서 충수돌기가 폐쇄돼 생기는 경우도 있다.

증세 구역질 나고 오른쪽 아랫배가 아프다

명치나 배꼽 주위에 심한 통증을 호소하며 갑자기 구역질이 일어난다. 시간이 경과함에 따라 오른쪽 하복부에 통증을 호소하는 것이 전형적인 증상이다. 하지만 이런 증상이 나타나지 않는 경우도 많다. 식욕부진, 구토, 발열 등이 나타나며 가끔 점액성의 설사를 하는 경우도 있다. 허리를 구부리고 걷거나 제자리 뛰기를 하면 통증이 더 심해진다.

치료 충수염 의심되면 아무것도 먹이지 않는다

아이들의 경우 증상이 전형적이지 않은 경우가 많아 오진하기 쉽다. 병의 진행도 빨라 자칫 치료시기를 놓쳐 복막염에 이르러 위험해질 수 있다. 아이가 복통을 호소하며 갑자기 구역질을 하고 잘 움직이지 못하며 오른쪽 아랫배를 누르면 아파할 경우 서둘러 병원으로 가야 한다. 충수염이 확인되면 충수제거수술을 한다. 수술 시간은 30~40분 정도 걸린다.

집에서는 이렇게 충수염이 의심될 때에는 물도 먹이지 말고 안정을 취하게 한다. 수술을 위해서는 6시간 정도 금식을 해야 한다. 또 진통제나 지사제 등을 임의로 먹여서도 안 된다. 충수를 파열시킬 수도 있고 통증을 억제해 진단을 어렵게 만들 수도 있기 때문이다. 통증이 심한 오른쪽 배 부분에 냉찜질을 해주면 통증이 덜하고 복막염으로의 진행이 더뎌진다.

급성위장염

원인 잘못된 음식물 섭취가 원인이다

흔히 식체, 체증이라고 하는 것이 원인으로 알려져 있으나 덜 익은 과일, 소화가 잘 안 되는 음식물, 변질된 음식 또는 과식 등에 의한 것이 많다. 때로 세균에 의한 장관 내 감염 및 장관 감염으로 인한 2차 증세로 나타나는 경우도 있다. 이 외에도 드물지만 약물의 부작용, 화학물질이나 독성물질에 의한 중독 등도 원인이 되며 알레르기에 의한 것도 있다.

증세 복통, 구토, 설사, 발열 등의 증상이 온다

갑작스런 복통과 함께 구토, 설사. 발열 등의 증상이 나타나고 기운이 풀리고 맥이 빠지며 입맛을 잃고 계속 목이

알·아·두·자

식중독을 예방하는 생활상의 주의점

● 파리, 바퀴벌레와 쥐를 완전히 없앤다.

● 냉장고 안은 항상 5℃ 내외를 유지하도록 설계되어 있지만 문을 자주 여닫으면 15℃ 또는 그 이상까지도 올라간다. 또 여러 종류의 식품들을 꽉 채우지 않는 것이 좋다. 냉장고 안은 2주에 한 번 정도 닦아준다.

● 도마는 씻는 것뿐만 아니라 꼭 소독해야 하고 햇볕에 말려 물기 없이 해 놓는다.

● 행주는 깨끗이 빤 후에 곧바로 말린다.

● 유행성 감기처럼 전염성이 있는 병을 앓을 때는 마스크를 하고 조리하며 조리된 식품은 가능한 한 빨리 먹도록 한다.

마른 듯한 증상을 보인다. 대변은 물 또는 점액이 섞이고 토물은 먹은 음식의 찌꺼기나 점액이 주 내용물이지만 구토가 심할 때는 담즙 또는 커피색 같은 피까지 섞여 있는 수가 있다. 입에 설태가 끼며 권태를 느끼는 수가 많다.

치료 하루나 이틀 동안 금식한다

빨리 위장의 내용물을 배출시켜야 하므로 토하게 하거나 관장을 해주고 하루나 이틀 동안은 금식한다. 증상이 나아지면 죽이나 수프 같은 유동식 음식을 조금씩 먹으며 점차 정상 식사로 나아간다. 이런 식이요법만으로 치료가 되지 않을 때는 약물로 치료한다.

한편, 증상이 급성충수염의 초기증상과 유사하므로 감별이 필요하다. 통증이 심하고 구토 증상이 이틀 이상 계속되면 병원으로 가야 하며 1주일 이상 계속되면 다른 질환을 의심해야 한다.

집에서는 이 렇 게 설사나 구토로 수분 부족이 되기 쉬우므로 수분섭취에 신경을 쓴다. 이질풀을 달여 따뜻할 때 마시면 설사를 멈추게 하고 항균작용도 한다. 이 외에도 차조기차나 녹차도 설사를 멈추게 하고 장의 염증을 가라앉히는 효과가 있다.

반복성복통

원인 환경의 변화나 스트레스 등이 원인이다

심리적인 원인이 크다. 부모의 이혼 등 갑작스런 환경의 변화나 지나치게 엄격하거나 간섭이 심한 부모의 양육태도, 학업이나 과제에 대한 부담감이나 선생님, 교우관계에서 받는 스트레스도 원인이 될 수 있다. 근래에는 학교에 가기 싫어 이런 복통을 호소하는 경우가 많으며 대개 등교 전이나 월요일 아침에 나타나는 예가 많다.

증세 경련성복통이 반복적으로 일어난다

갑자기 장이 꼬이는 것처럼 심한 경련성복통이 생기며 보통 1~2시간 정도면 끝난다. 24시간 이상 계속되는 일은 없다. 하지만 증상이 반복되는 것이 특징이다. 대체로 5~10세 아이들로서, 얼굴색이 창백하고 식욕이 없으며 어지럼증이나 두통을 호소하고 잘 토하거나 변비 증세를 보이기도 한다. 그러나 검사상 신체적으로는 특별한 병이 없다.

치료 균이 발견되면 항생제를 사용한다

아이들이 배가 아프다고 하면 무시하지 말고 유심히 살펴보고 증세가 계속 반복되면 의사의 진찰을 받는다. 변보기를 힘들어하면 관장을 해주어 변의 상태도 살피고 가스도 제거해 복통을 완화해 준다. 배를 문질러주거나 더운 찜질을 해주는 것이 복통을 덜어줄 수도 있으나 근본적인 치료는 되지 못한다. 더구나 진통제 같은 것을 함부로 먹이는 것은 진단에 방해를 주므로 삼간다.

한편 위염을 일으키는 헬리코박터 파일로리 균을 박멸했더니 반복성복통이 사라졌다는 보고가 있었다. 이 균이 발견될 경우 항생제로 치료하는 것도 필요하다.

집에서는 이 렇 게 어린이가 통증을 호소할 때 부모는 불안해 하거나 걱정하기보다는 긍정적인 자세로 관심과 애정을 가지고 아이가 가진 정서적, 환경적 문제를 제거해 주도록 한다.

빈혈치료에 도움이 되는 식생활

녹색이 짙은 채소를 많이 먹으면 철분 섭취에 도움을 많이 준다. 녹색 채소 안에는 적혈구 생성에도 도움이 되고 피를 만드는데 필요한 비타민 C도 많이 들어있어 빈혈예방, 치료에 효과적이다.

녹즙을 많이 마신다

채소의 철분 가용화율은 대단히 우수하다. 가용화율이란 음식물에 함유되어서 몸 안에 들어간 철분이 흡수되었을 때 얼마나 녹아나오는지 그 정도를 말한다. 예를 들면 돼지고기 29%, 참치 24%, 식물성 콩가루 39%, 현미 40%, 그리고 채소의 즙이 73% 정도가 된다.

녹색이 짙은 채소일수록 엽록소가 많을 뿐 아니라, 헤모글로빈과 구조가 비슷하여 적혈구의 증식에도 도움이 되고 피를 만드는 데 필요한 비타민 C 또한 많아서 빈혈을 예방하고 치료효과도 대단히 높다.

두유를 마셔 영양대사를 좋게 한다

두유는 콩 가공식품 중에서 소화흡수가 가장 좋은 식품이다. 단백질은 우유에 들어 있는 것보다 많고, 비타민이나 무기질도 비슷하게 함유되어 있다.

또 두유에는 콩에는 없는 유산균이 있는데, 이 유산균은 우리의 장 내부에서 다른 세균과 균형을 이루면서 건강 상태를 유지하는데 큰 역할을 한다. 뿐만 아니라 두유에는 장 내부에서 비타민 B2와 B6 등을 생산하는 능력이 있으므로 두유 자체에 함유되어 있는 비타민에다 장 내부에서도 비타민을 생산하는 일석이조의 효과가 있다. 그리고 이들 비타민은 호르몬의 균형을 잡아 주어 영양소의 대사를 활발하게 하고 간장의 활동을 좋게 하므로 빈혈에 큰 효과가 있다.

레몬차에 꿀을 넣어 마신다

벌꿀을 그대로, 혹은 물에 타서 마시는 것도 좋지만, 레몬을 얇게 저며서 벌꿀절임을 만들면 레몬의 비타민 C와 꿀의 과당이 상승작용을 하여 철분의 흡수가 한결 좋아진다. 피곤할 때 이것으로 차를 끓여 마시면 몸에서 피로가 빠져나가는 것 같은 상쾌한 기분이 된다.

그리고 종합적인 빈혈 치료제로서 로얄젤리를 들 수 있다. 일반적으로 로얄젤리에 함유되어 있는 엽산, B6와 B12, 판토텐산 등의 성분이 빈혈 개선에 큰 도움이 되는 것으로 알려져 있다. 엽산은 적혈구를 생산하는데 없어서는 안되는 성분이고, 비타민 B6는 세균성 빈혈에 유효하며, 비타민 B12는 성장을 촉진하고 악성빈혈을 치료하는 작용이 있다.

메기곰탕을 끓여 먹는다

메기는 철분이 굉장이 많이 들어있어 빈혈 때문에 항상 어지럽거나 혈색이 안 좋은 사람들에게 효과가 있다. 메기 매운탕보다는 메기를 푹 고아 소금 간해서 먹으면 구수하고 철분 섭취도 더 효과적으로 할 수 있다.

등푸른 생선을 자주 먹는다

장어, 고등어, 꽁치 같은 등푸른생선은 철분이 풍부하고 질 좋은 불포화지방산과 비타민 A가 많이 들어있어 혈액을 보충하고 체력을 길러주는 효과가 있다.

설사를 한다

설사는 수분이 많은 무른 변이나 먹은 음식물을 소화하지 못하고 그대로 배설하는 경우를 말한다. 만약 피나 고름이 섞인 변이 나온다면 이상 증세일 수 있다. 기생충 감염이나 알레르기일 수도 있으니 세심한 관찰이 필요하다.

1

열이 있다.

YES 2번으로
NO 4번으로

2

구토를 하고 구역질이 자주 난다.

YES 3번으로
NO 6번으로

11

과민성 대장증후군, 식사 알레르기, 장점막 이상으로 보인다. 소아과로 가보도록.

3

열이 높고 피나 고름, 점액 등이 섞인 변을 본다.

YES 15번으로
NO 7번으로

4

구역질을 하고 구토를 한다.

YES 5번으로
NO 8번으로

10

기침과 콧물이 난다면 감기 증세로 볼 수 있다. 현재 먹이고 있는 약 때문일 수도 있으니 담당 의사나 소아과 전문의에게 상담을.

6

피가 섞인 변을 본다.

YES 18번으로
NO 10번으로

7

설사가 물같이 나온다면 설사증이나 급성위장염일 수 있다. 그대로 두면 감염성소화불량증으로 퍼질 수 있으니 서둘러 소아과 검진을 받아보도록.

9

선천성 거대결장증일 수 있다. 소아과로 가보도록.

5

우유나 달걀 같은 특정 식품을 먹을 때마다 설사를 한다.

YES 14번으로
NO 9번으로

8

설사와 변비가 번갈아 나타나고 복통이 있다.

YES 11번으로
NO 12번으로

12

모유를 먹이다가
우유로 바꾸었거나
이유식을 시작했다.
먹는 양이 매우 적다.

YES 13번으로
NO 16번으로

참 / 조 / 페 / 이 / 지

감기 … 354
급성위장염 … 381
우유알레르기 … 338

13

안색이 창백하다면
영양부족으로 인한
설사나
우유알레르기일 수 있다.

14

젖당분해불능증이나
식사 알레르기로 보인다.

15

대개는 캠필로박터 등의
세균에 의한 식중독이지만
간혹 세균성이질과
같은 감염성 설사일 수도 있다.
빨리 소아과로 가보도록.

16

최근 과식을 했거나
당분, 지방과 같은
특정 영양소를 과다섭취
했다.

YES 17번으로
NO 19번으로

17

장이 자극을 받아서 일어나는
일시적인 설사로 보인다.
오래 지속된다면 소아과로 가보도록.

18

궤양성대장염이나
기생충감염증 혹은
페니실린과 같은 약물
복용이 원인일 수 있다.
소아과로 가보도록

19

아이가 식욕도 좋고,
체중도 정상적으로
증가하고 있다면
걱정하지 않아도 좋다.
단, 오래 지속되거나
단기간이라도 설사가
반복된다면 소아과로
가보도록. 환경변화나
엄마의 불안이
원인이 된 신경성 설사일
수도 있다.

가벼운 증세

식욕 있고 체중 늘면 문제 없다

특별히 많이 먹었거나 수분, 당분, 지방 등을 과다 섭취한 후라면 장이 자극되었기 때문에 나타나는 일시적 현상으로 적절한 식이요법을 취하고 안정을 시키면 호전된다. 갑자기 환경이 변했거나 욕구불만 등이 원인이 된 신경성 설사도 있다. 식욕이 있고 체중이 순조롭게 늘고 있다면 염려할 것 없다. 어떤 경우든 설사가 오래 가고 빈번하면 소아과로 간다.

의심되는 증세

특정 식품 알레르기도 원인이다

먹는 양이 적은 아이가 늘 안색이 좋지 않다면 영양부족을 의심한다. 우유나 달걀 등 특정 식품 알레르기가 원인일 수 있다. 설사와 변비를 번갈아 한다면 과민성장증후군, 식품알레르기, 장점막 이상 등이 의심된다. 기침, 콧물, 고열을 동반한 설사라면 감기 증세다. 변에 피가 묻어나면 궤양성대장염이나 기생충감염증을 의심한다. 페니실린 약제도 원인이 된다.

중증

혈액, 고름 섞이면 심각한 병이다

물 같은 설사인 경우는 설사증 또는 바이러스에 의한 급성위장염일 수 있다.

진행되면 감염성소화불량증이 된다. 변에 혈액이나 고름, 점액이 섞여 있다면 캠필로박터 등의 세균에 의한 식중독이 대부분이지만 드물게는 세균성이질 등의 감염성 설사일 수도 있다. 모두 서둘러야 할 증상이다.

세균성이질

원인 이질 세균이 원인이다

'쉬겔라'라고 하는 이질 세균이 대장, 즉 결장에 침입하여 염증을 일으킴으로써 대장 점막에 염증성 궤양을 일으키고 혈관이 파괴되는 질환이다.

보통 이질이라고 하는데 늦여름 1~4세 소아에서 잘 발생한다. 불결한 음식이나 물, 조리사의 손 등에 의해 전염되는 수인성 전염병으로 위생상태가 불량할수록 발생률이 높다.

증세 점액과 피가 섞인 설사를 한다

감염 후 3~4일 내에 증상이 나타난다. 초기에 고열, 심한 복통. 드물게는 경련까지 나타나나 구토가 거의 없는 것이 특징이다. 뒤따라 설사가 나타나는데 수분의 함량이 많고 점액과 피가 섞인 것이 특징이다. 복통과 함께 설사가 심해서 탈수 및 전해질 이상을 초래하기 쉽다. 때때로 정신이 혼미해지고 결막염, 폐렴, 관절통 또는 말초신경염을 일으키기도 한다.

치료 알맞은 항생제를 선택해 투여한다

대변균 배양검사를 하여 원인균을 정확히 조사하고 항생제에 대한 감수성 검사를 동시에 시행하여 알맞은 항생제를 선택하여 투여해야 한다. 설사나 구토 증상으로 탈수현상과 전해질 이상이 심하면 수액을 주사한다. 급성기에는 식사를 중단시키고 보리차나 가벼운 유동식만 조금씩 주면서 경과에 따라 양을 늘려간다.

환자가 생기면 입원해 격리 치료하는 것이 안전하며 감염을 예방하기 위해서는 배변 후 반드시 손을 씻고 주변 환경을 청결히 하며 음식물의 조리 및 보관에도 유의한다. 파리에 의해서도 옮길 수 있으므로 주의한다.

집에서는 이렇게 매실은 항균, 정장작용을 하므로 효과가 있다. 매실차도 좋지만 죽으로 끓이면 아이들에게 먹이기도 좋다. 지사, 지혈작용을 하는 쑥과 생강을 함께 달여 먹여도 좋다.

감염성소화불량

원인 과식이나 정신적 충격 등이 원인이다

식사습관 또는 방법의 잘못으로 오기 쉽다. 특히 당분 또는 지방분이 많은 음식을 갑자기 많이 섭취하거나 과식했을 때 발생하기 쉬우며 대개는 위장관 이외의 장기에 감염을 받았을 때 잘 생긴다.

예를 들면 고열이 있을 때, 상기도 질환, 중이염, 요로감염, 폐렴 등에서 자주 보게 된다. 또 정서불안이나 충격, 흥분 등도 원인이 되며 춥게 재웠을 때도 올 수 있다.

증세 단순 설사보다 상태가 좋지 않다

대변에 수분의 함량이 많고 과립성 또는 점액성을 띠게 된다. 대변의 색깔은 황색, 황록색 또는 녹색이며 대체로 단순 설사보다는 상태가 좋지 않다. 배변의 횟수도 많고 시큼한 산성 냄새 내지 부패성 냄새를 풍기게 된다. 식욕부진, 구토, 탈수, 빈뇨현상을 나타낸다. 피부의 탄력이 감소하고 안색이 창백해지며 갑자기 얼굴이 홀쭉해진 듯한 느낌이 든다.

치료 금식하고 포도당액으로 수분 보충을 한다

구토와 설사가 심하고 아이가 기운이 없이 축 처져 있다면 서둘러 병원으로 가야 하지만 가벼운 설사 외에는 원기도 있고 잘 논다면 일단 금식하고 포도당액으로 수분을 보충하며 지켜본다. 젖먹이 아이라면 수유를 잠시 중단하고 보리차 등으로 수분섭취를 해주면서 증상을 본다. 증상이 호전되면 우유를 묽게 타서 먹이고 차츰 우유 분량을 늘려 농도를 평소처럼 조절해 나간다. 이유식을 먹는 아이라면 하루 정도는 젖도 이유식도 금하고 포도당액을 마시게 하며 밥 먹는 아이도 하루 정도는 완전히 금식시킨 다음 미음부터 시작해 차차 정상식사로 나아간다.

이때도 역시 포도당액은 충분히 공급해야 하며 유제품은 일주일 정도 먹이지 않는 것이 좋다. 포도당액은 끓는 물 1ℓ에 설탕 5큰술을 넣어서 만들면 된다.

식중독

원인 식품처리 과정에서 생긴 세균이 원인이다

음식물로 인한 식중독은 식품처리, 보관 등의 과정에서 부주의와 인식부족으로 발생되는 예가 많다.

특히 환자의 배설물이나 쥐, 파리, 바퀴벌레 등의 배설물이 감염원이 되기도 한다. 중독을 일으키는 것으로는 천연 독소, 식품처리 과정에서 발생한 세균, 기생충, 화학적 물질 등의 오염, 식품에 부착된 미생물과 독소에 의한 경우가 있다.

증세 구토, 설사, 복통을 호소한다

대개 오염된 음식을 먹은 후 6~12시간의 잠복기를 거쳐 구역질, 구토, 설사, 심한 복통 등으로 증세가 나타나며 설사를 자주 한다. 때로는 점액, 고름, 피가 섞인 변을 보기 때문에 이질과 구분하기 힘들다.

열은 38~39℃의 고열이 나고 이러한 증세가 1~2일 지나면 낫지만 1~2주나 계속되는 수도 있다.

치료 설사가 계속되면 병원으로 간다

원인이 되는 것을 곧 토해 내는 것이 좋다. 음식 섭취는 잠시 금하고 수분을 충분히 섭취시켜 탈수를 예방한다. 설사가 이틀이 지나도 멈추지 않고 변에 혈액이 묻어 나오는 경우, 복통과 함께 구토, 발열 등의 증상이 동반돼 힘들어할 경우에는 병원을 찾는 것이 좋다.

진통제, 항생제, 정장제 등으로 치료한다. 한편, 임의대로 지사제를 먹여서는 안 된다. 장 속의 세균이나 독소를 배출하지 못해 증상을 악화시키고 치료를 더 힘들게 할 수 있다.

집에서는 이렇게 생선이나 고기 등은 반드시 익혀 먹으며 식기나 칼, 도마 등은 반드시 비눗물로 씻고 소독한다. 행주나 개수대 등도 자주 소독한다. 식중독을 예방하는 차조기 잎이나 쑥을 달여 먹인다. 식중독이 되면 구역질과 구토가 일어나는데 이때 토해내는 것을 억제하는 것은 좋지 않다. 원인이 된 음식물을 토해서 몸 밖으로 내보내는 것이 식중독을 가라앉히는 데 도움이 된다. 토하고 싶어도 토해지지 못할 때는 생팥을 가루내어 먹이면 효과가 있다.

생팥을 분마기에 갈아 가루로 만들어서 5g 정도 먹이면 토할 수 있다. 가벼운 식중독이라면 안정을 취하는 것으로 가라앉힐 수 있다.

변비가 있다

갓난아기들은 땀을 많이 흘려서 수분 부족으로 변비나 탈수를 일으키기 쉽다.
평소 물을 충분히 먹이고, 이유식을 시작했다면
섬유질이 풍부한 식품을 먹이도록 한다.

1
구토와 구역질이
잦아졌다.
YES 2번으로
NO 3번으로

2
아랫배가 늘 단단하며
나면서부터 변비가 있었다.
YES 4번으로 **NO** 5번으로

10
얼굴색이 나쁘고 심하게
아파한다면
내장파열일 수 있다. 빨리
외과로 가보도록.

3
대변을 볼 때 고통스러워한다.
YES 7번으로
NO 6번으로

9
변이 마려운데 참는 것 같은
기색이 보인다.
YES 14번으로 **NO** 13번으로

4
선천성거대결장으로 보인다.
소아과에 가보도록.

8
심하게 보채면서
고통스러워한다면 장중첩증이나
서혜부탈장일 수 있다.
빨리 외과나 소아과로 가보도록.

6
동글동글하고
딱딱한 변을 본다.
YES 12번으로
NO 9번으로

5
복부에 큰 충격을
받은 일이 있다.
YES 10번으로
NO 8번으로

7
항문이 찢어져 생긴 상처가 있는지
살펴보자. 통증 때문에
대변을 참는 악순환이 생길 수 있으니
소아과로 가보도록.

11

습관성변비일 수
있지만
계속 증상이 나타난다면
소아과로 가보도록.

12

수분이나 섬유질
부족일 수 있다.
혹은 유동식 위주의
이유식이
문제일 수도 있다.

YES **11번**으로
NO **15번**으로

13

설사약을 자주 먹이거나 관장을
너무 자주 해줘도 증상이
악화될 수 있다. 만성탈수증을
유발하는 질환, 근육질환,
기능저하에서 오는 질환으로 변을
통과시키지 못할 때
심한 변비가 생길 수 있다.

15

편식하는 아이에게 식사를
강요하면 스트레스를 받아
변비가 생길 수 있다.
오래 계속된다면 소아과로 가보도록.

14

습관성변비가 될 수 있으니
규칙적으로 변을 볼 수
있도록 하고 식이섬유와 물을
충분히 섭취시킨다.

섬유질이 적은 식사가 원인이다

변을 쉽게 보지 못하고, 본다 해도 딱딱하고
동글동글한 변을 본다면 수분을 적게 공급했거
나 섬유질이 적고 부드러운 음식만을 먹인 것
은 아닌지 확인한다. 또 억지로 식사를 시키는
등 식사 스트레스가 있었는지도 확인한다. 식
사의 내용을 바꾸고 즐겁게 식사할 수 있도록
해준다. 그래도 변비 증세가 지속된다면 전문
의와 상담한다.

설사약, 관장약이 변비를 악화한다

배변 시 통증을 호소하는 경우, 항문에 상처
가 없는지 확인한다. 아프기 때문에 배변을 참
고 그것이 변비의 원인이 되는 악순환이 될 수
있다. 변비 해소를 위해 설사약이나 관장약을
빈번하게 사용하면 도리어 악화된다. 또한 항
콜린 약을 장기간 복용하거나 만성탈수증을 일
으키는 병, 근육질환, 기능저하에 의한 통과장
애 등도 변비의 원인이 된다. 소아과로 간다.

선천성거대결장증일 수 있다

태어나면서부터 변비가 계속되며 복부가 팽
팽하다면 선천성거대결장증을 의심한다. 직장
이나 결장의 연동운동을 담당하는 신경절세포
가 선천적으로 결여돼 습관성변비, 또는 식사
성변비 증상이 나타나는 것으로 드물게 결장에
염증을 일으켜 위험한 상태에 빠질 수도 있다.
이 밖에 내장파열, 장중첩증, 서혜부탈장 등도
위급한 상황이다.

습관성변비

원인 선천적 이상이나 식습관이 원인이다

변비의 원인은 다양하다. 신생아들의 경우 선천적인 거대 결장증, 선천성 장폐색증 같은 질환에 의해 올 수도 있다. 이 외에 섬유질이 작고 수분 함량이 낮은 음식물을 선호하는 식습관이나 체질적으로 대장의 수분흡수력이 너무 높은 경우, 관장약이나 좌약 등을 장기간 사용했을 때도 변비가 생길 수 있다. 기타 운동부족, 영양실조 등도 원인이 된다.

증세 변을 보지 못해 고통스러워한다

배변 상태는 장관의 이상 유무 또는 먹는 음식물에 따라 달라지고 감정이나 정신상태, 습관에 의해서도 달라진다. 변을 2~3일에 한 번씩 보더라도 아이가 큰 불편을 보이지 않으면 변비라고 볼 수 없다. 반면에 하루에 한 번씩 보더라도 토끼똥처럼 딱딱하게 굳은 변을 보며 변을 보지 못해 고통스러워하거나 식사를 하지 못하는 경우 등은 변비라고 할 수 있다.

치료 습관적으로 관장하는 것은 피한다

변비일 경우 그 원인을 먼저 찾아내 원인을 제거하면 증상이 개선된다. 아기가 변 보기를 힘들어한다고 습관적으로 관장을 하거나 약물을 먹이는 것은 피한다. 유아에게는 설탕물이나 과즙 등을 많이 먹이는 것이 좋으며 배를 시계방향으로 맛사지해 주는 것도 변비 증상을 완화시키는 데 도움을 준다. 변기에서 변을 볼 만큼 큰 아이에게는 섬유질이 많은 음식을 먹인다. 그리고 하루에 한 번씩 변기에 앉혀 변을 보는 습관을 들여주는 것이 좋다.

알·아·두·자

위장염 발병 후 위를 다스리는 요령

■ 모유를 줄인다

모유를 먹이는 아기는 발병 후에 24시간 동안은 모유를 주지 않고 정해진 양의 포도당액을 준다. 포도당액의 양을 매일 1/5씩 줄이고 줄인 양만큼 모유를 늘려서 먹인다.

■ 분유를 줄인다

● **첫째 날** 우유는 주지 말고 포도당액을 준다.
● **둘째 날** 우유와 포도당액을 1:4의 비율로 섞어서 준다.
● **셋째 날** 우유와 포도당액을 2:3의 비율로 섞어서 준다.
● **넷째 날** 우유와 포도당액의 비율을 3:2로 섞어서 준다.
● **다섯째 날** 우유와 포도당액을 4:1로 해서 섞어서 준다.
● **여섯째 날** 상태를 보아 평상시의 수유로 돌아가도 좋다.

위의 계획에 따라 했는데도 아기의 증세가 되풀이될 때는 첫째 날의 처방으로 다시 되돌아가고, 병원으로 데리고 간다.

■ 이유식을 줄인다.

이유식을 시작한 아기의 경우는 5일 동안 젖도 이유식도 아무 것도 먹이지 말아야 한다. 대신 체중에 맞추어 적당량의 포도당액을 마시게 한다. (이때 사과 주스나 과일 젤리, 곰국 같은 것을 주어도 무방하다).

■ 포도당액 만들기

1ℓ의 끓는 물에 설탕 5큰술을 넣어서 만든다. 의사의 지시가 없는 한 이것만을 24시간 이상 사용해서는 안 된다. 대신 의사의 처방전이 없더라도 포도당과 미네랄이 포함된 시판용 분말제와 염분·설탕이 혼합된 제품을 약국에서 구할 수 있다. 직접 조합하는 경우는 설탕 3큰술과 소금 1/2작은술을 1ℓ의 물에 타면 된다.

펙틴 성분을 많이 함유하고 있는 사과와 당근을 갈아 즙을 먹이면 변통을 좋게 한다. 호두에 볶은 검은깨를 섞어 차로 끓여 꾸준히 먹이면 딱딱한 변을 무르게 해준다. 이 밖에 고구마, 늙은호박, 미역, 현미 등은 모두 변비에 좋은 식품이다.

선천성거대결장증

원인 선천적으로 결장의 신경절이 없다

배변이 이루어지기 위해서는 직장이나 결장의 연동운동이 필수적인데 이를 담당하는 신경절의 일부가 선천적으로 없는 경우다.

결국 대변이 그 창자는 통과할 수가 없으므로 신경절이 있는 창자가 반사적으로 더 열심히 움직이게 되는데 이 때문에 그 창자가 늘어나고 커지게 된다. 그래서 '거대결장증'이라고 한다.

증세 극심한 변비, 대장염을 주의한다

대변이 창자를 통과하지 못하기 때문에 극심한 변비 증세가 나타난다. 출생 후 24시간 이내 배내똥을 배출하지 못하는 경우도 많고 장폐색을 일으킬 수도 있다. 오랫동안 변을 못 보면 복부가 팽창되고 구토가 나타나기도 한다. 이 외에도 식욕부진, 영양부족, 빈혈 등의 증세가 동반된다. 또 대장염을 일으키기도 쉬운데 자칫 생명이 위험할 수도 있다.

치료 인공항문 만든 후 결장 수술을 한다

일단 인공항문을 만들어 주고, 그후 3~6개월쯤 후에 근본적인 교정수술(신경절이 없는 결장을 절제한다)을 시행한다. 즉 두 번 수술을 하는 것이 원칙이다.

간혹 인공항문수술을 피하는 경우를 보지만 결과가 만

알 • 아 • 두 • 자

아기가 변비일 때 엄마가 할 일

■ 모유의 양이 부족한지 살핀다

모유를 먹고 난 다음에도 아기가 젖에서 떨어지지 않으려고 하면 젖이 부족한 것이다. 젖이 모자라도 아기의 대변이 단단해 지기 쉽다. 이럴 경우 모유를 먹인 뒤 우유를 주어 보아 잘 마시면 젖이 부족한 것으로 생각해도 좋다. 과즙을 주어 보충해도 좋다.

■ 우유가 너무 묽은지 살핀다

우유가 너무 묽어도 대변이 단단해 진다. 기준 비율을 지키되 의사와 상담하여 조금 진하게 타주면 변의 상태가 좋아진다. 그렇다고 너무 진하게 타주면 아기기 소화 능력이 감당을 할 수가 없어 오히려 배탈이 날 수 있으므로 반드시 의사의 지시를 받는다.

■ 이유식을 시작했다면 이유식의 내용과 상태를 살핀다

이유식이 너무 부드럽거나 편식을 할 때도 변비가 된다. 너무 부드러운 이유식은 장에 찌꺼기가 고이지 않으므로 대변으로 걸러지기가 힘들기 때문이다. 그러므로 채소나 고구마처럼 섬유질이 많은 식품을 섞어 이유식을 만들어 먹인다.

■ 변비 이외의 증세가 보이면 병원에 데리고 간다

토하려 하거나 칭얼대며 안색이 나쁘다든지 배에 가스가 찬 듯 빵빵하고 아파서 울면 다른 병을 의심한다. 또 지금까지 대변을 잘 보았는데 갑자기 대변을 잘 보지 못하고 기운없이 축 늘어져 있는 것도 아기 상태가 나쁘다는 신호다.

족스럽지 못한 경우가 많아서 인공항문수술 후 영양보충, 빈혈치료, 늘어난 창자 크기 줄이기 등을 한 다음 수술하는 것이 안전한 방법이다.

거대결장증은 관장이나 약물복용만으로는 치료가 불가능한 병이므로 서둘러 병원을 찾되 소아외과 전문의가 있는 병원으로 가야 한다. 결장제거수술은 대단히 전문적인 능력을 요구하는 수술이며 환자 역시 장기간 치료를 받아야 하는 병이다. 또 수술 후에도 언제든지 변비가 생길 수 있으므로 세심한 주의가 필요하다.

서혜부탈장

원인 장의 일부가 서혜부로 밀려 나오는 현상이다

아기가 울고 보챈다든지 배변할 때 너무 힘을 줘 복강의 압력이 높아지면 장이 빠져나와 덩어리로 만져지고 손으로 밀어 넣으면 쏙 들어가기도 한다.

이 외에도 소화불량이나 변비 등도 탈장을 일으키는 요인이 된다. 또 장내 가스가 많이 찬 경우에도 생길 수 있다. 자연히 낫는 수도 있지만 제자리로 돌아가지 못하면 장폐색을 일으켜 위험하다.

증 세 얼굴이 창백해지고 울음을 터뜨린다

아이가 갑자기 울음을 터뜨리고 좀체 그치지 않으며 안색이 창백해진다면 서혜부탈장을 의심해 본다. 음부 근처 서혜부에서 밤알 또는 계란 크기로 말랑말랑하고 미끈한 덩어리가 만져지며 손을 대면 아이가 자지러지게 운다. 장의 일부가 음낭으로 밀려나온 것으로 처음엔 덩어리 부위만 아프지만 차츰 배 전체가 아프고 뻣뻣해진다.

치료 서둘러 병원으로 가야 한다

서혜부탈장은 사내아이들에게 많은 증세로 이상이 발견되면 서둘러 소아과 의사의 진료를 받는다. 탈장이 그리 심하지 않은 경우에는 진정제를 주사하면 대부분 제자리로 돌아가지만 그렇지 않을 경우 장폐색을 일으켜 위험해질 수 있다. 이 경우 수술을 해야 한다.

뜨거운 물수건을 밀려나온 응어리 부위에 올려놓고 가볍게 맛사지하듯 눌러주면 제자리로 들어가는 수가 있다. 하지만 이 방법은 어디까지나 응급조치이며 설사 탈장 부위가 들어갔다 하더라도 반드시 소아외과 전문의사에게 진찰을 받아야 한다.

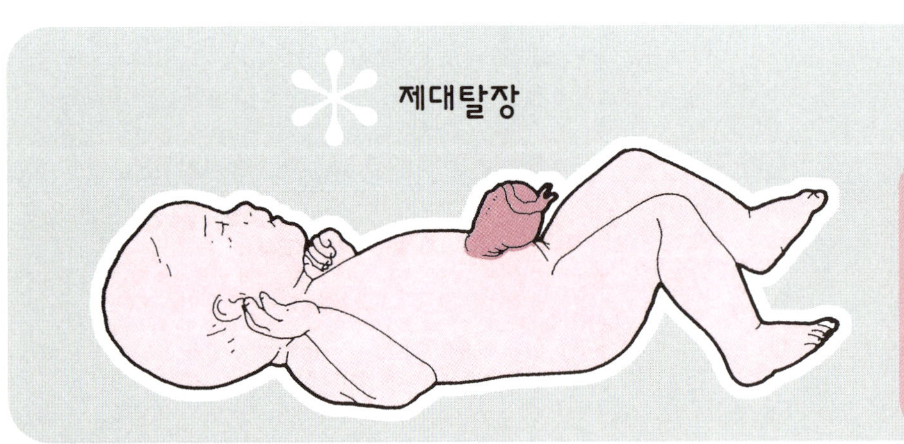

변의 상태에 따른 처치법

아기의 변 상태나 색깔이 이상하면 건강에 문제가 있다는 신호다. 백색 변이나 녹변, 점액질이나 혈액이 섞인 경우, 짙은 갈색의 변 등으로 대부분 세균이나 바이러스 감염에 의한 소화장애나 장염 등이 원인이다. 간혹 특정 음식에 대한 알레르기 반응이나 식중독 증상일 수도 있고 선천성 담도폐쇄나 장중첩증 같은 위험한 병일 수도 있다.

아기들의 변의 상태나 색깔을 보면 병이 있는지 없는지 짐작하게 된다. 아기들의 대변은 대체로 묽고 횟수도 잦은 편인데 아기마다 조금씩 다르다. 평상시보다 다른 변을 보았다면 아기의 건강상태를 체크해 봐야 한다.

물 같은 변을 볼 때

감기나 과식, 폭식 등으로 인한 단순한 소화불량과 그로 인한 급성위장염일 수 있다. 설사 증세가 있어도 아기의 상태는 비교적 양호하다.

이럴 때는 설사로 인한 탈수증세를 막는 게 중요하다. 자극이 적고 소화가 잘되는 사과즙을 먹이면 좋다. 연한 쑥잎을 잘 말린 다음 생강을 조금 넣고 잘 달여 조금씩 마시게 하면 설사를 멈추게 하는 데 효과가 있다.

쌀뜨물 같은 변을 볼 때

세균 감염으로 인한 위장장애다. 아이들에게 흔히 나타나는 로타바이러스 위장염이 대표적이다. 녹차에는 로타바이러스 감염을 예방하는 성분이 함유되어 있으므로 따뜻하게 해서 수시로 먹인다.

이 밖에도 세균성설사에는 항균작용, 정장작용이 강한 매실이 효과가 있다. 매실죽을 끓여 먹으면 소화도 잘되고 설사 증상도 완화하며 영양보충도 할 수 있어 좋다.

혈변이 보일 때

극심한 복통, 혈변, 구토 증상이 동반되면 장중첩일 수 있다. 지체없이 병원으로 가야 한다. 이 외에 급성장염이나 궤양에 의해서도 혈변이나 점액이 섞인 변, 타르 같이 진한 갈색 변을 보기도 한다. 드물게는 심한 변비로 항문에 상처가 생겨 피가 묻어 나오는 경우도 있다. 정장작용과 장 기능 강화를 위해서는 시금치를 많이 먹인다. 시금치를 이용한 각종 반찬도 좋고 당근과 함께 즙을 만들어 먹여도 정장작용과 장 기능 강화에 효과가 있다.

설사를 할 때 생활수칙

- 설사와 함께 복통이 있을 때는 배를 따뜻하게 해 준다.
- 차고 자극적인 음식은 피한다.
- 주변을 조용하게 해 안정을 취하도록 한다.
- 한 끼는 금식하고 소화가 잘되고 자극이 없는 음식을 먹인다.
- 지사제나 항생제를 함부로 쓰지 않는다.
- 수분공급에 신경 써 탈수증세가 생기지 않도록 주의한다.
- 탈수 증세를 보이는 경우, 고열과 오한이 동반된 설사를 3일 이상 계속할 때, 혈변이나 점액질이 섞인 변을 볼 때는 서둘러 병원으로 간다.

설사와 함께 혈변을 보았다면 의사에게 보이는 것이 우선이지만 찬 음식이나 자극적인 음식은 주지 말아야 하고 항생제도 함부로 쓰면 안 된다. 탈수가 되지 않도록 수분공급을 충분히 하는 것을 잊지 말자.

소변색이 이상하다

아기는 어른에 비해 체중당 3~4배 정도의 많은 양을 소변으로 내보낸다. 그 소변을 잘 살피면
아기의 건강상태를 쉽게 파악할 수 있다. 특히 갓난아기는 고통을 표현할 수 없기에
늘 주의 깊게 살펴봐야 한다. 소변의 색과 양, 냄새나 횟수에 이상이 있다면 위험할 수 있다.

1

소변의 양과 횟수가
평소와는 다르다.

YES 2번으로
NO 5번으로

참 / 조 / 페 / 이 / 지
소아청소년기 당뇨병 … 407

2

소변을 자주 본다.

YES 3번으로
NO 7번으로

3

갈증을 자주 호소하고
소변량이 평소보다 많다.

YES 4번으로
NO 19번으로

4

소변에서 단내가 난다.

YES 14번으로
NO 9번으로

5

소변이
노란색을 띤다.

YES 6번으로
NO 10번으로

8

수분을 적게 섭취했거나
땀을 많이 흘렸을 때,
구토나 설사로 인한 탈수증세가
있다면 소변량이 줄어든다.
탈수증세를 보이면
빨리 소아과로 가보도록.

7

소변이 잘 안나오고 간혹
피가 섞이기도 한다.
몸이 심하게 부어 다리에
부기가 있다.

YES 13번으로
NO 8번으로

6

땀을 많이 흘렸거나 비타민 B가
함유된 약을 먹여도
마찬가지이다. 아침의
첫 소변은 농도가 진하기 때문에
평소와 다를 수 있다.

9

소변색이 흐리고
양이 많다면 요붕증일 수 있다.
빨리 소아과로.

10

소변이 뿌옇고 희다.

YES 11번으로
NO 15번으로

11

열이 난다.

YES 12번으로
NO 17번으로

12

요로감염증으로 생긴
고름오줌일 수 있다.
간혹 피가
섞여 나오기도 한다.

13

최근에 감기나
그 외
감염증에 걸린 적이 있다.

YES 23번으로
NO 18번으로

14

소아당뇨로 보인다.
소아과나 내과로 가보도록.

15

황달증상을 보이고
소변이
맥주같이 적갈색을 띤다.

YES 16번으로
NO 20번으로

16

급성간염이거나 신생아라도
선천성 담도폐쇄증일 확률이 높다.
빨리 소아과로 가보도록.

17

소변에 지방이 많이
섞여 있거나
겨울철이라면 염류가
하얗게 결정을 이루는
경우일 것이다.
먹인 음식을 살펴보도록.

다음 페이지에서 계속 ▶ ▶ ▶

▶ ▶ ▶ 이전 페이지에서 계속

19

소변을 볼 때
통증을 호소한다.

YES 24번으로
NO 29번으로

18

부기가 온몸에 나타나면
신증후군일 수 있다.
빨리 소아과 검진을.

25

별다른 증세가 없으면
안심해도 좋다.

20

소변이 붉은색을 띠고
소변을 볼 때
배가 아프다고 한다.

YES 21번으로
NO 25번으로

21

최근 복부에
충격을 받은 적이 있다.

YES 22번으로
NO 26번으로

24

요로감염증일 수 있다.
빨리 소아과로.

22

신장이나 요로의 손상이
있을 수 있고
출혈이 염려된다.
빨리 외과검진을 받아보도록.

23

급성신장염으로 보인다.
눈두덩과 다리가
심하게 붓고 소변에 피가 섞여
나오기도 한다.

가벼운 증세

예민하다면 신경성 빈뇨일 수도

첫 소변은 진한 노란빛을 띤다. 비타민 B 등이 함유된 약제를 먹었을 때나 땀을 많이 흘렸을 때도 소변 색이 짙어진다. 소변 색은 섭취한 음식물의 색깔에 따라 변하기도 하므로 다른 증상이 없다면 걱정하지 않아도 된다. 소변을 자주 보고 싶어하는 경우 다른 증상이 없다면 신경성 빈뇨일 수 있다. 편하게 해준다.

의심되는 증세

소아당뇨, 요붕증, 요로감염 의심

소변이 잦고 물을 많이 마시고 단내 나는 소변을 본다면 소아당뇨일 수 있다. 색이 흐린 소변을 많이 볼 때는 **요붕증**을, 배뇨 시 통증을 호소하면 **요로감염증**을 의심할 수 있다. 모두 서둘러 소아과로 가야 한다. 한편, 수분 섭취량이 적거나 땀을 많이 흘릴 때, 구토나 설사 때문에 탈수증세가 있을 때도 소변의 양이 줄어든다.

중 증

부기, 혈뇨 보이면 위급하다

소변이 잘 나오지 않고 부기가 심하며 최근 감기에 걸린 적이 있었다면 **급성신장염**이 의심된다. 소변이 붉은빛이 나며 복부에 덩어리가 만져진다면 월름종양 등 악성종양일 수 있다. 복부를 세게 부딪힌 후 소변에 붉은빛이 난다면 신장 및 요로 손상이 의심된다. 황달이 나타나며 적갈색 소변이 보이면 급성간염, 선천성 담도폐쇄가 의심된다. 모두 위급한 증상이다.

요로감염증

이런 전신증세 외에도 빈뇨나 야뇨, 배뇨통, 하복부통 등을 호소한다.

원인 호흡기 감염과 함께 발생하기 쉽다

흐르는 요로에 세균이 감염돼 염증이 생긴 것이다. 장관계나 호흡기계 감염과 함께 일어나기 쉽다. 전혀 염증이 없는 요로 속에도 세균이 존재하고 있는데 이것이 다른 기관의 감염으로 신체의 저항력이 떨어지면 감염증을 일으키는 것이다. 균 가운데는 대장균이 가장 많고 요로에 기형이 있으면 오줌이 정체하여 세균이 번식하므로 감염이 쉽다.

증세 어릴수록 전신증세가 나타난다

2세 미만의 아기에게서는 요로의 증세보다는 전신증세가 더 주가 된다. 유아는 잘 울며 잠을 깊이 못 자고 조용히 있지 않는다. 발열, 구토, 식욕부진, 체중감소 등을 일으키고 심할 때는 전신의 경련을 일으킨다. 점차 혼수상태가 되며 원기도 없고 피부도 탄력을 잃는다. 연령이 높아지면

치료 항생제로 치료한다

요로감염을 일으킨 원인균을 밝히고 그에 맞는 항생제를 투여하는 것이 치료의 핵심이다. 재발되는 일이 많으므로 완치를 위해서는 일주일에서 10일 정도는 치료에 힘쓴다. 약물복용과 함께 신경을 써야 할 것이 절대 안정이다. 안정을 깨뜨리고 움직이면 금방 열이 나고 재발하기 쉽다. 수분 섭취에도 신경을 써 오줌을 많이 배출하게 해 고이지 않도록 한다.

집에서는 이렇게 속옷이나 기저귀를 자주 갈아주어 오염되지 않도록 하고 소변이 마려울 때 참지 않도록 습관을 들인다. 특히 여아의 경우 배변 후 반드시 앞에서 뒤로 닦는 습관을 들인다. 몸을 차게 하지 말고 찹쌀로 만든 음식은 이뇨를 억제하므로 먹여서는 안 된다.

알·아·두·자

중간뇨의 채취 방법

요로감염의 가능성이 있을 때에는 소변을 분석하기 위해 중간뇨 검사를 하게 된다. 이것은 배뇨 도중의 소변을 채취하는 것으로 소변을 조금 흘려보내고 난 다음에 적당량을 받는 것을 말한다.

■ 요도를 청결히 한다

중간뇨 채취가 필요한 경우에는 병원에서 미리 깨끗한 용기를 지급한다. 처음에는 다른 용기 속에 소변을 본 다음에 깨끗한 용기에 받는다. 검사의 정확도를 보장받기 위해서는 요도가 열리는 부분으로부터 세균이 침입하여 소변이 오염되지 않도록 하는 것이 중요하다. 그리고 소변을 보기 전에 요도의 개구부(소변이 나오는 곳)를 청결하게 해야 한다.

■ 소변이 떨어지는 장소에 용기를 놓아 받는다

어린 여자아이일 경우 가장 좋은 방법은 변기 바닥에 채뇨 용기를 두고 받는 방법이다. 비교적 나이가 든 여아 일 때에는 소변이 떨어질 만한 곳에 정확하게 용기를 두고 변기에 깊숙이 걸터앉으면 된다. 남자아이의 경우에는 소변을 조금 보게 한 다음에 소변이 떨어지는 장소에 용기를 대어 채취한다.

■ 소변을 본 후에 닦는 습성을 길러준다

일반적으로 여성의 요도는 남자의 요도보다 짧기 때문에 여자아이의 요도에 세균 침입을 받기 쉽다. 요로감염증은 대개의 경우 세균이 장에서 요로로 침입하기 때문에 일어난다. 그렇기 때문에 감염을 예방하려면 여자아이는 소변을 보고 나서 반드시 앞에서 뒤로 훔치듯이 닦는 습성을 길러준다.

요붕증

원인 항이뇨호르몬 결핍이나 과잉에서 온다

신장에서 노폐물을 걸러 소변으로 배출하는 과정에는 항이뇨 호르몬이 작용한다. 대뇌의 뇌하수체에서 분비되는 이 호르몬은 소변의 양을 적당하게 조절해서 배출시키는 작용을 한다.

그런데 이 호르몬이 잘 분비되지 않거나 신장에서 제대로 작용을 하지 못하면 조절능력이 떨어져 많은 양의 소변을 배출하게 된다.

증세 시도때도 없이 소변을 많이 본다

뇌하수체에서 호르몬의 분비가 잘 되지 않는 중추성 요붕증과 신장에서의 작용이 제대로 이뤄지지 않는 신장성 요붕증으로 나뉜다.

2~6세 남아에게서 많이 발생하는데 한두 시간 간격으로 소변을 보고 물을 많이 마신다. 자다가도 소변을 봐야 하고 놀다가 앉은 채 소변을 보기도 한다. 물 섭취를 제한한다고 해서 소변 양이 줄지 않는 것이 요붕증의 특징이다.

치료 항이뇨호르몬을 투여한다

요붕증이 있을 경우 반드시 그 원인을 먼저 조사해 치료해야 한다. 요붕증의 원인을 찾기 위해서는 우선 '탈수검사'를 시행해 혈액 속의 항이뇨호르몬 농도를 측정한다. 검사 결과에 따라 항이뇨호르몬이 전혀 분비되지 않는 경우와 약간 분비되는 경우로 다시 분류할 수 있다.

이 밖에도 각종 정밀검사를 통해 뇌나 신장에 선천성 질환이나 종양 등은 없는지 확인하고 치료한다. 요붕증 자체의 치료는 항이뇨호르몬을 투여하는 것이다.

호르몬 분비가 전혀 이루어지지 않는 경우에는 평생 항이뇨호르몬을 투여해야 한다. 코로 흡입하거나 복용하는

▶▶▶ **소변색으로 알아보는 건강 상태**

오줌의 색	추측할 수 있는 원인	필요한 처치
분홍색 적색 혼탁한 색	요로감염이거나 다른 원인 때문에 오줌에 혈액이 섞여 있을 수 있다. 다만 적색의 천연색소나 합성착색료가 오줌으로 배출되는 경우도 있다.	즉시 의사의 진찰을 받아야 한다. 정확한 진단을 위해 오줌검사와 혈액검사를 하고 원인에 따라 치료가 달라진다.
암황색 갈색	체내에 포함된 수분이 적거나 발열, 설사, 구토 등으로 인해 오줌의 농도가 진해지면 소변색도 짙어진다.	크게 걱정할 필요없다. 음료수를 많이 마시면 오줌색이 정상적으로 돌아온다.
투명한 암갈색	감염으로 인한 황달일 수 있다. 특히 소변색이 아주 엷고 피부와 눈동자가 황색일 때는 그 가능성이 커진다.	의사와 상담할 필요가 있다. 소변검사와 혈액검사를 한다.
녹색 청색	음식물의 합성착색료와 약물복용이 원인인 것 같다.	크게 걱정할 필요없다. 색소가 체내를 통과하고 있을 뿐이다.

것 등이 있다. 부분적으로 결핍된 경우에는 항이뇨호르몬 분비를 자극하는 약제를 투여한다.

급성신장염

원인 감기, 편도염 뒤에 온다

신장에 염증이 일어나는 것으로 사구체신염이라고도 한다. 용혈성연쇄상구균 중 어떤 형의 균에 의한 감염이 있은 후에 발병하는데 균 자체가 신장에 감염된 것은 아니고 균에 대항하는 우리 몸의 항체가 신장에 들어가 과민반응을 일으키는 것으로 보인다. 따라서 급성신염은 대개 감기, 편도염, 중이염, 성홍열, 농가진 등을 앓은 후에 온다.

초기에는 보통 발열과 함께 피곤함을 보이며 얼굴이 창백한 증상을 보인다. 특히 아침에 눈두덩이 부석부석하거나 다리에 부종이 나타나며 손으로 누르면 한참 동안 자국이 남아 있다. 부종이 심해지면 등이나 허리, 대퇴부까지 부어오르기도 한다. 혈뇨가 나와 소변 색이 진해져 마치 콜라 같은 색이 되고 단백뇨가 나오는 수도 많다.

치료 **안정하면서 자연치유를 기다린다**

급성신염은 일반적으로 치료되기 쉽다. 부종은 1~3주간 정도로 대개는 가라앉고 소변의 이상도 수개월이면 없어지는 것이 보통이다. 어린이들의 경우 특히 경과가 좋고 90% 정도는 근치된다. 혹시 장해가 될 만한 것을 제거해주는 것이 최선의 치료방법이다. 안정은 단순히 쉰다는 것이 아니라 누워서 지내는 정도를 말하며 특히 부종이 있을 때는 일어나서 걷거나 돌아다녀서는 안 된다.

다음에는 땀을 흘리지 않을 정도로 몸을 따뜻하게 해 혈액순환을 좋게 해주고 신장에도 충분한 피가 순환되도록 해야 한다. 식사 역시 신장에 부담을 주는 음식물을 가급적 제한한다. 즉, 염분, 단백질, 과다한 수분 섭취는 제한한다.

▶▶▶ **소변에 이상이 있을 때의 조치**

아기의 상태	조치
● 아침에 기저귀를 갈 때 보면 노란색이나 갈색 소변이 나와 기저귀에 묻어 있다.	생리적인 것이므로 걱정하지 않아도 된다.
● 신생아기가 지나도 소변이 노랗고 기저귀에 색이 밴다. 온몸에 황달이 있다.	빨리 진찰을 받고 입원치료를 받는다.
● 남자아기의 성기가 빨갛게 붓고 고름이 나오며 아파한다.	소아과 진찰이 필요하다.
● 여자아기의 외음부가 부어 있고 가려워하며 기저귀에 고름이 묻는다.	소아과 진찰이 필요하다.
● 열이 있으며 기저귀에 고름과 피가 묻는다. 소변볼 때 아파서 운다.	소아과 진찰이 필요하다.
● 열이 나고 축 늘어진다. 기저귀에 고름이나 피가 묻으며 토하기도 한다.	소아과 진찰이 필요하다.
● 감기, 중이염, 편도선염을 앓고 난 다음 2주일 정도 지나 소변의 양이 아주 적어지거나 나오지 않게 되었다. ● 눈꺼풀이 부어오르고 혈뇨가 나온다	소아과 진찰이 필요하다.

알 • 아 • 두 • 자

발진과 열의 발생 순서로 아기들의 병 알아보기

피부발진과 함께 열이 있을 때, 발진과 열 중 어느 것이 먼저 나타났는지 또는 열과 함께 나타났는지 등 열과의 관계가 병을 판단하는 중요한 포인트가 된다.

풍진, 수두는 열이 나면서 거의 동시에 피부발진이 나타난다. 풍진일 때는 열이 나지 않는 경우도 있다. 반면 홍역, 가와사키병, 수족구병은 열이 먼저 나고 2~3일 후에 피부발진이 생긴다.

이처럼 열과 발진의 발생 순서나 상태가 아기들의 병을 가늠하는 데 중요한 근거가 되므로, 피부발진이 나타나면 우선 열을 재야 한다. 한 번만 잴 것이 아니라 2시간 정도 사이를 두고 2~3회 정도 잰 다음 변화를 살펴본다. 열이 높더라도 돌발성발진처럼 걱정하지 않아도 되는 경우도 있지만 전염병으로 중증인 것도 많으므로 주의해야 한다. 또 열이 높아 경련을 일으킬 우려도 있으므로 빨리 진찰을 받아야 한다.

아기의 잠투정을 줄이려면?

특별히 아프지도 않고 열도 없는데 한밤중만 되면 일어나 울며 보채는 아기들이 있다. 그리고 낮에는 잘 자는데 밤만 되면 잠을 안 자고 잠투정을 하기도 한다. 초보 어머니들에게는 큰 고민거리다. 이럴 때 당황하지 않고 대처하는 방법이 있다.

말 못하는 아기들의 유일한 표현은 울음과 짜증이다. 몸이 불편할 때도 칭얼대지만 잠이 올 때도 투정을 부린다.
이럴 때 육아경험이 없는 초보 엄마들은 당황하게 되는데 몇 가지 요령만 익히면 아기의 잠투정에서 벗어날 수 있다.

■ 낮에 깨어있을 때 적극적으로 놀아준다

5개월쯤 되면 아기들이 밤과 낮을 구별할 줄 알게 된다. 집안일을 핑계로 낮에 잠을 너무 많이 재운다거나 혼자서 놀게 하면 아기에게 자극이 없는 생활이 된다.

아기가 깨어있을 때 적극적으로 함께 놀아주고 말을 걸거나 바깥으로 데리고 나가서 여러 가지 구경을 시켜주면 자극에 의해 아기가 피로함을 느끼게 된다.

■ 잠든 후 30분 동안은 조용하게 해준다

수돗물 소리 등 작은 소리에도 민감해서 자다 깨기 일쑤인 아기는 그 소리에 익숙해지도록 해야 한다. 방법으로는 잠들기 전에 배가 든든하도록 우유를 먹여놓고 낮에 계속 듣던 음악을 들어준다.

그러면 아기도 익숙한 음악이라 편안히 자고 울지 않는다. 음악 소리에도 잠을 못 이룰 정도로 민감하면 잠이 든 후에도 30분 정도는 집안에 조용한 분위기를 만들어 준다.

■ 목욕을 시켜 기분을 안정시켜 준다

잠들기 전에 따뜻한 물에서 느긋하게 목욕을 시키면 낮 동안의 흥분도 가라앉고 기분이 안정되어 푹 잘 수 있다.

그리고 조금 뜨거운 듯한 물과 찬물을 준비해서 무릎 아래를 담가 따뜻한 물에서 찬물로 15초씩 번갈아 해주면 기분이 안정되어 잠자는데 도움이 되기도 한다.

■ 억지로 재우려 하지 않는다

잠자리에 들어서 1시간이 넘도록 잠을 자지 않는 것은 아기가 졸리지 않기 때문이다. 이때는 원하는 대로 놀게 하는 것이 좋다. 밤에 잠을 빨리 재우고 싶으면 아침에 빨리 깨워 낮잠 자는 시간을 앞당기면 된다. 밤에 잠을 자는 시간이 길면 낮잠 자는 시간을 줄일 수 있다.

■ 이유없이 깨서 울면 기저귀부터 살핀다

우유를 먹여도 기저귀를 갈아도 아기가 울음을 그치지 않고 보챈다면 밤에 잠자리에 뉘일 때만이라도 종이 기저귀를 이용해 본다. 종이 기저귀는 오줌의 흡수가 잘 되므로 자다가 오줌을 싸고 놀라서 깨는 경우를 줄일 수 있다.

그 외에 잠옷이 너무 몸에 끼거나 춥거나 더우면 우는 수가 있으므로 옷을 바꿔 입혀 보도록 한다.

아기를 억지로 재우려 하지 말고 잠이 들 때까지 조용히 하고 기다려주는 것도 초보엄마가 갖추어야 할 자세다.
편안한 마음으로 잠들게 하면 깊은 잠을 잘 수 있고 깨어나서도 기분 좋아하며 다음 번 잠들 때도 기분 좋게 자는 습관에 길들여진다.

입안에 이상이 있다

감염증에 걸렸거나 영양장애로 인해 입안에 이상이 생길 수 있다.
젖먹이라면 침을 많이 흘리면서 심하게 칭얼댄다.
말문이 트인 아기는 통증을 호소하기도 한다.

1
혀가 까칠해지거나
오돌도톨한
발진이 생긴다.

YES 2번으로
NO 5번으로

2
38℃ 이상의 고열이 나며
목이 붓고 아프다고 한다.

YES 3번으로　**NO** 8번으로

9
목이 붓고
아프다고 한다.

YES 10번으로
NO 14번으로

3
성홍열일
가능성이 높다. 소아과로.

4
지도상설일 수 있다.
알레르기성일 수도 있으니
입안을
청결히 하면 호전된다.

8
혀에 하얀 테두리를 한
지도 모양의
빨간 반점이 관찰된다.

YES 4번으로
NO 12번으로

참 / 조 / 페 / 이 / 지

성홍열 … 366
구각염 … 241
편도선염 … 364
홍역 … 327

6
입술의 껍질이
벗겨지면서 짓물렀다.

YES 7번으로
NO 11번으로

5
입술이 갈라지면서
심하게 아프다.

YES 6번으로
NO 9번으로

7
구순염이나
구각염일 수 있다. 소아과나
피부과로 가보도록.

10

목구멍 주변에
하얀 막이 관찰된다.

YES 16번으로
NO 20번으로

11

입 주위에 붉은 반점
형태로 작은 수포가
붉은 반점처럼 보인다면
단순성헤르페스일 수 있다.
소아과나 피부과로.

12

젖 찌꺼기 같은
하얗고 작은
반점이 막의 형태로
보인다.

YES 13번으로
NO 17번으로

13

아구창으로 보인다
식도까지
번질 수 있으니
서둘러
소아과로 가보도록.

14

입속 점막에
붉은 발진이나 수포가
관찰된다.

YES 15번으로
NO 18번으로

15

감기가 원인일 수 있다.
심하게 가렵다면 수두,
출혈이 있으면
단순성헤르페스일 수 있으니
소아과 검진을 받아보도록.

16

편도선염이나
디프테리아일 수 있으니
빨리 소아과로.

17

혀가 두꺼우며
입밖으로 나올 정도로 크다.

YES 24번으로
NO 21번으로

18

뺨 안쪽 점막에
작고 흰 반점이 있다.

YES 19번으로
NO 22번으로

19

홍역일 수 있다.
서둘러 소아과로.

20

열이 높고 목구멍이 부었다면
편도선염일 수 있다.
입안에 작은 궤양이 보이면
포진성구협염일 수 있으니
소아과나 이비인후과로 가보도록.

21

구내염 증상이거나
비타민 B12 결핍으로 인한
빈혈이 의심된다.

다음 페이지에서 계속 ▶ ▶ ▶

▶ ▶ ▶ ▷ 이전 페이지에서 계속

22

볼 안쪽 점막이 곪았거나 궤양이 보인다.

YES 23번으로
NO 25번으로

23

구내염일 수 있다. 소아과나 이비인후과로 가보도록.

24

성장 발달이 늦다면 선천성 갑상선저하증, 다운증후군, 정신발달 지체나 뇌질환일 가능성이 높다. 소아과 검진을 받아보도록.

27

치열이 고르지 못하면 **부정교합**이 나타나기도 한다. 턱의 한쪽이 돌출했거나 턱뼈의 발육이 좋지 않다면 선천적인 이상일 수 있다. 소아과로 가보도록.

25

아기 이의 개수에 이상이 있거나 뻐드렁니가 있다.

YES 27번으로
NO 26번으로

26

부정교합이 의심된다. 소아과로.

가벼운 증세

건조한 공기, 알레르기 등이 원인

구순염은 입술이 마르고 껍질이 벗겨지거나 찢어지는 증상이다. 건조한 곳에 오래 있을 경우 심해지는데 바셀린 등을 발라주고 습도를 높여주면 증세가 완화된다. 혀의 표면에 하얗게 테두리를 두른 지도 모양의 붉은 반점이 생기는 경우를 **지도상설**이라고 하는데 알레르기성인 경우가 많다. 특별한 처치 없이도 자연스럽게 나으므로 크게 염려하지 않아도 된다.

의심되는 증세

턱뼈의 이상도 부정교합을 낳는다

입 점막 부분에 젖 찌꺼기같이 하얗고 작은 반점이 보인다면 **아구창**을 의심할 수 있다. 입 전체로 퍼지며 식도까지 미칠 수 있으므로 서두른다. 입 안에 둥글고 흰 궤양이 있다면 **구내염**이 의심된다. 이의 숫자나 이의 배열이 정상이 아니라면 **부정교합**이다. 턱뼈가 이상한 경우도 부정교합이라 할 수 있는데 선천적인 이상도 있으므로 검사를 받는다.

중 증

혀 잘 내밀면 다운증후군 의심

혀가 딸기처럼 빨갛고 거칠어졌다면 성홍열, 목구멍에 흰 막 같은 것이 보이면 편도선염일 수 있다. 또 구강내 작은 수포와 짓무르는 증상이 보이면 **단순성헤르페스**일 가능성이 있다. 두꺼운 혀를 잘 내밀고 발육, 발달이 늦다면 선천성갑상선저하증이나 다운증후군, 정신발달 지체, 뇌의 병 등을 의심할 수 있다. 뺨 안쪽에 하얀 반점이 생겼다면 홍역이 의심스럽다.

구순염

입술의 염증을 말한다. 공기가 건조할 때 잘 생긴다. 먼저 입술이 마르고 표면의 껍질이 벗겨지며 찢어져서 심하게 아프기 시작한다. 입술이 마른다고 핥으면 악화되므로 주의한다.

치료 바셀린이나 연고를 발라준다

치료를 위해서는 바셀린이나 자극성이 적은 연고를 바른다. 공기가 건조해지기 쉬운 겨울에는 립크림을 바르거나 실내의 습도를 높여주면 증세를 완화시키는데 효과적이다.

구내염

원인 자극이나 알레르기도 생긴다

감염성인 것과 비감염성인 것이 있으며 감염성인 것은 바이러스나 세균이 원인이다. 비감염성인 경우는 물리적·화학적 자극이나 알레르기 등이 원인이 된다. 또 영양 불량, 당뇨병, 요독증, 악성 빈혈 등 전신 증세로 나타나는 경우도 있다.

증세 입안에 흰 막과 붉은 색 띠가 있다

입안의 점막이나 잇몸이 빨갛게 되고 부어올랐다가 더 진행하면 곪거나, 조직이 죽고 궤양으로까지 진행하여 통증 때문에 식사를 할 수 없게 되는 일도 있다. 또한 입 냄새가 심하게 나고 입술이 갈라지거나 목의 임파선이 부어 열이 나는 일도 있다. 구내염에는 증세에 따라 여러 가지 종류가 있는데 가장 많은 것은 아프타성 구내염으로, 특히 1~3세의 어린이의 구내염에서 가장 많이 볼 수 있다. 흰 막

에 덮인 움푹 패인 반점이 입안에 생기고 주위에 붉은 색을 띤 테가 나타나는 것이 특징이다. 발병하여 4~9일 정도 심한 증세가 계속되지만 자연히 나아버린다.

치료 입안 청결이 제일이다

어떤 종류의 구내염이든지 입안을 청결하게 유지하는 것이 제일 중요하다. 환부에는 1%로 희석한 겐티안바이올렛용액과 구강연고(베타딘)를 바르고 세균성일 때는 항생제를 사용하기도 한다.

부정교합

뻐드렁니, 주걱턱, 가지런하지 못한 치아의 배열이나 맞물림에 이상이 있는 상태를 부정교합이라 한다.

원인 충치와 나쁜 습관도 원인이 된다

선천적인 원인과 후천적인 원인이 있다. 부모 중 누군가가 뻐드렁니거나 반대교합이라면 아이도 선천적으로 치열의 이상을 보일 가능성이 있다.

후천적인 원인은 젖니와 영구치의 교환시기가 적절치 못했을 때 발생하는 경우가 많다. 젖니와 영구치가 제때에 교환되지 않고 젖니가 언제까지나 남아 있으면 정상이 아닌 위치에 영구치가 나온다. 그 결과 치열이 고르지 못해 이를 맞물려 씹는데 이상이 온다.

그리고 충치가 원인이 되어도 발생한다. 영구치와의 교환 시기가 되기 전에 충치 때문에 젖니가 빠져 버리면 영구치가 이동하거나 어긋나버려서 부정교합이 된다. 젖니를 뺀 후 곧 보철 장치를 넣으면 예방할 수 있다.

나쁜 습관이 원인이 되어 부정교합이 되는 일도 있다. 손을 빨거나 고무젖꼭지를 오래 사용하면 뻐드렁니가 되거나 앞니가 벌어져 씹기 어려워지는 일도 있다. 그밖에

손을 턱에 괴는 습관이나 연필을 깨무는 습관 등도 부정교합의 원인이 된다.

기구로 교정한다

젖니이고 가벼운 것이라면 치료할 필요가 없고 어린이의 경우 1~2개가 부분적으로 휘어진 치아는 이를 뒤로 압박하는 것만으로도 교정이 가능하다. 심한 부정교합이어서 기구에 의한 교정이 필요한 경우는 증세나 유형에 따라 치료법이나 치료 시기가 달라지므로 치과 의사와 상담할 필요가 있다. 젖먹이 시기의 일시적인 반대교합은 젖니 배열 완성기(3세경)까지 경과를 지켜보아도 좋다.

부정교합일 때는 이 닦기가 부적합하기 때문에 충치나 잇몸 염증이 생기기 쉽다. 식후에 이 닦는 습관을 들이는 것이 가장 중요하다.

단순성헤르페스

헤르페스바이러스 I형이 원인이 되어 발생하며 1~5세 때 처음으로 감염되어 증세를 보이는 경우가 대부분이다.

구강에 수포가 생긴다

작은 수포가 입안이나 입술, 콧구멍 등에 몇 개 생겼다가 급속하게 터지고 짓무르며 궤양이 되어 흰 딱지 같은 막을 만든다. 때로는 편도선, 인두에까지 진행되지만 1~2주일이면 대체로 낫는다.

차가운 유동식을 먹인다

젖먹이는 중증화되기 쉬우므로 빨리 피부과로 가야 한다. 입안이 아파서 식사를 제대로 할 수 없는 경우도 있으므로 이때에는 차가운 유동식, 반유동식을 먹인다. 중증인 경우는 동통 때문에 먹고 마실 수도 없으며 탈수 증세가

심해져 입원이 필요할 때도 있다.

아구창

곰팡이균의 번식으로 발병한다

칸디다 알비칸스라는 진균(곰팡이)이 급속도로 번식하여 일어나는 병으로 신생아, 미숙아의 경우 출산시에 산도에서 감염되어 신생아실에서 다른 아기에게 옮기기도 한다. 어머니의 유방이나 우유병 등을 통해서 감염되는 경우도 있다. 신생아에게 나타나기 쉬우며 그 이후에는 영양상태가 나쁘고 몸이 약한 어린아이에게 흔히 발병한다.

하얗고 작은 반점이 생긴다

입 점막 부분 부분에 하얗고 작은 반점이 막의 형태로 보인다. 젖먹이의 경우 젖 찌꺼기가 붙어 있는 것처럼 보이지만, 아구창은 문지르거나 비벼도 좀처럼 떼어지지 않으므로 쉽게 구별된다. 그 자리는 빨갛게 짓무르고 곧 다시 하얀 반점이 생긴다.

진행되면 빠른 시간 안에 입 안 전체에 퍼지며 인후두나 식도까지 미치는 일도 있다. 하지만 통증이나 발열은 없다. 치료 방법으로는 마른 멸균솜으로 닦은 다음 니스타틴(항생제의 일종)이나 1%로 희석한 겐티안 바이올렛의 수용액을 바른다. 큰 아이에게는 비타민 B군의 보급도 필요하다. 충분한 영양 섭취를 하는 것 외에 어머니는 유방을 청결하게 할 필요가 있다.

지도상설

피부 점막의 과민반응으로 생긴다

피부나 점막의 과민한 반응이나 감기 등에 합병하여 젖

먹이에게 일어나기 쉬운 병이지만 성장하면 대개의 경우
는 나타나지 않게 된다.

 혀에 빨간 반점이 생긴다

혀의 표면에 하얗게 테두리를 두른 빨갛고 편평한 반점
이 생겨 지도처럼 된다. 그것은 몇 시간이나 며칠 동안 모
양이 변화하다가 소실되지만 통증이나 괴로움은 없다.

 몇 주일 안에 자연히 낫는다

알레르기성이라 여겨진다. 같은 집안에서 몇 대에 걸쳐
나타나는 경우도 있으므로 체질적인 원인도 있는 것으로
보인다. 입안을 청결하게 유지하는 것으로 몇 주일 안에
자연히 낫는다.

알・아・두・자

소아청소년기의 당뇨병을 다스리려면…

■ 비만의 문제를 해결한다

요즘에는 당뇨병 등 각종 성인병
에 걸린 어린이가 늘어나고 있다.
그 중에는 비만의 합병증으로 발병
하는 것이 대부분이다. 아동 비만에 대한
문제를 해결하는 것이 가장 기본적인 예방
책이다.

■ 과식을 피하게 한다

비만인 아동들은 매일 계속되는 과식으로 각종 장기에 무
리를 주는데 췌장도 역시 마찬가지다. 이로 인해 췌장은 많은
양의 인슐린을 내보내게 된다. 이 때문에 피로를 느끼게 되면
서 충분히 활동할 수 없게 되는데 이것이 당뇨병의 시작이다.

당뇨병에 걸린 어린이는 왕성한 식욕에도 불구하고 몸이
현저하게 마르는 증세가 생긴다. 이럴 때 감염 등으로 질병에
걸리면 '케톤성 산혈증'을 일으켜 호흡이 깊고 빨라지며 입에
서는 아세톤 냄새가 나고 눈이 깊숙하게 들어가며 피부가 건
조해지면서 탈수증에 빠지기 쉽다. 이런 상태가 방치되면 의
식을 잃고 혼수상태에 빠지는 것이다.

■ 일생동안 인슐린 주사를 맞아야 한다

1형 당뇨병은 일생동안 인슐린 주사를 맞아야 한다. 인슐
린 용량 조절, 올바른 투여법 등 실제 환자가 익
혀야 할 것이 매우 많으며, 소아청소년의 발달
단계에 따라 익혀야 할 항목이 다양하므로 전문
가 집단의 적절한 교육이 반드시 필요하다.

인슐린요법을 시행하더라도 매일 식사요법과 운동요법을
꾸준히 실시하지 않으면 상태가 더욱 악화된다.

■ 칼슘, 비타민을 충분히 섭취한다

성장기의 어린이에게는 성장에 필요한 성분과 칼로리를
공급해야 하므로 당질 섭취를 줄이는 반면 칼슘, 비타민을 충
분히 공급하도록 한다. 총 칼로리의 60%는 탄수화물, 그리고
20%는 지방, 20%는 단백질이 되도록 해 일반식보다 고단백
의 식단을 짜야 한다. 즉 빵, 밥, 사탕, 국수 등은 적게 먹고 고
기, 생선, 채소를 많이 먹이는 것이다.

당뇨병이 있는 소아청소년에게 식이요법은 매우 중요하
다. 그러나 계속 성장하기 때문에 전문영양사의 적극적인 교
육이 우선되어야 한다.

■ 매일 20~30분 정도 운동을 시킨다

운동은 식후 1~2시간 후에 하는 것이 좋고 운동을 하기 전
에 저혈당 증세가 있는가를 확인해야 한다.

청소년은 조깅, 구기, 수영, 에어로빅 등의 운동을, 어린이
는 달리기, 줄넘기, 맨손체조 등의 운동을 매일
20~30분간 땀을 흘릴 정도로 해야 한다.

정기적으로 병원에서 건강 체크를 받아야
하며 가정에서도 때때로 자가혈당측정기로 혈당
치를 측정해야 한다. 그리고 수시로 당뇨 검사
를 실시하는 것도 중요하다.

경련을 일으킨다

경련을 일으키는 병에는 여러 가지가 있지만 아기나 어린아이의 경우는 대개 열성경련이다.
열성경련은 대개 1~3분 정도 지나면 가라앉으므로 안심해도 좋지만 오래 지속되고 자주
반복된다면 이상이 있을 수 있다. 두통이나 구토, 구역질을 동반한 경련이라면 진단이 필요하다.

1
아직 신생아인데
발작이 있다.

YES **2번**으로
NO **4번**으로

2
지속적으로 열이 있다.

YES **3번**으로
NO **7번**으로

8
3세 이상으로 숨이
넘어갈 정도로 운 다음에
안색이 하얗게
변하면서 호흡곤란과 같은
발작을 했다.

YES **12번**으로
NO **11번**으로

3
파상풍, 화농성 수막염,
패혈증, 폐렴일 수 있다.

4
열이 높다.

YES **5번**으로
NO **8번**으로

7
저칼슘혈증이나
저혈당증 또는
뇌전증이 일 수 있으니
소아과 검진을 받아보도록.

5
발작 직후의 경련으로
의식이 분명한
상태에서 일어난다.

YES **6번**으로
NO **9번**으로

6
고열이 반복적으로
재발되다가
발진이 나타나기도 한다.

YES **13번**으로
NO **10번**으로

9

머리가 아프고 구역질이나
구토를 한다면 뇌염이나
수막염일 수 있고
설사나 구토를 보이면
급성위장염일 수 있으니 빨리
소아과로 가보도록.

10

가족 중에 열성경련
병력이 있다면 **열성경련**을
의심할 수 있으나
안심해도 좋다. 정신 발달이
지체된다면 **간질**일 수 있으니
소아과 검진을 받아보도록.

11

발작 중에도 의식을
잃지는 않았다.

YES **16번**으로
NO **15번**으로

13

돌발성발진일 수 있다.
20분 이상 지속된다면 빨리
소아과로 가보도록.

12

분노발작일 가능성이 높다.
성장하면서 자연스럽게
고쳐지지만 자주 반복된다면
소아과로 가보도록.

16

전신, 특히 뒷목이
뻣뻣하게 굳고
음식을 삼킬 수
없을 정도로 입이 굳었다.

YES **14번**으로
NO **19번**으로

참 / 조 / 페 / 이 / 지

뇌염 … 335
분노발작 … 350
폐렴 … 343
급성위장염 … 381
과호흡증후군 … 130
소아청소년기 당뇨병 … 407

14

파상풍이 의심된다. 증세가
계속되면서 발열을 동반한다.
예방접종을 하지 않았다면
위험할 수 있으니
서둘러 소아과로 가보도록.

15

최근 머리 부분에 심한
충격을 받았다.

YES **22번**으로
NO **21번**으로

다음 페이지에서 계속 ▶ ▶ ▶

▶ ▶ ▶ 이전 페이지에서 계속

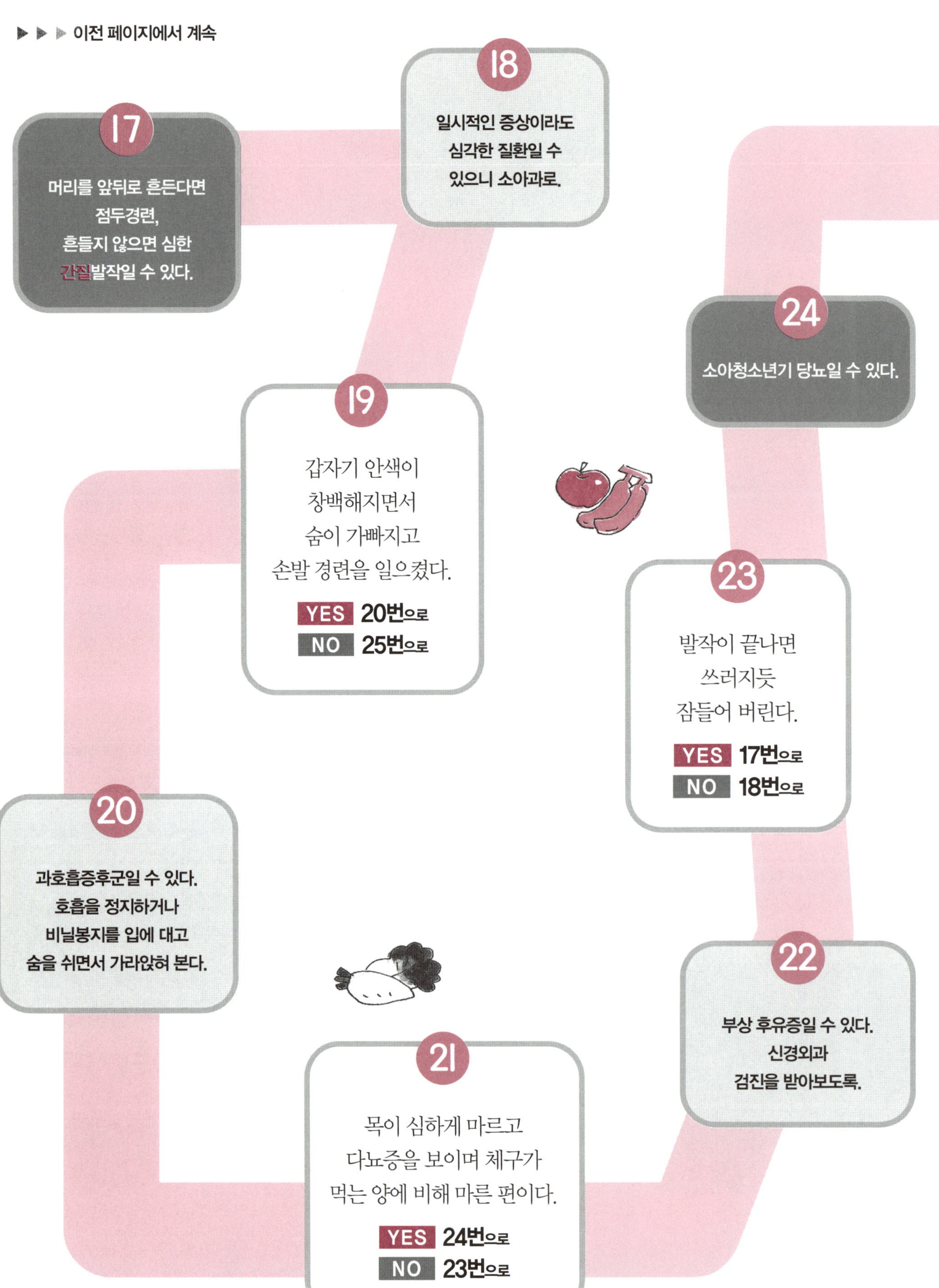
17
머리를 앞뒤로 흔든다면
점두경련,
흔들지 않으면 심한
간질발작일 수 있다.

18
일시적인 증상이라도
심각한 질환일 수
있으니 소아과로.

24
소아청소년기 당뇨일 수 있다.

19
갑자기 안색이
창백해지면서
숨이 가빠지고
손발 경련을 일으켰다.
YES 20번으로
NO 25번으로

23
발작이 끝나면
쓰러지듯
잠들어 버린다.
YES 17번으로
NO 18번으로

20
과호흡증후군일 수 있다.
호흡을 정지하거나
비닐봉지를 입에 대고
숨을 쉬면서 가라앉혀 본다.

22
부상 후유증일 수 있다.
신경외과
검진을 받아보도록.

21
목이 심하게 마르고
다뇨증을 보이며 체구가
먹는 양에 비해 마른 편이다.
YES 24번으로
NO 23번으로

가벼운 증세

잠깐 경련은 안심한다

가벼운 발작은 유아나 아이들에게 많이 나타나는 경련이다. 자기 뜻대로 되지 않는다든지 심하게 울고 난 다음 보이는 증세다. 이런 경우에는 시간이 지나면 자연히 낫게 되므로 크게 걱정하지 않아도 된다. 그러나 이러한 경련도 20분 이상 계속된다든지, 호흡곤란이 따르고 발작이 끝난 후 깊은 잠에 빠진다면 일시적인 것이라도 소아과 진찰을 받는다.

의심되는 증세

경련 상태를 체크한다

심한 두통이나 구토가 보이면 뇌염이나 수막염일 가능성이 있고, 머리를 앞뒤로 흔들면서 경련을 하면 점두경련, 흔들지 않고 발작 후 깊은 잠에 빠지면 간질을 의심할 수 있다. 또한 목덜미가 뻣뻣해 지거나 입이 벌어지지 않는다면 파상풍이 아닌지 의심해 본다. 갈증과 다뇨 증세가 있고 먹는 것에 비해 여윈다면 당뇨일 수도 있다.

중증

미숙아일 경우 세심히 살핀다

뇌염, 수막염, 파상풍, 저혈당, 간질, 폐렴, 패혈증 등 모두가 중증에 속한다. 치료는 증세에 따라 실시되지만 이러한 증세들은 병원치료가 시급하며 경우에 따라 입원치료를 받아야 한다. 특히 뇌성마비나 저칼슘혈증은 조기발견이 중요하며 태어날 때 미숙아나 황달기가 심했던 아기들에게 잘 나타나므로 경련 증세를 세심히 살펴야 한다.

간질(뇌전증)

원인 뇌의 기형이나 외상 등 원인이 다양하다

열 없이 경기를 하는 것 중의 대부분은 소아 간질로 비교적 많다. 태어날 때부터 갖고 있는 뇌의 기형, 태어날 때 받은 뇌의 외상, 출혈, 무산소증, 핵황달, 출생 후 감염된 뇌염, 수막염의 후유증, 떨어졌거나 굴렀거나 또는 머리를 맞았거나 교통사고로 머리를 다쳤을 때 등 뇌의 장해를 받았을 경우가 많고 이 외에도 유전적 소인도 있다.

증세 대발작보다는 소발작이 흔하다

15세 이하의 어린이들에게서는 전신의 강직성 경련이 일어나는 대발작보다는 소발작이 흔하다. 소발작은 5~30초 정도 의식이 중단되며 눈에 초점을 잃고 얼굴 표정이 굳어진다. 눈꺼풀이나 눈썹이 빠르게 깜빡이며 손에 들었던 물건을 떨어뜨리거나 동작이 갑자기 중단된다.

소발작은 사춘기를 지나면서 대발작으로 발전하는 경우도 있으므로 주의한다.

치료 처방에 따라 항경련제를 복용한다

의학의 발달로 여러 가지 항경련제가 개발되어 과거에 비해 환자의 고통도 감소했고 치료율도 높아졌다. 하지만 알맞은 약을 알맞은 양만큼 복용하는 것이 중요하므로 반드시 의사의 진단과 처방에 따라 복용해야 한다.

항경련제는 뇌에 직접 작용하므로 부작용이 있을 경우 매우 위험할 수 있으므로 여러 종류의 약을 먹기보다는 한 종류를 먹는 것이 바람직하다.

간질의 치료는 항경련제를 이용한 약물치료가 우선이지만 적절한 약물치료에도 불구하고 효과가 없으며 1주일에 수차례 증상이 나타날 경우 수술치료가 도움이 되기도 한다.

아기의 상태	의심되는 원인	엄마가 할 일
고열이 나기 시작하여 몸을 쭉 뻗으며 경련을 일으키지만 3~5분 내에 가라앉고, 그후 아무 일도 없었다는 듯이 의식이 분명하다.	열성경련	소아과에서 진찰을!
심하게 울 때 잠깐 숨이 멈추며, 얼굴빛이 보라색이 되면서 경련을 일으킨다. 다시 숨을 쉬게 되면 의식이 분명하다	울다가 제풀에 일으킨 경련으로 보인다.	걱정하지 않아도 된다.

집에서는 이렇게

간질은 불치병이 아니라 치료가 가능한 병이다. 적절한 치료를 받으면 생활에는 아무런 지장이 없으므로 질병에 대한 열등감을 가질 필요는 없다. 아이가 간질 증상을 보인다고 해서 상심하거나 두려워하기보다는 적극적인 자세로 치료에 임한다. 집에서는 규칙적인 생활로 피로하지 않게 해주고 안정된 환경을 만들어 준다.

열성경련

원인 열 때문에 경련을 일으킨다

아직 뇌가 충분히 발달하지 않은 어린이들은 고열이 나면 뇌세포에 자극이 가해져 경련을 일으키게 된다.

감기나 편도염, 인두염, 중이염 등에 이어 나타나는 경우가 많은데 이런 질환으로 고열이 나면 뇌의 부종, 산소 부족, 독소침입 등에 의해 경련이 유발되는 것으로 추정되고 있다.

또 유전 경향이 있어 가족 중에 열성경련을 경험한 사람이 있다면 조심한다.

증세 **몇 분 지나면 가라앉는다**

고열이 나기 시작할 때 잘 생기며 며칠째 고열이 계속된 후에는 나타나지 않는다. 경련이 일어나면 눈동자가 초점을 잃고 돌아가거나 고정되며 온몸이 뻣뻣해지고 손발을 떨기도 한다. 의식은 없고 입술이 파랗게 질리는 청색증이 나타나기도 하며 침을 많이 흘리기도 한다. 대체로 15분 이내로 증세는 사라지고 경련을 멈춘 뒤에는 잠을 자게 된다.

치료 **해열제나 진정제를 먹여 예방한다**

머리를 차게 식혀주고 조용하게 뉘어두는데 침이나 토물로 인해 질식이 생기지 않도록 고개를 옆으로 돌려둔다. 옷은 느슨하게 하고 위험한 물건은 치운다. 경련이 시작된 후에는 아무것도 먹이지 말고 입에 아무것도 물리지 않는

다. 당황해서 아이를 꼭 붙잡기도 하는데 이런 행동은 오히려 발작을 오래 끌게 하므로 삼간다.

조용히 지켜보고 있으면 아이는 3~5분 후에 경련을 멈추고 깊은 잠에 빠지게 된다. 경기에서 깨어난 후 다시 그런 증상을 반복하지 않도록 해열제나 진정제를 준비해 두었다가 주면 좋다. 한편, 열성경련을 일으킨 적이 있는 아이들이 고열이 나면 탈수가 되지 않도록 하고 해열제 등을 준비했다 먹이면 경련을 예방할 수 있다.

집에서는 이렇게 생후 6개월 미만의 아이가 열성경련을 3회 이상 되풀이할 때, 열성경련을 하루에 두 번 이상 15분이 넘도록 지속할 때, 4~5세 이상이 되어서도 열성경련이 있을 때는 신경외과나 소아신경과를 찾아 진찰을 받는다.

돌발성발진

원인 **바이러스성 급성 전염병이다**

바이러스에 의해 전염되며 생후 6개월~3세의 어린이에게서 자주 발생한다. 3~4일 간의 고열이 지속되다가 해열과 동시에 홍반성발진이 나타나는 것이 특징이다.

특별한 주기성은 찾아볼 수 없고 계절적으로는 봄과 가을에 오는 것이 홍역 및 풍진과 비슷하다. 잠복기는 약 10일 정도이며 체온이 39~40℃로 오르고, 무기력해지거나 식욕을 잃고 보챈다.

증세 **고열이 지속되다가 온몸에 발진이 생긴다**

고열이 3~4일간 지속되어 경련을 일으키기도 한다. 해열제를 사용해도 열은 잠깐 내릴 뿐이며 빠른 속도로 다시 고열이 지속된다.

발진은 열이 떨어지면서 몸통에서부터 갑자기 시작되

알 • 아 • 두 • 자

경련이 지속될 때 주의점

경련이 보통 1~2분이면 끝나는 것이 정상이지만 5분 이상 경련이 멈추지 않으면 입원 준비를 하도록 한다. 10분 이상 가라앉지 않으면 구급차를 불러 서둘러 병원으로 가야 한다. 의사에게는 지금까지의 아기 상태를 상세히 전해야 한다. 경련을 일으킨 시간, 안색, 눈의 움직임, 손발의 움직임 등과 의식 상태 등 이런 증세를 자주 반복하는지에 대해서도 빠짐없이 말해 준다.

■ **입속에 숟가락 등을 넣지 않는다.**
경련을 일으키는 동안에 혀를 깨물까 염려되어 숟가락이나 수건 등을 아기의 입속에 넣어주는 경우가 있는데, 이것은 오히려 입속을 다치게 할 우려가 있으므로 주의해야 한다.

■ **주의를 정리한다.**
방안을 지나치게 밝게 하지 말고 텔레비전 등을 꺼서 조용히 한다. 억지로 아이를 흔들어 깨우지 않는다. 주전자나 커피포트 등 경련을 일으킬 때 자칫 사고의 원인이 될 수 있는 것을 멀리 치우도록 한다.

어 상체와 얼굴에 퍼지며 가끔 발진이 몸통에만 국한되어 나타나는 경우도 있다. 발진의 색깔은 검붉은 색으로 대개 2일 후에 자연히 없어지므로 크게 걱정하지 않아도 된다.

치료 고열로 인한 경련에 주의한다

바이러스에 의한 전염병이긴 하지만 전염력이 그다지 높지 않아 격리시킬 필요는 없다. 발진 역시 크게 가렵지도 않아 발진에 고름이 잡히거나 하는 이차감염도 거의 없다. 문제는 갑작스럽게 나타나는 고열이다.

돌발성발진이라는 진단은 열이 떨어진 후 돋아나는 발진을 보고서야 내릴 수 있는 질환이므로 고열이 너무 오래 지속되며 고열로 인한 경련을 일으킨 경험이 있는 아이라면 특히 더 병원으로 가 정확한 진찰을 받아보는 것이 안전하다. 열 때문에 보채고 힘들어하면 해열 진통제를 먹이고 열성경련을 일으킨 적이 있는 아이라면 항경련제를 미리 먹이는 것도 경련을 막는 데 도움이 된다.

집에서는 이 렇 게 젖이나 우유를 억지로 먹이기보다는 끓인 보리차나 이온음료 등으로 수분과 전해질 공급에만 신경을 쓴다. 미지근한 물로 몸을 닦아 열을 내려주고 기저귀나 속옷도 자주 갈아준다. 최대한 안정

▶▶▶ 경련을 반복할 때

아기의 상태	의심되는 원인	엄마가 할 일
열은 없는데 갑자기 온몸에 경련을 일으키며 쓰러지거나 눈을 치켜 뜨고 머리를 앞뒤로 흔들거나 의식이 없어진다.	간질, 저혈당증, 뇌종양	소아과에서 진찰을!
●고열이 나며 두통으로 심하게 울고 몇 번이나 경련을 반복한다. ●경련이 멈추어도 의식이 몽롱하며 토하는 일이 있다.	뇌염, 뇌막염, 탈수증 등	급히 서둘러 병원으로!

을 취하게 하고 아이의 상태를 세심히 관찰한다.

뇌성마비

원인 기형, 뇌막염 등 뇌 손상이 원인이다

태아부터 생후 4주 이내의 아기의 뇌에 주어진 어떤 장애에 의해서 운동 발달에 이상이 오는 병이다. 어떤 원인에 의해서든지 사람의 몸에서 가장 중요하고 중추적인 역할을 하는 뇌가 손상을 입어서 나타나는 질환이므로 신생아기에 아기의 상태를 잘 살펴봐야 한다.

원인은 여러가지가 있지만 선천적인 뇌의 기형이나 발육이 되지 않는 경우, 태어날 때 난산으로 뇌가 손상을 받은 경우, 태어난 뒤 황달이 심하게 오거나 뇌막염을 앓은 경우, 커서 뇌염이나 뇌막염 또는 뇌를 다친 경우 등 뇌성마비의 원인은 여러 가지다.

증세 발육이 늦고 경련을 일으킨다

뇌의 손상 정도에 따라서 사지가 마비되는 경우, 말을 하지 못하거나 듣지 못하는 경우, 정신박약 등 여러 가지 장애가 복합적으로 오기가 쉽고 또한 정도가 심한 경우도 많이 있다.

일반적으로 유아에서는 발육이 늦고 경련을 일으키며 지능도 낮고 행동에도 장애가 오는 수가 있다. 젖을 빠는 것조차 힘들어 하는 경우도 있다.

치료 원인 규명 후 끈기 있게 치료한다

증상이 심한 경우 낙담하고 포기하기 쉬운데 전문가의 처방에 따라 적절한 치료를 받으면 좋은 결과를 가져올 수도 있다. 뇌성마비 치료에서 가장 먼저 실시하는 것이 원인규명이다.

후천적인 뇌손상에 의한 경우는 원인을 밝히기 쉬우며

선천적인 경우 여러 검사를 통해 유전적인 원인을 밝힌다.

다음에는 아이가 지닌 장애의 종류와 정도를 판정하고 그에 따른 적절한 치료법에 의해 치료하는 순서다.

보통 운동기능을 높여주기 위한 운동요법, 맛사지, 합병증에 대한 치료, 근육이완을 위한 약물치료 등이 이루어진다. 뇌성마비 아이를 둔 부모는 치료의 시기를 놓치지 않도록 전문가와 부단한 상의를 해야 하며 치료의 진전이 쉽게 나타나지 않더라도 끈기와 인내를 가지고 노력해야 한다. 운동요법과 약물 치료, 생활적응훈련 등을 함께 실시할 수 있는 시설이나 기관을 잘 활용해 부모도 아이도 밝고 적극적으로 생활할 수 있도록 한다.

파상풍

원인 불결한 가위나 손에 묻은 균에 감염한다

파상풍균은 주로 흙 속이나 동물이나 사람의 대변 속에 있어 상처 등을 통해 감염된다. 파상풍은 4~10세의 어린이에게서 많이 발생한다.

맨발로 밖에서 놀다가 넘어져서 흙으로 오염된 못이나 나무 꼬챙이에 찔려서 깊은 상처를 받으면 감염된다.

이 외에도 화상이나 이를 뽑았을 때도 감염되기 쉽다. 신생아 탯줄로 감염되는 경우도 있으나 최근에는 드물다.

증세 전신경련에 근육강직이 일어난다

균이 침입한 3일~3주(평균 8일) 정도의 잠복기를 두고 발병하는데 처음 증상은 입을 벌리지 못하여 음식을 넘기기가 곤란해진다. 차츰 몸을 움직이기 힘들어지며 전신에 경련과 근육강직이 일어난다.

특히 빛이나 소리, 피부 자극 등 작은 자극에도 경련이 일어나는 것이 특징이다. 고열이 나기도 하고 호흡기가 침범당하면 호흡곤란이 일어나서 질식하는 수도 있다.

치료 곧 병원에 입원해 치료한다

파상풍이 의심되면 곧 병원에 입원해 치료를 해야 한다. 항독소를 주사하여 독소를 중화하고 필요한 항생제를 사용하며 증상에 따라 진정제와 근육 이완제를 준다. 환자는 어둡고 조용한 방에 두어 자극을 주지 않도록 한다.

만약 어린이가 깊은 상처를 받아서 파상풍의 염려가 있을 때는 예방주사를 미리 맞도록 한다.

신생아 파상풍은 배꼽 처리를 할 때 불결한 가위나 산파의 손이 오염이 됐을 때 아기의 배꼽으로 균이 들어가는 경우가 많다. 예전에는 신생아 처치 방법이 잘못되어 파상풍에 걸리는 확률이 높아 사망률도 높았다. 하지만 최근 분만 환경이 많이 개선돼 오늘날에는 이런 경우는 드물다.

집에서는 이렇게 상처를 입었을 때는 소독을 철저히 하고 심하게 오염된 상처는 병원에 가서 외과의의 처치를 받는 것이 좋다.

가장 중요한 것은 예방접종으로 디프테리아, 백일해, 파상풍 예방접종을 한꺼번에 할 수 있는 DPT 접종을 한다. 생후 2, 4, 6개월에 기본접종을 하며 18개월과, 4~6세, 11~12세에 추가접종을 해줘야 한다. 시기를 놓치지 말고 반드시 예방접종을 하도록 한다.

아기가 다쳤을 때 가정에서 다스리는 법

눈에 이물질이 들어갔을 때

눈에 난 상처는 반드시 의사에게 보이는 것이 안전하다. 그러나 만일 해로운 액체가 눈 속에 들어간 경우는 흐르는 물로 깨끗이 씻어내야 한다. 특히 주의할 점은 눈을 문지르거나 비비면 각막에 상처를 줄 위험이 있다는 것이다.

→ 약품이 들어갔을 때는 흐르는 물에 10분 이상 씻는다. 샤워기를 약하게 해서 사용하는 게 좋다.

← 눈을 부비지 않도록 먼저 아기의 손을 붙들어 둔다. 다음에 눈꺼풀을 가볍게 눌러 가능한 한 눈물을 많이 흘리게 한다.

→ 찔려서 박힌 것은 함부로 빼지 않는 것이 좋다. 아기가 손대지 않도록 하면서 병원으로 빨리 간다.

← 주전자에 물을 넣어 눈을 씻거나 안약을 점안하는 방법도 있다.

← 눈꺼풀을 뒤집어 당겨 보아, 보이는 곳에 이물질이 있으면 청결한 거즈를 적셔 끝을 뾰족하게 만들어 끄집어낸다.

감전이 되었을 때

전기로 인하여 아기가 깜짝 놀랐을 때는 손을 떼어내게 한 후 아기를 감싸주면 된다. 전기로 인한 화상이 가벼운 경우에도 전기 사고의 원인을 조사하고 다시 재발되지 않도록 주의한다. 심한 감전을 받았을 때는 근육이 조여서 손을 빼내지 못한 채 의식을 잃게 된다.

이때 아기 몸에 손을 대면 손을 댄 사람도 감전되므로 가능하면 빨리 벽의 스위치를 끄고 급한 경우에는 건조한 비금속성 물질 즉 예를 들면 빗자루, 돌돌 말은 잡지 등으로 밀쳐낸다. 만일 아기가 숨을 쉬고 있지 않으면 심장 맛사지가 필요하며 그 다음 인공호흡을 실시한다.

스스로 호흡을 시작하면 따뜻하게 해준다. 감전은 화상을 일으키므로 가벼운 감전에도 깊은 상처가 남기 쉽다. 그러므로 반드시 의사에게 상처를 보이고 적절한 치료를 한다.

기도가 막혔을 때

만일 아기가 음식을 먹다 질식하거나 또는 목구멍이나 기도를 어떤 물질이 막아서 질식하게 되면 곧 아기의 다리를 잡고 거꾸로 세워서 등을 세게 쳐준다. 좀 나이가 든 아기는 앞으로 구부리게 하든지 또는 어른의 무릎 위에 몸을 구부리게 하고 머리를 밑으로 향하게 한다. 이렇게 하면 삼킨 것을 토해낼 수 있다.

그러나 쉽게 손에 잡히는 큰 고기 덩어리나 사과 조각이 아닌 경우는 직접 손을 넣어 꺼내지 말아야 한다. 이런 방법을 사용해도 목에 막힌 것이 나오지 않아 아기가 계속 질식 상태이면 응급처치를 빨리 서둘러야 한다.

그리고 막힌 것을 나오게 하려는 시도는 계속해야 한다. 만약 아기가 숨쉬기를 멈추면 인공호흡을 시켜야 한다.

졸도를 했을 때

만일 아기가 졸도를 했을 때는 안전하게 눕히거나 보호자의 무릎 사이에 머리를 고정시키고 앉아 있게 한다. 이렇게 해서 뇌로 순환하는 혈액량이 많도록 촉진시켜 준다. 또 목 부분을 느슨하게 하여 신선한 공기를 마시게 하면 회복이 빠르다. 아기들은 졸도한 후 수분 이내에 회복시켜야 한다.

심장마비가 왔을 때

아기의 경우 가슴 한복판의 흉골 중앙에 중지와 인지를 모아 갖다 대고 흉골이 3cm 가량 들어갈 정도로 리드미컬하게 누른다. 1분에 100회 정도가 적당하다.

유아의 경우 단단하고 평평한 곳에 반듯이 눕힌 다음, 흉골 하반부에 두 손을 겹쳐 놓고 수직으로 강하게 압박하고 곧장 힘을 뺀다. 이 동작을 1분간 100회 정도로 되풀이 한다.

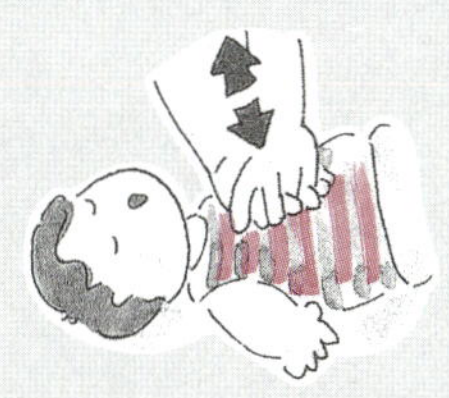

뜨거운 것에 데었을 때의 응급처치

아기의 화상은 겉으로 보기보다 심각한 경우가 많다. 얕아도 덴 부위가 넓으면 중증, 작아도 덴 정도가 깊으면 역시 중증이므로 어지간한 경증 이외에는 병원 진찰을 받는 것이 안전하다. 좁은 범위라도 깊이 미친 화상은 위험해서 전신 쇼크를 받기 쉽다.

● **1도 화상** – 피부가 빨갛고 아린다.
● **2도 화상** – 살가죽의 안쪽까지 미치고 물집이 생긴다.
● **3도 화상** – 피하조직까지 미치고, 피부가 하얗게 변하며 통증은 없다.

① 옷 입은 채 뜨거운 물을 뒤집어 썼을 때

⬆ 찬물에 옷을 입힌 채 담가 충분히 식힌 다음, 옷을 가로로 잘라 벗긴다. 무리하게 벗기면 피부까지 벗겨질 수 있으므로 조심한다.

② 눈이나 귀·코 주변을 데었을 때

⬇ 얼음(비닐주머니에 넣어서)이나 아이스팩으로 냉각시킨다.

③ 머리나 얼굴을 데었을 때

⬆ 손으로 물을 뿌려주거나 샤워를 조금 약한 정도로 계속 뿌려준다.

④ 몸의 대부분을 데었을 때

⬆ 목욕탕 찬물에 그대로 담근다.

⑤ 손발의 화상

➡ 수돗물을 틀어 식힌다.

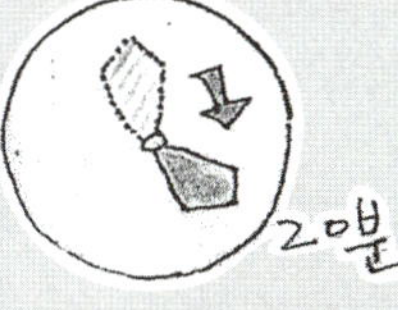

⬆ 통증이 가실 때까지 최소한 20분 이상 계속 식힌다.

화상처치, 조심할 일

■ **물집을 터트리거나 째면 안 된다**

바늘로 찔러 물집을 터트려서 진물을 빼내는 것은 좋지 않다. 째면 흉터가 남거나 감염이 되므로 청결한 가제로 싸서 병원으로 가는 것이 현명하다.

■ **간장, 된장, 기름을 바르면 역효과이다**

화상에 팅크제나 된장, 간장, 기름 등을 바르는 경우가 있는데 이 요법은 오히려 상처를 곪게 해서 치료가 오래 걸리는 원인이 되기도 한다.

체중이 늘지 않는다

생후 3개월이 되면 출생시의 2배로 성장하지만
5~6개월을 지나면서 체중 증가 곡선은 점점 완만해지는 등
돌 이전의 성장속도는 불규칙하다.

1
생후 2~3주 되었을 때
젖을 먹인 후에
그대로 토해 낸 적이 있다.

YES 2번으로
NO 4번으로

2
선천성비후성유문협착증일
수 있다.
탈수 증세를 보일 수 있으니
소아과로 가보도록.

9
갈락토오스혈증과 같은 선천성
대사이상이나 선천적인 기형,
출산 시 장애로 인한 중추신경장애,
염색체 이상, 뇌성마비가
원인이 돼 젖빠는 힘이 약할 수 있다.

3
이유식의 양이 부족하진 않은지,
영양이 골고루 들어갔는지
확인해 본다. 아기가 먹는 것에
별 문제가 없는데 체중이 감소하면
소아과로 가보도록.

8
숨을 쉴 때 코끝을
벌름거리거나
젖먹는 시간이 길다.

YES 6번으로
NO 9번으로

4
1~2주 동안 대변을 보지
못하고 배가
커다랗게 부풀었다.

YES 5번으로
NO 7번으로

5
선천성거대결장증일
수 있으니
소아과로 가보도록.

7
숨을 그렁그렁 쉬거나
젖을 기운 없이
빨면서 힘겹게 먹는다.

YES 8번으로
NO 11번으로

6
선천성심질환이나
선천성천명일 수 있다.
소아과 검진을.

10

아기의 식성이 모두
다르므로 싫어하는 것을
억지로 먹이게 되면
식욕부진이나 구토가
생기는 수가 있다.

11

2~6세의 소아로
소변을 자주, 많이 보지만
체중변화는 없다.

YES 12번으로
NO 15번으로

12

젖도 잘 먹고 이유식도
잘 먹는데 오히려
몸무게가 줄고 있다면
요붕증이나
소아당뇨일 확률이 높다.

13

생후 3개월이 되면 출생 시
체중의 2배가 된다.
다른 이상이 없어도 체중이
그대로라면
소아과 상담을 받아보도록.

14

이유식을 잘 안 먹는다.

YES 10번으로
NO 3번으로

15

발열과 구토, 설사,
변비 등의 증세가 계속된다.

YES 16번으로
NO 19번으로

16

감염증일 수 있으니
소아과에 가보도록.

20

젖을 먹인 후 젖꼭지를 떼면
바로 울면서 계속 젖을
물려고 하는 경우가 있다.

YES 21번으로
NO 17번으로

17

생후 3개월이 넘었다.

YES 18번으로
NO 13번으로

18

이유식을 시작했다.

YES 14번으로
NO 22번으로

19

모유를 먹인다.

YES 20번으로
NO 23번으로

다음 페이지에서 계속 ▶ ▶ ▶

21

모유가 부족해서일 수 있으니 우유를 먹여보거나, 이유식을 시작해 본다.

22

생후 3개월이 지나면 음식을 가리기 시작하고 식욕에도 차이가 생긴다. 이유식 메뉴를 바꿔가면서 먹여 본다. 3~6개월 정도의 아기는 1일 15~20g 정도의 몸무게가 늘어난다.

23

우유를 탈 때 물의 양과 온도는 설명서대로 적당한 농도를 유지한다.

YES 24번으로
NO 25번으로

26

영양섭취를 충분히 하지 못했을 것으로 보인다.

24

우유를 너무 진하게 탔거나 많이 먹이면 아기의 위장에 오히려 부담이 갈 수 있다. 이유기 아기라면 이유식을 시작해도 좋다.

25

우유의 분량이 기준량에 비해 너무 적거나 묽다.

YES 26번으로
NO 17번으로

가벼운 증세

체중 줄면 정확한 검진 받는다

수유 후 곧 울거나 젖꼭지를 놓지 않으려 하면 모유 부족을 생각할 수 있다. 또 우유가 너무 묽어 충분한 영양을 섭취하지 못했을 수도 있다. 우유의 농도가 적당한지, 이유식에 영양소의 균형이 잘 잡혀 있는지도 확인해 본다. 엄마의 육아태도도 아기의 식욕에 영향을 미치므로 문제는 없는지 돌아본다. 아이가 기운이 없고 체중이 줄면 소아과 검진을 받는다.

의심되는 증세

요붕증, 소아당뇨가 원인일 수 있다

젖 빠는 힘이 약하고 맛있게 먹지 못하면 선천성심질환이나 선천성천명, 갈락토오스혈증이 우려된다. 1주일 이상 변비가 계속된다면 선천성 거대결장증을 의심한다. 정확한 검진과 치료가 우선돼야 한다. 한편, 충분히 젖을 먹고 있는데도 체중이 준다면 요붕증이나 당뇨를 의심할 수 있다. 구토, 설사, 변비 등 감염성 질환으로 인한 이상 증세도 치료한다.

중증

젖 못 빨면 선천성장애가 의심된다

생후 2~3주 사이에 젖을 먹은 후 분수처럼 토하면 선천성비후성유문협착증 우려가 있다. 젖을 잘 못 빨고 오히려 괴로워한다면 선천성대사이상, 선천성기형, 출산 시 장애로 인한 중추신경장애, 염색체 이상, 뇌성마비 등을 의심할 수 있다. 어느 경우든 중증이므로 즉시 전문의의 정확한 검진을 받아야 한다.

선천성심장질환

원인 임신중 모체의 질병이 원인일 수 있다

선천성심장질환의 원인은 명확하지 않다. 하지만 대개 심장이 형성되는 임신 3주에서 7주 말 사이에 가해진 어떤 위해가 영향을 미친 것이 아닌가 추측된다. 특히 임신 중 모체의 질병(특히 풍진), 약물 복용, 흡연 등이 영향을 줄 수 있는 것으로 꼽힌다. 이와 더불어 극히 미미하지만 유전적 소인도 있는 것으로 추정되고 있다.

증세 젖을 빨지 못하고 호흡이 빠르다

아기들 천 명당 8명 꼴로 나타나는데 기형의 종류에 따라 주된 증상도 달라진다. 일반적으로는 호흡이 빠르고 젖을 잘 빨지 못해 체중이 늘지 않으며 감기에 잘 걸리고 앞가슴이 튀어나오기도 한다.

청진기로 들으면 심장에서 잡음이 들리는데 심잡음이 들리지 않고 얼굴이나 입술 등에 청색증이 나타난다면 심장 기형이 두 가지 이상 동반된 조금 심한 경우이다.

치료 심장 전문의의 지도를 받는다

종류에 따라 저절로 좋아지는 경우도 있으며 외과적 처치의 대상이 되는 경우도 있다. 어떤 경우든 소아심장 전문의의 진찰을 받아 치료 방향과 아기를 돌보는 방법 등을 지도 받는다. 치료 시기를 놓치면 치료가 불가능하고 심장과 폐에 심각한 손상을 초래하므로 주의한다.

집에서는 이렇게 이유 시기에는 식사를 제한하지 말고 골고루 먹인다. 단, 염분섭취는 제한하고 수분은 충분히 섭취해야 한다. 빈혈, 변비, 감기 등은 모두 심장에 부담을 줄 수 있으므로 예방한다. 목욕은 체력 소모가 심하므로 짧게 시킨다. 예방접종은 철저하게 하되 심장 수술을 기다리고 있다면 접종을 피한다. 운동이나 활동에 지나치게 제한을 두면 인격형성에 문제가 생기므로 과보호하지 않도록 하며 정기적인 진찰과 검사를 잊지 않고 받는다.

선천성천명

원인 후두 연골이 미숙해서 일어난다

가장 흔한 원인은 후두의 연골이 미숙하고 연약하기 때문이다. 이런 상태에서는 성대가 지나치게 늘어나 기도를 누르는 현상이 생기기 때문에 공기소통이 원활하게 이루어지지 못한다. 드문 경우이긴 하지만 후두의 선천적 기형이 원인이 되기도 하며 바이러스나 세균 감염으로 기도의 점막이 붓고 분비물도 많아져 기도의 내강이 좁아지는 것도 원인이 된다.

증세 숨을 들이마실 때 소리가 난다

생후 1~2주부터 시작해서 호흡할 때 특히 숨을 들이마실 때에 목에서 골골하고 끽끽하는 소리가 들린다. 때로는 호흡곤란이 있고 심하면 젖을 빨아먹는 것조차 힘들어해 아기의 체중이 늘지 않고 힘이 없어 보인다.

'천명' 음을 통해 진단할 수 있으나 정확한 것은 후두경 검사를 실시하여 확진할 수 있다.

치료 저절로 나을 수도 있지만 정확한 진단치료를 한다

증세가 유사해 간혹 천식으로 오인하는 경우가 많다. 하지만 열이 없으며 몸 상태가 전반적으로 좋은 것이 다른 점이다. 대개는 빠르면 6개월, 늦으면 2년쯤이 지나면 저절로 낫는다. 증상이 저절로 나아지므로 특별한 치료법은 없지만 기관지 안으로 음식물이 들어가 폐렴에 걸릴 경우에는 생명이 위태로울 수 있으므로 세심한 주의가 필요하다. 젖을 먹일 때에도 기도로 넘어가지 않도록 주의를 해야 한다. 집에서 달리 할 수 있는 처치는 없으며 상태를 지켜 본다. 하지만 혹시 다른 질병이 있는지 전문의의 정확한 진찰을 받는 것이 안전하다. 후두 기형 등이 문제가 된다면 외과 수술로 교정할 수도 있다.

갈락토오스혈증

원인 갈락토오스를 분해 못해 축적된다

갈락토오스를 분해하는 효소가 없어 체내에 흡수되지 않고 그대로 축적돼 혈액 중에 갈락토오스 농도가 상승하게 되는 병증이다. 선천성 대사 이상 중의 하나로 열성유전하는 것으로 알려졌다. 갈락토오스는 우유에 많은 락토오스의 구성 성분으로서 포도당과 갈락토오스 과당으로 분해, 흡수되어 에너지 대사에 이용되거나, 세포막의 주요 구성 성분으로 사용된다.

증세 잘 먹지 못해 체중이 늘지 않는다

신생아와 젖먹이에게서 잘 나타난다. 잘 먹지 못해 체중이 늘지 않으며 간 기능이 약해져 황달, 간경변, 복수 등의 증상이 나타난다. 또 아이가 계속 보채고 울며 심하면 경련을 일으키기도 한다. 백내장이 올 수 있고 지능발달도 정상적으로 이루어지지 못한다. 장기적으로는 전신의 발달장애를 초래할 수 있으며, 패혈증이 동반돼 생명이 위험할 수도 있다.

치료 갈락토오스 제한한 식이요법을 시킨다

평생에 걸친 식이요법만이 치료법이다. 즉, 락토오스 및 갈락토오스가 들어 있는 음식을 피해야 한다. 젖 먹는 아이라면 모유나 우유가 아닌 갈락토오스를 포함하지 않는 특수 분유를 먹여야 하며 두유 등 우유의 대체식품을 먹인다. 이렇게 갈락토오스 섭취를 제한하면 여러 증상들이 호전되며 정상적인 성장이 가능해진다.

집에서는 이렇게 갈락토오스가 들어 있는 우유 및 유제품 사용은 일절 금한다. 탈지유, 우유로 만든 아이스크림, 생크림 케익, 발효요쿠르트 등은 금해야 할 식품이다. 이런 식이요법은 평생 해야 한다. 우유를 제한하는 대신 육류, 생선, 달걀, 콩식품, 녹색야채, 곡류 등을 통해 단백질, 비타민, 칼슘과 각종 무기질 등을 충분히 섭취한다.

아기의 정상 몸무게 판정 기준

엄마의 젖이 충분하고 식욕도 왕성한 아기는 아무래도 살이 찌기 쉽다. 그러나 아기의 비만은 그다지 신경 쓰지 않아도 된다. 아기일 때 좀 뚱뚱하더라도 유아기가 되어 활발하게 움직이게 되면 대부분 몸이 단단해지며 군살이 빠지기 때문이다.

뚱뚱해 보이는 아기가 커서도 살이 찔 확률은 8% 정도로 의외로 적다. 그러므로 유아기 때부터는 지나치게 살이 찌지 않도록 주의하는 것이 안전하다. '카우프 지수'는 유아의 몸무게와 키로 몸의 균형을 판정하는 것으로 계산방법과 판정기준은 다음과 같다.

● 카우프 지수= 체중(g)/신장 ×신장(cm) × 10

지수가 15~18이면 보통, 18~20은 대단히 영양상태가 좋은 우량아이다. 20 이상이면 다소 뚱뚱한 편이지만 유아기에 들어서면서 살이 빠지므로 걱정할 필요는 없다. 비만아가 되는 것을 걱정해 식사 제한을 할 필요는 없다.

예) 카우프 지수의 계산
▶ 아기의 신장 : 60cm
▶ 아기의 체중 : 6,500g일 경우
▶ 카우프 지수 = 6,500/60×60×10=18.05

예방접종으로 퇴치할 수 있는 질병

예방접종은 아기의 몸 속에 감염을 일으키는 균을 약하게 주사하여 실제로 질병을 앓지 않고 충분한 항체를 생산하도록 몸을 자극시키는 것이다.

예방접종을 할 때는 아무리 심각하지 않은 증세라도 아기의 예방접종에 관해 자세히 기록한 카드를 가지고 의사와 상담한다.

■ B형 간염

B형 간염을 예방하는 백신은 불활화백신이다. 출생 후 1개월 이내에 접종을 시작한다. 1차 접종 후 1개월째에 2회를 접종하고 5개월 후에 3회 접종하면 된다.

■ 결핵(BCG)

미국 등 선진국에서는 결핵 예방접종을 소아 예방접종 계획에 넣고 있지 않지만, 우리 나라를 비롯하여 결핵이 널리 퍼져 있는 곳에서는 생후 4주 이내에 결핵 예방주사를 실시하고 있다.

BCG는 접종 후 2~3주 사이에 빨갛게 되고 곪았다가 4주일 후에 딱지가 앉는다. 이때 딱지를 무리하게 떼지 않아야 한다.

■ 홍역, 유행성이하선염, 풍진(MMR)

홍역(measles), 볼거리로 알려진 유행성이하선염(mumps), 풍진(rubella)을 예방하기 위한 것이다.

보통 생후 12~15개월 사이에 1차 접종한 후 만 4세~6세 사이에 추가 접종한다. 홍역이 유행하는 시기에는 생후 6개월 이후에 접종한다.

MMR 백신은 살아있는 바이러스의 백신을 약화시켜 주사하여 우리 몸에 항체를 만든다. 홍역을 앓은 적이 없는 성인도 접종이 필요하다.

접종 후 주사 부위가 붓거나 통증이 있을 수 있지만 며칠 내에 좋아진다. 접종 후 5~12일 사이에 열이나 발진이 있을 수 있지만 1~2일 후면 사라진다.

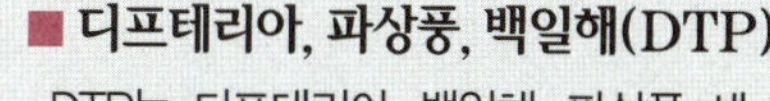

■ 디프테리아, 파상풍, 백일해(DTP)

DTP는 디프테리아, 백일해, 파상풍 세 가지를 섞은 백신으로, 각각 단독으로 맞는 것보다 강한 면역을 얻을 수가 있다. DTP는 경구용 소아마비와 같이 생후 2~6개월 사이에 3~4주간을 사이에 두고 세 번 맞는다. 추가 접종은 18개월과 만 4~6세에 받으며 특히 12세가 되는 해에 디프테리아, 파상풍 2종의 혼합 백신으로 추가 접종을 한다.

■ 소아마비

소아마비는 폴리오 바이러스에 의한 신경계의 감염으로 발생한다. 세계보건기구(WHO)는 2000년 우리나라를 비롯한 서태평양 지역에서 소아마비 박멸을 선언했다.

소아마비 백신에는 2종류가 있는데 주사용인 소크 백신과 경구용인 세이빈 백신이 있다. 주사용에 비해 경구용이 간편하고 면역 효과도 크다. 디프테리아, 백일해, 파상풍 백신과의 혼합 백신 또는 정제 농축 백신도 있다.

경구용 소아마비 접종은 2개월, 4개월, 6개월에 실시하고, 만 4~6세에 추가 접종한다.

■ 일본 뇌염

일본 뇌염은 주로 날씨가 무더운 여름철에 많이 발생하기 때문에 유행성 뇌염이라고도 불린다. 이 질병은 출생 후 12개월이 경과한 아기에 대해서 1주일 내지 30일 간격으로 2회에 걸쳐서 접종을 실시하고, 2차 접종 12개월 뒤 3차 접종한다. 그리고 만 6세, 12세 때 각각 1회씩 추가 접종한다.

■ 수두

수두를 예방하는 백신은 생백신이다. 생후 12~15개월에 예방 주사를 한 번 맞기만 하면 되는데 항체가 생기는 확률은 홍역 등에 비해서 낮기 때문에 예방접종을 하더라도 10% 정도의 아기는 가볍게 수두를 앓게 된다. 예방접종에 의한 부작용은 거의 없다.

병원에 가기 전에 집에서 해야 할 응급처치

열이 날 때

- 체온을 정확하게 잰다. 38℃ 이상이면 병이 발생한 것이다.
- 아기 몸을 따뜻하게 해주고 머리와 겨드랑이, 사타구니 등을 차갑게 해준다.
- 탈수증이 나타날 수 있으므로 차게 식힌 보리차나 주스를 먹여 수분을 공급한다.
- 해열제는 의사 지시 없이 함부로 사용하지 않는다.
- 목욕은 시키지 않는다.

설사를 할 때

- 끓여서 식힌 물이나 보리차를 조금씩 먹인다.
- 대변의 상태를 살피고 가능한 변이 묻은 기저귀를 병원에 가져간다.
- 엉덩이가 짓무를 수 있으므로 자주 기저귀를 갈아주고 따뜻한 수건으로 닦아준다.
- 증세가 가벼우면 평소대로 우유나 이유식을 먹여도 되지만 심할 경우 묽게 희석해서 먹이거나 의사의 지시가 있을 때까지 기다린다.
- 엉덩이를 씻긴 다음 파우더는 바르지 않는다. 잘 말린 다음 기저귀를 채우도록 한다.

토할 때

- 젖을 먹인 뒤에는 반드시 트림을 시킨다.
- 탈수가 되지 않도록 끓여서 식힌 물이나 보리차를 먹이고 소금간한 수프를 먹여 빼앗긴 염분을 섭취시킨다.
- 토한 뒤에는 깨끗한 가제 수건으로 입안을 잘 닦아준다. 토한 내용이나 색을 적어두면 진료를 받을 때 도움이 된다.
- 의사의 지시 없이 약을 먹이거나 관장을 시키지 않는다.

피부에 발진이 나타났을 때

- 투명한 유리판이나 플라스틱으로 발진 부분을 눌러보아 색이 없어지면 안심해도 좋지만 색이 계속 남아있으면 상태를 주의깊게 살핀다.
- 2시간 간격으로 2~3회 열을 재서 변화가 있는지 살핀다. 아기가 축 늘어져 있거나 기침을 하면 병원으로 간다.
- 아기가 긁어서 상처를 낼 수 있으므로 손톱을 짧게 깎아준다.
- 옷을 얇게 입히고 방은 덥게 하지 않는다.
- 입안에 발진이 생기면 음식물을 넘기기가 어려우므로 부드러운 음식을 먹인다.
- 의사의 지시 없이 가려움을 없애주는 약을 발라주면 안 된다.
- 부드러운 음식을 먹이되 맛이 시거나 진한 것, 탄산음료 등은 주지 않는다.
- 열이 내리고 발진이 없어질 때까지는 목욕을 시키지 않는다. 상태가 호전된 뒤에도 비누는 사용하지 않아야 한다.

복통을 호소할 때

- 우는 모습을 살핀다. 몸을 구부리고 심하게 울거나 다리를 펴려고 할 때 더 심하게 울면 복통이다.
- 아픈 부위가 어디인지 살핀다.
- 설사를 하는지, 열이 있는지, 토하는지, 언제부터 아팠는지 체크한다.
- 별다른 증세가 없을 때는 관장을 시켜 봐도 되지만 구토나 설사 등의 증세가 있을 때는 의사의 지시 없이 함부로 관장을 하거나 설사약을 먹여서는 안 된다.

■ 걱정하지 않아도 되는 발진

발진 부위가 넓고 겨드랑이나 엉덩이, 목 등에 좁쌀만한 발진이 돋고 가려움증이 있거나 열이 나지 않고 발진 부위가 좁을 때는 응급실로 달려가지 않아도 된다. 상태를 살펴 낮에 소아과나 피부과를 찾도록 한다.

아